Mario Schmidt
Ulrich Höpfner (Hrsg.)

20 Jahre ifeu-Institut

Martin Kaltschmitt / Guido A. Reinhardt
Nachwachsende Energieträger
Grundlagen, Verfahren, ökologische Bilanzierung

Andreas Patyk / Guido A. Reinhardt
Düngemittel – Energie- und Stoffstrombilanzen

Klaus Heinloth
Die Energiefrage
Bedarf und Potentiale, Nutzen, Risiken und Kosten

Andreas Heintz / Guido A. Reinhardt
Chemie und Umwelt

Frithjof Staiß
Photovoltaik
Technik, Potentiale und Perspektiven der solaren
Stromerzeugung

Mario Schmidt
Ulrich Höpfner (Hrsg.)

20 Jahre ifeu-Institut

Engagement für die
Umwelt zwischen
Wissenschaft und Politik

Mario Schmidt, Dr. Ulrich Höpfner
ifeu-Institut
Wilckensstr. 3
69120 Heidelberg
Tel.: 0 62 11/47 67-0
http://www.ifeu.de

http://www.vieweg.de

Umschlaggestaltung: Ulrike Weigel, Wiesbaden

Gedruckt auf Recyclingpapier

ISBN 978-3-322-83140-8   ISBN 978-3-322-83139-2 (eBook)
DOI 10.1007/978-3-322-83139-2

Vorwort

Ein Jubiläum ist immer eine zweischneidige Sache. Auf der einen Seite dient es dazu innezuhalten, sich zu besinnen, die Frage zu stellen, woher man kommt, wohin man geht. Auf der anderen Seite führt dies auch schnell zu einer Verklärung der Vergangenheit. Es war deshalb wichtig, die Basis dieses Jubiläums in der Gegenwart zu suchen, in jenen Inhalten, die die Mitarbeiterinnen und Mitarbeiter des Institutes tagtäglich beschäftigen.

Am 18. September 1998 fand in Heidelberg ein Festkolloquium statt, in dem einerseits auf die Vergangenheit des Institutes und auf das Verhältnis von Umweltforschung und Politik in der heutigen Zeit eingegangen wurde. Andererseits wurde mit 8 Vorträgen in einer Art Kaleidoskop die aktuelle Arbeit des Institutes vorgestellt. Trotzdem war dies nur ein kleiner Ausschnitt der Themen, die derzeit am ifeu bearbeitet werden. Somit entstand der Wunsch, einiges zumindest schriftlich zu ergänzen.

Damit ergab sich ein Überblick über die Institutsarbeit, der nicht nur eine Selbstdarstellung oder ein Rechenschaftsbericht ist. Es wurden für dieses Buch Beiträge geschrieben, die die Autoren schon immer einmal zu Papier bringen wollten, wozu aber der Anlass, besonders jedoch die Zeit fehlte. Diese Beiträge handeln von interessanten und aktuellen Fragestellungen der Umweltpolitik oder der Forschungsarbeit, sodass wir uns dazu entschlossen haben, sie als Buch zu veröffentlichen. Die Zeit war auch für dieses Buch knapp bemessen, sodass wieder nur eine Auswahl berücksichtigt werden konnte. Vor allem fehlt eine Dokumentation und Reflexion der Arbeiten aus der Vergangenheit – dies bleibt als Aufgabe für jene Zeit übrig, wenn Umweltschutz und Nachhaltigkeit nicht mehr nur erträumte Visionen, sondern gesellschaftliche Realität sind.

Zu dem Festkolloquium und dem nachfolgenden Fest waren Kollegen aus Wissenschaft, Wirtschaft und Politik, Freunde des Institutes und natürlich ehemalige und heutige ifeu-Mitarbeiter eingeladen. Besonders letzteren gebührt Dank, denn ohne das Engagement und den Idealismus der vielen Menschen, die am ifeu gearbeitet haben oder heute arbeiten, wäre dieses Institut nicht 20 Jahre alt geworden.

Wir danken weiterhin dem Verlag Vieweg und besonders Frau Dr. Angelika Schulz, die dieses Buchprojekt ermöglicht haben. Das Projekt wurde vom ifeu-Verein für Energie- und Umweltfragen Heidelberg finanziell unterstützt.

Heidelberg, im September 1998   Mario Schmidt und Ulrich Höpfner

Inhaltsverzeichnis

Teil I: Einführung

Umweltforschung in Deutschland –
Der Stand der Dinge

Umweltforschung in der Kommunalpolitik – eine Brücke zwischen Wissenschaft und Umsetzung

Beate Weber, Oberbürgermeisterin der Stadt Heidelberg

In der Wissenschaftsstadt Heidelberg, mit der Tradition einer mehr als 600-Jahre-alten Universität, scheint der 20. Geburtstag eines Institutes zunächst einmal nichts Außergewöhnliches zu sein. Aber 20 Jahre ifeu – das ist etwas ganz Besonderes. So wird damit zum einen der erfolgreiche Weg von Wissenschaftlern aus der Universität in die Selbständigkeit dokumentiert, zu einer Zeit, als davon allgemein noch keine Rede war. Zum anderen lässt sich die Geschichte des ifeu nicht loslösen von der Entwicklung der Umweltpolitik und Umweltbewegung in Deutschland.

Die Gründung dieses kleinen Institutes war ein Zeichen. Zusammen mit einer Hand voll anderer ökologischer Forschungsinstitute wurde Ende der 70er-Jahre in Deutschland signalisiert, dass der Umweltschutz einen festen Platz in unserer Gesellschaft und damit nicht nur in der Politik, sondern auch in der Forschung benötigt. Vor 20 Jahren war das nicht einfach: Es gab noch keine Lehrstühle, die sich mit Umweltökonomie, Umweltrecht oder Ökobilanzen beschäftigten. Obwohl seit dem UN-Gipfel in Stockholm 1972 international anerkannt, war „Umwelt" in der Praxis noch ein exotisches Thema. Die gesellschaftlich brisanten Themen, wie z. B. die Nutzung der Kernenergie, waren keine kontroversen Themen an den Hochschulen, aber natürlich unter den Menschen, die an den Hochschulen arbeiteten.

Insofern war es eine verständliche Reaktion, dass mit der Gründung dieser neuen Institute ein Raum geschaffen wurde, in dem man sich mit den ökologischen Themen intensiv und mit Hilfe jener wissenschaftlichen Methodik auseinander setzen konnte, die man an den Universitäten gelernt hatte. Wie in kaum einem anderen europäischen Land wurden die neuen Institute zu einem wichtigen und engagierten Diskussionspartner der Öffentlichkeit, und sie haben damit maßgeblich zu dem allgemein gesteigerten Umweltbewusstsein der letzten 2 Jahrzehnte beigetragen.

Das ifeu-Institut habe ich seit den frühen 80er-Jahren bei meiner Arbeit für den Umweltausschuss im Europa-Parlament schätzen gelernt. Ulrich Höpfner und seine Institutskollegen waren für mich kompetente Ratgeber, wichtige Informationsquellen und vor allem auch unbequeme Kommentatoren einer nationalen und internationalen Umweltpolitik, die erst in den Kinderschuhen steckte. Vieles von dem, was heute eine Selbstverständlichkeit ist –

Abfallverwertung, Rauchgasreinigung, Dreiwege-Katalysator, Umweltverträglichkeitsprüfung, Energiesparen – musste damals quasi neu erfunden und vor allem gegen den Widerstand vieler in der Öffentlichkeit durchgesetzt werden. Gerade bei dieser Überzeugungs- und Umsetzungsarbeit haben die Umweltwissenschaftler eine enorm wichtige Aufgabe übernommen.

Ich möchte aber an dieser Stelle auch einen Aspekt beleuchten, der mich selbst in den letzten 8 Jahren intensiv beschäftigt hat und mich mit dem ifeu verbindet: nämlich die Frage, wie man die Ziele einer allgemeinen übergeordneten Umweltpolitik in die Praxis umsetzt. Keine Verwaltungsebene ist dabei so konkret und so praxisorientiert wie die der Kommunen. Hier sind unsere lokalen Umweltprobleme am greifbarsten. Denken Sie an die Folgen des Verkehrs, des Flächenverbrauchs, der Energieversorgung oder an die Belastung der Anwohner von Industrieunternehmen.

In den Kommunen findet auch der direkte Dialog mit den Bürgerinnen und Bürgern statt. Wir können direkt versuchen, den Menschen ein zukunftsgerichtetes Umweltbewusstsein zu vermitteln. Zugleich treten hier die Widersprüche unserer Gesellschaft zu Tage, der Wunsch nach einer Wohnumfeldverbesserung und Verkehrsberuhigung vor der eigenen Haustür und gleichzeitig nach der Schnellstraße zum Arbeitsplatz oder zur Fahrt ins Grüne. Als Kommunalpolitikerin muss man ständig mit diesen Widersprüchen kämpfen, mit den Interessengegensätzen, mit der Gleichgültigkeit vieler Mitbürger und vor allem mit der Finanzierung, besonders dann, wenn Umweltschutz vermeintlich auch mit Sozialpolitik, Kinder- und Jugendpolitik, Kulturpolitik usw. konkurriert. Das Verständnis, dass diese Politikfelder eigentlich eine Einheit darstellen sollten und gemeinsam die Zukunftsfähigkeit unserer Gesellschaft definieren, ist noch wenig verbreitet und erfordert – gerade in den fachlich stark gegliederten Verwaltungen – viel Aufklärung. Hinzu kommt die Notwendigkeit, in den Kommunen über den lokalen Tellerrand hinaus zu schauen und die globale Dimension unseres Handelns zu begreifen. Der inzwischen leider abgegriffene Slogan „Global denken und lokal handeln" ist für eine kommunale Umweltpolitik eine wichtige Handlungsmaxime. Die Kommune selbst ist ein Mikrokosmos, in dem man nahezu alle Umweltkonflikte unserer Gesellschaft wiederfindet.

Als ich vor 8 Jahren mein Amt als Oberbürgermeisterin übernahm, war Heidelberg Entwicklungsland in Sachen Umweltschutz. Für mich als europäische Umweltpolitikerin war es eine Herausforderung, kommunal das umzusetzen, was wir in Straßburg und Brüssel immer gefordert und rechtlich abgesichert hatten. Heute hat Heidelberg einen respektablen Ruf als umweltbewusste Kommune. Wir wurden vor 2 Jahren zur Bundesumwelthauptstadt gekürt. Wir erhielten im vergangenen Jahr den European Sustainable City Award. Der Südwestrundfunk hat uns jüngst das Attribut Wohlfühlstadt verliehen. Das heißt noch lange nicht, dass in Heidelberg jetzt alles ökologisch und nachhaltig ist. Aber wir sind auf dem richtigen Weg, der freilich noch sehr beschwerlich und von Hindernissen und Widersprüchen gepflastert ist. Doch in den 80er-Jahren hätte das von Heidelberg niemand erwartet. Viele andere Städte haben diesen Weg in der Tat bis heute nicht beschritten.

Es wäre sicher übertrieben, allein dem ifeu-Institut diese lokalen Errungenschaften zuzuschreiben. Es war vielmehr eine gemeinsame Leistung sehr vieler Bürgerinnen und Bürger,

Politiker, Initiativen und städtischer Mitarbeiterinnen und Mitarbeiter. Aber ganz unbeteiligt war das Institut auch nicht, wie ich im Folgenden aufzeigen will.

Zum einen ist es für eine Stadt ein Gewinn, solche Institutionen vor Ort zu haben. Ich sehe da durchaus Parallelen zur Stadt Freiburg mit ihrem Öko-Institut. Die Institute tragen zum lokalen Umweltbewusstsein bei. Sie beraten die Politiker und Parteien, begleiten die lokalen Geschehnisse mit Kritik und ökologischem Gewissen. Ich erinnere mich noch gut an die kontroverse öffentliche Diskussion über Luftverschmutzung und Waldsterben Anfang der 80er-Jahre, wo sich das ifeu in der Lokalpresse dafür stark machte, dass bei den Heidelberger Stadtwerken kein schwefelreiches Heizöl mehr verwendet wird. An Gutachten oder Konzepten für die konservative Stadtverwaltung war allerdings noch nicht zu denken. Heute berät das Institut die Stadtwerke.

Zum anderen hat das ifeu-Institut wesentlich an dem ökologischen Umbau der Stadt in den 90er-Jahren mitgewirkt und viele konzeptionelle Grundsteine für das gelegt, was heute Schritt für Schritt umgesetzt werden muss. Dazu gehören:

- Konzepte in Heidelberg und Umgebung zur ökologischen Abfallentsorgung mit dem Handlungsschwerpunkt auf Vermeidung und Verwertung;
- Konzepte und Beratungen zur kommunalen Energiepolitik, insbesondere die Entwicklung und Begleitung des Heidelberger Wärmepasses oder das Schulprojekt zum Energiemanagement;
- Mitwirkung am Verkehrsentwicklungsplan und beim Heidelberger Verkehrsforum, bei dem eine Neuausrichtung der städtischen Verkehrspolitik erfolgte;
- das Grundsatzkonzept „Nachhaltiges Heidelberg" für einen Agenda-Prozess in Heidelberg und in der Stadtverwaltung und
- die fachkundige Begleitung der Heidelberger Versorgungs- und Verkehrsbetriebe auf ihrem Weg zum Öko-Audit und zur Umwelterklärung, die jüngst offiziell validiert und registriert wurde.

Besonders hervorzuheben und quasi Schlüsselprojekt für viele Heidelberger Aktivitäten der letzten Jahre war jedoch das Klimaschutzgutachten, das vom ifeu 1991 in meinem Auftrag erarbeitet wurde. Als erste Amtshandlung empfing ich am Tag meines Dienstantrittes die Klima-Enquête-Kommission des Deutschen Bundestages unter Leitung von Bernd Schmidbauer in Heidelberg. Ich beauftragte das Umweltamt, diese globalen Überlegungen auf die Stadtebene herunterzubrechen. Das ifeu erhielt diesen Auftrag und erarbeitete eine Bestandsaufnahme, einen Maßnahmenkatalog und ein Handlungskonzept. Innerhalb eines Jahres führten die ifeu-Mitarbeiter über 70 Einzelgespräche mit den verschiedenen Akteuren in Heidelberg, von der Handwerkskammer bis zur Bürgerinitiative, und suchten nach Möglichkeiten für den ökologischen Umbau der Stadt. Viele dieser Maßnahmen und Überlegungen sind bis heute von Bedeutung. Viele Ansatzpunkte haben weitere Ideen und Konzepte nach sich gezogen. Das Konzept wurde 1992 vom Gemeinderat beschlossen, seit dem gibt es jährliche Umsetzungsdarstellungen im Haushalt und Berichte an den Gemeinderat.

Einen ähnlichen Weg gehen wir in der Zusammenarbeit bei der „Lokalen Agenda", zu deren Bearbeitung das ifeu die Grundlagen gelegt hat.

Aus den Beispielen ersehen Sie die Stärke der ökologischen Umweltforschung, wie sie von den „Umwelt"-Instituten repräsentiert wird: der Praxisbezug und gleichzeitig die Suche nach neuen innovativen Ideen. Dies ist eine Kombination, wie man sie selten findet: Die Universitäten, von denen wir hier in Heidelberg auch eine sehr namhafte haben, konzentrieren sich stärker auf die Grundlagenforschung und die Methodik; die Ingenieurbüros oder Firmen dagegen auf die reine Umsetzung bewährter Konzepte. Wir brauchen jedoch auch Institutionen, die sich manchmal bewusst zwischen alle Stühle setzen und bereit sind, Neues und Unkonventionelles zu denken.

Hier kann auch die Kommunalverwaltung keinen Ersatz schaffen. Zwar verfügen die meisten Städte und Kommunen inzwischen über Umweltämter und Umweltbeauftragte mit zum Teil hoch qualifizierten und motivierten Mitarbeiterinnen und Mitarbeiter, so auch hier in Heidelberg. Viele Aufgaben und Konzepte, die anfangs extern vergeben werden mussten, könnten nun auch innerhalb der Verwaltung erarbeitet werden. Natürlich wird man heute das ifeu-Institut nicht mehr mit der Erstellung eines Abfallwirtschaftskonzeptes oder eines Klimaschutzkonzeptes beauftragen. Dazu haben wir inzwischen selbst das erforderliche Know-how.

Aber es wird vergessen, dass sich die kommunale Umweltpolitik inzwischen aus ihrer ökologischen Nische herausbewegt hat. Die Anforderungen, gerade bei der Umsetzung und im alltäglichen Verwaltungshandeln, sind deutlich gewachsen. Umweltschutz ist eine wichtige Querschnittsaufgabe; die Vernetzung zwischen den verschiedenen Verwaltungsstellen muss organisiert und fachlich fundiert sein; eine Vielzahl von Projekten muss von kompetenten Mitarbeitern koordiniert werden. Für die Entwicklung neuer Konzepte bleibt meistens wieder zu wenig Zeit.

So sind wir als Kommunen auf externe Institutionen angewiesen, die uns unterstützen, beraten und uns neue Anregungen geben. Besonders wichtig sind dabei jene, die auf Erfahrungen aus ganz unterschiedlichen Bereichen bauen können: Wie entwickelt sich die grundsätzliche Fachdiskussion? Was machen andere Kommunen? Welche Konsequenzen ergeben sich aus bundespolitischen Entwicklungen? Welche Erfahrungen kann man aus der betrieblichen Praxis in der freien Wirtschaft auf die Kommunen übertragen?

Politik braucht die Zuarbeit der Wissenschaft, und zwar umso notwendiger, je mehr wir uns dem nähern, was man mit „Wissensgesellschaft" beschreibt. Nur wenn einem politischen Gremium das geliefert wird, was es für eine Entscheidung wissen muss, kann es verantwortlich entscheiden. Aber die Entscheidung wird der Politik nicht abgenommen, sie wird durch wissenschaftliche Beratung auch nicht notwendig einfacher, sie kann sogar schwieriger werden.

So unentbehrlich wissenschaftliche Beratung geworden ist, so weit sind wir von einem Zustand entfernt, in welchem die Wissenschaft der Politik die Arbeit abnehmen könnte.

Erhard Eppler schreibt in seinem neusten Buch „Die Wiederkehr der Politik" zu diesem Thema: *„Die Politikerin, die sich auf die Wissenschaft verlassen wollte, wäre verlassen. Und doch wird ihr Geschäft ohne Wissenschaft noch bodenloser, als es ohnehin ist. Nötig ist also ein hohes Maß an Wachheit, an Aufnahmebereitschaft, aber eben auch an Mißtrauen, nicht zuletzt die Einsicht, daß weder Interessen noch Wissenschaft der Politik die*

Entscheidung abnehmen können - und sollen. Wenn immer mehr Menschen immer mehr Wissen zur Verfügung haben, das sie möglicherweise gar nicht mehr einordnen können, wird Politik zwar schwieriger, aber keineswegs überflüssig. Sie wird sogar notwendiger... Daher kommt es in der Politik immer mehr darauf an, daß die Handelnde einen Kompaß hat, der ihr in der Wirrnis der öffentlichen Diskussion Orientierung gibt, Grundwerte, die sie leiten und einen Entwurf, auf den hinzuarbeiten sich lohnt."

Ich finde es besonders spannend, dass das ifeu-Institut sich in den letzten Jahren sehr stark einem neuen Thema und Betätigungsfeld zugewendet hat, nämlich dem Umweltmanagement in Unternehmen. Wie wird Umweltschutz in die Aufbau- und Ablauforganisation des Unternehmens integriert und dort mit Leben gefüllt? Auf welche Mittel – von der kontinuierlichen Umweltberichterstattung über die Mitarbeitermotivation bis hin zur softwaregestützten Ökobilanz der Produkte und Dienstleistungen – kann dabei zurückgegriffen werden?

In der Tat sind das auch die Themen, die für die Kommunen in den nächsten Jahren wichtiger werden. In Heidelberg läuft mit finanzieller Förderung der Deutschen Bundesstiftung Umwelt gerade ein Forschungsvorhaben zur kommunalen Naturhaushaltswirtschaft. Es geht hier um die Frage, wie neben den Finanzhaushalt auch ein Naturhaushalt der Kommune treten kann. Die Parallelen zur ökologischen *und* ökonomischen Buchhaltung von Unternehmen, was derzeit auch am ifeu ein wichtiges Thema ist, liegen auf der Hand. Bei der Naturbuchhaltung einer Stadt ist allerdings alles viel schwieriger, denn hier gibt es keinen Betriebszaun, bis zu dem bilanziert wird. Wir werden zu dem Thema noch einen erheblichen Diskussionsbedarf haben, zumal die Verwaltungen sich derzeit insgesamt in einem Umstrukturierungs- und Modernisierungsprozess befinden.

Ich weiß, dass ich damit nicht nur Arbeitsperspektiven aufzeige, sondern auch neue Forderungen an das ifeu-Institut stelle. Auf Dauer berufsmässig innovativ und unangepasst zu sein, trotzdem aber mit beiden Beinen im Leben zu stehen, kann ganz schön anstrengend und Kräfte zehrend sein. Aber es ist die entscheidende Qualität dieser Einrichtung und zeichnet sie gegenüber vielen anderen aus. Ich möchte dem ifeu und allen Mitarbeiterinnen und Mitarbeitern deshalb für die vergangenen 20 Jahre danken und sie dazu auffordern: Bleibt euren Grundsätzen treu und schaut auf die nächsten 20 Jahre. Wir brauchen engagierte und qualifizierte Menschen und jede Menge guter Ideen.

Lassen Sie uns zusammen weiterarbeiten für eine Stadt, die ihre Verantwortung für künftige Generationen ernst nimmt!

Perspektiven der Umweltforschung an der Schwelle zum 21. Jahrhundert

Prof. Dr. Andreas Troge, Präsident des Umweltbundesamtes Berlin

Einleitung

Festvorträge sind ja immer thematisch stereofon: Sie sollen zum einen den Anlass würdigen, zum anderen auch inhaltlich substanziell sein. Im Gegensatz zu manchen Anlässen, bei denen ein ausgewogener Klang beider Stereokanäle schwierig herstellbar ist, habe ich es heute sehr einfach.

Dies liegt daran, dass es sich beim Institut für Energie- und Umweltforschung Heidelberg GmbH um ein fachlich hochkompetentes und neuen Entwicklungsrichtungen gegenüber sehr aufgeschlossenes Institut handelt, das insbesondere die notwendige Diffusion von Umweltschutzgedanken in andere Politikfelder immer wieder sehr profund aufgreift.

Ich überbringe Ihnen, sehr geehrter Herr Höpfner, sehr geehrter Herr Franke, deshalb die ganz herzlichen Glückwünsche des Umweltbundesamtes, insbesondere jener Kolleginnen und Kollegen, die seit vielen Jahren mit ihren Mitarbeiterinnen und Mitarbeitern sehr produktiv zusammenarbeiten.

Das ifeu hat mit seinem 20. Geburtstag ein Alter erreicht, in dem aus Heranwachsenden in aller Regel Erwachsene geworden sind. Allerdings kann uns die Biologie hier zwar eine Metapher, aber keinen zuverlässigen Maßstab zur Beurteilung der Reife bieten, denn das ifeu musste bereits vom Anfang seiner Existenz an seine Sinnhaftigkeit und Notwendigkeit mit Ernst und Nachdruck beweisen: Es musste einerseits in Konkurrenz zu anderen Einrichtungen für seine Anerkennung und sein Überleben sorgen. Andererseits war und ist es ein Teil der Kräfte, die sich die Verbesserung der Umweltsituation zum Ziel gesetzt hatten und haben; für diese sind in der Auseinandersetzung um Expertise und Gegenexpertise und um unterschiedliche gesellschaftliche Ziele häufig besonders gut fundierte Argumente erforderlich, um zu überzeugen und um in den öffentlichen und politischen Diskussionen mehr Umweltschutz durchsetzen zu helfen. Von derartigen Herausforderungen und Konflikten könnten wir heute hier vermutlich alle sprechen. Und wir alle hätten Erfolge vorzuweisen, aber natürlich auch Niederlagen zu beklagen.

Meine Damen und Herren, vor nun bereits über einem Vierteljahrhundert, nämlich 1971, wurde die Abteilung für Umweltschutz im Innenministerium eingerichtet; es ist also nicht verwunderlich, dass für Institutionen der Umweltpolitik und des Umweltschutzes die Zeit der Jubiläen angebrochen ist:

So hat das Umweltbundesamt vor vier Jahren seinen 20. Geburtstag gefeiert. Ich darf an dieser Stelle auch an den 20. Geburtstag des Öko-Institutes im letzten Jahr erinnern. Es gibt also mittlerweile viele Erwachsene im Umweltschutz und in der Umweltforschung, die von Kindesbeinen an alle ihren Teil zur Entwicklung der Umweltpolitik in diesem Vierteljahrhundert geleistet haben und die sich angesichts ihrer eigenen Geschichte die Frage stellen müssen, was sie einmal waren und wer sie mittlerweile geworden sind, was sie erreicht haben und wie es weitergehen soll: Was werden deren und auch Ihre, nämlich des ifeu, zukünftigen Ziele und Arbeitsschwerpunkte sein? Dass diese Einrichtungen auch zukünftig notwendig sein werden und es noch viele Aufgaben und Themen zu bewältigen und zu bearbeiten gibt, ist unbestritten.

Das ifeu ist als ökologisches Forschungsinstitut im Umweltbundesamt natürlich seit vielen Jahren bestens bekannt: Eine Reihe von Forschungsvorhaben in verschiedenen Arbeitsbereichen wurde im Rahmen unseres Umweltforschungsplans durch das ifeu durchgeführt. Schwerpunkte dieser Kooperationen lagen im Bereich der Abfallwirtschaft und im Bereich des Verkehrs; aber auch zu methodischen Fragen der Ökobilanzierung hat das ifeu für das UBA gearbeitet. Das ifeu war mit seinen Arbeiten für das Umweltbundesamt ebenfalls an den öffentlichen Kontroversen, die Stellungnahmen des Amtes gelegentlich hervorrufen, beteiligt. Ich möchte in diesem Zusammenhang nur unsere Ökobilanz zur Verwendung von Rapsöl als Dieselersatz erwähnen – im Übrigen auch ein Thema, das trotz jahrelanger Diskussion immer noch auf der Tagesordnung steht.

Obwohl wir das ifeu als Einrichtung ebenso wie viele seiner Mitarbeiterinnen und Mitarbeiter kennen, hätte ich es im Zeitalter der Informationstechnologie nahezu unverzeihlich gefunden, meine Vorbereitung auf Ihr Geburtstagsfest nicht auch zum Anlass zu nehmen, einmal nachzuschauen, wie sich das ifeu im Internet präsentiert:

Seine Homepage hat mich zugegebenermaßen beeindruckt – das gilt für die Arbeitsbereiche und aktuellen Schwerpunkte ebenso wie für die Projektlisten der verschiedenen Arbeitsbereiche. Besonders beeindruckend finde ich die Tatsache, dass ifeu kürzlich für die Deutsche Shell AG die zentralen Teile ihres ersten Umweltberichts erarbeitet hat. Eine derartige Kooperation zwischen einem Umweltforschungsinstitut und einem großen Unternehmen dürfte wahrlich zukunftsweisend sein. Ich vermute, dass Herr Dr. Vahrenholt hierauf noch eingehen wird.

Ich wünsche dem ifeu viel Erfolg für seine weitere Arbeit. Lassen Sie mich jetzt zum zweiten Stereokanal – zu dem mir gestellten Thema übergehen.

Da Sie mich gebeten haben, zu den „Perspektiven der Umweltforschung an der Schwelle zum 21. Jahrhundert" zu referieren, ist es ein Gebot der Fairness, Ihnen kurz darzulegen, vor welchem Hintergrund, nämlich den Aufgaben des Umweltbundesamtes (UBA), meine Ausführungen zu sehen sind.

Umweltforschung in Deutschland und die Rolle des UBA

Die sich verbreitende öffentliche Wahrnehmung der Umweltprobleme, die durch die Wirtschafts- und Lebensweise in einem hoch industrialisierten Land wie der Bundesrepublik Deutschland entstehen, war Ende der 60er / Anfang der 70er-Jahre ausschlaggebend für die Etablierung der Umweltpolitik als eigenständigem Politikfeld auf Bundesebene und im Jahr 1974 auch für die Einrichtung des Umweltbundesamtes als selbstständige wissenschaftliche Bundesoberbehörde in Berlin. Seit dem 08. Mai 1996 hat es im Übrigen seinen gesetzlichen Sitz in Dessau.

Das Umweltbundesamt hat heute das Bundesumweltministerium insbesondere auf dem Gebiet des Immissions- und Bodenschutzes, der Abfall- und Wasserwirtschaft, der gesundheitlichen Belange des Umweltschutzes, speziell bei der Erarbeitung von Rechts- und Verwaltungsvorschriften, bei der Erforschung und Entwicklung von Grundlagen für geeignete umweltpolitische Maßnahmen sowie bei der Prüfung und Untersuchung von Verfahren und Einrichtungen wissenschaftlich zu unterstützen.

Des Weiteren gehören der Aufbau und die Führung des Informationssystems zur Umweltplanung sowie einer zentralen Umweltdokumentation, die Messung der großräumigen Luftbelastung, die Aufklärung der Öffentlichkeit in Umweltfragen, die Bereitstellung zentraler Dienste und Hilfen für die Ressortforschung und für die Koordinierung der Umweltforschung des Bundes sowie die Unterstützung bei der Prüfung der Umweltverträglichkeit von Maßnahmen des Bundes zu den wichtigen Aufgaben des Umweltbundesamtes.

Um die vielfältigen Aufgaben zu erfüllen, die im Errichtungsgesetz beschrieben sind und sich jedes Jahr aufs Neue in unserem Jahresbericht widerspiegeln, betreibt das Umweltbundesamt auch eigene wissenschaftliche Forschung, vor allem werden aber dem Umweltbundesamt derzeit jährlich ca. 50 Millionen DM zur Vergabe von Forschungsvorhaben aus dem jeweiligen Umweltforschungsplan übertragen. Dazu kommen die fachliche Mitwirkung bei der Vergabe von Geldern, mit denen Investitionsvorhaben zur Verringerung von Umweltbelastungen gefördert werden, sowie viele andere Aufgaben.

Die Umweltforschung im und durch das Umweltbundesamt ist Ressortforschung, die dadurch gekennzeichnet ist, dass sie ganz unmittelbar mit aktuellen, mittel- und langfristigen umweltpolitischen Aufgabenfeldern verbunden ist. Anders als bei den Forschungsprogrammen des Bundesministeriums für Bildung, Wissenschaft, Forschung und Technologie werden im jährlich erstellten Umweltforschungsplan des Bundesministeriums für Umwelt, Naturschutz und Reaktorsicherheit die einzelnen Forschungsfragestellungen durch das Ministerium auf Vorschlag der Bundesoberbehörden Umweltbundesamt und Bundesamt für Naturschutz auf Grund der Ressortbelange definiert. Die Umweltforschungspläne werden jeweils am Anfang eines Jahres in der Zeitschrift „Umwelt" des Bundesumweltministeriums veröffentlicht. Die Forschungsvorhaben, für die in der Regel ein Teilnahmewettbewerb stattfindet, werden im Bundesanzeiger und ggf. in anderen Medien veröffentlicht. Das ifeu gehört dann zu den Einrichtungen, die ihr Interesse beispielsweise im Rahmen eines derartigen Teilnahmewettbewerbs bekunden und die sich bei Ausschreibungen für die Durchführung von Vorhaben qualifizieren müssen. Und die Bilanz an vom ifeu für das Umweltbundesamt durchgeführten Forschungsvorhaben ist, wie ich bereits erwähnte, durchaus beachtenswert. An dieser Stelle darf ich Sie auch auf unsere Umweltforschungsdatenbank, kurz UFORDAT, aufmerksam machen, in der alle von uns und darüber hinaus natürlich noch viele andere im deutschsprachigen Raum durchgeführte Vorhaben der Umweltforschung enthalten sind. Die UFORDAT ist als Hilfe für die Koordinierung der Umweltforschung und als Informationsinstrument allgemein über Hosts zugänglich.

Von der inhaltlichen Seite her ließe sich die Geschichte der Umweltforschung in Deutschland anhand der thematischen Schwerpunkte in den Umweltforschungsplänen der letzten zwanzig Jahre, die natürlich gleichzeitig auch die Themenschwerpunkte der Umweltpolitik in ihren verschiedenen Phasen widerspiegeln, nacherzählen. Ich will dies hier nicht tun.

Wesentliche Themenschwerpunkte der vergangenen Jahre, wie beispielsweise Luftreinhaltung, Abfallwirtschaft / Abfallbehandlung, Gewässerschutz, Altlastenerfassung und –sanierung, sind zwar auch heute noch in den Umweltforschungsplänen enthalten, jedoch, bezogen auf die Gesamtheit der Projekte und Themenschwerpunkte, in quantitativ deutlich reduzierter Weise.

Die Umweltforschungspläne der letzten Jahre zeigen vielmehr, dass wir in zunehmender Zahl Forschungsvorhaben zu folgenden Themen durchgeführt haben:

- nachhaltige Entwicklung,
- umweltgerechtes Verhalten,
- Umweltbewusstsein und Umweltinformation,
- ökologische Weiterentwicklung der Wirtschaftsordnung,
- diverse Instrumente der Umweltpolitik, wie Umweltordnungsrecht, ökonomische Instrumente, Umweltplanung und Umweltbeobachtung,
- umweltgerechte Energie- und Technikkonzepte und Produkte,
- umweltgerechte Nutzung der Bio- und Gentechnik,
- Bodenschutz,
- querschnittsorientierte Themenbereiche,
- Umwelt und Verkehr,
- Umwelt und Gesundheit,
- Umwelt und Landwirtschaft,
- Umwelt und Freizeit und
- ökologische Fragestellungen, wie z. B. das Ökosystemforschungskonzept des Bundes, Konzepte zur ökologischen Planung im Rahmen von Demonstrationsvorhaben, die Verbreitung nichtheimischer Organismen.

Wir prüfen laufend, ob dieses Themenspektrum und die Forschungsfragestellungen bereits in allen Fällen den Aufgaben und Problemen, denen sich die Umweltpolitik heute anzunehmen hat, angemessen sind. Nicht nur aus der unmittelbaren, sondern auch aus der mittelbaren Erfahrung wissen wir, dass die aktuellen Bemühungen, tatsächlich neue Wege und Ansätze einer zukünftigen Umweltforschung zu konzipieren, manchmal einem Ringen mit den teilweise zu eng gewordenen alten disziplinären und umweltmedialen Konzepten gleichkommt. Wie schwierig es ist, diese Konzepte und Denkweisen zuweilen auch nur im Ansatz zu verlassen, ist denjenigen bekannt, die versucht haben, mit anderen Disziplinen zu kooperieren. Doch dieses Wagnis werden wir alle nicht umgehen können, wenn wir uns den großen Herausforderungen stellen wollen, die mit der Konzeptualisierung, der Operationalisierung und schließlich der Umsetzung des Leitbildes einer nachhaltigen Entwicklung verbunden sind.

Ich spreche diese Schwierigkeiten an, obwohl die Arbeit des Umweltbundesamtes von Anfang an durch Interdisziplinarität gekennzeichnet ist, wobei bisher allerdings die disziplinübergreifende Arbeit zwischen den verschiedenen Natur- und Ingenieurwissenschaften sowie zwischen Rechts- und Wirtschaftswissenschaften im Vordergrund stand. Im Umweltbundesamt sind dennoch bereits seit langem außer der Theologie alle relevanten wissenschaftlichen Disziplinen vertreten. Aber dieses „Defizit" hat uns natürlich nicht daran gehindert, uns mit Fragen der Umweltethik zu befassen! Ein aus meiner Sicht gutes Bild dieser nicht immer einfachen, aber dennoch bereits eingeübten interdisziplinären Kooperation im Umweltbundesamt vermittelt unsere im letzten Jahr erschienene Studie „Nachhaltiges Deutschland – Wege zu einer dauerhaft umweltgerechten Entwicklung".

Möglicherweise haben Sie sich während meines bisherigen Vortrages darüber gewundert, dass ich Ihnen so viel zum Umweltbundesamt und zu der von uns durchgeführten oder zu der auf unsere Veranlassung hin durchgeführten Umweltforschung erzählt habe: Das liegt zum einen daran, dass wir einen relativ guten Überblick über die thematischen Ausrichtungen in der Umweltforschung haben. Das liegt zum anderen aber auch daran, dass das Umweltbundesamt in seiner Besonderheit als wissenschaftliche Behörde, die in ihrer wissenschaftlich unterstützenden Funktion dem Bundesumweltministerium dient und außerdem in unmittelbarer Beziehung zu der Wissenschaftslandschaft steht, tatsächlich eine impulsgebende Einrichtung im Bereich der Umweltforschung sein muss. Unbenommen davon haben natürlich das Bundesministerium für Bildung, Wissenschaft, Forschung und Technologie und die Deutsche Bundesstiftung Umwelt das weitaus größere finanzielle Potenzial für die Programmforschung und die Forschungsförderung. Im vergangenen Jahr stellte das BMBF mit ca. 700 Millionen DM den Löwenanteil zur Verfügung. Ca. 100 Millionen DM wendete das Bundeslandwirtschaftsministerium, ca. 30 Millionen DM das Bundeswirtschaftsministerium über die Arbeitsgemeinschaft industrieller Forschungsvereinigungen für umweltbezogene Forschungen auf. Das Bundesumweltministerium gab ca. 55 Millionen DM – ohne die Aufwendungen für die Reaktorsicherheits- und Strahlenschutzforschung – aus. Rechnet man die Aufwendungen aller anderen Ressorts hinzu, beliefen sich die Umweltforschungsmittel des Bundes auf ca. eine Milliarde DM in 1997.

Es ist selbstverständlich, dass viele der von diesen und weiteren Institutionen geförderten Forschungsvorhaben im Rahmen unserer Arbeit nicht nur zur Kenntnis genommen, sondern vor allem für die mögliche Umsetzung in politische Maßnahmen ausgewertet werden. Engere Kooperation und Koordination mit anderen forschungsfördernden Institutionen werden vom Umweltbundesamt gleichermaßen gepflegt. Zu diesen Institutionen gehören neben dem BMBF und der DBU auch die entsprechenden Ministerien in den Bundesländern, Stiftungen, die Industrie und die Europäische Kommission. Wir versuchen damit, die Ausrichtung der einzelnen Forschungsvorhaben z. B. im Wege der Frühkoordinierung der Bundesressorts untereinander im Sinne der umweltpolitischen Prioritätensetzung zu beeinflussen oder durch die Mitarbeit in Projektbeiräten die umweltfachlichen Gesichtspunkte zu verstärken. In vielen Fällen kann der Mitteleinsatz dadurch effektiver gestaltet werden, z. B. durch die Vermeidung von Doppelforschung.

Lassen Sie mich zum Thema Umweltforschung und nachhaltige Entwicklung sowie zu den Perspektiven der Umweltforschung kommen:

Umweltforschung und nachhaltige Entwicklung

Wie Sie alle wissen, ist die Umsetzung des Leitbildes „Nachhaltige Entwicklung" in eine gesellschaftliche Praxis spätestens seit der 2. UN-Konferenz für Umwelt und Entwicklung 1992 in Rio de Janeiro eine große Herausforderung sowohl für die Umweltpolitik als auch für viele andere Politikbereiche, ohne die die Anstrengungen der Umweltpolitik weniger wirksam sein müssten. Zweifelsohne werden jedoch bei der Erarbeitung der Konzepte und Strategien für die Umsetzung einer nachhaltigen Entwicklung, bei der Definition von Umweltqualitäts- und -handlungszielen, von Indikatoren und Kriterien für Nachhaltigkeit die Umweltpolitik und die Umweltforschung in besonderem Maße noch lange Zeit gefordert sein.

Ein Blick auf das Arbeitsprogramm der VN-Kommission für Nachhaltige Entwicklung (Commission for Sustainable Development, CSD) für die Jahre 1998 - 2002 lässt die inhaltlichen Schwerpunkte der Strategien für die Umsetzung einer nachhaltigen Entwicklung sehr gut erkennen: Die übergreifenden Themen für die gesamte Periode sind Armut sowie Konsum- und Produktionsmuster. Die Kommission unterscheidet bezüglich ihrer jährlichen Themen zwischen sektoralen und sektorübergreifenden Themen sowie einem Thema zum ökonomischen Bereich. Die Themen dieses Jahres in der eben skizzierten Reihenfolge sind Süßwasser, Technologietransfer, Capacity-building, Bildung und Wissenschaft sowie Bewusstseinsbildung als sektorübergreifende Themen und Industrie als ökonomisches Thema. Für 1999 sind die Themen Ozeane und Meere, Konsum- und Produktionsmuster sowie Tourismus, für das Jahr 2000 integrierte Planung und Management der Bodenressourcen als sektorale Themen, finanzielle Ressourcen, Handel und Investitionen sowie ökonomisches Wachstum als sektorübergreifende Themen, Land- und Forstwirtschaft als ökonomisches Thema vorgesehen, für 2001 sind es die Themen Atmosphäre und Energie, Information über Entscheidungsprozesse und Partizipation und internationale Kooperation zur Verbesserung der Umweltsituation sowie Energie und Transport. Schließlich ist für 2002 eine zusammenfassende Rückschau auf die zehn Jahre nach Rio geplant. Sie sehen, der Mainstream der Aufgaben der Umweltforschung geht weg von punktuellen zu übergreifenden Themen, weg von technischen, hin zu eher gesellschaftlich-institutionellen Fragen.

Im vergangenen Jahr wurde erstmals ein gemeinsames Umweltforschungsprogramm der Bundesregierung „Forschung für die Umwelt" vorgelegt, in dem nicht nur programmatische Schwerpunkte der Forschungsförderung des Bundesministeriums für Bildung, Wissenschaft, Forschung und Technologie, sondern auch Forschungsbereiche des Bundesumweltministeriums umrissen werden. Das Programm „Forschung für die Umwelt" ist der Verwirklichung einer nachhaltigen Entwicklung verpflichtet. Gefördert werden sollen die Entwicklung von Konzepten zur nachhaltigen Nutzung und Gestaltung unterschiedlicher Lebensräume und die Erarbeitung von Grundlagen für ein nachhaltiges Wirtschaften, wobei es hier sowohl um das Anstoßen von Innovationen in Produktionsprozessen und Produkten als auch um die Erprobung neuer Handlungs- und Organisationsformen sowie Instrumente zur Verwirklichung des Nachhaltigkeitskonzeptes geht. Ein weiterer Schwerpunkt ist die Umweltbildung, hier vor allem, wie Umweltwissen in umweltverträgliches und soziales Handeln im Sinne einer nachhaltigen Entwicklung umgesetzt werden kann. Meine Damen und Herren, auch hier erkennen Sie den soeben charakterisierten Mainstream wieder!

Im Unterschied zum aktuellen Entwurf für das 5. Rahmenprogramm Forschung der EU, das programmatisch insgesamt der Umsetzung einer nachhaltigen Entwicklung dienen soll, umfasst das Programm „Forschung für die Umwelt" der Bundesregierung nicht das gesamte Spektrum der Forschungsförderung durch die Bundesregierung, sondern lediglich den Bereich der Umweltforschung. Dennoch wurde auch in Deutschland bereits bei einer Reihe von Forschungsschwerpunkten und Forschungsprogrammen in anderen Bereichen der Umweltaspekt integriert. Ein Beispiel dafür ist das Forschungsprogramm „Produktion 2000" des Bundesministeriums für Bildung, Wissenschaft, Forschung und Technologie, ein ursprünglich klassisches Programm der Fertigungstechnologie. Es ist zu erwarten, dass sich diese Tendenz zukünftig noch verstärken wird, insbesondere vor dem Hintergrund des zu erwartenden und zumindest in großen Teilen sehr interessanten und wegweisenden Entwurfs zum 5. Rahmenprogramm Forschung der EU.

Im Umweltbundesamt hat in den letzten Jahren die Zahl der Forschungsvorhaben, die einen Beitrag zur Verwirklichung des Leitbildes einer nachhaltigen Entwicklung leisten können, kontinuierlich zugenommen. Anfang 1996 haben wir unter der Fragestellung, welche Vorhaben einen Beitrag zur Umsetzung dieses Leitbildes leisten können, eine Auswertung der seit 1990 vergebenen Forschungsprojekte vorgenommen. Zur Überprüfung haben wir folgende Kriterien entwickelt und angelegt:

- Ressourcenschonung, differenziert nach
  - Quelle und
  - Senke;
- Querschnittsorientierung, differenziert nach den Aspekten
  - umweltmedienübergreifend sowie
  - ökologische, ökonomische und soziale Aspekte einbeziehend;
- eine mittel- und langfristige Orientierung im Hinblick auf die Problemstellung bzw. -lösung;
- Orientierung am Vorsorgeprinzip;
- ein eher prozessbezogener Ansatz als ein objekt- bzw. einzelfallorientierter Ansatz; z. B. Stoffstrommanagement
- transnationale Aspekte betreffend.

Von den genannten Kriterien mussten mindestens zwei erfüllt sein, damit der Beitrag eines Forschungsvorhabens zur nachhaltigen Entwicklung als solcher qualifiziert wurde. In den Jahren 1990 bis 1995 haben wir insgesamt rd. 30 Vorhaben durchgeführt, die jeweils mindestens zwei der oben genannten Kriterien erfüllten. Ab 1996 enthielten die Umweltforschungspläne jeweils ungefähr 15 bis mittlerweile 25 Vorhaben, die dieser Bedingung entsprechen.

Unsere Kriterien sind auch in die Überlegungen um eine nachhaltige Forschungs- und Technologiepolitik eingeflossen, die das Institut für sozialökologische Forschung (ISOE) im Auftrag des Büros für Technikfolgenabschätzung beim Deutschen Bundestag (TAB) angestellt hat. Unsere Merkmale sind mit den schließlich vom TAB empfohlenen Kriterien für eine an Nachhaltigkeit orientierte Forschungs- und Technologiepolitik durchaus vergleichbar, obwohl der vom TAB beanspruchte Wirkungsradius ja sehr viel umfassender ist. Die TAB-Kriterien sind:

- Problemorientierte Interdisziplinarität;
- Verbindung von grundlagen- und theoriebezogener Forschung mit Anwendungs- und Gestaltungsorientierung;
- Langfrist- und Folgenorientierung;
- Verbindung von regionalen und globalen Analyseebenen;
- Orientierung an gesellschaftlichen Bedürfnisfeldern;
- Akteursorientierung.

In zweifacher Weise haben wir uns durch die Debatten um Nachhaltigkeit und Forschung in den beiden letzten Jahren anregen lassen, unsere Positionen weiter zu entwickeln:

Durch den vom Wissenschaftlichen Beirat der Bundesregierung Globale Umweltveränderungen (WBGU) vertretenen Syndromansatz – der vom WBGU insbesondere in seinem Jahresgutachten 1996 „Welt im Wandel: Herausforderung für die deutsche Wissenschaft" ausführlich dargestellt wurde – haben wir uns mit einer Gegenüberstellung des Syndromansatzes und des Bedarfsfeldansatzes beschäftigt. Aus unserer Sicht sind beide Ansätze für unterschiedliche Fragestellungen in unterschiedlicher Weise geeignet; sie haben daher beide ihre Berechtigung und werden in der zukünftigen Umweltforschung von Bedeutung sein.

Zum Zweiten hat uns das von den Niederlanden durchgeführte Programm zu einer nachhaltigen Technologie-Entwicklung angeregt, über die Möglichkeiten nachzudenken, dessen Ergebnisse und die dort gewonnenen Erfahrungen für bestimmte Bereiche, beispielsweise für die in unserer Studie „Nachhaltiges Deutschland" betrachteten, zu nutzen.

Perspektiven der Umweltforschung

Bis jetzt habe ich Ihnen einige Ideen, Ansätze, Anregungen für eine zukünftige Umweltforschung unterbreitet. Diese Überlegungen werden uns in naher und vermutlich auch fernerer Zukunft noch beschäftigen. Wir sollten jedoch unbedingt vermeiden, die Beschäftigung mit uns selbst und unseren Vorgehensweisen zum Selbstzweck zu machen. Vielmehr muss diese Auseinandersetzung möglichst im Rahmen konkreter Anwendungsfelder und Problembereiche des Umwelt- und Gesundheitsschutzes erfolgen.

Die Umweltforschung und die Umweltwissenschaften müssen auf dem Weg in das 21. Jahrhundert stärker als bisher der mittlerweile unumstrittenen Erkenntnis Rechnung tragen, dass die Umweltprobleme, regional, national und global, Auswirkungen menschlichen und gesellschaftlichen Handelns sind. Das bedeutet, dass individuelles und kollektives Handeln als Gegenstand der Umweltforschung einbezogen werden muss, Umweltforschung sich also noch mehr über die naturwissenschaftliche und die technische Dimension hinaus erweitern muss. Dies gilt insbesondere, wenn es um die Beiträge von Wissenschaft und Forschung zur Umsetzung des Leitbildes einer nachhaltigen Entwicklung geht. Interdisziplinarität im Sinne eines wirklich integrativen und nicht bloß additiven Vorgehens ist in diesem Zusammenhang eine Herausforderung für alle beteiligten Wissenschaftsdisziplinen.

Ferner wird es zukünftig erforderlich sein, neben lokalen, regionalen und nationalen Strategien auch globale Fragestellungen stärker zu berücksichtigen und in diesem Sinne sowohl interdisziplinäre als auch international orientierte Forschungsansätze und -vorhaben zu entwickeln. In diesem Zusammenhang sind nicht nur Stichworte wie Technologie- und Wissenstransfer, beides nicht unilateral zu verstehen, zu nennen, sondern beispielsweise auch Arbeiten zur Rolle und Bedeutung sowie Optimierung internationaler Institutionen und Organisationen. Besonders spannende Themen sind in diesem Zusammenhang die Umsetzung der Biodiversitätskonvention durch intelligent ausgestaltete Verfügungsrechte an genetischen Ressourcen, das Verhältnis internationaler Umweltschutzabkommen zu den GATT/WTO-Regeln und die Frage, wie man zunächst in den Industrieländern eine Trendumkehr hin zu einem dauerhaft umweltgerechten Konsum erreichen kann. Zu diesem Thema hat ja kürzlich erst die UN-Entwicklungsorganisation UNDP einen aufrüttelnden Bericht vorgelegt.

Darüber hinaus möchte ich abschließend noch einmal die Bedeutung von Umweltpolitik und -forschung als einer Querschnittsaufgabe in vielen Ressorts und in vielen Wissenschaftsdisziplinen aufgreifen: Bereits Ende der 80er / Anfang der 90er-Jahre gab es Überlegungen dazu, wie zukünftig Umweltbelange stärker bei der Forschungsförderung in allen Forschungsbereichen berücksichtigt werden könnten. Wegen vielfältiger methodischer Schwierigkeiten, u. a. im wichtigen Bereich der Prognostik, wurden die ersten Arbeiten in Deutschland nicht nachdrücklich genug weiter verfolgt. Mittlerweile gibt es auch in anderen europäischen Ländern Arbeiten und Ansätze, die in die gleiche Richtung weisen (z. B. in Schweden und in den Niederlanden). Hier müssen wir dringend Lösungen finden, die sich an den Anforderungen, die aus dem konkretisierten Leitbild einer nachhaltigen Entwicklung erwachsen, orientieren sollten.

Ebenso wie es inzwischen gelungen ist, in Forschungsprogrammen, in denen herkömmlicherweise Umweltbelange nicht berücksichtigt wurden, diese zu verankern – wie z.B. im Forschungsprogramm Produktion 2000 des Bundesministeriums für Bildung, Wissenschaft, Forschung und Technologie – werden wir in Zukunft dafür Sorge tragen müssen, dass auch in Forschungsprogrammen und Förderkonzepten, in denen umweltbezogene Fragestellungen bislang noch unterhalb der Nachweisgrenze liegen, diese Gesichtspunkte berücksichtigt werden. Das Leitbild der nachhaltigen Entwicklung und die Aufgabe, es in eine gesellschaftliche Praxis umzusetzen, erfordern außerdem, dass wir uns zukünftig noch viel stärker als bisher darum zu bemühen haben werden, den Umweltbelangen in den verschiedenen Politikfeldern die Geltung zu verschaffen, die ihnen im Hinblick auf die Sicherung unserer Lebensgrundlagen zukommt. Ich erinnere in diesem Zusammenhang an Artikel 20 a Grundgesetz – „Staatsziel Umweltschutz".

Ich bedanke mich für Ihre Aufmerksamkeit und darf zum Abschluss dem ifeu noch einmal alles Gute wünschen – auf einem Weg, der sicherlich manchmal hart und unbequem ist. Aber er ist gerade da, wo immer wieder neue Herausforderungen zu bewältigen sind, natürlich auch sehr interessant und erfordert immer wieder unseren ganzen Einsatz und unsere ganze Kreativität.

Bleiben Sie bei dem Motto, das Heinz Erhardt wie folgt umriss „*Es gibt keine Lauer, auf der wir nicht lägen*". Meine Frau und ich werden heute noch gerne mit Ihnen feiern. Ökologie der Zeit gehört zu Ökologie.

Innovative Umweltpolitik eines Landes am Beispiel der Abfallwirtschaft in Nordrhein-Westfalen

Bärbel Höhn, Ministerin für Umwelt, Raumordnung und Landwirtschaft des Landes Nordrhein-Westfalen[1]

Die umweltpolitische Entwicklung im Bereich der Abfallwirtschaft ist fassettenreich. Unter dem Blickwinkel eines ökologischen und vor allem stoffpolitischen Ansatzes ist das Ergebnis leider bislang eher vernichtend.

In all den Jahren, in denen das alte Abfallgesetz galt, konzentrierten sich die gesetzlich verankerten Entsorgungspflichten allein darauf, eine Abfallwirtschaft unter dem Gesichtspunkt des nachsorgenden Umweltschutzes zu betreiben. Es wurden nur die technischen Möglichkeiten der verschiedenen Beseitigungsverfahren diskutiert und es wurden die Anlagen hierfür geschaffen. Eine wirkliche stoffliche, chemiepolitische Vorsorge zur Minimierung von ökologischen Problemen und Schadstoffeinträgen fand nicht statt.

Mit dem Auslaufen des alten Abfallgesetzes bestand die Situation, dass die Abfälle, die mit Anschluss- und Benutzungszwang bestimmten Anlagen zugewiesen wurden, staatlich kontrolliert ein Höchstmaß an technischer Bewältigung und somit auch Umweltvorsorge erhielten, ein Großteil der Abfallströme sich jedoch schon längst aus dem Vollzugsbereich des Abfallgesetzes verabschiedet hatte, sodass wir heute in vielen Bereichen eine zweigeteilte Entsorgungsstruktur vorfinden:

- Abfälle, die aufgrund ihrer Zusammensetzung und Gefährlichkeit der ihnen angemessenen Entsorgung zugeführt werden, und
- die große Grauzone der industriellen Mitverbrennung und Mitverwertung.

In der abfallwirtschaftlichen Diskussion entstand der Widerspruch, dass nicht die gleichen Maßstäbe angelegt wurden. Wurden auf der einen Seite bestimmte Stoffgruppen aus dem privaten Konsum als Problemabfälle definiert und teuer entsorgt, so lässt sich leicht darstellen, dass für die gleichen Schadstoffe, für die im Hausmüllbereich eine getrennte Erfassung vorgeschrieben ist und vollzogen wird, im großtechnischen Bereich der stoffliche

---

[1] Der Vortrag wurde in Vertretung freundlicherweise von Frau Staatssekretärin Christiane Friedrich gehalten

Betrachtungswinkel aufgegeben und ein Vielfaches an Schadstofffrachten in die Umwelt entlassen wird – aber hier unter dem Deckmantel der Verwertung.

Ein Synonym dafür ist für mich der Begriff des Sekundärrohstoffs, der eine stoffunabhängige, rein betriebswirtschaftliche Betrachtungsweise von Abfällen wesentlich begünstigt hat.

Mit der Übernahme des EU-rechtlich definierten Abfallbegriffs in das jetzt gültige Kreislaufwirtschafts- und Abfallgesetz wurde nun eigentlich der Grundstein gelegt, um die Grauzonen dubioser Verwertungswege aufzuhellen, und es ist gewiss ein Fortschritt, dass das Kreislaufwirtschaftsgesetz nur noch zwei Begriffe – nämlich Abfälle zur Beseitigung und Abfälle zur Verwertung – kennt. Unsere Erwartung, dass der Gesetzgeber zur klaren Definition und Umsetzung dieser neuen Begrifflichkeiten auch mit entsprechenden Verordnungen zur exakten Abgrenzung beider Begriffe operiert, blieb bislang unerfüllt.

Eine für den Umweltschutz und die Gesundheit der Bevölkerung verantwortliche Politik darf bei sachgemäßer Abwägung primär nur das Ziel vor Augen haben, dass alle Abfälle gemäß ihrer Schadstoffbelastung nur den Prozess durchlaufen, der unter gesamtökologischen Gesichtspunkten das Minimum an Umweltbeeinträchtigung darstellt. Dieser grundsätzliche Ansatz ist an mehreren Stellen im Kreislaufwirtschaftsgesetz auch tatsächlich enthalten, aber das Bundesumweltministerium scheut die konsequente Umsetzung. Als Beispiel sei hier der Papiertiger Altauto-Verordnung genannt.

Die aktuelle Abfallpolitik im nordrhein-westfälischen Umweltministerium ist aber nicht gewillt, diese Mogelpackung mitzutragen. Mit dem Landesumweltamt erarbeiten wir zurzeit eine technische Richtlinie, die es den für die Abfallüberwachung zuständigen Behörden ermöglichen wird, die Umweltverträglichkeit der verschiedenen Verwertungs- und Beseitigungsverfahren zu vergleichen.

Wir werden es nicht hinnehmen, dass unter dem verbalen Deckmantel der Verwertung unter formaljuristischer Begleitung bewusst und vorsätzlich große Mengen an Schadstoffen in die Umweltbelastungspfade Luft, Wasser und Boden eingetragen werden oder in Produkten faktisch „zwischengelagert" und die Altlasten der Zukunft werden.

Wir sind uns bewusst, dass wir uns damit einer schwierigen Aufgabe stellen. Wenn jedoch die Begriffe von Nachhaltigkeit, Ressourcenschonung und Umweltverträglichkeit nicht nur Sprechblasen in der umweltpolitischen Auseinandersetzung sein sollen, sondern Grundlage für verantwortliches Handeln im Vollzug der Umweltgesetze, dann bleibt keine andere Wahl, als diesen schwierigen Weg zu gehen. Wir werden daher im nächsten Jahr in die stoffpolitische, schadstoffbezogene und schadstoffbilanzierende Diskussion über den Vergleich zwischen verschiedenen Beseitigungs- und Verwertungsverfahren eintreten.

Dies gilt gerade auch in Hinsicht auf die Stützung des Industriestandortes Nordrhein-Westfalen, denn Produktionsverfahren, die nicht unter den Gesichtspunkten von Ressourcenschonung und Umweltverträglichkeit geplant und eingesetzt werden, haben langfristig gesehen keine Chance. In einem hoch industrialisierten Land, das von Rohstoffimporten lebt, ist es nicht nur unter Umweltaspekten ein Effektivitätsziel, Produkte ohne große Stoffverluste oder nicht gewollte Stoffumsätze zu erreichen – es ist auch der ökonomische Ansatz, Produktionskosten zu senken, und es ist offenkundig, dass unter den Gesichtspunkten von Innovation und Hightech für den Industriestandort Nordrhein-Westfalen die Beschäftigung auf diesem Sektor Erfolg versprechender ist.

Nach diesen grundsätzlichen Bemerkungen zur industriellen Abfallwirtschaft lassen Sie mich nun bitte auf die Siedlungsabfälle kommen.

Es ist keine 10 Jahre her, dass wir eine intensive Diskussion um die Umweltprobleme und den Bedarf weiterer Müllverbrennungsanlagen geführt haben. Vermeiden statt verbrennen war ein gängiger Slogan. In punkto Vermeidung hat sich bis heute leider allzu wenig verändert. Trotzdem stehen wir nur wenige Jahre später vor der Situation, dass Müllverbrennungsanlagen nicht ausgelastet sind und Gewerbeabfälle zu Dumpingpreisen akquiriert werden. Eine Entwicklung, die sich in Nordrhein-Westfalen bereits zu Beginn meiner dortigen Tätigkeit abzeichnete.

Um hier gegenzusteuern, haben wir in Nordrhein-Westfalen einen zweigleisigen Weg eingeschlagen, der sich nach dem Prinzip des Reißverschlusses langfristig ineinander fügen wird. Mit einem eher grundsätzlichen Ansatz stellen wir uns der Herausforderung, Lösungsstrategien für die Vermeidung von Abfällen und eine ressourcenschonende Kreislaufwirtschaft anzubieten. Zugleich müssen wir uns mit einer bestehenden Entsorgungsinfrastruktur auseinander setzen. Und hier haben wir uns für ein ganz pragmatisches Vorgehen entschieden.

Denn in der Vergangenheit wurde häufig ohne eine realistische und differenzierte Abfallaufkommens- und Mengendiskussion dem Bau von thermischen Vorbehandlungsanlagen das Wort geredet. Dies führte dazu, dass im Vergleich zum realen Erfordernis mittlerweile eine deutliche Überkapazität besteht. Dieses Missverhältnis wird sich noch erhöhen, wenn berücksichtigt wird, dass wir gerade in den Kommunen, die an thermische Behandlungsanlagen angeschlossen sind, ein überdurchschnittliches "Pro-Kopf-Aufkommen" an Hausmüll, also noch ein großes Vermeidungs- und Verwertungspotenzial haben.

Zum Verständnis der abfallwirtschaftlichen Situation in Nordrhein-Westfalen möchte ich ihnen die Stationen unserer Abfallpolitik im Bereich der Siedlungsabfallwirtschaft aufzeigen.

Unser erster Schritt bestand in der restriktiven Bedarfsprüfung. Auf der Basis der Siedlungsabfallmengen 1994 wurde eine Prognose der zukünftig zu beseitigenden Rest-Siedlungsabfälle erstellt, um aufbauend darauf ermitteln zu können, welche Beseitigungskapazitäten tatsächlich erforderlich sind, um die nach Vermeidung und Verwertung verbleibenden Abfälle umweltverträglich zu entsorgen.

Diese Mengenabschätzung wurde nicht allein am Schreibtisch eines Ingenieurbüros vollzogen, sondern wir haben diese in einem Diskussionsprozess unter Einbeziehung der Bezirksregierungen, der kommunalen Spitzenverbände, der Umweltverbände sowie von Vertretern der Wirtschaft vorgenommen. Die Ergebnisse der restriktiven Bedarfsprüfung liegen seit 1996 vor.

Ein wichtiges Ergebnis der restriktiven Bedarfsprüfung war, dass zwar bezogen auf das gesamte Land ausreichende Anlagenkapazitäten vorhanden waren, dass es jedoch regional erhebliche Unterschiede gab.

Angesichts der Größe von Nordrhein-Westfalen mit rd. 18 Millionen Einwohnern erscheint dieses Ergebnis zunächst nicht ungewöhnlich. Betrachtet man die Bedarfsplanungen allerdings genauer, so stellt sich zum Beispiel für den Regierungsbezirk Düsseldorf heraus, dass einer installierten Müllverbrennungskapazität von 520 kg pro Einwohner und Jahr nur ein Bedarf von rd. 350 kg pro Einwohner gegenüber steht und dies zu einem Zeitpunkt, wo die im Hausmüll vorhandenen Wertstoffpotenziale bei weitem noch nicht ausgeschöpft sind.

Deshalb sind wir im nächsten Schritt daran gegangen, sinnvolle Nutzungskooperationen für die einzelnen Gebietskörperschaften zu entwickeln. Dabei ließen wir uns vom ifeu-Institut unterstützen.

Vom ifeu-Institut wurde für jeden Kreis und jede kreisfreie Stadt ermittelt, welche Restabfälle im Jahr 2005 zur Beseitigung anfallen. Hierbei wurde nicht mehr schlicht eine einfache quantitative Prognose erstellt, sondern es wurde auch eine Abschätzung der Zusammensetzung der zukünftigen Restabfälle vorgenommen. Hiermit haben wir erreicht, dass eine der jeweiligen Behandlungs- und Beseitigungstechnologie angepasste Zuordnung der Restabfall-Teilströme vorgenommen werden konnte.

Dem auf diese Weise ermittelten Bedarf an Behandlungs- und Beseitigungskapazität haben wir die vorhandenen und die geplanten Anlagen der einzelnen Gebietskörperschaften gegenübergestellt und kooperative Nutzungskonzepte entwickelt. Für die Nutzungskooperationen haben wir folgende Grundbedingungen festgelegt:

1. Die Ablagerung unbehandelter Siedlungsabfälle soll so schnell wie möglich beendet werden.
2. Die Entsorgung der Restabfälle soll möglichst ortsnah erfolgen.
3. Der Bau neuer Anlagen soll begrenzt werden.
4. Die Gebührenlasten der Bürgerinnen und Bürger sollen erleichtert werden.
5. Müllimporte sollen weitgehend verhindert werden.

Mit Hilfe der ifeu-Untersuchung haben wir dann im Dialog mit den Bezirksregierungen und den Gebietskörperschaften Nutzungskooperationen vereinbart, die inzwischen in den Abfallwirtschaftsplänen rechtsverbindlich fest geschrieben sind.

Parallel zu diesem Prozess haben wir die Diskussion über die Möglichkeit der mechanisch-biologischen Restabfallbehandlung eröffnet und hierzu den Leitfaden „Integration der mechanisch-biologischen Restabfallbehandlung in ein kommunales Abfallwirtschaftskonzept" herausgegeben. Der Leitfaden beantwortet die wichtigsten technischen und rechtlichen Fragen und stellt sich damit der Diskussion um die TA Siedlungsabfall. Denn nach unserer Auffassung darf diese Verwaltungsvorschrift nicht dazu benutzt werden, die Weiterentwicklung innovativer Abfallbehandlungsverfahren zu blockieren.

Mit dem Leitfaden wollen wir den entsorgungspflichtigen Körperschaften Planungs- und Rechtssicherheit geben. Um zusätzliche Anreize zu schaffen, haben wir das Förderprogramm „Innovative Abfallbehandlungsverfahren" eingerichtet.

In Nordrhein-Westfalen stehen wir bereits heute vor der Situation, dass in vielen Kreisen erhebliche Verbrennungsüberkapazitäten vorhanden sind - mit den bekannten Folgen für die betroffenen Kreise und Städte. Daneben haben wir Kreise und Städte, die ihre Siedlungsabfälle noch unvorbehandelt ablagern. Die Auslastungsprobleme verschiedener Müllverbrennungsanlagen wie auch die vorhandenen preisgünstigen Hausmülldeponien dürfen nicht dazu führen, dass die vorrangigen Ziele der Vermeidung und Verwertung vernachlässigt werden. Dies betrifft insbesondere die Verwertung von Bioabfällen, die sich in den dicht besiedelten Regionen an Rhein und Ruhr erst im Aufbau befindet.

Um unserem Ziel, der flächendeckenden Sammlung und Verwertung von Bio- und Grünabfällen Nachdruck zu verleihen, haben wir entsprechende Vorgaben in den im Sommer 1998 vorgelegten Entwurf zur Novelle des Landesabfallgesetzes aufgenommen. Wenn wir unseren Terminplan realisieren können, werden wir das Novellierungsverfahren noch in diesem Jahr abschließen, sodass das neue Gesetz vermutlich bereits zum 1.1.1999 in Kraft gesetzt werden kann.

Nordrhein-Westfalen ist ein vielschichtiges Bundesland, in dem sich weite Teile in einem tief greifenden Strukturwandel befinden. Der von uns im Bereich der Siedlungsabfallwirtschaft eingeschlagene Weg trägt dazu bei, dass dieser Prozess ökologisch verträglich vollzogen wird.

Das ifeu-Institut hat uns hierbei mit seiner langjährigen Erfahrung und seinen engagierten und kompetenten Mitarbeiterinnen und Mitarbeitern wertvolle Hilfestellung geleistet und ich wünsche uns und dem ifeu-Institut für den vor uns liegenden Weg einen ebensolchen Erfolg, wie wir ihn mit dem bisher eingeschlagenen erreicht haben.

Froschperspektive und Zukunftsfähigkeit

Dr. Fritz Vahrenholt, Mitglied des Vorstands der Deutschen Shell AG

Aus der Froschperspektive sind die Erfolge des Umweltschutzes hier zu Lande bemerkenswert. Die Probleme der Luftbelastung sind so gut wie gelöst (Abb. 1), selbst das Dioxinproblem ist abgehakt, Smogverordnungen konnten aufgehoben werden. Auch die Abwasserproblematik in der Bundesrepublik entspannt sich, wie der Vergleich der Gewässergütekarten zeigt.

Fischsterben und Schaumberge auf Flüssen gehören der Vergangenheit an. Der Wasserverbrauch geht deutlich zurück und die Probleme der Abfallwirtschaft sind technisch gelöst.

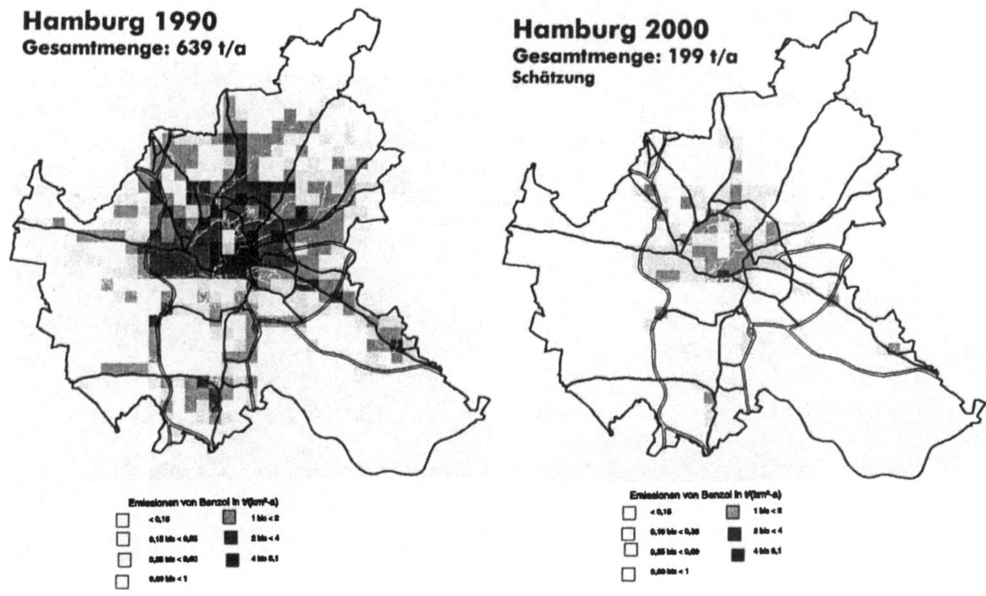

Abb. 1   Emissionen von Benzol in Hamburg (1990 und 2000)

Leider wird in unserem Land, in dem die Supertechnik der thermischen Verwertung entwickelt worden ist, dieselbe nur zögerlich angewandt und werden Jahr für Jahr 35 Millionen Tonnen Hausmüll in rund 470 Deponien vergraben und in mehr als der Hälfte ohne Basisabdichtung die Altlasten der Zukunft produziert. Hersteller wie Babcock, Steinmüller, Lentjes, Noell, KWU können in so rückständigen Ländern wie Japan, Schweiz, Schweden und Holland ihre Technik anbieten. Dafür machen wir das vier Milliarden teure DSD bis zum Exzess; mit dem Ergebnis, dass nun auch noch Bäcker- und Fleischertüten mit dem Grünen Punkt beklebt werden sollen. Kostengünstig und ökologisch ist das nicht.

Klammern wir diesen Bereich aus, so waren wir in der Verknüpfung von „end-of-the-pipe" Technologie und Umweltschutz recht erfolgreich. Die Erfahrung zeigt, dass jede neue Produktionsanlage, jede Modernisierung einer bestehenden Anlage, jedes neue Verfahren gleichzeitig die Emissionen in Wasser, Boden und Luft drastisch senken.

Nun mag man einwenden: Innovation ist mehr als Technologie und Umweltschutz ist mehr als Umwelttechnik, man denke nur an den Naturschutz.

Richtig: Innovation ist mehr als Technologie, sie umfasst auch den Kontext von sozialem Wandel und organisatorischen Veränderungen, umfasst die Bildungspolitik, den Abbau staatlicher Bürokratie oder die Flexibilisierung von Arbeitsmärkten.

Richtig ist auch: Umweltschutz ist mehr als Technik und vor allen Dingen Natur- und Artenschutz. Aber zu glauben, sechs Milliarden Menschen können ohne technologische Quantensprünge naturverträglich produzieren und konsumieren, gehört zu den großen Lebenslügen einer Technik ablehnenden Ökobetroffenheitsszene in der Bundesrepublik. Eine Modellrechnung zeigt das.

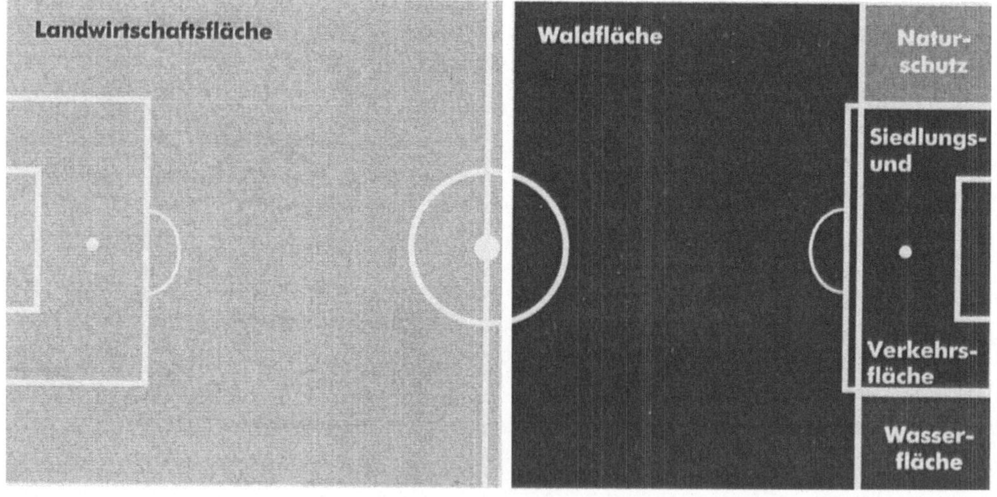

Abb. 2   Flächennutzung in Deutschland – Aufteilung am Beispiel eines Fußballfeldes

Teilt man die Fläche der Bundesrepublik durch die Anzahl der Menschen, so ergibt das 5000 Quadratmeter pro Bundesbürger, das heißt einen Fußballplatz pro Bewohner, mit 50 mal 100 Meter nicht einmal einen großen Platz (Abb. 2). Die eine Hälfte wäre mit Landwirtschaft bedeckt, die andere Hälfte bis zur Strafraumhöhe mit Wald, Gewässer und Naturschutzgebieten. Der Strafraum umfasst alles, was zum bundesdeutschen Leben anteilig nötig ist, Platz zum Wohnen, Arbeiten, für Schulen, anteilige Verkehrsfläche, Fläche für die Abfallbeseitigung, Kraftwerke und den Friedhof. Ohne technische Innovationen kann bei wachsenden Bedürfnissen der Strafraum nur exzessiv vergrößert werden anstatt ihn intensiver zu nutzen.

Meine Damen und Herren, wir brauchen nach der Epoche der Kostenrechner und Bedenkenträger ein Jahrzehnt der Techniker, Chemiker und Ingenieure. Die Zeit der „Ökochonder" ist vorbei. Die Zeit der weinerlichen Generation, die sich mangels besserer Tugenden, Mut mit ihren Ängsten macht, ist Vergangenheit. Unser Land braucht eine neue Aufbruchstimmung, um durch Innovationen zu Investitionen zu kommen. Die Modernisierung des Kapitalstocks durch moderne Technologien in Schlüsselsektoren bewirkt dreierlei. Sie ist per se umweltfreundlicher, schafft Marktchancen und Wertschöpfung und erfüllt die Anforderungen, die uns seit Rio gestellt sind: „joint implementation".

Wenngleich wir erfolgreich bei der Bekämpfung der sichtbaren, erfahrbaren, lokalen Umweltbelastungen waren, brechen doch weltweit die Ökosysteme zusammen. Dabei geht es um langsame, kaum spürbare Veränderungen unserer Umwelt durch die Summation milliardenfacher kleiner Beiträge. Überfischung, Entwaldung, Übernutzung und Kontamination der Trinkwasserressourcen und vor allen Dingen Klimaveränderungen.

Meine Damen und Herren, Sie wissen, wir arbeiten als weltweit operierendes Unternehmen mit mehr als vierjährigen Planungshorizonten, mit Szenarien, die über 50 Jahre reichen. Wir beschäftigen uns mit einem Szenario namens „FROG" (First Raise Our Growth), der kontinuierlichen Fortschreibung heutigen Tuns. Der Frosch, in ein Gefäß mit heißem Wasser geworfen, springt sofort heraus und schützt sich dadurch. Bringt man einen Frosch in ein Gefäß und erhitzt es langsam, geht er jämmerlich zu Grunde, weil er die Veränderungen nicht oder zu spät wahrnimmt.

Wie kommen wir zur nachhaltigen Entwicklung?

In der Verkehrspolitik müssen wir neben der Verlagerung der wachsenden Güterverkehre auf die Schiene, der Entwicklung hoch leistungsfähiger und innovativer Verkehrssysteme wie des Transrapid zu einer Veränderung in der Autopolitik kommen. Und ich zitiere mich selbst als Umweltsenator aus 1997: *„Eine Politik gegen das Auto halte ich für falsch. Wir müssen das Auto sicherer, sparsamer und umweltverträglicher machen."* Neue Motorkonzepte und eine Verbesserung der Katalysatortechnik, für die die Mineralölindustrie geeignete Kraftstoffe liefern wird, werden die CO_2-Emissionen deutlich senken. Die Brennstoffzellentechnik deutscher Automobilfirmen steht serienmäßig ab Mitte des nächsten Jahrzehnts zur Verfügung. Mit dieser Technik können wir uns an die Spitze des technologischen Fortschritts setzen.

Der Ersatzprozess riskanter Stoffe durch die chemische Industrie ist in vollem Gange. Wir brauchen daher nicht weniger, sondern mehr Innovation in der Chemie. Die Entwicklung neuer Chemikalien für Hochtemperaturwerkstoffe, Supraleiter und Leichtbauwerkstoffe ist dringend erforderlich. Die Hälfte der wichtigsten Basis-Innovationen bis 2020 werden von der Chemie abhängen.

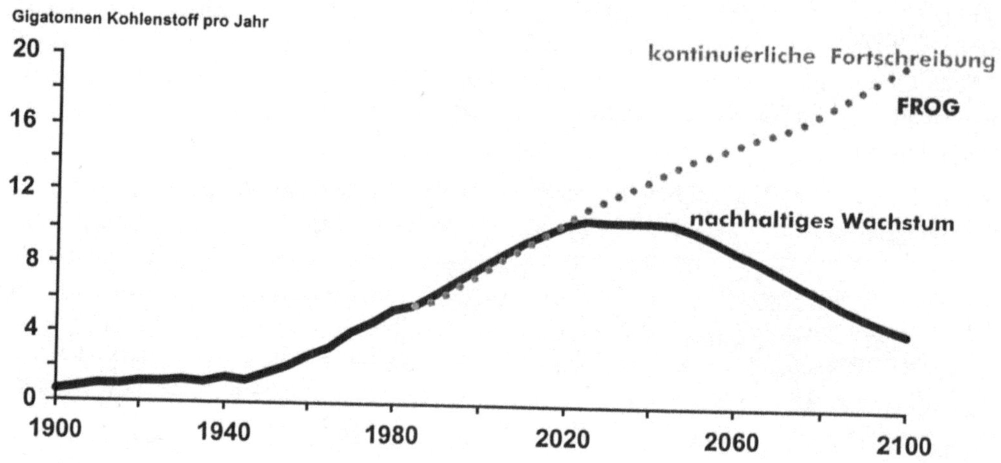

Abb. 3 CO_2-Emissionen fossiler Energieträger (1900-2100). Quelle: Deutsche Shell AG.

In der Gentechnologie stoßen wir auf das bekannte Paradox: 70 Prozent der Menschen in Deutschland finden Gentherapie gut, 70 Prozent aber lehnen Gentechnik ab. Immerhin scheint die Herstellung gentechnischer Pharmaka in der Gesellschaft akzeptiert zu sein. Ebenso die in jedem Waschmittel enthaltenen gentechnisch erzeugten Enzyme, die bis zu 6o Prozent an Umweltentlastung mit sich bringen. Umstritten ist nach wie vor die Freisetzung von gentechnisch veränderten Pflanzen. Aber allein die Tatsache, dass sich mit gentechnisch verändertem Mais in den USA 20 bis 30 Millionen Dollar an Pestiziden einsparen lassen, zeigt, was diese Technologie zur Umweltentlastung beitragen kann. Angesichts wachsender Weltbevölkerung können wir es uns gar nicht leisten, auf Erträge zu verzichten, die sonst durch Flächenzuwachs ausgeglichen werden müssten.

Im Energiebereich darf nichts vernachlässigt werden, von der Fusionsforschung bis zur Förderung der Wärmedämmung im Altbaubestand. Hightech- und Low-Tech-Maßnahmen, von der wissenschaftlichen Spitzentechnologie bis zur Handwerkerleistung, gehören zu einer langfristigen Strategie des Klimaschutzes.

Was tut Shell im Energiebereich?

Ich sprach von FROG. Dazu gehört die Vervielfachung der CO_2-Emissionen mit einer krisenhaften Zuspitzung in der zweiten Hälfte des nächsten Jahrhunderts (Abb. 3). Die Forderung nach einer Drosselung der Verbrennung fossiler Brennstoffe bei dieser Verlaufskurve ist unausweichlich. Wir wissen aber auch um die Endlichkeit von Öl- und Gasressourcen, die im Verlaufe des nächsten Jahrhunderts spürbar werden. Daher ist es vorstellbar, dass der Weltenergieverbrauch zu 50 Prozent aus erneuerbaren Energien gedeckt wird (Abb. 4).

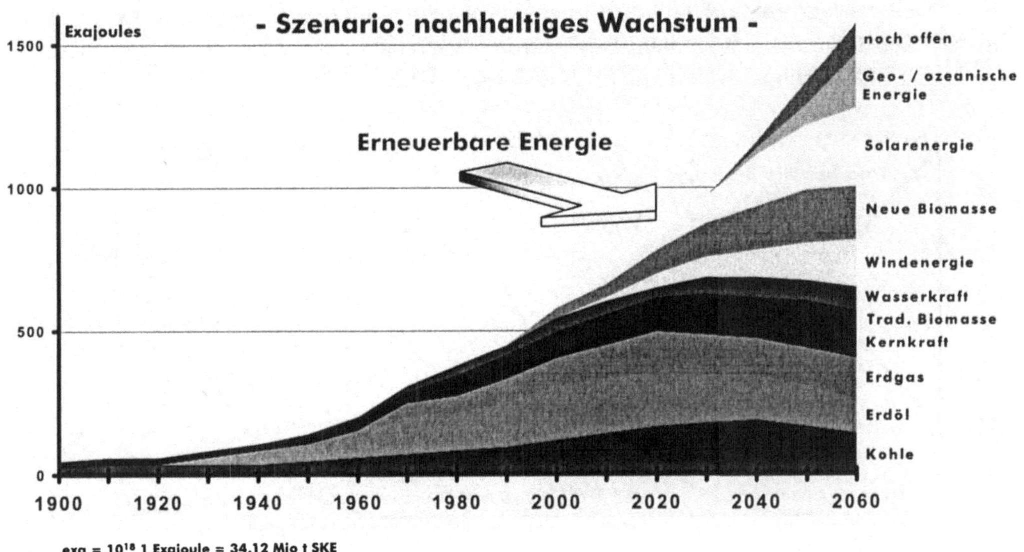

Abb. 4 Szenario: nachhaltiges Wachstum (Weltenergieverbrauch bis 2060). Quelle: Deutsch Shell AG.

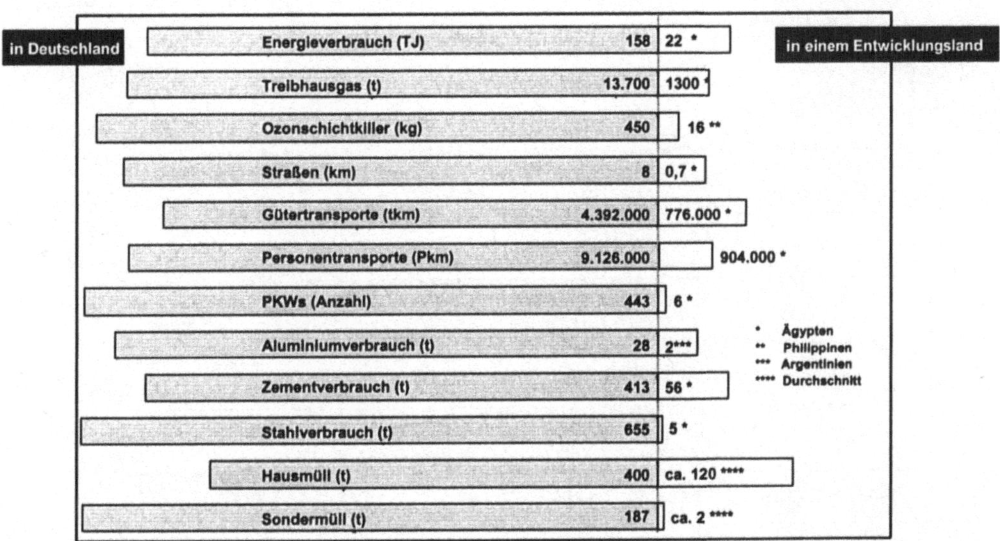

Abb. 5 Jahres-Umweltbelastung durch 1.000 Menschen

Wer sich an der Verdreifachung des Energieverbrauchs in diesem Öko-Szenario stört, dem hilft die nächste Grafik bei starkem Bevölkerungswachstum und verbessertem Lebensstandard in den Entwicklungsländern als Erklärung (Abb. 5).

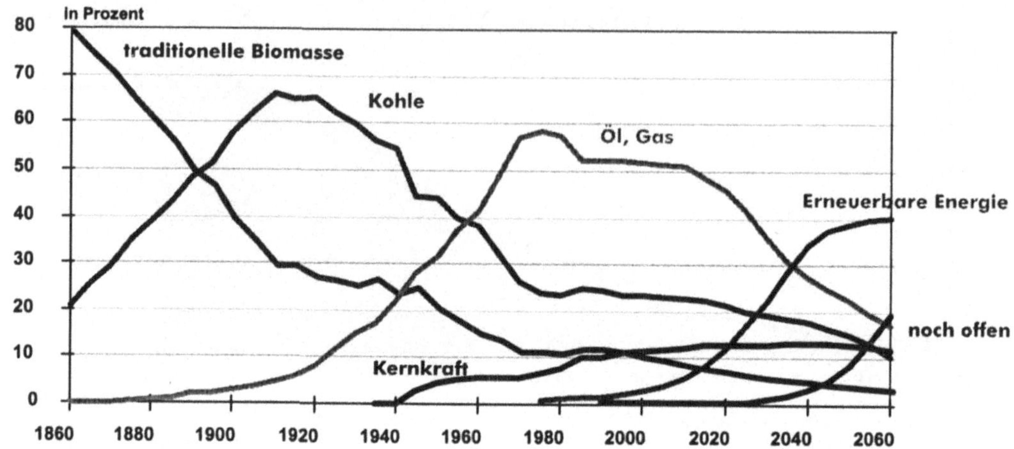

Abb. 6   Lebenszyklen von Energiequellen (1860-2060). Quelle: Deutsche Shell AG.

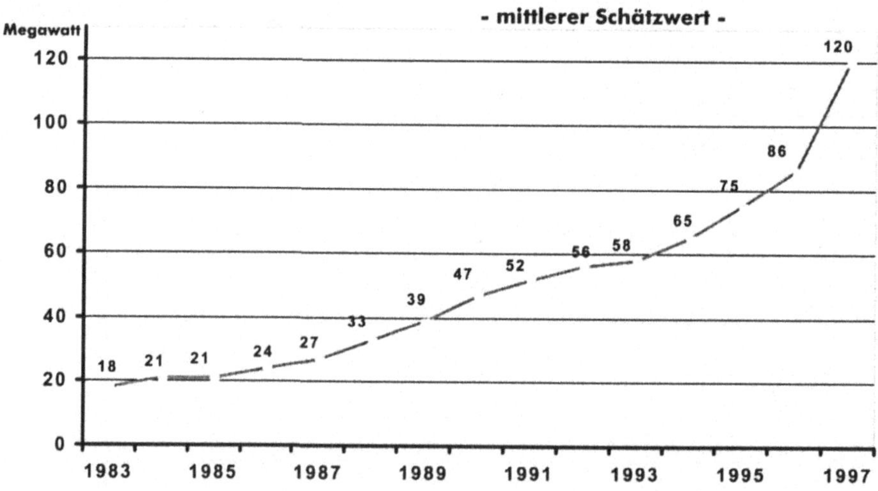

Abb. 7   Weltweiter Fotovoltaik-Modulabsatz (1983-1997). Quelle: Fraunhofer ISI.

Die Lebenszyklen der Primärenergiequellen zeigen die langen Wellen, in denen sich diese ablösen (Abb. 6). Vor diesen Zeiträumen lassen uns die 1,60 DM, die heute noch Fotovoltaikstrom kostet, nicht mutlos werden. Ganz im Gegenteil: Der weltweite Modulabsatz ist insbesondere in den letzten zwei Jahren drastisch gestiegen (Abb. 7).

Nach unseren Szenarien wird im Jahre 2010 die jährliche Nachfrage nach Fotovoltaikkomponenten bei 1500 bis 2000 Megawatt liegen mit einem Marktwachstum pro Jahr zwischen 20 und 30 Prozent.

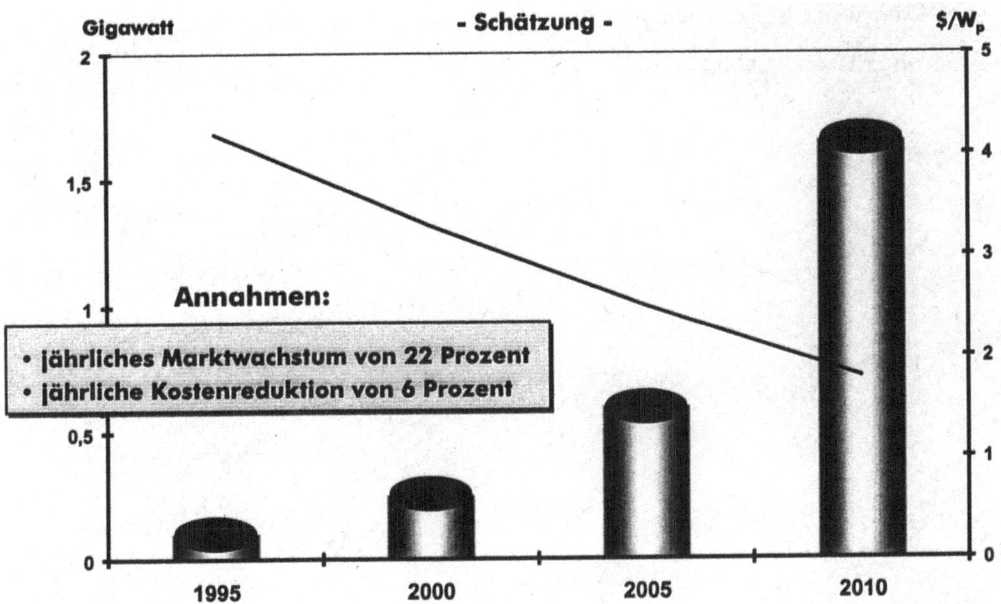

Abb. 8 Globales Marktvolumen und Preisentwicklung von Fotovoltaik-Panels bis 2010. Quelle: Deutsche Shell AG.

Was muss getan werden, um dahin zu kommen? Die heutige Technik wird nicht die des Jahres 2010 sein. Deshalb beteiligen wir uns aktiv an der Optimierung der Siliziumzelle, der Entwicklung einer Dünnschichtzelle. Darüber hinaus müssen schlüsselfertige Inselsysteme für Schwellen- und Entwicklungsländer entwickelt werden. Zwei Milliarden Menschen sind heute nicht ans Stromnetz angeschlossen und das wird auch für viele in dünn besiedelten Gebieten so bleiben. Dorthin Strom, der ein Mindestmaß an Licht, Kommunikation und Kühlung für verderbliche Nahrung liefert, also ein Mindestmaß an Zivilisation zu ermöglichen, ist eine großartige Aufgabe.

Vor allen Dingen müssen aber die Produktionskosten gesenkt werden, um Fotovoltaik wettbewerbsfähig zu machen (Abb. 8). Shell Solar wird eine hochautomatisierte Zellenfabrik – und zwar die größte der Welt in Gelsenkirchen bauen. Der Grundstein wurde vor einigen Wochen gelegt.

Klar ist: Fotovoltaik kann unsere Umwelt- und Energieprobleme kurzfristig nicht lösen.

Ohne gleichzeitige Energieeinsparung wird Deutschland die angestrebte Minderung der CO_2-Emissionen nicht erreichen. Braunkohle, Erdgas, Steinkohle und Kernenergie werden jedoch auch in den nächsten 30 Jahren die Stromversorgung, insbesondere im Grundlastbereich, sicherstellen müssen. Ich bitte jeden, der mit Öko-Steuern und nationalen Alleingängen hantiert, zu beachten: Wir brauchen preiswerte Energie in Deutschland nicht nur aus Wettbewerbsgründen, sondern auch, um eine neue Energiebasis aufbauen zu können, ohne wirtschaftliche und soziale Brüche zu erzeugen.

Meine Damen und Herren, wir stehen vor spannenden Zeiten und aufregenden Errungenschaften, die Bundesrepublik und die deutsche Industrie sollten dabei nicht beiseite stehen.

ifeu-Institut –
Im Lauf der Zeit

Das ifeu-Institut – Stationen einer Entwicklung

1   Die Anfänge – Tutorium Umweltschutz

Die Ursprünge des ifeu-Instituts gehen in die frühen 70er-Jahre zurück. Umweltschutz war spätestens seit der UN-Umweltkonferenz in Stockholm 1972 ein gesellschaftliches Thema, aber konkreter Umweltschutz steckte noch in den Kinderschuhen. Im gleichen Jahr veröffentlichte der Club of Rome die Meadows-Studie „Grenzen des Wachstums". Die *Umweltbewegung* begann sich zu formieren: An vielen Orten entstanden kleine Aktionen und Bürgerinitiativen gegen umstrittene Industrieprojekte. Ebenfalls im Jahr 1972 wurde der Bundesverband Bürgerinitiativen Umweltschutz (BBU) gegründet. Im elsässischen Marckolsheim wurde 1974 gegen den Bau einer Bleifabrik protestiert; auf der anderen Rheinseite, zuerst in Breisach, dann in Wyhl, keimte der erste ernst zu nehmende Widerstand gegen den Bau eines Kernkraftwerkes, der 1975 in eine spektakuläre und fast einjährige Platzbesetzung mündete. Das CDU-Bundestagsmitglied Herbert Gruhl sorgte in Bonn mit seinem Buch „Ein Planet wird geplündert – Die Schreckensbilanz unserer Politik" für Aufregung. Die Umwelt- und Anti-AKW-Bewegung steuerte ihrem ersten Höhepunkt entgegen. Fortan konnten die Ereignisse in Brokdorf und später in Wackersdorf in allen Medien verfolgt werden.

Was damals weitgehend fehlte, war ökologisch orientierter wissenschaftlicher Sachverstand. Nur wenige wussten anfangs gegen problematische Großtechnologien präzise und schlagfertig zu argumentieren. Die öffentliche Kritik entsprang oft einem allgemeinen Unbehagen oder dem viel beschworenen „gesunden Menschenverstand". Das reichte zur Durchsetzung von mehr Umweltschutz jedoch nicht aus. Teilweise organisierten die Bürgerinitiativen ihre Fortbildung selbst, z. B. mit der Volkshochschule Wyhler Wald: Umgeben von Lagerfeuerromantik und altem 1848er Widerstandsgeist wurden Professoren und Wissenschaftler eingeladen, sich zu brisanten Umweltthemen vor einem Publikum aus Winzern, Bauern und Studenten verständlich zu äußern.

In dieser Zeit engagierten sich auch einige Studenten und Doktoranden an der Universität Heidelberg. Besonders Dieter Teufel, der damals im Vorstand des BBU war, setzte sich an der biologischen Fakultät für Umweltschutzprojekte ein. Bereits 1971 gründeten Professoren – ausgehend von Kolloquien und Seminaren – die „Arbeitsgemeinschaft Umweltschutz an der Universität Heidelberg" (AGU). Die AGU erhielt von der Universität eine Assistentenstelle und Mittel für Hilfskräfte sowie Büroräume und Sachmittel. Ungewöhnlich für eine universitäre Einrichtung mischten sich Mitarbeiter der AGU in politisch brisante Themen ein, analysierten die Messergebnisse über Radioaktivität in der Umgebung von Kernkraftwerken oder kritisierten die Emissionen eines Aluminiumwerkes in Ludwigshafen.

Nach Auseinandersetzungen mit der Landesregierung und der Universitätsleitung wurden der AGU „im Rahmen allgemeiner Sparmaßnahmen" die Mittel gestrichen. Dafür ergaben sich an der Universität andere Möglichkeiten: Durch größere Fördersummen der VW-Stiftung konnten an der biologischen Fakultät freie Tutorien eingerichtet werden, die den Studenten Entfaltungsmöglichkeiten und Eigeninitiative bieten und der freiwilligen Weiterbildung dienen sollten. Die Tutorien wurden auf Antrag von einer Tutorenkommission von Semester zu Semester neu beschlossen. 1974 gründete der Biologiestudent Dieter Teufel das Tutorium Umweltschutz, das – mit wenigen Unterbrechungen – bis Ende der 80er-Jahre fortgeführt wurde. Maßgebliche Unterstützer des Tutorium Umweltschutzes waren die Botanik-Professoren Kurt Egger und Wolfgang Hagemann.

Das Tutorium Umweltschutz war weniger eine Lehrveranstaltung als vielmehr ein studentischer Arbeitskreis mit einem gewissen organisatorischen Rahmen. Zeitweise nahmen bis zu 120 Studenten an dem Tutorium teil. Sie diskutierten über aktuelle Umweltprobleme und Paradigmenwechsel in der Wissenschaft. Themen waren z. B. ökologische und ökonomische Aspekte des Energiewachstums, alternative Energiequellen, Reaktorsicherheit, Radioökologie, Luftverschmutzung, Rückstände von Pestiziden in Nahrungsmitteln, alternative Formen der Landwirtschaft oder Verkehrsplanung. Das Kernenergiethema wurde schnell zu einem Dauerbrenner. Ab 1975 hatte sich eine Arbeitsgruppe Radioökologie gebildet, die an Fragen der ökologischen Auswirkungen der Kernenergie arbeitete. Aus Diskussionen und Weiterbildungen wurden Aktionen. Ähnlich wie andere Einrichtungen an anderen Universitäten, z. B. dem AK Umweltschutz in Freiburg, wurden die Jungwissenschaftler zu wichtigen Unterstützern der Bürgerinitiativen. Das Tutorium arbeitete dem BBU zu und erstellte zahlreiche Materialien und Argumentationshilfen. Der Chemiker Richard Ratka führte ein, dass die HiWi-Gehälter von den Tutoren nicht privat einbehalten, sondern für Aktionen und Arbeiten genutzt wurden. Dieses Prinzip überdauerte die Zeit bis Ende der 80er-Jahre, als längst eine jüngere Generation das Tutorium Umweltschutz weiterführte.

Das Engagement und die unkonventionelle Arbeitsweise der Studenten trugen ihnen große Vorteile in der Anti-AKW-Diskussion ein. Tutoriumsmitglieder und Freunde wurden z. B. eingesetzt, um unbekannte internationale Arbeiten über radioökologische Anreicherungsprozesse (sogen. Transferfaktoren) zu recherchieren und zu übersetzen. Mit diesen Ergebnissen konnte dann gegen die etablierte Strahlenschutz-Zunft argumentiert werden. Dem Tutorium wurden geheime Studien aus den Reihen der Atomwirtschaft zugetragen – von Ingenieuren und Wissenschaftlern, die mit Ergebnissen und Vorgängen in ihren eigenen Institutionen nicht einverstanden waren, aber nicht wagten, offen zu widersprechen. Auf diese Weise wurde auch eine Studie des Instituts für Reaktorsicherheit (die spätere Gesellschaft für Reaktorsicherheit GRS) über die Auswirkung schwerer Atomunfälle veröffentlicht (BBU, 1977).

Von besonderer Bedeutung war aber ein radioökologisches Gutachten, das 1978 zum Gerichtsprozess gegen das Kernkraftwerk in Wyhl erstellt wurde. Die Arbeit erregte viel Aufsehen, beurteilte doch das Tutorium die offiziellen radioökologischen Berechnungsgrundlagen und Gutachten im Rahmen von Genehmigungsverfahren als *in wesentlichen Teilen falsch*. Etablierte Wissenschaftler des Bundesgesundheitsamtes, der Kernforschungszentren oder der Gesellschaft für Reaktorsicherheit bezeichneten die Arbeiten als *wissenschaftlich unhaltbar*, als *pseudowissenschaftlich*, ja sogar als *wissenschaftliche Kriminalität*[1]. Das Wirtschaftsministerium Baden-Württemberg, das im Verwaltungsgerichtsprozess um das Kernkraftwerk Wyhl Beklagter war, versuchte – wie aus einem internen Briefwechsel bekannt wurde – über das Kultusministerium und das Rektorat die Verbreitung des Gutachtens zu verhindern. Das Gutachten erschien unter dem Namen „Tutorium Umweltschutz an der Universität Heidelberg"; alle Autoren arbeiteten oder studierten damals an der Universität. Das Rektorat bezeichnete die Veröffentlichung unter dem Namen der Universität als rechtswidrig, drohte mit disziplinarrechtlichen Schritten und verklagte 11 der Autoren auf Unterlassung unter Androhung eines Ordnungsgeldes von 500.000 DM. Die Klage wurde schließlich abgewiesen.

Das Wyhl-Gutachten hatte eine intensive Fachdiskussion über den Radionuklid-Transfer zur Folge. Von staatlicher Seite wurden große Forschungsprogramme aufgelegt, an die sich manch *etablierter* Wissenschaftler später gerne erinnerte. Und vor allem: Das Institut für Reaktorsicherheit korrigierte seine ursprünglich für Wyhl errechnete maximale Ganzkörperbelastung von 7,5 mrem/a auf 30,3 mrem/a, was eine Überschreitung der in der Strahlenschutzverordnung vorgesehenen Dosisgrenzwerte bedeutete. Korrekturen erfuhren schließlich auch Werte in den offiziellen Berechnungsgrundlagen. Das Wyhl-Gutachten wurde von der US-amerikanischen Nuclear Regulatory Commission ins Englische übersetzt und fortan als „The Heidelberg Report" bezeichnet. Im Gegensatz zu Deutschland stieß der Report bei der Fachwelt in den USA auf Interesse und wurde ernst genommen.

2 Die Gründung: ein Institut als Arbeits-WG?

Die Auseinandersetzungen mit der Universität um das Wyhl-Gutachten waren der Anlass für die Gründung einer Einrichtung, in der unabhängig und repressionsfrei zu den Themen Umweltschutz und Kernenergie gearbeitet werden konnte. Im Herbst 1977 gründeten sieben junge Wissenschaftler und Studenten der Universität Heidelberg das IFEU-Institut für Energie- und Umweltforschung Heidelberg, das am 26. April 1978 schließlich als gemeinnütziger Verein in das Register eingetragen wurde. Auf den Namen „IFEU-Institut" einschließlich des Akronyms bestand damals die Universität, um die Einrichtung von normalen Hochschuleinrichtungen unterscheiden zu können. Gründungsmitglieder waren die Biologen Dieter Teufel und Barbara Steinhilber-Schwab, die Chemiker Richard Ratka, Henri van de Sand und Ulrich Höpfner sowie die Physiker Hariolf Grupp und Lorenz Borsche.

Der Zweck des Vereins und damit des Forschungsinstitutes war laut Satzung *„die Förderung von Wissenschaft und Forschung, soweit sie den langfristigen Erhalt und die Verbesserung natürlicher und menschlicher Lebensbedingungen zum Ziel haben. Dazu zählen hauptsächlich Wissenschaft und Forschung a) auf dem Gebiet neuartiger Energiegewin-*

---

[1] Die schweizerische Strahlenforscherin Hedi Fritz-Niggli, z. B. zitiert in Rhein-Neckar-Zeitung vom 29.11.78. Sie nahm den Vorwurf der wissenschaftlichen Kriminalität in einem Vergleich vor dem Bezirksgericht Zürich 1979 zurück.

nung, Energiespeicherung und Energienutzung, b) auf dem Gebiet der ökologischen Systemanalyse, insbesondere der Umweltbeeinflussung durch bisher durchgeführte oder geplante Energiegewinnung, vor allem der Radioökologie, c) auf dem Gebiet der Wirkung und Verringerung von Schadstoffemissionen, der Abwasser- und der Abfallbeseitigung."

Die gewonnenen wissenschaftlichen Erkenntnisse sollten nicht nur in Gutachten, Fachgesprächen und wissenschaftlichen Veröffentlichungen ihren Niederschlag finden, sondern darüber hinaus einer breiten Öffentlichkeit durch die Erarbeitung und Publikation von Bildungsmaterial, durch Vortragsveranstaltungen und Seminare sowie durch Bürgerberatung bekannt gemacht werden. Im Gegensatz zum Öko-Institut, das einige Monate zuvor in Freiburg gegründet worden war, setzte man am IFEU nicht auf einen großen Förderverein, der eine gewisse Grundfinanzierung des Institutsbetriebes hätte gewährleisten sollen. Dies unterblieb u. a. deshalb, um unnötige Konkurrenz beim Werben von Mitgliedern zu vermeiden. Die Absicht war, durch Gutachten und Beratungen die erforderliche Finanzierung herzustellen. Diesem finanziellen Risiko stand der Vorteil gegenüber, dass die Organisationsstruktur klein und übersichtlich gehalten wurde. Es gab keine externen Personen oder Institutionen, die auf die Arbeit Einfluss nehmen konnten. Das IFEU war eines der ersten selbstverwalteten und selbstbestimmten Forschungsinstitute in Deutschland.

Die Anfangszeit am IFEU war davon geprägt, dass die Wissenschaftler fast ohne Gehalt arbeiteten und die Erlöse aus Projekten in den Aufbau einer Infrastruktur und in finanzielle Rücklagen flossen. Tatsächlich erhielt das Institut nach einer kurzen Anlaufzeit beachtliche staatliche Forschungsaufträge. Damit konnte es sein Überleben sichern. Der erste Auftrag war wahltaktisch geprägt: Das hessische Wirtschaftsministerium wollte vor einer Landtagswahl öffentlich dokumentieren, dass es auch mit Wissenschaftlern zusammenarbeitet, die der Kernenergie gegenüber kritisch eingestellt sind. Nach harten Verhandlungen mit den Wiesbadener Ministerialbeamten konnten Richard Ratka und Ulrich Höpfner die erste „kritische" und staatlich finanzierte Radioökologie-Studie akquirieren (siehe z. B. Franke et al., 1978), damals zum Kernkraftwerk in Biblis. Für die Wissenschaftler waren die Verhandlungen auf Grund der politischen Begehrlichkeiten des Ministeriums ein schmaler Pfad, letztendlich trug diese Studie aber dazu bei, das IFEU und auch die vertretenen Themen *hoffähig* zu machen. Schon davor hatten die IFEUler im Rahmen der Entsorgungsgespräche des niedersächsischen Ministerpräsidenten Ernst Albrecht inhaltlich der Firma Öko-Consult zugearbeitet und das Gorleben-Hearing mit vorbereitet.

Im Jahr 1979 initiierte Richard Ratka eine große Studie beim Bundesminister für Forschung und Technologie über die radioaktiven Emissionen aus dem Sekundärkreislauf von Kernkraftwerken (Ratka et al., 1982). Die Studie hatte ein Volumen von ca. 800.000 DM und rief den erbitterten Protest der „Atomlobby" hervor, der fast bis zur persönlichen Verunglimpfung der Wissenschaftler reichte (Hillerbrand, 1982). Für mehrere Jahre im Voraus musste ein professioneller Forschungsbetrieb garantiert werden, mit einer funktionierenden Buchhaltung, die die Abrechnungsmodi der Ministerien kannte, mit Mitarbeitern, die kontinuierliche und belastbare Arbeitsergebnisse lieferten. In dieser Zeit machte das IFEU seine erste Professionalisierungsphase durch, wandelte sich von einem universitären Arbeits- und Aktionskreis in eine ernst zu nehmende Forschungseinrichtung.

Trotz alledem war das IFEU eher ein Arbeitskollektiv mit WG-Charakter. In dem neuen Domizil *Im Sand 5* herrschten helle Töne, Kiefernholzmöbel und Unmengen von Papier und Studien vor. Jeden Mittag wurde gemeinsam gegessen – und gekocht: reihum für ca. 10 bis 15 IFEUler und natürlich mit frischem und möglichst ökologisch angebautem Gemüse – eine Tradition, die bis heute, zumindest einmal wöchentlich, gepflegt wird. Entscheidungen wurden in der Gruppe gefällt, alle waren gleich, *formal* zumindest. Der Arbeitsalltag hob sich wohltuend von der professoralen Universität ab.

Die *Sekundärkreisstudie* war damals eines der wenigen Projekte der sozial-liberalen Regierung im Rahmen der so genannten Parallelforschung: Anlässlich der öffentlichen Kontroverse um die Kernenergie gewährte man nicht nur den Großforschungseinrichtungen staatliche Forschungsmittel, sondern unterstützte, allerdings in wesentlich geringerem Maße, auch kernenergie-kritische Einrichtungen wie z. B. das IFEU oder das Freiburger Öko-Institut. Mit der Sekundärkreisstudie erhielten die Kernenergie-Gegner erstmals offiziellen Zugang zu einem Kernkraftwerk. Biblis A wurde zum Referenzkraftwerk der Untersuchung und die IFEUler diskutierten bei Begehungen mit dem Chefingenieur Details der Anlage.

Schon in den ersten Jahren liefen am Institut mehrere Projekte parallel, wurden zahlreiche Studien oder Gutachten erstellt. Dieter Teufel bearbeitete die so genannte Inhaber-Studie für das Bundesinnenministerium mit einem Risikovergleich verschiedener Energieerzeugungen (Teufel et al., 1980). Bernd Franke begann mit seinen Arbeiten zu dem Reaktorunfall im amerikanischen Harrisburg (Franke et al., 1980). Barbara Steinhilber-Schwab erstellte für die Grünen in Baden-Württemberg eine Studie zum Kernkraftwerk in Neckarwestheim. Aber es gab auch andere Themen: Eine Gruppe um Henri van de Sand schrieb einen Report über die Wirkungen von Lindan (Hoffmann et al., 1979); zusammen mit dem Tutorium Umweltschutz, das an der Universität weiterexistierte, wurde ein Bericht über die Thalliumemissionen der Zementindustrie erstellt (Gubernator et al., 1979); der Volkswirt Hans Diefenbacher arbeitete über die Entwicklung und Verbreitung von Wärmepumpen (Diefenbacher, 1980); der Physiker Thilo Koch, der maßgeblich an der Sekundärkreisstudie beteiligt war, erstellte das erste Energiegutachten für die Stadt Bielefeld (Koch et al., 1981); die Biologin Wanda Krauth schrieb ein Buch über Öko-Landbau und Welthunger (Krauth u. Lünzer, 1982); Barbara Steinhilber-Schwab und andere Wissenschaftlerinnen verfassten einen Report über die Gefährung von Kindern durch Umweltgifte. Einige Jahre später wurde dazu dann in der Reihe rororo aktuell ein Taschenbuch veröffentlicht (Kluge et al., 1984). Ein Bestseller wurde auch ein kleines unscheinbares Buch über Alternativen der Energieerzeugung bzw. -einsparung: „Das sanfte Energie-Handbuch" (Ruske u. Teufel, 1980), das viele 10.000-mal verkauft wurde.

Weitere große Projekte am IFEU waren die Mitarbeit in der Forschungsgruppe „Schneller Brüter", die unter Leitung des Münchener Physikers Jochen Benecke eine Risikoanalyse zum schnellen Brüter in Kalkar erstellte (Forschungsgruppe Schneller Brüter, 1982), oder ein Risikovergleich zwischen natürlicher Strahlung, Kernenergie und Steinkohleeinsatz für das Bundesinnenministerium (Teufel et al., 1983).

In Bonn stießen die IFEU-Wissenschaftler nicht nur durch die Studien auf Gehör. 1979 wurde Ulrich Höpfner in den wissenschaftlichen Stab des Deutschen Bundestags für die Aufgaben der Enquête-Kommission „Zukünftige Kernenergie-Politik" berufen, was damals

noch eine Besonderheit war. Ein Jahr später löste ihn Hariolf Grupp in Bonn ab. Richard
Ratka gründete 1980 zusammen mit Jo Leinen vom BBU und Hartmut Bossel von der Ge-
samthochschule Kassel, der damals Vorstandsmitglied des Öko-Instituts war, die Arbeitsgemeinschaft Ökologischer Forschungsinstitute AGÖF (Bossel u. Dürrschmidt, 1981). Die
AGÖF war die Antwort auf die staatlichen und halbstaatlichen Forschungseinrichtungen
und Großforschungszentren, die sehr viel Einfluss in Politik und Wissenschaft hatten (Bludau et al., 1982). Die AGÖF bestand aus anfangs 15 ökologisch orientierten Instituten,
wuchs allerdings in den 80er-Jahren durch die zahlreichen neu gegründeten Ingenieurbüros
schnell an. 10 Jahre nach ihrer Gründung zogen sich die großen ökologischen Institute wie
IFEU, Öko-Institut oder Gruppe Ökologie Hannover aus der AGÖF zurück.

3 Der Wechsel in Bonn: ökonomische Krise und inhaltliche Herausforderung

Im Herbst 1982 erfolgte in Bonn mit der neuen Regierung Kohl der politische Wechsel. Das
Kernenergiethema, ein wichtiger Schwerpunkt der Arbeit am IFEU, war staatlicherseits
noch weniger kontrovers, die Parallelforschung politisch überhaupt nicht mehr gefragt. Am
IFEU liefen die Studien zur Kernenergie aus, aber es kamen keine neuen nach. Zwar wur-
den vereinzelt Projekte über Bürgerinitiativen oder die neue Partei der Grünen finanziert,
aber dies reichte bei weitem nicht aus, um einen Institutsbetrieb aufrecht zu erhalten. Das
IFEU spürte nun den Nachteil, keinen Förderverein für eine Grundfinanzierung zu haben.
Gleichzeitig erfolgte ein personeller Wechsel unter den Wissenschaftlern. Richard Ratka
ging zur SPD-Bundestagsfraktion in Bonn. Henri van der Sand arbeitete in der Industrie.
Dafür traten andere in den Vordergrund, z. B. der Physiker Thilo Koch und – etwas später –
der Ingenieur Jürgen Seeberger.

Durch diese Krise wurden die Wissenschaftler arbeitslos oder bezogen zumindest ein sehr
geringes Gehalt. Ohne weitere Aufträge hätte das Institut seinen Betrieb einstellen müssen.
Als Rettung für das Institut erwies sich die Bewilligung von Stellen im Rahmen von Arbeitsbeschaffungsmaßnahmen, der nach langem Zögern auch der neue CDU-Abgeordnete
aus der Gegend und spätere Staatssekretär im Bundesumweltministerium Bernd Schmidbauer zustimmte. Das Institut konnte so etwa eine Zeit von 2 Jahren überbrücken, in der zu
den alten Themen keine Studien und Gutachten mehr nachgefragt wurden, neue Themen
aber noch nicht so aufbereitet waren, dass daraus Forschungsaufträge resultierten.

Diese ökonomisch schwierige Zeit war eine Phase der inhaltlichen Umorientierung: Die
Themenpalette wurde diversifiziert, nicht mehr hauptsächlich auf Kernenergie ausgerichtet.
Die Schwerpunkte wurden inhaltlich vertieft. Ein wichtiges neues Umweltthema war –
angestoßen durch die Diskussion über das Waldsterben – die Luftverschmutzung durch
Feuerungsanlagen, Kraftwerke und den Verkehr. Dieter Teufel und Ulrich Höpfner wandten
sich diesen Fragen zu und traten Ende 1983 in Anhörungen des Bundestages mit entsprechenden Expertisen auf. Es gab erste Überlegungen, wie die Schadstoffemissionen
durch den Verkehr schnell und effektiv reduziert werden könnten. Eine der vom IFEU vor-

geschlagenen Sofortmaßnahmen war das Tempolimit 80/100; langfristig favorisierte das IFEU den Katalysator, der in den USA schon üblich war, gegen den es aber in der deutschen Wirtschaft erhebliche Widerstände gab. Daneben wurde aber auch die Förderung des umweltfreundlichen Verkehrs, z. B. des öffentlichen Verkehrs, empfohlen.

Mit diesem Thema „Verkehr und Umwelt" hatten das IFEU und andere der Öffentlichkeit einen neuen Stein des Anstoßes geliefert, diesmal allerdings in einer weitaus konservativeren Regierungsatmosphäre. Über *Tempolimit oder nicht* wurde fast genauso engagiert gestritten wie kurz zuvor über die Kernenergie. Die Mitarbeiter des Umweltbundesamtes in Berlin durften sich öffentlich zu dem Thema damals nicht äußern. Das IFEU vertrat dagegen seinen Standpunkt dezidiert. Wie Jahre zuvor beim Thema Kernenergie waren die IFEU-Wissenschaftler gefragte Referenten und Gesprächspartner bei Anhörungen und in den Medien. Im Spätjahr 1984 erschien das Thema Tempolimit als Spiegel-Titel. Kurze Zeit später veröffentlichte Fritz Vahrenholt zusammen mit Ulrich Höpfner das Spiegel-Buch „Tempo 100 – Soforthilfe für den Wald?".

Ende 1984 reagierte die Bundesregierung auf die Kontroverse mit dem Beschluss, einen Abgasgroßversuch zum Thema Tempolimit durchführen zu lassen. Doch die Zeiten hatten sich geändert. Parallelforschung und kritischer Geist waren in Bonn nicht mehr gefragt; mit dem Millionenprojekt wurde der TÜV Rheinland beauftragt. Das IFEU erhielt, trotz verschiedener Forschungsanträge, keine Aufträge. Im Gegenteil: Es wurde sogar kolportiert, dass das Umweltbundesamt dem IFEU grundsätzlich keine Forschungsaufträge zukommen lassen dürfte – Weisung aus Bonn. Lediglich das Land Nordrhein-Westfalen ließ beim IFEU Studien zum Thema Verkehrsemissionen erstellen (Höpfner et al., 1985).

In dieser Zeit finanzierten die Grünen in Baden-Württemberg zwei Untersuchungen zum Thema „Luftverschmutzung und Waldsterben" (Höpfner et al., 1984), und zum Thema Abfallwirtschaft (Koch et al., 1984). Thilo Koch und Jürgen Seeberger hatten dieses Thema in ihrer ABM-Zeit aufgebaut und ein viel beachtetes Buch zur „Ökologischen Abfallverwertung" geschrieben (Koch u. Seeberger, 1984). Der Spiegel griff das Problem 1984 auf.

Mit Auslaufen der Arbeitsbeschaffungsmaßnahmen war neben dem Verkehrsbereich ein weiterer Arbeitsbereich entstanden. Thilo Koch erstellte zusammen mit Florian Heinstein, der als Betriebswirt von nun an die Verwaltung des Institutes leitete, das erste kommunale Abfallwirtschaftskonzept des IFEU-Instituts (Koch et al., 1985). Was muss eine Kommune tun, um ihre Abfallmengen zu reduzieren, zu verwerten, möglichst ökologisch zu beseitigen? Gefragt waren nicht nur kritische Analysen, sondern auch konkrete Vorschläge zur Lösung des Entsorgungsnotstandes. Am Beispiel der Stadt Bielefeld trat die Frage *Müllverbrennung oder nicht?* auf. Im Gegensatz zu vielen anderen in der öffentlichen Diskussion trat das IFEU damals für einen moderaten Kurs ein und befürwortete die Müllverbrennung unter bestimmten Rahmenbedingungen – konsequente Abfallvermeidung und -verwertung vorausgesetzt. Gleichzeitig wurden Gutachten zu den Möglichkeiten der Abfallvermeidung erstellt, an denen sich z. B. der Physiker Mario Schmidt beteiligte (Koch et al., 1985).

Die Abfallwirtschaft avancierte schnell zu einem Schwerpunktthema mit einem neuen Markt, nämlich den Städten und Kommunen, die dringend Analysen, Konzepte und Beratung benötigten. Das IFEU betätigte sich damit auf einem Gebiet, das sonst eher Consulting-Firmen vorbehalten war. Ziel war es allerdings, keine althergebrachten Lösungen anzubieten, sondern innovative und ökologisch orientierte Konzepte auf der konkreten prakti-schen Umsetzungsebene zu entwickeln. Gutachten *von der Stange,* was durchaus üblich im Gutachtergewerbe ist, waren verpönt, jede Untersuchung sollte ein *Maßanzug* sein. Neue Mitarbeiter, die sich mit technischen Fragen der Abfallwirtschaft auskannten, wie z. B. Helmut Petrik oder später Iris Basche, wurden ins IFEU-Team geholt.

Eine ähnliche Entwicklung ergab sich ab 1996 im Energiebereich. Auch hier verdrängten die konkreten Konzepte für Städte und Kommunen die ursprünglich diskutierten nationalen energiepolitischen Strategien. Der Geograf Achim Schorb, der Ingenieur Jörg Wortmann und später Hans Hertle bauten eine Abteilung auf, die sich mit kommunaler Energieversor-gung und Energiemanagement beschäftigten.

Demgegenüber hatte das Kernenergiethema drastisch an Bedeutung verloren. Bernd Franke bearbeitete zwar für den amerikanischen TMI Health Fund eine große Studie über den Re-aktorunfall in Harrisburg. In diesem Zusammenhang gründete er 1983 auch das „Institute for Energy and Environmental Research" (ieer) in Washington D.C. Eine kurze Renaissance erfuhr die Radioökologie in der Öffentlichkeit nach dem Reaktorunfall in Tschernobyl. Plötzlich war das Know-how des IFEU wieder gefragt, mussten Dosisberechnungen und Radionuklidtransfers in der Nahrungskette berechnet werden. In wenigen Wochen wurden 70.000 Exemplare einer von Mario Schmidt eilig zusammengeschriebenen Broschüre über das Strahlenrisiko von Tschernobyl verkauft. Aber das öffentliche Interesse war nur ein Strohfeuer und zerfiel mit geringer *Halbwertszeit.* Das Thema Radioökologie und Kern-energie ließ sich am Institut nicht halten. Es fehlte an staatlichen Forschungsgeldern. Das IFEU zog sich – im Gegensatz zu anderen Instituten, etwa dem Öko-Institut Darmstadt oder der Gruppe Ökologie Hannover – aus diesem Bereich zurück.

Neben dem Reaktorunfall in Tschernobyl gab es 1986 noch einen anderen Einschnitt für das IFEU: Der langjährige Nestor, Dieter Teufel, verließ das Institut. In den Jahren zuvor waren wiederholt Meinungsverschiedenheiten über die Art der wissenschaftlichen Arbeit und be-sonders der internen Zusammenarbeit aufgetreten. Es trat ein gewisser Generationenwechsel ein. Die Säulen des Instituts waren nun u. a. Florian Heinstein, Mario Schmidt, Jörg Wort-mann, Achim Schorb und Jürgen Giegrich. Von den Gründungsmitgliedern arbeitete nur noch Ulrich Höpfner im Institut. Er war zugleich Vorstandssprecher des Institutes. Aus dem groß geschriebenen IFEU wurde ein kleingeschriebenes ifeu, was durchaus auch eine neue Sichtweise demonstrierte: Nicht die Schlagzeilen in der Tagespresse waren maßgeblich, sondern die seriöse und trotzdem ökologisch engagierte wissenschaftliche Arbeit. Man ver-stand sich immer stärker als Forschungseinrichtung und immer weniger als eine Bürgerin-itiative.

4   Die Professionalisierung und der Weg zur GmbH

Ende der 80er-Jahre taten sich neue Arbeitsfelder auf. Ausgehend von Abfallwirtschafts-konzepten für Kommunen mussten Deponiestandorte gesucht und ökologisch bewertet werden. Zu Abfallbehandlungsanlagen wurden Umweltverträglichkeitsuntersuchungen erstellt. Im Rahmen des Abfallwirtschaftskonzeptes Köln wurde eine große UVU erarbeitet, für Wilhelmshaven erstellten die ifeuler einen ökologischen Vergleich *Deponie versus Müllverbrennung*. Die Begleitung von Genehmigungsverfahren, sowohl aus Sicht von Bürgerinitiativen als auch für die Genehmigungsbehörden oder sogar für Antragsteller, wurde zu einem wichtigen Arbeitsschwerpunkt – nicht nur für genehmigungspflichtige Anlagen aus dem Entsorgungsbereich.

Mit der Einrichtung der Enquête-Kommission des 11. Deutschen Bundestages zum Thema Klimaschutz konnte das ifeu seine Stigmatisierung bei staatlichen Einrichtungen wieder auflösen. Ulrich Höpfner arbeitete der Klima-Enquête-Kommission maßgeblich im Bereich der Verkehrsemissionen zu. Daraus wurde schließlich die erste größere Zusammenarbeit mit dem Umweltbundesamt, bei der Ulrich Höpfner gemeinsam mit Wolfram Knörr und anderen die Methodik für die Bilanzierung des Energieverbrauchs und der Emissionen des Verkehrs in Deutschland aufbaute und weiterentwickelte.

Schließlich wurden für Industrieunternehmen erste produktbezogene Ökobilanzen erstellt, angefangen mit Johnson & Johnson im Jahr 1987. Der methodische Rahmen der Ökobilanzen war damals noch weitgehend offen. Internationale Normen lagen nicht vor. Das ifeu beteiligte sich ab 1989 an einem Konsortium, das für das Umweltbundesamt eine große Ökobilanz für Verpackungen erstellte. Für die Bertelsmann-Druckerei Mohndruck in Gütersloh, damals noch unter der Leitung von Thomas Middelhoff, verfassten Florian Heinstein und Achim Schorb 1990 ein Konzept für die betriebliche Ökobilanz und den Umweltbericht, das wesentlich zu dem Ruf des Unternehmens als *Ökopionier* beitrug – lange bevor das Thema Öko-Audit in Deutschland populär wurde.

In diesen Jahren erlebte das ifeu ein rasches Wachstum, bearbeitete immer mehr Studien und Gutachten zu immer mehr Themen. Neue Mitarbeiter wurden eingestellt, z. B. Florian Knappe, Ulrich Mampel, Frauke Müller oder Horst Fehrenbach, die teilweise schon als Studenten im Tutorium Umweltschutz der 80er-Jahre mitgearbeitet hatten. Das Domizil *Im Sand 5* wurde zu klein; es wurde ein neues Haus im Heidelberger Stadtteil Neuenheim angemietet. Gleichzeitig musste dem Institut nach Zeiten der Stagnation und des Krisenmanagements eine effiziente Arbeitsstruktur gegeben werden. Der Abstand zwischen den Altifeulern und den jüngeren Mitarbeitern, die erst Erfahrungen sammeln mussten und Anleitung brauchten, wuchs. Immer lauter wurde der Wunsch nach mehr interner Führung und Struktur laut.

Mit der Diversifizierung der Themen, der immer häufigeren Umsetzungsarbeit durch Konzepte oder Beratungen meldete das Finanzamt Heidelberg Bedenken an, ob noch alle Arbeiten gemeinnützig seien und von dem e.V. durchgeführt werden können oder eher aus dem Consultingbereich stammen. Dies war letztendlich der Anlass, den Institutsbetrieb nicht mehr von einem gemeinnützigen Verein durchführen zu lassen, sondern von einer GmbH. Als Gesellschafter kamen grundsätzlich nur langjährige ifeu-Mitarbeiter in Frage: Ulrich Höpfner, Bernd Franke, Florian Heinstein, Mario Schmidt, Achim Schorb, Jürgen Giegrich und später noch Hans Hertle. Es wurde ein wichtiges Prinzip eingeführt: Wer das Institut als Wirkungsstätte verlässt, verliert seinen Gesellschafterstatus. Damit wurde sichergestellt, dass das ifeu nach wie vor selbstverwaltet bleibt, wenngleich eine Hierarchie unter den Mitarbeitern, die informell schon längst bestand, nun formal eingeführt wurde.

Die Aufgabe der GmbH war keineswegs auf Gewinnstreben ausgerichtet, vielmehr auf den dauerhaften Erhalt des Institutes. Etwaige Überschüsse sollten in erster Linie in Rücklagen umgewandelt werden und dann erst über Gewinnbeteiligungen allen Mitarbeitern zugute kommen. In den Gesellschaftsvertrag waren die inhaltlichen Ziele des Vereins übernommen worden: *„Der Zweck des Unternehmens sind wissenschaftliche Forschungs- und Beratungstätigkeiten, die dem langfristigen Erhalt und der Verbesserung natürlicher und menschlicher Umweltbedingungen dienen... "*

Das ifeu war nun fortan in Fachbereiche, anfangs 6, später 4, gegliedert, jeweils mit einem Fachbereichsleiter, darunter Bernd Franke, Mario Schmidt, Jürgen Giegrich und Hans Hertle. Geschäftsführer waren Ulrich Höpfner und Florian Heinstein. Die Einführung von *Vorgesetzten* hatte neben der Hierarchisierung und einer Gehälterspreizung auch zur Folge, dass die Fachbereichsleiter die inhaltliche und ökonomische Verantwortung für ihre Bereiche tragen mussten. Vorteil für die Mitarbeiter war, dass alle fest angestellt wurden. Befristete Anstellungsverhältnisse wurden abgeschafft, der Status des via Werkvertrages frei schwebenden Mitarbeiters wurde weitgehend zurückgedrängt.

In den ersten 4 Jahren prosperierte die GmbH ungewöhnlich gut. Die Anzahl der fest angestellten Mitarbeiter wuchs auf knapp 40 Personen. Die gerade erst angemieteten Institutsräume waren wieder zu klein. Das Institut zog erneut um, diesmal in einen zweckmäßigen Bau in der Wilckensstraße, der noch gewisse Erweiterungsreserven bot.

Inhaltlich wurden in dieser Zeit zahlreiche neue Themen aufgebaut. Für die Stadt Heidelberg erstellten Mario Schmidt, Jörg Wortmann und Reinhard Six ein großes Minderungskonzept für das Klimagas CO_2. Pünktlich zum Umweltgipfel in Rio reagierte die Stadt damals selbstbewusst mit dem Spruch „Rio verhandelt, Heidelberg handelt". Auch für andere Städte, z. B. Wuppertal oder Mainz, wurden Klimaschutzkonzepte entwickelt: maßnahmenorientiert und sektorenübergreifend sowohl für die Bereiche Haushalte und Industrie als auch Verkehr. Im Themenfeld des Energieverbrauchs durch Haushalte führten Hans Hertle und Markus Duscha zusammen mit Kollegen der Tübinger ebök neue Methoden zur Situationsanalyse und Prognose ein.

Im Verkehrsbereich wurden neben den Arbeiten zur Beschreibung der verkehrsbedingten Emissionen, neben dem Vergleich der Verkehrsträger untereinander und neben den technischen Kfz-seitigen Minderungsmöglichkeiten gezielt Strategien gesucht, mit denen auch die Verkehrsnachfrage beeinflusst werden kann. Methoden aus der Verkehrsplanung, sogar komplexe Berechnungsalgorithmen und Softwarepakete wurden eingesetzt, um im kommunalen Bereich Verlagerungspotenziale zwischen verschiedenen Verkehrsmitteln aufzeigen zu können. Zusammen mit dem Bundesverkehrsministerium wurde – trotz konservativer Leitung – über Fragen und mögliche Instrumente der Verkehrsvermeidung nachgedacht, allerdings weitgehend hinter verschlossenen Türen. Das Vermeidungsthema war politisch noch nicht reif.

Jürgen Giegrich entwickelte methodische Ansätze, wie bei Ökobilanzen mit der Bewertung verschiedener Wirkungskategorien umzugehen ist. Diese Ansätze waren letztendlich die Grundlage für das Ökobilanz-Bewertungsverfahren, das heute vom Umweltbundesamt veröffentlicht und eingesetzt wird. Zahlreiche dieser Überlegungen flossen in die internationale ISO-Diskussion ein, wo in den folgenden Jahren das erste weltweit normierte Instrumentarium zur Umweltbewertung geschaffen wurde. Guido Reinhardt begann mit seinen Arbeiten und Ökobilanzen über nachwachsende Rohstoffe, die inzwischen einen ganzen Arbeitsbereich am ifeu füllen.

Mario Schmidt baute zusammen mit Ellen Frings und Florian Heinstein eine Abteilung auf, die sich mit dem Thema Umweltmanagement in Betrieben und Öko-Audit befasste. Ausgangspunkt waren Ökobilanzen für Produkte und insbesondere für Unternehmen und betriebliche Standorte. Zu der quantitativen Seite kam nun die Managementseite des Umweltschutzes hinzu. Gemeinsam mit dem ifu Institut für Umweltinformatik in Hamburg wurde eine Software für Stoffstromanalysen auf der Basis einer sehr leistungsfähigen Methodik entwickelt, die nicht nur marktfähig war, sondern schließlich sogar von Konkurrenzinstituten eingesetzt wurde.

5 Die zweite Krise und der Weg in die Normalität

Mit der Professionalisierung in den 90er-Jahren war im Arbeitsalltag so etwas wie Normalität eingekehrt: Hier gab es die Arbeitgeber, sprich die Gesellschafter und Fachbereichsleiter, dort die Arbeitnehmer. Doch diese klaren Verhältnisse waren ein Trugbild. Nach wie vor lebte das Institut von seinen Mitarbeitern, von der Kreativität, dem Engagement und dem Idealismus jedes Einzelnen. Diese Eigenschaften ließen sich nicht beliebig delegieren oder teilen. Sowohl die Hierarchie als auch die vermeintliche Arbeitsplatzsicherheit gerieten bei der ersten größeren ökonomischen Krise in starke Bedrängnis.

Diese Krise zeichnete sich in der Umweltforschungs- und Beratungsbranche schon Anfang der 90er-Jahre ab. Auf der einen Seite stagnierte die Nachfrage nach Studien und Gutachten. Umwelt war nur noch ein untergeordnetes Thema. Die deutsche Einheit, die Probleme auf dem Arbeitsmarkt drängten sich verständlicherweise in den Vordergrund des öffentlichen Interesses. Die öffentliche Hand setzte weniger Finanzmittel für Umweltexpertisen und Studien ein.

Auf der anderen Seite drängten immer mehr Ingenieurbüros, neue Institute und Institutionen auf den Markt, da im Umweltschutz große Verdienstmöglichkeiten vermutet wurden. Es gab Neugründungen, wie z. B. das Wuppertal-Institut, die mit staatlicher Grundfinanzierung – und auf Grund dessen mit billigen Preisen – den eingespielten Umweltforschungs- und Gutachtensmarkt stark tangierten, zumal sie auf ähnlichen Gebieten wie z. B. das ifeu oder das Öko-Institut arbeiteten. Ähnlich verhielt es sich mit den Universitäten, die Mitte der 80er-Jahre das Umweltthema für sich entdeckt hatten und auf Grund ihrer ökonomischen Situation verstärkt Drittmittel suchten. Durch die staatliche Grundfinanzierung konnten auch diese Einrichtungen mit subventionierten Preisen auf den Markt drängen.

Das ifeu-Institut blieb von dieser Krise lange Zeit verschont. Erst Ende 1995 zeichneten sich Probleme ab. Die Auftragslage verschlechterte sich. Forschungsanträge wurden abgelehnt. Öffentliche Aufträge verzögerten sich. Die Marktpreise im Bereich der Umweltverträglichkeitsuntersuchungen gingen drastisch zurück. In einigen Segmenten konnten Gutachten fortan nur noch *von der Stange* angeboten werden, wenn man konkurrieren oder überhaupt noch mit anbieten wollte.

Das ifeu hatte in dieser Zeit zu hohe Personalausgaben. Mit Arbeitsbeschaffungsmaßnahmen und Kurzarbeit o. Ä. konnte das Problem nicht behoben werden, dazu war der Personalbestand zu groß. Es kam zu betriebsbedingten Kündigungen. Doch wie und nach welchem Prinzip kündigt man in einem solchen „*Unternehmen*"?

Es gab gute und schlechte Beispiele. Gekündigt wurde in jenen Arbeitsbereichen, in denen es an Aufträgen und an Arbeit fehlte, quer zu allen Hierarchieebenen. Bei den guten Beispielen wurde versucht, mit der Lage solidarisch und gerecht umzugehen – ein schwieriges Unterfangen, wenn es um Kündigungen geht. Aber glücklicherweise haben die ehemaligen Mitarbeiter wieder adäquate Arbeitsstellen in anderen Institutionen gefunden. Bei den wenigen schlechten Beispielen gab es leider auch viele Enttäuschungen und persönliche Auseinandersetzungen.

Innerhalb des Institutes relativierte sich durch diese Vorgänge die Hierarchisierung, die Aufteilung in Arbeitgeber und Arbeitnehmer. Anlässlich der Kündigungen gab es lange Diskussionen über Mitbestimmung, ob man einen Betriebsrat brauche. Aber die Erkenntnis überwog, dass das gemeinsame Ziel im Fortbestand des Institutes lag, dass Entscheidungen auf breiter Basis getragen werden müssen. Es wurden Modelle ersonnen, die Mitarbeiter auf der Entscheidungsebene auch formal stärker einzubeziehen – in der *Praxis* war die Entscheidungsstruktur am ifeu immer verhältnismäßig „flach", wurde aber von den inhaltlichen Leistungsträgern des Institutes dominiert. Inzwischen ist diese Diskussion durch die aktuelle und reichlich vorhandene Tagesarbeit wieder in den Hintergrund getreten.

Auf das inhaltliche Themenspektrum und die dort erarbeiteten Ergebnisse hatten diese Probleme keine sonderliche Auswirkung. Nach 1995 wurden kontinuierlich die Themenbereiche weiter ausgebaut. Im Umweltmanagement wurde an einem größeren Projekt zur Vorbereitung der Position der Bundesregierung zum Öko-Audit in Brüssel mitgearbeitet – zusammen mit Prof. Ulrich Steger, der vor wenigen Jahren noch in Hessen als Wirtschaftsminister beim Thema Kernenergie auf der „anderen Seite" stand. Viele Firmen wurden bei der Durchführung von Umweltbilanzen oder bei der Einführung von Umweltmanagementsystemen inhaltlich begleitet bzw. es wurden Pilotprojekte durchgeführt.

Im Verkehrsbereich wurde im Rahmen eines BMBF-Projektes eine Emissionsbilanz zu Elektroautos durchgeführt. Das Emissionsmodell TREMOD, das das ifeu im Auftrag des Umweltbundesamtes erstellt hatte, wurde zu einem Kristallisationskern für Gespräche und Zusammenarbeiten mit unterschiedlichen Akteuren, z. B. der Deutschen Bahn AG, dem Verband der Deutschen Automobilindustrie (VDA) oder dem Mineralölwirtschaftsverband.

Im Ökobilanzbereich entstand eine groß angelegte Studie über den ökologischen Vergleich grafischer Papiere. Gleichzeitig begannen die Arbeiten an weiteren Ökobilanzen für Getränkeverpackungen – diesmal sowohl für die Bundesregierung als auch für Wirtschaftsverbände oder einzelne Unternehmen. Für das nordrhein-westfälische Umweltministerium arbeitete das ifeu maßgeblich an der Optimierung der Abfallwirtschaftskonzeption mit. 1998 erregte schließlich der Umweltbericht der Deutschen Shell AG Aufsehen: Er war mit wesentlicher inhaltlicher Unterstützung des ifeu-Institutes entstanden und war das Ergebnis intensiver, spannender und oft auch kontroverser Diskussionen mit den Shell-Managern.

Natürlich wurde auch das Nachhaltigkeitsthema aufgegriffen und – wie schon beim Klimaschutz – auf die Umsetzungsebene gezogen. Dabei wurden Fragen angerissen, deren Beantwortung noch andauert: Was bedeutet Nachhaltigkeit für eine Kommune, z. B. im Rahmen einer Lokalen Agenda 21? Welche Anforderungen muss man an nachhaltige Mobilität stellen? Wie können kommunales Energiemanagement und Agendaprozess kombiniert werden? Welchen Beitrag können Firmen zur nachhaltigen Entwicklung leisten?

Was bleibt nach diesen 20 Jahren Institutsgeschichte – außer ein paar gelösten Umweltproblemen, aber immer noch vielen offenen inhaltlichen Fragen? Es bleibt, zumindest einmal in der Woche, das gemeinschaftliche *Mittagessen* und *Kochen*, das von Verschiedenen schon als Einstellungsvoraussetzung am ifeu kolportiert wurde. Auf jeden Fall bleibt das Selbstverständnis von Forschung und Arbeit, das stark von den ökologischen Erfordernissen einer über ihre Verhältnisse lebenden Menschheit geprägt ist. Wer am ifeu arbeitet, will *mehr* als Geld verdienen; er oder sie hat Visionen und Ziele, bringt Engagement für eine bessere Umwelt ein, übernimmt Verantwortung. Die Visionen der Einzelnen haben das Institut als Ganzes geprägt. Immerhin, und das ist eine wesentliche Änderung in den 20 Jahren, kann diese Arbeit heute *auch* Broterwerb sein.

Literatur

Bludau, H. et al. (1982): Vorrang für bessere Energienutzung – oder Atomenergie? Zur Energieforschungspolitik der Bundesregierung. Heidelberg

Bossel, H., W. Dürrschmidt (1981): Ökologische Forschung. Wege zur verantworteten Wissenschaft. Karlsruhe

Bundesverband Bürgerinitiativen Umweltschutz BBU (1977): Die Auswirkung schwerer Unfälle in Wiederaufarbeitungsanlagen und Atomkraftwerken. Karlsruhe

Diefenbacher, H. (1980): Entwicklung und Verbreitung von Wärmepumpen in der Bundesrepublik Deutschland. Heidelberg

Forschungsgruppe Schneller Brüter (1982): Risikoorientierte Analyse zum SNR 300. München

Franke, B. et al. (1978): Zur Abschätzung des Transfers von Radionukliden aus dem Boden in Pflanzen. Beitrag zur Teilstudie 26 der Modellstudie Radioökologie Biblis. Im Auftrag des Hessischen Ministers für Wirtschaft und Technik. Heidelberg

Franke, B., D. Teufel (1980): Radiation exposure due to venting TMI-2 reactor building atmosphere. Heidelberg

Gruhl, H. (1975): Ein Planet wird geplündert. Frankfurt a. M.

Gubernator, K. et al. (1979): Zur Problematik der Thalliumverseuchung in der Umgebung von Zementwerken. Tutorium Umweltschutz und IFEU-Institut. Heidelberg

Heinstein, F. et al. (1985): Möglichkeiten der kommunalen Abfallvermeidung. Eine Untersuchung für die Stadt Heidelberg und den Rhein-Neckar-Kreis. Heidelberg

Heinstein, F. et al. (1986): Ökologisches Abfallwirtschaftskonzept Bielefeld. Heidelberg

Hillerbrand, M. (1982): Geld für Kernenergiegegner. Atomwirtschaft November 1982, S. 562-563

Höpfner, U. et al. (1984): Luftverschmutzung und Waldkatastrophe. Analyse und Gegenmaßnahmen. Hrsg. von den Grünen im Landtag Baden-Württtemberg. Stuttgart

Höpfner, U. et al. (1985): Die Entwicklung der Schadstoffemissionen aus dem Kfz-Verkehr. Eine Bilanz der Auswirkungen der EG-Beschlüsse und der steuerlichen Anreize zum schadstoffarmen Pkw. Heidelberg

Hoffmann, M. et al. (1979): Chlorierte Kohlenwasserstoffe als Schädlingsbekämpfungsmittel. Modellfall Lindan. Heidelberg

IFEU/Tutorium Umweltschutz (1980): Zur Diskussion über die Berechnungsgrundlagen zur Ermittlung von Strahlenbelastungen in der Umgebung von Kernkraftwerken. Heidelberg

Kluge, B. et al. (1984): Vergiftete Umwelt, gefährdete Kinder. Reinbeck

Koch, T. et al. (1981): Energiegutachten für die Stadt Bielefeld. Heidelberg

Koch, T. et al. (1984): Müllverwertung und -beseitigung in Baden-Württemberg. Probleme, Modelle und Lösungsansätze. Hrsg. von den Grünen im Landtag Baden-Württtemberg. Stuttgart

Koch, T., J. Seeberger (1984): Ökologische Müllverwertung. Karlsruhe

Krauth, W., I. Lünzer (1982): Öko-Landbau und Welthunger. Reinbeck

Meadows, D. et al. (1972): Die Grenzen des Wachstums. Bericht des Club of Rome zur Lage der Menschheit. Stuttgart

Nössler, B., M. de Witt (Hrsg.) (1976): Wyhl. Kein Kernkraftwerk in Wyhl und auch sonst nirgends. Freiburg

Ratka, R. et al. (1982): Sekundärkreislaufemissionen von Leichtwasserdruckreaktoren. Im Auftrag des BMFT (150 436). IFEU-Bericht Nr. 16. Heidelberg

Ruske, B., D. Teufel (1980): Das sanfte Energie-Handbuch. Wege aus der Unvernunft der Energieplanung in der Bundesrepublik. Reinbeck

Seeberger, J. (1984): Gutachten zu der geplanten Müllverbrennungsanlage im Raum Koblenz.

Steinhilber-Schwab, B. (1982): Die Gefährdung der Bevölkerung in der Umgebung des Kernkraftwerks Neckarwestheim. Im Auftrag der Grünen Baden-Württemberg. Heidelberg

Teufel, D. et al. (1979): Transfer von Radionukliden vom Boden in Pflanzen. Untersuchungen zu dem Gutachten „Regionalwirtschaftliche und ökologische Auswirkungen des geplanten Nuklearen Entsorgungszentrums bei Gorleben". Im Auftrag des Niedersächsischen Ministers für Soziales. Heidelberg

Teufel, D. et al. (1980): Vergleichende Abschätzung der Risiken bei der Erzeugung von Strom aus verschiedenen Primärenergieträgern. Forschungsvorhaben St. Sch. 706. Im Auftrag des Bundesministers des Innern. Heidelberg

Teufel, D. et al. (1983): Analyse der Grundlagen für Risikovergleiche zu dem natürlichen Strahlenrisiko, dem mit der Kernenergie verbundenen und dem mit der Stromerzeugung aus Steinkohle verbundenen Gesamtrisiko. Forschungsvorhaben im Auftrag des Bundesministers des Innern. Heidelberg

Tutorium Umweltschutz (1978): Die Freiheit von Wissenschaft, Forschung und Lehre am Beispiel Kernenergie und Umweltschutz. Eine Dokumentation. Heidelberg

Tutorium Umweltschutz (1978): Radioökologisches Gutachten zum Kernkraftwerk Wyhl. Heidelberg

Wüstenhagen, H.-H. (1975): Bürger gegen Kernkraftwerke. Reinbeck

Über die Schwierigkeit ökologisch zu forschen

Mario Schmidt

1 Ökologische Forschung – Was ist das?

In der Vergangenheit wurde das ifeu-Institut mit diversen Attributen geschmückt: das *ökologische* Forschungsinstitut, das Heidelberger Öko-Institut oder schlicht das *grüne* Institut, was natürlich falsch war und nur zu Verwechslungen führte. Am verwegensten war Mitte der 80er-Jahre der Ausspruch des in Heidelberg lebenden Chemikers und Soziologen Prof. Helmut Krauch: *„Ihr seid ein so herrlich anarchistisches Institut."* Die Reaktion am Institut schwankte zwischen Empörung, Belustigung und heimlich stolzem oder – je nach politischer Vorbildung – einfach nur ahnungslosem Schweigen. Am liebsten aber bezeichneten sich die ifeu`ler selbst als *unabhängig*. Vielleicht weil man damit der Diskussion aus dem Weg gehen konnte, was ökologische Forschung denn nun bedeutet.

Die Ökologie im engeren Sinne, so wie sie in der Biologie als Wissenschaft über die Wechselbeziehungen der Organismen und ihrer Umwelt aufgefasst wird, war selten Thema des Institutes. Am ehesten fallen mir noch die Arbeiten zur Radioökologie aus den Urzeiten des ifeu oder Biotopkartierungen im Rahmen von Deponiestandortsuchen ein.

Aber wahrscheinlich würde man den Begriff der Ökologie damit zu eng auslegen. Zum einen gehört auch der Stoff- und Energiehaushalt der Biosphäre zum Gebiet der biologistischen Ökologie (griech. oikos: das Haus). Genau um diesen Stoff- und Energiehaushalt, um den Metabolismus der *Gesellschaft* ranken sich die Arbeiten des ifeu. Zum anderen steht Ökologie nunmehr für eine neue Weltanschauung, die eine dauerhafte Existenzsicherung der globalen und lokalen Ökosysteme und damit ein Überdenken der gängigen Wirtschaftsweise und der Fortschritts- und Wachstumslogik fordert. Diese Fragen berühren viele Wissensgebiete, weshalb die Ökologie wie kaum eine andere Wissenschaft in zahlreiche Fachdisziplinen hineinwächst, von der Physik bis hin zur Psychologie. Auch innerhalb der Ökologie gibt es immer neue Teilgebiete: Humanökologie, Geoökologie, politische Ökologie u. v. m.

Aber mit dieser Positionsbestimmung würde in der wissenschaftlichen Arbeit eine weltanschauliche Komponente mitschwingen. Für den Naturwissenschaftler – und am ifeu arbeiten überwiegend Naturwissenschaftler – ist das heute immer noch ungewohnt, ist er doch überzeugt, objektive Forschung zu betreiben. Der Zweck des Institutes als Institution ist eindeutig definiert als *„wissenschaftliche Forschungs- und Beratungstätigkeiten, die dem* *langfristigen Erhalt und der Verbesserung natürlicher und menschlicher Umweltbedingungen dienen"*. Wissenschaft am ifeu war – so gesehen – nie Selbstzweck und ist hoffentlich auch nicht so sinnlos, wie dies einst Tolstoi von der Wissenschaft allgemein annahm[1].

2   Wissenschaft und Politik

Der Berufsethos des Naturwissenschaftlers basiert nach wie vor auf dem kritischen Rationalismus Karl Poppers, bei dem die Wissenschaft selbst als wertfrei angenommen wird. Das Wissen soll systematisiert, analysiert und vor allem objektiviert werden. Damit wird es intersubjektiv verfügbar und nachvollziehbar gemacht. Die Hoffnung ist u. a., so Einflüsse von Werturteilen aufzuzeigen, *subjektiv* von *objektiv* zu separieren. Wir finden diese Einstellung auch in den Umweltwissenschaften, etwa bei der Methodik des Life-Cycle-Assessments, wo zwischen Sachbilanz und Interpretation oder Bewertung der Ergebnisse unterschieden wird. Allerdings zeigt genau dieses Beispiel, wie schwer sich die Bewertung von dem Arbeitsschritt der vermeintlich objektiven Sachbilanz fern halten lässt.

Was bei dieser Einstellung vernachlässigt wird, ist die Rolle der Wissenschaft selbst für die gesellschaftliche, politische und kulturelle Entwicklung. Es ist heute keine Frage mehr, dass viele unserer Probleme, auch der ökologischen, durch eben diese Wissenschaft mit verursacht wurden. Der Soziologe Kreibich identifizierte die Wissenschaft als die eigentlich treibende Kraft für Technologie und Industrialisierung und redet vom Wissenschaft-Technologie-Industrialisierungs-Paradigma (Kreibich, 1986). Die Wissenschaft, ihre Art zu denken, empirische Befunde zu strukturieren und zu analysieren, prägt unsere Gesellschaft ganz entscheidend. Wissenschaft ist längst zu einer neuen Religion geworden und die Wissenschaftler sind die Hohenpriester dieser Religion (Beck, 1986).

Sogar wir Umweltwissenschaftler nehmen heute oft die von Francis Bacon apostrophierte „Königsrolle" ein – eher unfreiwillig. Fast herrscht manchmal eine neue Gläubigkeit, die lediglich von dem allseits bekannten Phänomen des Gutachterstreits getrübt ist (Lübbe, 1997). *„Ökologie beginnt sich zu einer Überwissenschaft zu mausern"*, stellte Ulrich Beck in der Hochzeit einer ökologisch sensibilisierten Gesellschaft Ende der 80er-Jahre fest (Beck, 1989). In den Wochen nach dem Reaktorunfall von Tschernobyl wollten die Menschen von uns Informationen und Ratschläge, wie sie sich verhalten sollen: Was können wir noch essen? Dürfen wir uns im Freien aufhalten? Wohin sollen wir in Urlaub fahren? Es gab Auskunftsuchende, die richtig ärgerlich wurden, wenn ihre Ängste *wissenschaftlich* nicht bestätigt werden konnten. Und es gab Anfragen – wie die einer Schwangeren, die fragte, ob sie nun ihr Kind abtreiben müsse – die zeigten, dass sich Wissenschaft vom gesellschaftlichen Wertegerüst kaum isolieren lässt.

Aber welche Rolle nehmen die Naturwissenschaftler tatsächlich innerhalb der ökologischen Forschung ein? Sie analysieren vorrangig. Sie zeigen die Wirkungszusammenhänge und

---

[1] Tolstoi schrieb: „Wissenschaft ist sinnlos, wenn sie uns keine Antwort auf die Frage 'Was sollen wir tun? Wie sollen wir leben?' gibt." zit. nach (Max Weber, 1964, S. 323)

Gefahrenpotenziale auf. Diese Arbeit ist unbestreitbar wichtig. Sollen sie hingegen Wege aus der ökologischen Krise aufzeigen, so bleibt ihnen innerhalb ihrer Profession höchstens die technische Innovation. Wie kann man auch erwarten, dass sich die Wissenschaft mit ihrem eigenen Wissen und ihren eigenen Methoden aus dem Sumpf zieht, mit denen sie in diesen geraten ist?

Beispiele für dieses Gefangensein in der eigenen Denkstruktur gibt es viele, besonders im Bereich der technik- und angebotszentrierten Innovationen: effizientere Fotovoltaik-Anlagen statt Energie sparende Geräte und Verhaltensformen, Elektroautos statt einer anderen Mobilität, Einfamilien-Niedrigenergiehäuser statt neuer sozialer Wohnformen. Wenn die Umweltwissenschaften diese naturwissenschaftliche Ausprägung haben, dann bleibt ökologischer Fortschritt letztendlich immer ein wissenschaftlich-technischer Fortschritt. Das aber ist ein Fortschritt, der wenig beständig ist, weil die tiefer liegenden Ursachen, z.B. in sozioökonomischen Strukturen, nicht erreicht werden. Rademacher (1997) redet in diesem Zusammenhang auch vom Rebound- oder Bumerang-Effekt, bei dem eine kurzfristige Besserung eines Problems durch eine technische Maßnahme von einer insgesamten Verschlechterung langfristig wieder eingeholt wird.

Aber zu den erforderlichen Veränderungen im sozialen, wirtschaftlichen und politischen Leben können die Naturwissenschaften aus sich heraus keine Aussagen treffen. Die Frage, ob Gesetze, Ökosteuern oder Bewusstseinsbildung und Wertewandel zur Lösung der Probleme erforderlich sind, kann bei einem *ordentlichen* Naturwissenschaftler nur zu einem Schulterzucken führen. Dies sei Aufgabe der Juristen, Ökonomen oder Pädagogen, besser noch: der Politiker.

Genau wegen dieses Dilemmas ist Transdisziplinarität erforderlich. Ich rede hier ausdrücklich von transdisziplinär und nicht von interdisziplinär, denn letzteres ist eher wissenschaftliche Rethorik als tatsächliche Realität (Mittelstraß, 1992). Es geht nicht um ein zeitweises und begrenztes Zusammenrücken partikulären Wissens, wie dies bei interdisziplinärem Arbeiten immer wieder erfolgt. Transdisziplinarität – so Mittelstraß – löst sich aus diesen fachlichen Grenzen, definiert die Probleme mit Blick auf die außerwissenschaftliche Entwicklung disziplinunabhängig und versucht, sie disziplinunabhängig zu lösen. Die Umweltwissenschaft gilt hierzu als Paradebeispiel für transdisziplinäre Forschung, sowohl was die außerwissenschaftliche Problemlage als auch die innerwissenschaftliche Methodenfreiheit angeht.

Transdisziplinarität strebt keine einheitliche Theorie und keine übergreifende Disziplin an, sondern versteht sich in erster Linie als ein Forschungsprinzip: *„Transdisziplinarität integriert disziplinäre Perspektiven, jedoch nicht als eine Integration von Theorien und Forschungsergebnissen auf der Ebene einer Supertheorie oder Metatheorie, sondern unter der Perspektive ihrer Bedeutung für lebensweltliche Probleme"* (Hirsch, 1995, 310).

Jaeger u. Scheringer (1998) weisen darauf hin, dass die Übersetzung lebensweltlicher Probleme in wissenschaftliche Probleme einen außerwissenschaftlichen Standpunkt voraussetzen, von dem aus die Probleme erkannt und in ihrer Relevanz beurteilt werden können. Anschließend kommt es darauf an, die wahrgenommenen Probleme in einer Weise zu bearbeiten, die einerseits als *wissenschaftlich* ausgewiesen werden kann und andererseits außerwissenschaftlich *fruchtbar* ist. Dabei ergeben sich gegenüber multi- oder interdisziplinären Arbeiten zusätzliche Anforderungen an die persönlichen Qualifikationen sowie an das institutionelle Umfeld (Jaeger u. Scheringer, 1998).

Genau an dieser Stelle möchte ich zurück zum ifeu-Institut kommen. Die lebensweltlichen Probleme, nämlich die Umweltprobleme, waren stets der Ausgangspunkt der Institutsarbeit. Die Arbeit war und ist disziplinübergreifend und oft unbeschränkt in der Methodenwahl, was in der Vergangenheit auch zu der Entwicklung neuer Methoden und Erkenntnisstrukturen führte. Besonders in der Frühzeit des Institutes nahm man einen außerwissenschaftlichen Standpunkt ein, man denke an die Positionen zur Kernenergie.

Ich möchte behaupten, dass die Transdisziplinarität des ifeu sogar der Grund für seine Gründung war. Transdisziplinäres Arbeiten war nicht möglich innerhalb einer Universität, die ausschließlich disziplinär ausgerichtet war, bei der die einzelnen Disziplinen einen Methodenzwang ausübten und außerwissenschaftliche Probleme als unwissenschaftlich verkannt wurden. Es bedurfte – im doppelten Sinne – eines neuen Raumes für das wissenschaftliche Arbeiten.

Das ifeu musste in den ersten Jahren seines Bestehens heftige Angriffe des etablierten Wissenschaftsbetriebes aushalten, und wen wundert es, einer der Hauptvorwürfe war, es werde unwissenschaftlich gearbeitet. In der Tat war man am ifeu damals auch noch nicht methodenfest, suchte seine eigene Rolle zwischen Wissenschaft und Politik. Besonders die Abgrenzung zu vorwiegend politisch motivierten Positionen war anfangs nicht ganz einfach. Wo wird die Wissenschaft nur als Stichwortlieferant für die Politik missbraucht? Wo besteht ein echter Austausch zwischen Politik und Wissenschaft? Das, was sich heute wissenschaftstheoretisch so schön mit transdisziplinär umschreiben lässt, musste damals im Institutsalltag überhaupt erst erarbeitet und erlebt werden.

3   Praxis und Bewertung

Die Frage ist nun, ob sich die heutige Institutsarbeit noch der transdisziplinären Tradition verschrieben fühlt oder wieder eher in die Ecke traditionellen Forschens gedrängt wurde. Ich halte diese Frage für außerordentlich wichtig, entscheidet sie zugleich darüber, welche Rolle man heute in der Forschungslandschaft einnimmt bzw. einnehmen kann.

Unproblematisch sind dabei das erforderliche Verbinden der Disziplinen und der Einsatz diverser wissenschaftlicher Methoden. Kaum ein ifeu-Mitarbeiter versteht sich primär oder ausschließlich als Physiker, Biologe oder Ingenieur. Zwar mangelt es innerhalb des Institutes traditionell an Sozialwissenschaftlern und Ökonomen, jedoch konnte dies durch enge Kooperationen mit anderen Einrichtungen gut ausgeglichen werden.

Hingegen wird der außerwissenschaftliche Standpunkt heute weniger bewusst und offensiv vertreten als früher. Das ist freilich auch eine Reaktion auf gesellschaftliche Prioritätenverschiebungen. Die öffentliche Brisanz von Umweltthemen hat in den 90er-Jahren stark abgenommen. Die Wissenschaftler werden heute von der Öffentlichkeit seltener *gefordert* oder als politische Legitimation eingesetzt. Dass am ifeu ein außerwissenschaftlicher Standpunkt trotzdem eingenommen wird, hängt implizit mit der starken Praxisorientierung der Arbeit zusammen.

Die Praxisorientierung ist eine Folge der angeführten Transdisziplinarität. Es geht nicht allein um Methodenentwicklung, sondern auch um Methoden*anwendung* und vor allem um die Lösung von Problemen aus der Lebenswelt. Während die Fragestellungen vor 20 Jahren hauptsächlich von der Umweltbewegung und der Politik an das ifeu getragen wurden, stammen sie heute vorrangig aus der Administration oder sogar aus der Wirtschaft. Während vor 20 Jahren vorwiegend kritische Analysen und Argumentationshilfen verlangt waren, werden heute auch Konzepte und Ansätze für mitunter sehr konkrete Fragestellungen gefordert. Die Antworten fallen weniger pointiert, dagegen komplex und differenziert aus.

Fast verschwimmen damit manchmal die Grenzen zwischen Wissenschaft und ingenieursmäßigem Consulting. Ein früherer Arbeitskollege pflegte sich gegenüber der Ingenieurszunft so abzugrenzen: *„Bei uns gibt es keine Anzüge von der Stange."* Damit gemeint war das ständige Wechselspiel zwischen Methodenentwicklung und Praxiserfahrung. In einem so komplexen Umfeld wie den Umweltwissenschaften müssen die Methoden auf die Praxis, auf die außerwissenschaftlichen und sich verändernden Problemstellungen abgestimmt sein. Dies ergibt sich letztendlich aus dem Anspruch, in der Lebenswelt *fruchtbar* zu sein. Praxislösungen werden zum Prüffall der Methoden. Der Mix aus methodischer Kompetenz und praktischer Erfahrung ist hier die Besonderheit. Vor allem darf der Praxisbezug nicht zu einer reinen Erwerbstätigkeit verkommen, die anderen Gesetzmäßigkeiten als denen der Forschung unterliegt.

Aber dies reicht nicht aus. Es ist vor allem die explizite Bereitschaft des Wissenschaftlers, mittels Bewertung zu einer Entscheidung zwischen verschiedenen Handlungsoptionen zu kommen. Hier wird – wenn es erforderlich ist – wieder der außerwissenschaftliche Standpunkt eingenommen und versucht, eine Problemlösung zu betreiben. Die Werthaltung, die der Bewertung zu Grunde gelegt wird, ist die eingangs erwähnte ökologische Ausrichtung – im Zweifel für die Umwelt.

Transdisziplinarität ist also nach wie vor der Dreh- und Angelpunkt der Arbeit am ifeu, aber vielleicht „lärmt" man dabei nicht mehr so wie vor 20 Jahren. Im Gegensatz zu früher hat man nun den Anspruch und vor allem auch die Erfahrungen dazu, seine Arbeitsabläufe transparent und lösungsorientiert zu gestalten. Man kennt inzwischen die Tücken zwischen Wissenschaft und Politik, zwischen Theorie und Praxis, zwischen Anspruch und Wirklichkeit.

4   Homo politicus und Nachhaltigkeit

Im Zweifel für die Umwelt – was kann das heißen? Auch ein halbwegs anständiger Ingenieur in einem Unternehmen wird heute bestrebt sein, seine technischen Planungen Energie sparend und emissionsarm auszulegen. Konzerne proklamieren für sich die Nachhaltigkeit und halten ihre Produkte für einen Gewinn für sich *und* die Umwelt. Eigentlich wollen heute *alle* umweltfreundlich sein.

An dieser Stelle passt sehr gut ein Konzept von Faber et al. (1997), die versucht haben, menschliches Verhalten in ökonomischen Systemen mit zwei gegensätzlichen Archetypen zu beschreiben. Der Homo oeconomicus, von John Stuart Mill vor 150 Jahren eingeführt, steht für ein Individuum, das rational handelt, ein vollständiges und widerspruchsfreies Zielsystem besitzt und sein Handeln auf die Maximierung des individuellen Nutzens ausrichtet. Gesellschaftliche Entwicklung kann dann als eine Summe oder als ein Abwägen dieser Eigeninteressen verstanden werden. Innerhalb der Wirtschaftslehre lässt sich auf der Grundlage des methodologischen Individualismus sogar die konstitutionelle Demokratie als die der individuellen Nutzenmaximierung adäquate Staatsform erklären. Für gesellschaftliche Veränderungen setzt sich der Homo oeconomicus jedoch nur dann ein, wenn er sich davon kurz- oder mittelfristig einen Nutzen verspricht. Er wird sich beispielsweise nicht gegen Umweltverschmutzung einsetzen, so lange er davon keinen direkten Schaden trägt oder sein Eigentum im Wert geschmälert wird.

Aber der Mensch ist nicht ausschließlich Homo oeconomicus. Ihm an die Seite gestellt wird der Archetypus des so genannten Homo politicus. Er versteht sich als Teil einer Gemeinschaft und handelt ausschließlich im Rahmen der Gemeinschaft. Sein Interesse gilt dem gemeinschaftlichen Wohl. Er engagiert sich im politischen Prozess, wobei private Interessen zu Gunsten gemeinschaftlicher zurückgestellt werden. Er verfolgt langfristige, möglicherweise sogar intergenerationelle Perspektiven. Natürlich gibt es auch den Homo politicus nicht in Reinstform, von Heiligen einmal abgesehen. In der Realität wird es vielmehr Mischformen dieser beiden Bilder geben. Aber die Ausprägung kann unterschiedlich stark sein.

Beide Archetypen können sich durchaus für den Umweltschutz engagieren. Für den Homo politicus ist sein Interesse am Erhalt der natürlichen Lebensgrundlagen offensichtlich: *„Als homo politicus ist der Mensch fähig, seinem ökonomischen Tun Grenzen zu setzen. ... Weil er also die Fähigkeit hat, sein eigenes nutzensteigerndes Tun zu beschränken, ist er auch in der Lage, seinen Naturverbrauch zu reduzieren.... Daß er ein solches Interesse in der Tat hat, folgt aus seinem Charakter als Gemeinschaftswesen. ... Diese Gemeinschaft ist darauf angelegt, die in ihr lebenden Individuen zu überdauern. Das Bestehen ist an natürliche Voraussetzungen gebunden"* (Faber et al., 1996, 22). Daraus ergibt sich für den Homo politicus ein Handlungshorizont, der auch zeitlich weiter gesteckt ist. Dadurch ist er in der Lage, auch eine nachhaltige Entwicklung zu propagieren.

Für den Homo oeconomicus ist Umweltschutz dann kein Problem, wenn für ihn damit ein Nutzen verbunden ist. Aber Faber et al. (1996) sprechen ihm die Fähigkeit zur Nachhaltigkeit ab: *„Der Grund für diese Unmöglichkeit liegt darin, daß der homo oeconomicus als maßlos gedacht werden muß. „Maßlos" bedeutet hier: der homo oeconomicus ist qua Definition Nutzenmaximierer und hat daher die Tendenz, seinen Nutzen über alle Grenzen zu steigern."* Dem gegenüber steht genau das Maßhalten als entscheidendes Leitbild innerhalb des Ansatzes der Nachhaltigkeit (Schmidt, 1997, 13).

Es ist nun interessant, die Entwicklung des Umweltschutzes in Deutschland vor dem Hintergrund dieses Konzeptes zu spiegeln. So führte der Archetypus des Homo politicus das Wort in der Umweltpolitik und Umweltbewegung der 70er und 80er-Jahren, begründet aus einer gemeinschaftlich übergeordneten Notwendigkeit heraus. In den 90er-Jahren geriet das

Umweltthema in Deutschland zunehmend in die politische Defensive. Umweltschutz wurde immer stärker vom Standpunkt des Homo oeconomicus aus begründet: Umweltschutz würde ja auch ökonomische Vorteile versprechen, z. B. geringere Ressourcenkosten für Betriebe, höherer Wohlstand für die Menschen. Es wurde der Gleichklang zwischen Ökonomie und Ökologie beschworen. Faktor Vier – doppelter Wohlstand, halbierter Naturverbrauch – wurde zu dem Credo dieser Strömung (v. Weizsäcker et al., 1995).

Diese Entwicklung der letzten 10 Jahre hat mit Sicherheit gewisse Erfolge im Sinne einer ökologischen Effizienzsteigerung vorzuweisen, muss aber insgesamt als problematisch angesehen werden. Bereits im betrieblichen Umweltmanagement ist abzusehen, dass die anfänglich großen Erfolge – ökonomische und ökologische – langfristig in einem marginalen Grenznutzen versanden oder von der Produktionsentwicklung überrollt werden. Dazu kommt noch die Absurdität, dass mit dem Konzept des Homo oeconomicus Umweltschutz genau jenen Unternehmen schmackhaft gemacht wird, die sich noch nicht einmal als Homo oeconomicus – ohne Umweltschutz – verhalten haben und ihren Mitteleinsatz optimierten. Von Nachhaltigkeit kann man hier in den seltensten Fällen sprechen.

5 Ein Leitbild für ökologische Forschung

Die ökologische Forschung, auch die ökologische Beratung von Politik, Öffentlichkeit und Wirtschaft, darf sich nicht allein an dem Bild des Homo oeconomicus festmachen. Dies mag eine kurzfristig geeignete Strategie zur ökologischen Effizienzsteigerung sein, langfristig muss sich ein Umweltwissenschaftler hingegen mehr als Homo politicus verstehen und seine Wertehaltung aus dem Konzept der nachhaltigen Entwicklung ableiten.

Es ist interessant, dass gerade die Konzepte des Homo politicus und der transdisziplinären Forschung kompatibel erscheinen. Erst mit der Bereitschaft zu einem außerwissenschaftlichen Standpunkt wird eine adäquate Problemerfassung und Beurteilung in der Lebenswelt möglich; der offene Ansatz des Homo politicus weitet den Blickwinkel für verschiedene Herangehensweisen und einzubeziehende Disziplinen und Methoden.

Das heißt nicht, dass der Umweltwissenschaftler die Ökonomie gering schätzen soll. Im Gegenteil! Sie bleibt eine wichtige Rahmenbedingung, die es bei der Suche nach Lösungen zu beachten gilt. Sie bietet sogar selbst eine Vielzahl von Steuerungsinstrumenten innerhalb der Wirtschaft und der Gesellschaft und kann damit zur Umsetzung von Problemlösungen wesentlich beitragen.

In meinen Augen entsteht damit für den Umweltwissenschaftler die Notwendigkeit, über das hinaus zu denken, was von ihm in diesen Tagen hauptsächlich verlangt wird: effizientere Techniken. Er muss auch in der Lage sein, die zu Grunde liegenden Ursachenmuster im sozialen oder kulturellen Bereich zu identifizieren. Und er muss bereit sein, im politischen Prozess Lösungen dieser Probleme mit auszuhandeln und dabei juristische und ökonomische Fragestellungen zu erfassen.

Ob das ifeu-Institut diesem Idealbild bereits entspricht, kann ich an dieser Stelle nicht sagen. Sich bei seiner Arbeit nur auf jene Argumente zu stützen, die konform mit der allseits gewünschten Nutzenmaximierung gehen, ist bequem und billig. Natürlich wird gegenwärtig gerade diese Leistung vom Markt nachgefragt. Schwieriger und weniger *wert* sind dagegen komplexe Vorschläge oder Vorschläge mit langfristigen Perspektiven.

6 Ausblick

Die transdisziplinäre *und* ökologische Forschung kann inzwischen auf eine beachtliche Zeit mit Erfahrungen und wichtigen Arbeiten, manchmal auch Erfolgen, zurückblicken. Sie hat insbesondere in jenen Institutionen eine Tradition, die sich einst außerhalb des etablierten Wissenschaftsbetriebes bildeten und eine gewisse institutionelle Unabhängigkeit wahrten. Dass dieser Wissenschaftsbetrieb die Ansätze nun zu vereinnahmen versucht – man denke nur an die einstigen Kernforschungszentren, die neuerdings ein Hort der Umweltforschung sein wollen –, kann man als eine späte Bestätigung dieses eingeschlagenen Weges verstehen.

Doch wie geht es weiter? Die Umweltprobleme werden nicht kleiner und bedürfen dringend einer, nein: vieler Lösungen. Ich glaube, dass die Umweltwissenschaftler – und da möchte ich auch das ifeu-Institut nicht ausnehmen – in den vergangenen Jahren zu defensiv waren. Das war natürlich eine Reaktion auf die geistig-moralische Wende, die im Umweltschutz meines Erachtens tatsächlich stattfand, und wo es galt, Öko-Nischen für eine ständig wachsende Population an ökologisch interessierten Wissenschaftlern zu finden.

Ich halte es für notwendig, dass sich die transdisziplinäre und ökologische Forschung wieder stärker einmischt, in die Politik, in die Wirtschaft, auch in die etablierte Forschung und Lehre.

Wenn es der Gesellschaft wichtig ist, die Umweltprobleme zu lösen, dann müssen die Rahmenbedingungen so geändert werden, dass der individuelle Nutzenmaximierer wieder zu Gunsten des am Gemeinwohl interessierten Bürgers – zumindest ein Stück – zurücktritt. Umweltschutz darf nicht mehr nur als ökonomischer Nutzen verkauft werden, sondern muss das sein, was er ist: der Schutz der natürlichen Lebensgrundlage für die Gesellschaft heute und morgen.

Ich halte das mindestens für eine politische, vielleicht auch für eine kulturelle Aufgabe. Mit Sicherheit ist es eine pädagogische Herausforderung. An den Universitäten ist Transdisziplinarität immer noch die Ausnahme. Gute Beispiele sind die Umweltwissenschaften an der ETH Zürich, die Geoökologie in Bayreuth oder Karlsruhe, die Systemwissenschaften in Osnabrück. Sonst herrscht aber die disziplinäre Forschung vor, selbst dann, wenn vermeintlich über Umwelt und Nachhaltigkeit geforscht wird. Umweltwissenschaftler und -techniker werden in diesem Umfeld zu technokratisch ausgebildet. Das beinhaltet zwar in der Regel einen höheren Praxisbezug, aber der Problembezug bleibt disziplinär, die Lösungen innerwissenschaftlich mit den angedeuteten Schwierigkeiten. D.h. die Wissenschaft und Forschung muss sich öffnen, muss problemorientierter werden, muss ihre politische und gesellschaftliche Schüchternheit ablegen. Ob die Universitäten dazu in der Lage sein werden, kann ich nicht sagen. Genau hier besteht aber auch die Chance für Einrichtungen wie dem ifeu.

Die Wirtschaft muss ein Stück weit lernen, sich überhaupt als Homo oeconomicus zu verhalten und jene ökologischen Effizienzsteigerungen zu realisieren, die selbst wirtschaftlich geboten sind, oder dazu die entsprechende Forschung und Technikentwicklung zu unterstützen. Dazu kommt die ehrliche Auseinandersetzung mit der Frage, was Nachhaltigkeit für ein Unternehmen überhaupt bedeuten kann. Wo sind die Öko-Pioniere der späten 80er-Jahre geblieben? Sie waren – zumindest teilweise – die Homines politici der Wirtschaft.

Was in der Wissenschafts- und Forschungslandschaft übrig bleibt, sind jene Umweltthemen, für die sich kein Nutzenmaximierer in der Gesellschaft findet, für die ein Markt nicht existiert. Genau hier ist die öffentliche Forschungsförderung gefordert; an dieser Stelle muss eine „künstliche" – d. h. eine am Gemeinwohl orientierte – Nachfrage geschaffen werden. Die öffentliche Förderung kann sich zurückziehen, wenn in der Wirtschaft und Gesellschaft wissenschaftsbasierte ökologische Problemlösungen nachgefragt werden. Aber sie muss sich gezielt dort engagieren, wo sich eigene Wissensmärkte nicht entwickeln können, wo Transdisziplinarität immer wieder unterzugehen droht.

Literatur

Beck, U. (1986): Die Risikogesellschaft. Auf dem Weg in eine andere Moderne. Frankfurt

Beck, U. (1989): Risikogesellschaft – Die neue Qualität technischer Risiken und der soziologische Beitrag zur Risikodiskussion. In: Schmidt, M. (Hrsg.): Leben in der Risikogesellschaft. Karlsruhe

Faber, M., R. Manstetten, T. Petersen (1996): Homo politicus und Homo oeconomicus. Die Grenzen der Politischen Ökonomie im Hinblick auf die Umweltpolitik. Diskussionspapier Nr. 237 des Alfred-Weber-Instituts Heidelberg

Faber, M., R. Manstetten, T. Petersen (1997): Homo Oeconomicus and Homo Politicus. Political Economy, Constitutional Interest and Ecological Interest. KYKLOS Vol 50, S. 457-483

Hirsch, G. (1995): Beziehungen zwischen Umweltforschung und disziplinärer Forschung. GAIA 4, Nr. 5-6, S. 302-314

Jaeger, J., Scheringer, M. (1998): Transdisziplinarität: Problemorientierung ohne Methodenzwang. GAIA 7, Nr. 1, S. 10-25

Kreibich, R. (1986): Die Wissenschaftsgesellschaft. Von Galilei zur High Tech-Revolution. Frankfurt

Lübbe, W. (1997): Der Gutachterstreit – ein wissenschaftsethisches Problem? GAIA 6, Nr. 3, S. 177

Mittelstraß, Jürgen (1992): Auf dem Weg zur Transdisziplinarität. GAIA 1, Nr. 5, S. 250

Rademacher, F. J. (1997): Informationsgesellschaft und nachhaltige Entwicklung: Was sind die vor uns liegenden Herausforderungen? In: Geiger, W. et al. (Hrsg.): Umweltinformatik`97. Band I. Marburg. S. 28-42

Schmidt, M. (1997): Nachhaltiges Heidelberg. Für eine lebenwerte UmWelt. Darstellung und Bewertung bisheriger Aktivitäten der Stadtverwaltung und Vorschläge für eine lokale „Agenda 21". Veröffentl. von der Stadtverwaltung Heidelberg

Weber, M. (1964): Soziologie – Weltgeschichtliche Analysen – Politik. Stuttgart

v. Weizsäcker, E. U., A. B. Lovins, L. H. Lovins (1995): Faktor Vier. Doppelter Wohlstand – halbierter Naturverbrauch. München

Teil II: Aktuelle Arbeiten des ifeu-Instituts

Abfallwirtschaft

Die Abfallwirtschaftsplanung in Nordrhein-Westfalen

Florian Knappe

1 Einleitung

Die Richtlinie 75/442/EWG verpflichtet die Mitgliedsstaaten der Europäischen Union, ein integriertes und angemessenes Netz von Abfallbeseitigungsanlagen zu schaffen, das die Europäische Gemeinschaft auf dem Gebiet der Abfallbeseitigung autark machen soll. Auch innerhalb der Gemeinschaft soll nach Ansicht der EU-Kommission eine Verbringung von Abfällen von einem Mitgliedsstaat in einen anderen möglichst vermieden werden. Diese Entsorgungsautarkie gilt insbesondere für Abfälle zur Beseitigung sowohl gegenüber Drittländern außerhalb der EU, aber auch innerhalb der Gemeinschaft. Für die Mitgliedsstaaten sind Abfallbewirtschaftungspläne vorgesehen.

In der Frage der Beseitigung von Abfällen werden demnach dem Mitgliedsstaat Eingriffs- bzw. Lenkungsmöglichkeiten eingeräumt. Nach §10 (3) des Kreislaufwirtschaftsgesetzes (KrW-/AbfG) sind Abfälle im Inland zu beseitigen. Dies löst §2 Abs. 1 Satz 1 des alten Abfallgesetzes ab und passt den Vorrang der Inlandsentsorgung an die Vorgaben des Art. 5 der EG-Abfallrahmenrichtlinie 91/156/EWG an, nach der die Abfälle gemäß dem Prinzip der Nähe in einer der am nächsten gelegenen und geeigneten Anlagen beseitigt werden sollten.

Die Frage der Abfallbeseitigung stellt auch einen zentralen Bestandteil der Abfallwirtschaftspläne dar. Nach §29 KrW-/AbfG sind die Bundesländer gehalten, diese bis spätestens 31.12.1999 aufzustellen. In Nordrhein-Westfalen erfolgt dies nach überörtlichen Gesichtspunkten auf Ebene der Regierungsbezirke. Sie stellen dar:

- die Ziele der Abfallvermeidung und -verwertung

- die zur Sicherung der Inlandsbeseitigung erforderlichen Abfallbeseitigungsanlagen

Hier schreibt das KrW-/AbfG vor, dass „bei der Darstellung des Bedarfs zukünftige, innerhalb eines Zeitraums von mindestens 10 Jahren zu erwartende Entwicklungen zu berücksichtigen sind". Soweit dies zur Darstellung des Bedarfs erforderlich ist, sind Abfallwirtschaftskonzepte und Abfallbilanzen auszuwerten. Abfallwirtschaftspläne müssen demnach Prognosen über die Entwicklung des Aufkommens an Abfällen zur Beseitigung enthalten bzw. zumindest auf solchen beruhen. Um dies durchführen zu können, bedarf es:

1. einer fundierten Analyse des erreichten Status der abfallwirtschaftlichen Situation eines Bundeslandes,
2. einer daraus abgeleiteten Abschätzung über die zukünftig als Abfälle zur Verwertung anfallenden Abfallmengen, bei gemischt vorliegenden Abfallfraktionen auf Basis der einzelnen Abfallstoffe wie Glas, Papier/Pappe, Kunststoffe, biogene Anteile etc. (= stoffstromspezifischer Ansatz).
3. Nur mit Hilfe dieses Prognoseansatzes ist es dann möglich, die stofflichen und damit Entsorgungseigenschaften der zukünftigen Abfallmengen zu prognostizieren,
4. erst daraus ergibt sich der spezifische Bedarf an Kapazitäten aus den verschiedenen Beseitigungsanlagen (MBA, MVA, Deponie).

Die Abfallwirtschaftspläne können ferner bestimmen, welcher Entsorgungsträger vorgesehen ist und welcher Beseitigungsanlage sich die Beseitigungspflichtigen zu bedienen haben - dieser Passus kann sogar für verbindlich erklärt werden.

Das ifeu-Institut wurde vom Ministerium für Umwelt, Raumordnung und Landwirtschaft beauftragt, in Begleitung der Erstellung der Abfallwirtschaftspläne in den einzelnen Regierungsbezirken die Grundlagen möglicher abfallwirtschaftlicher Kooperationen unter den Gebietskörperschaften gerade in der Frage der Abfallbeseitigung herauszuarbeiten und mit Hilfe von mit den Bezirksregierungen abgestimmter Leitlinien Vorschläge für die einzelnen Regierungsbezirke zu entwickeln.

2 Abfallwirtschaftliche Situationsanalyse

Eine abfallwirtschaftliche Situationsanalyse war nötig, da seit einigen Jahren bestehende Behandlungskapazitäten in Müllverbrennungsanlagen und Deponien zumindest in einigen Gebietskörperschaften nicht ausgelastet sind, andererseits von privater Seite bzw. auf Ebene der entsorgungspflichtigen Körperschaften Planungen bestanden und bestehen, dessen ungeachtet weitere (v. a. thermische) Behandlungskapazitäten zu errichten. Dem stand und steht jedoch gegenüber, dass es auch in Nordrhein-Westfalen eine große Zahl von Gebietskörperschaften gibt, die derzeit noch Abfälle ohne weitere Vorbehandlung auf Deponien ablagern und dies in Kürze einstellen müssen und damit auch bereit sind, ab diesem Zeitpunkt Kooperationen mit anderen Gebietskörperschaften einzugehen.

2.1 Situationsanalyse Abfallaufkommen

Vom ifeu-Institut wurde in einem ersten Schritt eine Bestandsaufnahme über die abfallwirtschaftliche Situation in den Gebietskörperschaften durchgeführt. Basisjahr war 1995, mit einer Erweiterung auf 1996 wurde ein Konzept für eine jährliche Bestandsaufnahme und deren Dokumentation in Form einer Landesabfallbilanz gelegt.

Die Analyse der abfallwirtschaftlichen Situation der einzelnen Gebietskörperschaften Nordrhein-Westfalens zeigte eine große Bandbreite der getroffenen abfallwirtschaftlichen Maßnahmen und der erreichten Ziele. Daraus resultieren z. T. sehr starke Unterschiede in den anfallenden Abfallmengen zur Beseitigung sowie den erreichten Verwertungsquoten bzw. verwerteten Abfallmengen. Deutlich wird dies vor allem dann, wenn man die Abfallmengen einwohnerspezifisch darstellt, da so eine Vergleichbarkeit unter den Körperschaften erreicht wird (siehe Abbildung 1).

Auffallend ist, dass trotz tendenziell schwierigerer Randbedingungen zur Wertstofferfassung in Großstädten (z. B. Verfügbarkeit von Stellplätzen) auch in den Städten Leverkusen und Aachen mit 34,0 % bzw. 33,3 % ähnliche Verwertungsquoten erreicht werden wie in ländlichen Körperschaften. Etwa 40 % der städtischen Körperschaften erreichten keine 20 % als Verwertungsquote, die niedrigsten Werte sind für Essen und Gelsenkirchen mit 14,2 % und 14,4 % verzeichnet. Die unterschiedlichen Verwertungsmengen resultieren in Nordrhein-Westfalen nicht unwesentlich auch aus der Frage, ob und in welchem Ausmaß eine separate Erfassung von Bioabfall erfolgt.

Die zur Beseitigung verbleibenden Restabfallmengen lagen für das Jahr 1995 im Bereich von etwa 120 kg/(E·a) im Kreis Gütersloh bis hin zu etwa 430 kg/(E·a) in Düsseldorf. Die Mengen differieren demnach um mehr als den Faktor drei. Durchschnittlich fielen 1995 in den sehr ländlichen Körperschaften etwa 206 kg/(E·a) zur Beseitigung an, in den verdichteten Körperschaften etwa 265 kg/(E·a) und in den städtischen Körperschaften etwa 324 kg/(E·a) an.

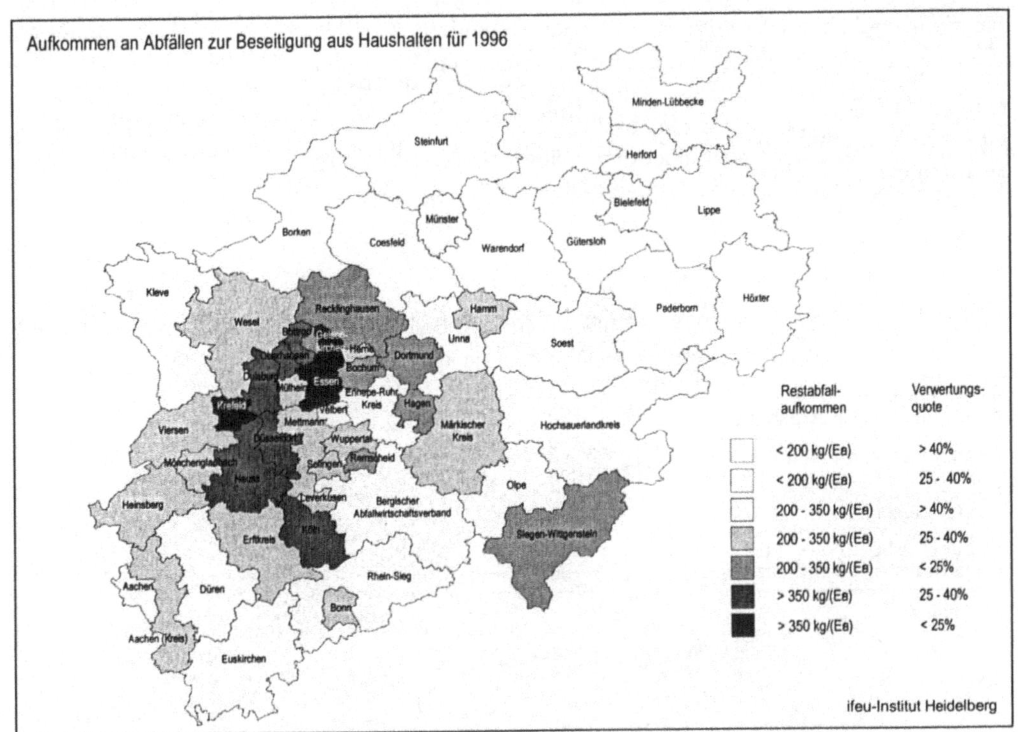

Abb. 1   Abfallaufkommen in Nordrhein-Westfalen 1996

2.2   Situationsanalyse Entsorgungsanlagen

Den für 1995 dokumentierten Abfallmengen zur Beseitigung stehen in den einzelnen Gebietskörperschaften deutlich unterschiedliche Behandlungs- bzw. Entsorgungskapazitäten gegenüber. Auf Grund der Anforderungen, zukünftig Abfälle vor einer Ablagerung auf Deponien (in der Regel thermisch) zu behandeln, stehen diese Behandlungskapazitäten im Vordergrund des Interesses (siehe Tabelle 1).

Zur thermischen Abfallbeseitigung stehen im Regierungsbezirk Münster knapp 100 kg/(E·a) Kapazitäten zur Verfügung, die Anlagenkapazitäten des Regierungsbezirkes Düsseldorf dagegen ermöglichen die thermische Beseitigung von etwa 520 kg/(E·a). Vergleicht man die spezifischen Behandlungskapazitäten alleine mit den oben aufgezeigten spezifischen Restabfallmengen aus Haushalten, zeigen sich für die meisten Regierungsbezirke derzeit Kapazitätslücken, im Falle des Regierungsbezirkes Düsseldorf aber auch Kapazitätsüberhänge.

Die Ablagerungskapazitäten der Siedlungsabfalldeponien spielen dagegen eine deutlich geringere Rolle, da zum Zeitpunkt des Jahres 1995 nahezu alle Gebietskörperschaften über entsprechende Anlagen verfügten. Zum anderen werden auf Grund des Gebotes, Abfälle zukünftig nur noch nach einer Behandlung auf Deponien abzulagern, die dorthin zur Beseitigung gelangenden Mengen sehr deutlich zurückgehen. Trotzdem erfolgte für die Vielzahl der grundsätzlich zur Verfügung stehenden Deponien eine Einschätzung ihrer Eignung, gerade auch auf dem Hintergrund ihrer natürlichen Standortvoraussetzungen als wesentlichem Merkmal, auch über sehr lange Zeiträume einen Schadstoffübertritt in das Grundwasser zu unterbinden. Ziel war es, für die zukünftige Abfallwirtschaft die Deponien zu ermitteln, die für einen Weiterbetrieb noch über einen längeren Zeitraum empfohlen werden konnten (siehe Tabelle 2. Problematische Sachverhalte sind fett herausgehoben).

Tabelle 1   Aufstellung der 1995 vorhandenen bzw. in Bau befindlichen thermischen Behandlungskapazitäten - Müllverbrennungsanlagen (in kg/(E·a))

Regierungsbezirk Arnsberg	160
Regierungsbezirk Detmold	180
Regierungsbezirk Düsseldorf	520
Regierungsbezirk Köln	280
Regierungsbezirk Münster	100

Tabelle 2 Darstellung der natürlichen Standortvoraussetzungen der auch längerfristig prinzipiell zur Verfügung stehenden Siedlungsabfalldeponien in Nordrhein-Westfalen (Doedens et al., 1997, verändert)

Deponie	Körperschaft	Geologische Barriere/ technische Nachbesserung	Maßnahmen zur Grundwasserabsenkung	Grundwasserflurabstand >1m
Regierungsbezirk Düsseldorf				
Hubbelrath	Düsseldorf	ja	nein	ja
Geldern Pont	Kleve	**nein/nein**	nein	ja
Solinger Straße	Remscheid	**nein/nein**	nein	ja
Plöger Steinbruch	Mettmann	**nein/nein**	nein	ja
Immigrath	Mettmann	nein/ja	nein	ja
Grefrath	Neuss	**nein/nein**	nein	ja
Viersen II	Viersen	ja	nein	ja
Brüggen II	Viersen	nein/ja	nein	ja
Asdonkshof	Wesel	nein/ja	**ja**	ja
Regierungsbezirk Köln				
Horm	Düren	**nein/nein**	**ja**	**nein**
Haus Forst	Erftkreis	**nein/nein**	**ja**	ja
Leppe	Oberbergischer Kreis	**nein/nein**	**ja**	ja
Regierungsbezirk Münster				
Emscherbruch	Gelsenkirchen	nein/ja	**ja**	**nein**
Münster II	Münster	nein/ja	nein	ja
Altenberge	Steinfurt	ja	nein	ja
Ennigerloh	Warendorf	ja	**ja**	ja
Regierungsbezirk Detmold				
Pohlsche Heide	Minden-Lübbecke	ja	ja	ja
Alte Schanze	Paderborn	ja	ja	ja
Regierungsbezirk Arnsberg				
Kornharpen	Bochum	ja	nein	ja
Nord-Ost	Dortmund	ja	k.A.	ja
Bockum-Hövel	Hamm	ja	k.A.	ja
Meschede	Hochsauerland	ja	nein	k.A.
Kleinfringhausen	Lüdenscheid	ja	nein	ja
Alte Scheune	Olpe	k.A.	nein	k.A.
Fludersbach	Siegen-Wittgenst.	**nein/nein**	nein	**nein**
Winterbach	Siegen-Wittgenst.	k.A.	nein	**nein**

2 Sicherung der zur Inlandsbeseitigung erforderlichen Abfallbeseitigungsanlagen

Ausgangsbasis aller Überlegungen waren die vorhandenen Daten zu Abfallmengen und -zusammensetzung, Informationen zu den verschiedenen Entsorgungseinrichtungen sowie Angaben zu bereits existierenden oder geplanten Kooperationen. Um daraus abgeleitet Vorschläge zu Kooperationen zu entwickeln, war es notwendig, für jede einzelne Gebietskörperschaft die zukünftig zur Beseitigung anfallenden Restabfallmengen in ihrer stofflichen Zusammensetzung abzuschätzen und diese in Abhängigkeit von den sich daraus ergebenden Entsorgungseigenschaften (wie bspw. Heizwert) mit den vorhandenen und geplanten Entsorgungsanlagen in Beziehung zu setzen.

Gerade die Verwendung von mechanischen und biologischen Behandlungskomponenten machte es erforderlich, den Siedlungsabfall in seiner Beschaffenheit besser zu charakterisieren, um so den möglichen Abfallströmen eine adäquate Behandlungsart zuordnen zu können.

Die Abschätzung der stofflichen Zusammensetzung der zukünftigen Restabfälle erfordert eine Quantifizierung der Verwertungsmöglichkeiten der einzelnen Abfallinhaltsstoffe wie bspw. Papier/Pappe, Glas und Kunststoffe, aber auch der biogenen Anteile. Eine Quantifizierung der verwertbaren Mengen wiederum setzt eine Quantifizierung der entsprechenden Potenziale zwingend voraus.

2.1 Abschätzung der Mengenentwicklung

Eine Abschätzung der Mengenentwicklung der Restabfälle ist mit dem stoffstromspezifischen Ansatz über eine Abschätzung der Anteile möglich, die zukünftig aus dem Gesamtabfallaufkommen als Wertstoff separiert und verwertet werden können. Grundlage dazu ist die Kenntnis über die stoffliche Zusammensetzung der Brutto-Abfallmenge für die gemischt vorliegenden Abfallarten Hausmüll, Sperrmüll und hausmüllähnlichem Gewerbemüll. Hierzu wurde soweit möglich auf entsprechende Erkenntnisse aus Sortieranalysen der einzelnen Körperschaften zurückgegriffen. Die angesetzten Verwertungsquoten orientierten sich daran, was in anderen Körperschaften vor allem in anderen Bundesländern durchaus bereits dem Standard entspricht. Für die „trockenen Wertstoffe" aus Hausmüll heißt dies Orientierung an die Vorgaben der Verpackungsverordnung, bei Biomüll wurde eine Verwertungsquote von 70% (bei hochverdichteten Städten 60%) des Potenzials angesetzt.

Mit einer Ausweitung einer möglichst flächendeckenden Erfassung von Bioabfällen auch in dichter bebauten Siedlungsbereichen ist nicht zwangsläufig eine Verschlechterung der Qualität der Kompost-Rohstoffe verbunden. Der Störstoffanteil kann auch in Innenstadtbereichen deutlich unter 5% gehalten werden, wie sich z. B. aus Sortieranalysen in Heidelberg (ifeu, 1997) ergab. Hier wurden für den verdichteten Wohnbereich Störstoffanteile im Sommer für Einzelergebnisse von maximal 2,1%, im Winter von maximal 3,9% ermittelt. Untersuchungen in Dresden und Chemnitz (Heilmann, 1997) ergaben Werte von unter 1%

(ohne Papier). Die Verunreinigungen von Biotonnen resultieren dabei aus wenigen fehlge-
nutzten Biotonnen, die sich mittlerweile durch entsprechende Einrichtungen am Sammel-
fahrzeug detektieren lassen.

Lagen keine Ergebnisse aus Sortieranalysen o. ä. zur Abfallzusammensetzung vor, mussten
Annahmen getroffen werden. Da sich die Abfallzusammensetzung vor allem dadurch wesentlich unterscheidet, wie viel Garten-, Grün- und Bioabfälle enthalten sind, wurde die
Annahmen zur stofflichen Zusammensetzung unterschieden nach den Gebietsstrukturen
städtisch, ländlich verdichtet und ländlich. Durch dieses Vorgehen wurden sicher gestellt,
dass den in Nordrhein-Westfalen stark unterschiedlichen Gegebenheiten zwischen ländlichen Gebieten und Ballungsräumen besser Rechnung getragen wird als mit dem pauschalen
Festschreiben einer spezifischen Verwertungsmenge, da die auf Quoten resultierenden absoluten Mengen sich aus der in jeder Körperschaft abweichenden Abfallzusammensetzung
ergeben.

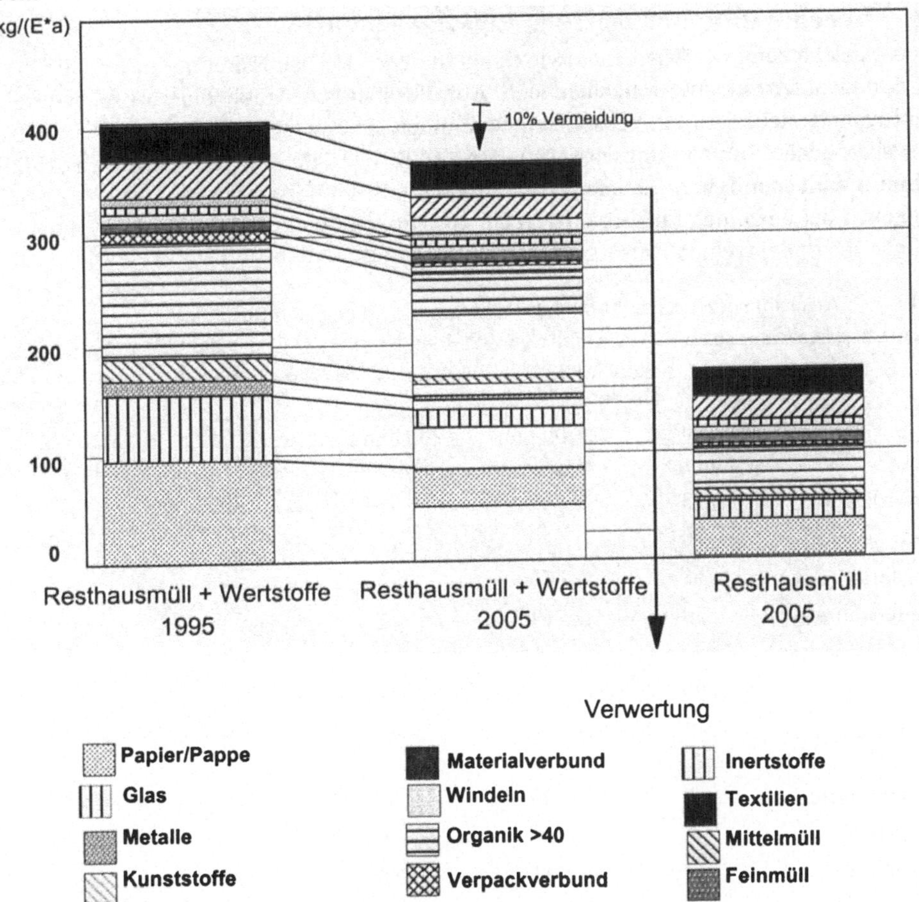

Abb. 2	Veränderung der Menge und Abfallzusammensetzung durch die prognostizierten Verwer-
tungserfolge am Beispiel einer Stadt (in kg/(E·a))

Für Abfälle aus dem Haushalt wurde auf eine mit den Bezirksregierungen abgestimmte Vorgabe zurückgegriffen, nach der zukünftig von einer Vermeidung in der Größenordnung von 10% bezogen auf die derzeitige Abfallmenge auszugehen ist. Wie aus Abb. 2 am Beispiel einer Stadt deutlich wird, verringert sich durch die separate Wertstofferfassung das Hausmüllaufkommen, das potenziell zur Beseitigung verbleibt, deutlich. Da die separate Erfassung kompostierbarer Abfälle einhergeht mit einer umfassenden Erfassung der trockenen Wertstoffe, verbleibt jedoch ein Anteil an Organik im Resthausmüll, der mit etwa 30% gegenüber dem Hausmüllpotenzial (Summe aus Wertstoffen und Restmüll) nicht wesentlich niedriger liegt. Die zukünftig zur Beseitigung verbleibenden Restabfälle aus Haushalten besitzen dementsprechend hinsichtlich dieser Inhaltsstoffe ähnliche Entsorgungseigenschaften wie der gesamte Hausmüll.

2.2 Abschätzung der Entsorgungseigenschaften

Mit der Abschätzung der Mengenentwicklung ist über die Diskussion der unterschiedlichen Verwertungspotenziale der verschiedenen Abfallbestandteile auch eine Abschätzung der zukünftigen Restabfallzusammensetzung verbunden. Dieser ermöglicht eine Abschätzung der entsprechenden Entsorgungseigenschaften der Restabfälle bzw. der einzelnen Abfallarten. Somit wird es möglich, Teilmengen der Restabfälle zu definieren, die auf die speziellen Fähigkeiten der einzelnen Entsorgungsverfahren zugeschnitten sind.

Tabelle 3 Auswahl spezifischer Abfalleigenschaften des gemischten Restabfalls

	Korngrößenverteilung in %			Wassergehalt	potenziell biol. abbaubar
	<80 mm	80-200 mm	>200 mm	(in %)	(in % der TS)
Papier/Pappe	33	49	18	20	70
Glas	80	10	10	5	0
Metalle	68	23	9	5	0
Kunststoffe	30	41	29	15	0
Organik > 40 mm	77	23	0	60	85
Holz	29	37	34	15	50
Verpackungs-verbund	7	49	44	20	50
Verbundstoffe	7	49	44	15	50
Windeln	0	80	20	50	50
Inertstoffe	89	11	0	10	0
Textilien	5	59	36	20	20
Mittelmüll	100	0	0	50	60
Feinmüll	100	0	0	40	30

Zentrales Element aller Beseitigungsoptionen ist die thermische Behandlung, grundsätzlich möglich sind jedoch auch Entsorgungsoptionen, die für verschiedene Aufgabenstellungen auf mechanisch-biologische Behandlungskomponenten zurückgreifen. Gerade diese greifen auf spezielle, im Restabfall vorhandene Anteile zu. Auch nach einer möglichst umfassenden Abschöpfung kompostierbarer Anteile am Abfallaufkommen durch Vermeidung (Eigenkompostierung) und separate Erfassung über die Biomülltonne verbleiben bedeutende organische Anteile im Restmüll, die ein wichtiges Potenzial für Behandlungserfolge bei der Diskussion der biologischen Restabfallbehandlung darstellen.

Mit Kenntnis der zukünftigen Abfallzusammensetzung lassen sich anhand der nachfolgend beispielhaft für eine biologische Behandlung dargestellten wichtigen spezifischen Entsorgungseigenschaften (siehe Tab. 3) relativ homogene Stoffströme aggregieren, die entsprechend ihrer Entsorgungseigenschaften den verschiedenen Behandlungsverfahren zugewiesen werden können.

- Die *Korngrößenverteilung* ist einerseits ein Kriterium für die Behandlungsansätze für einzelne Fraktionen. Andererseits weisen bestimmte Fraktionen auch charakteristische Stoffeigenschaften auf. Die gewählten Siebschnitte bei 80 mm und 200 mm wurden aus den Erfahrungen der Praxis abgeleitet. Im Siebüberlauf befindet sich hauptsächlich die energiereiche flugfähige Fraktion, während in der Korngröße unter 80 mm Kantenlänge hauptsächlich die Stoffe enthalten sind, die biologisch gut umsetzbar sind.
- Der *Wassergehalt* des Abfalls ist eine wichtige Größe bei der biologischen Behandlung von Restabfall, da sich deren Behandlungserfolg im Sinne der Massenreduktion stark aus der während des Prozesses verdampften Wassermenge ergibt. Der Wassergehalt beeinflusst zudem den Heizwert des Abfalls.
- Für die einzelnen Abfallarten wird der Anteil der prinzipiell durch einen biologischen Behandlungsprozess in CO_2 umsetzbaren Bestandteile angegeben (bezogen auf die Trockensubstanz). Dieser *Gehalt an durch biologische Prozesse abbaubarer organischer Substanz* kann nicht dem Behandlungserfolg eines biologischen Verfahrens gleichgesetzt werden, da dieser entscheidend von der Behandlungsdauer abhängt. Die gewählte Behandlungsdauer ergibt sich aus der Aufgabenstellung der Behandlung. Ist die biologische Behandlung als Behandlungsstufe vor einer nachgeschalteten thermischen Behandlung angeordnet, reduziert sich die Zielsetzung auf die Abfallbestandteile, die innerhalb kurzer Zeit durch biologische Behandlungsprozesse abgebaut werden können, da nur so eine Verhältnismäßigkeit der Mittel für eine reine Vorbehandlung gewahrt ist. Auch bei einer ausschließlich biologischen Behandlung von Restabfällen kann der Behandlungsprozess nicht den gesamten Abbau dieser Organik umfassen, da dieser sich über sehr lange Zeiträume erstreckt. Angenommen wird in diesem Fall ein Abbau von 50% dieser organischen Substanz. In der Praxis können Raten bis knapp über 60% erreicht werden.

2.3 Erarbeitung von Entsorgungslösungen zur Restabfallbeseitigung

Lässt man die derzeit noch weitgehend praktizierte Form einer Ablagerung von unbehandelten Abfällen außer Acht, so stellt die thermische Behandlung einen klassischen Entsorgungsweg für Abfälle dar. Auf Grund der technologischen Entwicklung wird die thermische Behandlung nahezu sämtlicher Abfälle unabhängig von ihren Eigenschaften eine mögliche Grundvariante zukünftiger Restabfallentsorgung darstellen.

In Ergänzung dazu wurden Behandlungskonzepte entwickelt, nach denen behandlungsbedürftige Restabfälle auch in Teilströmen gemäß ihrer spezifischen Eigenschaften entsprechenden Behandlungsanlagen zugeführt werden. Dabei spielen Ansätze einer biologischen Behandlung eine zentrale Rolle.

1. Eine mechanisch-biologische Behandlung kann dabei alleine zur Vorbehandlung der Restabfälle vor einer nachgeschalteten thermischen Behandlung dienen. Diese Vorbehandlung bietet die Möglichkeit, auf mögliche Schwankungen hinsichtlich der Abfallzusammensetzung und der Mengenentwicklung flexibel reagieren zu können (Erzeugung von Teilfraktionen nach Anforderungen des „Marktes"), durch den Massenverlust Transportaufwendungen (z. B. zu zentralen thermischen Behandlungsanlagen) unter ökologischen und ökonomischen Aspekten zu vermindern und durch die Homogenisierung des Abfalls hinsichtlich Heizwert und Korngröße den nachgeschalteten thermischen Behandlungsprozess zu optimieren.

2. Die mechanisch-biologische Behandlung kann auch eine grundsätzliche Alternative für die Teilfraktionen der Restabfälle bilden, die auf Grund ihrer stofflichen Eigenschaften auch biologischen Abbauprozessen zugänglich sind. Nach dieser Grundvariante zukünftiger Restabfallbehandlung dient eine thermische Behandlung vornehmlich einem Stoffstrom mit einer Anreicherung organischer Stoffe fossilen Ursprungs, die einem biologischen Abbau nicht zugänglich sind.

Beide Behandlungsansätze mit mechanisch-biologischer Komponente greifen auf die entsprechenden im Restabfall vorhandenen organischen Anteile zu, auf Grund der unterschiedlichen Aufgabenstellung jedoch in unterschiedlichem Umfang und in unterschiedlicher Intensität.

An Hand der oben dargestellten spezifischen Eigenschaften lassen sich in Verbindung mit der Abfallzusammensetzung und den Abfallmengen der einzelnen Gebietskörperschaften Stoffströme diskutieren, aus denen die Eignung für bestimmte Behandlungsverfahren abgeleitet werden kann.

• Für manche Gebietskörperschaften lassen sich größere Anteile mineralischer Abfälle (*Stoffstrom I*) abschätzen. Diese Abfälle weisen Eigenschaften auf, die eine mechanisch-biologische oder thermische Behandlung nicht sinnvoll machen. Da diese Abfälle oft getrennt anfallen, bietet sich eine direkte Entsorgung auf Deponien an.

• Entfernt man die oben genannten mineralischen Abfälle von dem gesamten zur Behandlung anstehenden Restabfall, verbleibt mit *Stoffstrom VI* ein Abfall, der einer Zusammensetzung von Restabfall entspricht, die nach derzeitiger Praxis für eine Ablagerung auf Siedlungsabfalldeponien der Klasse II bzw. zur Behandlung an Müllverbrennungsanlagen angedient wird. Wie die Werte für den Glühverlust zeigen, kommt eine Deponierung zukünftig nicht mehr in Frage. Der Stoffstrom bietet sich also für eine thermische Behandlung ohne weitere Maßnahmen der Vorbehandlung an.

• Legt man bei den Mischabfällen einen Siebschnitt bei > 200 mm an, so ergibt sich eine sehr heizwertreiche Fraktion mit einem relativ geringen Wassergehalt und einem relativ geringen Anteil potenziell biologisch abbaubarer Organik. Dieser *Stoffstrom II* stellt einen Teil der Restabfälle dar, in denen derzeit ein Potenzial zur energetischen Verwertung nach dem Kreislaufwirtschaftsgesetz gesehen wird. Der Heizwert liegt deutlich über den gesetzlich vorgegebenen 11.000 kJ/kg Abfall.

- *Stoffstrom III* ist mit dem Siebschnitt < 200 mm gegenüber den unbehandelt vorliegenden gemischten Restabfällen von heizwertreicheren Bestandteilen fossilen Ursprungs (z. B. Kunststoffen) tendenziell entfrachtet, ohne dass sich der Anteil durch biologische Prozesse abbaubarer Organik verändern würde. Entscheidet man sich für eine biologisch-mechanische Vorbehandlung vor einer thermischen Behandlung, so bietet sich dafür dieser Stoffstrom an. Stoffstrom III sind bereits den biologischen Prozess störende Bestandteile entnommen. Die Zusammensetzung ermöglicht eine zufrieden stellende biologische Behandlung, die zu einer Reduzierung des Wassergehalts und des organischen Anteils führt.

- Durch einen Siebschnitt bei < 80 mm kann ein Stoffstrom (*Stoffstrom V*) aus den gemischt vorliegenden Abfällen erzeugt werden, der sich hinsichtlich seiner Eigenschaften am ehesten zur biologischen Behandlung anbietet. Der Stoffstrom weist einen sehr geringen Heizwert auf, der Glühverlust nähert sich stark der durch biologische Prozesse abbaubaren Organik an, sodass gegenüber anderen Stoffströmen eine vollständigere Behandlung gesichert ist.

- Der nach der Erzeugung von Stoffstrom V verbleibende *Stoffstrom IV* (> 80 mm) kann nach seinen Eigenschaften nur einer thermischen Behandlung zugeführt werden. Ein vergleichsweise hoher Glühverlust weist auf einen hohen Anteil organischer Stoffe fossilen Ursprungs hin. In Verbindung mit einem vergleichsweise geringen Wassergehalt ergibt sich ein hoher Heizwert.

Nach der Analyse der spezifischen Eigenschaften der Restabfälle und der darauf basierenden Diskussion der Eigenschaften erzeugbarer Stoffströme ergeben sich verschiedene Grundvarianten der Restabfallbehandlung.

Grundvariante mit mechanisch-biologischer Behandlung vor einer abschließenden thermischen Behandlung

Ist die Zielsetzung nicht die Erzeugung eines Stoffstroms für eine „alternative" Behandlung, sondern die weit gehende Vorbehandlung der Abfälle, die nachfolgend vollständig einer thermischen Behandlung zugeführt werden, so bietet sich eine Aufteilung der Restabfälle in die Stoffströme II und III an.

Diese Vorbehandlung bietet die Möglichkeit, auf mögliche Schwankungen hinsichtlich der Abfallzusammensetzung und der Mengenentwicklung flexibel reagieren zu können, durch den Massenverlust Transportaufwendungen zu vermindern und durch die Homogenisierung des Abfalls den nachgeschalteten thermischen Behandlungsprozess zu optimieren.

Der Stoffstrom > 200 mm wird dabei direkt einer thermischen Behandlung zugeführt, während die Teilfraktion < 200 mm zunächst biologisch behandelt wird. Die biologische Behandlung in diesem Behandlungsansatz dient der Massenreduktion und damit der Begrenzung der Durchsatzleistung der nachgeschalteten thermischen Behandlung bzw. der Reduktion des Transportaufwandes zum Standort dieser Behandlungsanlage. Da alle biologisch behandelten Abfälle danach thermisch behandelt werden, muss nicht auf die Qualität der Rottereste unter dem Gesichtspunkt der Ablagerungsfähigkeit geachtet werden. Für die Rotte wird deshalb eine Verkürzung der Prozessdauer angenommen mit dem Effekt, dass die Abbauleistung gegenüber der unten aufgeführten Grundvariante auf 20% vermindert ist. Der verbleibende Rotterest wird zusammen mit dem Siebschnitt > 200 mm der thermischen Behandlung zugeführt.

Grundvariante mit ausschließlich mechanisch-biologischer Behandlung von Teilströmen

Die biologisch-mechanische Behandlung kann auch eine grundsätzliche Alternative für die Teilfraktionen der Restabfälle bilden, die auf Grund ihrer stofflichen Eigenschaften auch biologischen Abbauprozessen zugänglich sind. Nach dieser Grundvariante zukünftiger Restabfallbehandlung dient eine thermische Behandlung vornehmlich einem Stoffstrom mit einer Anreicherung organischer Stoffe fossilen Ursprungs, die einem biologischen Abbau nicht zugänglich sind.

Diese Grundvariante stellt die grundsätzliche Alternative zur ausschließlich thermischen Behandlung dar, da die Restabfälle möglichst in Abhängigkeit von ihren spezifischen Eigenschaften einer Behandlung zugeführt werden sollen. Diese Grundvariante ergibt sich aus den Stoffströmen I, IV und V. Auch hier wird Stoffstrom I direkt einer Ablagerung auf einer Deponie zugeführt. Die Gewinnung von Stoffstrom IV und V aus gemischt vorliegenden Restabfällen sowie die nachgeordnete biologische Behandlung von Stoffstrom IV erfordert eine mechanische Aufbereitung. Die mechanische Aufbereitung kann grundsätzlich auch einer Separierung von Wertstoffen dienen.

Der biologischen Behandlung wird der Stoffstrom IV mit dem Siebschnitt < 80 mm sowie die sonstigen Abfälle zugeführt, die einen höheren Anteil an potenziell biologisch abbaubarer Organik aufweisen. In der biologischen Behandlung erfolgt eine Verdampfung von Wasser sowie eine Veratmung von Kohlenstoff, was zu einer Massen- und Volumenreduktion führt. Der Rotterest wird einer Deponie zur Ablagerung zugeführt. Die Siebfraktion > 80 mm aus den gemischt vorliegenden Abfällen sowie die eher heizwertreicheren sonstigen Abfälle werden einer thermischen Behandlung zugeführt.

Grundvariante mit ausschließlich thermischer Behandlung

Eine Grundvariante kann mit dem Behandlungsansatz umschrieben werden, nach dem alle Restabfälle, die einer Behandlung bedürfen (Stoffstrom VI), einer Müllverbrennungsanlage zugeführt werden. Auf eine Vorbehandlung der Restabfälle wird dabei verzichtet. Auch in diesem Behandlungsansatz gelangt Stoffstrom I direkt ohne weitere Behandlung auf eine Siedlungsabfalldeponie.

Andere mögliche Grundvarianten

Derzeit werden in der Bundesrepublik verbreitet mechanisch-biologische Behandlungsansätze in einer Form praktiziert, die in die Diskussion möglicher Kooperationen in der Restabfallbehandlung für Nordrhein-Westfalen nicht übernommen wurden. Es handelt sich dabei um eine ausschließlich mechanisch-biologische Behandlung von Fraktionen mit dem Ziel einer nachgeschalteten Ablagerung der Behandlungsrückstände. Dieser Ansatz stellt quasi das Spiegelbild einer ausschließlich thermischen Behandlung von Siedlungsabfällen dar und verneint wie dieser den Ansatz eines stoffstromspezifischen Herangehens. In der Regel handelt es sich bei diesen Verfahren um Übergangskonzepte mit geringem technischen Aufwand zur Verlängerung von Deponielaufzeiten.

Mit Kenntnis der zukünftig zur Beseitigung verbleibenden Abfallmengen jeder Gebietskörperschaft und den auf der jeweiligen Abfallzusammensetzung basierenden Entsorgungseigenschaften dieser Abfälle wurden demnach für jede einzelnen Körperschaft die Varianten einer zukünftigen Restabfallbehandlung auch in ihren Behandlungserfolgen quantifiziert. Dies bildet die zentrale Grundlage der Diskussion möglicher Kooperationen in der Beseitigung von Abfällen unter Körperschaften, da nun Mengen mit einem spezifischen Behandlungsbedarf den entsprechenden Entsorgungsanlagen zugeordnet werden können.

Es wurden unter Beachtung der spezifischen Randbedingungen für die einzelnen Gebietskörperschaften Vorschläge zur Art der zukünftigen Restabfallbehandlung erarbeitet. Dies bot die notwendige Grundlage auch darüber zu befinden, welche Behandlungskapazitäten für welche Art der Restabfallbehandlung im Jahre 2005 in Nordrhein-Westfalen für eigene Zwecke benötigt werden. Angesichts der Situation, dass einige thermische Behandlungsanlagen deutliche Kapazitätsüberhänge aufweisen mit den entsprechenden Folgen hinsichtlich der Entsorgungskosten, stellt dies einen wichtigen Zwischenschritt dar. Es zeigte sich, dass bei entsprechenden Anstrengungen hinsichtlich Vermeidung und Verwertung von Abfällen in den einzelnen Gebietskörperschaften im Jahre 2005 für thermische Behandlungsanlagen in der Größenordnung von etwa 500.000 bis 750.000 Jahrestonnen Überkapazitäten zur Verfügung stünden, die damit grundsätzlich acht Körperschaften aus anderen Bundesländern zur Entsorgung ihrer Abfälle angeboten werden können.

3 Vorschläge zur Bildung von Kooperationen in der Abfallwirtschaft

Die so gewonnenen Erkenntnisse über die Art und Menge der zukünftig zur Beseitigung anfallenden Abfälle müssen abschließend den vorhandenen und geplanten Entsorgungskapazitäten gegenübergestellt werden. Die Methodik zur Entwicklung von Vorschlägen zur Kooperation in der Restabfallbehandlung zwischen den einzelnen Gebietskörperschaften wird nachfolgend grob skizziert, sie erfolgte in der die Aufstellung der Abfallwirtschaftspläne begleitenden Studie unseres Institutes nach den unten aufgeführten Leitlinien. Die Leitlinien wurden mit dem Ministerium für Umwelt, Raumordnung und Landwirtschaft sowie den einzelnen Bezirksregierungen diskutiert und abgestimmt. Es handelt sich um:

- **Sicherung ökologischer Standards**
  Die für die wesentlichen Abfallanlagen wie mechanisch-biologische Abfallbehandlungs-
  anlage, Müllverbrennungsanlage sowie Sortier- und Umschlageinrichtungen und Deponien gültigen oder zu erwartenden Standards sind zu beachten. Lösungen der Kooperation, die die Umwelt mehr belasten, sind nicht oder nur mit klar definierten Auflagen zu
  akzeptieren.

- **Nutzung vorhandener Kapazitäten**
  Für die Zuordnung der wesentlichen Abfallbehandlungsmaßnahmen zu entsprechenden
  Anlagen ist darauf zu achten, dass bei Wahrung des ökologischen Standards und unter
  Beachtung der ökonomischen Randbedingungen vorhandene Behandlungskapazitäten
  vorrangig zu nutzen sind. Planungen zur Kapazitätsausweitung und zur Neuerrichtung
  von Behandlungs- und Ablagerungskapazitäten sind dementsprechend zu prüfen.

- **Ökonomische Angepasstheit der Lösungen**
  Alle Leitlinien für Kooperationen sind nur umsetzbar, falls die ökonomischen Rahmenbedingungen gegeben sind. Es ist deshalb darauf zu achten, dass die Vorschläge zu
  abfallwirtschaftlichen Kooperationen ökonomisch vertretbar sind. Die Betrachtung ökonomischer Gegebenheiten kann jedoch nur unter Beachtung der damit verbundenen
  Umweltstandards erfolgen.

- **Minimierung des Transportaufwandes**
  Die neu geschaffenen Grundlagen des KrW-/AbfG können zu einer nicht unerheblichen
  Steigerung des Transportaufwandes führen. Es ist daher vermehrt darauf zu achten, dass
  unter Berücksichtigung der Rahmenbedingungen eine Minimierung dieses Aufwandes
  angestrebt wird. Dazu gehört auch die Berücksichtigung der verkehrsinfrastrukturellen
  Ausstattung, die die Verwendung ökologisch günstiger Transportsysteme erlaubt.

- **Flexibilität gegenüber zukünftigen Entwicklungen**
  Es ist davon auszugehen, dass die Umbruchsituation in der Abfallwirtschaft noch anhält
  und eine nicht zu unterschätzende Unsicherheit für jede Art von Prognose nach sich
  zieht. Deshalb sind für die Schaffung von Kooperationen zumindest zurzeit flexible
  Handlungskonzepte zur Bewältigung zukünftiger Entwicklungen bei einer entsprechenden Gewährleistung der Entsorgungssicherheit entsprechend zu beachten.

In manchen Fällen werden Kooperationen bei der Frage der Restabfallbehandlung zwischen
Körperschaften bereits praktiziert, darüber hinaus bestehen teilweise entsprechende Verhandlungen. Diese Kooperationen wurden unabhängig von den formulierten Leitlinien in
die entwickelten Konzepte für die einzelnen Regierungsbezirke übernommen.

Die Notwendigkeit zu bzw. die Wahl von Kooperationen beruht auf einer Entscheidung für
die einzelnen Körperschaften hinsichtlich der zukünftig zu wählenden Art der Restabfallbehandlung aus den vorgeschlagenen drei Grundvarianten. Auch diese Auswahl orientiert sich
in vielem an den aufgeführten Leitlinien, der Entscheidungsprozess ist mit der Auswahl von
Kooperationspartnern verknüpft. So kann die Nähe zu einer bereits bestehenden Entsor-
gungsanlage in einer benachbarten Körperschaft auch Planungen zu einer eigenständigen
Entsorgung auch nach einem anderen Entsorgungskonzept obsolet machen.

Tabelle 4   Durchsatzmengen durch die biologische Behandlungsstufe einer MBA nach Behandlungskonzept

in Jahrestonnen	Restabfall gesamt	Input biol. Behandlung vor Ablagerung	Input biol. Behandlung vor MVA
RB Arnsberg	1.222.100	124.200	
RB Detmold	522.800	38.500	203.100
RB Düsseldorf	1.666.300		59.300
RB Köln	1.226.900		215.900
RB Münster	743.800		224.500
Summe	**5.381.900**	**162.700**	**702.800**

Im Vordergrund der Diskussion steht die Frage des Mengenpotenzials biologisch abbaubarer Restabfälle. In der Tabelle 4 sind deshalb summarisch für die einzelnen Regierungsbezirke die gesamten Restabfallmengen den Mengen gegenübergestellt, für die nach den unterschiedlichen Konzepten eine biologische Behandlung vorgeschlagen wurde. Die entsprechenden Mengen sind als Input in den biologischen Behandlungsteil einer MBA aufgeführt.

Aus dieser Gegenüberstellung wird deutlich, dass angesichts der bestehenden Entsorgungsstruktur (thermische Behandlungsanlagen, mechanisch-biologische Behandlungsanlagen, Siedlungsabfalldeponien) sowie angesichts des prognostizierten Abfallaufkommens und seiner Zusammensetzung eine Einbindung einer mechanisch-biologischen Restabfallbehandlung in die Abfallwirtschaftskonzepte nur für einige wenige Gebietskörperschaften empfohlen werden konnte.

Nachfolgend sollen die vorgeschlagenen Lösungen zur Kooperation anhand zweier Beispiele aufgezeigt werden.

3.1   Kooperationsvorschlag im Angesicht von Überangeboten an Entsorgungskapazitäten

Eine Ausnahmesituation stellte der Regierungsbezirk Düsseldorf dar. Stellt man die Abfallprognosemengen den Behandlungskapazitäten gegenüber, so ergeben sich für diesen Regierungsbezirk deutliche Überkapazitäten, sodass sich beispielsweise die Frage nach alternativen Behandlungsansätzen verbat.

Die aufgeführten Kooperationsvorschläge spiegeln weitgehend die vorhandene Zusammenarbeit der Körperschaften bzw. die Ergebnisse entsprechender Verhandlungen wieder. In Erweiterung bestehender Planungen wurde für den Kreis Kleve vorgeschlagen, aus Gründen der Transportoptimierung auf Grund größerer Distanzen zu der thermischen Restmüllbehandlungsanlage in Oberhausen (GMVA Niederrhein) eine mechanisch-biologische Vorbehandlung durchzuführen.

Im Regierungsbezirk Düsseldorf werden derzeit zudem zahlreiche Siedlungsabfalldeponien betrieben. Wie bei der Diskussion der Entsorgungsanlagen gezeigt werden konnte, verfügen diese vielfach nur über eine eingeschränkte Eignung der Standortverhältnisse. Angesichts der vergleichsweise geringen zukünftig abzulagernden Restabfallmengen konnte für die zukünftige Abfallwirtschaft im Regierungsbezirk eine Konzentration auf drei Deponiestandorte vorgeschlagen werden. Diese können der Entsorgung ganzer Regionen dienen, wobei sie sich an den aufgezeigten Entsorgungsregionen für die thermische Behandlung orientierten.

3.2 Mechanisch-biologische Restabfallbehandlung – Beispiel Regierungsbezirk Arnsberg

Der Vorschlag zu Kooperationen in der Restabfallbehandlung zwischen einzelnen Gebietskörperschaften basiert wesentlich auf den bereits bestehenden Zusammenarbeiten bzw. Kooperationsüberlegungen. Einige Gebietskörperschaften verfügen zudem bereits über Behandlungskapazitäten in der Frage der Restabfallbeseitigung. Die Städte Hagen, Hamm und der Märkische Kreis verfügen über Verbrennungsanlagen, die Städte Bochum, Herne sowie die Kreise Unna und Ennepe-Ruhr-Kreis verfügen bereits über Kooperationsabkommen. Mit diesen Überlegungen wird zudem bereits bestehenden Kooperationen Rechnung getragen und damit vorhandene Kapazitäten unter Wahrung ökologischer Standards genutzt. Angesichts der unmittelbaren Nachbarschaft zu den Anlagen der Kooperationspartner steht auch der ökologische Aufwand einer weiter gehenden Vorbehandlung in keinem Verhältnis zu einer möglichen Minimierung des Transportaufwandes.

Wie bereits ausgeführt stehen vor allem im Verhältnis zu heute zukünftig wesentlich geringere Mengen Restabfall zu einer Ablagerung auf Deponien zur Verfügung. Angesichts der teilweise sehr großen und modernen vorhandenen Deponiekapazitäten steht die Sicherung vorhandener Kapazitäten im Vordergrund, ohne dass ökologische Standards gefährdet wären. Es wurde deshalb vorgeschlagen, dass die Körperschaften Bochum, Hagen, Herne, Ennepe-Ruhr-Kreis, Soest und Unna über keine eigenen Kapazitäten verfügen. Hier soll eine Kooperation der Stadt Dortmund mit den benachbarten Körperschaften in der Nutzung der bestehenden Deponie Nord-Ost angestrebt werden. Für die Städte Hamm und den Märkischen Kreis wird der Weiterbetrieb der eigenen Deponien empfohlen.

Für den Regierungsbezirk Arnsberg wurde eine Ergänzung der bestehenden thermischen Behandlung durch eine mechanisch-biologische Behandlung vorgeschlagen. Sinnvoll ist dieses Behandlungskonzept für folgende Körperschaften:

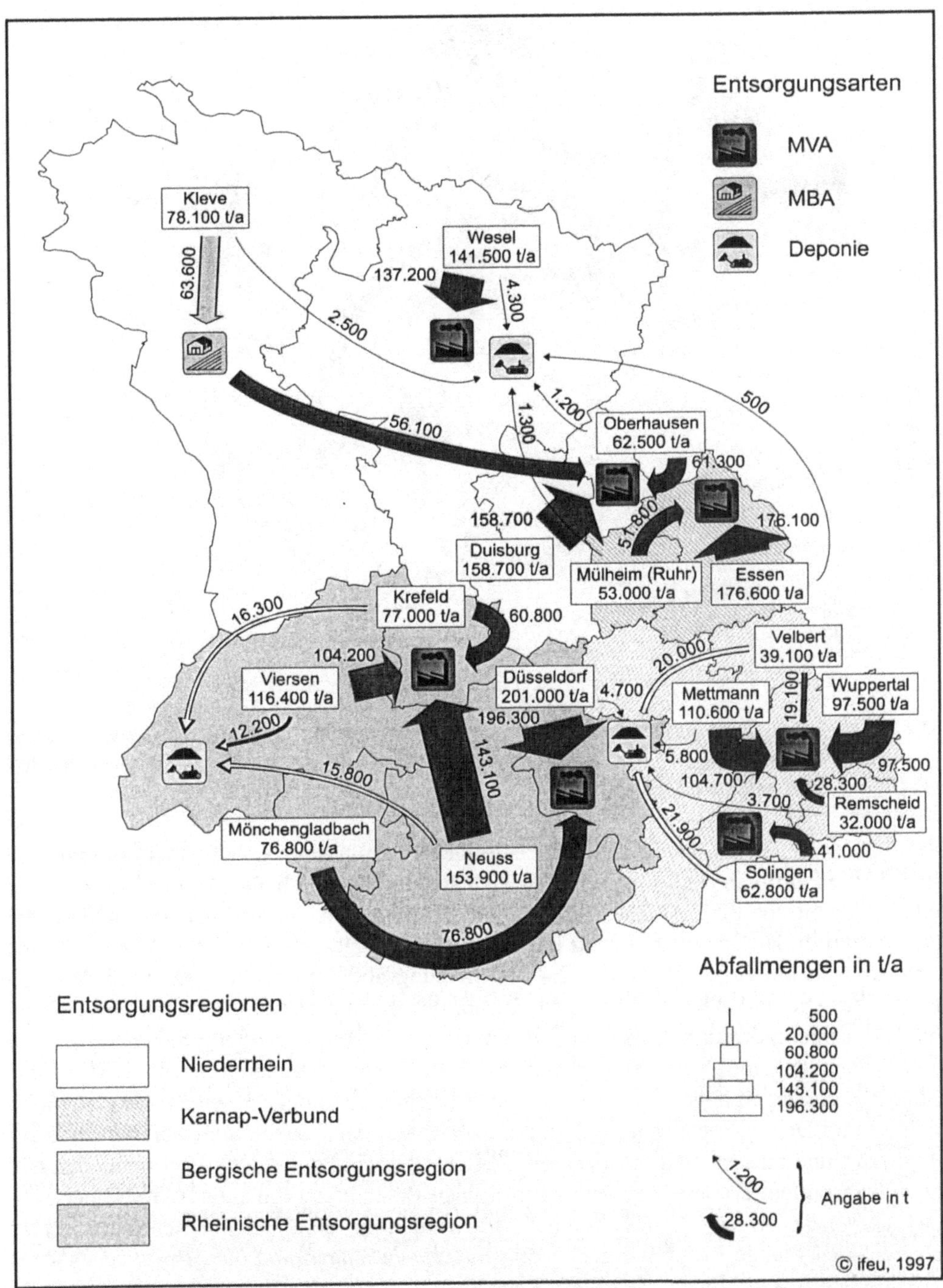

Abb. 3 Vorschlag zur Kooperation in der Restabfallbehandlung im Regierungsbezirk Düsseldorf (Restabfallmengen MBA zur MVA enthalten auch die direkt einer thermischen Behandlung zugeführten Mengen)

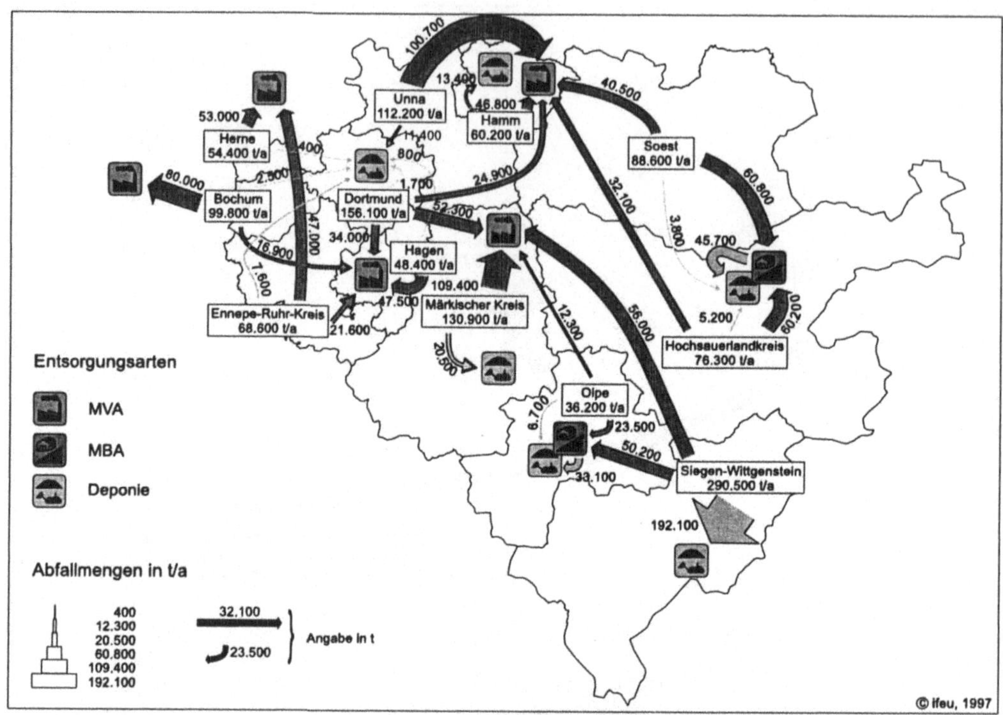

Abb. 4   Vorschlag zur Kooperation in der Restabfallbehandlung im Regierungsbezirk Arnsberg (Restabfallmengen MBA zur MVA enthalten auch die direkt einer thermischen Behandlung zugeführten Mengen)

Der *Kreis Olpe* verfügt über eine neue Zentraldeponie mit einer Ablagerungskapazität, die nicht den zukünftigen Anforderungen an eine Restmüllbehandlung vor einer Ablagerung und den damit für eine Ablagerung deutlich verminderten Abfallmengen angepasst ist. Nach Auskunft der Bezirksregierung besteht im Kreis Olpe ein politischer Beschluss, eine Ausnahmegenehmigung nach Ziffer 2.4 TA-Siedlungsabfall zu beantragen. Größere Ablagerungsmengen sind alleine über einen Ansatz der mechanisch-biologischen Behandlung von Teilmengen vor einer Ablagerung zu erreichen. Dieser Behandlungsansatz sichert am weitestgehenden eine Nutzung vorhandener Kapazitäten und damit auch ökonomische Rahmenbedingungen angesichts getätigter Investitionen. Ökologische Standards sind durch Standort und Deponietechnik nach dem neuesten Stand der Genehmigungspraxis tendenziell gewahrt und müssen auch für den Einzelfall nachgewiesen werden. Angesichts der größeren Transportentfernungen zu einer thermischen Behandlungsanlage auf Grund der peripheren Lage des Kreises im Regierungsbezirk werden mit einer verringerten thermisch zu behandelnden Menge Restabfall auch Transportaufwendungen und die damit verbundenen ökologischen Auswirkungen minimiert.

Nach Auskunft der Bezirksregierung schließt auch der *Kreis Siegen-Wittgenstein* eine Restabfallbehandlung unter Wahrung der Möglichkeiten nach Ziffer 2.4 der TA-Siedlungsabfall nicht aus. Dazu kommen gegenüber dem Kreis Olpe in verstärktem Maße die Gesichtspunkte zum Tragen, die sich aus der eher peripheren Lage des Kreises im Regierungsbezirk ergeben. Auch für diesen Kreis wird deshalb eine mechanisch-biologische Behandlung von Teilen des Restabfalls übernommen. Vorgeschlagen wird eine Zusammenarbeit mit dem Kreis Olpe.

Ähnlich dem Kreis Olpe verfügt der *Hochsauerlandkreis* über eine neue Zentraldeponie, deren vorhandene Kapazitäten über einen längeren Zeitraum nur dadurch auch ökonomisch angepasst zu nutzen sind, indem über einen zur thermischen Behandlung alternativen Ansatz der Restabfallbehandlung größere Mengen zur Ablagerung verbleiben. Dazu kommt, dass eine Ablagerung unbehandelter Abfälle für diese Deponie bis 1998 beschränkt ist. Auch hier sprechen neben den Überlegungen zur möglichst guten Nutzung vorhandener Kapazitäten auch die Randbedingungen einer relativ peripheren Lage für den Vorschlag einer biologisch-mechanischen Behandlung von Teilen des Restabfalls.

Nach Auskunft der Bezirksregierung gibt es einen Beschluss der Verwaltungen des Hochsauerlandkreises und des Kreises Soest, zukünftig in der Restabfallbehandlung zu kooperieren. Durch die vergleichsweise günstige Lage der Deponie Meschede zum Kreis Soest steht einer Kooperation diesbezüglich nichts im Wege.

4 Fazit

Die Abfallwirtschaftspläne können wichtige Eingriffs- und Lenkungsmöglichkeiten eines Bundeslandes im Bereich der Abfallwirtschaft darstellen. Wie wichtig Vorgaben auch in klassischen Fragen der Abfallvermeidung und -verwertung sein können, konnte anhand von Ergebnissen einer Analyse der abfallwirtschaftlichen Situation in Nordrhein-Westfalen im Jahre 1995 gezeigt werden. Wie anhand des spezifischen Abfallaufkommens gezeigt werden kann, treten hier deutliche Unterschiede im Wertstoff- und Restmüllaufkommen zwischen den einzelnen Gebietskörperschaften auf. Dies gilt uneingeschränkt auch für Gebietskörperschaften gleicher Bevölkerungsdichte. Als Beispiel können hier die Städte Gelsenkirchen und Leverkusen angeführt werden, deren Anteil am Aufkommen trockener Wertstoffe am Brutto-Abfallaufkommen aus Haushaltungen zwischen 14,4% und 34,0% differiert.

Zweite wichtige Aufgabenstellung von Abfallwirtschaftsplänen stellt die Sicherung der zur Inlandsbeseitigung benötigten Abfallbeseitigungsanlagen dar. Nimmt man ausschließlich die thermischen Abfallbeseitigungsanlagen (MVA) heran, kann eine sehr große Disparität zwischen den Regierungsbezirken in der Ausstattung mit entsprechenden Kapazitäten festgestellt werden. Von zentraler Bedeutung ist demnach bei der Erstellung der Abfallwirtschaftspläne in jedem Regierungsbezirk eine Prognose der zukünftig von „eigenen" Gebietskörperschaften benötigten Anlagenkapazitäten bzw. entsprechend eine Bezifferung der Kapazitäten, die Dritten zur Verfügung gestellt werden können.

Abfallwirtschaftspläne müssen demnach Prognosen über die Entwicklung des Aufkommens an Abfällen zur Beseitigung enthalten bzw. zumindest auf solchen beruhen. Dabei bietet sich ein stoffstromspezifischer Ansatz deswegen an, weil neben einer fundierten Abschätzung der Mengenentwicklung hierbei auch eine Prognose der Entsorgungseigenschaften einzelner Abfallströme möglich ist. Erst so lassen sich für die einzelnen Gebietskörperschaften die Vor- und Nachteile der verschiedenen sich bietenden Grundvarianten der Restabfallbehandlung diskutieren und sich der Bedarf an den verschiedenen Beseitigungskapazitäten (MBA, MVA, Deponie) beziffern.

Zur Sicherung der zur Inlandbeseitigung benötigten Anlagenkapazitäten bedarf es auf dieser Basis auch möglichst konkreter Zuordnungen von Abfallmengen zu Abfallbeseitigungsanlagen über die Grenzen von Gebietskörperschaften hinaus. Im Rahmen der Erstellung von Abfallwirtschaftsplänen müssen demnach Gespräche unter den einzelnen Gebietskörperschaften mit dem Ziel abfallwirtschaftlicher Kooperationen initiiert und begleitet werden. Erst wenn deren Ergebnisse in den Abfallwirtschaftsplänen fest gehalten sind, ist es möglich, Betreibern von Abfallbeseitigungsanlagen mit derzeit oft bedeutenden Kapazitätsüberhängen Kontingente zu nennen, die über die Landesgrenzen akquiriert werden können, ohne das Prinzip der Nähe bei der Abfallbeseitigung zu gefährden.

Literatur

Doedens, H., Grieße, A., Düllmann, H. (1997): Technische Mindestanforderungen an die mechanisch-biologischen Anlagen an die zugehörige Ablagerung unter Einhaltung der Schutzziele der TASi. In: M. Dohmann (Hg): Verwertung organischer Abfälle - Mode oder nachhaltige Lösung?, Aachen. S. 2/1 - 2/25

ifeu-Institut Heidelberg/ Büro für Abfall und Umwelt (1997): Restmüll- und Bioabfalluntersuchung in der Stadt Heidelberg 1996. Heidelberg/ Bingen

Heilmann, A., et al. (1997): Untersuchungen zur getrennten Bioabfallerfassung in Dresden und Chemnitz. In: Abfallwirtschafts Journal Nr. 9/1997. S. 14-19

ifeu-Institut Heidelberg (1996/1997): Ermittlung von Kooperationsmöglichkeiten im Rahmen der restriktiven Bedarfsprüfung des Landes Nordrhein-Westfalen. Im Auftrag des Ministeriums für Umwelt, Raumordnung und Landwirtschaft des Landes Nordrhein-Westfalen. In Teilberichten für die einzelnen Regierungsbezirke

Möglichkeiten zur praktischen Umsetzung des Kreislaufwirtschaftsgesetzes – Einstieg in eine moderne Stoffstromwirtschaft

Horst Fehrenbach und Jürgen Giegrich

1 Eine Gesetzesgrundlage für die Stoffstromwirtschaft

Am 7. Oktober 1996 ist das Gesetz zur Förderung der Kreislaufwirtschaft und Sicherung der umweltverträglichen Beseitigung von Abfällen, kurz: Kreislaufwirtschafts- und Abfallgesetz (KrW-/AbfG), in Kraft getreten. Darin enthalten sind eine Reihe an Regelungen, zu denen umweltbezogene Bewertungen notwendig werden.

Das KrW-/AbfG definiert ab § 4 die Grundsätze und Pflichten einer nachhaltigen Kreislaufwirtschaft, die den Geist der zukünftig erwünschten Handlungsoptionen widerspiegeln. Demnach kommt Vermeidung von Abfällen vor Verwertung und Verwertung vor Beseitigung. Die Reihenfolge Verwertung vor Beseitigung kehrt sich nur um, falls die Beseitigung von Abfällen unter Berücksichtigung des technisch Möglichen und des wirtschaftlich Zumutbaren umweltverträglicher ist als jede Art der Verwertung.

Innerhalb der Verwertung von Abfällen gibt das KrW-/AbfG erstmals im Rahmen einer Rechtsnorm der „besser umweltverträglichen" Verwertungsart Vorrang (§ 6, Abs. 1). Auch hier sind wieder die Randbedingungen einer technisch möglichen und wirtschaftlich zumutbaren Verwertungsart zu berücksichtigen. Eine weitere pauschale Priorisierung z.B. stofflicher Verwertungsarten vor energetischer besteht nicht. Es wird jedoch in § 5, Abs. 2 das Ziel definiert, dass „eine der Art und Beschaffenheit des Abfalls entsprechende hochwertige Verwertung anzustreben ist".

Zur Umkehr der abfallwirtschaftlichen Priorität und zur Auswahl der besser umweltverträglichen Verwertungsart wird demnach ein Instrument der Umweltbewertung benötigt. Ein solches Instrumentarium muss in der Lage sein, ein „System" bestehend aus Erfassung, Transport, Aufbereitung, Wiederverarbeitung und Beseitigung sowie der Berücksichtigung „eingesparter Umweltbelastungen" abzubilden. Das systemanalytische Instrument der Ökobilanz kommt dieser Anforderung am nächsten, weshalb es als für die Zwecke des KrW-/AbfG am ehesten geeignet angesehen wird.

Um die Aufgaben des zu wählenden Umweltbewertungsinstruments möglichst gut an die Anforderungen des KrW-/AbfG anzupassen, müssen die gesetzlichen Vorgaben analysiert und in methodische Vorschläge umgesetzt werden. Dabei ist darauf zu achten, dass unterschiedliche Akteure auch unterschiedlichen Anforderungen des Gesetzes unterliegen. Es ist bei einem neuen Gesetzeswerk wie dem KrW-/AbfG offensichtlich, dass viele rechtliche Aspekte noch umstritten sind und deren Umsetzung sich mit der jeweiligen Gesetzesauslegung noch verändern kann.

Zur Umsetzung des § 6, Abs. 1 zur besser umweltverträglichen Verwertungsart sind zwei Möglichkeiten gegeben. Entweder hat der Gesetzgeber eine Rechtsverordnung für einen spezifischen Abfall erlassen oder der Spielraum bleibt den jeweiligen Akteuren überlassen. Im letzteren Fall sind die Rechtspflichten noch sehr unklar und eine Umsetzung des Geistes des KrW-/AbfG bleibt den Initiativen der Abfallerzeuger und Vollzugsbehörden überlassen.

Vor diesem Hintergrund wurden am ifeu-Institut zwei Forschungsvorhaben durchgeführt – bzw. fortgesetzt –, die ein Instrument zur ökologischen Bewertung verschiedener Verwertungsarten entwickeln sollen. Zum einen soll der zu einer Verordnung Ermächtigte in die Lage versetzt werden, die Grundlagen einer Rechtsverordnung nachvollziehbar und methodischen Ansprüchen gerecht werdend zu ermitteln. Dazu wurde im Auftrag des Umweltbundesamtes die Methode zur Bewertung von Alternativen in der Abfallwirtschaft weiterentwickelt und am Beispiel von Altreifen und Altkühlgeräten getestet. Anhand dieser Arbeit wird im weiteren die Methodik am konkreten Beispiel von Altreifen noch weiter erläutert. Zum anderen wird im Auftrag der Abfallberatungsagentur Baden-Württemberg ABAG ein Projekt durchgeführt, das die Entwicklung und Erprobung eines vereinfachten Bewertungsinstruments zum Ziel hat. Es soll den Abfallerzeuger in die Lage versetzen, mit vertretbarem Aufwand zu in erster Näherung plausiblen und nachvollziehbaren Einschätzungen gemäß § 6, Abs. 1 zu kommen.

2   Die Anforderungen des Kreislaufwirtschaftsgesetzes

Grundlage der Entwicklung eines Instrumentariums zur Bewertung von Verwertungsoptionen sind die „Grundsätze, Grundpflichten und Anforderungen an die Kreislaufwirtschaft", die in den Paragraphen 4 bis 7 des KrW-/AbfG dargelegt sind. Da der Gesetzestext noch präziser Auslegungen bedarf, sollen einige Aspekte zum Einsatz eines Bewertungsinstruments eingangs erläutert werden. Sie bedürfen im Einzelfall noch der Diskussion und können noch zu Änderungen in der Methode führen.

Vorrang gewährt das KrW-/AbfG – wie gesagt – eindeutig der Vermeidung von Abfällen. § 4, Abs. 2 präzisiert, dass die Maßnahmen zur Vermeidung insbesondere in der Kreislaufführung von Stoffen, der abfallarmen Produktgestaltung sowie einem auf den Erwerb abfall- und schadstoffarmer Produkte gerichteten Konsumverhalten liegen.

Ein Bewertungsinstrument sollte auch zur Evaluierung von Vermeidungsmaßnahmen einsetzbar sein. Vermeidung ist dabei nach § 4, Abs. 1 die Vermeidung von Menge und Schädlichkeit eines Abfalls (z. B. durch interne Kreislaufführung).

In zweiter Linie ist ein Abfall nach § 4, Abs. 1 KrW-/AbfG stofflich zu verwerten oder zur Gewinnung von Energie zu nutzen (energetische Verwertung). Der Vorrang der Verwertung vor der Beseitigung ist eine weitere Grundpflicht der Kreislaufwirtschaft. In § 5 wird die Pflicht zur Verwertung näher ausgestaltet. So wird zunächst in § 5, Abs. 4 darauf verwiesen, dass die Pflicht zur Verwertung von Abfällen einzuhalten ist, soweit dies *technisch möglich* und *wirtschaftlich zumutbar* ist, insbesondere wenn für einen gewonnenen Stoff oder gewonnene Energie ein Markt vorhanden ist oder geschaffen werden kann. Ist eine der beiden Fragen für alle denkbaren Verwertungswege eindeutig mit nein zu beantworten, so entfällt der Vorrang der Verwertung.

Der Vorrang der Verwertung vor der Beseitigung entfällt nach § 5, Abs. 5 auch dann, wenn die Beseitigung die *umweltverträglichere Lösung* darstellt. Hierbei wird eine Bewertungsmethode benötigt, die es erlaubt, die Umweltverträglichkeit verschiedener Handlungsoptionen miteinander ins Verhältnis zu setzen. Vorgaben zu den anzuwendenden Kriterien werden in § 5, Abs. 5 genannt. Dort heißt es:

„Der in Absatz 2 festgelegte Vorrang der Verwertung von Abfällen entfällt, wenn deren Beseitigung die umweltverträglichere Lösung darstellt. Dabei sind insbesondere zu berücksichtigen

1.   die zu erwartenden Emissionen,
2.   das Ziel der Schonung der natürlichen Ressourcen,
3.   die einzusetzende oder zu gewinnende Energie und
4.   die Anreicherung von Schadstoffen in Erzeugnissen, Abfällen zur Verwertung oder daraus gewonnenen Erzeugnissen. "

Ist die Beseitigung aus den oben genannten Gründen ausgeschlossen, so ist nach § 6 des KrW-/AbfG die Art der Verwertung zu bestimmen. Daneben ist nach § 5, Abs. 2 eine der Art und Beschaffenheit des Abfalls entsprechend hochwertige Verwertung anzustreben. Die Umsetzung dieses Gebots einer hochwertigen Verwertung muss dazu in den Kontext der anderen Anforderungen des Kreislaufwirtschaftsgesetzes eingebunden werden.

Der Vorrang einer stofflichen oder energetischen Verwertungsart kann durch Rechtsverordnung für bestimmte Abfallarten festgeschrieben werden. Als erster Schritt bei der Entscheidung für eine Verwertungsart ist deshalb zu prüfen, ob eine Rechtsverordnung nach § 6, Abs. 1 existiert. Ihr ist Folge zu leisten und die vorgeschriebene Verwertung vorzunehmen.

Ist jedoch keine Verwertungsart durch Rechtsverordnung vorgegeben, so gilt der Satz: „Vorrang hat die besser umweltverträgliche Verwertungsart." Es ist bisher juristisch ungeklärt, welche Verbindlichkeit dieser Satz für den einzelnen Abfallerzeuger hat. Jedoch kann eine konsequente Beachtung dieses Leitsatzes durch jeden Abfallerzeuger dazu führen, dass keine Notwendigkeit zum Erlass von Rechtsverordnungen nach § 6, Abs. 1 entsteht.

Bei der Benennung einer Verwertungsoption ist nach § 6, Abs. 1 durch Verweis auf § 5, Abs. 4 zu prüfen, ob die Verwertungsart im Verhältnis zu den anderen in Betracht kommenden Verwertungsarten technisch möglich und wirtschaftlich zumutbar ist. Wird eine dieser beiden Fragen mit „nein" beantwortet, so scheidet sie aus diesem Grund aus, bis die jeweiligen technischen oder wirtschaftlichen Gründe nicht mehr gegeben sind. Diese Randbedingungen unterliegen zum einen dem Marktgeschehen und der technischen Entwicklung. Eine statisch festgelegte Auswahl von Verwertungsoptionen kann es also nicht geben.

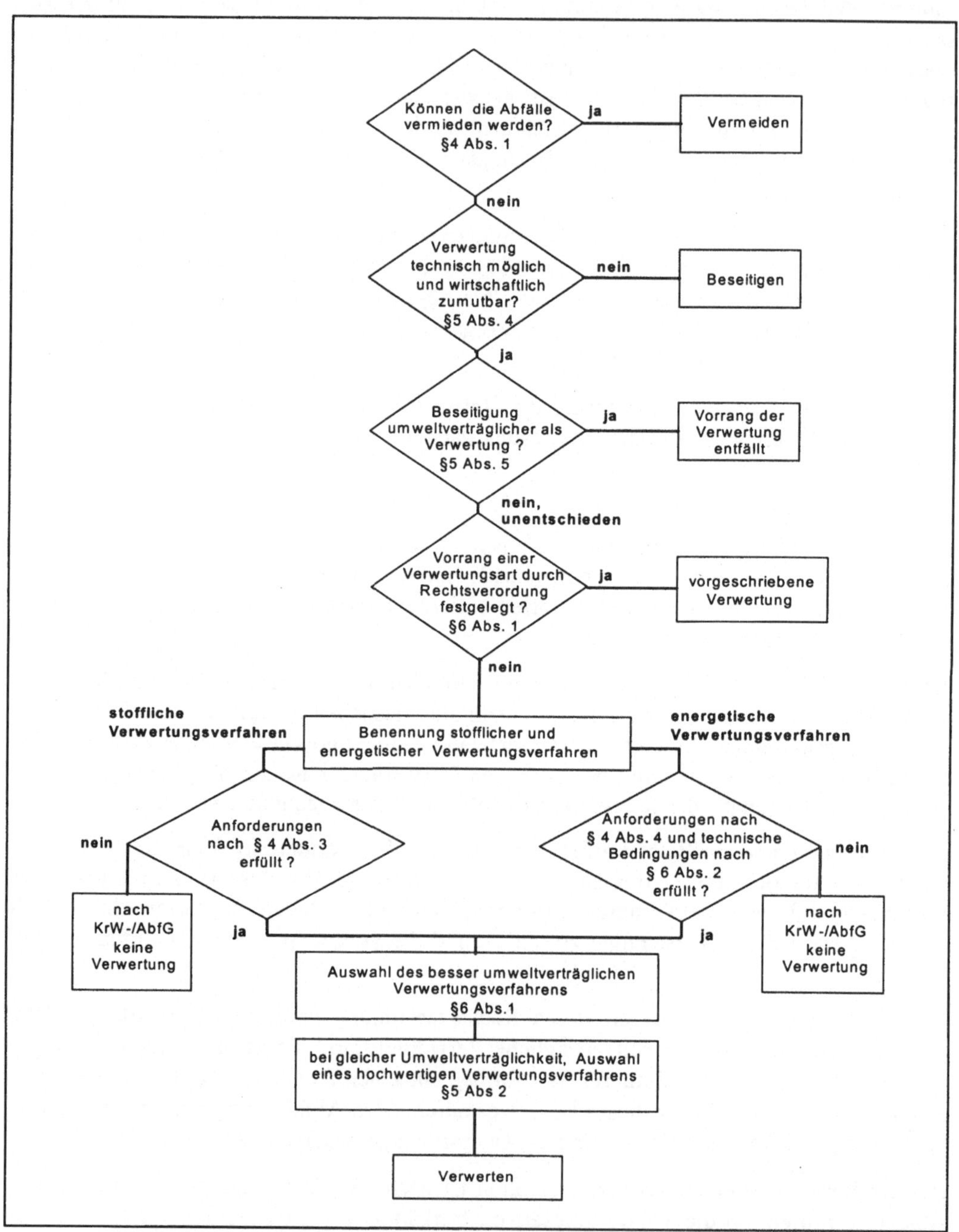

Abb. 1   Struktur des KrW-/AbfG in Bezug auf die Lenkung von Stoffströmen

Im Falle der energetischen Verwertung ist immer zu prüfen, ob die Kriterien von § 6, Abs. 2 eingehalten werden. Für alle Abfälle aus nicht nachwachsenden Rohstoffen muss ein Heizwert von 11 MJ/kg überschritten werden, der Feuerungswirkungsgrad muss mindestens 75 % betragen, die entstehende Wärme muss genutzt werden und die bei der Verwertung anfallenden Abfälle möglichst ohne weitere Behandlung abgelagert werden können. Ist eines dieser Kriterien nicht erfüllt, so ist die Entsorgung nicht als Verwertung, sondern als Beseitigung zu bezeichnen.

Bei den Kriterien nach § 6, Abs. 2 handelt es sich um Mindestanforderungen an die energetische Verwertung. Als Abgrenzung zur Behandlung von Abfällen und damit zur Beseitigung ist gemäß § 4, Abs. 4 der Hauptzweck der Maßnahme zu beurteilen. Dabei sind Art und Ausmaß der Verunreinigung eines Abfalls sowie die durch seine Behandlung anfallenden weiteren Abfälle und entsprechenden Emissionen als Bewertungsmaßstab zu berücksichtigen. Für die stoffliche Verwertung gilt entsprechend § 4, Abs. 3.

Zur Auswahl der anzuwendenden Verwertung ist nun mit Hilfe einer Bewertungsmethode die besser umweltverträgliche Verwertungsart zu ermitteln. Bei unentschiedenem umweltseitigem Vorrang besteht nach dem Gesetz zunächst eine Gleichrangigkeit der beiden Verwertungsarten. Jedoch kommt hier das Gebot, eine hochwertige Verwertung anzustreben, zum Tragen.

3 Vorgehensweise am Beispiel Altreifen

Der Gesetzgeber hat bei der Formulierung der Anforderungen keine Vorgehensweise und kein Instrumentarium vorgegeben, mit der die besser umweltverträgliche Verwertungsart zwischen zwei (oder mehr) Alternativen bestimmt werden könnte. Von Seiten des Umweltbundesamtes wurde 1995 daher ein *Forschungsvorhaben zur Entwicklung und Erprobung eines geeigneten Bewertungsverfahrens* (FKZ: 103 10 606) beim ifeu-Institut beauftragt. Ein solches Instrumentarium soll dem Gesetz- und Verordnungsgeber helfen, Rechtsnormen nach § 6, 1 KrW-/AbfG in einer nachvollziehbaren Weise vorbereiten zu können.

Da es sich bei der Beurteilung von Verwertungsarten um die Bewertung von „Systemen" handelt, die z.B. Erfassung, Aufbereitung, Verarbeitung, Verteilungslogistik und Ersatz von Primärprozessen umfassen, wurde die *Ökobilanz* (Life Cycle Assessment) als geeigneter Ansatz ausgewählt. Im Rahmen des Forschungsvorhabens wurde die Methodik anhand zweier Beispiele, der *Entsorgung von Altreifen* und von *Altkühlgeräten*, überprüft und weiterentwickelt. Im Folgenden sollen nun die Vorgehensweise und die speziellen Erkenntnisse bei der Anwendung von Ökobilanzen im Abfallbereich anhand der Altreifenentsorgung vertieft werden.

Die Vorgehensweise zur Bearbeitung einer Fragestellung in der Abfallwirtschaft mit der Methodik der Ökobilanz verlangt einige Präzisierungen der in der Norm DIN/EN/ISO 14040 dargestellten Schritte. Die Modifikationen sind dabei in voller Übereinstimmung mit der Norm. Die Einbettung der vorgeschlagenen acht Schritte einer *„Material-Ökobilanz in der Abfallwirtschaft"* in die allgemeine Methode zeigt Abb. 2.

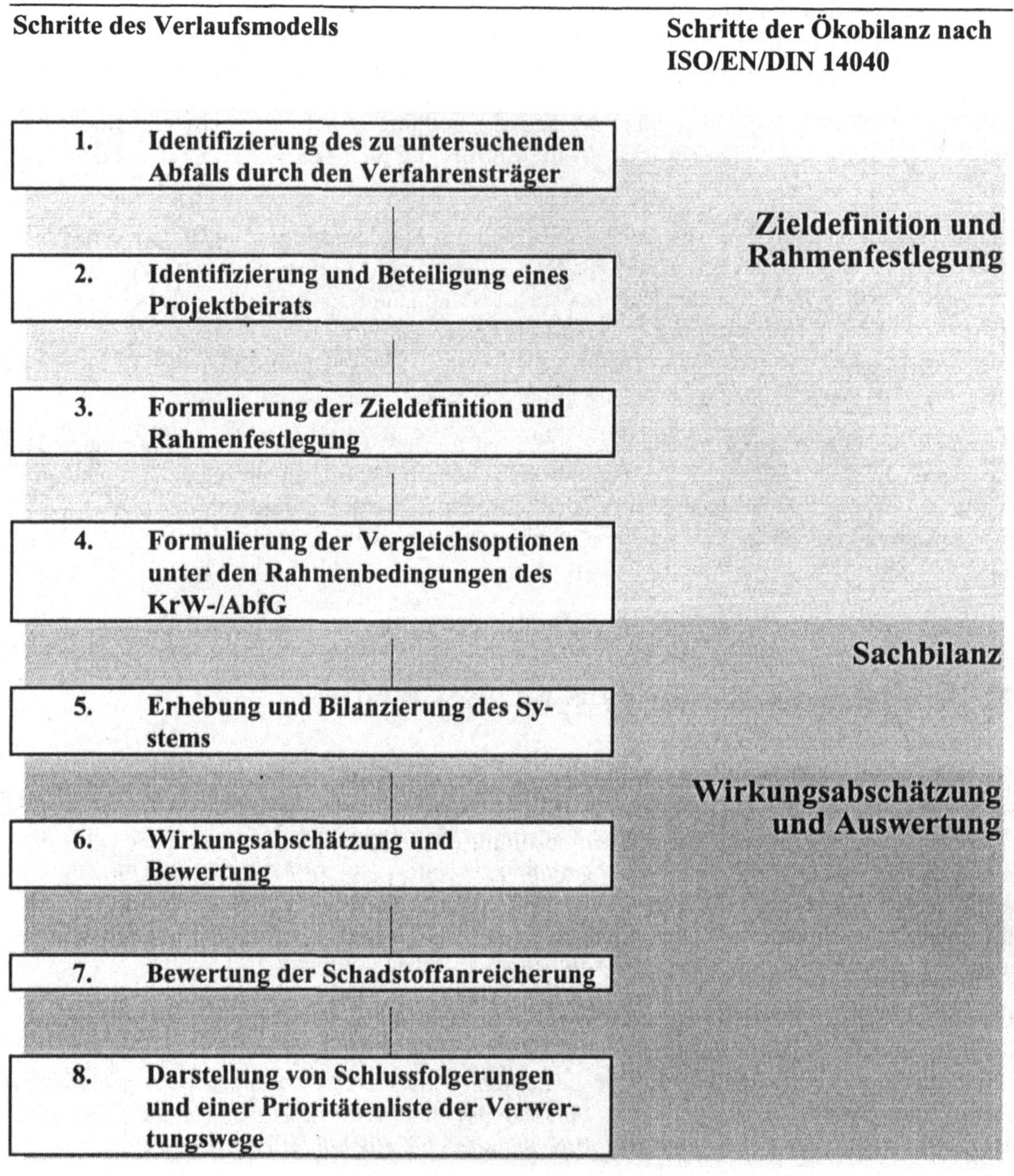

Abb. 2   Verlaufsmodell eines Bewertungsverfahrens zur Ermittlung der besser umweltverträglichen Verwertungsart nach KrW-/AbfG

Bewusst wurden insbesondere die Anforderungen an die Zieldefinition ausgeweitet, um die
Voraussetzungen für eine Untersuchung möglichst präzise zu erarbeiten. Ebenso wurde die
Einbeziehung eines Projektbeirates als verbindliches Element der Untersuchung angeregt,
um zum einen den in den ISO-Normen verankerten Forderungen nach „kritischer Überprü-

fung" besser gerecht zu werden, als auch zum anderen die vom Gesetzgeber vorgesehene „Anhörung beteiligter Kreise (§ 60 KrW-/AbfG)" bereits in einem frühen Stadium zu beginnen.

Nachfolgend wird das Vorgehen und die Ergebnisse der Material-Ökobilanz für Altreifen entlang der Schritte dieses Verlaufsmodells zusammengefasst. Besonderheiten werden entsprechend hervorgehoben.

4 Die Zieldefinition „Altreifenverwertung"

Schritt 1

Im ersten Schritt, der *Identifizierung des zu untersuchenden Abfalls,* wird die Bezugsmenge der Bilanzierung – die funktionale Einheit – festgelegt. Hierzu sind auch die wesentlichen stofflichen Eigenschaften des Abfalls zu beschreiben. Im vorliegenden Fall ist dies die Gesamtmenge der in Deutschland anfallenden Altreifen (600.000 t im Bezugsjahr 1995) in ihrer mittleren gewichteten Zusammensetzung nach Materialkomponenten (Naturkautschuk, Synthesekautschuk, Stahl, diversen Textilien etc.) wie auch anderer Eigenschaften (z. B. Heizwert).

Schritt 2

Die Untersuchung wurde unter *Beteiligung eines Beirats* aus Vertretern der

- Entsorgungswirtschaft (Altreifenentsorgern und Verbandsvertretern der Entsorgungsindustrie),
- produzierenden Industrie (Reifenherstellern und Verbandsvertretern der Reifen- und Kautschukindustrie),
- Zementindustrie als derzeit wichtigstem Zweig der Altreifenverwertung und
- Behörden (Länder, Bund, kommunal)

durchgeführt.

Schritt 3

Die *Zieldefinition* beruhte auf dem Erkenntnisinteresse des Verordnungsgebers, unter den sich bietenden Alternativen der Altreifenverwertung die am besten umweltvertägliche Option zu identifizieren bzw. eine ökologische Rangfolge zu erhalten. Die Untersuchung sollte eine geeignete wissenschaftliche Grundlage für eine Rechtsverordnung im Sinne § 6, 1 KrW-/AbfG bieten – wobei auf den Testcharakter der Untersuchung hinzuweisen ist, da tatsächliche Absichten, eine Altreifenverordnung einzuführen, zumindest derzeit nicht bestehen.

Bei der *Rahmenfestlegung* muss das kreislaufwirtschaftliche Handeln als ein System begriffen werden. Abfallverwertung hat die Erzeugung eines Nutzens (Produkt, Energie, Dienstleistung) zur Folge, dessen Herstellung an anderer Stelle im Wirtschaftssystem ersetzt wird: Ein runderneuerter Altreifen auf den Markt gebracht erspart, vereinfacht gesagt, die Herstellung eines Neureifens und damit auch die Umweltauswirkung dessen Produktionsprozesses. Das bedeutet: Eine Materialbilanz der Verwertung von Abfall muss eine Ökobilanz der Produkte, die durch die Verwertung ersetzt werden, mit einbeziehen. Dies ist für die vergleichende Bewertung von verschiedenen Verwertungsarten, die jeweils zu unterschiedlichen Nutzen führen, unabdingbar, da ansonsten die Verwertungsarten nur schwer vergleichbar sind. Verwertungssysteme können sinnvollerweise nur verglichen werden, wenn sie *Nutzengleichheit* aufweisen. Ohne das Herstellen einer Nutzengleichheit wären neben den Abwägungen der Umweltbelastungen auch noch die verschiedenen Nutzen gegeneinander abzuwägen. Ein Beispiel mag dies veranschaulichen:

Eine Option der stofflichen Altreifenverwertung besteht in der Herstellung eines Bodenbelages aus Sekundärgummimehl. Auf dem Markt etabliert ersetzt dieser Bodenbelag vergleichbare konventionelle Beläge (z.B. PVC). Eine energetische Verwertung von Altreifen im Zementwerk führt zum Produkt Zementklinker, der ansonsten durch den Brennstoff Steinkohle erzeugt werden müsste. Will man diese verschiedenen Systeme bzw. deren Umweltauswirkungen vergleichen, muss erst eine Nutzengleichheit zwischen den Systemen hergestellt werden: Dem Verwertungsprozess zum Bodenbelag müssen die Umweltauswirkungen der Kohleverbrennung im Zementwerk angerechnet werden. Umgekehrt ist der Altreifenverwertung im Zementwerk die Herstellung eines konventionellen Bodenbelags anzulasten, beide Male natürlich auf den funktionsgleichen Nutzen bezogen – gleiche Menge Bodenbelag und gleiche Menge Zementklinker.

Die Bereitstellung und Verbrennung von Kohle bzw. die Herstellung eines konventionellen Bodenbelags werden als *Äquivalenzprozesse* bezeichnet, da sie die Äquivalenz der zu vergleichenden unterschiedlichen Verwertungswege herstellen.

Schritt 4

Die Identifizierung dieser Äquivalenzprozesse erfolgt im Zusammenhang mit der *Festlegung der Vergleichsoptionen* – den zu bewertenden Verwertungswegen (siehe Tabelle 1). Es wurden neun Untersuchungsszenarien gebildet und die dazugehörigen Äquivalenzprozesse definiert (siehe Abb. 3).

5   Sachbilanz, Wirkungsabschätzung und Auswertung

Schritt 5

Der Schritt der *Erhebung und Bilanzierung des Systems* lässt sich kurz beschreiben, nimmt jedoch im Arbeitsaufwand der Ökobilanz den bei weitem größten Anteil ein.

Tabelle 1   Betrachtete Optionen des Vergleichs

Option		Verwertungsart	Äquivalenzprozess
1.	Export und Weiternutzung als Reifen im Ausland	Wiederverwendung	Ersatz von Neureifen (zu 50 % angerechnet)
2.	Runderneuerung	Wiederverwendung	Ersatz von Neureifen (zu 88 % angerechnet)
3.	Vermahlung und Einsatz von Gummimehl zur Reifenherstellung	werkstoffliche Verwertung	Ersatz von Gummimischung
4.	Vermahlung und Einsatz von Gummimehl zur Herstellung von Bodenbelägen	werkstoffliche Verwertung	Ersatz von PVC-Belägen Ersatz von Polyolefin-Belägen
5.	Vermahlung und Einsatz von Gummimehl als Bitumenzuschlag	werkstoffliche Verwertung	Ersatz von Synthesekautschuk
6.	Zerkleinerung und Hydrierung	rohstoffliche Verwertung	Ersatz von Rohbenzin (Naphtha)
7.	Zerkleinerung und Vergasung	rohstoffliche Verwertung	Ersatz von Synthesegas
8.	Einsatz als Brennstoff in der Zementindustrie	energetische Verwertung	Ersatz von Steinkohle
9.	Einsatz als Brennstoff im Kraftwerk (energetische Verwertung)	energetische Verwertung	Ersatz von deutschem Netzstrom

Will man zwei oder mehrere Alternativen einer Abfallverwertung vergleichen, so hat man es in aller Regel mit komplexen Systemen verschiedenster ineinander greifender Aktivitäten zu tun. Diese können Folgendes umfassen:

- Erfassung,
- Aufbereitung, Behandlung,
- Transporte der zu verwertenden Abfälle,
- Nebenprozesse wie z. B. die Energiebereitstellung und
- die durch die Kreislaufführung bedingten Wechselwirkungen mit dem Wirtschaftsprozess.

Für alle Prozesse – produktionstechnisch, energie- und transportseitig sowie solche der Entsorgung – wurden Daten erhoben und im Rahmen der Szenarien zu Stoffstrombilanzen zusammengeführt. Unterstützt wurde die Berechnung der Stoff- und Energieflüsse durch das Software-Tool Umberto® 2.0.

Schritt 6

Zur *Wirkungsabschätzung* sind zunächst die Wirkungskategorien festzulegen. Das Kreislaufwirtschaftsgesetz gibt zur Prüfung der Frage nach der „besseren Umweltverträglichkeit" einer Verwertungsart folgende Kriterien vor (§ 5, 5 KrW-/AbfG):

- die zu erwartenden Emissionen,
- das Ziel der Schonung der natürlichen Ressourcen,
- die einzusetzende oder zu gewinnende Energie und
- die Anreicherung von Schadstoffen in Erzeugnissen, Abfällen zur Verwertung oder daraus gewonnenen Erzeugnissen.

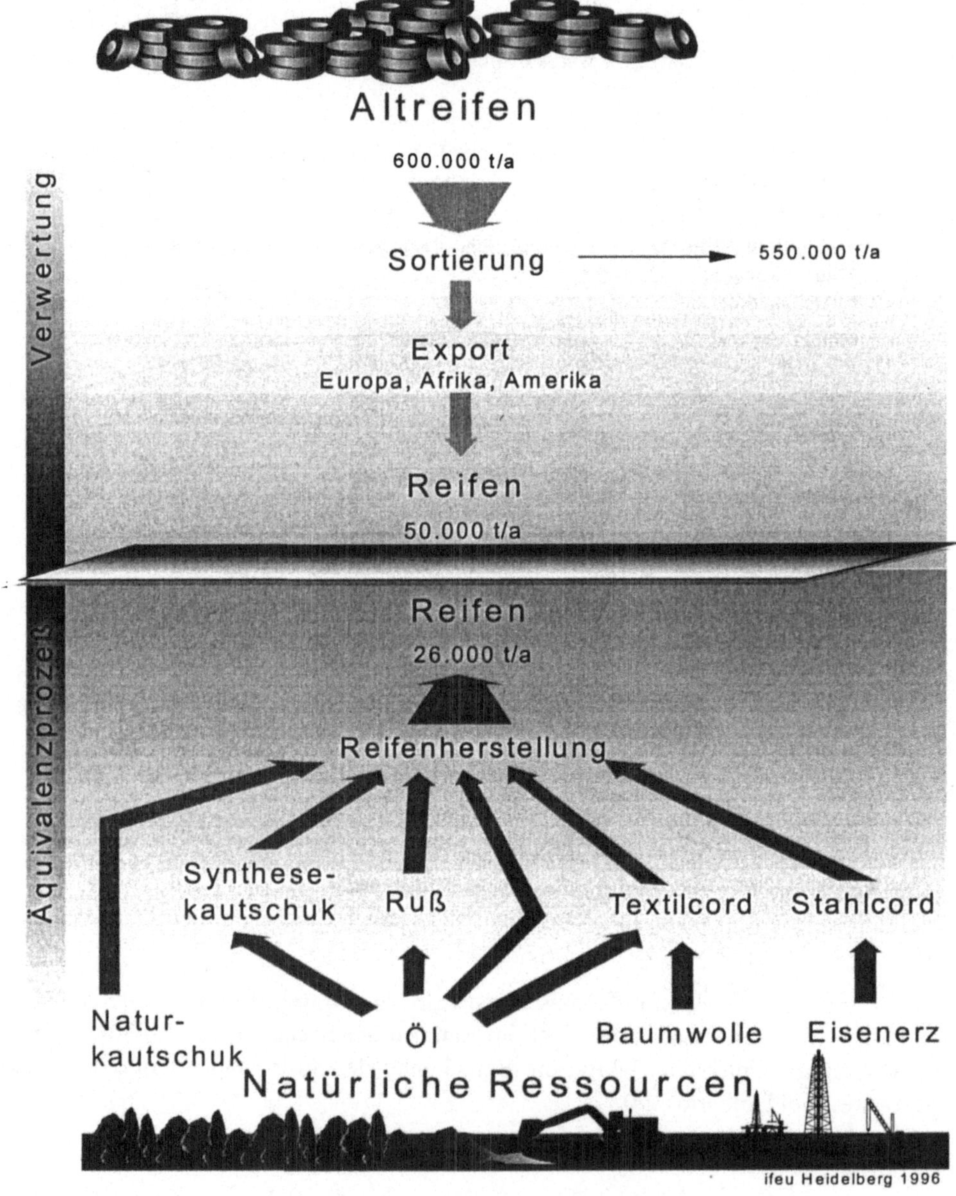

Abb. 3   Vereinfachte Darstellung der Stoffströme von Szenario 1

Da sich hinter diesen Kriterien im Einzelfall eine Vielzahl verschiedenster Umweltwirkungen verbergen können, ist für ein abschließendes Urteil ein Bewertungsvorgang erforderlich, der ein gegenseitiges Abwägen dieser unterschiedlichen Wirkungen und Wirkungskategorien möglich macht.

Als eine etwas breitere Grundlage zur Auswahl der Wirkungskategorien, die in Übereinstimmung mit der Kriterienliste nach KrW-/AbfG ist, wird die so genannte Standardwirkungsliste des DIN-Ausschusses zur Erarbeitung von Standards im Bereich der Wirkungsabschätzung in ihrer Fassung vom 4. Juli 1994 herangezogen.

Im vorliegenden Beispiel der Verwertung von Altreifen wurden folgende Wirkungspotenziale als relevant identifiziert und für die abschließende Bewertung verwendet:

- Ressourcenverbrauch, mit Beschränkung auf fossile Ressourcen (ausgedrückt als kumulierter Energiebedarf KEA),
- Treibhauseffekt (ausgedrückt als Emissionen an CO_2-Äquivalenten),
- Versauerung (ausgedrückt als Emissionen an SO_2-Äquivalenten),
- Eutrophierung [1] (ausgedrückt als Emissionen an PO_4-Äquivalenten),
- Humantoxizität, mit Beschränkung auf krebserzeugende Substanzen (ausgedrückt als Arsen-Äquivalente).

Schritt 7

Die *Bewertung der Schadstoffanreicherung* in Erzeugnissen der Verwertung lässt sich nicht mit der methodischen Logik der Ökobilanz beantworten und ist daher in einem separaten Schritt zu betrachten. Werden in der Ökobilanz Stoff- und Energieflüsse betrachtet (Input-Output) so bezieht sich der Sachverhalt der Schadstoffanreicherung auf den Zustand eines Materials.

Eine Methodik zur Anwendung des Kriteriums der Schadstoffanreicherung steht bislang nicht zur Verfügung. Ein denkbarer Ansatz bestünde darin, Schadstoffkonzentrationen in einem Material oder Abfall zu benennen, oberhalb derer der Verwertungsweg in einer Ja-Nein-Entscheidung als nicht umweltverträgliche Lösung angesehen werden kann. In solche materialbezogenen Grenzwerte müssten Fragen zur Wirkung und zu Expositionsrisiken einfließen. Derartige Grenzwerte wären aus bestehenden Gesetzeszusammenhängen abzuleiten.

Im Fallbeispiel der Altreifenverwertung war die Frage der Schadstoffanreicherung unbedeutend, da der Schadstoffgehalt von Reifen nicht besonders auffällig ist. So ist z. B. hinsichtlich des Eintrags von Schwermetallen in Zement festzustellen, dass die Belastung von Steinkohle in einer ähnlichen – z.T. höheren – Größenordnung liegt als die von Reifen.

---

[1] Unter „Eutrophierung" ist der übermäßige Eintrag von Nährstoffen in die Umwelt zu verstehen.

Schritt 8

Aus dem Fallbeispiel lassen sich *Schlussfolgerungen* hinsichtlich *einer Prioritätenliste der Verwertungswege* ziehen. Die Wirkungsabschätzung und Bewertung (Schritt 6) und die Ableitung einer Prioritätenliste (Schritt 8) sind für das Altreifen-Beispiel im nächsten Kapitel zusammengefasst.

6   Umweltprioritäten bei der Altreifenverwertung

In den Abbildungen 4 bis 6 werden nun die Unterschiede zwischen den Szenarien für die genannten Kriterien beispielhaft dargestellt. Die Abbildungen sind folgendermaßen zu interpretieren: Die im Vergleich jeweils günstigste Option erhält den Wert Null (liegt der x-Achse auf). Die Abstände der anderen Optionen zur jeweils besten werden als Balken aufgetragen. Dabei werden den Szenarien die Umweltauswirkungen des eigenen Äquivalenzprozesses jeweils zugute gehalten.

Der Vergleich zeigt, dass die Szenarien zunächst keine eindeutige Rangfolge erkennen lassen – in zahlreichen Kriterien verhalten sich die Reihenfolgen gegenläufig. Es lassen sich jedoch Gruppen mit generell günstigerem und generell ungünstigerem Abschneiden unterteilen.

Interessant und von wichtiger Erkenntnis ist es, dass die jeweiligen Äquivalenzprozesse in weit stärkerem Maße als die eigentlichen Verwertungsprozesse für das Ergebnis einer Option ausschlaggebend sind. Das überwiegend positive Abschneiden der Runderneuerung oder des werkstofflichen Einsatzes von Gummimehl beruht auf den hohen „Gutschriften" der eingesparten Prozesse: Herstellung eines neuen Reifens, Herstellung von primärem Kautschuk oder Kunststoff. Dagegen hat die Wahl eines cryogenen Verfahrens an Stelle der Warmvermahlung keine Auswirkung auf das Ergebnis für die entsprechenden Szenarien.

Bei der *Bewertung* müssen schließlich die wichtigsten Elemente identifiziert werden. Dazu erscheint eine Einteilung in zwei Teilschritte sinnvoll. In einem ersten Schritt muss die Höhe der Wirkung des untersuchten Systems anhand eines geeigneten Maßstabes z. B. an der bestehenden Gesamtbelastung beurteilt werden (Stichwort: spezifischer Beitrag). In einem zweiten Schritt kann durch den Vergleich der Wirkungshöhen mit der ökologischen Wichtigkeit einer Wirkung eine relative Beurteilung verschiedener Wirkungen zueinander vorgenommen werden (Stichwort: ökologische Bedeutung). Daraus kann mit Hilfe einer verbal-argumentativen Vorgehensweise schließlich ein Bewertungsurteil gefällt werden.

Beim abschließenden Bewertungsschritt werden folgende Elemente eingesetzt:

- der *spezifische Beitrag* der Umweltwirkungen (welche Bedeutung ist den Unterschieden zwischen den Szenarien beizumessen, vergleicht man diese mit Gesamtemissionen in Deutschland) und
- die *ökologische Bedeutung* (welche Bedeutung ist den einzelnen Kriterien nach Stand der Wissenschaft und der Sensibilität der Bevölkerung oder der Politik zuzumessen).

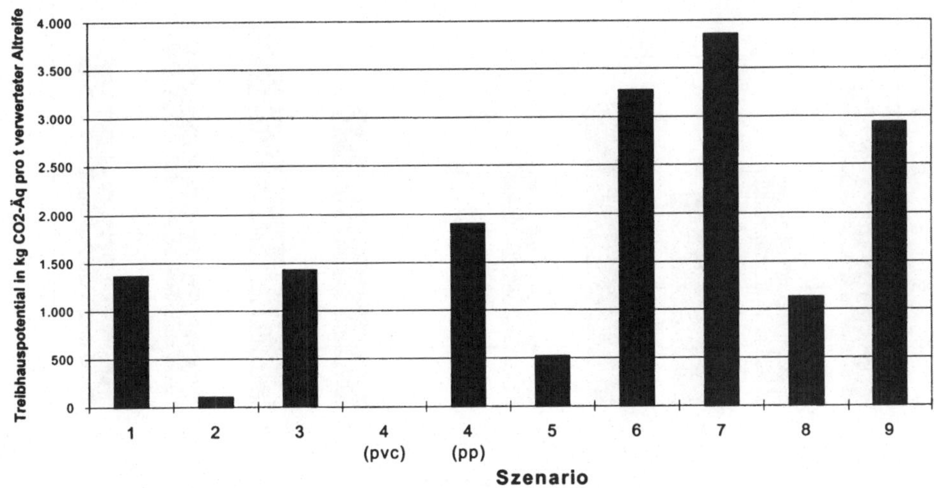

Abb. 4 Vergleich verschiedener Szenarien der Altreifenverwertung für das Kriterium Treibhauspotenzial, der Null-Wert stellt das im Vergleich jeweils beste Szenario dar.

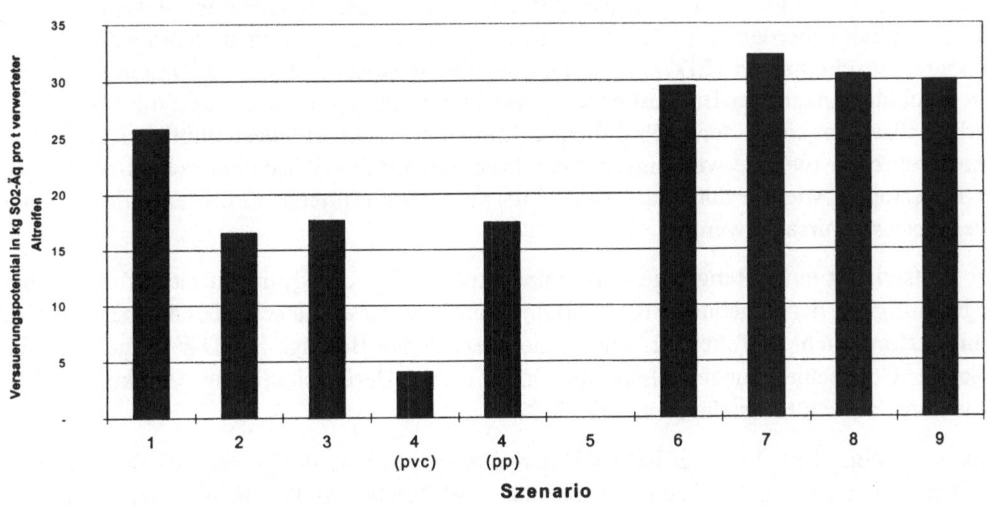

Abb. 5 Vergleich verschiedener Szenarien der Altreifenverwertung für das Kriterium Versauerungspotenzial, der Null-Wert stellt das im Vergleich jeweils beste Szenario dar.

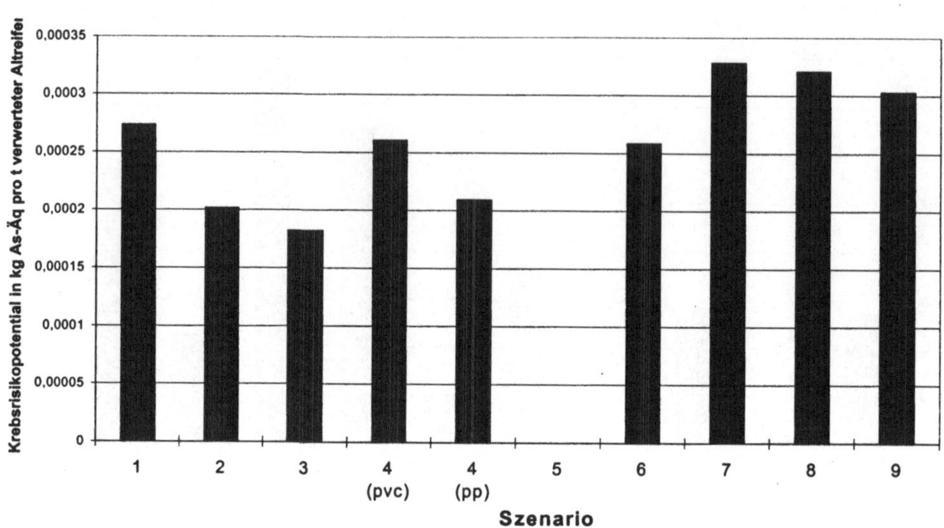

Abb. 6   Vergleich verschiedener Szenarien der Altreifenverwertung für das Kriterium Krebsrisi-
kopotenzial, der Null-Wert stellt das im Vergleich jeweils beste Szenario dar.

In Tabelle 2 wird die den Kriterien beigemessene ökologische Bedeutung aufgeführt. Die
Tabelle enthält außerdem eine Größe zur Bestimmung des spezifischen Beitrages: den Ein-
wohnerdurchschnittswert (EDW). Darunter ist die statistisch erfasste Gesamtemission geteilt durch die Anzahl der Bundesbürger zu verstehen. Sie repräsentiert die Emissions- bzw.
Verbrauchswerte eines durchschnittlichen Einwohners der Bundesrepublik. Der Unterschied zwischen zwei Verwertungsoptionen lässt sich auf die Weise veranschaulichen: z. B.
als Emissionen, wie sie durch die Einwohnerzahl einer mittleren Großstadt oder nur der
eines Dorfes verursacht werden.

Zur Feststellung einer Rangfolge oder einer Gruppierung der Optionen ist auf Grund der
Gegenläufigkeit der Ergebnisse der Wirkungsabschätzung ein abschließender bewertender
Schritt erforderlich. In Tabelle 2 werden die spezifischen Beiträge in EDW (angegeben als
absoluter Unterschied zur jeweils besten Option) unter Berücksichtigung der ökologischen
Bedeutung aufgeführt (siehe auch Tabelle 3).

Tabelle 3 zeigt, dass die spezifischen Unterschiede zwischen den jeweils ökologisch günstigsten und ungünstigsten Szenarien bei maximal 265.000 EDW liegen (hier: Kriterium
„Versauerung"): d. h., die Entscheidung, die gesamte Altreifenmenge der hier am besten
bewerteten Option zuzuführen, führt gegenüber der ungünstigsten Option zur Vermeidung
von Emissionen, wie sie durch eine Stadt der Größe von Magdeburg oder Wiesbaden freigesetzt werden.

Der abschließende Bewertungsprozess erfordert nun eine verbal-argumentative Abwägung
der spezifischen Unterschiede, wie sie in den Zahlen der Tabelle 3 dargestellt sind. Die
Unterschiede in Kriterien „sehr großer Bedeutung" wiegen dabei schwerer als die in Kriterien „großer" oder gar „mittlerer Bedeutung".

Tabelle 2   Einstufung der ökologischen Bedeutung der verwendeten Wirkungskriterien und Einwohnerdurchschnittswerte (EDW) (siehe Text).

Kriterium	Ökologische Bedeutung	Begründung	Einwohnerdurchschnittswert (EDW)
Fossile Ressourcen	groß	Derzeit kein Rückgang im Verbrauch erkennbar, trotz weithin prospektierter Reichweiten handelt es sich um endliche Ressourcen, die nicht rückgewinnbar sind.	152 GJ
Treibhauseffekt	sehr groß	Globale Wirkung, zum Erreichen der Minderungsziele sind große Anstrengungen erforderlich.	11,4 t CO_2-Äquivalente
Versauerung	mittel	Deutlich rückläufige Tendenz, ein Erreichen der Schutzziele ist realistisch, mittelfristig reversibel.	73 kg SO_2-Äquivalente
Eutrophierung	mittel	Tendenz ebenfalls rückläufig, mittelfristig reversibel.	7,4 kg PO_4-Äquivalente
Krebsrisikopotenzial [a]	sehr groß	Minderung auf Grund diffusen Auftretens schwer umsetzbar; Wirkungsraum regional, da sich Verdünnung nicht wirkungsmindernd auswirkt; hohes Anreicherungspotenzial in der Umwelt.	0,0075 kg Arsen-Äquivalente

[a] Als Vertreter der Kriteriengruppe „Humantoxizität"   Quellen: /UBA 1995/ ifeu-Institut

Tabelle 3   Darstellung der Unterschiede zwischen den Verwertungsoptionen in Form von Einwohnerdurchschnittswerten; das Zeichen „-" bezeichnet die in diesem Kriterium vergleichsweise günstigste Option.

Szenario	KEA, fossil	Treibh.-potenzial	Versauerung	Eutrophierung	Krebs Luft
1	188.000	58.000	**212.000**	179.000	20.000
2	54.000	4.600	136.000	106.000	16.000
3	128.000	60.000	144.000	111.000	15.000
4 (PVC)	91.000	-	33.000	-	21.000
4 (PP)	81.000	80.000	143.000	126.000	17.000
5	-	22.000	-	63.000	-
6	190.000	138.000	**242.000**	**208.000**	21.000
7	**238.000**	163.000	**265.000**	**238.000**	**26.000**
8	163.000	48.000	**251.000**	**203.000**	**26.000**
9	**230.000**	124.000	**246.000**	**210.000**	24.000

Ausgehend von dieser Tabelle lassen sich die neun Verwertungsoptionen in drei Gruppen unterteilen:

Die Gruppe der drei am günstigsten zu bewertenden Optionen:

> 2: Runderneuerung
> 4: Bodenbeläge mit Ersatz von PVC-Böden und
> 5: Bitumenzuschlag

Die Gruppe der im Mittelfeld liegenden Optionen bilden:

> 1: Wiederverwendung im Ausland
> 3: Einsatz im Neureifen
> 4: Bodenbeläge mit Ersatz von Polyolefin-Böden
> 8: Zementwerk

Die Schlussgruppe bilden:

> 6: Hydrierung
> 7: Vergasung
> 9: Reifenkraftwerk

Es zeigt sich, dass solche Verwertungswege besonders günstig zu bewerten sind, die innerhalb der Kreislaufwirtschaft Produkte ersetzen können, welche ihrerseits aufwändig herzustellen sind. D. h., von entscheidender Bedeutung sind die Umweltauswirkungen der Äquivalenzprozesse:

- Die *Runderneuerung* zieht ihre ökologischen Vorteile daraus, dass ein runderneuerter Reifen einem aufwändig hergestellten Neureifen annähernd gleichwertig ist. Obwohl eine *direkte Wiederverwendung* mit deutlich geringerem Aufwand verbunden ist als eine Runderneuerung, wird sie ungünstiger bewertet – auf Grund der geringeren Restlebensdauer eines gebrauchten Profilreifens kann sie nur einen „halben Neureifen" ersetzen.

- Alle auf der *werkstofflichen Verwertung von Gummimehl* beruhenden Szenarien (3, 4 PVC, 4 PP und 5) führen von der Altreifen-Erfassung bis zur Herstellung eines Produktes zu mehr oder weniger vergleichbaren Umweltauswirkungen. Auch die Wahl des Vermahlungsverfahrens (warm oder cryogen) beeinflusst das Ergebnis hier nur geringfügig. Da Polypropylen und die Reifengummimischung mit vergleichsweise geringeren Umweltauswirkungen als PVC und Synthesekautschuk hergestellt werden, werden die Optionen, die die beiden letzteren Stoffe ersetzen können, günstiger bewertet.

- Von den *rohstofflich/energetischen Verfahren* wiederum hebt sich das Zementwerk dadurch positiv ab, dass durch Einsatz von Abfallstoffen die ökologisch ungünstige Steinkohle ersetzt wird. Demgegenüber werden bei den anderen Verfahren überwiegend Erdöl, Erdgas oder Atomstrom eingespart.

Diese Ergebnisse veranschaulichen, dass eine Beschränkung auf die Frage „stofflich oder energetisch" nicht in allen Fällen zu einer sinnvollen Beantwortung der Frage nach der besser umweltverträglichen Verwertungsart führt. Die Unterschiede zwischen stofflichen oder energetischen Verfahren können jeweils untereinander gravierend sein, sodass eine Betrachtung einzelner Technologien unabdingbar ist.

Die Untersuchung brachte noch eine weitere Erkenntnis zu Tage: Bei stofflichen Verwertungsverfahren kann - anders als bei einer energetischen Verwertung – das „Verwertungsprodukt" (z. B. der runderneuerte Reifen oder der Bodenbelag) am Ende seiner Nutzungsphase angelangt, wiederum verwertet werden. Dieser „Zweitnutzen" kann sich auf die Bewertung der Verwertungsoption sowohl positiv wie negativ auswirken. Für die vorliegende Untersuchung ergab sich jedoch kein Einfluss auf die abschließende Gruppierung.

Die abschließende Reihung der Optionen ist insgesamt als stabil zu betrachten. Bei einer Übertragung der Ergebnisse auf die Praxis muss allerdings Folgendes beachtet werden: Die ökologisch besonderes günstigen Verfahren können nur einen geringen Teil der tatsächlich anfallenden Altreifenmenge aufnehmen. Die Kapazitäten der Runderneuerung sind allein schon dadurch begrenzt, dass ein Pkw-Reifen nicht in jedem Falle und wenn, dann nur einmal runderneuert werden kann. Auch bei der Verwertung zu anderen Produkten wie Bodenbelägen sind ganz enge Marktkapazitäten vorhanden.

Literatur

Fehrenbach, H., J. Giegrich, W. Orlik (1997): Ergebnisbericht zum Forschungsvorhaben „Ökologische Bilanzen der Abfallwirtschaft, Fallbeispiel Altreifen", Forschungsvorhaben im Auftrag des Umweltbundesamtes; Heidelberg

Fehrenbach, H., J. Giegrich, M. Schwarz (1997): Ergebnisbericht zum Forschungsvorhaben „Ökologische Bilanzen der Abfallwirtschaft, Fallbeispiel Verwertungswege von Haushaltskühlgeräten", Forschungsvorhaben im Auftrag des Umweltbundesamtes; Heidelberg

Giegrich, J., H. Fehrenbach (1997): Ökologische Bilanzen der Abfallwirtschaft, Handreichung zur Bestimmung der besser umweltverträglichen Verwertungsart; Forschungsvorhaben im Auftrag des Umweltbundesamtes; Heidelberg, in Vorbereitung

Giegrich, J., H. Fehrenbach (1996): Arbeitspapier zum Projekt „Erarbeitung einer Systematik/Methode zur Bewertung von Verwertungsoptionen; im Auftrag der ABAG Baden-Württemberg, unveröffentlicht

J. Giegrich (1996): Anwendung von Ökobilanzen in der Abfallwirtschaft und nach dem Kreislaufwirtschaftsgesetz, Vortrag im Rahmen der UTECH 96

ISO/EN/DIN 14040 (1997): Environmental Management – Life Cycle Assessment – Priciples and Framework (Deutsche Übersetzung: Umweltmanagement – Ökobilanz – Prinzipien und allgemeine Anforderungen)

KrW-/AbfG, Gesetz zur Förderung der Kreislaufwirtschaft und Sicherung der umweltverträglichen Beseitigung von Abfällen (Kreislaufwirtschafts- und Abfallgesetz – KrW-/AbfG), vom 27.9.1994 (BGBl. I S.2705, geändert am 12.9.1996 (BGBl. I S.1354)

UBA (1995): Umweltbundesamt: Ökobilanz für Getränkeverpackungen; Texte 52/95

W.d.K./GAVS (1996): Wirtschaftsverband der Kautschukindustrie/Gesellschaft für Altgummiverwertungssysteme; verschiedene Mitteilungen zum Status der Altreifenverwertung

17. BImSchV – Verordnung über Verbrennungsanlagen für Abfälle und ähnliche Stoffe; vom 23.11.1990 (BGBl. I S.2545, berichtigt S. 2832)

Eine Methode zur Umsetzung des Gleichwertigkeitsansatzes nach TA-Siedlungsabfall

Bernd Franke und Florian Knappe

1 Hintergrund

Die Beseitigung von Abfall auf Deponien war gerade unter dem Gesichtspunkt der Vorsorge in der Vergangenheit nur unzureichend geregelt. In ihrem Umfeld traten durch die Freisetzung von Deponiegas und Gerüchen Belästigungen für Anwohner, aber teilweise auch massive Umweltprobleme auf. Diese wurden vor allem durch den Austritt von belastetem Sickerwasser aus Deponien und der daraus resultierenden Belastung der umgebenden Bodenhorizonte und damit auch der Grundwasserstockwerke verursacht.

Durch das Umweltbundesamt wurde auf diesem Hintergrund mit dem Multibarrieren-Konzept (Stief, 1986) die Basis dafür geschaffen, dass sich das Augenmerk auch auf den Abfall selbst als zentrale „Barriere" gegenüber einem Schadstoffaustritt aus der Deponie richtete. Dieses Grundkonzept eines Zusammenwirkens möglichst vieler „Barrieren" wurde bei der Festlegung der Verwaltungsvorschrift TA-Siedlungsabfall[1] übernommen, indem dezidierte Vorschriften vor allem zu den technischen Maßnahmen zur Dichtung der Deponien und Fassung der Emissionen und deren Behandlung sowie den natürlichen Standortvoraussetzungen (Hydrogeologie) festgelegt wurden. Gerade mit Anhang B erfolgte aber auch eine Zuordnung von „Abfallqualitäten" zu zwei unterschiedlichen Deponieklassen.

In Abhängigkeit von der technischen Ausführung der Deponien und der natürlichen Standortvoraussetzungen werden in diesem Anhang für die zur Ablagerung auf Deponien vorgesehenen Abfälle Obergrenzen der maximalen Freisetzung von Schadstoffen über die Auslaugung mit Wasser und für Restgehalte an Organik festgeschrieben. Man versucht hiermit, das von den abgelagerten Abfällen ausgehende Schadenspotenzial hinsichtlich Deponiegasbildung und Freisetzung von belastetem Sickerwasser zu beschränken. Für Deponien der Klasse I sind danach zukünftig vor allem mineralische Bauabfälle und Ähnliches zur Ablagerung zugelassen. Aber auch auf Deponien der Klasse II ist eine Ablagerung von Hausmüll und Ähnlichem zukünftig in der Regel nur noch dann zulässig, wenn diese in Müllver-

---

[1] Technische Anleitung Siedlungsabfall, Februar 1993

brennungsanlagen thermisch vorbehandelt wurden, ohne dass diese Vorbehandlung im Regelwerk explizit eingefordert würde.

Nach einem durch die TA-Si eingeräumten Übergangszeitraum bis zum Jahre 2005 sind diese Werte zwingend einzuhalten, es sei denn, es kann nach Ziffer 2.4 im Einzelfall der zuständigen Behörde nachgewiesen werden, „dass durch andere geeignete Maßnahmen das Wohl der Allgemeinheit – gemessen an den Anforderungen der Technischen Anleitung – nicht beeinträchtigt wird." Dies stellt die Basis für alle Überlegungen dar, wie dieser Nachweis der Gleichwertigkeit zu führen sei. Eine Richtschnur dafür bietet die Vorschrift selbst nicht. Kritikpunkt an den Festlegungen der Zuordnungswerte war, dass diese in keiner Weise wissenschaftlich abgeleitet, sondern ohne stringente wissenschaftliche Grundlage festgelegt wurden. Es ist daher schwierig einen Nachweis darüber zu führen, dass – gemessen an den Anforderungen der TA-Siedlungsabfall – auch von Abfällen, die nur biologisch und nicht thermisch vorbehandelt wurden und nicht für alle Parameter die Zuordnungswerte nach Anhang B einhalten können, das „Wohl der Allgemeinheit" nicht beeinträchtigt wird und daher die biologische Behandlung von Abfällen eine zur thermischen Behandlung gleichwertige Vorbehandlungsmaßnahme darstellen kann.

2   Gleichwertigkeit hinsichtlich Deponiegasbildungspotenzial

Es ist relativ unbestritten, dass die Forderungen der TASi nach „praktisch keiner Entwicklung von Deponiegas" und „praktisch keinen Emissionen von Methan und anderen Schadgasen" auch von Abfall einzuhalten ist, der alleine einer mechanisch-biologischen Behandlung unterzogen wurde. Die Führung des entsprechenden Nachweises ist auch bei fehlender Einhaltung der Zuordnungswerte für die Parameter Glühverlust oder TOC möglich. Dies wird gut bei Müller (1997) dokumentiert.

So konnte durch entsprechende Laborversuche aufgezeigt werden, dass eine biologische Behandlung von Restabfällen – allerdings nach einer hinreichenden Behandlungszeit (in der Regel über 6 Monate) – zu einer Minderung der Gasbildungsrate bis auf < 5 % gegenüber dem unbehandelten Abfall führt. Dabei bilden die Parameter Atmungsaktivität (AT_4) und Gasbildung (GB_{21}) im Gärtest nach dem derzeitigen Kenntnisstand den biologischen Stabilisierungsgrad am besten ab.

Der Nachweis der Gleichwertigkeit der Abfalleignung bzw. der Eignung der vorgeschalteten Behandlungsmaßnahmen lässt sich führen, indem (a) aufgezeigt wird, dass mit biologischen Behandlungsmaßnahmen die in der TA-Si geforderten Minderungsraten erreicht werden, und (b) dass mit den nach TA-Si „erlaubten" Restorganikgehalten maximale Restgasbildungspotenziale verbleiben, die auch von biologisch behandelten Abfällen nicht überschritten werden. So würde die Vorgabe der TA-Si nach maximal zulässigen 3 % TOC im Abfall bei vollständiger biochemischer Umsetzung einer theoretischen Gasbildung von 56 L/kg TS entsprechen, während bspw. die Extrapolation der Gasbildung GB_{21} auf das gesamte Potenzial des biologisch behandelten Abfalls einem Wert von etwa 43 L/kg TS entspricht. Die Einhaltung von 5 % Glühverlust nach TA-Si entspricht gegenüber dem unbehandelten Abfall mit einem Glühverlust von 65 % einer Minderung von 92 %. Die für biologisch behandelte Abfälle erreichbaren AT_4- und GB_{21}-Werte entsprechen Minderungen von ebenfalls 90 % bis 95 % gegenüber den Werten für unbehandelte Abfälle.

3 Gleichwertigkeit hinsichtlich Freisetzung von Schadstoffen mit dem Sickerwasser

Zur Nachweisführung der Gleichwertigkeit hinsichtlich der Freisetzung von Schadstoffen über das Sickerwasser liegen verschiedene Ansätze vor. Neben dem vom ifeu-Institut entwickelten Ansatz sind dies im Wesentlichen solche von Doedens/Düllmann[2] und Fricke/Bidlingmaier/Stegmann[3], letztere werden nachfolgend kurz skizziert.

Doedens und Düllmann (MURL, 1998) führen aus, dass für alle Parameter nach TA-Si die Zuordnungswerte im Eluat mit Ausnahme der TOC-Konzentration auch von ausschließlich biologisch behandelten Abfällen eingehalten werden können. Nach allen vorliegenden Untersuchungen wird deutlich, dass auch nach Behandlungszeiten von > 6 Monaten die TOC-Konzentrationen im Eluat zwar von 1.800 mg/L auf 150-250 mg/L absinken, die durch die TA-Si geforderte maximal zulässige Konzentration von 100 mg/L jedoch nicht erreicht werden kann. Für biologisch behandelten Abfall halten Doedens/Düllmann einen Grenzwert für TOC von 300 mg/L für ausreichend und begründen dies damit, dass Kompensationsmaßnahmen bei der Deponietechnik unter den Mehrkosten für die Verlängerung der Rottedauer liegen. Sie schlagen verbesserte Maßnahmen zur Schaffung zusätzlicher bzw. verstärkter Barrieren vor, durch die die Dichtung, verringerte Durchlässigkeit des Abfalls selbst (= Minderung der Sickerwasserbildung) und die Steigerung der Effizienz bei der Fassung und Ableitung des entstehenden Sickerwassers erreicht wird. Wie auch schon bei der Frage des verbleibenden Gasbildungspotenzials wird auch hier damit argumentiert, dass die durch die biologische Behandlung erreichte Minderungsrate in der TOC-Konzentration vom Gesetzgeber in anderen Zusammenhängen als ausreichend angesehen wird. So werden bei der Reinigung von Abwässern in Kläranlagen Behandlungserfolge von 74 % im Falle Stickstoff oder etwa 83 % im Falle Phosphor toleriert. Vergleicht man die nach einer biologischen Behandlung verbleibende Freisetzung von TOC mit Werten für unbehandeltem Abfall, entspricht dies einer Minderung von etwa 83 %. Die „Reinigungsleistung" der biologische Abfallbehandlung für Sickerwasser liegt so in einer vergleichbaren Größenordnung zu der vom Gesetzgeber tolerierten Reinigungsleistung für Abwässer in Kläranlagen.

Der Ansatz des Gleichwertigkeitsnachweises für den Entsorgungsverband „Niederlausitz" von Fricke/Bidlingmaier/Stegmann ist dem sehr ähnlich. Auch hier wird letztlich alleine dem Parameter TOC Aufmerksamkeit gewidmet, da für diesen Parameter die geforderte Maximalkonzentration mit biologischer Behandlung des Abfalls nicht eingehalten werden kann. Auch in diesem Fall werden Kompensationen im Bereich der Deponietechnik vorge-

---

[2] dargelegt im Leitfaden des MURL 1998
[3] Gleichwertigkeitsnachweis für Abfallentsorgungsverband Niederlausitz

schlagen. Es wird auf zahlreiche Untersuchungen verwiesen, die im Ergebnis zeigen, dass der Parameter TOC nicht geeignet ist, die Belastung mit hochtoxischen organischen Verbindungen abzubilden. Nach Ansicht der Gutachter sind zur Beschreibung toxischer organischer Verbindungen allenfalls die in der TA-Si geregelten Parameter AOX, Phenol-Index und extrahierbare lipophile Stoffe heranzuziehen, deren Zuordnungswerte nach TA-Siedlungsabfall jedoch auch von biologisch behandelten Abfällen sicher eingehalten werden können. Da nach Aussage der Gutachter mit Übertritt in das Grundwasser zudem alleine die Schadstofffracht des Sickerwassers für eine Umweltbeeinträchtigung verantwortlich zu machen ist, gilt es danach als ausreichend, diese Frachten zu minimieren. Vorgeschlagen wird, die Sickerwassermenge durch technische Maßnahmen auf Werte um 8 % des durchschnittlichen Niederschlages zu begrenzen, was zu einer Reduzierung der Sickerwassermenge um den Faktor 2,5 führen würde. Dadurch soll rechnerisch dieselbe Schadstofffracht erreicht werden, wie bei unverminderter Sickerwasserrate und Einhaltung des Zuordnungswertes von 100 mg/L der TA-Si.

Der risikoanalytische Ansatz des ifeu-Instituts basiert demgegenüber auf dem Nachweis der Gleichwertigkeit der Umwelteinwirkungen und berücksichtigt die in der TA-Si nicht im Detail geregelten organischen Schadstoffe. Er basiert u.a. auf Erkenntnisse aus einem Forschungsprojekt für das Umweltministerium Baden-Württemberg (1992) sowie eines Forschungsprojektes für das Umweltbundesamt (1993). Die Methodik basiert auf dem Ansatz, die potenziellen Umweltwirkungen in den Mittelpunkt zu stellen, mit dem Gedanken, dass auch von biologisch behandeltem Abfall kein höheres Risiko ausgehen darf, als vom Gesetzgeber für auf Deponien abgelagerte Abfälle über die Festlegung der Parameter und der entsprechenden Zuordnungswerte eingeräumt.

In Anhang B der TA-Siedlungsabfall (TA-Si) sind Zuordnungskriterien für Deponien festgelegt. Die Philosophie der TA-Si bei der Festlegung der Zuordnungswerte ist in Ziffer 10.1 zusammengefasst:

- „Durch die Festlegung der Zuordnungswerte nach Anhang B soll insbesondere erreicht werden, dass sich praktisch kein Deponiegas entwickelt, die organische Sickerwasserbelastung sehr gering ist und nur geringfügige Setzungen als Folge eines biologischen Abbaus von organischen Anteilen in den abgelagerten Abfällen auftreten."

- Aus der Sicht der Bundesregierung sind „die abzulagernden Abfälle erforderlichenfalls durch vorherige Behandlung weit gehend von Schadstoffen zu entfrachten bzw. zu mineralisieren und zu stabilisieren. Bei Hausmüll und hausmüllähnlichen Abfällen wird hierzu nach dem derzeitigen Stand der Technik die thermische Abfallbehandlung (Abfallverbrennung) eingesetzt werden."[4]

Wenn von den Verfassern der TA-Si die thermische Vorbehandlung von Abfällen impliziert wird, ist das Fehlen von Eluatkriterien für spezifische organische Schadstoffe bei den Zuordnungswerten verständlich, da die thermische Vorbehandlung eine weit gehende Zerstörung organischer Stoffe ermöglicht. Andererseits erlaubt auch die TASi eine Restbelastung des vorbehandelten Abfalls mit organischen Inhaltsstoffen. So beträgt die maximal zulässi-

---

[4] Vorblatt der Bundesregierung zur Dritten Allgemeinen Verwaltungsvorschrift zum Abfallgesetz, Bundesratsdrucksache 594/92

ge Konzentration adsorbierbarer organischer Halogenverbindungen (AOX) im Eluat 1,5 mg/L.

Die in der TA-Si festgelegten Eluatkriterien legen zudem keine "Nullemissionen" für krebserzeugende Substanzen fest, sondern weisen mit Arsen eine zulässige Emission eines Schadstoffes aus, der als eindeutig krebserzeugend beim Menschen eingestuft wird. Weiterhin ist auch die Freisetzung chronisch toxischer Stoffe (z. B. Cadmium, Cyanide) aus abzulagernden Reststoffen nach den Eluatkriterien der TA-Si nicht ausgeschlossen. Für alle Substanzen, die sowohl in der TA-Si als auch in der Trinkwasserverordnung (TrinkwV)[5] geregelt sind, übersteigen die zulässigen Eluatkonzentrationen die Grenz- und Richtwerte für Trinkwasser.

Mit anderen Worten: Die Schutzwirkung der TA-Si reicht nicht so weit, als dass bei Versagen der Sicherungssysteme einer Deponie die Trinkwasserqualität des Grundwassers im Umfeld von Deponien gewährleistet würde. Ein gewisses Maß an negativen Einwirkungen auf die menschliche Gesundheit ist damit auch nach den Anforderungen der TA-Si nicht ausgeschlossen, da keine Maßnahme der Vorbehandlung von Abfällen geeignet ist, Nullemissionen zu garantieren.

Somit kommt der Quantifizierung dieser negativen Einwirkungen besondere Bedeutung zu, wenn die Gleichwertigkeit einer nicht-thermischen Abfallbehandlung mit den Maßgaben der TA-Si nachzuweisen ist. Für die Beurteilung der Gleichwertigkeit erscheinen dabei folgende Grundsätze als zielführend:

1. Das potenzielle Vorhandensein einer Vielzahl von organischen Verbindungen in biologisch-mechanisch vorbehandelten Abfällen erfordert die Berücksichtigung eines erweiterten Kataloges von Substanzen.
2. Kriterien zur Deponierung mechanisch-biologisch vorbehandelter Abfälle sollten aus repräsentativen Parametern zur Bewertung des Sickerwassers von Deponien abgeleitet werden, die es ermöglichen, die Kanzerogenität, die chronische Toxizität und die Auswirkungen auf die Trinkwasserqualität zu bewerten.
3. Die Absolutwerte für die erweiterten Kriterien sollten ein Risikoniveau gewährleisten, das nicht größer ist, als durch die Kriterien nach der TA-Siedlungsabfall für thermische Abfälle vorgegeben.
4. Die Eluatqualität mechanisch-biologisch vorbehandelter Abfälle wird als TA-Si-gleichwertig eingeschätzt, wenn die karzinogene und chronisch-toxische Wirkung der Inhaltsstoffe die nach TA-Si zulässigen Wirkungen nicht überschreitet. Analog dazu wird die Eluatqualität als TA-Si-gleichwertig eingeschätzt, wenn die Einwirkung auf die Trinkwasserqualität nicht größer ist als nach TA-Si zulässig.

Für die Überprüfung der Erfüllung dieser Grundsätze werden die im Folgenden dargestellten Berechnungsvorschriften vorgeschlagen. Eine endgültige Festlegung der Parameter und der numerischen Kriterien ist jedoch der Einzelfallprüfung der konkreten Anlage vorbehalten.

---

[5] Verordnung über Trinkwasser und über Wasser für Lebensmittelbetriebe (Trinkwasserverordnung'-TrinkwV), Bundesgesetzblatt 1990, Teil I., S. 2613 - 2629

Tabelle 1   Zuordnung der Eluatkriterien in der TA-Si zu Wirkungskategorien und Grenz- und Richtwerten der Trinkwasserverordnung (TrinkwV)

Parameter	Eluatkriterium Dep. Kl. II	Krebs-erzeugend [a]	Chronisch toxisch [g]	In TrinkwV geregelt
pH-Wert	5,5 – 13.0			6,5 – 9,5
Leitfähigkeit	$\leq$ 50.000 µS/cm			2.000 µS/cm
DOC[b]	$\leq$ 100 mg/L			3,75 mg/ L [c]
Phenole	$\leq$ 50 mg/ L			0,0005 mg/ L [d]
Arsen	$\leq$ 0,5 mg/ L	X	X	0,01 mg/ L
Blei	$\leq$ 1 mg/ L		X	0,01 mg/ L
Cadmium	$\leq$ 0,1 mg/ L		X	0,005 mg/ L
Chrom-VI	$\leq$ 0,1 mg/ L		X	0,05 mg/ L [e]
Kupfer	$\leq$ 5 mg/ L			3 mg/ L
Quecksilber	$\leq$ 0,02 mg/ L		X	0,001 mg/ L
Zink	$\leq$ 5 mg/ L		X	5 mg/ L
Fluorid	$\leq$ 25 mg/ L			1,5 mg/ L
Ammonium-N	$\leq$ 200 mg/ L			0,5 mg/ L [f]
Cyanide, leicht freisetzbar	$\leq$ 0,5 mg/ L		X	0,05 mg/ L
AOX	$\leq$ 1,5 mg/ L			> 0,01 mg/ L [h]
Wasserlöslicher Anteil	$\leq$ 6 Masse-%			-

a) Bei Aufnahme über den Ingestionspfad (hier: in der Regel als Trinkwasser).

b) Bei der Eluatherstellung werden lediglich die gelösten organischen Substanzen erfasst. Die Ausweisung als TOC (total organic carbon) in der TA-Si ist deshalb nicht korrekt. Deshalb wird hier auf den DOC (dissolved organic carbon) Bezug genommen.

c) Die TrinkwV regelt die Oxidierbarkeit mittels Kaliumpermanganatverbrauch. In der Regel werden damit Kohlenstoff, Wasserstoff und Stickstoff oxidiert. Aus dem TrinkwV-Grenzwert lässt sich stöchiometrisch die Obergrenze eines DOC-Grenzwertes ableiten, wenn unterstellt wird, dass lediglich Kohlenstoff oxidiert wird.

d) Berechnet als Phenol (C_6H_5OH). Ausgenommen sind natürliche Phenole, die nicht mit Chlor reagieren. Der Grenzwert gilt zudem als eingehalten, wenn der Geruchsschwellenwert nach Anlage 4 Nr. 3 der TrinkwV nicht überschritten wird!

e) Der Grenzwert gilt für die Summe aller Chromverbindungen (als Cr).

f) Geogen bedingte Überschreitungen bleiben bis zu einem Grenzwert von 30 mg/L außer Betracht.

g) Als chronisch toxisch werden hier Stoffe eingeordnet, die im Integrated Risk Information System (IRIS) der U.S. EPA entsprechend eingestuft sind und für die eine Referenzdosis (RfD) festgelegt ist, unterhalb derer keine Wirkung zu erwarten ist.

h) Die TrinkwV enthält keinen Grenzwert für AOX (adsorbierbare organische Halogenverbindungen), sondern nur einen Summenwert für organische Chlorverbindungen (1,1,1-Trichlorethan, Trichlorethen, Tetrachlorethen, Dichlormethan und Tetrachlormethan) von 0,01 mg/L. Zusätzlich ist die Konzentration von Tetrachlormethan als Einzelsubstanz mit 0,003 mg/L begrenzt.

3.1 Gleichwertigkeit in der karzinogenen Wirkung

Die Gleichwertigkeit in Bezug auf die krebserzeugende Wirkung kann dann als gegeben angesehen werden, wenn für alle im Eluat vorhandenen krebserzeugenden Verbindungen gilt:

$$\sum K_i \bullet UR_i \leq \sum K_j \bullet UR_j,$$

K_i = Konzentration krebserzeugender Substanzen im Eluat mechanisch-biologisch vorbehandelter Abfälle

K_j = Konzentration krebserzeugender Substanzen in den Eluatkriterien der TA-Si

UR_i, UR_j, = „unit risk" Faktor[6] für die krebserzeugenden Substanzen

Als einzige karzinogene Substanz wird mit den Eluatkriterien der TA-Si die Konzentration von Arsen begrenzt. Die zulässige Konzentration im Eluat beträgt 0,5 mg/L. In der Regel werden jedoch Arsenkonzentrationen im Eluat von MVA-Schlacke deutlich unter 0,1 mg/L gemessen. Ein lebenslanger Konsum von 2 L Wasser pro Tag mit einer Arsengehalt von 0,5 mg/L würde in einem rechnerischen zusätzlichen Krebsrisiko von 1 : 50 resultieren. Da bei Austritt von Sickerwasser ins Grundwasser in der Regel eine Verdünnung um mindestens einen Faktor 10 gegeben ist, beträgt das realistische maximale Risiko 1 : 500.

Auf Grund der größeren Komplexität der Reststoffe aus der mechanisch-biologischen Vorbehandlung wird aus Vorsorgegründen empfohlen, dass die Konzentration krebserzeugender Schadstoffe im Eluat in der Summe die krebsauslösende Wirksamkeit über den Belastungspfad Trinkwasser nicht überschreiten sollte, der durch 0,1 mg/L Arsen gegeben ist (entsprechend 20% des Zuordnungswerts der TA-Si Deponieklasse II). Ein lebenslanger Konsum von 2 L Wasser pro Tag mit einer Arsengehalt von 0,1 mg/L nach Verdünnung im Grundwasser resultiert in einem zusätzlichen Krebsrisiko von 1 : 2500 und ist damit genauso groß wie das Risikoniveau, das den Empfehlungen des Länderausschusses für Immissionsschutz für kanzerogene Luftschadstoffe zugrundeliegt (LAI, 1992).

Die Festlegung der zu berücksichtigenden Parameter sollte Erfahrungswerte von Hausmülldeponien mit einbeziehen. Nach einer Untersuchung der USEPA[7] (1988) wird die karzinogene Wirkung des Sickerwassers aus Deponien für Siedlungsabfälle im Wesentlichen durch folgende Substanzen bestimmt:

Vinylchlorid[8]	Arsen	Tetrachlorethan
Dichlormethan	Tetrachlorkohlenstoff	Antimon

---

[6] Der "unit risk"-Faktor ist der obere Schätzwert des zusätzlichen Krebsrisikos bei lebenslanger Ingestion von 1 µg je kg Körpergewicht und Tag einer krebserzeugenden Substanz.

[7] Eine ausführliche Beschreibung der zugrunde liegenden Daten und Modellannahmen findet sich in: ICF Incorporated (1988): Draft Subtitle D Risk Model Background Document Fairfax, Virginia

[8] Da Tetrachlorethylen, Trichlorethylen und 1,2-Dichlorethan in Vinylchlorid umgesetzt werden, wurden die stöchiometrischen Äquivalente der 3 Verbindungen in Vinylchlorid-Konzentrationen umgerechnet. Da Vinylchlorid toxischer ist als die 3 Vorläufersubstanzen, ist dieser Ansatz konservativ.

Eine umfassende Untersuchung des ifeu-Institutes (1993) über das Risikopotenzial von Deponien unter Berücksichtigung deutscher Kenndaten kommt zu folgender Rangliste der karzinogenen Wirkung von Sickerwasser:

> Arsen
> PCB
> Dichlormethan
> Tetrachlormethan
> Benzol
> Trichlormethan
> Tetrachlorethen
> 1,1-Dichlorethen
> Pentachlorphenol
> Trichlormethan
> Hexachlorbenzol

Tabelle 2   Bewertung der Gleichwertigkeit für das Kriterium „karzinogene Wirkung" am Beispiel von Daten zu Hausmülldeponien

Parameter	Hausmülldeponie $\mu g/L$	Risikofaktor $(\mu g/kg/d)^{-1}$	Risiko[a]	Relativ zu TA-Si
TASi-Eluat				
Arsen	500	1,5E-03	2,1E-03	100 %
vorgeschlagener Richtwert für die Gleichwertigkeitsprüfung				
Arsenäquivalent	100	1,5E-03	4,2E-04	20 %
Hausmülldeponie: - Rechenwerte nach ifeu (1993)				
Arsen	1500	1,5E-03	6,4E-03	300 %
PCB	35	7,7E-03	7,7E-04	36 %
Dichlormethan	20.000	7,5E-06	4,3E-04	20 %
Tetrachlormethan	270	1,3E-04	1,0E-04	5 %
Benzol	572	2,9E-05	4,7E-05	2 %
Trichlorethen	530	1,1E-05	1,7E-05	1 %
Tetrachlorethen	100	5,0E-05	1,4E-05	1 %
1,1-Dichlorethen	1,9	6,0E-04	3,3E-06	< 1 %
Pentachlorphenol	2	1,2E-04	6,9E-07	< 1 %
Trichlormethan	8,5	6,1E-06	1,5E-07	< 1 %
Hexachlormethan	0,01	1,6E-03	4,6E-08	< 1 %
Summe			7,8E-03	364 %

Annahme: Aufnahme von 2 L Trinkwasser pro Tag, 70 kg Körpergewicht und Verdünnung von 1:10 im Grundwasser

Der Katalog der zu berücksichtigenden Substanzen sollte bzw. kann aus diesen und anderen Untersuchungen abgeleitet werden. Eine Illustration des Berechnungsverfahrens ist Tabelle 2 zu entnehmen. Dabei wurden die konservativ abgeschätzten Rechenwerte zur Sickerwasserqualität bei Hausmülldeponien und zu den Risikofaktoren der Untersuchung des ifeu-Instituts entnommen. Dabei zeigt sich, dass in der Summe der Grenzwert der TA-Si bereits durch die Arsenkonzentration überschritten würde. Die Summe der organischen Parameter unterschreitet den Risikowert für Arsen im TA-Si-Eluat, liegt aber über dem vorgeschlagenen Risikowert für das Arsenäquivalent.

Für die Ablagerung von biologisch behandelten Abfällen liegen bisher nur wenige Erfahrungen vor. Es wurden jedoch mittlerweile einige Simulationsversuche (z.B. Danhamer et.al., 1998) durchgeführt. Diese zeigen generell, dass die Sickerwasserkonzentrationen durch die biologische Vorbehandlung sowohl hinsichtlich organischer als auch anorganischer Parameter gegenüber den auch in Tabelle 2 angegebenen Werten für Hausmülldeponien deutlich niedriger liegen.

So wurden gerade auch für Arsen nur Werte im Bereich von 2 bis 19 µg/L ermittelt. PCB-, Benzol-, Tetrachlorethen- und Dichlormethan-Gehalte im Sickerwasser konnten zudem nicht nachgewiesen werden. Für Trichlorethen konnte ein Wert von 0,08 µg/L ermittelt werden. Dies bedeutet, dass nach den bisherigen Erkenntnissen die aufgestellte Forderung, nach der das Risikopotenzial auf das durch die Trinkwasserverordnung vorgegebene Niveau gesenkt werden soll, nicht nur für Eluat, sondern sogar für Sickerwasser aus Praxisversuchen selbst eingehalten werden könnte.

Nach diesem Erkenntnisstand wäre für biologisch vorbehandelten Abfall die Gleichwertigkeit in der karzinogenen Wirkung gegenüber den Anforderungen der TA-Siedlungsabfall sehr wahrscheinlich gegeben.

3.2 Gleichwertigkeit in der chronisch-toxischen Wirkung

Chronisch-toxische Wirkungen werden erst bei Überschreitung bestimmter Konzentrationen ausgelöst. Bei der Bewertung der Gleichwertigkeit wird hierbei wiederum unterstellt, dass bei Austritt von Sickerwasser ins Grundwasser in der Regel eine Verdünnung um mindestens einen Faktor 10 gegeben ist. Als Basis zur Toxizitätsbewertung wurden die Referenzdosiswerte (RfD) der USEPA angesetzt. Bei unterstelltem Trinkwasserkonsum von 2 Litern pro Tag ergibt sich eine Überschreitung des RfD-Wertes nur bei Arsen. Dieser Wert kann zur Bewertung der Gleichwertigkeit herangezogen werden. Da hierbei gleichzeitig alle potenziell chronisch-toxischen Stoffe vernachlässigt werden, die zwar im Eluat von Schlakkedeponien vorhanden sind, aber in der TA-Si nicht geregelt sind (z. B. Mangan), stellt dies für die Bewertung der biologisch behandelten Abfälle ein konservatives Vorgehen dar. Gegebenenfalls ist die Gleichwertigkeitsprüfung durch einen Vergleich mit Schlackedeponien vorzunehmen.

Die Gleichwertigkeit in Bezug auf die chronisch-toxische Wirkung kann dann als gegeben angesehen werden, wenn für alle im Eluat vorhandenen chronisch-toxischen Verbindungen gilt:

$$\sum K_i \bullet EF \bullet RfD_i \leq \sum K_j \bullet EF \bullet RfD_j \quad \text{wenn} \quad K_{i,j} \bullet EF > RfD_{i,j}$$

K_i = Konzentration einer chronisch-toxischen Substanz im Eluat mechanisch-biologisch vorbehandelter Abfälle

K_j = Konzentration einer chronisch-toxischen Substanz in den Eluatkriterien der TASi

RfD_i , RfD_j, = „reference dose"[9]

EF = Expositionsfaktor = $0,1 \bullet 2 \bullet 1/70$

(1:10 Verdünnung im Grundwasser, 2 L/d Trinkwasserkonsum, 70 kg Körpergewicht)

Eine Illustration des Berechnungsverfahrens am konkreten Beispiel ist Tabelle 3 zu entnehmen. Dabei wurden die Rechenwerte zur Sickerwasserqualität bei Hausmülldeponien und zu den Risikofaktoren der Untersuchung des ifeu-Institutes (1993) entnommen. Es zeigen sich als relevante Substanzen Schwefelwasserstoff, Mangan, Arsen, Chrom und Natriumfluorid.

Für TASi-Eluat beträgt $\sum K_j \bullet EF \bullet RfD_j = 4.8$, für Hausmüllsickerwasser $\sum K_i \bullet EF \bullet RfD_i = 146$. Somit erfüllt Eluat mit Konzentrationen wie der konservativ angesetzte Rechenwert für Sickerwasser aus Hausmülldeponien nicht die Anforderung der Gleichwertigkeit.

Wie die bereits erwähnten Simulationsversuche zur Ablagerung von biologisch vorbehandelten Abfällen zeigen, liegen die Konzentrationen sowohl für organische als auch anorganische Parameter deutlich unter denen für Sickerwasser aus Hausmülldeponien. Für die als relevant eingestuften Parameter Schwefelwasserstoff, Mangan und Natriumfluorid liegen keine Messergebnisse vor. Alleine die Tatsache jedoch, dass für die relevanten Parameter Arsen und Chrom die Ergebnisse für biologisch behandelte Abfälle im Bereich von Faktor 75 unter denen in Tabelle 3 für Hausmülldeponien genannten Werten liegen, zeigt, *daß auch hinsichtlich der chronisch-toxischen Wirkung eine Gleichwertigkeit der so behandelten Abfälle gegenüber den Anforderungen der TA-Siedlungsabfall wahrscheinlich erreicht werden kann.*

---

[9] Die „reference dose" ist der obere Schätzwert der Dosis einer chronisch-toxischen Substanz in µg je kg Körpergewicht und Tag, unterhalb derer es zu keinen schädlichen Wirkungen kommt.

Tabelle 3 Bewertung der Gleichwertigkeit für das Kriterium „chronisch-toxische Wirkung" am Beispiel von Daten zu Hausmülldeponien

Parameter	RfD-Wert (mg/kg/d)	Konzentration µg/L	Toxische Wirkung [a]	Exposition RfD-Wert
TA-Si-Eluat				
Arsen	3,0E-04	500	ja	4,8E+00
Cadmium	5,0E-04	100	nein	5,7E-01
Chrom-VI	5,0E-03	100	nein	5,7E-02
Quecksilber	3,0E-04	20	nein	1,9E-01
Zink	3,0E-01	5.000	nein	4,8E-02
Cyanide	4,0E-02	500	nein	3,6E-02
Hausmülldeponie Rechenwerte nach ifeu (1993)				
Schwefelwasserstoff	3,0E-03	80.000	ja	7,6E+01
Mangan	5,0E-03	75.000	ja	4,3E+01
Arsen	3,0E-04	1.500	ja	1,5E+01
Chrom	5,0E-03	15.000	ja	8,6E+00
Natriumfluorid	1,3E-01	110.500	ja	2,4E+00
Tetrachlormethan	7,0E-04	270	ja	1,1E+00
Dichlormethan	6,0E-02	20.000	nein	9,5E-01
Cadmium	5,0E-04	140	nein	8,0E-01
Quecksilber	3,0E-04	50	nein	4,8E-01
Natriumnitrit	4,9E-01	68.500	nein	4,0E-01
Nickel	2,0E-02	2.050	nein	2,9E-01
Natriumcyanid	4,0E-02	3.760	nein	2,7E-01
Natriumnitrit	4,9E-01	37.500	nein	2,2E-01
Zink	3,0E-01	20.400	nein	1,9E-01
Hexachlorcyclohexan	3,0E-04	18	nein	1,7E-01
Strontium	6,0E-01	15.000	nein	7,1E-02
Tetrachlorethen	1,0E-02	100	nein	2,9E-02
Toluol	2,0E-01	1.600	nein	2,3E-02
Natriumnitrat	9,7E+00	68.500	nein	2,0E-02
Trichlormethan	1,0E-02	8,5	nein	2,4E-03
Fluoranthen	4,0E-02	20	nein	1,4E-03
1,1-Dichlorethen	9,0E-03	1,9	nein	6,0E-04
Ethylbenzol	1,0E-01	20	nein	5,7E-04
Di-n-butylphthalat	1,0E-01	12	nein	3,4E-04
Trans-1,2-Dichlorethen	2,0E-02	1,6	nein	2,3E-04
1,1,1-Trichlorethan	9,0E-02	6,2	nein	2,0E-04
Pentachlorphenol	3,0E-02	2	nein	1,9E-04
o-Xylol	2,0E+00	38	nein	5,4E-05
Hexachlorbenzol	8,0E-04	0,01	nein	3,6E-05
m-/ p-Xylol	2,0E+00	8,3	nein	1,2E-05

a) bei Verdünnung des Sickerwassers mit Grundwasser im Verhältnis 1:10

Tabelle 4   Bewertung der Gleichwertigkeit für das Kriterium Einwirkung auf die Qualität von Trinkwasser nach der Trinkwasserverordnung für die Parameter der TA-Si

Parameter	TrinkwV *mg/L*	TA-Si Dep.kl. II *mg/L*	TA-Si/TrinkwV *(Verdünung 1:10)*	Versuchs- ergebnis[a] *mg/l*
Arsen	0,01	0,5	5,0	0,019
Blei	0,01	1	10	0,74
Cadmium	0,005	0,1	2,0	0,028
Chrom	0,05	0,1	0,2	0,2
Cyanid	0,05	0,5	1,0	<0,005 (Eluat)
Fluorid	1,5	25	1,7	<0,5
Nickel	0,05			0,38
Nitrat	50			<5
Nitrit	0,1			<5
Quecksilber	0,001	0,02	2,0	0,126
PAK	0,0002			
Organische Chlorverbindungen	0,01	1,5	15	2,5
Oxidierbarkeit (als DOC)	3,75	100	2,7	64-318 (Eluat)
Ammonium	0,5			250
Barium	1			
Bor	1			
Calcium	400			360
Chlorid	250			11600
Eisen	0,2			18
Kalium	12			2600
Magnesium	50			370
Natrium	150			6100
Phenole	0,0005	50	10.000	<0,01 (Eluat)
gelöste Kohlenwasserstoffe	0,01			5,8
Kupfer	3	5	0,2	0,82
Zink	5	5	0,1	2,6

[a] Ergebnisse aus Deponiesimulationsversuchen für biologisch behandelte Abfälle (Maximalwerte)

3.3   Gleichwertigkeit in Bezug auf die Trinkwasserqualität

Wie Tabelle 1 entnommen werden kann, liegen die Eluatwerte der TA-Si z. T. deutlich über den Grenz- und Richtwerten der Trinkwasserverordnung. Bei der Beurteilung des potenziellen Einflusses auf die Trinkwasserqualität werden in der Trinkwasserverordnung neben toxischen Wirkungen auch Parameter berücksichtigt, die den Ressourcenschaden quantifizieren. Wenn die Auswirkungen einer Deponie so gering sind, dass selbst im Schadensfall eines Sickerwasseraustritts die Nutzung des Grundwassers als Trinkwasser nur gering beeinträchtigt wird, kann das Ziel der TA-Si als erfüllt gelten.

Die Gleichwertigkeit kann dann als gegeben angesehen werden, wenn für alle in der Trinkwasserverordnung geregelten Stoffe und Stoffgruppen gilt:

$$\sum ((K_i \bullet EF) / TrinkwV_i) \leq \sum ((K_j \bullet EF) / TrinkwV_j) \quad \text{wenn} \quad K_{i,j} \bullet EF > TrinkwV_{i,j}$$

K_i = Konzentration einer Substanz im Eluat mechanisch-biologisch vorbehandelter Abfälle

K_j = Konzentration einer Substanz in den Eluatkriterien der TA-Si

EF = Expositionsfaktor (Verdünnung 1:10)

$TrinkwV_i$, $TrinkwV_j$, = Grenz- oder Richtwert in der Trinkwasserverordnung

Ein Sonderfall stellt die Gruppe der Phenole dar. Hier erlaubt die TA-Si eine Belastung des Eluats mit 50 mg/L, während der Grenzwert der TrinkwV um einen Faktor 10.000 niedriger liegt. Allerdings ist der Grenzwert auch in der TrinkwV flexibel geregelt (beinhaltet nicht natürliche Phenole). Zudem sind Phenole in der Natur leicht abbaubar. Phenole sollten deshalb bei der Gleichwertigskeitsprüfung separat betrachtet werden.

In Tabelle 4 sind die in der Trinkwasserverordnung geregelten Parameter den Eluatkriterien der TA-Si gegenübergestellt. Für TA-Si-Eluat beträgt $\sum ((K_j \bullet EF) / TrinkwV_j) = 38,4$.

Wie auch hier die Untersuchungsergebnisse für biologisch behandelte Abfälle zeigen, liegen diese für viele Parameter im Bereich der Anforderungen der Trinkwasserverordnung. Dies gilt umso mehr, wenn man unterstellt, dass es in der Praxis zu einer Verdünnung von mindestens 1:10 kommt. Deutliche Überschreitungen treten für Parameter wie Chlorid und Kalium auf, die jedoch nach der TA-Siedlungsabfall nicht zur Beurteilung herangezogen werden.

Auch hinsichtlich der Anforderungen an die Trinkwasserqualität lässt sich demnach feststellen, dass für biologisch behandelte Abfälle ein zu den Anforderungen der TA-Siedlungsabfall tendenziell gleichwertiges Ergebnis zu erwarten ist.

4 Zusammenfassung

Die Beurteilung der Gleichwertigkeit der Eluatkriterien für Reststoffe aus der mechanisch-biologischen Vorbehandlung mit den Beurteilungskriterien der TA-Si stößt auf Schwierigkeiten, da die TA-Si-Kriterien nicht naturwissenschaftlich stringent abgeleitet sind. Dennoch ist es möglich und sinnvoll, die Gleichwertigkeit näherungsweise anhand folgender Wirkungen zu prüfen: Karzinogenität, chronisch-toxische Wirkung und Einfluss auf die Trinkwasserqualität. Damit wird den Wirkungen Rechnung getragen, die in besonderer Weise in der öffentlichen Diskussion als primäre Risikofaktoren von Deponien angesehen werden.

Die Eluatkriterien für die Zuordnung zur Deponieklasse II erlauben eine Quantifizierung dieser Einwirkungen und die Prüfung der Gleichwertigkeit bei der Ausweitung des Katalogs zu bestimmender Parameter, der bei Berücksichtigung von nicht thermisch vorbehandelten Abfällen notwendig wird.

In den obigen Ausführungen wurden bereits einige Werte aus der Untersuchung des Deponieverhaltens biologisch behandelter Abfälle aufgeführt. Es handelt sich dabei um Ergebnisse aus Deponiesimulationsversuchen. Obwohl hierbei wesentlich härtere Auslaugbedingungen simuliert werden, als sie zur Erzeugung von Eluat nach DEV-S4 vorgeschrieben sind, werden bei den untersuchten Parametern im Allgemeinen Werte erreicht, die deutlich unter den Anforderungen der TA-Siedlungsabfall liegen. Dieser konservative Ansatz erlaubt trotz des bisher eingeschränkten Erkenntnisstandes die Aussage, dass nach derzeitiger Einschätzung auch von ausschließlich biologisch behandeltem Abfall kein größeres chronisch-toxisches oder karzinogenes Gefährdungspotenzial ausgeht, als es nach den Anforderungen der TA-Si toleriert wird. Auch die Einwirkung auf die Trinkwasserqualität ist im Vergleich der Anforderungen nach Ta-Si und dem Eluat aus biologisch behandelten Abfällen vermutlich als gleichwertig einzustufen.

Das vorgestellte Prüfungsverfahren stellt einen Ansatz dar, der von der Genehmigungsbehörde an die verfahrens- und standortspezifischen Gegebenheiten angepasst werden sollte.

Literatur

Stief, K. (1986), Das Multibarrierenkonzept als Grundlage von Planung, Bau, Betrieb und Nachsorge von Deponien, in: Müll und Abfall 1/86, S.15-20

Müller, W. et al. (1997) Prüfmethoden zur Beschreibung der biologischen Stabilität, in: B. Bilitewski, R. Stegmann (Hrsg.), Mechanisch-biologische Verfahren zur stoffspezifischen Abfallbeseitigung, Berlin 1997, S. 66-86 (= Beihefte zu Müll und Abfall, Heft 33)

Ministerium für Umwelt, Raumordnung und Landwirtschaft NRW (1998): Leitfaden zur „Integration der mechanisch-biologischen Restabfallbehandlung in ein kommunales Abfallwirtschaftskonzept", Februar 1998

Ingenieurgemeinschaft Witzenhausen, Prof. Bidlingmaier (Uni Weimar), Prof. Stegmann (TH Hamburg), (1998) Gleichwertigkeitsnachweis nach Ziffer 2.4 TASi für die Ablagerung von mechanisch-biologisch vorbehandelten Abfällen auf der Deponie Lübben-Ratsvorwerk" im Auftrag des Kommunalen Abfallentsorgungsverbandes „Niederlausitz", Witzenhausen April 1998

ifeu-Institut Heidelberg (1992), Vergleich der Auswirkungen verschiedener Verfahren der Restmüllbehandlung auf die Umwelt und menschliche Gesundheit, im Auftrag des Ministeriums für Umwelt in Baden-Württemberg, Heidelberg November 1992

LAI (1992): Länderausschuß für Immissionsschutz. Krebsrisiko durch Luftverunreinigungen: Minister für Umwelt des Landes Nordrhein-Westfalen (Hrsg.), Düsseldorf, 1992

ICF Incorporated (1988): Draft Subtitle D Risk Model Background Document Fairfax, Virginia

ifeu-Institut Heidelberg GmbH (1993). Eintrag organischer und anorganischer Stoffe in den Abfall über Produkte. F+E-Vorhaben Nr. 103 10 602 im Auftrag des Umweltbundesamtes,

Danhamer, H., J. Dach, J. Jager (1998) Deponieverhalten mechanisch-biologsch und thermisch behandelten Restabfalls, in: Verein zur Förderung des Institutes WAR (Hrsg.), Mechanisch-biologische Restabfallbehandlung unter Einbindung thermischer Verfahren für Teilfraktionen, Darmstadt (= Schriftenreihe WAR, Bd. 105)

Verkehr und Umwelt

TREMOD – Schadstoffe aus dem motorisierten Verkehr in Deutschland

Wolfram Knörr und Ulrich Höpfner

Ausgangslage

Die Emissionsberechnung ist seit Anfang der 80er-Jahre die wesentliche Methode zur Abschätzung der Bedeutung der Schadstoffemissionen des Verkehrs, ihrer zukünftigen Entwicklung sowie der Notwendigkeit und Wirkung von Minderungsmaßnahmen. Sie stellt somit eine wichtige Grundlage für die wissenschaftliche und damit auch für die politische Entscheidungsfindung dar. Seit 1985 diente die Methode beispielsweise für den Nachweis der Sinnhaftigkeit der Einführung der Katalysatortechnik. Weiter wurde damit die Realisierbarkeit des NO_x-Protokolls von Sofia für den Verkehrsbereich überprüft. Für die Klima-Enquête-Kommission des Deutschen Bundestages wurden erstmals die Emissionen aller Verkehrsträger berechnet und alternative Szenarien der Zukunftsbeschreibung entwickelt und die Bedeutung des Nutzfahrzeugverkehrs für die Verkehrsemission aufgezeigt.

Technische Alternativen, die begrenzte Wirksamkeit rein technischer Maßnahmen sowie die Notwendigkeit der Einbeziehung planerischer Maßnahmen bei der Emissionsminderung haben die Palette der zu bewertenden Maßnahmen stark erweitert. Das Verkehrssystem muss stärker differenziert betrachtet werden (Auslastungsgrade, Verkehrsverlagerung), die Energieketten müssen bis zur Rohenergie erfasst werden (alternative Antriebe). Zunehmend sollen auch nicht gesetzlich begrenzte Schadstoffe, wie z. B. Benzol, N_2O und Aldehyde, berücksichtigt werden. Die Bundesverkehrswegeplanung, die Bewertung der Emissionen und ihrer Minderung bei der Erstellung der Luftreinhaltepläne nach §47 BImSchG, die Planung einzelner Verkehrsvorhaben u. a. m. sind an die Ergebnisse der Emissionsberechnung gebunden.

Die Vielzahl der Anwendungen und die zahlreichen Modelle in Deutschland führten zwangsläufig zu unterschiedlichen Ergebnissen und zum Teil zu überflüssigen gesellschaftlichen Kontroversen. Ende 1991 wurde auf Anregung des BMU im Auftrag des Umweltbundesamtes ein Vergleich derjenigen Modelle durchgeführt, die zur damaligen Zeit für die Erstellung von Emissionsinventaren des Umwelt- und des Verkehrsressorts wesentlich waren. Die Berechnung mit den Modellen von ifeu, UBA und PROGNOS erbrachte trotz Abstimmung der Eckdaten unterschiedliche Ergebnisse, die vor allem auf die unterschiedliche modellmäßige Herangehensweise zurückzuführen waren (Höpfner et al. 1992). Dies waren z. B.:

- die Annahmen zur jährlichen Umschichtung des Fahrzeugbestandes (Neuzulassungen und Stilllegungen, Überlebenswahrscheinlichkeit),
- die Annahmen zur Fahrleistungshäufigkeit von Fahrzeugen verschiedener Alters-, Größenklassen und Schadstoffminderungskonzepte,
- die Behandlung der so genannten „Kraftstofflücke", also der Differenz zwischen dem für ein bestimmtes Bezugsjahr modellmäßig berechneten Kraftstoffverbrauch und dem tatsächlich beobachteten Kraftstoffabsatz.

Diese Probleme und die stark gestiegenen Anforderungen machten eine besser differenzierte, wissenschaftlich fundierte und gesellschaftlich akzeptierte einheitliche Methoden- und Datenbasis erforderlich, um die Ergebnisse von Emissionberechnungen untereinander vergleichbar zu machen und die Diskussion auf die Annahmen für Szenarien zu lenken.

Seit 1989 wurden deshalb mehr als 10 F+E-Vorhaben im Auftrag des Umwelt- und des Verkehrsressorts zur Erstellung von Daten zum Emissionsverhalten (z. B. Hassel et al. 1994 und 1995, Heine et al. 1993), zum Fahrverhalten und zur Fahrleistung (z. B. Palm et al. 1996, Hautzinger et al. 1994) in Auftrag gegeben. Diese komplexe Datenbasis erforderte ein geeignetes Instrumentarium, welches den Stand des Wissens in diesem Bereich zusammenstellt und für die Berechnung verfügbar macht. Die Basis dieses Instrumentariums stellt ein von INFRAS, Bern, im Auftrag von UBA und BUWAL in Form einer PC-Datenbank realisiertes „Handbuch für die Berechnung von Emissionsfaktoren von Kraftfahrzeugen" dar, welches die komplexe Datenbasis aufbereitet und für die Anwendung durch Planer in Kommunen oder Ländern flexibel gewichtet und zusammenfasst (Keller et al. 1995).

Anforderungen an ein neues Emissionsmodell

Zusätzlich und im Unterschied zum „Handbuch" sollten im „Daten- und Rechenmodell", abgekürzt TREMOD (Transport Emission Estimation Model), die zurzeit verfügbaren Methoden und Daten für die Schadstoffemissionsberechnung in Deutschland in ein fortschreibbares Modell eingebunden werden – soweit dies für emissionsmindernde Maßnahmen aus heutiger Sicht erforderlich und machbar ist. Insbesondere mussten dafür

- die umfangreichen verfügbaren Daten aufbereitet, auf Konsistenz und Vollständigkeit geprüft und ergänzt sowie dann in geeigneten Datenstrukturen organisiert werden;
- die Berechnungsmethoden aktualisiert und entsprechend den Anforderungen differenziert, bzw. neue Methoden entwickelt werden, dabei insbesondere
- die Projektion vergangener Entwicklungen unter verschiedenen Randbedingungen (Szenarien) in die Zukunft methodisch abgesichert definiert werden;
- die Daten und Methoden in sektor- und sachbezogene Module integriert werden, deren Gesamtheit wiederum TREMOD ergeben;
- die Datenbasis, die Methoden und die Intention des Vorhabens der Fachwelt präsentiert und ihre Akzeptanz gefördert werden.

Damit ergab sich eine enge Zusammenarbeit bei der Erstellung des „Handbuchs für Emissionsfaktoren" und TREMOD. Beiden Werkzeugen liegt für den Modellteil Straßenverkehr der gleiche Kern in Form der Datenbasis und der auf diese zugreifenden Berechnungsmethoden zu Grunde. Dies gilt auch für das Vorhaben zur Abschätzung der Wirksamkeit von Maßnahmen auf die Schadstoffemissionen des Verkehrs im Zusammenhang mit § 40 (2) BimSchG (Skrzipczyk und Steven 1996) und für ein Vorhaben unter der Leitung des Wuppertal Instituts, das schwerpunktmäßig die immissionsseitige Bewertung von Kfz-Emissionen vornimmt (Petersen et al. 1997).

Das Rechentool TREMOD ist wegen seines Umfanges und seiner Komplexität nicht öffentlich zugänglich; es wird zurzeit von folgenden Institutionen genutzt: Umweltbundesamt und verschiedene Bundesministerien, Verband der Automobilindustrie (seit März 1996), Mineralölwirtschaftsverband (seit Dez. 1996) und Deutsche Bahn AG (seit Sept. 1997). Weitere Kooperationen sind geplant.

Die Kooperationspartner tragen ideell und finanziell zur Weiterentwicklung und zur kontinuierlichen Aktualisierung des Modells an den neuesten Stand der Wissenschaft sowie die neuen Gesetzgebungen und Techniken bei. Beispielsweise werden die Konsequenzen aus den neuen EG-Grenzwertvorschlägen auf die Emissionsfaktoren und somit auf die zukünftigen Emissionen zurzeit in einem Arbeitskreis von UBA, VDA, ifeu u. a. abgeschätzt und unverzüglich in das Modell übernommen.

Inhalt von TREMOD

In TREMOD werden alle in Deutschland betriebenen Personenverkehrsträger (Pkw, motorisierte Zweiräder, Busse, Bahnen, Schiffe, Flugzeuge) und Güterverkehrsträger (Lkw und Zugmaschinen, Bahnen, Schiffe, Flugzeuge) sowie der sonstige Kfz-Verkehr ab dem Basisjahr 1980 in Jahresschritten bis zum Jahr 2010 bzw. 2020 erfasst. Die Basisdaten reichen von Fahr- und Verkehrsleistungen sowie Auslastungsgraden über die technischen Eigenschaften der Bestände bis zu den spezifischen Energieverbräuchen und den Emissionsfaktoren. Als Emissionen werden bisher Stickstoffoxide, Kohlenwasserstoffe, differenziert nach Methan und Nicht-Methan-Kohlenwasserstoffen, sowie Benzol, Kohlenmonoxid, Partikel, Kohlendioxid und Schwefeldioxid erfasst. Bilanziert werden die direkten Emissionen einschließlich der Verdunstungsemissionen und diejenigen Emissionen, die in der dem Endenergieverbrauch vorgelagerten Prozesskette entstehen.

Eine zentrale Aufgabe des Modells ist die Projektion von Verkehrs- und Emissionsdaten unter bestimmten Randbedingungen (Szenarien). Dabei wird auf folgende Modelleigenschaften besonders Wert gelegt:

- hohe Verfügbarkeit von Detailergebnissen,
- hohe Flexibilität bei der Variation von Eingangsdaten zur Abbildung möglicher Verkehrsentwicklungen, technischer Neuerungen, geänderter Fahrverhalten und zur Berechnung der Auswirkung von Maßnahmen,
- Szenarienverwaltung mit ausführlicher Dokumentation der Eingangsdaten und der Ergebnisse.

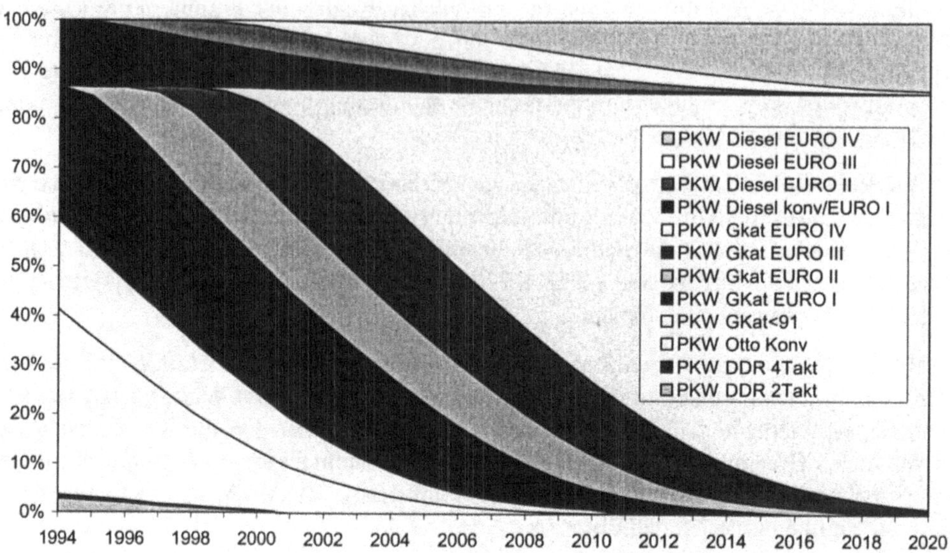

Abb. 1   Bestandsanteile der Pkw je Bezugsjahr nach emissionsrelevanten Konzepten als Beispiel für den Grad der Differenzierung in TREMOD (die Fahrzeugkonzepte sind bereits eine Zusammenfassung der im Modell verwendeten Fahrzeugschichten) (ab 1998 Szenariendaten)

Die besonderen Stärken des Systems liegen somit

- in der vollständigen Erfassung aller wichtigen motorisierten Verkehrssysteme, sodass zum einen Systeme erfasst werden, deren Anteil an den Schadstoffemissionen in relevantem Umfang zunimmt (z. B. Flugverkehr), zum anderen die Effekte von Verkehrsverlagerungen zwischen den Systemen berechnet werden können,
- in der jahresfeinen Auflösung der Ergebnisse in einem hohen Detaillierungsgrad, sodass genau überprüft werden kann, welche Effekte sich in welchem Zeitraum in welcher Höhe bemerkbar machen, sowie
- in der hohen Flexibilität bei der Modellierung der Effekte von Maßnahmen.

Welche Fragen können mit TREMOD beantwortet werden?

TREMOD erlaubt wegen seiner sehr fein gegliederten Eingabedaten die Bereitstellung von Basis- und Ergebnisdaten in nahezu jeder Differenzierung. Demnach können mit Hilfe von Rechenergebnissen und Szenariobetrachtungen zahlreiche Fragen beantwortet werden. Allerdings bedarf die Beantwortung spezieller Fragen auch weiterer Kenntnisse. Dazu kann TREMOD wertvolle Beiträge liefern. Beispiele dafür sind:

- Welchen Effekt haben die beabsichtigen Grenzwerte auf die zukünftigen Schadstoffemissionen? Sind diese Grenzwerte überhaupt noch nötig – oder müssen sie verschärft

TREMOD

werden, um bestimmte Luftqualitätsziele zu erreichen? Gelten diese Aussagen auch, wenn sich die Fahrleistung der Kfz stärker oder schwächer als angenommen entwikkelt?

- Wie entwickeln sich die Benzolemissionen innerorts in Ost-, West- und Gesamtdeutschland zukünftig im Trend? Wer ist der Hauptverursacher? Verschiebt sich der Anteil der Pkw angesichts der Grenzwerte zu anderen Fahrzeugkategorien? Können die Emissionen der Motorräder vernachlässigt oder müssen dort schärfere Grenzwerte beachtet werden? Ist es sinnvoll, alte Pkw ohne Katalysator (oder andere Kfz) vorzeitig aus dem Bestand zu nehmen? Sind Benzolabsenkungen im Kraftstoff schneller und effektiver als technische Lösungen am Fahrzeug oder Verschrottungsaktionen?

- Was ist die vergangene, was ist die Trendentwicklung der Diesel-Partikelemissionen? Welche Konsequenzen hat es, wenn Diesel-Pkw wegen der heute niedrigeren CO_2-Emissionen gefördert werden? Wo sind die Effekte höher: bei einer Verbesserung des Kraftstoffes, der möglicherweise auf alle Diesel-Kfz wirkt, oder bei neuen Kfz mit besserer Technik?

- Wer sind bei den Ozonvorläufersubstanzen die wichtigsten Verursacher? Wie sind die Minderungsraten bei den Stickoxidemissionen und Kohlenwasserstoffemissionen im Vergleich zu den Minderungszielen der Bundesregierung zur Vermeidung von Sommersmog?

- Sind die Kurzstreckenfahrten wirklich so wichtig für die Emissionsentwicklung? Haben die Emissionen infolge des kalten Motors auch bei zukünftigen Minderungstechniken eine große Bedeutung? Was bringt es für Kraftstoffverbrauch und Emissionen, wenn die Stausituationen verringert werden? Wie stark machen sich die Verdunstungsemissionen aus dem Fahrzeug bemerkbar? Sind nicht zukünftig eher der Kraftstoffumschlag zur Tankstelle bzw. die Betankung bedeutsam?

- Wie entwickeln sich die CO_2-Emissionen je Verkehrsmittel? Werden die Minderungsziele erreicht, wie müssen sich Fahrleistung und technische Effizienz verändern, um die Ziele zu erreichen? Kann der Flugverkehr dabei vernachlässigt werden?

Aktuelle Trends der Emissionsentwicklung

Um die an TREMOD gestellten Fragen unter Berücksichtigung der aktuellen oder möglichen zukünftigen Verkehrsentwicklungen, der beschlossenen oder geplanten Gesetzgebung zur Verminderung der Emissionen sowie des technischen Standes der Neufahrzeuge oder des Standes der Technik beantworten zu können, werden die enthaltenen Daten und die Annahmen für die Szenarien einer möglichen zukünftigen Entwicklung permanent den aktuellen Entwicklungen und Erkenntnissen angepasst.

In Abstimmung mit dem Umweltbundesamt berechnet TREMOD stets ein Basisszenario, dass alle gesetzlich beschlossenen bzw. absehbaren Abgasgrenzwerte berücksichtigt. Auch bei der möglichen Verkehrsentwicklung werden die derzeitigen Trends, so wie sie die damit befassten Institute, wie z.B. das Deutsche Institut für Wirtschaftsforschung, Berlin, oder das ifo Institut, München, vorausschätzen, zu Grunde gelegt.

Beispielhaft für die mit TREMOD erzielbaren Ergebnisse soll nachfolgend die mögliche Entwicklung einiger verkehrsbedingten Emissionen in Deutschland bis 2010 bzw. 2020 einschließlich der zu Grunde liegenden Randbedingungen und Annahmen dargestellt werden. Die Annahmen spiegeln den Kenntnisstand vom Oktober 1998 wieder.

Einige Schadstoffemisionen aus dem Verkehr wurden bereits in der Vergangenheit so deutlich reduziert, dass ihr mögliches Schädigungspotenzial bereits deutlich abgenommen hat oder praktisch nicht mehr existiert. Dies gilt beispielsweise für Kohlenmonoxid, dessen reale Umgebungskonzentrationen in Deutschland weit unterhalb bekannter gesundheitsrelevanter Schwellenwerte liegen. Bei anderen Stoffen gelten die Emissionsmengen, oftmals abhängig vom Entstehungsort, – noch oder zunehmend – als problematisch: Benzol (kanzerogen), Nicht-Methan-Kohlenwasserstoffe (v. a. Sommersmogbildung), Dieselpartikel (kanzerogen), Stickstoffoxide (Sommersmogbildung, Versauerungswirkung, Gesundheit, Klima) und Kohlendioxid (hohes Treibhauspotenzial). Die Darstellung der mit TREMOD berechneten Emissionsentwicklung beschränkt sich auf derartige problematische Stoffe.

Zukünftige Entwicklung der Fahr- und Verkehrsleistungen

Prognosen verschiedener Institutionen gehen von einem weiteren Wachstum der Fahr- und Verkehrsleistungen aller Verkehrsträger aus. In TREMOD wird derzeit als aktuellste verfügbare Prognose die Vorausschätzung der Fahr- und Verkehrsleistungen des ifo Instituts von 1996 für den Straßen-, Schienen- und Binnenschiffsverkehr zu Grunde gelegt (Ratzenberger et al. 1996). Die angenommenen Verkehrsleistungszunahmen für den Flugverkehr wurden aus älteren Arbeiten des ifeu übertragen (Knisch u. Reichmuth 1996, Höpfner u. Knörr 1992). Eine derzeit vom TÜV Rheinland im Auftrag des Umweltbundesamtes durchgeführte Untersuchung über die flugverkehrsbedingten Emissionen ist noch nicht fertig gestellt. Die Szenarien für den Straßenverkehr wurden bis 2020 berechnet, für den Gesamtverkehr bis 2010. Tabelle 1 zeigt im Überblick, die in TREMOD unterstellten Fahrleistungszunahmen bis 2020 und die zu Grundeliegenden Verkehrsleistungsentwicklungen.

Abgasgrenzwerte

Seit Mitte der 80er-Jahre hat die bundesdeutsche bzw. europäische Gesetzgebung zur Verminderung der straßenverkehrsbedingten Emissionen große Fortschritte gemacht. Sie konkretisierte sich in den Emissionen von Neufahrzeugen, die jeweils deutlich niedriger lagen als bei vorangehenden Abgasstufen. Bis einschließlich der Grenzwerte nach der EU-Norm EURO I liegen Emissionsfaktoren für die gängigen Kfz-Klassen vor. Diese wurden in umfangreichen Messreihen unter Berücksichtigung der Einflüsse des realen Nutzungsverhaltens und Alterungs- und Wartungszustands der Kfz ermittelt.

Vergleichbar belastbare Emissionsfaktoren für die aktuell geltenden oder zukünftigen Abgasstufen gibt es noch nicht. Daher haben das Umweltbundesamt, der Verband der Automobilindustrie, der TÜV Rheinland, ifeu und andere das Emissionsverhalten solcher Fahr-

Tabelle 1   Entwicklung der Fahr- und Verkehrsleistungen in Deutschland 1993 bis 2010 bzw. 2020 in den Szenarien

	1993	2010	Änderung. zu 1993	2020	Änderung zu 1993
Fahrleistungen Straße					
Personenverkehr (Mrd. Kfz-km)	542,5	691,7	+28 %	727,0	+34 %
Güterverkehr (Mrd. Kfz-km)	84,5	102,4	+21 %	107,6	+27 %
Gesamt	627,0	794,1	+27 %	834,7	+33 %
Verkehrsleistungen Straße					
Individalverkehr (Mrd. Pkm)	735,1	927,5	+26 %		
ÖPNV (Mrd. Pkm)	89,1	103,7	+16 %		
Güterverkehr (Mrd. tkm)	211,5	325,4	+54 %		
Verkehrsleistungen Eisenbahn					
Personenverkehr (Mrd. Pkm)	58,6	80,3	+37 %		
Güterverkehr (Mrd. tkm)	64,9	107,7	+66 %		
Verkehrsleistungen Binnenschifffahrt					
Güterverkehr (Mrd. tkm)	57,6	92,9	+61 %		
Verkehrsleistungen Flugverkehr (von deutschen Flughäfen abgehender Verkehr)					
Personenverkehr (Mrd. Pkm)	89,5	188,5	+111 %		
Güterverkehr (Mrd. tkm)	3,6	10,6	+196 %		

Straßenverkehr: auf TREMOD angepasste Fahrleistungen entsprechend den prognostizierten Zunahmen nach Ratzenberger (1996), für 2020 geschätzt; Verkehrsleistungen Straße, Schiene und Binnenschifffahrt nach Ratzenberger (1996); Flugverkehr nach Höpfner u. Knörr (1992) bzw. Knisch u. Reichmuth (1996); Pkm = Personen-Kilometer, tkm = Tonnen-Kilometer

zeugkonzepte auf Basis der derzeitigen Beschlüsse und Vorschläge gemeinsam abgeschätzt. Es handelt sich um das Emissionsverhalten für Fahrzeuge nach der EURO-II-Norm, die bereits seit 1996/97 für alle neu zugelassenen Fahrzeuge (Pkw und Nutzfahrzeuge) verbindlich ist.

Beschlossen ist weiterhin die Einführung schärferer Grenzwerte der Stufe EURO III im Jahr 2000 für Pkw und leichte Nutzfahrzeuge bis 3,5 t zulässiges Gesamtgewicht. Eine weitere Verschärfung in dieser Fahrzeuggruppe im Jahr 2005 (EURO IV) gilt als sicher (Abb. 2).

Für schwere Nutzfahrzeuge werden derzeit verschiedene Vorschläge für eine EURO III- und EURO-IV-Norm diskutiert. Die größte Wahrscheinlichkeit der Umsetzung haben die Vorschläge der EU-Kommission bzw. der Abteilung DG III. Diese werden den Berechnungen zu Grunde gelegt (siehe Abb. 3).

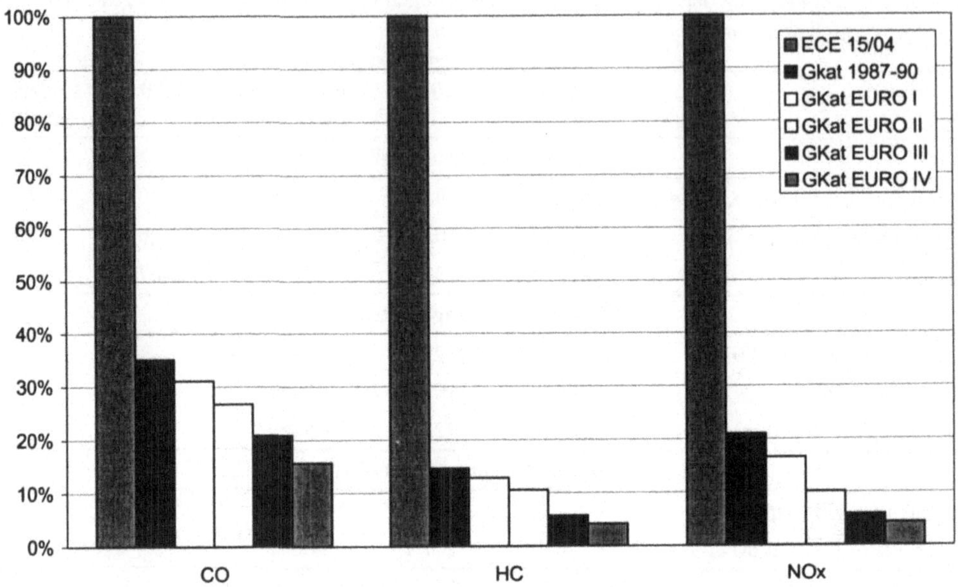

Abb. 2   Relative spezifische Emissionen von Otto-Pkw verschiedener Grenzwertstufen gegenüber einem Fahrzeug ohne Abgasminderung der Baujahre 1986-1990 (ECE 15/04) nach einer Fahrleistung von 50.000 km, einschließlich der Verdunstungsemissionen (EURO IV einschließlich der Nutzung optimierter Kraftstoffe)

Neben den auf die Fahrzeuge bezogenen Grenzwerten werden ab dem Jahr 2000 bzw. 2005 verbesserte Kraftstoffqualitäten vorgeschrieben, die zur weiteren Verringerung bestimmter Emissionen beitragen sollten. Es handelt sich vor allem um eine Absenkung des Benzolgehalts im Otto-Kraftstoff (ab 2000) sowie um eine deutliche Absenkung des Schwefelgehalts von Otto- und Dieselkraftstoff (ab EURO IV). Für EURO-IV-Fahrzeuge sind derartige Kraftstoffe bereits bei der technischen Auslegung und der Zertifizierung verfügbar. Somit tragen sie zur Erfüllung der Grenzwerte bei. Zudem haben sie einen Effekt auf die Emissionen der Kfz vorheriger Abgasstufen. Die mögliche Auswirkung auf die Fahrzeuge des Bestandes wurde vom Umweltbundesamt abgeschätzt.

Im *Basisszenario* wird davon ausgegangen, dass nur die Normen einschließlich EURO III realisiert werden. Wegen der steuerlichen Förderung in Deutschland wird angenommen, dass Pkw der Grenzwertstufe EURO III schon vor der obligatorischen Einführung zunehmende Anteile an den Neuzulassungen haben werden. Die emissionsrelevante Verbesserung der Kraftstoffe besteht in der Halbierung des Benzolgehaltes.

Das *Szenario EURO IV* beschreibt die Umsetzung der derzeitigen Pkw- und Lkw-Vorschläge ab spätestens 2005. Dazu sollen dann die vor allem im Schwefelgehalt verbesserten Kraftstoffe zur Verfügung stehen, die auch auf die Kfz des Bestandes wirken. Insbesondere bei den Otto-Pkw wird wiederum von vorgezogenen Grenzwerterfüllungen ausgegangen.

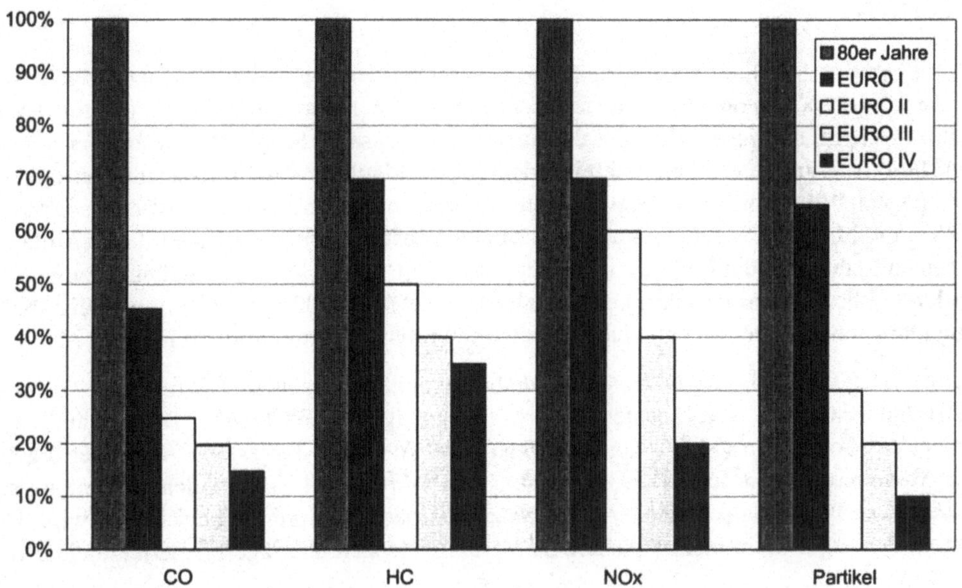

Abb. 3   Relative spezifische Emissionen von schweren Nutzfahrzeugen verschiedener Grenzwertstufen gegenüber einem Fahrzeug ohne Abgasminderung der Baujahre 1980-1990 (EURO
IV einschließlich der Nutzung optimierter Kraftstoffe)

Ein wichtiges Problemfeld, für das noch keine verbindlichen Grenzwerte festgelegt wurden,
sind die maßgeblich für den Treibhauseffekt verantwortlichen Kohlendioxidemissionen.
Hier sind verschiedene Modelle und Grenzwerte in der Diskussion. Es gibt in Deutschland
eine freiwillige Zusage der deutschen Automobilindustrie, den Flottenverbrauch der neuzu-
gelassenen Pkw zwischen 1990 und 2005 um 25 % zu vermindern. Diesem möglichen Ent-
wicklungspfad wird eine moderatere Absenkung um 1 % pro Neuzulassungsjahrgang ab
dem Jahr 1996 gegenübergestellt.

Für die übrigen Verkehrsträger gibt es bisher keine allgemein verbindlichen Regelungen zur
Minderung der Emissionen, sondern allenfalls freiwillige Vereinbarungen und Zusagen. In
den Szenarien wird daher für die Verkehrsträger Bahn, Schiff und Flugzeug von geringen
oder gar keinen Verminderungen des Emissionsverhaltens ausgegangen. Allerdings sollen
bei zukünftigen Szenarienrechnungen die Planungen von Verkehrsunternehmen und anderen Interessensverbänden stärker berücksichtigt werden, so wie dies beim Straßenverkehr
durch die Beteiligung der Automobilindustrie schon praktiziert wird. Mit der Deutschen
Bahn AG sind entsprechende Gespräche im Gange.

Ergebnisse

Die folgenden Abbildungen zeigen einige Ergebnisse der oben beschriebenen Szenarienvarianten. Für die Komponenten *Benzol* und *Dieselpartikel* wurden die Werte nur für den Innerortsverkehr ausgegeben, da sie als kanzerogen wirksame Stoffe dort besonders relevant sind. In allen Varianten ergibt sich ein deutlich rückläufiger Trend dieser Stoffe. Die Absenkung von 1993 bis 2020 liegt, je nach Variante und Komponente, zwischen 72 % und 89 %. Falls EURO-IV-Fahrzeuge ab 2002 in den Bestand kommen, liegen die Benzolemissionen im Jahr 2020 um 30 % niedriger, als wenn nur EURO-III-Fahrzeuge zugelassen werden (Abb. 4). Bei den Partikeln liegt der Unterschied 2020 bei 48 % unter der Bedingung, dass entsprechender schwefelarmer Dieselkraftstoff bereitgestellt wird (Abb. 5).

Die *Stickstoffoxid-* und *Nicht-Methan-Kohlenwasserstoffemissionen*, (Abb. 6 und 7) werden auf Grund ihrer z. T. vom Entstehungsort unabhängigen Wirkungen, z. B. als Hauptverursacher des Sommersmogs, für den gesamten Straßenverkehr dargestellt. Auch hier ergeben sich Absenkungen zwischen 1993 und 2020 von 61 % bis 84 %. In welchem Umfang sich dadurch die Problematik zu hoher Ozonkonzentrationen im Sommer entschärfen wird, lässt sich aus heutiger Sicht nicht angeben, da hierbei viele sich überlagernde Effekte eine Rolle spielen.

Für die klimarelevanten *Kohlendioxidemissionen* gibt es derzeit keine Entwarnung, selbst wenn die Erfüllung der Zusage der Automobilindustrie der Szenarienbetrachtung zu Grunde gelegt wird (Abb. 8). Dann wird im Straßenverkehr bis zum Jahr 2020 höchstens das Niveau von 1993 wieder erreicht, ein deutlicher Widerspruch zu politisch festgelegten Zielen einer deutlichen Kohlendioxidminderung. Noch stärker fällt der CO_2-Anstieg für den gesamten Verkehrsbereich aus (Abb. 9), wofür die hohen Verkehrsleistungszunahmen der übrigen Verkehrsträger und hier insbesondere des Flugverkehrs verantwortlich sind.

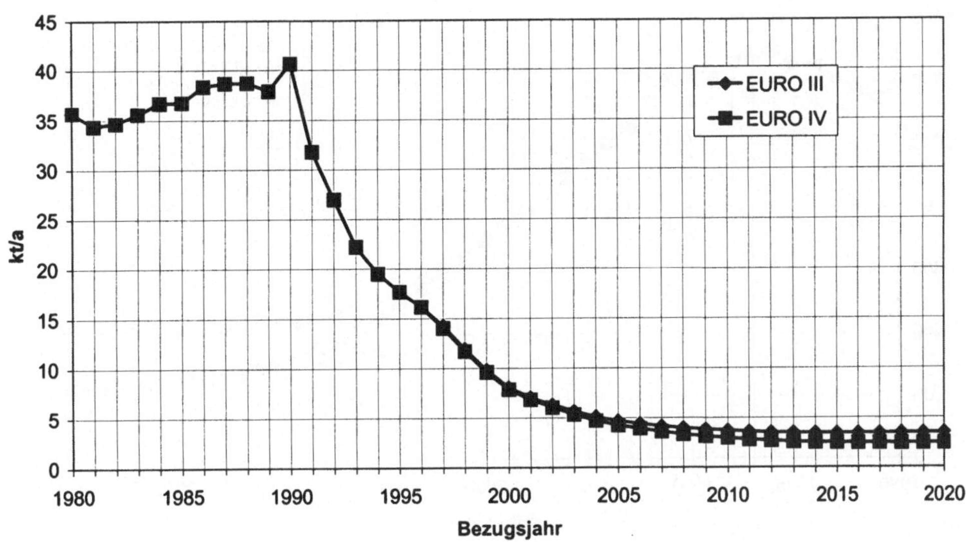

Abb. 4   Entwicklung der Benzolemissionen auf Innerortsstraßen in Deutschland unter verschiedenen Randbedingungen bis 2020 (ab 1998 Szenario)

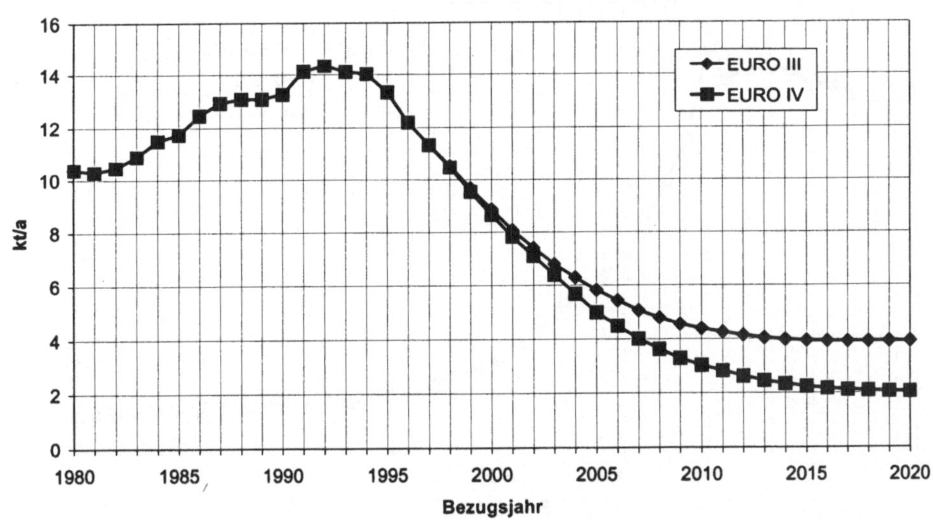

Abb. 5   Entwicklung der Dieselpartikelemissionen auf Innerortsstraßen in Deutschland unter verschiedenen Randbedingungen bis 2020 (ab 1998 Szenario)

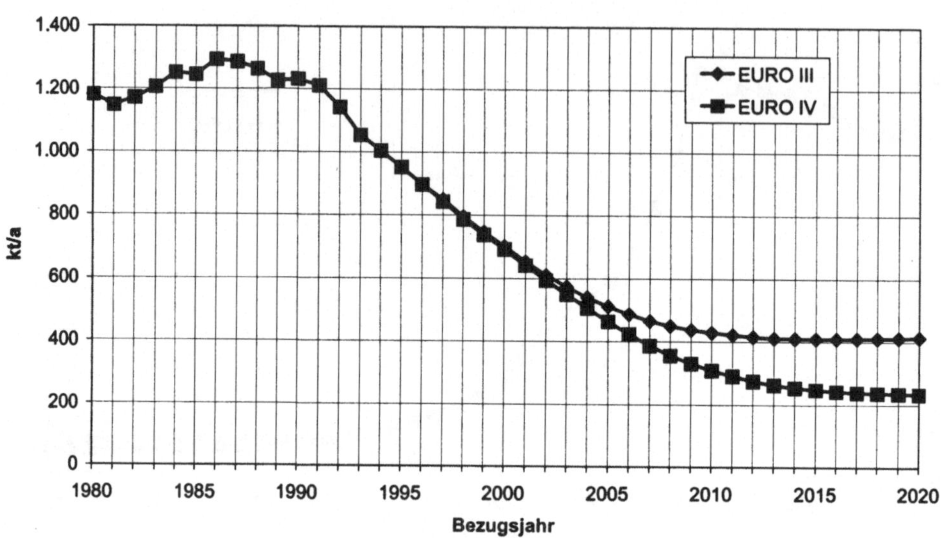

Abb. 6   Entwicklung der Stickstoffoxidemissionen in Deutschland unter verschiedenen Randbedingungen bis 2020 (ab 1998 Szenario)

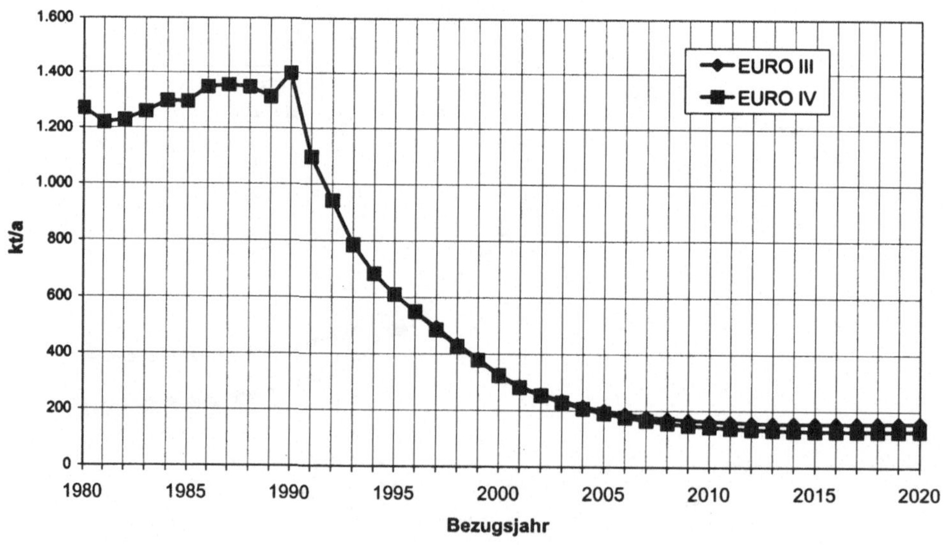

Abb. 7   Entwicklung der Nicht-Methan-Kohlenwasserstoffemissionen auf Innerortsstraßen in Deutschland unter verschiedenen Randbedingungen bis 2020 (ab 1998 Szenario)

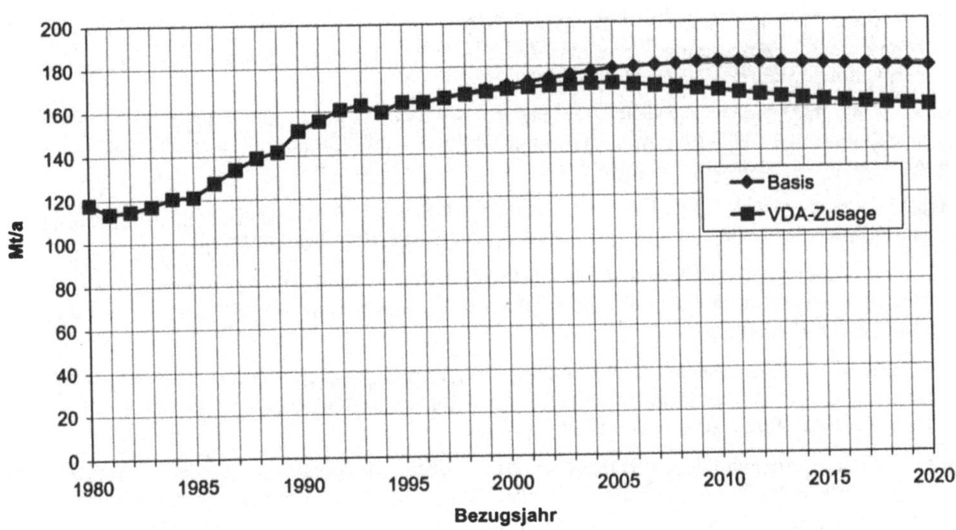

Abb. 8   Entwicklung der Kohlendioxidemissionen des Straßenverkehrs in Deutschland unter verschiedenen Randbedingungen bis 2020 (ab 1998 Szenario)

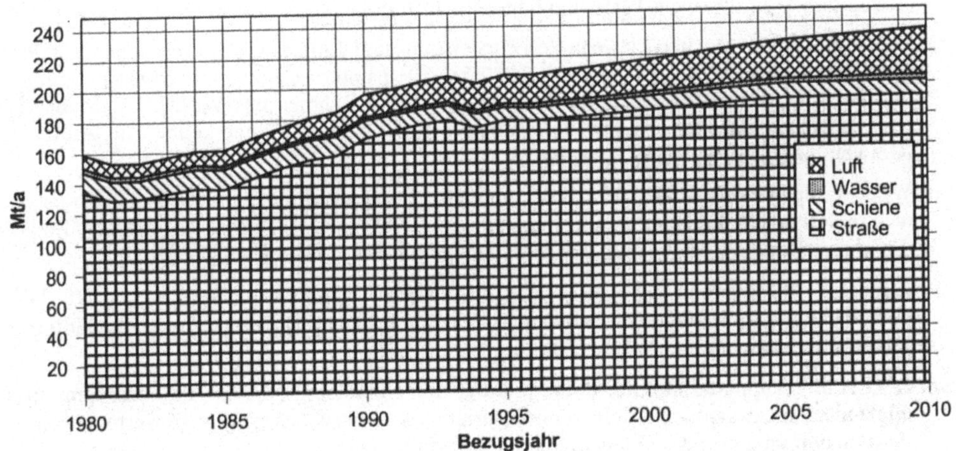

Abb. 9   Entwicklung der Kohlendioxidemissionen des Verkehrs in Deutschland nach Verkehrsbe-
reichen bis 2010 (ab 1998 Szenario); einschließlich der Kohlendioxidemissionen der energetischen Vorkette

Literatur

Hassel, D. et al., TÜV Rheinland (1994): Abgas-Emissionsfaktoren von Pkw in der Bundesrepublik Deutschland – Abgasemissionen von Fahrzeugen der Baujahre 1986 bis 1990. Im Auftrag des Umweltbundesamtes; UBA-Berichte 8/94; Berlin

Hassel, D. et al., TÜV Rheinland (1995): Abgas-Emissionsfaktoren von Nutzfahrzeugen in der Bundesrepublik Deutschland – Abgasemissionsfaktoren von Dieselmotoren bis Baujahr 1990. Im Auftrag des Umweltbundesamtes; UBA-Berichte 5/95; Berlin

Hautzinger, H. et al. (1994), IVT: Fahrleistung und Unfallrisiko von Kraftfahrzeugen; Schlussbericht zur Fahrleistungserhebung 1990. Im Auftrag der BASt, Bergisch Gladbach

Heine, P. et al., Rheinisch-Westfälischer TÜV (1993a): Ermittlung des Abgasemissionsverhaltens von Nutzfahrzeugen mit Dieselmotor über 3,5 t zul. Gesamtgewicht im Bezugsjahr 1986. Im Auftrag des TÜV Rheinland

Heine, P., Rheinisch-Westfälischer TÜV (1993b): Verdampfungs- und Verdunstungsemissionen; im Auftrag des BUWAL; in der Reihe: Luftschadstoffemissionen des Strassenverkehrs in der Schweiz 1990-2010, Arbeitsunterlage 13; Bern

Höpfner, U. et al., ifeu Heidelberg, PROGNOS, UBA (1992): Vergleich verschiedener Emissionsmodelle: Verkehrsbedingte Stickstoffoxid- und Kohlenwasserstoffemissionen in Westdeutschland 1988 und 2000 – Kurze Darstellung der Situation in Deutschland – Zwischenbilanz für 1998. Im Auftrag des Umweltbundesamtes; Berlin

Höpfner, U., Knörr, W. et al., ifeu Heidelberg (1992): Motorisierter Verkehr in Deutschland. Energieverbrauch und Luftschadstoffemissionen des motorisierten Verkehrs in der DDR, Berlin (Ost) und der Bundesrepublik Deutschland im Jahr 1988 und in Deutschland im Jahr 2005. Im Auftrag des Umweltbundesamtes; UBA-Berichte 5/92; Berlin

Keller, M. et al., INFRAS (1995): Handbuch Emissionsfaktoren des Straßenverkehrs; im Auftrag des Bundesamtes für Umwelt, Wald und Landschaft, Bern, und des Umweltbundesamtes, Berlin

Knisch, H., Reichmuth, M., ifeu (1996): Verkehrsleistung und Luftschadstoffemissionen des Personenflugverkehrs in Deutschland von 1980 bis 2010 unter besonderer Berücksichtigung des tourismusbedingten Flugverkehrs; Zwischenbericht im Rahmen des Vorhabens „Maßnahmen zur verursacherbezogenen Schadstoffreduzierung des zivilen Flugverkehrs". Im Auftrag des Umweltbundesamtes; UBA-Texte 16/96; Berlin

Knörr, W. et al., ifeu (1997): Daten- und Rechenmodell: „Energieverbrauch und Schadstoffemissionen des motorisierten Verkehrs in Deutschland 1980-2020" und „TREMOD: Transport Emission Estimation Model". Im Auftrag des Umweltbundesamtes; Berlin/Heidelberg

Palm, I., Regniet, G., Schmidt, G., Heusch-Boesefeldt (1996): Ermittlung der Pkw- und Nfz-Jahresfahrleistungen 1993 auf allen Straßen in der Bundesrepublik Deutschland. Im Auftrag des Bundesministeriums für Verkehr, Aachen

Petersen, R. et al., Wuppertal Institut, IVU Freiburg, ifeu Heidelberg (1997): Aktionsprogramm und Maßnahmenplan Ozon: Modellinstrumentarium zur immissionsseitigen Bewertung von Kfz-Emissionen. Im Auftrag des Umweltbundesamtes; Wuppertal

Ratzenberger, R., Hild, R., Langmantel, E., ifo Institut (1996): Vorausschätzung der Verkehrsentwicklung in Deutschland bis zum Jahr 2010. Im Auftrag des Bundesministers für Verkehr

Skrzipczyk, E., Steven, H., FIGE (1996): MOBILEV - Maßnahmenorientiertes Berechnungsinstrumentarium für die lokalen Schadstoffemissionen des Kraftfahrzeugverkehrs. Im Auftrag des Umweltbundesamtes

Ökologische Chancen und Probleme von Elektrofahrzeugen

Ulrich Höpfner

1 Einleitung

Elektrofahrzeuge gelten bei vielen Menschen als umweltfreundlich. Sie sind leise und verursachen keine Abgase. Sie schalten den Motor an der Ampel oder der Bahnschranke von sich aus ab. Beim Bremsen speisen sie sogar ansonsten nicht genutzte Energie wieder ins Bordnetz zurück. Und schließlich ist jedem aus dem täglichen Alltag bekannt, wie robust und energieeffizient ein Elektromotor ist.

Viele wissen aus ihrer Lebenserfahrung aber auch, dass wiederaufladbare Batterien eine geringe Energiedichte haben, dass ihre Leistung schneller abnimmt als erhofft, auch, wenn die Batterien nicht genutzt werden, und dass sie schließlich immer wieder mit Hilfe des Stromnetzes aufgeladen werden müssen – mit einem Strom, der keinesfalls zum ökologischen Nulltarif erhältlich ist.

Beide Argumentationsstränge im Sinn wollte das Bundesministerium für Bildung, Wissenschaft, Forschung und Technologie (BMBF), das zuvor schon etliche hundert Millionen Mark an Forschungsgeldern zur Entwicklung und Verbesserung insbesondere der Batterietechnologien beigesteuert hatte, dem Elektrofahrzeug den entscheidenden Anstoß geben. Mit einem Großversuch sollte die bundesdeutsche Industrie die Praxistauglichkeit und Umweltfreundlichkeit zahlreicher Elektrofahrzeuge unter Beweis stellen können; damit sollte dieser Technik zum endgültigen Durchbruch verholfen werden – den Arbeitsplätzen zuliebe, der Umwelt zugute.

So wurde das Projekt „Erprobung von Elektrofahrzeugen der neuesten Generation auf der Insel Rügen" als eine der weltweit bedeutendsten Felderprobungen zu Beginn der Neunzigerjahre geboren. Vierzehn Projektpartner aus der deutschen Fahrzeug- und Batterieindustrie sowie der Wissenschaft haben mit insgesamt 60 Elektrofahrzeugen und drei verschiedenen Hochenergie- bzw. Hochleistungsbatteriesystemen an dem Praxistest mitgewirkt. Die Erprobungsflotte wurde auf Rügen von verschiedenen Institutionen, Verwaltungsbehörden, Handwerks- und Handelsunternehmen genutzt (DAUG et al., 1996).

Neben dem Test neuer Batterie- und Antriebssysteme, neben Untersuchungen zur Technologie der Schnellladung und zur Akzeptanz der Fahrzeugbetreiber war es eine wesentliche Zielsetzung des Großversuchs, umfangreiche Daten als Basis für eine ökologische Betrachtung zu erfassen. Messsysteme in den Fahrzeugen lieferten detaillierte Informationen z. B. über zurückgelegte Wegstrecken, Geschwindigkeitsprofile oder geladene und entnommene Energien. Sie waren Grundlage der vom ifeu durchgeführten energetischen und ökologischen Bilanzierung von Elektrofahrzeugen und deren Vergleich mit Verbrennungsmotorfahrzeugen (Eden et al., 1996; Höpfner 1997, Eden et al., 1997, Höpfner u. Eden, 1998).

2   Das Konzept des ökologischen Vergleichs

Der Umfang und die Detailliertheit der Ergebnisse des Forschungsprojekts auf Rügen ermöglichten eine ökologische Bilanzierung, bei der erstmals zahlreiche, für die Beurteilung der Umweltauswirkungen maßgebliche Einflüsse berücksichtigt werden konnten:

- Der Energieverbrauch der Rügen-Elektrofahrzeuge und ihrer Baugruppen, besonders der Batterien, wurde im Detail analysiert, auf zahlreiche Einflussgrößen hin untersucht und in zahlenmäßigen Abhängigkeiten beschrieben.

- Der Einfluss der Einsatz- und Nutzungsbedingungen auf Energieverbrauch und Emissionen der Elektro- und Verbrennungskraftfahrzeuge wurde in einem Rechenmodell erfasst, das die wesentlichen Parameter in Sensitivitätsanalysen zu variieren erlaubt.

- Die bei Elektro- und Verbrennungsfahrzeugen differierenden Baugruppen wurden von der Rohstoffgewinnung über die Aufbereitung und Nutzung bis zur Wiederverwertung von Sekundärrohstoffen verfolgt; desgleichen die Bereitstellungskette für Energie von der Förderung bis zur Nutzung im Kfz.

- Alle Emissionen wurden nach dem Ort ihrer Entstehung dicht besiedeltem, schwach besiedeltem und unbesiedeltem Gebiet („Emissionsortsklasse I, II bzw. III") zugerechnet. Damit wurden zugleich die Voraussetzungen geschaffen, um Umweltwirkungen nach Ort und Qualität der Wirkung zu unterscheiden.

Das Konzept des ökologischen Vergleichs weist zusätzlich folgende Merkmale auf:

- Für Analyse und Vergleich gelten weitestgehend das Bezugsjahr 1996 und der Bezugsraum Deutschland. Dabei werden den Elektrofahrzeugen der Rügen-Generation neue Verbrennungsfahrzeuge gegenübergestellt, welche der aktuellen Gesetzgebung entsprechen. Die Emissionen der stationären Quellen, d. h. der Kraftwerke und der Raffinerien, werden für den bundesdeutschen Durchschnitt dieser Quellen im Bezugsjahr ermittelt. Für andere Prozesse gelten die jeweils aktuellen lokalen Randbedingungen.

- Bilanz und Vergleich werden an Hand der nachfolgenden Kriterien erstellt:

  - *Klimawirkung* (Indikatoren: Kohlendioxid und Methan),

- *Sommersmog* (Indikatoren: Stickoxide, Nicht-Methan-Kohlenwasserstoffe),

- *Versauerung* (Indikatoren: Stickoxide, Schwefeldioxid),

- *Stickstoffeintrag* (Indikator: Stickoxide),

- *Sachgüterschäden* (Gebäude, Material) (Indikatoren: Stickoxide, Schwefeldioxid),

- *Humantoxizität* (Indikatoren: Benzol, Stickstoffdioxid, Nicht-Methan-Kohlenwasser-stoffe, Partikel),

- *Lärmbelastung* (Indikator: Schalldruckpegel bei verschiedenen Fahrsituationen).

Schäden, die durch andere luftgetragene Schadstoffe oder über andere Belastungspfade entstehen, werden nicht betrachtet. [1]

3 Wesentliche Einflussgrößen auf Energieverbrauch und Emissionen

Energieverbrauch und Emissionen der Fahrzeuge beider Antriebssysteme und damit auch die Ergebnisse ihres Vergleichs hängen von vielen Parametern ab. Deren wichtigste werden zuerst für die Elektro-Pkw, dann für die Verbrennungs-Pkw zusammengefasst.

3.1 Technische Größen Elektro-Pkw

- *Antrieb:* Die Daten der 36 auf Rügen betriebenen Elektro-Pkw wurden für die Auswertung zu einem typischen „leichten" und einem typischen „schweren" Elektro-Pkw zusammengefasst. Wir beziehen uns hier nur auf den „leichten Pkw".

Im Gegensatz zu allen anderen technischen Größen der Elektrotraktion wird der Verbrauch elektrischer Antriebsenergie nicht über die während des Betriebs auf Rügen gemessenen Daten, sondern über die *Prüfstandswerte* der auf Rügen eingesetzten Fahrzeuge in den gesetzlich verankerten ECE- und EUDC-Fahrzyklen abgebildet. Diese Zyklen charakterisieren in den Berechnungen einerseits den Innerorts- und andrerseits den Außerortsverkehr ohne Autobahnen. Der so erhobene Verbrauch steht mit den vor Ort erhobenen Messdaten des Rügen-Tests im Einklang.

Die Verwendung von Prüfstandswerten erwies sich als notwendig, weil die Praxisdaten der Rügen-Fahrzeuge zahlreiche, schwer voneinander trennbare und wechselwirkende Einflüsse enthalten, wie beispielsweise das Fahrerverhalten mit Beschleunigung, Bremsen und Bremsenergierückspeisung, wie die unterschiedliche Fahrzeugbeladung oder das

---

[1] Die hier vorgestellten Ergebnisse beziehen sich ausschließlich auf die sogenannten „leichten Pkw"; die Ergebnisse zu den in dem Projekt darüber hinaus betrachteten Fahrzeugarten „schwere Pkw", leichte Nutzfahrzeuge und Busse sind dem Projektbericht (Eden et al., 1996) zu entnehmen.

Längsneigungsprofil der Straße. Somit sind Zykluswerte mit genormten Prüfbedingungen für die Analyse und den Vergleich mit anderen Fahrzeugen besser geeignet.

- *Batterieeigenverbrauch:* Auf Rügen waren vier verschiedene Batteriesysteme im Einsatz, nämlich Pb-Gel, NiCd, NaNiCl$_2$ sowie die hier nicht weiter betrachteten NaS-Batterien. Von der Kapazität einer Batterie hängen in gewissem Umfang auch ihre Verluste ab, über ihr Gewicht übt sie einen Einfluss auf die Antriebsenergie aus. Die Batterien wurden zu drei Klassen mit den Nennenergiewerten von 15 kWh und 25 kWh (Pkw) sowie von 35 kWh (Transporter) zusammengefasst.

Während die beiden wässrigen Systeme Pb-Gel und NiCd bei Umgebungstemperatur arbeiten, werden NaNiCl$_2$- und NaS-Batterien auf einer Betriebstemperatur von ca. 300°C gehalten. Dieser Unterschied schlägt sich bei den Eigenverbräuchen dieser Batterien nieder. Die Eigenverbrauchsgrößen und der daraus resultierende Gesamtwirkungsgrad einer Batterie sind darüber hinaus zu einem erheblichen Anteil von den Einsatzbedingungen eines Fahrzeugs und dem Verhalten des Nutzers beeinflusst.

Die wichtigsten Eigenverbräuche sind:

- Der *Innenwiderstandsverbrauch* (Joul'scher Verbrauch) beim Entladen. Bei der Na-NiCl$_2$-Batterie ist er am höchsten, kann dort aber auch zur Aufrechterhaltung der Betriebstemperatur genutzt werden.

- Die *Batterieheizung*, die zur Aufrechterhaltung der hohen Betriebstemperatur der beiden „heißen Batterien" erforderlich ist. Auch die Bleibatterie wurde bei einer Unterschreitung der Arbeitstemperatur von 10°C beheizt. Der dafür nötige Heizenergiebedarf beeinflusst maßgeblich die Bilanz der Bleibatterie im Jahresmittel. Bei einem optimierten Energieeinsatz sind hierbei deutliche Verbesserungen zu erwarten. In allen Fällen wirkt sich die Batterieheizung besonders bei geringen Tagesfahrleistungen ungünstig auf die spezifischen Verbrauchswerte aus.

- Die *Nachladeenergie*, die bei NiCd-Batterien die Beiträge der regelmäßigen Erhaltungsladung und der aus Wartungsgründen periodisch notwendigen Überladung erfasst. Mit einem zusätzlichen Parameter für das Ladeverhalten wird unterschieden, ob diese Energie „ökonomisch" oder „unökonomisch" nachgeladen wird.

- Der Verbrauch durch den *Ladefaktor* bzw. den *Lade-Wirkungsgrad*. Er ist für die NiCd- und die Pb-Gel-Batterie am höchsten.

- Die *Selbstentladung* bei NiCd-Batterien mit einem relativ geringen Verlust.

Die verschiedenen Eigenverbräuche der Batterien sind für einen wesentlichen Teil des Gesamtenergieverbrauches der Elektro-Kfz verantwortlich. Bereits bei hoher Nutzungsfrequenz erreichen sie die Werte des Antriebsenergieverbrauchs, bei geringerer Nutzung haben sie größeres Gewicht. Diese Abhängigkeit der spezifischen Verbräuche von der Tagesfahrstrecke, einem besonders wichtigen Merkmal des Nutzungsmusters, wird in Abb. 1 dargestellt.

- Der *Nebenenergieverbrauch* von Scheinwerfern, Lüftern u. a. erreicht je nach Einschaltdauer der Verbraucher und der Ausrüstung mit Hilfsaggregaten wie Servobremse und

Servolenkung bis zu 15 % des Antriebsenergiewertes. Er beträgt im Jahresdurchschnitt bei den leichten Pkw rund 5 % des Netzenergieverbrauchs. Der Wirkungsgradverlust des *Ladewandlers* liegt bei 15 % der aufgenommenen Energie.

- Wegen der fehlenden Abwärme ihrer Motoren sind Elektro-Pkw für die kalte Jahreszeit mit einer *Zusatzheizung* ausgerüstet. Bei der üblichen Heizung mit Ottokraftstoff liegt der Verbrauch im Jahresmittel bei ca. 3 g pro km, also ca. 0,4 l/100 km.

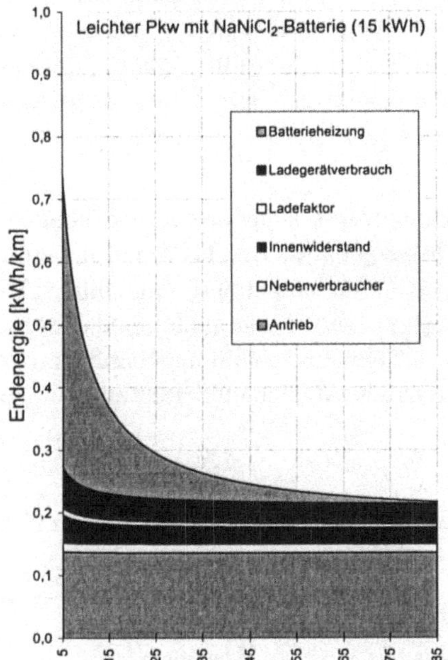

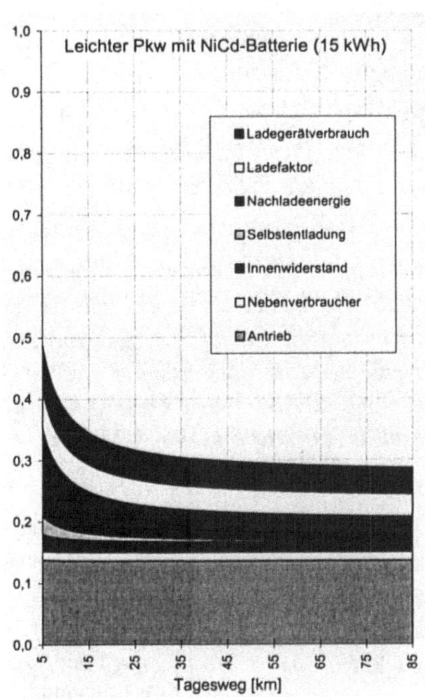

Abb. 1 Spezifische Stromverbräuche der leichten Rügen-Elektro-Pkw in Abhängigkeit von der Tagesfahrstrecke bei Ausrüstung mit 15 kWh elektrischem Speicher der Systeme NaNiCl₂ und NiCd (ökonomisches Ladeverhalten) (jeweils ohne Standtag, Jahresmittel)

3.2 Technische Größen Otto-/Diesel-Pkw

Einen Pkw mit Verbrennungsmotor, der in allen wesentlichen Nutzungseigenschaften wie z. B. Motorleistung, Antriebsdynamik und Reichweite einem Elektro-Pkw genau entspricht, gibt es nicht. Als beste Näherung werden Energieverbrauch und Emissionen der *konventionellen Fahrzeuge* wie folgt ermittelt (Tabelle 1):

- Der Klasse der „leichten Elektro-Pkw" wird *je eine Pkw-Klasse mit Otto- bzw. Diesel-motor* gegenübergestellt, die aus den typgleichen konventionellen Fahrzeugen mit niedriger Motorleistung und niedriger Hubraumgröße gebildet wurde. Die Motorleistung der konventionellen Vergleichs-Pkw liegt damit doppelt so hoch wie die Dauerleistung der Elektro-Pkw und deutlich höher als ihre Spitzenleistung. Weiter gehende Kraftstoffabsenkungen durch einen simulierten Einsatz von Ottomotoren mit kleinerem Hubraum und geringerer Leistung wurden nicht berücksichtigt.

- Analog zu den Elektro-Pkw werden *Fahrverhalten, Kraftstoffverbrauch und Schadstoffemissionen* der Verbrennungs-Pkw über den ECE-Zyklus bzw. den EUDC-Zyklus abgebildet. Die Verbräuche entsprechen den Angaben der Hersteller. Sie stimmen darüber hinaus mit den Messwerten des TÜV Rheinland an repräsentativen Kollektiven der Baujahre 1987-1989 mit relativ kleinem Hubraum überein, abzüglich einer zwischenzeitlichen Reduktion der Kraftstoffverbräuche um 5 %. Die Emissionen limitierter Schadstoffe richten sich nach den EURO-II-Grenzwerten bei einer Laufleistung von 50.000 km. Die Emissionsfaktoren von z. B. Methan und Benzol werden an Hand der Ergebnisse von Patyk u. Höpfner (1995) berechnet.

- Das für den Kurzstrecken- und Winterbetrieb relevante Verbrauchs- und Abgasverhalten nach dem *Kaltstart* wird in Anlehnung an die Messergebnisse des TÜV und unter Berücksichtigung jahreszeitlich unterschiedlicher Tagesmitteltemperaturen modelliert. Die Berechnung der *Kohlenwasserstoffemissionen* infolge von Tankatmung und Verdunstung nach Motorabstellen erfolgt mit den aktuell verfügbaren Faktoren, ebenfalls unter Berücksichtigung der jahreszeitlichen Unterschiede in den Außentemperaturen bzw. von Abstelltemperatur und Abstelldauer.

Tabelle 1   Annahmen zu Fahrzeugeigenschaften und Energieverbrauch der „leichten Elektro-Pkw" und der entsprechenden „Vergleichsfahrzeuge mit Verbrennungsmotor"

Bezugsjahr 1996	Elektro-Pkw	Otto-Pkw	Diesel-Pkw
Fahrzeugklasse	Klasse I der Rügen-Pkw („leichte Elektro-Pkw")	Hubraum ca. 1400 cm^3	Hubraum ca. 1800 cm^3
Motorleistung in kW [1]	21/32	ca. 40	ca. 50
Fahrzeug-Masse	ca. 1.300 kg	ca. 1.000 kg	ca. 1.100 kg
technischer Stand	Prototyp „Rügen"	Schadstoffe nach EURO II bei 50.000 km	
Endenergieverbrauch Europatest kalt [2] Europatest warm [3] EUDC [4]	0,138 kWh/km 0,138 kWh/km 0,135 kWh/km	8,9 l/100 km 7,4 l/100 km 5,4 l/100 km	6,9 l/100 km 5,8 l/100 km 4,2 l/100 km
Herkunft der Basisdaten	Rügen-Versuch; Herstellerangaben	Emissionen: Abschätzung durch ifeu auf Basis TÜV Rhld. 87-90; Kraftstoff: Herstellerangaben für entsprechende Klasse-I-Pkw, Baujahr 96	

[1] bei Elektro-Pkw: Dauer-/Spitzenleistung; [2] Europatest (= NEFZ innerorts; = ECE R 15-Test) mit Start bei kaltem Motor (20°C); [3] Start bei betriebswarmem Motor; [4] bei Elektro-Pkw EUDC-Wert nur bis 90 km/h

3.3 Nutzungsmuster

Der Stromverbrauch eines Elektrofahrzeugs sowie Kraftstoffverbrauch und Emissionen konventioneller Fahrzeuge unterliegen zusätzlich zu den technischen Gegebenheiten am Fahrzeug auch dem Einfluss des Nutzers. Ein solches „Nutzungsmuster" wird z. B. durch die Tagesfahrleistung, den Anteil des Innerortsverkehrs, das Fahrverhalten, die Standtage oder auch die Jahreszeit des Einsatzes gekennzeichnet. Solche Einflüsse wurden im Rahmen eines hierzu entwickelten Rechenmodells durch geeignete Parameter beschrieben. Alle durchgeführten Berechnungen haben somit immer ein konkretes Nutzungsmuster als Basis. Insofern ist die Gültigkeit der Rechenergebnisse für die beiden Antriebsarten und den folgenden Systemvergleich an dieses Nutzungsmuster gebunden.

Für den ökologischen Vergleich wurden folgende Parameter modelliert:

- *Fahrtlänge:* Die ersten 5 km einer Fahrt erfolgen im Innerortsverkehr. Damit werden die Kaltstartemissionen des Verbrennungs-Pkw der Emissionsortsklasse I zugerechnet. Eine nachfolgende Fahrt beginnt unseren Annahmen zufolge wiederum innerorts.

- *Fahrtenzahl:* Zunächst dient die Anzahl der Fahrten in Verbindung mit der Fahrtlänge zur Ermittlung der Tagesfahrleistung, dem Wert mit der größten Bedeutung für die spezifischen Verbrauchswerte der Elektro-Pkw (siehe Abb. 1). Denn vor allem die Batterieeigenverbräuche bekommen beim Bezug auf die Fahrleistung, d. h. den Fahrzeugnutzen, umso größeres Gewicht, je niedriger diese ist. Außerdem dient die Fahrtenzahl zur Ermittlung der Standzeit zwischen Fahrten, die wiederum der Berechnung der Kaltstart- und der Heißabstellemissionen konventioneller Pkw zu Grunde liegt.

- *Standtage:* Da ein Fahrzeug nicht unbedingt an allen Tagen einer Woche betrieben wird, wird für die Modellierung zwischen so genannten Fahr- und Standtagen unterschieden. An Standtagen fallen zum Teil beträchtliche Eigenverbräuche elektrischer Komponenten bzw. beim Otto-Pkw Verdunstungsemissionen infolge Tankatmung an.

- *Jahreszeit:* Kalte oder stark wechselhafte Temperaturen wirken sich bei den Elektro-Kfz auf den Heizenergiebedarf der Bleibatterie und die Fahrzeuginnenraumbeheizung aus, bei den Verbrennungs-Kfz auf die Tankatmung und die Kaltstartemissionen. Insbesondere die Kohlenwasserstoffemissionen von Otto-Pkw werden durch Kaltstarts bei niedrigen Außentemperaturen stark erhöht.

- Für das Laden der NiCd-Batterie werden Annahmen getroffen, die ein ökonomisches und ein unökonomisches *Ladeverhalten* typisieren.

3.4 Endenergiebereitstellung

Der Nutzung von Strom und der von Kraftstoffen ist eine Bereitstellungskette dieser Endenergien vorgelagert. So wird bei Exploration, Aufbereitung, Transport des Rohöls, bei seiner Verarbeitung in der Raffinerie sowie der Lagerung, dem Transport und dem Umschlag der *Kraftstoffe* Energie verbraucht und fallen Emissionen an. Diese sind gegenüber den direkten Emissionen aus dem Fahrbetrieb zum Teil relativ gering. Bei NO_x und CO_2 betragen sie etwa 10 bis 20 % der Gesamtemission. Sie können die direkten Emissionen aber auch deutlich übersteigen wie z. B. bei SO_2, wo sie rund das 3- bis 5-fache der direkten Emissionen betragen.

Hingegen entfallen bei der *Stromnutzung* alle Emissionen auf die Bereitstellungskette. Hier werden Emissionsfaktoren des durchschnittlichen EVU-Stroms in Deutschland 1996 angesetzt. Dabei wird auch in Ostdeutschland die vollständige Umsetzung der Großfeuerungsanlagenverordnung unterstellt.

Eine Unterscheidung der Stromerzeugung nach Tageszeiten hat recht geringe Auswirkungen auf die Ergebnisse, denn die Emissionsfaktoren für Nachtstrom liegen in der Regel um rund 10 % niedriger als diejenigen für den Tages- oder Durchschnittsstrom, bei Kohlendioxid um 5 %. Die durchschnittlichen Emissionsfaktoren basieren auf einem Brennstoffeinsatz in den bundesdeutschen Kraftwerken, der zu rund 64 % aus fossilen Energieträgern besteht. Andere Relationen, die z. B. in einzelnen Bundesländern oder in einzelnen europäischen Ländern bestehen, ändern die Emissionsfaktoren und Emissionsberechnungen, und damit auch die vergleichende Bewertung der Elektro-Kfz.

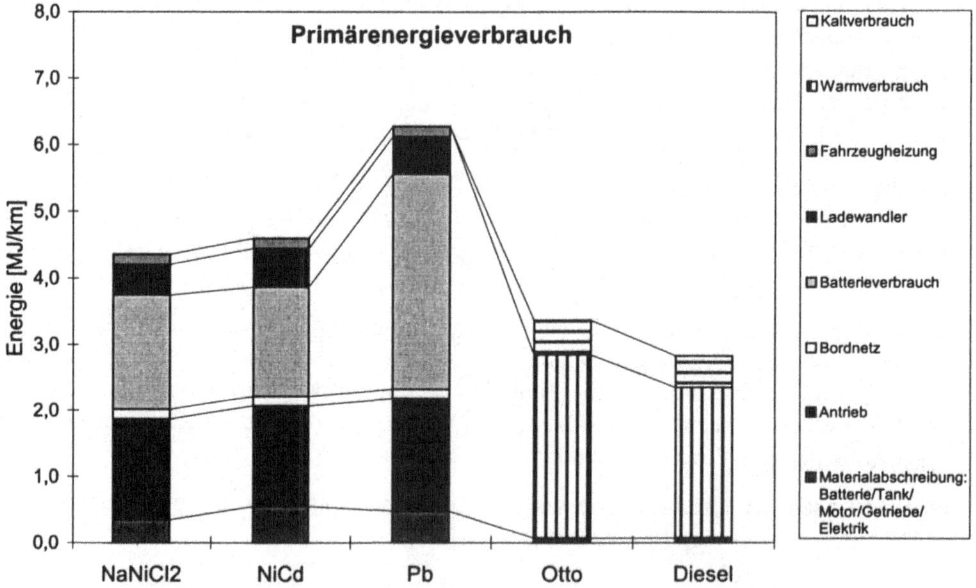

Abb. 2   Aufteilung aller Energieverbräuche (auf Primärenergie normiert) leichter Pkw nach Verursachergruppen bei 4 Fahrten/Tag zu je 5 km Fahrtlänge, 1 Standtag pro Woche, jahresmittlere Temperatur und ökonomischem NiCd-Ladeverhalten, 15-kWh-Batterie

3.5 Materialbilanz: Energiespeicher und Antriebsstrang

Die wesentlichen Baugruppen, in denen Elektro- und Verbrennungs-Pkw differieren, sind Batterie und Tank sowie die Komponenten des Antriebsstrangs (Elektrik, Motor und Getriebe). Dafür werden die Energieverbräuche und zugehörigen Emissionen für die Produktion der Werkstoffe, für die Endfertigung der Bauteile sowie für ihre stoffliche Verwertung ermittelt. Die Abschreibung der Baugruppen erfolgt auf 150.000 Fahrzeug-km, bei den Batterien über die von den Herstellern angegebenen Zyklenlebensdauern.

Unter diesen Randbedingungen, die in dem Beitrag von Patyk u. Reinhardt „Ökobilanz Elektrofahrzeuge" ausführlich dargestellt sind, ist bei den konventionellen Pkw der Einfluss von Tank, Elektrik und Antriebsstrang auf den Primärenergieverbrauch mit 2 % sehr gering. Demgegenüber stellen Batterie und Elektrofahrzeug-typische Baugruppen zusammen einen Anteil von etwa 10 % am gesamten Primärenergieaufwand für einen Fahrtkilometer, davon wiederum rund ein Zehntel für Elektrik und Antriebsstrang (siehe Abb. 2). Somit hat die Batterielebensdauer keinen ausschlaggebenden Einfluss auf die Gesamtbilanz.

4 Analyse und Vergleich von Pkw

Analyse und Vergleich beider Fahrzeugsysteme stützen sich im Wesentlichen auf Schadstoff- und Schallemissionen. Sie sind von den technischen Spezifikationen der Fahrzeuge, der Komponenten und Vorketten sowie von der Fahrzeugnutzung abhängig.

Die *Nutzungsmuster* wurden vielfach variiert. Bei einer geringeren Nutzung steigen insbesondere die *spezifischen* Werte der Elektro-Pkw an (Abb. 1). Bei einer häufigeren Nutzung sinken die *spezifischen* Werte der Elektro-Pkw, in gleichem Maße aber auch diejenigen der Verbrennungs-Pkw, da sie dann verstärkt im günstigeren Warm- bzw. Außerortsbetrieb gefahren werden. In allen Berechnungen wurde ökonomisches Batterie-Ladeverhalten und für temperaturabhängige Größen ein jahresmittlerer Wert angenommen.

Schadstoffe und Lärm treten in allen drei *Emissionsortsklassen*, nämlich innerorts, in schwach besiedeltem und auf unbesiedeltem Gebiet auf. Ihre Wirkung ist dort sehr unterschiedlich. Wenn sie in hoher Konzentration emittiert werden und dabei auf eine dichte Besiedelung treffen, können sie humantoxische Wirkungen haben oder Gebäudeschäden verursachen. In schwächer besiedeltem Gebiet beruhen die Wirkungen eher auf einer allmählichen Anreicherung, z. B. der Versauerung der Böden oder in Folgereaktionen, die wie die Ozonbildung zu einer großräumigen Belastung der Atmosphäre führen.

Alle Schadstoffe wurden daraufhin untersucht, von welchem Emissionsort aus sie zu einer *lokalen, regionalen* und/oder *globalen Wirkung* beitragen und dementsprechend einer oder mehreren Wirkungskategorien zugeordnet. Nach dieser Betrachtungsweise werden lokale Umwelteffekte durch Innerorts-Emissionen, regionale Effekte dagegen von der Summe der Innerorts- und Außerorts-Emissionen hervorgerufen. Zur Beschreibung von globalen Wirkungen, die vom Emissionsort unabhängig sind, tragen die Emissionen aller Ortsklassen bei. Hierfür wird die gesamte Emission von CO_2 und CO_2-Äquivalenten – das sind hier zusätzlich zu CO_2 die auf ihre Klimawirksamkeit normierten Methanemissionen – betrachtet. Der Kategorie globaler Wirkungen wird auch der Primärenergieverbrauch zugeordnet (siehe Tabelle 2).

Tabelle 2   Zurechnung der Luftschadstoffe auf wirkungsbezogene Emissionsorte

Lokal wirksame Emissionen:	NO_x	Benzol	NMHC	Partikel	SO_2	CO	Lärm
Regional wirksame Emissionen:	NO_x	NMHC	SO_2	Lärm			
Global wirksame Emissionen/ Energieverbrauch:	CO_2	CO_2-eq	Primär- energie				

4.1 Lokal wirksame Emissionen – die Situation innerorts

Innerhalb von geschlossenen Ortschaften werden Menschen und Umwelt vor allem durch Stickoxide, Kohlenwasserstoffe (z. B. Benzol), Dieselpartikel und Lärm belastet.

- Elektro-Pkw verursachen – abgesehen von sehr geringen Emissionen der kraftstoffbefeuerten Zusatzheizung – *keine direkten Luftschadstoffemissionen*, d. h. sie belasten nicht unmittelbar den Ort, an dem sie fahren. Dieser Vorteil ist unabhängig vom Nutzungsmuster: eine geringe Nutzung der Elektro-Pkw hat – im Unterschied zur regionalen und globalen Auswirkung – keine *spezifischen* Nachteile für die lokale Belastung.

- Die innerorts verursachten Emissionen der Verbrennungsfahrzeuge, das sind vor allem Benzol, andere NMHC, NO_x, SO_2 und Dieselpartikel, stammen aus den Motorabgasen und den Kraftstoffverdunstungen (Fahrzeuge bzw. Tankstellenbereich). Sie liegen vergleichsweise sehr viel höher als bei den Elektro-Pkw. Vor allem die NMHC-Emissionen von Otto-Pkw steigen beim Kaltstart an, besonders bei niedrigen Außentemperaturen.

- Wenn Elektro-Pkw *an Stelle* eines Verbrennungs-Pkw eingesetzt werden, vermeiden sie dort dessen direkte Emissionen und leisten somit einen Beitrag zur Luftreinhaltung. Die Einsparung der ansonsten verursachten Emissionen ist zum Ersatz der Fahrleistung der Verbrennungs- durch Elektro-Pkw proportional. Inwieweit dadurch eine effektive bzw. notwendige Verbesserung der Luftqualität erreicht wird, ist jeweils zu betrachten.

Die Elektro-Versuchsfahrzeuge weisen bei 30 km/h (Konstantfahrt) eine um 1 bis 4 dB(A) geringere *Lärmemission* als konventionelle Pkw auf; bei 20 km/h (beschleunigter Vorbeifahrt) ist sie um 4 bis 6 dB(A) geringer. Elektro-Pkw sind also deutlich leiser. Dieser Unterschied wurde durch Messungen des Schalldruckpegels an drei Pkw objektiviert. Er kann nur zu einem Teil als Maß für die Lärmbelastung angesehen werden, da der Unterschied in der *Geräuschqualität* beider Fahrzeugarten für das subjektive Lärmempfinden mitentscheidet. Eine wirksame Absenkung der Lärmbelastung in Städten wird erst bei einer weit gehenden Substitution von Verbrennungskraftfahrzeugen durch geräuschärmere Elektrofahrzeuge erreicht. Diese Bedingungen sind bei ohnehin geringem Verkehrsaufkommen leichter zu schaffen, z. B. in besonderen Schutzzonen (Krankenhäuser) oder zur Nachtzeit in Wohngebieten. Wegen der besonderen Schutzwürdigkeit der Betroffenen kann eine Absenkung des Lärmpegels in Einzelfällen höher zu bewerten sein (siehe Abb. 3).

4.2 Regional wirksame Emissionen – die Situation außerorts

Der Betrieb von Elektro-Pkw verursacht zwar keine direkten Emissionen, bedingt jedoch Emissionen der Stromerzeugung und der Materialbereitstellung. Entsprechende regional wirksame Emissionen stammen bei den Verbrennungs-Pkw aus der motorischen Verbrennung und der vorgelagerten Kette, jeweils Emissionsortsklasse I und II zusammengefasst:

Haupteffekte der regional wirksamen Schadstoffe aus dem Verkehr sind die Versauerung des Regens und damit der Böden und Gewässer (SO_2 und NO_x), der Stickstoffeintrag in Böden und Gewässer (NO_x) sowie die Bildung von Fotooxidantien mit der Folge von Sommersmog bzw. dem Anstieg bodennaher Ozonkonzentrationen durch die so genannten Vorläufersubstanzen (NO_x und bestimmte Kohlenwasserstoffe).

- Die Rügen-Elektrofahrzeuge haben Vorteile bei NO_x, die bei geringerer Nutzung abnehmen. Pkw mit Ottomotor sind denjenigen mit Dieselmotor überlegen. Somit verursachen Elektro-Pkw einen im Vergleich geringeren Stickstoffeintrag in die Ökosphäre.

- Die NMHC-Emissionen der Rügen-Elektrofahrzeuge sind bei allen Nutzungsmustern deutlich niedriger als bei konventionellen Pkw. Hier sind Pkw mit Dieselmotor günstiger als diejenigen mit Ottomotor.

- Das aus den vergleichsweise sehr geringen NMHC-Emissionen und der geringeren spezifischen NO_x-Emission der Elektro-Pkw folgende Ozonbildungspotenzial ist deutlich geringer als bei konventionellen Pkw. Der Abstand verkleinert sich bei geringerer Nutzung des Elektro-Pkw in dem Maße, in dem Stickoxiden ein höherer Einfluss auf die Ozonbildung zukommt als Kohlenwasserstoffen.

- Umgekehrt weisen Elektrofahrzeuge eine vergleichsweise höhere SO_2-Emission auf als konventionelle Kfz. Unter Berücksichtigung der Säurebildungspotenziale von SO_2 und NO_x nimmt im Allgemeinen die Versauerung des Regens als Folge des Elektrofahrzeugeinsatzes zu – stärker bei bestimmten Batterietypen und geringer Nutzung des Pkw.

- Die Rangfolge zwischen den Elektro-Pkw mit unterschiedlichen Batteriesystemen ist bei der SO_2- und NO_x-Emission abhängig vom Nutzungsmuster. Eine geringere Nutzung begünstigt die Pb-Gel- und NiCd-Batterie, intensive Nutzung begünstigt $NaNiCl_2$.

Somit senkt eine Substitution der Fahrleistung konventioneller Pkw durch Elektro-Pkw im Allgemeinen das Potenzial der Ozonbildung beträchtlich, verringert die Stickstoffeinträge in die Ökosphäre und lässt gleichzeitig Versauerungseffekte zunehmen. Das Ausmaß der Effekte ist sehr empfindlich von der Nutzung der Fahrzeuge und dem jeweiligen Batteriesystem abhängig. Die Bewertung der Unterschiede hängt sehr stark von der regionalen Umweltsituation ab.

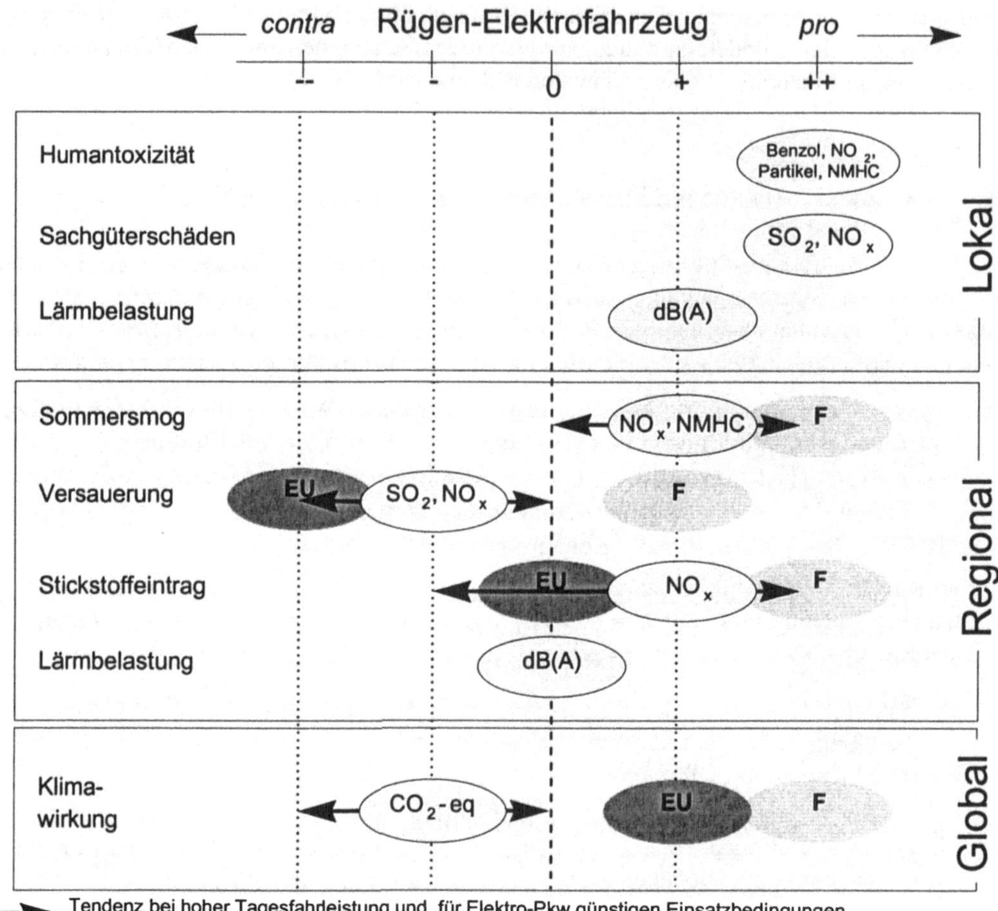

Tendenz bei hoher Tagesfahrleistung und für Elektro-Pkw günstigen Einsatzbedingungen
Tendenz bei geringer Tagesfahrleistung und für Elektro-Pkw ungünstigen Einsatzbedingungen

Lesebeispiel: Unter dem Wirkungskriterium „Bildung von *Sommersmog* durch die Emissionen von NO_x und NMHC" ist der Rügen-Elektro-Pkw gegenüber dem Verbrennungs-Pkw wie folgt zu beurteilen: in Deutschland 1996: positiv, bei Nutzung französischen Stroms: sehr positiv, bei europäischem Strom: positiv. Bei geringer Fahrleistung nimmt der Vorteil ab.

Abb. 3   Schematische Darstellung der Umweltwirkungen von Rügen-Elektro-Pkw im Vergleich mit Verbrennungs-Pkw in Deutschland 1996; Varianten für Stromerzeugung in Frankreich und Europa 1996

Die Fahrsituationen „70 km/h Konstantfahrt" und „beschleunigte Fahrt mit 50 km/h" zeigen keine signifikanten Unterschiede der *Lärmemission* zwischen dem Elektro- und dem konventionellen Versuchsfahrzeug. Eine geringere Endgeschwindigkeit von Elektro-Pkw eröffnet ein höheres Potenzial zur Geräuschminderung mit speziellen Reifen. Die Einstufung der Effekte und damit die Bewertung muss standortbezogen erfolgen (siehe Abb. 3).

4.3 Global wirksame Emissionen und Primärenergieverbrauch

- Der Primärenergieverbrauch des Elektro-Pkw ist höher als bei Verbrennungs-Pkw. Der Unterschied ist stark vom Nutzungsmuster und den Batterieeigenschaften beeinflusst und reicht vom 1,5-fachen bei hoher täglicher Fahrleistung bis zum 4-fachen bei geringer täglicher Fahrleistung.

- Parallel zum Primärenergieverbrauch ist – bei der zu Grunde gelegten gesamtdeutschen Stromerzeugung – auch die CO_2-Emission des Elektro-Pkw höher als beim Verbrennungs-Pkw. Der Unterschiedsbetrag ist um etwa 20 % geringer als beim Primärenergieverbrauch, bedingt durch den CO_2-freien Anteil an der Stromerzeugung.

- Zur Emission der Treibhausäquivalente tragen überwiegend CO_2 und zu etwa 5 % Methan (CH_4) bei. Sie liegen beim Elektrofahrzeug höher als die reine CO_2-Emission, bedingt durch CH_4-Emissionen bei der Förderung der für die Stromerzeugung eingesetzten Kohle sowie die Methanleckagen bei Erdgasförderung und -transport.

- Nutzungen mit hohen Stop-and-Go-Anteilen oder sehr vielen Kurzstreckenfahrten (z. B. 20 mal 3 km täglich) sind für konventionelle Pkw, vor allem Otto-Pkw, so nachteilig, dass sie annähernd gleiche klimarelevante Emissionen wie Elektro-Pkw verursachen.

5 Einfluss der Stromerzeugung auf den Vergleich

Die Emissionen der konventionellen Pkw werden überwiegend von der motorischen Verbrennung bestimmt; sie sind darüber hinaus durch EU-Grenzwerte limitiert. Die Emissionen der Elektro-Pkw sind überwiegend von der Stromerzeugung abhängig - und daher vor allem von den dafür genutzten Primärenergieträgern. Diese werden in der Regel nach Kriterien der Verfügbarkeit, der Wirtschaftlichkeit und der gesellschaftlichen Akzeptanz eingesetzt und nur in untergeordnetem Ausmaß nach ökologischen Kriterien. Einheitliche Grenzwerte für Kraftwerksemissionen gibt es EU-weit nicht.

Demnach unterscheiden sich die Emissionen der Stromerzeugung drastisch, je nach Anteil an regenerativen, nuklearen oder fossilen Energieträgern, je nach Schwefel- oder Kohlenstoffgehalt der fossilen Brennstoffe, je nach Kraftwerkstechnologie oder Abgasnachbehandlung. So weist der in den einzelnen Bundesländern erzeugte Strom eine Spannweite des CO_2-Emissionsfaktors von beinahe Faktor 10 auf. Eine Regionalisierung der Emissionsberechnung ist allerdings wegen des deutschen Stromverbundes nicht zu rechtfertigen.

Andererseits kann der Strom – wie auch bei einigen Fahrzeugen auf Rügen – aus einer Solartankstelle stammen und dann unter Vernachlässigung infrastruktureller Aufwendungen schadstofffrei sein. Schließlich wirkt sich eine ökologisch verträglichere Stromerzeugung, die zu besseren Wirkungsgraden, Abwärmenutzung oder dem erhöhten Einsatz regenerativer Energieträger führt, günstig auf die Emissionen der Elektro-Pkw aus.

Somit ist der Vergleich der Fahrzeugsysteme – abgesehen von den bleibend positiven lokalen Effekten des Elektro-Kfz – in hohem Maße von der Emissionsqualität des in den Elektro-Pkw genutzten Stroms und somit auch von geografischen und politischen Zufälligkeiten abhängig. Dementsprechend fällt die Gegenüberstellung von Elektro-Pkw mit konventionellen Pkw je nach Bezugsraum der Stromproduktion unterschiedlich aus:

- In Ländern wie Norwegen, Schweiz, Frankreich oder Österreich, die einen über 70 %igen Anteil von nicht-fossilen Energieträgern an der Stromerzeugung aufweisen, haben Elektro-Pkw sehr große lokale, regionale und globale Vorteile.

- In Ländern mit einem hohen Anteil an fossilen Energieträgern, wie beispielsweise in den Niederlanden, Großbritannien, Italien oder Deutschland, bleiben für den Elektro-Pkw die sehr großen lokalen Vorteile bestehen, sind die regionalen Vorteile – je nach Rauchgasreinigung und Entstickung – geringer oder teilweise nicht vorhanden, bestehen zum Teil, wie beispielsweise in Deutschland, Nachteile in den klimarelevanten Emissionen.

- In Europa weichen Primärenergieeinsatz und Abgasreinigung von den deutschen Daten der Stromerzeugung ab. Geringere spezifische Kohlendioxid-, höhere Schwefeldioxid- und Stickoxidemissionen sind die Folge. Bei einer solchen europäischen Stromerzeugung, für die zurzeit noch kein flächendeckender Stromverbund besteht, ist der Einsatz des Elektro-Pkw im Regionalbereich etwas ungünstiger, im Globalbereich günstiger als in Deutschland zu beurteilen (Bezugsjahr jeweils 1996) (siehe Abb. 3).

6   Ausblick auf das Jahr 2000

Die bisher gezeigten Ergebnisse entsprechen der aktuellen Fahrzeugsituation während des Rügen-Versuchs. Bereits während der Projektlaufzeit wurden die dort betriebenen Elektro-Kfz verbessert. Nach einer Abschätzung der Projektteilnehmer kann bis zum Jahr 2000 – neben geringen Verschiebungen im Primärenergie-Einsatz und leicht erhöhten Wirkungsgraden in den Kraftwerken – gegenüber den Rügen-Fahrzeugen mit verschiedenen Verbesserungen gerechnet werden. Eigenschaften eines leichten Elektro-Pkw-2000 sind danach:

- Verminderung des Traktionsenergieverbrauchs um 35 % durch Reduktion des Fahrzeuggewichts und Verbesserung der Bremsenergierückgewinnung,
- Reduktion der Wärmeverluste der $NaNiCl_2$-Batterie um ca. 20 %,
- Verbesserung des Ladegerätwirkungsgrades von 85 % auf 94 %.

Auf dieser Basis ergibt sich für den „leichten Elektro-Pkw-2000" gegenüber den Rügen-Versuchsträgern eine Einsparung im spezifischen Gesamtenergieverbrauch um etwa ein Drittel. Bei konventionellen Pkw sind ebenfalls entsprechende Absenkungen zu erwarten.

Die Diskussion der Minderungspotenziale zeigt, dass weitere Verbesserungen im Fahrzeuggewicht der Pkw und bei der Elektrotraktion vor allem in der Verbesserung der aktuell genutzten Batterien, in der Entwicklung neuer effizienterer Speichersysteme sowie in einer Stromerzeugung mit geringerer fossiler CO_2-Emission liegen.

7 Ökologische Chancen und Probleme von Elektro-Pkw

Ein Elektro-Pkw mit dem auf Rügen untersuchten Entwicklungsstand zeigt gegenüber einem konventionellen Pkw Vor- und Nachteile: Direkt am Einsatzort verursacht er keine Emissionen und ist damit selbst dem fortschrittlichsten und emissionsärmsten verbrennungsmotorischen Konzept überlegen. Dieser Vorteil relativiert sich bei regionaler Betrachtungsweise, weil den Abgasemissionen der Verbrennungsfahrzeuge die Emissionen der Batterieherstellung und der Stromerzeugung gegenüberstehen. Bei einzelnen Schadstoffen, am deutlichsten bei Schwefeldioxid, fällt die Bilanz zu Ungunsten des Elektrofahrzeugs aus. Günstig für das Elektrofahrzeug ist die verminderte Bildung von Ozonvorläufern und der geringere Stickstoffeintrag.

Recht ungünstig für die Rügen-Elektrofahrzeuge ist die Bilanz des kilometerbezogenen Primärenergieverbrauchs und der klimarelevanten Emissionen. Das Niveau der Kohlendioxid-Äquivalente aus Verbrennungskraftfahrzeugen wird von den auf Rügen untersuchten Fahrzeugen auch bei sehr günstigen Einsatzbedingungen noch um etwa 20 % überschritten.

Alle Vorteile im Regionalbereich und das Ausmaß der Nachteile in der Energie- und Klimabilanz sind in hohem Maße von einem planvollen Fahrzeugeinsatz abhängig. Bei geringem oder seltenem Einsatz von Elektrofahrzeugen nehmen die Vorteile ab. Alle Nachteile nehmen erheblich zu, bis hin zu der vielfachen Emission an klimarelevanten Substanzen.

Es greift deshalb zu kurz, mit Hinweis auf die lokalen Vorteile einen schnellen und umfassenden Einsatz von Elektro-Kfz zu fordern. Nach allem Wissen um die Entwicklung der Luftschadstoffemissionen aus dem Pkw-Verkehr wird die Substitution mit weiter verbesserten konventionellen Pkw sehr viel schneller, zuverlässiger und vor allem preiswerter die reale Schadstoffsituation den Luftqualitätszielen annähern, als dies batterieelektrische Pkw heutiger Prägung tun könnten. Dem aus heutiger Sicht langfristig wichtigsten Ziel der Luftreinhaltung, der drastischen Minderung der Kohlendioxidemissionen, müssen sich beide Antriebsarten stellen. Zurzeit haben hierbei die konventionellen Pkw die Nase vorn.

Doch ist diese Aussage an die Resultate des Rügen-Versuchs gekoppelt und deshalb in mehrfacher Hinsicht eine Momentaufnahme. Bei der Vielzahl von Einflussfaktoren, sei es die Art der Stromerzeugung, die Gewichtsreduktion zukünftiger Fahrzeuge oder im besonders sensitiven Bereich der Batterietechnik, übertreffen die *Potenziale* zur Kohlendioxidminderung bei weitem den Abstand zum heutigen Verbrennungs-Pkw. Um den aktuellen Nachteil auszugleichen und damit unter Umweltaspekten dem Verbrennungs-Pkw überlegen werden zu können, muss der batteriebetriebene Elektro-Pkw zwei entscheidende Bedingungen erfüllen:

- Die Entwicklung im Bereich der Elektrotraktion muss *höhere Energieeinsparpotenziale* erschließen, als sie im gleichen Zeitraum mit der konventionellen Alternative erreichbar sind. Bei diesem Wettlauf werden neben den nicht minder großen Entwicklungschancen verbrennungsmotorischer Antriebe auch Kostenaspekte ein beträchtliches Gewicht haben.

- Der Einsatz des Elektrofahrzeugs muss sich an solchen *Nutzungsmustern* orientieren, die die Möglichkeiten zukünftiger elektrisch angetriebener Fahrzeuge möglichst gut und verlustarm ausschöpfen. Ein schlecht gewähltes Einsatzgebiet für Elektrofahrzeuge ist in der Lage, die guten Ergebnisse und Anstrengungen in der Fahrzeugtechnik aufzuheben.

Das Elektrofahrzeug hat Eigenschaften, die ein Verbrennungsfahrzeug systembedingt nicht haben wird – sei es die Null-Emission vor Ort, die Bremsenergierückgewinnung oder der extrem leise motorische Betrieb. Der batterieelektrische Antrieb ist kein unverzichtbarer Bestandteil des Elektroautos. Durch den Elektroantrieb können energetische Ressourcen genutzt werden, die außerhalb der begrenzt verfügbaren und mit der CO_2-Hypothek belasteten fossilen Energieträger liegen. Daher brauchen wir heute eine technologische Nische für das Elektrofahrzeug – damit es dann verfügbar ist, wenn wir es wirklich brauchen.

Literatur

DAUG et al. (1996): Erprobung von Elektrofahrzeugen der neuesten Generation auf der Insel Rügen. Im Auftrag des BMBF, Bonn

Eden, U. et al., ifeu (1996): Vergleichende Ökobilanz: Elektrofahrzeuge und konventionelle Fahrzeuge – Bilanz der Emission von Luftschadstoffen und Lärm sowie des Energieverbrauchs. In DAUG et al., 1996

Eden et al. (1997): Erprobung von Elektrofahrzeugen der neuesten Generation auf der Insel Rügen. In ATZ Automobiltechnische Zeitschrift 99 (1997), S. 536-550; ATZ worldwide 9/1997, pp. 12-18

Höpfner, U., ifeu (1997): Vergleich von Elektrofahrzeugen und Verbrennungsmotorfahrzeugen – Bilanz aus Rügen. In: Naunin, D., DGES (Hrsg.): Elektrofahrzeuge: Technologie-Innovation für den zukünftigen Verkehr; Berlin

Höpfner, U., Eden, U., ifeu (1998): Vergleichende Ökobilanz Elektrofahrzeuge – Praxistest Rügen. In VDI-Gesellschaft Energietechnik: Batterie-, Brennstoffzellen- und Hybridfahrzeuge. Tagung Dresden 17. u. 18.2.1998. VDI-Berichte 1378, S. 25-40

Patyk, A., Höpfner. U., ifeu (1995): Komponenten-Differenzierung der Kohlenwasserstoffemissionen von Kfz – Ermittlung von Faktoren zur Bestimmung der differenzierten Kohlenwasserstoffemissionen bei Kfz zur Erfüllung der Anforderungen des §40.2 BImSchG. Im Auftrag des Umweltbundesamtes; Berlin

Sustainable mobility – nachhaltig verkehrt?

Jens Borken und Ulrich Höpfner

1 Was ist schon nachhaltig?

Was ist nicht alles nachhaltig? Im Allgemeinen Sprachgebrauch erlebt man eine inflationäre Verwendung dieses Begriffes: Es wird von einem nachhaltigen Wirtschaftswachstum gesprochen, der nachhaltige Konsum propagiert, nachhaltig auf die Bedeutung der Frösche für den Erhalt der Biodiversität hingewiesen und dergleichen mehr. Der etwas hölzerne Begriff der Nachhaltigkeit scheint eine fast uneingeschränkte Verwendung zu erlauben. Auf der Strecke bleiben dabei der anspruchsvolle Inhalt und die eigentliche Herausforderung der nachhaltigen Entwicklung: Das Zusammenleben der Menschen lokal wie global, heute und in Zukunft, lebenswert zu gestalten, ohne dabei die natürlichen Grundlagen zu gefährden.

In diesem Beitrag wird ein mögliches Vorgehen skizziert, den Verkehrsbereich in Hinblick auf seinen Beitrag zur nachhaltigen Entwicklung zu untersuchen. Dazu werden typische Fragen und Probleme diskutiert. Zunächst muss aber das Konzept der nachhaltigen Entwicklung selbst erläutert werden.

2 Nachhaltige Entwicklung – Begriffsbestimmung

Die nachhaltige Entwicklung, auf Englisch: sustainable development, wurde mit dem so genannten Brundtland-Bericht (WCED 1987) Ende der Achtzigerjahre zum Begriff, der in der Agenda 21 auf der UN-Konferenz zu „Umwelt und Entwicklung" 1992 von über 170 Staaten, darunter auch Deutschland, in ihre Politik übernommen wurde (BMU o. J.). Die Interpretation des Begriffes und die Umsetzung des dahinter stehenden politischen Konzeptes ist allerdings sehr uneinheitlich (für einen Überblick siehe z. B. Diefenbacher et al. 1997, Voss 1997).

Die klassische Definition lautet:

Nachhaltige Entwicklung ist eine Entwicklung, die die Bedürfnisse der heutigen Generation befriedigt, ohne die Möglichkeit künftiger Generationen zu beschneiden, ihre eigenen Bedürfnisse zu befriedigen (WCED 1987, S. 43).

Die Brundtland-Kommission präzisiert weiter: Die Entwicklung habe sich an den „grundle-genden Bedürfnissen der Ärmsten der Welt" zu orientieren, wie den Bedürfnissen nach „Nahrung, Kleidung, Wohnung, Arbeit". Unter dem Aspekt der Nachhaltigkeit werden die Begrenzungen verstanden, welche die Umwelt auferlegt, wenn ihre Fähigkeit erhalten wer-den soll, die Bedürfnisse heutiger und künftiger Generationen zu befriedigen (WCED 1987, S. 43).

In dieser Konzeption werden die soziale und die ökologische Entwicklung aufeinander bezogen. Damit wird dem Umstand Rechnung getragen, dass zum einen soziale Faktoren wie Armut Menschen zu einer Übernutzung der Ressourcen veranlasst, was auf die Dauer ihre Armut oft verstärkt, und dass zum anderen eine schlechte Umweltqualität häufig zuerst arme Gruppen der Bevölkerung trifft. Daher müssen die Probleme in beiden Bereichen gleichzeitig bekämpft werden, soll eine Lösung dauerhaft sein.

Wirtschaftliche Prozesse bilden ein Zwischenglied dabei: Sie transformieren natürliche Güter, wobei z. T. Ressourcen verzehrt werden, und schaffen materielle Güter, die zur Be-dürfnisbefriedigung von Menschen beitragen. Ein Primat des einen Bereiches über den anderen wird durch das Konzept der nachhaltigen Entwicklung nicht festgelegt. Durch die Verknüpfung von ökologischen mit sozialen Problemen werden Verteilungskonflikte aus-gedehnt. Wie diese Konflikte zu entscheiden sind, ist nicht geregelt und muss jeweils neu innerhalb und zwischen Gesellschaften gelöst werden.

Schon diese Vorbemerkungen zeigen, dass die wesentlichen Fragen nach gerechter Vertei-lung und Bedürfnisbefriedigung nicht durch einen wissenschaftlichen Diskurs entschieden werden können, sondern politischer und letztlich ethischer Natur sind. Wissenschaft kann hier nur Hilfe zu einer Entscheidung liefern, nicht aber selbst entscheiden.

3 Eine Charakterisierung der nachhaltigen Entwicklung

Die Definition der Brundtland-Kommission der nachhaltigen Entwicklung muss genauer analysiert werden. Damit kommen wir direkt auf die Felder der aktuellen wissenschaftli-chen (und politischen) Auseinandersetzung, in deren Rahmen sich dieser Beitrag einordnet.

Prognose, nicht Feststellung

Nachhaltigkeit beschreibt einen *Prozess*, keinen Zustand. Denn man kann nur ex post fest-stellen, ob eine Entwicklung ggf. im Stande war, die Bedürfnisse der vergangenen oder der heutigen Generationen zu befriedigen. Ob sie auch den Bedürfnissen zukünftiger Genera-tionen gerecht werden wird, kann man bestenfalls *prognostizieren*, aber nicht definieren, wie auch Costanza u. Patten (1995) argumentieren. Ferner können die Güterabwägungen, die der Ausbalancierung menschlicher Bedürfnisse mit ökologischen Grenzen zu Grunde liegen, nicht für alle Zeiten festgeschrieben, sondern müssen immer wieder neu bestimmt werden. Auch daraus ergibt sich der Prozesscharakter.

Starke oder schwache Nachhaltigkeit

Eine Operationalisierung der nachhaltigen Entwicklung ist heftig umstritten. Zwei weit verbreitete Positionen sind die so genannte Starke und die so genannte schwache Nachhaltigkeit (siehe z. B. Costanza u. Daly 1992, Gutés 1996). Beide Richtungen sehen neben dem klassischen künstlichen Kapital im weiteren Sinne, also Maschinen und Anlagen, aber auch know how und soziale Organisationen, ein natürliches Kapital. Dieses besteht aus der Natur und ihren Kreisläufen, also Ressourcen genauso wie Regelkreisläufen, den „life support systems" in technisch-funktionaler Sprache. Was die Natur hervorbringt, etwa Jungtiere, neue Wälder oder saubere Luft, wird als Zins betrachtet – also als Ertrag des natürlichen Kapitals. Ob das natürliche Kapital komplementär zum künstlichen ist oder durch dieses substituiert werden kann, ist der wesentliche Unterschied zwischen den beiden Schulen. Damit unterscheiden sie sich letztlich in der Frage, was und wie viel vom natürlichen Kapital verbraucht werden darf.

Die Vertreter der starken Nachhaltigkeit sehen natürliches und künstliches Kapital als komplementär zueinander an. Daher setzen sie als *notwendige* Bedingung einer nachhaltigen Entwicklung, dass der natürliche Kapitalstock mit der Zeit nicht abnehme. Dadurch sollen die Lebensgrundlagen der heutigen und künftiger Generationen gesichert werden. Daher dürfe der Mensch nur von den „natürlichen Zinsen" leben und alles, was an natürlichen Gütern verbraucht wird, müsse wieder ersetzt werden. Bei nicht erneuerbaren Gütern (z. B. fossile und mineralische Ressourcen) müsse hilfsweise je verbrauchter Einheit eine *funktionsgleiche* Einheit eines erneuerbaren Gutes bereitgestellt werden[1]. Danach ist im Sinne der starken Nachhaltigkeit die Nutzung fossiler Energieträger nur nachhaltig, wenn dafür eine entsprechende Menge erneuerbarer Energieträger geschaffen wird. Und jährlich dürfe nur die Menge an Fischen gefangen werden, die innerhalb dieser Zeit entstanden ist. Eine solche Haltung nimmt auch die Brundtland-Kommission ein (WCED 1987, S. 45f.).

Dabei kann es im strengen Sinne keinen vollständigen Ersatz geben, da nach den Gesetzen der Thermodynamik alle Vorgänge auf der Erde irreversibel sind. Daher müssen Funktionen oder Zustände identifiziert werden, die erhalten werden sollen, und solche, die als optional angesehen werden. Für eine effiziente Entscheidung benötigt man ferner einen einheitlichen Maßstab, um die potenziellen Substitute vergleichen und bewerten zu können. Es besteht aber weder ein gesellschaftlicher Konsens über die essenzielle Umweltqualität noch ist die wissenschaftliche Methodik für eine Erfassung und Bewertung ausgereift.

Die Vertreter der Schwachen Nachhaltigkeit sind der Auffassung, dass künstliches Kapital das natürliche ersetzen könne. Nach ihnen bedeutet eine nachhaltige Entwicklung, dass allein die *Summe* aus natürlichem und künstlichem Kapital über die Zeit nicht sinke. Demnach könne beispielsweise der Verbrauch von Erdöl durch den Aufbau von Kernkraftwerken kompensiert werden. In der Schwachen Nachhaltigkeit erstreckt sich also das (ungelöste) Problem der Bewertung verschiedener Güter, das bei der Position der starken Nachhaltigkeit zunächst für den Bereich der natürlichen Güter wesentlich ist, zusätzlich noch auf die Verrechnung zwischen natürlichem und künstlichem Kapital.

---

[1] Derartige Handlungsanweisungen werden häufig auch als die „Managementregeln der (Starken) Nachhaltigkeit" bezeichnet.

Notwendigkeit der Auswahl – Gleichheit unter und zwischen den Generationen

Offensichtlich macht es für die Umsetzung einer nachhaltigen Entwicklung einen großen Unterschied, welcher der obigen Positionen man zuneigt. Zu entscheiden ist, wie viel und welche (also quantitativ und qualitativ) natürlichen Ressourcen durch künstliche ersetzt werden dürfen oder können und *was* dagegen *wo* und für *wie lange* erhalten werden soll (Costanza u. Patten 1995). Dabei müssen die Auswirkungen auf künftige Generationen berücksichtigt werden. Als ethischer Maßstab wird die inter- und intra-generational equity (Gleichheit unter und zwischen den Generationen) von der Brundtland-Kommission gesetzt. Angesichts verschiedener natürlicher Lebensgrundlagen kann Gleichheit innerhalb einer Generation nicht Einheitlichkeit bedeuten, sondern eine angemessene Verteilung der genutzten Ressourcen und Güter. Und wegen des irreversiblen Verbrauchs kann Gleichheit zwischen Generationen wiederum nicht Konservierung des aktuellen Zustandes erfordern, sondern den Erhalt von Lebensmöglichkeiten auch bei geänderten Bedingungen bedeuten. Wiederum ist ein Bewertungsmaßstab gefordert, um qualitativ Verschiedenes einheitlich beurteilen zu können. Dieses Entscheidungsproblem ist nicht spezifisch für das Konzept der nachhaltigen Entwicklung. Explizit oder implizit werden Entscheidungen zwischen beispielsweise Arbeitsplätzen, Gesundheitsvorsorge und Konsumwünschen auch heute getroffen. Spezifisch für die nachhaltige Entwicklung ist die Rechtfertigung der Entscheidungsgrundlagen im Lichte der geforderten Gleichheit unter ausdrücklicher Berücksichtigung der natürlichen Lebensgrundlagen.

Nachhaltigkeit messen – Indikatoren und Bewertung

Wie lässt sich die nachhaltige Entwicklung messen und bewerten? Ideal wären Indikatoren, die die Zufriedenheit der Menschen und den Zustand der Umwelt als Ganzes abbilden. Diese Größen werden näherungsweise durch statistische Parameter ersetzt. Hier wurde noch keine einheitliche, konsistente und vollständige Systematik entwickelt (für einen Überblick siehe z. B. Walz et al. 1996). Weder ist geklärt, welche Aspekte erfasst werden müssen, noch in welcher Tiefe sie zu erfassen wären, noch wie die einzelnen Parameter miteinander zu verrechnen wären. Daher werden zunächst viele Einzeldaten auf der Sachebene erhoben. So hat die mit der Umsetzung der nachhaltigen Entwicklung betraute UN-Kommission einen Katalog von 130 Parametern vorgelegt, der wirtschaftliche Parameter (z. B. Bruttosozialprodukt, Außenhandel, Rohstoffvorkommen, Schuldendienst, Investitionen), Daten zur sozialen Situation (z. B. Bevölkerungsentwicklung, Bildungs-, Gesundheits-, Einkommensniveau) und Daten zu Umweltaspekten (z. B. Emission einzelner Schadstoffe, Zustandsdaten verschiedener Ökosysteme) auflistet (UN-CSD 1996). Akteure müssen die für ihre Zwecke am besten geeigneten Indikatoren selbst zusammenstellen und ein Bewertungsverfahren entwickeln. Dies mag zwar als Nachteil erscheinen, hat aber auch zwei Vorteile: Damit müssen die Beteiligten für sich und nach außen klären, welche Größen für sie essenziell bzw. optional sind. Und zum Zweiten wird das Vorgehen damit der jeweils lokalen Situation angepasst.

4 Nachhaltigkeit und Verkehr

Das Konzept der nachhaltigen Entwicklung schließt alle Menschen auf der Welt ein. Einzelne Bereiche oder Regionen können für sich nicht „nachhaltig" sein. Es gibt daher auch keinen „nachhaltigen Verkehr", wenn er sich nicht in den Kontext des gesamten Prozesses einbettet. Kriterien für einen sozial- und umweltverträglichen Verkehr sind daher notwendig, aber nicht hinreichend für die Erreichung der Nachhaltigkeit.

Als Verkehr wird im Folgenden die Gesamtheit aller Vorgänge bezeichnet, bei denen sich Personen oder Güter fortbewegen bzw. fortbewegt werden. Unter Mobilität wird die *Fähigkeit* zur Fortbewegung verstanden, die an einen *sozialen Kontext* gebunden ist. Verkehr ist in diesem Sinne also die Ausübung der Mobilität. Als Ausgangs- und zugleich Zielpunkt kann die Definition der Brundtland-Kommission angepasst werden: *Nachhaltiger Verkehr ist demnach ein Verkehr, der die Bedürfnisse der heutigen Generation befriedigt, ohne die Möglichkeit künftiger Generationen zu beschneiden, ihre eigenen Bedürfnisse zu befriedigen.*

Eingrenzung auf ökologische Kriterien – starke Nachhaltigkeit

Wir meinen, dass der Verkehr mit langfristigen ökologischen Zielen notwendig übereinstimmen muss und schließen uns damit der Position der Starken Nachhaltigkeit an. Die sozialen und ökonomischen Funktionen des Verkehrs sollen dadurch nicht ignoriert werden. Es wird auch nicht behauptet, dass die Beachtung ökologischer Kriterien allein eine nachhaltige Entwicklung garantiere.

Der Verkehr trägt in Deutschland wesentlich zur Umweltbelastung und zum Ressourcenverbrauch bei und wird den Prognosen zufolge weiter wachsen. Zwar sind für einige Luftschadstoffe deutliche Minderungen erreicht worden bzw. werden in der nächsten Zeit erreicht werden (vgl. den Beitrag von Knörr u. Höpfner in diesem Band), doch bleiben wesentliche Problemfelder bestehen. Dazu gehören der steigende Beitrag des Verkehrs zu den klimarelevanten Emissionen infolge des zurzeit noch zunehmenden Verbrauchs fossiler Kraftstoffe, die Bedrohung von Arten und Biotopen durch direkten und indirekten Flächenverbrauch, die Gefährdung der menschlichen Gesundheit und der Integrität von Ökosystemen durch Luftschadstoffe, die Belastung durch Verkehrslärm und die hohe Zahl an Toten und Verletzten (UBA 1998, S. 96; OECD 1996a u. 1998). Diese Probleme sind dem Verkehr sowohl *als Verursacher* als auch *als Mittel* zur Erfüllung anderer Zwecke, etwa der Versorgung der Bevölkerung mit Gütern, anzulasten. Auf gesellschaftlicher Ebene ist abzuwägen, welche Sektoren welchen Beitrag zur Erreichung einer nachhaltigen Entwicklung leisten sollen, ob also alle Verursacher proportional oder nicht reduzieren sollen.

Zieldefinition – ein wesentlicher Schritt

Der Beitrag des Verkehrs zur nachhaltigen Entwicklung sollte quantitativ gefasst werden. Ohne Zieldefinition lässt sich nicht überprüfen, ob und welche Fortschritte gemacht werden. Allgemeine Anforderungen an einen „nachhaltigen Verkehr" wurden erstmals von der OECD auf ihrer Konferenz im kanadischen Vancouver aufgestellt (OECD 1996b). Für

Deutschland hat das Umweltbundesamt umweltbezogene, quantitative Ziele für den Verkehrsbereich formuliert (UBA 1998, S. 97). Dabei sollen Mobilität und Zugang („access") erhalten, die negativen Folgen ihrer Ausübung aber begrenzt werden.

Verkehrsbezogene Ziele – Beispiel Gesundheits- und Klimaschutz

Anhand zweier Beispiele wird die unterschiedliche Vorgehensweise für eine Zielbestimmung bzw. die Ableitung von Maßnahmen ausgeführt. Betrachten wir zuerst den Fall, dass ein Schadstoff fast ausschließlich vom motorisierten Verkehr emittiert wird. Ein Beispiel ist das kanzerogene Benzol, das zu rund 95 % aus dem Verkehr stammt (SRU 1994, S.206). Wenn es gesellschaftliches Ziel ist, das damit verbundene Krebsrisiko im Rahmen einer Strategie zur nachhaltigen Entwicklung unter einen bestimmten Wert zu senken, dann wird diese Minderungsvorgabe direkt auf den Verkehr zu übertragen sein, da keine anderen nennenswerten Emittenten vorhanden sind. So schlägt das Umweltbundesamt vor, dass das kanzerogene Risiko von Stadtbewohnern nicht höher sein soll als das Risiko von Landbewohnern und daher die maximale Immissionskonzentration von Benzol bei 2,5 $\mu g/m^3$ liegen soll. Heutige Immissionswerte und die mit den heute absehbaren Maßnahmen zur Benzolminderung (weitere Durchdringung des Bestandes mit verbesserten Kfz, Benzol-und Aromaten-reduzierte Kraftstoffe) vermutlich erzielten Reduktionen lassen erwarten, dass dieses Ziel erreicht wird. Bei anderen Schadkomponenten, wie z. B. den Partikelemissionen, scheint ein vergleichbares Ziel weiter gehender Maßnahmen zu bedürfen (siehe den Beitrag von Knörr u. Höpfner in diesem Band).

Stellt der Verkehr dagegen nur einen unter mehreren Verursachern dar, dann muss zusätzlich zu der generellen Zielvorgabe eine Aufteilung der Minderungen auf die einzelnen Verursacher gefunden werden. Die klimarelevanten Kohlendioxidemissionen sind hierfür ein bekannt schwieriges Beispiel. Es ist das erklärte Ziel der Bundesregierung, die *gesamten* CO_2-Emissionen Deutschlands um 25 % im Zeitraum von 1990 bis 2005 zu senken. Das Ziel könnte also erreicht werden, indem jeder Emittent eine Minderung von 25 % anstrebt. Diesen festen Schlüssel bei der Verteilung der Minderungsanforderungen gibt es nicht. Denn das würde voraussetzen, dass alle Bereiche gleich hohe und gleich einfach realisierbare Reduktionspotenziale aufweisen. Dem ist nicht so – und zudem muss auch ein Optimum der gesellschaftlichen Akzeptanz gefunden werden (siehe dazu Höpfner 1991). Somit ist es eher wahrscheinlich, dass der Verkehr einen kleineren Beitrag leistet und die anderen Emittenten überproportional reduzieren – wenn das Ziel erreicht werden sollte.

Tatsächlich sind im Zeitraum von 1990 bis 1995 die CO_2-Emissionen des Verkehrs um 8 % gestiegen (+4 % West, +32 % Ost), während die Emissionen in allen anderen Sektoren gesunken sind (BMU, 1997). Dabei ist die CO_2-Minderung bis 2005 nur ein Zwischenziel für den Klimaschutz auf dem Weg zu einer 80 %igen Minderung im Jahre 2050. Selbst wenn die CO_2-Emissionen des Verkehrs auf dem jetzigen Niveau verbleiben würden, dann dürften im Jahre 2050 die anderen Sektoren *kein* CO_2 mehr emittieren, was utopisch ist. Daher ist nicht zu fragen, *ob* auch der Verkehr seine Emissionen senken muss, sondern nur noch, *um wie viel* zu reduzieren ist. Aus heutiger Sicht ist es kaum vorstellbar, dass das Ziel des Klimaschutzes *ohne* eine Reduktion der Verkehrsleistung, insbesondere im Individualverkehr, zu erreichen ist (Höpfner 1991; für Szenarien z. B. UBA 1998, S.93ff).

Folgerungen für die Maßnahmen

Sind konkrete Ziele zur Beschreibung der nachhaltigen Entwicklung vereinbart, dann müssen sie in Maßnahmen bezogen auf die einzelnen Verursacher übersetzt werden. Für den Verkehr muss dazu weiter aufgeschlüsselt werden, welchen Beitrag der Güter- und der Personenverkehr, welchen die einzelnen Verkehrsträger (Pkw, Bahn, Flugzeug etc.) leisten sollen oder ob nach Verkehrszwecken differenziert wird. Mögliche Maßnahmen reichen von einer Reduzierung der Verkehrsleistung über die Verlagerung des Verkehrs auf umweltverträglichere Verkehrsmittel bis hin zu Effizienzsteigerungen. Auch hier sind wieder Zielkonflikte zwischen verschiedenen Anforderungen zu lösen und „win-win-Strategien" selten. Daher müssen Maßnahmen in Ansatz gebracht werden, die einen größtmöglichen gesellschaftlichen Ausgleich zwischen den verschiedenen Minderungsoptionen garantieren, dabei ein Maximum der Freiheitsgrade individueller Entscheidungen und somit hohe soziale und politische Akzeptanz ermöglichen (Höpfner 1991).

Zur Bewertung und effizienten Umsetzung der Maßnahmen stellt die ökonomische Theorie eine Fülle von Methoden bereit. Entscheidend ist dabei aber, Kriterien zu verwenden, die in Hinblick auf das Ziel der nachhaltigen Entwicklung geeignet sind, insbesondere also die externen Effekte des Verkehrs heute und für künftige Generationen berücksichtigen.

5 Fazit

Zusammengefasst heißt dies:

- Eine nachhaltige Entwicklung fordert, dass alle gesellschaftlichen Bereiche in Einklang gebracht werden mit den (vorrangig grundlegenden) Bedürfnissen der Menschen und der begrenzten Tragekapazität der Erde. Dieser Ausgleich hat sich an den Prinzipien der inter- und intragenerationellen Gleichheit auszurichten. Mehr ist nicht geregelt.
- Erst teilweise ist beantwortet, nach welchen Kriterien eine nachhaltige Entwicklung gemessen werden kann und Teilentwicklungen untereinander zu bewerten sind.
- Eine nachhaltige Entwicklung setzt sich zwar aus vielen Einzelschritten zusammen. Eine „sustainable mobility" macht für sich alleine keinen Sinn. Sie ist jedoch als *Teil* eines gesamten Prozesses unverzichtbar.
- Wesentlich für ein koordiniertes Vorgehen sind (möglichst quantifizierte) Zielbestimmungen. Im Verkehrssektor sind die negativen Folgen des Verkehrs unter Erhalt der Mobilität zu minimieren.
- Die ökologischen Anforderungen an den Verkehr sind notwendig, aber nicht hinreichend für eine nachhaltige Entwicklung. Sie müssen noch mit sozialen und ökonomischen Anforderungen abgewogen werden. Dabei sind dann sowohl das physische Verkehrssystem, als auch seine Funktionen und seine Nutzer zu betrachten.
- Der Verkehr ist heute nicht umweltverträglich und kann daher nicht nachhaltig sein. Zur Erreichung des Zieles dürften Verringerungen der Verkehrsleistungen im Personen- und Güterverkehr nicht zu umgehen sein. Die Einschränkungen werden umso

wichtiger und damit wahrscheinlicher, je weniger andere Sektoren zur Zielerreichung beitragen und je weniger die Technik, Verlagerung und Verhaltensänderung greifen.

Literatur

BMU (o.J.): Bundesministerium für Umwelt, Naturschutz und Reaktorsicherheit (Hrsg.): Konferenz der Vereinten Nationen für Umwelt und Entwicklung im Juni 1992 in Rio de Janeiro, Dokumente: Agenda 21. Bonn

BMU (1997): Bundesministerium für Umwelt, Naturschutz und Reaktorsicherheit (Hrsg.): Ursachen der CO_2-Entwicklung in Deutschland in den Jahren 1990 bis 1995. Berlin und Karlsruhe

BMV (1997): Bundesministerium Verkehr (Hrsg.): Verkehr in Zahlen. FGSV Verlag, Köln

Costanza, R., Daly, H.E. (1992): Natural Capital and Sustainable Development. Conservation Biology 6, 37-46

Costanza, R., Patten, B.C. (1995): Defining and predicting sustainability. Ecological Economics 15, pp. 193-196

Diefenbacher, H. et al. (1997): Nachhaltige Wirtschaftsentwicklung im regionalen Bereich – ein System von ökologischen, ökonomischen und sozialen Indikatoren. FEST Texte und Materialien A/42, Heidelberg

Gutés, M.C. (1996): The concept of weak sustainabilty. Ecological Economics 17, pp. 147-156

Höpfner, U. (1991): Zwingen Energieverbrauch und Schadstoffemissionen zu einer Verringerung der Mobilität? Ein Ausblick bis zum Jahr 2005. Vortrag bei der 1.VDI-BMW Gemeinschaftstagung „Mobilität und Verkehr – Reichen die heutigen Konzepte aus?", 21./22.11.1991, München

OECD (1996a/1998): Organisation für wirtschaftliche Zusammenarbeit und Entwicklung (Hrsg.): Environmental criteria for sustainable transport – Report on phase 1 of the project on Environmentally Sustainable Transport (EST). Paris 1996. Sowie Phase 2, Paris 1998

OECD (1996b): Sustainable Transportation Principles. In: Environment Canada, Transport Canada: Sustainable Transportation, Ottawa

SRU (1994): Der Rat von Sachverständigen für Umweltfragen: Umweltgutachten 1994 – Für eine dauerhaft-umweltgerechte Entwicklung. Metzler-Poeschel, Stuttgart

UBA (1998): Umweltbundesamt (Hrsg.): Nachhaltiges Deutschland – Wege zu einer dauerhaft umweltgerechten Entwicklung. Erich Schmidt, Berlin

UN-CSD (1996): United Nations – Commission on Sustainable Development (Hrsg.): Indicators of Sustainable Development – Framework and methodologies. New York

Voss, G. (1997): Das Leitbild der nachhaltigen Entwicklung – Darstellung und Kritik. Beiträge zur Wirtschafts- und Sozialpolitik Institut der deutschen Wirtschaft 237. Deutscher Instituts-Verlag, Köln

Walz et al. (1996): Weiterentwicklung von Indikatorensystemen für die Umweltberichterstattung, Abschlußbericht. Im Auftrag des Umweltbundesamtes, UFOPLAN-Nr. 101 05 016, Fraunhofer-Institut für Systemtechnik und Innovationsforschung, Karlsruhe

WCED (1987): World Commission on Environment and Development: Our Common Future. Oxford University Press, Oxford, New York

Verkehrsvermeidung

Mario Schmidt

1 Einführung

In den letzten Jahrzehnten haben sich große Veränderungen in der Verkehrsnachfrage einzelner Personen, aber auch der ganzen Wirtschaft ergeben. Die technische Entwicklung hin zu modernen, schnellen und billigen Massen- und Individualtransportmitteln hat praktisch alle Lebensbereiche nachhaltig beeinflusst. Entfernungen stellen heute für Personen, Güter oder Nachrichten nicht mehr jenes Hemmnis zur Raumüberwindung dar, das es vor 30 oder 40 Jahren noch war.

Das Urlaubs- und Freizeitverhalten jedes Einzelnen hat sich wesentlich geändert. Entfernte Länder sind längst gewöhnliche Urlaubsziele. Die Standortwahl für den Arbeitsplatz oder den Wohnort ist heute entfernungsunabhängiger als zu Zeiten, wo Auto, S-Bahn oder Intercity noch nicht existierten. Durch die verbesserte Verkehrsinfrastruktur konnte das wirtschaftliche und soziale Gefälle zwischen Stadt und Land verringert werden; die Produktion fernab von Ballungszentren ist nahezu genauso marktfähig. Schließlich hat sich die Produktvielfalt mit Importen aus der ganzen Welt und mit der Binnenmarktöffnung in der EU erheblich erhöht und die Konsummöglichkeiten nachhaltig beeinflusst.

Es scheint, dass „Verkehr", d. h. die schnelle und billige Überwindung von Distanzen, eine nicht mehr wegzudenkenden Säule der modernen Gesellschaft ist. Individuelle Mobilität ist eng mit dem Freiheitsbegriff verknüpft. Das Auto ist zu einem gesellschaftlichen Statussymbol schlechthin geworden. Staatenbünde wurden unter dem Ziel gegründet, dass der freie und ungehinderte Austausch von Personen, Waren und Dienstleistungen ermöglicht wird.

Dabei ist Verkehr – von wenigen Ausnahmen abgesehen – kein Selbstzweck. Fritz Voigt (1965) spricht von der Trilogie der Funktionen des Verkehrs: er ist notwendig zur Befriedigung von Konsumbedürfnissen, er ist immanenter Bestand jeder Arbeitsteilung und jedes Marktes und er dient dem Kontaktbedürfnis und sozialen Austausch der Menschen. Am deutlichsten wird die Bedeutung des Verkehrs anhand der Rolle, die ihm in unserem Wirtschaftssystem beigemessen wurde und immer noch wird: *„Ohne Verkehrsleistungen ist eine arbeitsteilige Wirtschaft wie auch das Phänomen des Marktes nicht möglich. Insoweit haben die Verkehrsleistungen nicht mehr den Charakter von Endprodukten, sondern sind vielmehr die zur Produktion, Beschaffung und Verteilung im weitesten Sinne benötigten*

Voraussetzungen. ... Die Güte eines Marktes hängt folglich neben anderen Determinanten unmittelbar von der „relevanten" Güte des Verkehrssystems ab."

Ähnlich wie zwischen dem Energieverbrauch und dem Wirtschaftswachstum ein direkter funktionaler Zusammenhang postuliert wurde, ist das Wirtschaftswachstum scheinbar auch mit einer immer größeren Verkehrsleistung verknüpft. Physische Distanzen, in Kilometer gemessen, verlieren ihre Bedeutung und werden ersetzt durch Kosten- und Zeitparameter. Man spricht in diesem Zusammenhang von ökonomischer Distanzverringerung. Der absolut chancengleiche Markt wäre schließlich erreicht, wenn der Verkehr Standortunterschiede bei Produktion und Konsumption völlig nivelliert hätte, also umsonst und beliebig schnell wäre.

Diesen unter wirtschafts- und sozialpolitischen Gesichtspunkten positiven Entwicklungen stehen Nachteile gegenüber. Verkehr ist in unserem Wirtschaftssystem keine unbedeutende Randerscheinung mehr. Aufwendige Infrastrukturen mit entsprechendem Finanz- und Ressourcenbedarf müssen bereitgestellt werden. Dies zeigt sich z. B. im Zusammenhang mit der Öffnung Osteuropas, dem zu erwartenden Transitverkehr durch Deutschland und dem geplanten Ausbau der Verkehrsinfrastruktur in den neuen Bundesländern. Der Anteil des Verkehrs an der Umweltbelastung und dem Ressourcenverbrauch ist erheblich. Schließlich richtet sich der Verkehr, der einst nur eine dienende Funktion zur Wohlstandssteigerung haben sollte, selbst gegen den Menschen. Immer häufiger treten Konflikte mit anderen Nutzungsansprüchen auf; der Verkehr hat radikal in unsere Landschaft und Naturräume eingegriffen. In vielen Städten und Gemeinden hat er ein erträgliches Maß an Lärmbelastung weit überschritten. Nicht zu vergessen sind schließlich die Verletzten und Verkehrstoten, die längst zum Alltag gehören und gegenüber anderen zivilisatorischen Risiken scheinbar bereitwillig akzeptiert werden.

Viele dieser Probleme können durch technische Neuerungen und durch verbesserte Systeme verringert werden. Sie ändern sich aber nicht substanziell, solange der Verkehr solche hohen Zuwachsraten hat. Der Mengenaspekt kompensiert schließlich alle technischen Lösungsansätze. Die Bundesregierung selbst hat auf diesen Aspekt hingewiesen, als sie 1990 im Zusammenhang mit dem globalen Klimaschutz eine 25-prozentige Minderung der CO_2-Emissionen bis zum Jahr 2005 beschloss: *„Sie [Die Bundesregierung] ist der Auffassung, dass die Ausschöpfung der technischen Möglichkeiten zur Kraftstoffeinsparung und CO_2-Reduzierung am Fahrzeug angesichts der unter status-quo-Bedingungen zu erwartenden Zunahme des Verkehrs auf den Straßen nicht ausreicht, um eine Reduktion der verkehrlichen CO_2-Emissionen zu erreichen."*

Das Ausmaß dieser Probleme erforderte im Grunde, über die Grenzen des „quantitativen Verkehrswachstums" nachzudenken sowie über die Frage, ob nicht – ähnlich wie im Energiebereich – eine Entkopplung des Verkehrswachstums vom Wirtschaftswachstum möglich wäre. An dieser Stelle wird der Begriff der *Vermeidung* relevant. Doch während der Vermeidungsgedanke im Abfallwirtschaftsbereich längst zum Standardrepertoir der Umweltpolitik gehört, berufen sich im Verkehrsbereich nur wenige auf das Vermeiden.

In der Abfallwirtschaft ist Vermeidung als Grundsatz der Kreislaufwirtschaft sogar gesetzlich kodifiziert. Entscheidender Wesenszug der Abfallvermeidung ist, dass Abfall erst gar nicht entsteht. Dies kann z. B. durch anlageninterne Kreislaufführung von Stoffen, durch abfallarme Produktgestaltung oder ein entsprechendes Konsumentenverhalten erfolgen. Man kann auch sagen, die Abfallvermeidung setzt am Ursprung des Abfallentstehens an, sie beschäftigt sich hingegen nicht mit der Frage, welche Abfallbehandlung – Verwerten, Verbrennen, Deponieren etc. – nun sinnvoller ist. Vermeidung ist damit eine Strategie des proaktiven und vorsorgenden Umweltschutzes im engeren Sinne.

Bei *Verkehrs*vermeidung gerät man allerdings schnell in den Verdacht, unsere moderne Gesellschaft und die Wirtschaft an einem empfindlichen Nerv zu treffen. In der Politik und in der Wirtschaft ist der Vermeidungsbegriff deshalb geradezu stigmatisiert.

2   Zur Definition der Vermeidung

Dabei ist man derzeit weit davon entfernt, Verkehr pauschal zu *verbieten*. Die inhaltliche Auseinandersetzung mit Verkehrsvermeidung eröffnet jedoch neue Chancen des Verstehens darüber, wie Verkehr entsteht, wo Verkehr benötigt wird, wo er vermieden werden kann und wo nicht. Aber der Begriff der Verkehrsvermeidung ist in seiner Verwendung leider nicht einheitlich und oft widersprüchlich. Oft wird er synonym für alles verwendet, was zu „weniger Verkehr auf den Straßen" führt, sei es durch Verkehrslenkung, durch Erhöhung des Auslastungsgrades, durch Verkehrsmittelverlagerung usw.

In der fachlichen Diskussion wird da etwas genauer unterschieden. Zum Beispiel schreibt der Verkehrsexperte Petersen (1992): „*Verkehrsvermeidung bedeutet Reduzierung von Verkehrsaufwand (auch als Verkehrsleistung bezeichnet) durch eine Verringerung der Entfernungen bei gleichem Verkehrsaufkommen (im Personenverkehr die Zahl der Wege, im Güterverkehr die umgeschlagenen Mengen).*" Ähnlich definieren auch Schallaböck (1991) oder Würdemann (1993) den Begriff der Verkehrsvermeidung.

In diversen Arbeiten des ifeu-Instituts zum lokalen Klimaschutz wurde der Begriff der Vermeidung in eine Reihung von Handlungskategorien eingeordnet, die von Ursachen-Wirkungs-Beziehungen abgeleitet ist (Schmidt et al. 1992): Welche Ursache führt zu den schädlichen Umweltwirkungen und welche Ursache führt wiederum zu dieser Ursache etc.? Die am tiefsten liegenden Ursachen haben die größte „Wirkungstiefe". Dazu gehören beispielsweise Verhaltensmuster von Personen oder Raum- und Wirtschaftsstrukturen. Handlungskategorien, die an diesen tief liegenden Ursachen, quasi an den „Wurzeln" ansetzen, haben am ehesten Vermeidungscharakter. Die Verkehrsvermeidung setzt also dort an, wo Verkehr entsteht, an den vorgelagerten Determinanten. Da Verkehrsnachfrage in der Regel kein Selbstzweck ist, sondern eine abgeleitete Größe aus wirtschaftlichen, sozialen, kulturellen u.a. Bedürfnissen, muss sich der Vermeidungsansatz zwangsläufig mit diesen Themenkreisen und ihrer Relevanz für Verkehr auseinander setzen.

Der englische Verkehrsökonom Thomson (1974) hat bereits in den 70er-Jahren den Begriff der Verkehrsvermeidung verwendet, der allerdings aus ökonomischen Ansätzen abgeleitet wird. Verkehr wird dabei – ebenso wie andere marktfähige Dienstleistungen – im Wechselspiel zwischen Angebot und Nachfrage betrachtet. Dieser Ansatz ist schwierig, da nicht der gesamte Verkehr rein ökonomischen Marktregeln unterliegt – z. B. der Freizeitverkehr – und der Nutzenbegriff nicht rein pekuniär definiert werden kann. Immaterieller Nutzen

(Erholung, Zusammentreffen mit anderen Menschen...) muss ebenso in die Betrachtung mit einbezogen werden wie auch der Zeitaufwand und Komfortverlust neben dem Kostenaufwand. Freilich kann versucht werden, auch diese Aspekte monetär auszudrücken.

Thomson (1974) bezeichnet mit der Verkehrsnachfrage die Menge an Verkehrsdienstleistung, die Menschen (Verbraucher) unter bestimmten Bedingungen kaufen oder in Anspruch nehmen wollen. Dabei unterscheidet er drei Arten von unbefriedigten Verbrauchern:

- Diejenigen, die kaufen wollen, aber nichts mehr bekommen. Es handelt sich also um eine eingeschränkte Nachfrage (restricted demand).
- Diejenigen, die bewusst nicht kaufen, und ihr Geld und ihre Zeit für andere Dinge verwenden. Dies ist eine zurückgehaltene Nachfrage (restrained demand).
- Diejenigen, die sich des Wunsches nach einer bestimmten Sache nicht bewusst sind, aber unter anderen Umständen bewusst würden. Es handelt sich hier um vermiedene Nachfrage (avoided demand).

Je nachdem, an welchem Punkt man mit Maßnahmen ansetzt, handelt es sich nach Thomson um Verkehrs*einschränkung*, Verkehrs*zurückhaltung* oder Verkehrs*vermeidung*. Verkehrseinschränkungen sind letztendlich immer mengenpolitische Beschränkungen. Dazu wären beispielsweise ordnungspolitische Maßnahmen zu zählen, mit denen Straßen gesperrt oder deren Benutzung eingeschränkt werden.

Bei der Verkehrszurückhaltung kann man quasi zwischen passiven und aktiven Ansätzen unterscheiden. Passive Maßnahmen entstehen systemimmanent durch die Begrenztheit der Systeme bei überhöhter Nachfrage, also z. B. bei Staubildung. Aktive Maßnahmen setzen dagegen an der Preispolitik an. Nicht eine gezielte Mengenreduzierung sondern eine Verschiebung der individuellen Prioritätensetzung in Anbetracht begrenzter (finanzieller und zeitlicher) Ressourcen ist hier der Effekt. Bei der Verkehrszurückhaltung wird letztendlich der Marktmechanismus ausgenützt. Entscheidend ist, dass der Verbraucher bei der Verkehrszurückhaltung unter alternativen Möglichkeiten bewusst wählt und seine (Geld-)Mittel entsprechend einsetzt. So verzichtet er beispielsweise auf eine Urlaubsreise, weil er sich lieber einen Fernseher leistet.

Dies ist grundsätzlich anders bei der Verkehrsvermeidung. Thomson drückt das pointiert aus: *„Verkehrsvermeidung beseitigt alle Wünsche, indem die zu ihrer Entstehung führenden Bedingungen vermieden werden.“* In Einklang mit dem oben erwähnten Ursachen-Wirkungs-Ansatz, bei dem die Verkehrsvermeidung im strukturellen Bereich ansetzt, weist Thomson auf die Bedeutung des Strukturwandels hin. Er erwähnt als Beispiele die Rolle des Fernsehens für den Verkehr zu Fußball- und Cricketspielen, die Rolle des Kühlschranks für die Einkaufsgewohnheiten oder die strategische Flächennutzungsplanung: *„Die Kontrolle über die Entwicklung der Flächennutzung ist ein mächtiges Instrument, um sowohl das von den Leuten gewünschte Verkehrsvolumen wie auch dessen Verteilung zu beeinflussen.“*

Thomson zeichnet damit einen Weg vor, wie auch Verkehrsvermeidung trotz Freiheitsanspruch und Anforderungen des Marktes in unserer Gesellschaft durchsetzungsfähig werden könnte. Sie müsste klar abgegrenzt werden gegenüber Verkehrseinschränkung und Verkehrszurückhaltung, wo Maßnahmen bereits an realisierter Verkehrsnachfrage ansetzen und als restriktiv empfunden werden. Als Betätigungsfeld müsste Verkehrsvermeidung deshalb hauptsächlich den strukturellen Rahmen im Blick haben, der langfristig mit dem Ziel einer Verringerung der Verkehrsleistung verändert wird.

Wählt man den Ansatz von Thomson, so dürfen nur Maßnahmen zur Verkehrsvermeidung gezählt werden, die bereits bei den Prozessen der Verkehrserzeugung zu einer dauerhaften Verringerung der Verkehrsnachfrage führen. Dies sind hauptsächlich Maßnahmen, die die Siedlungsstruktur und damit die Wegstrecken zwischen Quellen und Zielen beeinflussen. Dies können weiter Maßnahmen sein, die die individuellen Mobilitätsmuster verändern, z. B. der Aufwertung des Wohnumfeldes mit der Folge geringeren Freizeitverkehrs.

Keine Verkehrsvermeidung wären ordnungspolitische Maßnahmen, die Verkehr direkt einschränken, oder preispolitische Maßnahmen, wie z. B. Road Pricing oder eine Erhöhung der Mineralölsteuer, die nur zu einer Zurückhaltung und Umleitung der Nachfrage führen. Allerdings können auch solche Maßnahmen langfristig die Prozesse der Verkehrserzeugung und damit die Verkehrsnachfrage beeinflussen. Eine höhere Mineralölsteuer wird beispielsweise zu höheren Raumwiderständen (= höhere Kosten zur Raumüberwindung) führen und damit die Präferenzen bei der Wohnort- oder Arbeitsstättenwahl beeinflussen. Schmitz (1992) hat auf die Bedeutung solcher flankierenden Maßnahmen für die Siedlungsentwicklung hingewiesen. Dies müsste sozusagen als „Verkehrsvermeidung 2. Ordnung" angesehen werden. Solche Maßnahmen wären auf der gleichen Stufe anzusiedeln wie der Einfluss von Subventionen, z. B. der Kilometerpauschale und der Eigenheimbauförderung, oder der Steuergesetzgebung (z. B. der Ausgestaltung der Grundsteuer), auf die Siedlungsstruktur.

3 Güterverkehr und Verkehrsvermeidung

Am Beispiel des Gütertransportes kann die Bedeutung der Verkehrsvermeidung aufgezeigt werden (Schmidt, 1998). Die Verkehrsvermeidung lässt sich anhand der so genannten Verkehrsleistung bzw. der Transportleistung „messen", die zugleich die angebotene Verkehrsdienstleistung darstellt. Sie wird in Personen-Kilometer oder in Tonnen-Kilometer als Aggregat aus Transportgutmenge und Enfernung angegeben. Verkehrsvermeidung wird dann erreicht, wenn weniger transportiert wird und/oder die Transportentfernungen abnehmen. Am einfachsten ginge das, wenn weniger konsumiert bzw. wenn regional gewirtschaftet würde.

Aber ist das in unserer Gesellschaft und Wirtschaft realistisch? Die Industriegesellschaften sind weit davon entfernt, ihren Konsum einzuschränken. Im Gegenteil: Die Gesellschaften der Schwellenländer folgen dem Beispiel und beanspruchen auch ihren Anteil an den Weltressourcen. Es wird immer mehr konsumiert. Dazu kommt, dass die Öffnung der Märkte, die viel zitierte Globalisierung zu einem Austausch und zu einer Präsenz von Waren auf der ganzen Welt führt. Insgesamt muss also damit gerechnet werden, dass immer mehr Güter immer weiter transportiert werden. Die Forderung nach *Weniger* und *Kürzer* mutet utopisch an.

Die Vermeidungsdiskussion im Gütertransport wäre damit bereits am Ende, außer, man wollte thematisieren, ob die Schwellen- und Entwicklungsländer ähnlich viel konsumieren dürfen wie die reichen Länder oder ob ein globaler Handel wirklich notwendig ist. Mit beiden Fragen gerät man schnell in erhebliche Abwägungsprobleme. So führt die Marktöffnung nach Osten zweifelsohne zu mehr Verkehr; man kann sie jedoch als ein wichtiges Mittel zur politischen und wirtschaftlichen Stabilisierung von osteuropäischen Ländern und damit als ein Element der Sicherheitspolitik ansehen. Welche politische Relevanz hat bei diesem Gesamtzusammenhang noch die Verkehrsvermeidung?

Neue Aspekte der Vermeidung bietet ein etwas differenzierterer Ansatz, bei dem von dem eigentlichen Ziel, der Verringerung der Umweltbelastung, ausgegangen wird (Rat der Sachverständigen für Umweltfragen 1994). Durch eine Kette von Intensitäten können die Beiträge verschiedener Handlungsbereiche zur Verminderung der Schadstofffracht, dem eigentlichen Ziel des Handelns, verdeutlicht werden (Schmidt 1998):

$$SF = (SF/Fkm) \cdot (Fkm/Tkm) \cdot (Tkm/T) \cdot (T/N) \cdot N$$

SF:	Schadstofffracht
Fkm:	Fahrleistung in Fahrzeug-km
Tkm:	Transportleistung in Tonnen-km
T:	Gewicht des Transportgutes in t
N:	Nutzen des Transportgutes

Die Schadstofffracht ist das Produkt aus Emissionsintensität, Fahrleistungsintensität, Transportintensität, Gewichtsintensität und dem Nutzen eines Gutes. Die Formel erhält man ausgehend von der Identität SF = SF durch geschickte Brucherweiterung (Fkm/Fkm usw.) und einer anderen Zusammenfassung der Brüche.

Bisher wurde im Umweltschutz versucht, die Emissionsintensität zu optimieren: durch Abgasminderungstechniken, verbesserte Antriebe und Wechsel auf umweltfreundlichere Transportmittel, z. B. vom Lkw auf die Bahn. Die Verringerung der Fahrleistungsintensität ist das Ziel der Auslastungsgradverbesserung in der Logistik.

Umgekehrt zielt der *fundamentalistische* Vermeidungsansatz auf eine Reduzierung des Nutzens ab: In der Tat führt ein verringerter Nutzen auch zu einer verringerten Schadstofffracht. Vereinfacht ausgedrückt: Halb so viel Konsum, halb so viel Umweltbelastung. Hier setzen viele Diskussionen über eine nachhaltige Entwicklung an, bei der unser hohes Konsumniveau in Frage gestellt wird.

Bevor man sich auf den kaum lösbaren Streit über das richtige Konsumniveau einlässt, steht aber noch die Frage an, was mit der Transportintensität und der Gewichtsintensität ist. Wie viele Transportkilometer müssen mit einem bestimmten Nutzen eines Produktes verbunden sein? Wie viel muss ein Produkt wiegen, um einen bestimmten Nutzen zu erfüllen?

Spätestens seit der populären Diskussion über die *Reise* eines süddeutschen Jogurtbechers ist die ökologische Bedeutung der Transportentfernungen bei der Produktion von Gütern offensichtlich (Böge 1992). In der Tat kann durch eine Optimierung der Zulieferbeziehungen, aber auch der Standortwahl und der Distribution Transportleistung – und damit Umweltbelastung – eingespart werden. Zu beachten ist dabei, dass einzelwirtschaftliche

Optimierungen, etwa bei der Standortwahl von einzelnen Unternehmen, auch das Gesamtsystem verbessern. Sie müssen insgesamt zu weniger Transportleistungen führen und dürfen nicht nur zu Bilanzverschiebungen zwischen verschiedenen Unternehmen führen. Dies ist ein wichtiger Aspekt bei der Berücksichtigung des Verkehrs im Rahmen des Öko-Audits (Schmidt et al. 1999). Das Öko-Audit könnte hier einen gewissen Beitrag zur Verkehrsvermeidung beitragen, wenn Lieferverflechtungen einbezogen und unter ökologischen, aber gleichwohl auch ökonomischen Gesichtspunkten optimiert würden. Allerdings müssten dann (ökonomische) Anreize zu einer Optimierung für die Unternehmen bestehen.

Eine andere Möglichkeit bietet der Produktbezug: Wie viel Transport und damit wie viel Umweltbelastung ist mit der Herstellung, der Distribution, der Nutzung und der Entsorgung eines Produktes verbunden? Es ist inzwischen Standard, dass beim Life Cycle Assessment (LCA) von Produkten die Transporte *„von der Wiege bis zur Bahre"* einbezogen werden. Will man die Ökobilanz eines Produktes verbessern, so kann man auch an den Transporten ansetzen, kann die Vorlieferantenbeziehungen verbessern oder transportintensive Werkstoffe durch andere austauschen. Selbst die Produktgestaltung kann zu Umweltentlastungen bei den Transporten beitragen: Ob ein Kühlschrank 100 kg oder nur 50 kg wiegt – wichtig ist, dass der Nutzen, z. B. die Kühlleistung und das Kühlvolumen gleich bleibt. Das Produktgewicht ist für den Nutzer in der Regel unerheblich und kann für die Umwelt optimiert werden.

Dieser Ansatz eröffnet möglicherweise auch eine neue Sichtweise der Globalisierung des Güterhandels – zumindest wenn es um Güter und Produkte geht, die Rohstoffe aus anderen Ländern benötigen und diese durch regionales Wirtschaften nicht substituierbar sind (Schmidt, 1998b). Solche Produkte müssen hergestellt werden. Dazu sind Vorprodukte, Rohstoffe, Energie usw. erforderlich. Die mengenmäßig größten Transporte treten am Anfang von Produktlebenswegen auf, dort, wo die Rohstoffe gefördert und verarbeitet werden müssen. Mit dem Lebensweg tritt quasi eine Entmaterialisierung des Produktes ein. Dies ist einer der Gründe, weshalb in der letzten Zeit verstärkt die Forderung aufkam, die Mengenrucksäcke, die mit der Herstellung eines Produktes verbunden sind, zur ökologischen Beurteilung heranzuziehen.

Entscheidend ist allerdings, wo diese Mengenrucksäcke auftreten, oder genauer: wie weit sie transportiert werden und welche ökologischen Folgen damit verbunden sind. Dies ist auch einer der Gründe, weshalb der populäre Ansatz der Materialintensitäten (so genannte MIPS) dazu eher ungeeignet ist. Das Ziel kann z. B. sein, die „Entmaterialisierung" von Produkten so weit wie möglich an den Anfang eines Produktlebensweges zu legen und damit transportintensive Produktionsschritte zu vermeiden.

Es muss also die Forderung nach einer frühzeitigen Veredelung von Rohstoffen und Produkten gestellt werden. In einem globalen Produktions- und Handelszusammenhang heißt das, dass nicht die Roh- und Grundstoffe in die rohstoffarmen Industrieländer transportiert werden, sondern die bereits veredelten Produkte. Eine wesentliche Veredelung und Entmaterialisierung der Produkte sollte bereits dort erfolgen, wo die Rohstoffe anfallen: in den Entwicklungs- und Schwellenländern. Für diese Länder bedeutet das zudem eine Partizipation an der globalen Wertschöpfung, was ein nicht unerhebliches Element einer nachhaltigen Entwicklung ist.

Bei allen Problemen, die eine solche Strategie hat (z. B. die Frage: welche Umweltstandards gelten in den Schwellenländern?), wäre der Fokus der Verkehrsvermeidung dann weniger, die Lieferantenbeziehungen eines Unternehmens einfach nur „kurz" zu halten. Vielmehr geht es um das Zusammenspiel von Produktentwicklung, Produktionskette und den Umweltbelastungen und Transportleistungen längs dieser Kette. Möglicherweise wäre sogar der Bezug von Vorprodukten aus Südostasien sinnvoller als eine transportintensive Veredelung „im Schwäbischen". Was dann zählt, ist nur das Gesamtergebnis – global und ökologisch betrachtet.

Verkehrsvermeidung wäre damit nicht mehr nur das Thema einer fundamentalistischen Vermeidungsposition, sondern impliziter und sogar systemkonformer Bestandteil jeder ökologischen Produktoptimierung. Sie zu fördern und mit leistungsfähigen Analyse- und Bewertungsinstrumenten auszustatten, müsste auch das Ziel einer umweltfreundlichen Verkehrspolitik sein.

4   Die Verkehrsauswirkungsprüfung (VAP)

Die Diskussion über Verkehrsvermeidung war Ausgangspunkt einer ifeu-Studie, die 1993 für den Bundesminister für Verkehr zur so genannten „Verkehrsauswirkungsprüfung" durchgeführt wurde (Schmidt et al. 1993). Es stellte sich die Frage, wie der eher theoretische Ansatz der „Verkehrsvermeidung" in der konkreten Verkehrspolitik und Verkehrsplanung umgesetzt werden kann und an praktischer Bedeutung gewinnt.

Das Problem der Verkehrsvermeidung liegt einerseits in dem starken ressortübergreifenden Querschnittsbezug und andererseits in ausgesprochen komplexen Wirkungszusammenhängen, bei denen sekundäre oder indirekte Effekte auf die Verkehrsentstehung und Mobilitätsentwicklung wirken. Deshalb müsste der Aspekt der Verkehrsauswirkung gerade bei den verkehrsressortfremden Planungen und Entscheidungen berücksichtigt werden. Dies betrifft in erster Linie die Bereiche, die für die Raum- und Stadtstruktur von Bedeutung sind, da hier die räumlichen Quell- und Zielverteilungen und damit die Wegstrecken im Verkehr beeinflusst werden. Die Raum- und Stadtstrukturen werden aber auch durch Subventionen oder steuerrechtliche Bestimmungen beeinflusst. In Einzelfällen können sogar Bestimmungen aus dem Umweltrecht (z. B. Verpackungsverordnung), aus dem Arbeitsrecht (z. B. Ladenschlussgesetz) oder Mietrecht (z. B. Werkswohnungen) von erheblicher Bedeutung für die Verkehrserzeugung bzw. –vermeidung sein. Damit können grundsätzlich nahezu alle Planungsbereiche und zahlreiche Rechtsgebiete einen Einfluss auf den Verkehr haben.

Die Verkehrsauswirkungsprüfung (VAP) soll deshalb die Verkehrsvermeidung instrumentell und verfahrensmäßig umsetzen. Sie ist als Prüfinstrumentarium für Vorhaben gedacht, die durch direkte und indirekte Effekte verkehrserzeugend wirken können. Sie soll dem Erkenntnisgewinn dienen und helfen, Zusammenhänge zwischen komplexen Ursachen und Wirkungen aufzuzeigen. Diese können dann in den politischen oder planerischen Entscheidungsprozess über Vorhaben einfließen.

Dies betrifft alle Verwaltungsebenen des Bundes, der Länder und der Kommunen sowie die verschiedenen Fachressorts. Von besonderer Bedeutung sind Pläne und Programme sowie sekundäre Effekte ausgesprochen verkehrsfremder Ressorts. Hauptsächlich aus diesem Grund scheidet eine Erfolg versprechende Einbeziehung des Verkehrsvermeidungsgedankens in das bereits vorhandene Instrumentarium einer Umweltverträglichkeitsprüfung (UVP) aus. Die UVP wird derzeit überwiegend auf konkrete Projekte angewendet. Selbst bei Anwendung auf Pläne oder Programme, z. B. im kommunalen Bereich, werden komplexe Wirkungszusammenhänge und Sekundäreffekte hinsichtlich der Verkehrsentstehung durch die UVP nur unzureichend erfasst. Die bestehenden UVP-Konzepte berücksichtigen Verkehrsauswirkungen lediglich unter dem Aspekt der Umweltfolgen und dies auch nur in einem ganz engen Rahmen. Durch ein eigenes Prüfinstrumentarium VAP könnten diese Aspekte in der Planung und in der Politik stärker gewichtet werden.

Die VAP wird dabei als Oberbegriff für ein ganzes Spektrum an möglichen Prüfinstrumenten mit unterschiedlicher Ausprägung verstanden. Die Möglichkeiten reichen von einer VAP als eigenständigem Prüfverfahren mit einem eigenen VAP-Gesetz auf Bundes- oder Landesebene bis hin zu einem unverbindlichen Berichtsinstrumentarium des Verkehrsressorts zum Thema „Verkehrsvermeidung" oder „Verkehrsauswirkungen". Dazwischen sind verschiedene Optionen denkbar, etwa die Einbeziehung des Gedankens der Verkehrsvermeidung als weiteres Ziel im Planungsrecht, als behördeninternes Prüfverfahren mittels einer Richtlinie oder die Einführung einer Verkehrsauswirkungsklausel bei Gesetzesvorhaben.

Letzteres wurde in einer ifeu-Studie für das Bundesverkehrsministerium 1995 vorbereitet (Schmidt und Bergmann 1995) und inzwischen auch innerhalb der Bundesregierung umgesetzt. Es wurden so genannte *grüne* „Prüffragen zur Verkehrsauswirkung von Gesetzes- und Verordnungsvorhaben des Bundes" entwickelt und deren Einsatz in Ministerien getestet.

Der Fragenkatalog dient dem Anwender, i. d. R. Fachreferenten in Ministerien, zur Klärung, ob mit dem jeweiligen Gesetzes- oder Verordnungsentwurf eine Auswirkung auf den Verkehr erwartet werden muss oder nicht. Die Fragen sollen in erster Linie eine qualitative Aussage ermöglichen und ihre Reflexion unterstützen. Absicht dieses Instrumentariums war es, Bewusstsein für diese Thematik zu schaffen. Es wurde nicht davon ausgegangen, dass die Anwender über spezielle Fachkenntnisse aus dem Verkehrsbereich verfügen. Sie sollten den Fragenkatalog vielmehr mit ihrer Einschätzung auf der Grundlage ihrer Fachkompetenz im Bereich des jeweiligen Gesetzes- oder Verordnungsentwurfs beantworten.

Die Komplexität des Themas und die Interessensgegensätze, die in diesem Zusammenhang bei vielen Gesetzes- und Verordnungsentwürfen abzuwägen sind, waren der Grund dafür, das Instrumentarium nicht um eine Bewertung oder gar Handlungsanweisung, wie die Verkehrsauswirkungen einzuschätzen oder zu verändern wären, zu erweitern. Die grünen Prüffragen wurden vielmehr als ein Einstieg in eine ausgesprochen schwierige Diskussion über Verkehrsvermeidung verstanden, um ressortübergreifend für diesen Ansatz zu werben.

Zu diesem Zweck wurde 1996 sogar die „gemeinsame Geschäftsordnung der Bundesministerien" (GGO) geändert und um eine Prüfklausel ergänzt, wonach es möglich ist, bei Verordnungs- und Gesetzesvorhaben des Bundes die Verkehrsauswirkungen mit zu prüfen. Als Arbeitshilfe in den Ministerien dienen hierzu die grünen Prüffragen.

5   Die Verkehrsrelevanz des Kreislaufwirtschaftsgesetzes

Als konkretes Beispiel für die Verkehrsrelevanz von Themen und Rechtsgebieten, die primär nichts mit Verkehr oder Verkehrsplanung zu tun haben, kann das Abfallrecht herangezogen werden. So wurde bereits bei der Einführung der Verpackungsverordnung eine Steigerung des Transportaufkommens durch die Rücknahmepflicht und das Recycling von Verpackungsabfällen vorausgesagt. Auch das so genannte Kreislaufwirtschafts- und Abfallgesetz (KrW-/AbfG), das im Oktober 1996 in Kraft trat, hat durch verschiedene Anforderungen, z. B. das Verwertungsgebot, erheblichen Einfluss auf das Transportaufkommen und die Transportleistung von Abfällen und Wertstoffen.

Einerseits kann auf Grund der großen Transportgütermengen eine große verkehrliche Relevanz des Abfallbereichs erwartet werden: Im Jahr 1993 fielen in Deutschland knapp 340 Mio. t Abfall (einschließlich Gewerbeabfälle) an, das sind über 4 t Abfall pro Bundesbürger. Andererseits verfolgt das KrW-/AbfG einen ähnlich umfassenden und ganzheitlichen Ansatz, wie das mit der VAP beabsichtigt ist.

Gemäß § 4 KrW-/AbfG sind Abfälle *„in erster Linie zu vermeiden, insbesondere durch die Verminderung ihrer Menge und Schädlichkeit"* und „in zweiter Linie" stofflich oder energetisch zu verwerten. Damit wird eine strikte Rangfolge im Umgang mit Abfällen oder Wertstoffen eingeführt. Der *Abfall*vermeidungsgedanke findet sich hauptsächlich in der in § 22 verankerten Produktverantwortung wieder. Bereits bei dem klassischen Vermeidungsbeispiel der wiederverwendbaren Pfandglasflasche ist die Verkehrsrelevanz durch den erforderlichen Rücktransport der leeren Behältnisse zum Abfüller evident. Das ifeu-Institut hatte im Rahmen eines Forschungsvorhabens zu Verpackungsmaterialien für das Umweltbundesamtes bereits die Bedeutung des Verkehrs und der verkehrsbedingten Umweltbelastungen von Mehrwegverpackungen herausgearbeitet. Der Rücktransport leerer Behältnisse kann für große Transportentfernungen bzw. Absatzgebiete durchaus negativ für die Emissionsbilanz vermeintlich umweltfreundlicher Verpackungen ausfallen.

Zur Produktverantwortung gemäß dem KrW-/AbfG gehört aber auch die Rücknahmepflicht von Produktabfällen und – egal ob bei Rücknahmeverordnungen oder bei Selbstverpflichtungen – die hochwertige und schadlose Verwertung dieser Abfälle. Die Rücknahme von Produktabfällen und deren Verwertung, wie z. B. für Altautos, Elektronikschrott oder Batterien, erfordert zweifelsohne flächendeckende logistische Systeme, wie es nach der Verpackungsverordnung mit dem Dualen System bereits eingeführt wurde. Da Abfälle aus dem herkömmlichen Beseitigungsstrom, z. B. in regionalen Behandlungs- oder Deponierungsanlagen, herausgeschleust werden und einer speziellen, meist überregionalen Behandlung zugeführt werden, sind zusätzliche Transporte kaum zu vermeiden.

Besonders wichtig wird der Verkehrsaspekt jedoch in der Detaildiskussion um „Verwertung versus Beseitigung" von Abfällen. Zum einen wird in § 5 Abs. 2 eine der Art und Beschaffenheit des Abfalls entsprechende hochwertige Verwertung verlangt. Daraus könnte eine Vielfalt an Behandlungsverfahren für verschiedene Abfallarten (z. B. verschiedene Kunststoffsorten) resultieren, die schwerlich dezentral angeboten werden können. Die Abfallfraktionen müssten vielmehr gesammelt und zu solchen Anlagen transportiert werden.

Beispiele dafür sind aus der Vergangenheit bekannt. Bereits die hohen immissionsschutzrechtlichen Anforderungen an Müllverbrennungsanlagen und infolgedessen die hohen Investitionskosten führten zu Anlagen mit sehr großen Mengenkapazitäten, deren Einzugsgebiete sich nicht mehr allein auf die Region des Standortes beschränkten. Es folgten räumliche Konzentrationseffekte und Abfallferntransporte.

Zum anderen wird in § 5 Abs. 5 der Maßstab der Umweltverträglichkeit bei der Bewertung einer Beseitigungs- oder Verwertungslösung eingeführt: *„Der in Absatz 2 festgelegte Vorrang der Verwertung von Abfällen entfällt, wenn deren Beseitigung die umweltverträglichere Lösung darstellt.“* Dabei sind u. a. die zu erwartenden Emissionen oder die einzusetzende Energie zu berücksichtigen. In der Fachdiskussion wird dieser Passus oft lediglich auf die verschiedenen Abfallbehandlungsverfahren angewendet. Der ökologische Bewertungsrahmen von Verwertungs- oder Beseitigungsverfahren, die auch größere logistische Systeme voraussetzen, muss allerdings weiter gefasst werden und müsste – gerade auch unter ökologischen Gesichtspunkten – die Transporte einbeziehen. Für entsprechende Verordnungen müsste vorab geklärt werden, welche Verfahren umweltverträglicher sind und wie diese Bewertung methodisch erfolgen soll. In diesem Klärungsprozess sollten frühzeitig im Sinne einer VAP die Transportaspekte berücksichtigt werden.

Zusammenfassend kann festgestellt werden, dass das KrW-/AbfG durch die Anforderungen an die Verwertung und Beseitigung von Abfällen erheblichen Einfluss auf das Transportaufkommen und die Transportleistung von Abfällen hat. Diese Einflussnahme setzt sogar hauptsächlich an der räumlichen Vernetzung von Abfallentstehung und Abfallbeseitigung oder -verwertung in den entsprechenden Anlagen an. Dieser Aspekt ist für die Verkehrsentstehung und letztlich sogar für die damit verbundenen Umweltwirkungen von noch größerer Bedeutung als die Frage, wie die zu erwartende Transportleistung modal auf verschiedene Transportmittel verteilt wird.

6 Fazit

Nachdem die Forderung nach Verkehrsvermeidung lange Zeit als vermeintliche Extremposition nicht politikfähig war, hat seit Anfang der 90er-Jahre fernab der Öffentlichkeit eine intensive Fachdiskussion stattgefunden. Dabei wurden Begrifflichkeiten und Zusammenhänge geklärt; es wurde für die Relevanz des Themas geworben und es wurden sogar erste Versuche gemacht, die Verkehrsauswirkungsprüfung (VAP) innerhalb der Bundesministerien ansatzweise umzusetzen. Dies geschah mit einer Prüfklausel in der Gemeinsamen Geschäftsordnung (GGO II), die zwar eine „Kann“-Klausel ist, aber das Thema immerhin „hoffähig“ gemacht hat. So veranstaltete die Umweltministerin Angela Merkel im Frühjahr 1998 erstmals ein Symposium unter der Überschrift „Verkehrsvermeidung“.

Ob man in der politisch-öffentlichen Diskussion weiterhin von Verkehrsvermeidung redet oder weniger anstössige Begriffe wie z. B. „Verkehrssparen“ benutzt, hat innerhalb der Fachdiskussion nur eine semantisch-taktische Bedeutung. Entscheidend ist, dass die Verkehrspolitik überhaupt bereit ist, über die Ursachen des Verkehrswachstums nachzudenken, dass sie hierzu Denkanstöße bei den verursachenden Ressorts und Handlungsbereichen initiiert und einen Bewusstseinsprozess in Gang setzt. Zweifellos kann die Verkehrsvermeidung nur *ein* Beitrag von vielen zur Lösung der Umweltprobleme durch den Verkehr sein. Der Vermeidungsansatz muss aber gleichberechtigt neben die Strategien zur technischen Verbesserung, zur Effizienzsteigerung oder zur modalen Verlagerung von Verkehr treten.

Literatur

Böge, S. (1992): Die Auswirkungen des Straßengüterverkehrs auf den Raum. Die Erfassung und Bewertung von Transportvorgängen in einem Produktlebenszyklus. Dortmund

Bundesregierung (1990): Beschluß vom 7. November 1990 zur Reduzierung der CO_2-Emissionen in der Bundesrepublik Deutschland bis zum Jahr 2005, Kabinettsbeschluß, B8

Petersen, R. (1992): Ansätze für den stadtgerechten Verkehr. In: Verein Deutscher Ingenieure (Hrsg.): Umweltschutz in Städten. VDI-Berichte 952, S. 334

Rat der Sachverst. für Umweltfragen (1994): Umweltgutachten 1994. Stuttgart. § 611 ff.

Schallaböck, K. O. (1991): Verkehrsvermeidungspotentiale durch Reduktion von Wegezahlen und Enfernungen. In: Informationen zur Raumentwicklung. Heft 1/2, S. 67 ff.

Schmidt, M. et al. (1992): Handlungsorientiertes kommunales Konzept zur Reduktion von klimarelevanten Spurengasen für die Stadt Heidelberg. Heidelberg

Schmidt, M. et al. (1993): Möglichkeiten der Entwicklung einer Verkehrsauswirkungsprüfung. Im Auftrag des Bundesministers für Verkehr. Forschungsbericht FE-Nr. 90385/92

Schmidt, M., H. Bergmann (1995): Falluntersuchungen für Verkehrsauswirkungsprüfungen (VAP) im Gesetzgebungs- und Verordnungsverfahren des Bundes. Im Auftrag des Bundesverkehrsministeriums. Forschungsbericht FE-Nr. 90417/94

Schmidt, M. (1998): Verkehrsvermeidung und Globalisierung – Widerspruch oder Chance? In: Umweltwirtschaftsforum Heft 1/98

Schmidt, M. et al. (1999): Verkehrliche Auswirkungen des Kreislaufwirtschaftsgesetzes. FE-Vorhaben Nr. 96470/97 im Auftrag des Bundesverkehrsministeriums. In Arbeit.

Schmitz, S. (1992): Stellungnahme für die Enquête-Kommission „Schutz der Erdatmosphäre" des Deutschen Bundestages zum Thema „CO_2-Minderung durch Vermeidung von Verkehr" am 16. und 17. November 1992 in Bonn, Kommissionsdrucksache 12/10-e

Thomson, J. M. (1974): Grundlagen der Verkehrspolitik. Stuttgart

Voigt, F. (1965): Verkehr. Die Theorie der Verkehrswirtschaft. Bd. I/1. Berlin

Würdemann, G. (1993): Verkehrsvermeidung oder: die Ziele heute sind morgen noch weiter entfernt. In: M. Fischer (Hrsg): „Verkehrssysteme in Deutschland, Wohin geht die Reise?" vom 16. bis 18. 10. in der Evangelischen Akademie Bad Boll, S. 101 ff.

Bewertungskriterien für die Auto-Umweltliste des VCD

Udo Lambrecht

1 Einleitung

Der Straßenverkehr – und insbesondere das Auto – trägt heute zu einem großen Teil der Umweltbelastung bei. Dabei spielen neben den humantoxisch wirkenden Schadstoffen wie Benzol und Dieselpartikel auch die Lärmemissionen sowie die zum Treibhauseffekt beitragenden Kohlendioxidemissionen eine Rolle. Neben dem individuellen Mobilitätsverhalten der Bevölkerung kann durch die Auswahl der gekauften Neufahrzeuge ein Einfluss auf die Umweltwirkung des Verkehrs erfolgen. Bei der Bewertung der Umweltrelevanz der Pkw müssen dabei verschiedene Aspekte mit teils sehr unterschiedlichen Wirkungen, die zudem noch stark von der Nutzung des Pkws abhängen, vom Käufer gegeneinander abgewogen werden.

Um dem umweltbewussten Pkw-Käufer eine Hilfe beim Kauf eines Pkws zu geben, erstellt der Verkehrsclub Deutschland (VCD) seit 1989 eine Auto-Umweltliste. Sie soll mit Hilfe einer Punktewertung dem Käufer von Pkw ermöglichen, das Fahrzeug zu erwerben, welches unter den am Markt angebotenen Neu-Fahrzeugen die Umwelt am geringsten belastet.

Im Jahre 1997 hat das ifeu-Institut im Rahmen eines vom Umweltbundesamtes geförderten Projektes eine Überarbeitung der bislang verwendeten Bewertungskriterien sowie der Bewertungsmethode vorgenommen (Lambrecht et al. 1997). Wichtige Punkte für die Akzeptanz der so genannten Ranking-Liste der Pkw sind eine hohe Transparenz des Bewertungsverfahrens sowie die Möglichkeit, das Verfahren flexibel auf andere Randbedingungen anpassen zu können. In dem Gutachten wurde untersucht,

- welche Umweltwirkungen der Pkw berücksichtigt werden sollten,
- welche Daten zur Beschreibung dieser Umweltwirkungen vorliegen,
- wie eine Bewertungsmethode auf Grundlage dieser Daten aussehen könnte.

Dieses Gutachten diente dem VCD – und damit auch den in enger Zusammenarbeit mit diesem stehenden Verkehrsclubs der Schweiz (VCS) und Österreichs (VCÖ) – als Grundlage, die Bewertungsverfahren in ihren Auto-Umweltlisten zu modifizieren und untereinander abzustimmen.

2 Methodik

Um eine Rangordnung der aktuell auf dem deutschen Markt erhältlichen Pkw unter dem Aspekt ihrer Umweltwirkungen angeben zu können, muss festgelegt werden, welche Umweltaspekte wie berücksichtigt und wie sie untereinander gewichtet bzw. bewertet werden.

Im Erfahrungsbereich menschlichen Handelns sind „Bewerten", „Einschätzen" oder „Abwägen" alltägliche Vorgänge. Bei der Bewertung von verschiedenen Umwelteffekten ist der Begriff Bewertung zu verstehen als „die Verknüpfung der zugänglichen *Informationen* eines Sachverhaltes mit dem persönlichen *Wertesystem* zu einem Urteil über den entsprechenden Sachverhalt" (siehe dazu z. B. Giegrich 1995).

Es wurde deshalb für die wichtigsten Umweltwirkungen des Straßenverkehrs ermittelt, *welche Informationen* zur Beschreibung der verschiedenen Umwelteffekte vorliegen und *wie repräsentativ* diese Informationen für die Beschreibung der Umwelteffekte der heutigen und zukünftigen Fahrzeuge sind. Diese Umwelteffekte werden – analog zu Ökobilanzen – mit Hilfe von *Umweltwirkungskategorien* beschrieben. Bei der Bewertung der zahlreichen Daten von über 100 Pkw bietet sich statt einer verbal-argumentativen Abwägung, wie sie in Ökobilanzen vorgenommen wird (Schmitz 1995), ein mathematisches Verfahren zur Aufstellung einer Ranking-Liste an. In dem *Bewertungsverfahren* werden deshalb die Umweltwirkungskategorien zueinander nach Relevanz prozentual gewichtet. In diese Gewichtung gingen die auf Grund der Analyse der Umweltsituation begründeten Urteile der Experten (z. B. des Umweltbundesamtes) ein. Damit kann die vorgenommene Formalisierung des Bewertungsvorgangs, trotz aller in der Ökobilanztheorie diskutierten Nachteile (Giegrich 1995), für den Käufer eines Neufahrzeuges durchaus eine Hilfe sein.

Das Bewertungsverfahren wurde so gestaltet, dass es vom Nutzer auf seine eigene subjektive Entscheidungssituation angepasst werden kann. So müssen z. B. bei dem vorgeschlagenen Bewertungsverfahren einheitliche „durchschnittliche" Verhaltensweisen unterstellt werden. Will der Nutzer seinen zukünftigen Pkw jedoch überwiegend und sehr häufig auf Langstrecken im Außerortsbereich einsetzen, hat die Umweltkategorie „Kraftstoffverbrauch und Kohlendioxidemissionen" für ihn – und die Umwelt – vermutlich eine größere Bedeutung als die Umweltkategorie „Belastung des Menschen (im Ortsbereich)". Mögliche Zielkonflikte bei der Auswahl eines Neuwagens sind eventuell anders zu bewerten und zu entscheiden als bei einem Nutzer, der überwiegend im Innerortsbereich fährt. Mit dem vorgeschlagenen Bewertungsverfahren ist eine einfache Anpassung an die individuelle Situation möglich.

3 Datengrundlagen

Eine vergleichende Umweltbewertung von vielen Neufahrzeugen kann aus Aufwandsgründen nur solche Daten verwenden, die relativ einfach verfügbar und gleichzeitig belastbar und repräsentativ sind. Es ist damit nicht möglich, die Fahrzeuge auf Grund der Erfassung aller Stoffströme während des gesamten Lebensweges, das sind bei Pkw die Bereiche *Pro-*

duktion – Nutzung – Entsorgung, zu bewerten, sondern es müssen die relevanten Bereiche herausgegriffen und dort auf allgemein verfügbare Daten zurückgegriffen werden.

Die *Produktion* der Fahrzeuge hat heute einen Anteil von ca. 10 – 20 % an dem kumulierten Energieaufwand während des gesamten Lebenszyklus (z. B. Hoffmann 1995). Die in der vorgestellten Untersuchung ursprünglich erwogene Berücksichtigung der Produktionsaufwendungen über den Indikator „Fahrzeugmasse" hat sich als zu grobes Maß zur Berücksichtigung der Produktionsaufwendungen – hauptsächlich auf Grund der sehr verschiedenen Materialien – herausgestellt. Die gleiche Argumentation gilt für die Entsorgung.

Die Emissionen der *vorgelagerten Kette*, insbesondere der Raffinerie, sowie bei der Erstellung und dem Unterhalt der Infrastruktur wurden nicht einbezogen, da dies beim Vergleich von Pkw mit der gleichen Antriebsenergie zu überhaupt keinen, beim Vergleich zwischen Otto- und Diesel-Pkw zu keinen wesentlichen relativen Änderungen führt.

Für die vergleichende Bewertung der Pkw werden somit nach unserem Vorschlag nur die Umweltwirkungen während der *Nutzung* berücksichtigt. Dabei sollten die der Bewertung zu Grunde liegenden Daten einen durchschnittlichen Pkw (eines Typs) bei einer repräsentativen Nutzung abbilden können.

Messwerte für die betrachteten Fahrzeuge

Für alle auf dem Markt angebotenen Neufahrzeuge werden für die Typgenehmigung Emissionen, Kraftstoffverbrauch sowie Geräusche gemessen. Diese Werte werden stellvertretend für ähnliche Fahrzeuge hinsichtlich emissionswirksamer Konstruktionsmerkmale (wie Motor, Kraftstoff sowie Fahrzeuggewicht, Kraftübertragung und emissionsmindernde Bauteile) für einen ausgewählten Prototyp ermittelt und vom KBA veröffentlicht.

Die Typprüfwerte der Schadstoffe werden für die Summe der direkt mit dem Abgas emittierten Stickoxide und Kohlenwasserstoffe (NO_x + HC), für Kohlenmonoxid (CO) und für Dieselpartikel im Neuen Europäischen Fahrzyklus (NEFZ) ermittelt. Zudem müssen nach der EG-Richtlinie 93/116/EG von den Herstellern der Kraftstoffverbrauch, getrennt für den Innerortsteil und den Außerortsteil; sowie die CO_2-Emissionen für den NEFZ angegeben werden. Bei den Typprüfwerten der Geräusche wird das Stand- und Fahrgeräusch in einer festgelegten Methode ermittelt (ER 70/157/EWG).

Der der Messung der Schadstoffemissionen zu Grunde liegende Neue Europäische Fahrzyklus setzt sich aus dem NEFZ-Innerortszyklus (auch als „ECE-R 15-Zyklus" oder „Stadtzyklus" bekannt) und einem Zyklus, der den Außerortsverkehr einschließlich Autobahnen („Extra-Urban-Driving-Cycle" = EUDC, auch „NEFZ-außerorts") abbilden soll, zusammen. Die Fahrkurve des NEFZ ist eine vereinfachte Fahrkurve, die „durchschnittliches" Fahrverhalten genauso wenig abbildet wie das Fahrverhalten einzelner Individuen. Insbesondere die Geschwindigkeiten auf deutschen Autobahnen werden nicht dargestellt, da die maximale und auch nur kurzfristige Geschwindigkeit im Zyklus bei 120 km/h liegt. Auch werden die im Zyklus gefahrenen Beschleunigungswerte im realen Verkehrsverhalten oft überschritten. Der Innerortsbereich, der unter dem Aspekt der menschlichen Gesundheit eine große Rolle spielt, wird mit dem Zyklus relativ vernünftig abgebildet. Trotz der oben genannten Einschränkungen stellt der NEFZ, eine hinreichend gute und auch die einzig verfügbare Grundlage dar, um Pkw hinsichtlich ihrer Emissionsmengen zu vergleichen.

Limitierte Schadstoffe

Die Emissionstypprüfwerte für limitierte Schadstoffe (NO_x und HC, CO, Dieselpartikel) konnten der Bewertung nicht zu Grunde gelegt werden, da die Fahrzeugauswahl bei der Typprüfung für die Bewertung nicht als repräsentativ angenommen werden kann. Es werden sorgfältig ausgesuchte Fahrzeuge mit neuem Katalysator vermessen. Demgegenüber treten in der Produktion Serienstreuungen auf. Zudem kann sich das Emissionsverhalten während der Lebenszeit des Fahrzeuges durch spezielle Einflüsse („Katalysatoralterung"), Verschleiß und Defekte verändern. Diese Veränderungen werden im Rahmen der Feldüberwachung, durchgeführt im Auftrag des Umweltbundesamtes, untersucht.

Dabei wurde deutlich, dass die Messwerte in der Feldüberwachung je nach Fahrzeug höher oder niedriger als die Messwerte bei der Typprüfung liegen können. Andererseits muss der Hersteller auf Grund der Grenzwertregelungen, die auch dem Kraftfahrzeugsteueränderungsgesetz zu Grunde gelegt wurden, z. B. garantieren, dass die Abgasgrenzwerte über eine Laufleistung von 80.000 km eingehalten werden. Deshalb wurden der Bewertung der Emission der limitierten Schadstoffe Grenzwertregelungen – und nicht die dem KBA gemeldeten Typprüfwerte – zu Grunde gelegt.

Tabelle 1 Beschlossene bzw. festgelegte EU-Grenzwerte für Otto- und Diesel-Pkw. Werte im „Neuen Europäischen Fahrzyklus" (NEFZ), bei EURO III und IV im modifizierten NEFZ in g/km

	HC+NO_x	NO_x	HC	CO	Partikel
Otto-Pkw					
EURO I (91/441/EWG)[a]	1,13			3,16	-
EURO II (94/12/EG)[a]	0,5			2,2	-
EURO III[b)c)]		0,15	0,20	2,3	-
EURO IV[b)c)]		0,08	0,10	1,0	-
Diesel-Pkw					
EURO I (91/441/EWG)[a]	1,13			3,16	0,18
EURO II (94/12/EG)[a]	0,7/0,9			1,0	0,08/0,1
EURO III[b)c)]	0,56	0,5		0,64	0,05
EURO IV[b)c)]	0,30	0,25		0,50	0,025

Bem.: [a] altes Messverfahren; [b] neues Messverfahren mit Berücksichtigung der Startemissionen [c] Werte vom 29. Juni 1998 nach Abschluss des Vermittlungsverfahrens zwischen Rat und Europäischem Parlament. Der höhere Wert für Diesel-Pkw nach EURO II gilt für direkteinspritzende Dieselmotoren bis zum 30.9.99. Zusätzlich gibt es steuerliche Anreize für die Erfüllung der Normen nach D3 bzw. D4, die EURO III/IV nahe kommen

Die Werte in Tab. 1 beziehen sich zwar auf die gleichen Fahrzyklen, die EURO-III- und EURO-IV-Werte berücksichtigen aber, abweichend vom bisherigen Verfahren, zusätzlich die Startemissionen. Um eine Vergleichbarkeit der Daten zu Gewähr leisten, wurden von ifeu/UBA die Daten von EURO I und EURO II mit Hilfe der von der Kommission verwendeten Anpassungsfaktoren auf den erweiterten Messzyklus korrigiert. Die für die Abschätzung einiger Umwelteffekte benötigten Kohlenwasserstoff- und Stickoxidemissionen wurden aus dem Summengrenzwert entsprechend dem Vorgehen des UBA aufgeteilt.

Die Höhe der Benzolemissionen im Abgas wird aus den Kohlenwasserstoffemissionen abgeleitet (Patyk 1995). Bei Otto-Pkw treten Kohlenwasserstoffemissionen bei der Verteilung von Kraftstoff, dessen Zwischenlagerung, der Betankung der Pkw und durch die Abstellvorgänge und Tankatmung auf. Diese Emissionen wurden mit dem Instrumentarium TREMOD (Knörr et al. 1997) ermittelt.

Tabelle 2 Auf das neue Messverfahren (NEFZ mit Startemissionen) angepasste und differenzierte Werte in g/km

	$HC + NO_x$	NO_x	HC	CO	Partikel
Otto-Pkw					
EURO I angepasst	1,34	0,57	0,77	3,9	-
EURO II angepasst	0,59	0,25	0,34	2,7	-
Diesel-Pkw					
EURO I angepasst	1,14	1,02	0,123	3,22	0,18
EURO II angepasst	0,71/0,91 [a]	0,63/0,81 [a]	0,08/0,1 [a]	1,06 [a]	0,08/0,1 [a]

[a] direkt einspritzende Dieselmotoren Berechnungen des ifeu/UBA

Kraftstoffverbrauchswerte und Kohlendioxid (CO_2)

Die im NEFZ gemessenen Kraftstoffverbrauchswerte und die entsprechenden Kohlendioxidemissionen dürften sich nicht stark von den Werten der Serienfahrzeuge unterscheiden, zumal nach einem Urteil des BGH ein Auto als mangelhaft gilt, wenn der Kraftstoffverbrauch 13 % über den Werksangaben liegt (DM 1997). Die fahrzeugtypspezifischen Verbrauchswerte sowie die CO_2-Emissionen können damit als repräsentative Datengrundlage verwendet werden.

Lärmwerte

Auf die Höhe des Fahrgeräusches haben neben dem Motorgeräusch auch die Reifen- und Fahrbahnbeschaffenheit einen nicht zu vernachlässigenden Einfluss. Bei der Bewertung wird der Vorbeifahrwert berücksichtigt.

Tabelle 3   Ausgewählte Daten zur Beschreibung der Umweltwirkungen

	Messverfahren	Grundlage
Partikel	NEFZ	Grenzwert
CO_2	NEFZ	Typspezifischer Messwert
HC	NEFZ	Abschätzung HC-Anteil am Summengrenzwert, Verdunstungszuschlag
NO_x	NEFZ	Abschätzung NO_x-Anteil am Summengrenzwert
Benzol	NEFZ	Abschätzung Anteil Benzol am HC-Wert, Verdunstungszuschlag
Lärm	Vorbeifahrgeräusch	Typprüfwert

4 Wirkungskategorien, Indikatoren und Wichtung

In der bisherigen Auto-Umweltliste waren die Emissionen einzelner Schadstoffe der Pkw einander gegenübergestellt und bewertet worden. Jetzt wurden dafür auf Grundlage der in der Ökobilanztheorie standardisierten Wirkungskategorien (DIN/NAGUS, Schmitz 1995) angepasste Kategorien gebildet. Die betrachteten Wirkungskategorien sollen folgende Kriterien erfüllen:

- Hohes ökologisches Gefährdungspotenzial
- Hoher Anteil des Straßen- bzw. des Pkw-Verkehr am Umwelteffekt
- Notwendigkeit einer weiteren Minderung der Umweltwirkung
- Repräsentative Daten für die Einzelfahrzeuge vorhanden

Mit Hilfe von Indikatoren bzw. Leitsubstanzen, z. B. der Kohlendioxidemissionen zur Abbildung des Treibhauseffekts, kann dann die Umweltrelevanz verschiedener Fahrzeuge in einzelnen Wirkungskategorien verglichen werden. Nachfolgend wird deshalb kurz zusammengestellt, welche Umweltwirkungen mit welchen fahrzeugspezifischen Daten beschrieben werden können.

Bei einer *Bewertung* der Umweltrelevanz der Fahrzeuge müssen demgegenüber verschiedene Effekte gegeneinander abgewogen werden. So stellt sich z. B. die Frage, wie das vom Pkw ausgehende Krebsrisiko im städtischen Bereich im Vergleich zu den globalen Folgen des Treibhauseffektes zu bewerten ist.

Treibhauseffekt

Der insbesondere durch anthropogene Kohlendioxidemissionen verursachte zusätzliche Treibhauseffekt zeigt seine Wirkung erst mittel- bis langfristig und ist irreversibel. Die Abschätzung der Folgen unterliegt einer großen Unsicherheit. Die Minderungsziele verschiedener Gremien werden in den Trendszenarien des Verkehrs weit verfehlt. Damit erreicht der Treibhauseffekt eine *große ökologische Bedeutung*. Als Leitsubstanz werden die Kohlendioxidemissionen der Pkw gewählt. Andere klimarelevanten Emissionen wie z. B. Methan spielen bei den hier betrachteten direkten Emissionen keine Rolle.

Belastung des Menschen

Die Belastung des Menschen wurde unterteilt in die Belastung durch *Kanzerogene* (krebserzeugende Stoffe) und *andere Schadstoffe* sowie *Lärmbelastungen*. Als Leitsubstanzen für die Kanzerogene wurden Benzol und Dieselpartikel ausgewählt. Laut LAI tragen die hauptsächlich aus dem Straßenverkehr resultierenden Dieselrußpartikel und Benzol zu über 70 % zum durch Luftschadstoffe hervorgerufenen Krebsrisiko bei, insgesamt liegt das Risiko durch Dieselrußpartikel etwas 9-mal höher als durch Benzol. Weiterhin führen Schadstoffe zu Atemwegserkrankungen oder tragen zur Sommersmogbildung bei und gefährden dadurch die Gesundheit des Menschen. Als Vorläufersubstanzen für Sommersmog wurden Kohlenwasserstoffe und Stickoxide berücksichtigt.

70 % der Bevölkerung fühlt sich durch Verkehrslärm belästigt. Dieser erzeugt akute und chronische Stressreaktionen und erhöht das Infarktrisiko. Als Indikator für Lärmbelastung durch Pkw wurde der Messwert des Fahrgeräusches herangezogen.

Belastung der Natur

Zur Belastung der Natur gehören die Eutrophierung, die Versauerung sowie Schäden durch hohe Ozonkonzentrationen. Als Leitsubstanz bei der Eutrophierung wird NO_x herangezogen, bei der Versauerung spielt daneben auch Schwefeldioxid eine Rolle. Da die spezifischen SO_2-Emissionen deutlich hinter der Menge und dem Effekt der Stickoxide zurückbleiben, wird NO_x als alleiniger Indikator herangezogen.

Zusätzliches Belastungspotenzial

Der vom Gesetz vorgeschriebene Messzyklus erfasst Fahrten bei hohen Geschwindigkeiten kaum, ab 120 km/h überhaupt nicht. In diesem Bereich nehmen aber Kraftstoffverbrauch und Schadstoffemissionen deutlich zu. Deshalb wird die Höchstgeschwindigkeit der Fahrzeuge als zusätzliches Kriterium aufgenommen.

Zusammenfassende Bewertung

Zur Ermittlung der zukünftigen Relevanz ausgewählter Schadstoffe wurden mit TREMOD verschiedene Szenarien, die z. B. unterschiedliche Einführungszeiten der neuen EURO-Normen beinhalten, berechnet (siehe auch Beitrag von Knörr u. Höpfner in diesem Buch). Dabei zeigte sich, dass auch in Zukunft die Reduktion von Dieselpartikeln und Kohlendioxid aus dem Verkehr von hoher Wichtigkeit sein wird, während die Emissionen von NO_x und Benzol bei der jetzigen Gesetzeslage keine so große Rolle mehr spielen werden.

Unter Berücksichtigung dieser Aussagen und der ökologischen Bedeutung der Wirkungskategorien wurden auf Grund der Fachgespräche mit dem Umweltbundesamt drei Bewertungsvorschläge zur Gewichtung der Umweltwirkungskategorien erarbeitet. Dabei wurde übereinstimmend festgestellt, dass eine Minderung der CO_2-Emissionen die höchste Priorität hat und die zweite Priorität bei der Lärmminderung liegt. Darauf folgen dann die Belastung des Menschen durch Kanzerogene, die anderen Schadstoffe sowie die Belastung der Natur und das zusätzliche Belastungspotenzial (siehe Tabelle 4).

Tabelle 4 Bewertungsvorschläge der einzelnen Umweltwirkungskategorien

Wirkungskategorie	Leitindikatoren/Gewichtung	Bewertungsvorschläge		
		I	II	III
Treibhauseffekt	CO_2 (100 %)	30 %	40 %	50 %
Belastung Mensch – Lärm	Vorbeifahrwert	25 %	20 %	20 %
Belastung Mensch – Kanzerogene	10 % Benzol, 90 % Dieselpartikel	15 %	15 %	15 %
Belastung Mensch - andere Schadstoffe	50 % NO_x, 50 % HC	10 %	10 %	10 %
Belastung Natur	NO_x (100 %)	10 %	5 %	5 %
Zusätzliches Belastungspotenzial	Geschwindigkeit	10 %	10 %	0 %

5 Vorschlag eines Bewertungssystems

Zur Bewertung der Umweltrelevanz der Pkw auf Grundlage der dargestellten Daten wurde dem VCD ein Punktebewertungsverfahren vorgeschlagen, das in Übereinstimmung mit vielen Tests aus dem Konsumbereich ein besseres Produkt mit einer höheren Punktezahl belohnt.

Denn die anschließend vorgenommene prozentuale Bewertung der Umweltwirkungskategorien lässt sich nur dann sinnvoll durchführen, wenn die Leitindikatoren (Schadstoffmengen, Lärm), welche sich auf unterschiedliche Einheiten (g/km, dB(A)) beziehen, normiert sind.

Dazu soll die Bewertung jedes Leitindikators bzw. jeder Umweltwirkungskategorie auf einer Skala von 0 bis 10 erfolgen. Dabei orientiert sich die Vergabe von 10 Punkten an vorhandenen Umweltzielen und von 0 Punkten an dasjenige Neufahrzeug, das gerade die gesetzlich geforderten Eigenschaften aufweist (siehe Einzelwerte in Tabelle 5).

In Abb. 1 sind die Auswirkungen dieser Festlegungen für die Luftschadstoffe dargestellt. Da seit 1997 alle Pkw nach EURO II zugelassen werden, wird dies als Standard mit 0 Punkten bewertet. Nach Aussagen des UBA können mit Einführung der EURO-IV-Grenzwerte die Luftqualitätsziele erreicht werden. Deshalb wurden die strengeren EURO-IV-Grenzwerte (je nach Schadstoff Diesel- oder Otto-Pkw) mit 10 Punkten bewertet.

Bei den CO_2-Emissionen und der Lärmbelastung existieren solche Kriterien nicht. Dort wurden die Eckpunkte für das Bewertungssystem entsprechend der wünschenswerten Emissionswerte festgelegt. Zudem werden Fahrzeuge mit einer CO_2-Emission von mehr als 220 g/km überhaupt nicht in die Umweltliste aufgenommen. Da beim NEFZ eine Geschwindigkeit von >120 km/h nicht berücksichtigt wurde, hat der Indikator Geschwindigkeit seinen unteren Eckpunkt bei 120 km/h. Bei allen Eckpunktfestsetzungen wurde darauf geachtet, dass die Spreizungen der Umweltwirkungskategorien in einem sinnvollen Verhältnis zueinander stehen, um ein Übergewicht einer Kategorie über die anderen zu vermeiden.

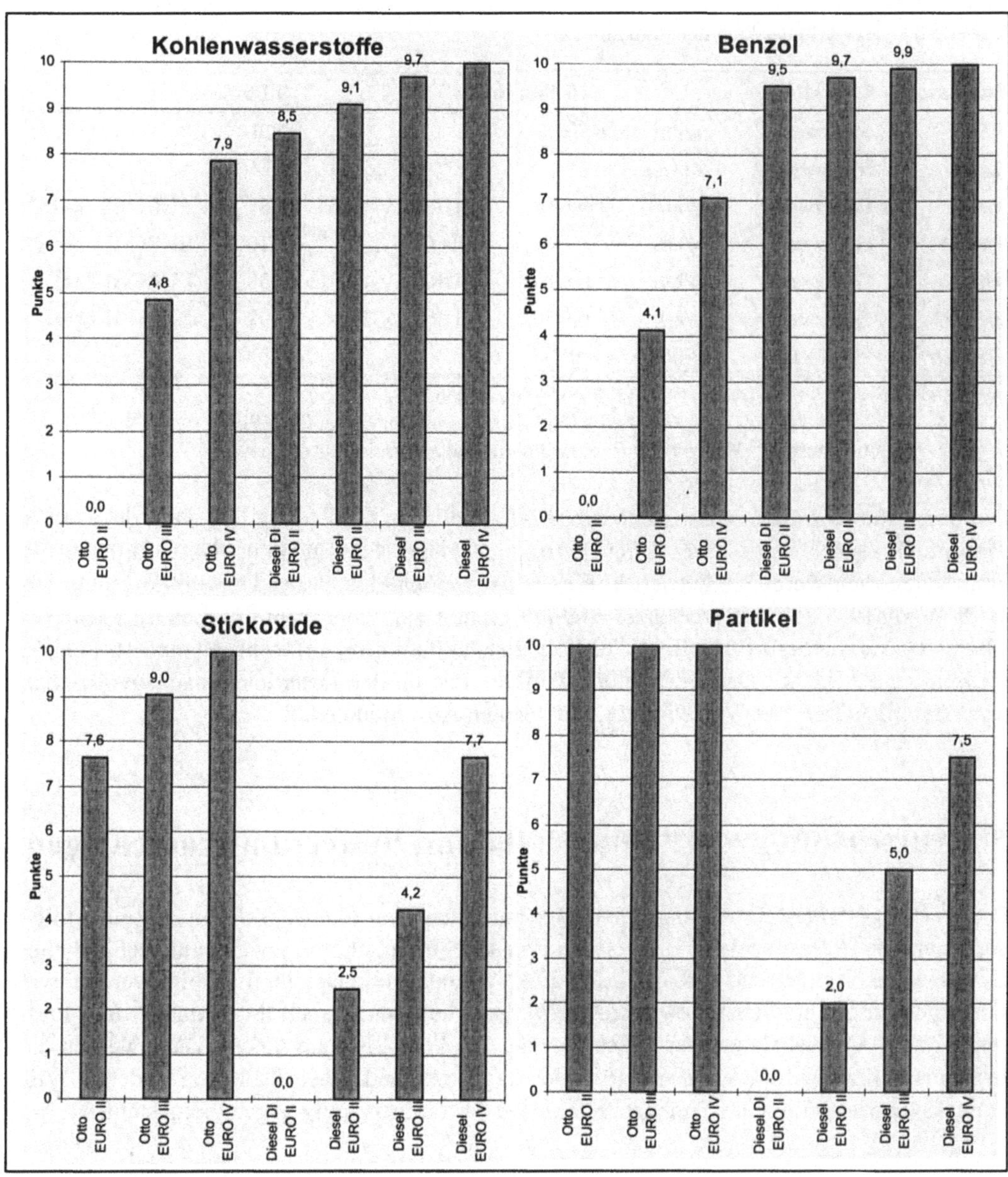

Abb. 1   Punktebewertung der Schadstoffe HC, Benzol, NO_x und Partikel.

Tabelle 5   Bewertungsskala der Indikatoren

Indikator	Grundlage		10 Punkte		0 Punkte	
CO_2	Messwert	g/km	90		220	
Lärm	Messwert	db(A)	65		75	
NO_x	Grenzwert[1]	g/km	0,08	EURO-IV-Otto	0,81	EURO-II-Diesel[4]
Partikel	Grenzwert	g/km	-	alle Otto	0,10	EURO-II-Diesel[4]
HC	Grenzwert[1,2]	g/km	0,05	EURO-IV-Diesel	0,38	EURO-II-Otto
Benzol	Grenzwert[1,2]	g/km	0,001	EURO-IV-Diesel	0,02	EURO-II-Otto
Geschw.[3]	Fzg-Daten	km/h	<=120		>200	

Anm.:   [1] Aus dem Grenzwert $HC+NO_x$ abgeleitete Daten
[2] incl. der Berücksichtigung von Verdunstungsemissionen bei Otto-Pkw
[3] Höchstgeschwindigkeit   [4] direkt einspritzende Dieselmotoren

Die durch die Normierung der Leitindikatoren erhaltenen Größen werden dann direkt oder prozentual gewichtet zu einer Umweltwirkungskategorie zusammengefasst. Umweltwirkungskategorien werden – wiederum prozentual gewichtet – zu der Gesamtbewertung zusammengefasst. Dieses Bewertungsverfahren erlaubt eine konsistente und damit leicht begreifbare Skala. Jeder Einzeleffekt weist die gleiche Punktzahl auf: sehr gut sind 10 Punkte, schlecht sind 0 Punkte. Das Gewichtungsverfahren ist für den Leser leicht nachzuvollziehen und ermöglicht ihm eine Variation für den eigenen Anwendungsfall.

6   Auswirkung von Punkteskala und Bewertungsvorschlägen

Die drei dargestellten Bewertungsvorschläge enthalten zwar in etwa die gleiche Reihenfolge der Wichtigkeit der einzelnen Umweltwirkungskategorien, aber in jeweils unterschiedlicher Gewichtung. Nachfolgend soll an diesen drei Vorschlägen beispielhaft gezeigt werden, wie sich solch unterschiedliche Gewichtung und damit immanent auch die Anfangs- und Endsetzung der Punkteskala auf das Ergebnis einer Ranking-Liste auswirken. Dazu werden die Ergebnisse für die limitierten Schadstoffe dargestellt und diese dann den anderen Wirkungskategorien, d. h. dem Treibhauseffekt und der Lärmwirkung gegenübergestellt.

Limitierte Schadstoffe

Die Punktezahlen für die in Abb. 2 dargestellten Umweltkategorien werden aus den Grenzwerten abgeleitet. Die beste Bewertung in allen drei Kategorien erhalten erwartungsgemäß Otto-Pkw, die die Grenzwerte nach EURO IV einhalten. Bei „Belastung Mensch – andere Schadstoffe" ergibt die Bewertung, dass EURO IV- und auch EURO-III-Diesel-Pkw einen höheren Punktewert aufweisen als Otto-Pkw nach EURO II. Die Kategorie „Kanzerogene – Belastung Mensch" enthält eine starke Betonung der Dieselrußpartikel und wertet demnach den Diesel-Pkw ab.

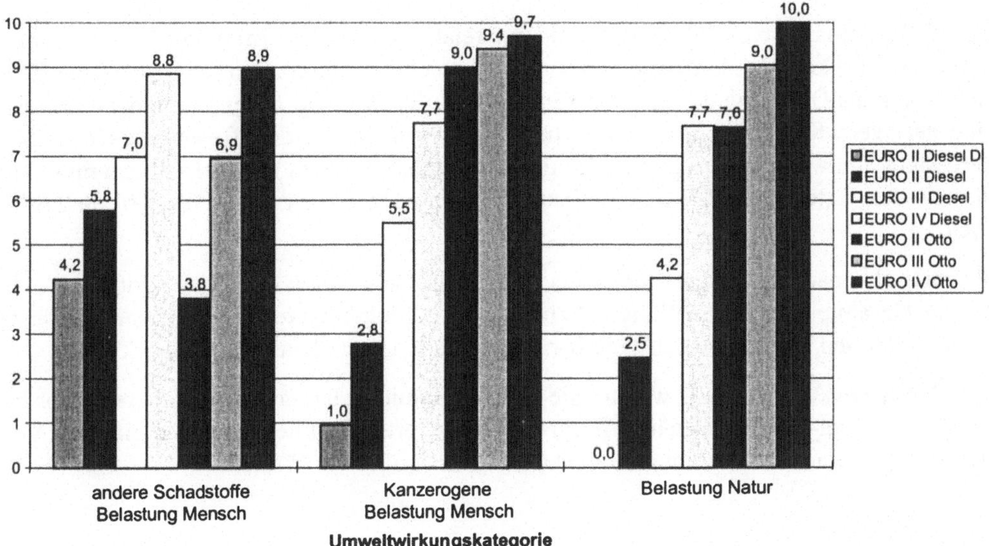

Abb. 2   Bewertungsergebnis limitierte Schadstoffe

Das Gesamtergebnis der Bewertung hängt von dem zu Grunde gelegten Bewertungsvorschlag ab. Dieser unterscheidet sich in der relativen Reihenfolge nur wenig, sodass in Abbildung 3 nur der Bewertungsvorschlag 1 abgebildet wird.

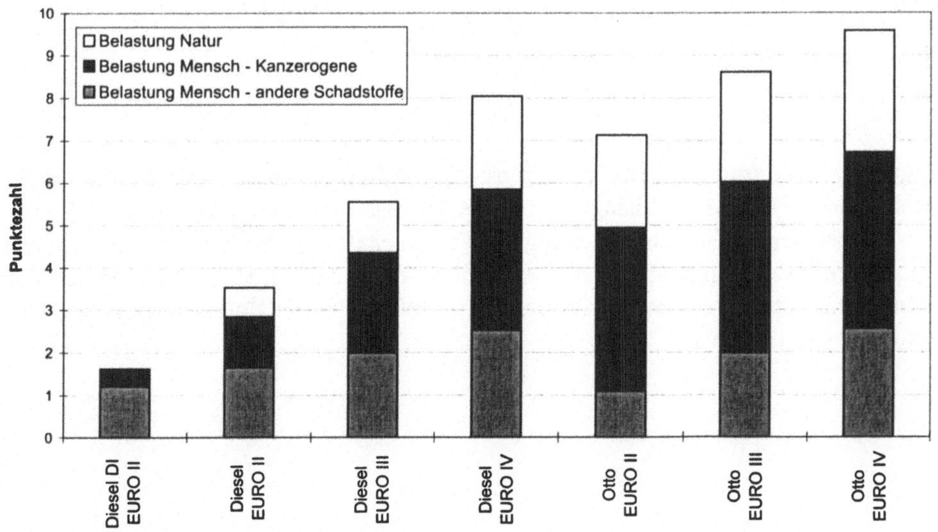

Abb. 3   Gesamtergebnis limitierte Schadstoffe – Bewertungsvorschlag 1

Wann ist ein Diesel-Pkw besser als ein Otto-Pkw gleicher Grenzwertstufe?

Diesel-Pkw erhalten vor allem auf Grund der relativ hohen Bewertung der Kanzerogenität der Dieselpartikel bei den oben genannten Umweltwirkungskategorien eine schlechtere Bewertung als Otto-Pkw der gleichen Grenzwertstufe. Dagegen haben sie in der Praxis oft eine geringere Kohlendioxidemission. In Tab. 5 wird für die drei Bewertungsvorschläge dargestellt, um wie viel geringer die Kohlendioxidemission eines Diesel-Pkw sein muss, um die aus den Kategorien „Mensch – Natur" resultierende niedrigere Punktezahl auszugleichen.

So muss also nach dem Bewertungsvorschlag 1 ein Diesel-Pkw (Direkteinspritzer) für die gleiche Gesamtpunktzahl bei EURO II eine um 84 g/km geringere CO_2-Emission aufweisen als ein unter den Kriterien Höchstgeschwindigkeit und Lärm identischer Otto-Pkw.

Der Bewertungsvorschlag III wichtet die CO_2-Emissionen stärker als die anderen. Hier benötigt ein Diesel-Pkw (Direkteinspritzer) der Grenzwertstufe II bei ansonsten gleichen Voraussetzungen eine um 40 g/km geringere CO_2-Emission als ein Otto-Pkw.

Tabelle 6   Differenzen in CO_2 und Lärm, die bei Diesel-Pkw benötigt werden, um die geringere Punktezahl in den Bereichen „Mensch – Natur" auszugleichen

	Bewertungsvorschlag I		Bewertungsvorschlag II		Bewertungsvorschlag III	
	CO_2 [g/km]	Lärm [dB(A)]	CO_2 [g/km]	Lärm [dB(A)]	CO_2 [g/km]	Lärm [dB(A)]
EURO II [DI]	84	8	50	8	40	8
EURO II	54	5	32	5	26	5
EURO III	46	4	27	4	21	4
EURO IV	23	2	14	2	11	2

Fazit

Das vorgestellte Bewertungsschema erlaubt es, Pkw auf Grund ihrer Umweltwirkung einzuordnen. Zudem wurde die Abhängigkeit der Ergebnisse von den verschiedenen Bewertungsvorschlägen der am Gutachten beteiligten Wissenschaftler gezeigt. Damit entlässt auch das formalisierte Bewertungsschema den Anwender – hier den VCD – nicht aus der Verantwortung, entsprechend seines Wertesystems eine Wichtung der Relevanz einzelner Umweltwirkungen vorzunehmen.

Literatur

DIN-NAGUS (1995): Zwischenbericht der Normierungskommission vom 04.07.1995

DM (1997): Spar-Autos. Vollgas ohne Reue. In DM 2/97

Europäische Kommission (1993): Richtlinie 93/116/EG vom 17.12.93 zur Anpassung der Richtlinie 80/1268/EWG des Rates über den Kraftstoffverbrauch von Kraftfahrzeugen an den technischen Fortschritt. EG-Amtsblatt Nr. L 329 vom 30.12.93

Giegrich, J. (1995): Die Bilanzbewertung in produktbezogenen Ökobilanzen. In: Schmidt, M., Schorb, A. (Hrsg.): Stoffstromanalysen in Ökobilanzen und Öko-Audits. Berlin/Heidelberg

Hoffmann, C. et al. (1995): Kumulierter Energieaufwand und energieoptimierte Nutzungsdauer von Personenkraftwagen. Im Auftrag des Bayrischen Staatsministeriums für Wirtschaft und Verkehr. München.

Knörr, W. et al. (1997): Daten- und Rechenmodell: „Energieverbrauch und Schadstoffemissionen des motorisierten Verkehrs in Deutschland 1980 – 2020" und „TREMOD: Transport Emission Estimation Model". Im Auftrag des Umweltbundesamtes. Berlin/Heidelberg

Kraftfahrtbundesamt: Emissions-Typprüfwerte von Kraftfahrzeugen mit Allgemeiner Betriebserlaubnis EWG Typgenehmigung. Verschiedene Jahrgänge.

KraftStÄndG (1997): Gesetz zur stärkeren Berücksichtigung der Schadstoffemissionen bei der Besteuerung von Personenkraftwagen (Kraftfahrzeugsteueränderungsgesetz 1997 – KraftStÄndG 1997), Bundesgesetzblatt, Teil I, 1997, Nr. 25 vom 24. April 1997

Länderausschuss für Immissionsschutz LAI (1992): Krebsrisiko durch Luftverunreinigungen – Entwicklung von Beurteilungsmaßstäben für kanzerogene Luftverunreinigungen im Auftrag der Umweltministerkonferenz. Herausgegeben vom Ministerium für Umwelt, Raumordnung und Landwirtschaft des Landes Nordrhein-Westfalen. Düsseldorf

Lambrecht, U., U. Höpfner (1997): Aktualisierung der Bewertungskriterien der VCD-Auto-Umweltliste. Eine gutachterliche Stellungnahme des IFEU. Im Auftrag des VCD und des Umweltbundesamtes; Berlin, Bonn, Heidelberg

Patyk, A. (1995): Komponentendifferenzierung der Kohlenwasserstoffemissionen von Kfz – Ermittlung von Faktoren zur Bestimmung der differenzierten Kohlenwasserstoffemissionen bei Kfz zur Erfüllung der Anforderungen des § 40.2 des BImSchG. Im Auftrag des Umweltbundesamtes; Berlin

Schmitz, A. et al. (1995): Ökobilanz für Getränkeverpackungen. UBA Texte 52/95

SRU (1994) Der Rat von Sachverständigen für Umweltfragen: „Umweltgutachten 1994 – Für eine dauerhaft-umweltgerechte Entwicklung"; Wiesbaden, Februar 1994

VCD (1996): Auto-Umweltliste '96. Bonn

Kommunaler Klimaschutz im Verkehrsbereich – eine unlösbare Aufgabe?

Mario Schmidt

1 Einleitung

Nach dem Umweltgipfel 1992 in Rio haben viele Städte und Kommunen Klimaschutz-Konzepte erstellt und sich Selbstverpflichtungen auferlegt, bis zum Jahr 2010 ihre Kohlendioxid-Emissionen drastisch zu reduzieren. Besonders das Klimabündnis der Städte (Klimabündnis 1993), der Internationale Rat für Kommunale Umweltinitiativen (ICLEI) oder andere Zusammenschlüsse der Kommunen engagieren sich hier. Das Klimabündnis und seine Mitgliedsstädte setzen z. B. auf eine Minderung der kommunalen CO_2-Emissionen um 50 % bis zum Jahr 2010 und liegen damit sogar über dem viel zitierten Minderungsziel von 25 – 30 % (bis 2005) der Bundesregierung.

Bei diesen kommunalen Handlungskonzepten stand von Anfang an neben dem Energieverbrauch in den Haushalten und in Industrie und Gewerbe der Verkehr im Mittelpunkt, der ein typischer Handlungsbereich der Kommunen ist. In der Bundesrepublik Deutschland werden gegenwärtig ca. 20 % der energiebedingten CO_2-Emissionen durch den Verkehr freigesetzt. Dieser Anteil hat in den letzten Jahren kontinuierlich zugenommen und wird auf Grund steigender Verkehrsmengen vermutlich weiter anwachsen. Der Verkehrsbereich gewinnt damit an Bedeutung für eine wirksame Klimaschutzpolitik.

Bereits die Klima-Enquête-Kommission des 12. Deutschen Bundestages hat darauf hingewiesen, dass im Quervergleich mit anderen CO_2-Verursacherbereichen das Minderungsziel im Verkehrsbereich wohl am schwierigsten zu erreichen ist (Enquête 1994). Sollen die Minderungsziele langfristig erreicht werden, so sind auch grundlegende strukturelle Änderungen notwendig. Im Bereich des Personenverkehrs muss z. B. der regionale Aspekt stärker berücksichtigt werden, da die Probleme wachsender Berufspendlerzahlen und des drastisch ansteigenden Freizeitverkehrs von einzelnen Kommunen nicht isoliert gelöst werden können.

Weiterhin gewinnt die Frage an Bedeutung, wie in das grundlegende Ursachen-Wirkungsgefüge von Raum- und Produktionsstruktur – Mobilitätsbedürfnis – Verkehrserzeugung – Verkehrsangebot – Verkehrsmittelwahl mit dem Ziel einer deutlichen Verringerung der motorisierten Verkehrsleistung eingegriffen werden kann. Es werden Gesamtkonzepte erforderlich, die einerseits gezielt auf synergistische, d. h. sich gegenseitig verstärkende Effekte setzen, und die andererseits die strukturellen Rahmenbedingungen entsprechend verändern. Rein technische Konzepte, etwa durch verbesserte Motor- und Fahrzeugtechnik, werden vermutlich nicht ausreichen.

Auf kommunaler Ebene werden dadurch hohe Anforderungen an Klimaschutz-Konzepte gestellt. Es genügt nicht, die CO_2-Emissionen des Verkehrs einfach nur zu bilanzieren, so wie dies beispielsweise in den so genannten Verkehrsemissionskatastern erfolgt. Diese Darstellungen sind zu deskriptiv. Die Verkehrsmengen sind dort üblicherweise empirisch erhoben oder geschätzt, also exogen vorgegeben. Der Energieverbrauch und die Emissionen können zwar darauf aufbauend mit entsprechenden Rechenmodellen zuverlässig berechnet werden. Es ist sogar möglich abzuschätzen, wie sich die Emissionen in den kommenden Jahren ändern werden, wenn die Fahrzeugflotte sich durch technische Innovationen, z. B. durch geringeren spezifischen Kraftstoffverbrauch, ändert.

Entscheidend ist aber die Frage, wie sich die *Verkehrsmengen* in den Städten entwickeln, welche Auswirkungen sie – zusammen mit dem Kfz-technischen Trend – auf die Emissionsmengen haben, und vor allem, mit welchen Mitteln eine Kommune hier eingreifen kann. Die Aspekte, die dabei zu berücksichtigen sind, reichen von der Frage nach der Wirksamkeit eines begrenzten Tempolimits in Wohngebieten, über Angebotsverbesserungen für den ÖPNV und den Radverkehr und die damit verbundenen Modal-Split-Veränderungen bis hin zu siedlungsstrukturellen Maßnahmen, wie z. B. einer besseren Durchmischung der verschiedenen Raumfunktionen wie Arbeit, Freizeit und Wohnen.

Benötigt werden also Modelle, die sowohl die Verkehrsmengen abbilden, Prognosen und Szenarien (Was wäre wenn...?) zulassen als auch den Kfz-seitigen technischen Trend abbilden. Besonders schwierig ist dabei, dass viele raumstrukturelle und verkehrliche Aspekte miteinander korrespondieren, sich gegenseitig beeinflussen. So wird die Sperrung einer Straße für den Kfz-Verkehr Belastungen an anderer Stelle im Straßennetz nach sich ziehen. Die Verkehrsteilnehmer werden sich möglicherweise auf Grund dessen für andere Einkaufs- oder Freizeitziele entscheiden oder ein anderes Verkehrsmittel wählen. Gerade für die Bewertung verschiedener Handlungsoptionen bei Prognosen und Szenarien ist das Zusammenspiel solcher Effekte sehr wichtig.

Das ifeu-Institut hat diese Art der Emissionsbilanz eine „szenariofähige Bilanz" genannt (DIFU 1997). Sie ermöglicht,

- die Verkehrsmengen und CO_2-Emissionen möglichst genau für die jeweilige Kommune zu ermitteln und zeitlich fortzuschreiben,
- verschiedene Verkehrsarten, wie z. B. Binnen-, Ziel-, Quell- und Durchgangsverkehr sowie unterschiedliche Verkehrsmittel, wie etwa motorisierter Individualverkehr (MIV), Öffentlicher Personennahverkehr (ÖPNV), Fahrrad- und Fußgängerverkehr zu unterscheiden,
- Fahrzustände und Verkehrssituationen zu berücksichtigen und
- die Minderungswirkung von einzelnen und konkreten verkehrs- oder stadtplanerischen Maßnahmen oder von Maßnahmenpaketen szenarienhaft zu prüfen.

In den vergangenen Jahren wurden kommunale Klimaschutz-Konzepte erstellt, die diesen Ansprüchen genügen, z. B. für die Städte Wuppertal und Viernheim oder für den Großraum Hannover. Dazu wurde eine Methodik adaptiert und eingesetzt, die ursprünglich ausschließlich im Verkehrsplanungsbereich zur Anwendung kam, mit der also die Angebotsstruktur des MIV oder des ÖPNV geplant wurde (Schmidt, 1994). Durch die Kopplung von Verkehrsmodellierung und Emissionsberechnung und durch die Ausrichtung weniger auf die Angebotsplanung als vielmehr auf kommunale Klimaschutzstrategien entwickelte sich ein leistungsfähiger Ansatz zur Beurteilung des kommunalen Handlungsspielraums und der Wirksamkeit verschiedener Maßnahmen.

2 Methodik für den Personenverkehr

Zur quantitativen Modellierung der Verkehrsmengen in einer Stadt wird der so genannte Vierstufenalgorithmus eingesetzt. Er ist ein häufig verwendetes Modell in der Verkehrsplanung und ermöglicht einige interessante quantitative Beschreibungen des Verkehrsgeschehens (Ortúzar u. Willmsen 1990). Der Vorteil des Modells ist, dass es seit Jahrzehnten im klassischen Verkehrsplanungsbereich zum Einsatz kommt, empirisch validiert ist und auch genügend empirische Eingangsdaten zur Verfügung stehen bzw. diese aus demografischen Daten generiert werden können. Der Nachteil ist, dass moderne Handlungsansätze, insbesondere aus dem Soft Policy-Bereich, damit nicht abgebildet werden können.

Das Verkehrsmodell ist in vier Stufen separiert, in denen jeweils eigene Teilmodelle zum Einsatz kommen, die dann aber über Rückkopplungsschleifen auch wieder miteinander verknüpft werden können. Es werden folgende Stufen unterschieden:

- Verkehrserzeugung
  In einem Quellgebiet (z. B. einem Stadtteil) entstehen auf Grund der speziellen Bevölkerungszusammensetzung und deren Mobilitätsbedürfnisse zu den jeweiligen Verkehrszwecken eine bestimmte Anzahl von Quellfahrten.

- Verkehrszielwahl
  Je nach Raumangebot (Arbeitsplätze, Einkaufs- und Freizeitmöglichkeiten, etc.) werden Ziele für diese Fahrten gesucht. Näher liegende oder leichter zu erreichende Angebote werden dabei mittels eines bestimmten Algorithmus (Gravitationsmodell) bevorzugt.

- Verkehrsmittelwahl
  Für die jeweiligen Relationen zwischen Quelle und Ziel werden die Verkehrsangebote geprüft und mit einem nutzenökonometrischen Modell die Verkehrsmittelwahl errechnet. Entscheidend ist dabei z. B. der Zeitbedarf und/oder die Kosten der verschiedenen Verkehrsmittel auf den Relationen.

- Fahrroutenwahl
  Ist das Verkehrsmittel bekannt, wird die konkrete Fahrroute im Netz (Straßennetz oder ÖPNV-Liniennetz) unter Berücksichtigung des konkreten Angebotes und der sich aus der Nachfrage ergebenden Belastungen (Stausituationen) bestimmt.

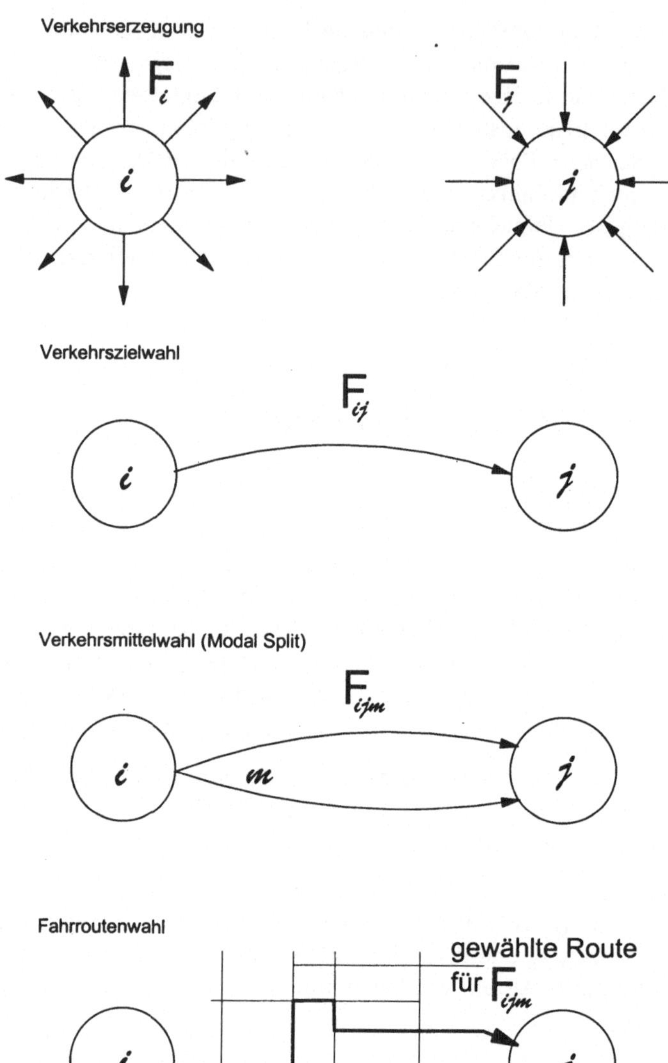

Abb. 1   Schematische Darstellung des Vierstufenalgorithmus in der Verkehrsplanung. F_{ijm} ist die Fahrtenmatrix mit der Anzahl der Fahrten pro Zeit.

Diese vier Stufen sind in Abb. 1 schematisch dargestellt. F ist dabei die Fahrtenmatrix mit den entsprechenden Ausprägungen der einzelnen Stufen. Nach der Routenwahl können für die einzelnen Netzabschnitte die Fahrten F_{ijm} addiert und die Verkehrsstärken (z. B. Kfz pro Tag einer bestimmten Straße) angegeben werden.

Das Verkehrsangebot, z. B. das vorhandene Straßennetz oder das ÖPNV-Linien- und Fahrplanangebot, und die gewählte Fahrroute beeinflussen natürlich auch die Verkehrsmittelwahl und die Verkehrszielwahl, bei der im Wesentlichen der Zeitbedarf eingeht. Hier ist also eine Rückkopplung zwischen den vier Stufen erforderlich, die man meistens iterativ zu lösen versucht. Gerade in dieser Rückkopplung spielen sich wichtige Wechselwirkungen zwischen dem Entstehen von Neuverkehr auf Grund attraktiver und gut erreichbarer Raumangebote und der Verkehrsinfrastruktur ab. Wird z. B. eine neue Straße gebaut, so werden bestimmte Ziele leichter mit dem Auto erreichbar; es erfolgt eine Verlagerung des Verkehrs von anderen Zielen auf das neue Ziel und ggf. eine Verkehrsmittelverlagerung.

Ein konkretes Beispiel für ein solches Modell ist das Programmpaket VISEM/VISUM der Firma PTV in Karlsruhe. Die Teilmodelle mit den verschiedenen Eingangsgrößen und rückgekoppelten Größen sind in Abb. 2 vereinfacht dargestellt. Das Modell ermöglicht grundsätzlich die angesprochenen Rückkopplungen. Damit kann nicht nur der Einfluss der Angebotsveränderungen verschiedener Verkehrsmittel auf den Modal Split, sondern auch auf die Zielwahl berücksichtigt werden. Das Programm arbeitet auf gängigen PCs unter MS DOS und inzwischen auch unter Windows.

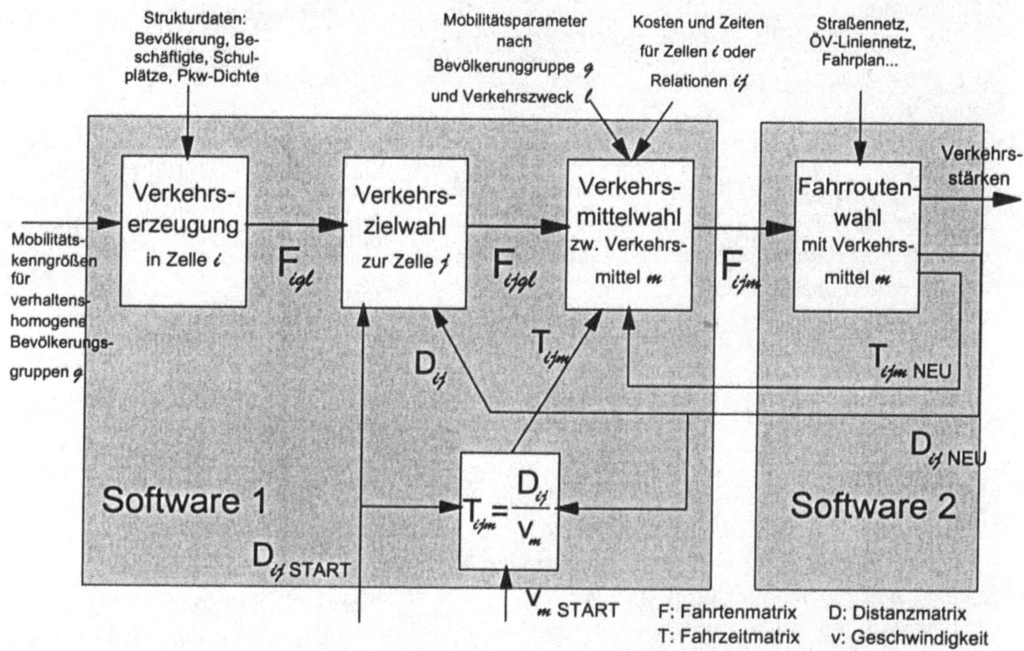

Abb. 2 Vierstufenalgorithmus mit der Rückkopplung der Fahrzeiten oder Fahrstrecken zwischen den einzelnen Stufen. Bei der Verkehrserzeugung wird nach den Verkehrsteilnehmern (in so genannten verhaltenshomogenen Gruppen) und dem Verkehrszweck unterschieden. Der Algorithmus wird mit 2 Software-Programmen abgedeckt, die miteinander gekoppelt sind.

In der Praxis ist die Berücksichtigung von Rückkopplungen zwischen den Schritten zwar möglich, allerdings sehr umständlich, da der gesamte Bereich der Verkehrs*nachfrage*berechnung in einer Software (VISEM) und der Bereich der Verkehrs*angebots*berechnung in einer anderen Software (VISUM, je nach Version zusätzlich unterschieden nach ÖPNV und MIV) abgedeckt wird. Die Rückkopplung erfolgt mittels Auslesen und Einlesen der F_{ijm}-Matrizen, was verhältnismäßig aufwändig ist. In der Praxis der herkömmlichen Verkehrsplanung führt dies dazu, dass die Nachfrageseite eher vernachlässigt wird, stattdessen die reine verkehrliche Angebotsseite und damit das Arbeiten mit grafischen Netzmodellen im Vordergrund steht, was den ingenieursmäßig ausgebildeten Straßenverkehrsplanern besonders liegt. Viele Anwender errechnen die Verkehrsnachfrage nur einmalig mit der Software VISEM bzw. schätzen sie sogar ab und spielen dann verschiedene Netzfälle mit der Angebotssoftware VISUM durch. Die Rückkopplungen bleiben dabei vernachlässigt.

Das Modell liefert ein Verkehrsmengengerüst, das den Erfordernissen einer detaillierten Emissionsbilanz entspricht. Für alle Straßenabschnitte können im MIV die Verkehrsstärken und die Fahrzustände, z. B. durchschnittliche Geschwindigkeiten, die lokal verkehrsmengenabhängig sind, angegeben werden. Diese Daten lassen sich außerhalb der Verkehrsplanungssoftware auswerten und mittels Energieverbrauchs- und Emissionsfaktoren für die zu bilanzierenden Gebiete zu MIV-Gesamtemissionen, ggf. unterschieden nach Verkehrsarten und Straßentypen, weiterverarbeiten. Bei den ÖPNV-Daten muss ggf. noch die Bereitstellung von Sekundärenergie, beispielsweise elektrische Energie bei Straßenbahnen, berücksichtigt werden.

Durch Variation der Eingangsdaten, etwa der demografischen Zusammensetzung der Bevölkerung, wichtiger Mobilitätskennzahlen oder der Angebotsstruktur von MIV (= Straßennetz) und ÖPNV (= Liniennetz und Fahrplan) lassen sich mit diesem Modell zahlreiche verkehrs- und stadtplanerische Maßnahmen szenariohaft abbilden und die emissionsseitigen Auswirkungen untersuchen.

3 Fallbeispiel Hannover

Ende 1997 schlossen das ifeu-Institut und die Prognos AG Basel eine gemeinsame CO_2-Minderungsstudie für den Verkehr im Großraum Hannover ab, die vom Kommunalverband Großraum Hannover (KGH) und vom Niedersächsischen Umweltministerium in Auftrag gegeben wurde (Schmidt et al. 1997). Wesentliche Ecksteine für eine Klimaschutzpolitik lagen bereits mit der Klimaschutzstudie des KGH zum Themenschwerpunkt Energie (ISI 1992) sowie der Verkehrsstudie des Niedersächsischen Umweltministeriums (Knörr et al. 1994) vor. Es fehlten jedoch genaue Bilanzen für den regionalen Verkehr und darauf aufbauend Maßnahmenvorschläge zur Minderung der verkehrsbedingten CO_2-Emissionen im Großraum Hannover. Unter der Federführung des ifeu-Instituts waren innerhalb der Studie für den Güterverkehrsbereich die Prognos AG Basel und für den Personenverkehrsbereich das ifeu-Institut verantwortlich, wobei in letzterem Fall die o. g. Methodik zur Modellierung der Verkehrsmengen eingesetzt wurde.

Ausgangslage unter Berücksichtigung der Expo 2000

Die Situation im Großraum Hannover ist derzeit durch die Expo im Jahr 2000 geprägt. Ca. 2,5 Mrd. DM aus Landes- und Bundesmitteln werden in den Ausbau der verkehrlichen Infrastruktur gesteckt, ein großer Teil davon in den Öffentlichen Personennahverkehr (ÖPNV). Dazu gehören die Einrichtung einer kompletten S-Bahn mit Anschluss des Flughafens Hannover oder der Ausbau des städtischen Stadtbahnsystems. Diese Einrichtungen sind notwendig, um die Besucherströme der Weltausstellung zu bewältigen; noch wichtiger ist aber, dass damit auch eine umweltfreundliche Infrastruktur für die normale „Nachnutzung" nach dem Jahr 2000 geschaffen wird.

Auf Grund dieser starken ÖPNV-Förderung wurde deshalb allgemein vermutet, dass sich die Klimaschutzbilanz des Verkehrs im Großraum Hannover vergleichsweise günstig darstellt. Doch genau diese Erwartungen konnten mit den Prognose- und Szenariorechnungen nicht bestätigt werden. Unter Berücksichtigung der Expo-spezifischen Maßnahmen wurde ein Trend errechnet, bei dem die CO_2-Emissionen des Verkehrs im Jahr 2010 14 % *über* dem Wert des Jahres 1990 liegen (siehe Abb. 3). Dabei wurden die trendmäßigen technischen Minderungsmaßnahmen bei den Kfz bereits berücksichtigt. Entscheidend ist jedoch, dass die Verkehrsmengen in starkem Maße bis 2010 ansteigen. So wird für die Personenverkehrsleistung im Großraum Hannover bis 2010 eine Zunahme um 17 %, für die Transportleistung sogar um 34 % erwartet.

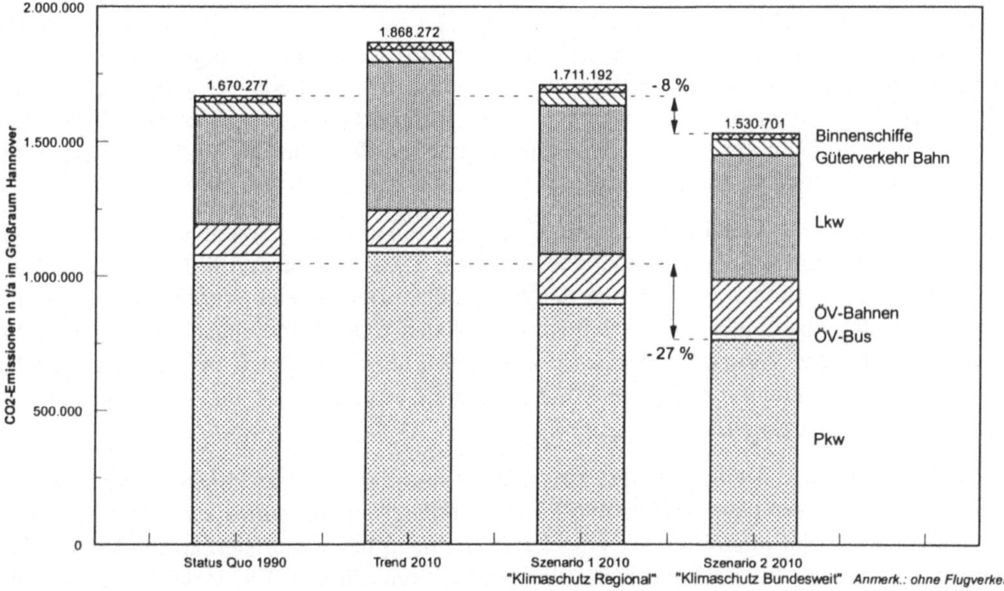

Abb. 3   Jährliche Kohlendioxidemissionen durch den Verkehr im Großraum Hannover im Status Quo (1990) und in verschiedenen Szenarien für das Jahr 2010.

Einfluss der Fahrzeugtechnik

Ein positiveres Bild zeichnet sich bei den herkömmlichen Schadstoffen ab, etwa bei den Stickoxiden, den Kohlenwasserstoffen oder dem Kohlenmonoxid, wo tatsächlich eine Minderung der Emissionen auf Grund technischer Maßnahmen (z. B. Dreiwege-Katalysator) eintritt. Insgesamt würden im Jahr 2010 etwa 54 % weniger Stickoxide, 79 % weniger Kohlenwasserstoffe und 77 % weniger Kohlenmonoxid als im Bezugsjahr 1990 freigesetzt.

Für den Energieverbrauch und infolge dessen auch für die CO_2-Emissionen können solche drastischen Minderungen jedoch nicht angesetzt werden. Entscheidend sind dafür einerseits die technischen Entwicklungen im Fahrzeugbereich und andererseits die Entwicklung des Kfz-Bestandes insgesamt. Zwar wird bei den Pkw momentan eine Verringerung des spezifischen Kraftstoffverbrauchs (Liter Kraftstoff pro 100 km) allgemein angestrebt. Besonders innovative technische Konzepte („Drei-Liter-Auto") können allerdings nicht für den Energieverbrauch des *gesamten* Kfz-Bestandes angenommen werden. So wurden in den letzten Jahren technische Einsparmaßnahmen bei Pkw durch den Trend zu leistungsstärkeren und größeren Pkw teilweise wieder kompensiert – der Einfluss einer Ökosteuer wurde dabei noch nicht antizipiert. Außerdem muss berücksichtigt werden, dass neue technische Konzepte anfangs erst einen kleinen Anteil des Bestandes, nämlich die Neuzulassungen, betreffen. Erst nach Erneuerung des gesamten Kfz-Bestandes werden innovative technische Konzepte vollständig wirksam – mit einem Zeitverzug von über einem Jahrzehnt. Aus Abb. 4 ist der Effekt der technischen Innovation ersichtlich: Ohne die technischen Maßnahmen würden die CO_2-Emissionen des Pkw-Verkehrs sogar auf knapp 1,3 Mio. t/a ansteigen.

Als besonderes Problem kommt dazu, dass im Bereich des Lkw-Verkehrs derzeit keine wesentlichen technischen Einsparpotenziale beim Energieverbrauch angenommen werden können; genau dort werden aber hohe Zuwächse in den Verkehrsmengen erwartet. Die im Durchschnitt ermittelten Minderungsraten beim spezifischen Kraftstoffverbrauch der Kfz reichen deshalb nicht aus, um den im Trend ermittelten Zuwachs der Verkehrsmengen bei den CO_2-Emissionen zu kompensieren.

Deshalb würden im Trend-Szenario die CO_2-Emissionen des Personenverkehrs im Großraum Hannover um 4 % und des Güterverkehrs um 35 % gegenüber 1990 ansteigen – trotz der großen Investitionen im Rahmen der Expo 2000. Der Bereich Verkehr könnte somit nicht zum Erreichen eines bundesweiten oder lokalen CO_2-Minderungsziels beitragen. Im Gegenteil: Andere Verursacherbereiche, z. B. der Energieverbrauch bei Haushalten oder Industrie, müssten deutlich größere Minderungsziele erreichen, um die Zunahme im Verkehrsbereich auszugleichen.

Eine spezielle Frage der Studie war, welchen Einfluss der verstärkte Elektroautoeinsatz im Großraum Hannover hätte. Als sinnvoller Anwendungsbereich wurde der Wirtschaftsverkehr angesehen, der allerdings nur ein kleines Segment des motorisierten Straßenverkehrs darstellt. Ohne veränderte Energieerzeugungsstrukturen könnten Elektrofahrzeuge, die im Wirtschaftsverkehr des Großraums eingesetzt werden, weniger als 1000 t/a an CO_2 einsparen. Dieser Wert erhöhte sich immerhin auf ca. 3.600 t/a, wenn die regionale Energieerzeugung mittels Kraft-Wärme-Kopplung in Blockheizkraftwerken oder den Einsatz von GuD-Kraftwerken optimiert würde.

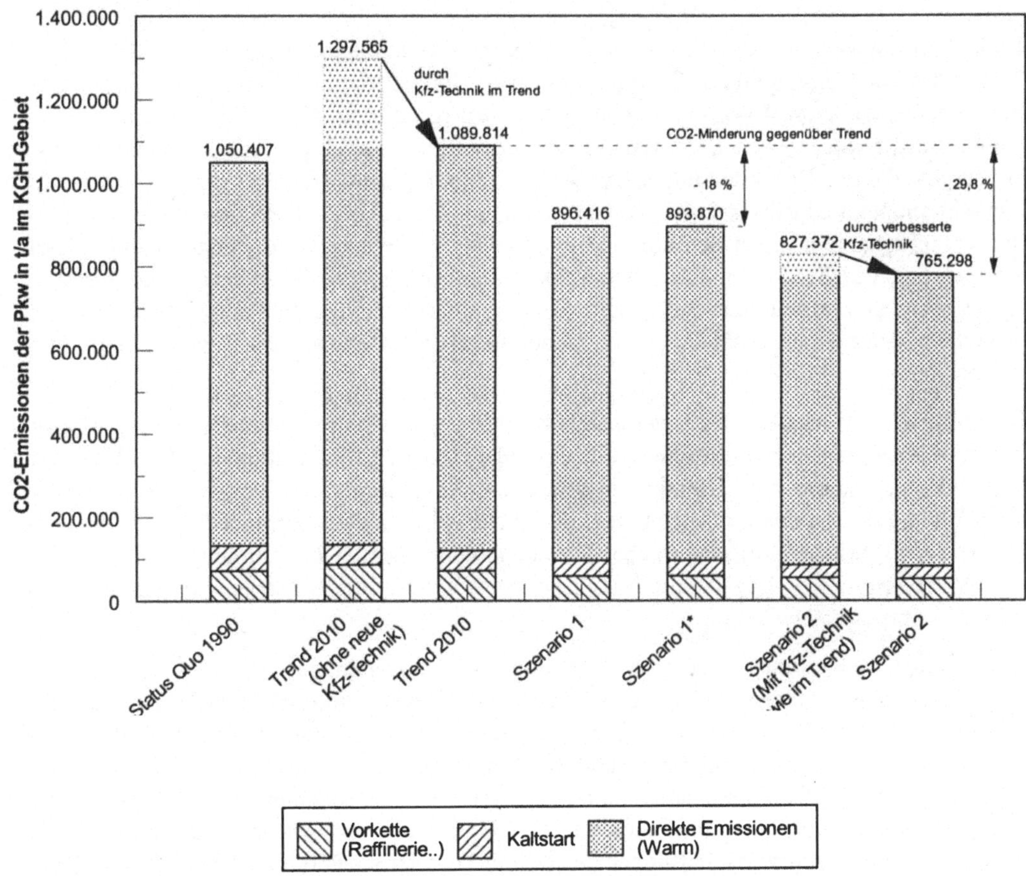

Abb. 4   Die CO_2-Gesamtemissionen des Pkw-Verkehrs im Szenariovergleich. Dabei wurden auch zwei spezielle Szenarien berücksichtigt, bei denen keine Änderungen in der Kfz-Technik gegenüber den Szenarien 1 und 2 unterstellt wurden. EF= Emissionsfaktor

Minderungsszenarien am Beispiel des Personenverkehrs

Für das Jahr 2010 wurden verschiedene Minderungsszenarien zusammengestellt und ihre Emissionsergebnisse berechnet. Dabei wurden mehrere Dutzend konkreter Einzelmaßnahmen aus dem Bereich ordnungsrechtlicher und fiskalischer Instrumente und natürlich infrastruktureller und angebotsorientierter Maßnahmen, insbesondere im Bereich des ÖPNV-Ausbaus, berücksichtigt.

Erst der über die Expo-Planungen hinaus gehende Ausbau des ÖPNV-Netzes in Kombinationen mit Förderungen des Radverkehrs und Beschränkungen für den MIV führen in Szenario 1 „Klimaschutz regional" zu einer Minderung der CO_2-Emissionen der Pkw gegenüber 1990. Maßnahmen in diesem Zusammenhang sind der weitere Ausbau der Stadtbahn, z. B. A-Süd Hemmingen-Arnum oder C-Ost bis Misburg, die Erweiterung des S-Bahn-

Linienkonzeptes sowie die Einführung der Regionalstadtbahn. Allerdings müssen diese Angebotsausweitungen von Maßnahmen im MIV-Bereich flankiert werden, um das Verlagerungspotenzial vom Pkw-Verkehr tatsächlich zu realisieren. Es sind abgestimmte Konzepte erforderlich, bei denen die Ausweitung des ÖPNV-Angebotes mit gezielten und darauf abgestimmten Beschränkungen im MIV verbunden wird. Dieser Ansatz wird in der Verkehrsplanung „Push & Pull"-Konzept genannt: Durch neue ÖPNV-Angebote werden die Verkehrsteilnehmer zu den umweltfreundlichen Verkehrsmitteln gezogen (pull), durch Verteuerung des herkömmlichen Pkw-Verkehrs werden sie zu diesem Umstieg gedrückt (push). Dagegen könnte man mit weiteren, rein angebotsorientierten Maßnahmen allein auf der ÖPNV-Seite kaum zusätzliche CO_2-Minderungen erzielen, wie ein Zusatzszenario (1*) gezeigt hat.

In Szenario 1 wurden deshalb Maßnahmen der verstärkten Parkraumbewirtschaftung im Zentrum von Hannover, aber auch in allen Stadtkernen der Mittelzentren, z. B. in Wunstorf, Langenhagen, Lehrte oder Laatzen angenommen. Außerdem wurde angenommen, dass in allen Wohngebieten des Großraums und auf ausgewählten Hauptsammelstraßen in Hannover Tempo 30 eingeführt wird. Neben den positiven Effekten im Bereich des Lärm- und Immissionsschutzes würde dadurch auch der ÖPNV und der Radverkehr hinsichtlich der Reisezeit aufgewertet werden.

Drastischere Maßnahmen, wie z. B. Sperrung oder entschiedener Rückbau von Straßen, Road-Pricing im Personenverkehr u. ä. wurden in dieser Studie nicht diskutiert, da eine Umsetzung bis 2010 auf regionaler Ebene entweder auf Grund von rechtlichen Rahmenbedingungen oder wegen struktureller und wirtschaftlicher Hemmnisse nicht realistisch erscheint. Solche Maßnahmen hätten ohne Zweifel einen entscheidenden Einfluss auf die Pkw-Verkehrsleistung und damit auch auf die CO_2-Emissionen, würden aber vermutlich in verstärktem Maße mit wirtschaftlichen, arbeitsmarkt- oder sozialpolitischen Zielen in Konflikt geraten, sofern sie als regionale Insellösungen realisiert würden.

Große Bedeutung kommt deshalb den flankierenden überregionalen Maßnahmen zu, die die Rahmenbedingungen für das Mobilitätsverhalten verändern. Entscheidend ist dabei eine grundsätzliche Verteuerung des Kraftstoffs. In der Studie wurde im Szenario 2 „Klimaschutz bundesweit" von einer Verdopplung des Benzin- und Dieselpreises ausgegangen. Eine solche Maßnahme hätte zwei Effekte: Zum einen würden dadurch zusätzliche Anreize geschaffen, die Kfz verbrauchsseitig weiter zu optimieren. Der technische Einfluss bis 2010 wäre im Bestand allerdings eher gering. Wichtiger wäre der zweite Effekt, der eine weitere Verschiebung bei der Verkehrsmittelwahl zu Gunsten der umweltfreundlicheren Verkehrsmittel bedeutete.

Eine besondere Rolle in der Energie- und Emissionsbilanz spielt der Fahrradverkehr: Er ist nämlich emissionsfrei. Für das Jahr 1990 wurde eine Radverkehrsleistung von 670 Mio. Personen-Kilometer errechnet (Tabelle 1). Wäre diese Verkehrsleistung mit Pkw erbracht worden, so wären zusätzlich ca. 94.000 t/a an CO_2 emittiert worden. In den Minderungsszenarien zeigt der Radverkehr sogar noch weitere Potenziale: Im Szenario 2 liegt die Verkehrsleistung schließlich bei 909 Mio. Pkm/a. Bezogen auf die *gesamte* Personenverkehrsleistung im Großraum hätte der Radverkehr dann einen Anteil von 9,5 %, obwohl die mittlere Reiseweite immer noch unter 4 km läge und damit „fahrrad-freundlich" wäre.

Tabelle 1 Kenngrößen des Radverkehrs im Großraum Hannover im Szenario-Vergleich

Radverkehr im Großraum Hannover im Szenario-Vergleich					
	1990		2010		
		Trend	Sz. 1	Sz. 2	Sz. 2 zu 1990
Verkehrsaufkommen [Mio. Fahrten/a]	177	195	223	246	+ 39 %
pro Einwohner [Fahrten/a]	165	166	191	210	+ 27 %
Mittlere Reiseweite [km]	3,8	3,6	3,7	3,7	− 3 %
Verkehrsleistung [Mio. P.-km/a]	670	710	821	909	+ 36 %
davon in Hannover (%)	59	63	64	64	

4 Schlussfolgerung

Das Szenario 2 für den Großraum Hannover mit sowohl regionalen als auch bundesweit flankierenden Maßnahmen führt im Pkw-Bereich zu spürbaren CO_2-Minderungen, wobei der Verkehrsmittelverlagerung – neben den technischen Verbesserungen – eine wesentliche Aufgabe zukommt. Hier könnten bis 2010 tatsächlich −27 % erreicht werden. Allerdings würden diese CO_2-Minderungsraten insgesamt auf −8 % im Großraum Hannover zusammenschmelzen, da die Zuwachsraten im Güterverkehrsbereich dieser Entwicklung entgegenwirken (vgl. Abb. 3). Auch die Prognosen für andere Kommunen haben ergeben, dass nur mit enormen Anstrengungen, mit „push & pull-Konzepten" und mit flankierenden Maßnahmen auf Bundesebene spürbare Minderungen bei den CO_2-Emissionen durch den Verkehr erzielt werden können (Schmidt et al. 1994).

Es stellt sich also die Frage, wie Minderungsraten jenseits der 30 % erreicht werden sollen. Dies ginge nur durch eine drastische Verteuerung des Pkw-Verkehrs oder durch restriktive Maßnahmen im Straßennetz. Eine Alternative dazu besteht darin, die raumstrukturelle Entwicklung so auszurichten, dass zur Erfüllung der täglichen Aktivitäten (Arbeit, Einkauf, Freizeit etc.) für die Verkehrsteilnehmer wieder kürzere Wegstrecken möglich werden. Die polyzentrische Struktur – beispielsweise im Ballungsraum Hannover, die nicht nur auf das Zentrum Hannover ausgerichtet ist, sondern auch zahlreiche Mittelzentren einschließt – bietet dafür einen guten Ansatzpunkt. Im Rahmen der Politik einer so genannten „dezentralen Konzentration" müssten Nebenzentren gestärkt, die Nutzungsmischung in Neubaugebieten erhöht und eine weitere Zersiedelung durch monostrukturierte Wohngebiete mit geringer Geschossflächenzahl vermieden werden.

Allerdings handelt es sich hierbei um Handlungskonzepte, die zwar eine sehr große Wirkungs*tiefe* haben, dafür aber auch lange Wirkungs*zeiten* erfordern. Derartige Planungen würden erst in einigen Jahrzehnten bei den Verkehrsleistungen und den CO_2-Emissionen sichtbar werden. Trotzdem müssen sie bereits heute konsequent verfolgt werden. Bei der Umsetzung solcher langfristigen Konzepte (bis 2050 oder 2080) bleibt Klimaschutz nicht mehr eine Domäne der Umweltämter, sondern wird ebenso zur zentralen Aufgabe der Verkehrsplanung und besonders der Regional- und Stadtentwicklungsplanung.

Literatur

Enquête-Kommission „Schutz der Erdatmosphäre" des Deutschen Bundestages (1994): Mobilität und Klima. Wege zu einer klimaverträglichen Verkehrspolitik. Bonn

Fischer, A., C. Kallen (1997): Klimaschutz in Kommunen. Leitfaden zur Erarbeitung und Umsetzung kommunaler Klimakonzepte. Deutsches Institut für Urbanistik. Berlin

Fraunhofer-Institut für Systemtechnik und Innovationsforschung ISI (1992): CO_2-Minderungsstudie Großraum Hannover. Im Auftrag des Zweckverbandes Großraum Hannover und des Niedersächsischen Umweltministeriums

Klima-Bündnis/Alianza del Clima e.V. (Hrsg.) (1993): Klima – lokal geschützt! Aktivitäten europäischer Kommunen, München

Knörr, W. et al. (1994): Motorisierter Verkehr in Niedersachsen 1990 und 2010. Verkehrs- und Fahrleistungen, Energieverbrauch und Schadstoffemissionen. Im Auftrag des Niedersächsischen Umweltministeriums. Heidelberg

Ortúzar, J. de D., L. G. Willumsen (1990): Modelling Transport. Chichester

Schmidt, M. et al. (1994): CO2-Minderungskonzept für die Stadt Wuppertal. Teilbereich Verkehr. Heidelberg

Schmidt, M. (1995): Die Modellierung von Straßenverkehrsmengen und Schadstoffemissionen für kommunale Klimaschutzkonzepte. In: Kremers, H. et al. (Hrsg.): Raum und Zeit in Umweltinformationssystemen. Marburg. S. 610-617

Schmidt, M. et al. (1997): CO_2-Minderungsstudie Verkehr Großraum Hannover. CO_2-Emissionen um Verkehrssektor und Szenarien zu ihrer Minderung im Großraum Hannover. Kommunalverband Großraum Hannover. Materialien zur Regionalen Entwicklung Heft Nr. 1

Luftreinhaltung

POP-Emissionen und Reduktionsansätze im nationalen und internationalen Kontext

Andreas Detzel und Steffi Richter[1]

Das POP-Protokoll der UN ECE

Auf der Konferenz „Umwelt für Europa", die im Juni diesen Jahres in Aarhus stattfand, haben die Umweltminister Europas und Nordamerikas unter Oberhoheit des europäischen Wirtschaftsrates der Vereinten Nationen (UN/ECE[2]) unter anderem ein Protokoll zu Minderung des Eintrags von persistenten organischen Schadstoffen in die Umwelt unterzeichnet. Das Protokoll stellt einen weiteren Schritt auf dem Weg zu einer globalen Umweltschutzpolitik dar.

Politischer Wille zu globalen Lösungsansätzen wurde mit der Rio-Konferenz im Jahre 1992 zum ersten Mal publikumswirksam in Szene gesetzt. In der Öffentlichkeit wenig beachtet blieb dabei die Tatsache, dass unter der „Schirmherrschaft" der Vereinten Nationen bereits eine Reihe von internationalen Vereinbarungen getroffen wurden. So wurde im Jahr 1979 die Konvention der UN/ECE zur Begrenzung grenzüberschreitend weiträumig transportierter Luftverunreinigungen (LRTAP[3]) unterzeichnet, die 1983 in Kraft trat. Sie wurde bislang von 40 Ländern unterzeichnet. Im Blickpunkt stand dabei zunächst die Problematik der grenzüberschreitenden Versauerung von Gewässern durch Schwefeldioxid und die Freisetzung von flüchtigen organischen Verbindungen.

Bis zum Jahr 1996 waren fünf Protokolle erarbeitet:

- Protokoll über die Langzeitfinanzierung und Programm zur Überwachung und Einschätzung des weiträumigen Transports von Luftverunreinigungen in Europa (EMEP) aus dem Jahr 1984
- das Helsinki-Protokoll aus dem Jahr 1985 zur Reduktion der Schwefelemissionen um mindestens 30%
- das Oslo-Protokoll aus dem Jahr 1994

---

[1] Mitarbeiterin des Umweltbundesamtes
[2] *United Nations Economic Commission for Europe.*
[3] *Long Range Transboundery Air Pollution.*

- das Sofia-Protokoll aus dem Jahr 1988 zur Vermeidung eines weiteren Anstiegs der NO_x-Emissionen
- das Genf-Protokoll aus dem Jahr 1991 zur Kontrolle der Emission von VOC (von 14 Ländern ratifiziert)

Ein jetzt neu verabschiedetes Protokoll umfasst eine Reihe von Schadstoffen, deren Einzelvertreter zum Teil schon längere Zeit als Umweltgifte bekannt sind und die man seit Beginn der 90er-Jahre unter dem gemeinsamen Gruppennamen POP zusammenfasst. Dieser Begriff hat sich inzwischen auch in den Fachkreisen des nicht englischsprachigen Raumes für die persistenten organischen Schadstoffe (engl.: *Persistent Organic Pollutants*) eingebürgert.

Eine wesentliche Eigenschaft der POP ist ihre Persistenz. Das bedeutet, dass sie in der Umwelt schwer abbaubar sind und daher über weite Strecken transportiert werden können. Die Verschmutzung geht folgerichtig weit über die Regionen hinaus, in denen sie ursprünglich freigesetzt wurden. So haben Messungen gezeigt, dass man persistente organische Stoffe selbst im hohen Norden einschließlich der Arktis finden kann. Auf Grund der kalten Temperaturen in den nördlichen Breiten werden die Stoffe dort wie in einer Kühlfalle bevorzugt niedergeschlagen. Dies führt den globalen Maßstab des Problems besonders deutlich vor Augen.

Ihre eigentliche Umweltgefährdung entwickeln POP durch die Kopplung der Eigenschaft Persistenz mit einem hohen Akkumulationspotenzial. Die Stoffe reichern sich im Fettgewebe der verschiedensten Lebewesen an und werden über die Nahrungskette von Stufe zu Stufe angereichert. So verwundert es nicht, dass POP auch in Gewebeproben der im hohen Norden lebenden Tierarten (Robben, Fischen, Vögeln u. a.) gefunden wurden. Natürlich ist auch der am Ende der Nahrungskette stehende Mensch betroffen. Beispielsweise wurden POP in der Muttermilch der in den nördlichen Gebieten Kanadas lebenden Ureinwohner nachgewiesen. Bekannt ist dieses Problem jedoch auch in den südlicher gelegenen Industriestaaten. In der Bundesrepublik Deutschland verfolgt man die Konzentrationen an PCB und polychlorierten Dibenzodioxinen in der Muttermilch seit Jahren.

Die Anreicherung von organischen Schadstoffen macht man weltweit für eine Reihe von schädigenden Effekten bei Tierpopulationen und auch beim Menschen verantwortlich. Zum Teil führen diese Effekte dazu, dass die Arten in der betreffenden Region in ihrer Existenz bedroht sind. Gesundheitsschäden durch POP beim Menschen wurden ebenfalls im hohen Norden zuerst auffällig, da die Nahrungsgrundlage dort im Wesentlichen auf Fisch und Meeressäugern basiert und die Anreicherung der Organika bei ihnen besonders hoch ist. Man glaubt verschiedene fötale Effekte, vermehrte Fehlgeburtsraten und ein sich tendenziell verringerndes Geburtsgewicht erkannt zu haben. Zu den möglichen Wirkungen zählen aber auch Krebserkrankungen, allen voran der Brustkrebs.

Ein großes Problem war es immer, die POP als Umweltgifte zu identifizieren und auf die durch sie verursachten Schäden aufmerksam zu machen, da diese nicht akut, sondern erst über längere Zeiträume wirksam werden. So ist es oft schwierig, den exakten Nachweis dieser langzeittoxischen Effekte in Bezug auf Dauer und Menge der Einwirkung des Stoffes darzulegen. Bis heute ist das Wissen über die Wirkungen immer noch sehr unvollständig und die den POP zugeschriebenen Effekte sind vielfältig. So ist man zum Beispiel erst in den letzten Jahren auf hormonanaloge Wirkungen aufmerksam geworden.

Die organischen Stoffe, die in Verdacht stehen, für diese und andere Schädigungen der Umwelt und der menschlichen Gesundheit verantwortlich zu sein, sind von sehr verschiedenartiger molekularer Struktur. Meist enthalten sie Halogenatome, insbesondere Chlor. Die Anreicherung in tierischem und menschlichem Gewebe ist eine Folge ihrer hohen Fettlöslichkeit. So kann die Konzentration im Fettgewebe auch dann noch sehr hoch sein, wenn die Konzentration in der unmittelbaren Umgebung durch eintragsbegrenzende Maßnahmen schon wesentlich geringer geworden ist.

Auf Grund der langzeittoxischen Effekte waren die ersten Schadwirkungen nicht direkt auf die Einwirkung einer konkreten Dosis dieser Stoffe zurückzuführen. Dies mag die lange Anlaufzeit der internationalen Aktivitäten zur POP-Kontrolle begründen. Die UN/ECE-Protokolle zur Kontrolle der SO_2- und NO_x-Freisetzung waren durch die offensichtlichen Schäden in der Umwelt infolge der zunehmenden Versauerung der Böden und Gewässer beschleunigt worden. Das Waldsterben ist dabei nur die vielleicht bekannteste Auswirkung, die die Notwendigkeit von Maßnahmen nachdrücklich begründete. Bei VOC und NO_x waren gemeinsame Anstrengungen gegen die sommerliche Ozonbelastung in den Ballungsräumen durch den so genannten Sommersmog notwendig geworden. Im Falle der POP bedurfte es aus besagten Gründen einer sehr intensiven Vorarbeit, um die Entscheidungsträger von der Notwendigkeit weit reichender internationaler Regelungen zu überzeugen.

Eine Arbeitsgruppe – Task Force on POP – unter dem Mandat der UN/ECE war schon im Jahre 1990 beauftragt worden, die verfügbaren Informationen über mögliche Schäden, die durch die persistenten Stoffe in der Umwelt weltweit verursacht werden, zu sammeln und darzulegen, ob Handlungsbedarf für eine internationale Übereinkunft besteht. Die Task Force begann ihre Arbeit noch im Jahre 1990 und legte 1994 einen Bericht vor, der die bis dahin bekannten Forschungsergebnisse zusammenfasste. Das oberste Gremium der UN/ECE benötigte jedoch noch ein weiteres Jahr Überzeugungsarbeit, in dem die bereits vorgelegten Ergebnisse noch einmal bestätigt wurden, bevor im Herbst 1995 endgültig beschlossen wurde, ein konkretes Protokoll zur Minderung des Eintrages von POP und parallel dazu auch von Schwermetallen in die Umwelt zu erarbeiten.

Inzwischen hatten auch andere internationale Gremien, so die Meeresschutzkommissionen HELCOM und PARCOM begonnen, Regelungen gegen den Eintrag einzelner POPs in die Umwelt zu treffen. Mit dem POP-Protokoll der UN/ECE, das im Rahmen der LRTAP erarbeitet worden ist, wurden jetzt zum ersten Mal für eine Liste von 16 Stoffen Vereinbarungen über Maßnahmen zur Begrenzung ihres Eintrags in die Umwelt getroffen. Wie in Tabelle 1 ersichtlich handelt es sich dabei, außer bei PAH, um halogenorganische Verbindungen. Die Stoffliste des Protokolls umfasst die polychlorierten Dibenzodioxine und -furane (PCDD/F) und die polyzyklischen aromatischen Kohlenwasserstoffe (PAH), die beide als unerwünschte Nebenprodukte bei einer Reihe von thermischen Prozessen entstehen, sowie die Stoffgruppe der polychlorierten Biphenyle (PCB) und Hexabrombiphenyl als chemische Produkte für nichtagrarische Anwendungen. Daneben sind eine Reihe chlorierter Pestizide, deren bekanntester Vertreter wohl das DDT darstellt, aufgeführt.

Neun der zehn Pestizide wurden mit einem Verbot belegt, wobei bei DDT und Heptachlor bestimmte Ausnahmen eingeräumt wurden. Im Falle von Lindan wurde die Anwendung eingeschränkt.

Die PCDD/F- und PAH-Emissionen müssen unter Berücksichtigung des im Anhang V des Protokolls dargelegten Standes der besten verfügbaren Minderungstechnik mit Bezug auf ein Referenzjahr zwischen 1985 und 1995 verringert werden. Der Protokolltext lässt hier einige Interpretationsspielräume zu. Nur bei Müllverbrennungsanlagen konnte man sich auf die Festlegung von Abluftgrenzwerten einigen:

1. Hausmüllverbrennungsanlagen mit mehr als drei Tonnen Durchsatz pro Stunde:
   ⇨ 0,1 ng TEQ/m^3. [4]
2. Klinikmüllverbrennungsanlagen mit mehr als einer Tonne Durchsatz pro Stunde:
   ⇨ 0,5 ng TEQ/m^3
3. Verbrennungsanlagen für besonders überwachungsbedürftige Abfälle mit mehr als einer Tonne Durchsatz pro Stunde:
   ⇨ 0,2 ng TEQ/m^3

Die Einzelheiten des Protokolls sind in einer Reihe von technischen Anhängen geregelt, bei deren Erarbeitung das Umweltbundesamt stellvertretend für die Bundesrepublik Deutschland beteiligt war. Der Anhang V wurde unter Federführung der Vertreterin des Umweltbundesamtes erstellt. Mit einer Studie[5] des ifeu-Instituts zur Situation der POP-Freisetzung in der Bundesrepublik Deutschland sollte die Arbeit des Umweltbundesamtes unterstützt werden. Diese Studie bildet im Übrigen zusammen mit dem Protokoll-Text die Grundlage für den vorliegenden Beitrag.

POP-Minderung in Deutschland

Wie aus Tabelle 1 erkennbar ist, sind zur Begrenzung der POP drei Maßnahmentypen zur Anwendung gekommen:

1. ein totales Verbot von Produktion und Anwendung
2. Anwendungsbeschränkungen
3. die Begrenzung der Emission nach dem besten verfügbaren Stand der Minderungstechnik bei industriellen und anderen Emissionsquellen

Dies entspricht auch der Herangehensweise in der deutschen Umweltgesetzgebung, in der die Stoffe und Stoffgruppen des POP-Protokolls bereits in der Vergangenheit berücksichtigt wurden.

---

[4] *Toxizitäts*equivalente: Relative Toxizität der einzelnen Dioxin-Kongenere im Vergleich zu 2,3,7,8-TCDD.

[5] Ermittlung von Emissionen und Minderungsmaßnahmen für persistente organische Schadstoffe (POP) in der Bundesrepublik Deutschland. Forschungsvorhaben Nr. 104 02 365. Im Auftrag des Umweltbundesamtes, Berlin.

Tabelle 1   Stoffe und Maßnahmen zur Begrenzung und Reduzierung ihres Eintrages in die Umwelt im POP-Protokoll der UNECE

Stoffe:	Anwendungsgebiet/ Emissionsquelle:	Maßnahme im Protokoll:
Aldrin, Chlordan, Chlordecon, Dieldrin, Endrin, Mirex, Toxaphen	Pestizide	Verbot von Produktion und Anwendung
DDT	Pestizid	Verbot von Produktion und Anwendung mit Ausnahme zur Anwendung der Bekämpfung von Malaria und Enzephalitis, solange keine Alternativen verfügbar sind
Heptachlor	Pestizid	Verbot von Produktion und Anwendung mit Ausnahme zur Anwendung der Bekämpfung von Feuerameisen in elektrischen Schaltkästen
Lindan	Pestizid (Holz- und Saatgutschutz)	Beschränkung der Anwendung auf bestimmte Bereiche
Hexachlorbenzol	Pestizid	Verbot von Produktion und Anwendung
	Unerwünschtes Nebenprodukt bei thermischen Prozessen	Begrenzung der Emission nach dem Stand der besten verfügbaren Minderungstechnik
Hexabrombiphenyl	Flammschutzmittel	Verbot von Produktion und Anwendung
Polychlorierte Biphenyle (PCB)	Anwendung in Transformatoren und Kondensatoren	Verbot von Produktion und Anwendung ab 2005 gekoppelt mit Entsorgung der in Anwendung befindlichen elektrischen Geräte
Polychlorierte Dibenzodioxine und -furane (PCDD/F)	Unerwünschte Nebenprodukte bei thermischen Prozessen	Begrenzung der Emission nach dem Stand der besten verfügbaren Minderungstechnik
Polyaromatische Kohlenwasserstoffe (PAH)	Unerwünschte Nebenprodukte bei thermischen Prozessen	Begrenzung der Emission nach dem Stand der besten verfügbaren Minderungstechnik

Pestizide

Auf dem Gebiet der Bundesrepublik Deutschland sind eine Reihe von Pestiziden schon seit geraumer Zeit verboten. So wurde im Juli 1988 die Pflanzenschutz-Anwendungsverordnung verabschiedet[6], in deren Folge mit Ausnahme von Lindan sämtliche der im UN/ECE Protokoll genannten Pestizide mit einem Anwendungsverbot belegt wurden. Der Einsatz von

---

[6] zuletzt geändert durch VO vom Januar 1997

DDT ist bereits seit November 1972 untersagt[7]. Lindan, seit 1949 kommerziell hergestellt, wird in Deutschland seit Ende der 80er-Jahre nicht mehr produziert. Die Zulassung muss durch die für die jeweiligen Anwendungsbereiche zuständigen Behörden erteilt werden, ist aber in der Bundesrepublik Deutschland nicht grundsätzlich verboten.

Hauptanwendungsgebiete in Deutschland waren in der Vergangenheit der landwirtschaftliche Pflanzenschutz insbesondere im Mais- und Zuckerrübenanbau und in der Saatgutbehandlung. Hier besteht seit 1992 ein Anwendungsverbot im Bereich von Getreidelagerung und Getreideerzeugnissen. Obwohl insgesamt die Einsatzmengen seit Anfang der 90er-Jahre in allen Bereichen rückläufig sind, wurden aber noch im Jahr 1994 immerhin gut 15 Tonnen importiert, über deren Verwendung keine Informationen vorliegen.

Die verlässlichste Minderungsmaßnahme wäre natürlich ein Verbot der Herstellung, Verarbeitung und Inverkehrbringung von Lindan. Die Anwendung von Mindestanforderungen hinsichtlich der Öko- und Humantoxizität von Pflanzenschutzmitteln in der gängigen Zulassungspraxis der Biologischen Bundesanstalt hat immerhin dazu geführt, dass Zulassungen nur noch in Ausnahmefällen erteilt werden.

Dioxine (PCDD/F)

Dioxine können bei allen thermischen Prozessen entstehen, bei denen organisches Material mit Chlor oder Brom in einem bestimmten Temperaturbereich zur Reaktion kommen. Dioxine haben als so genannte Supergifte weit über die Fachkreise hinaus zweifelhafte Berühmtheit erlangt. In die öffentliche Diskussion gerieten sie insbesondere im Zusammenhang mit der Genehmigung von Müllverbrennungsanlagen. Seit Mitte der 80er-Jahre wusste man, dass Müllverbrennungsanlagen besonders große Dioxinfrachten freisetzten. In Deutschland etwa wurde die Umwelt in den 80er-Jahren jährlich mit bis zu einem Kilogramm TEQ, zu Anfang der 90er-Jahre noch mit mehreren Hundert Gramm TEQ aus dieser Quelle belastet. Mit der Verabschiedung der 17. BImSchV[8] im Jahr 1990 wurde zum ersten Mal ein abluftbezogener Grenzwert von 0,1 ng TEQ/m^3 Abgas für die Dioxinfreisetzung festgelegt. Dieser erstreckte sich auf alle Anlagen zur Abfallverbrennung und musste spätestens bis zum Dezember 1996 auch von Altanlagen eingehalten werden. Mit dieser gesetzlichen Vorgabe konnten die Dioxinemissionen aus diesem Bereich deutlich verringert werden und lagen im Jahr 1994 nach unserer Abschätzung bei 34 g TEQ (siehe Abbildung 1).

Spätestens seit dem umfassenden Messprogramm der Länderarbeitsgruppe Immissionsschutz trat auch die Metall schaffende Industrie als relevanter industrieller Sektor in Erscheinung. So ergaben unsere Abschätzungen, dass bei der Herstellung von Nichteisenmetallen über 90 g TEQ und bei der Eisen- und Stahlherstellung über 180 g TEQ im Jahr 1994 freigesetzt wurden. Hier besteht noch Handlungsbedarf.

---

[7] Das Verbot erfolgte im Zuge des ehemals bestehenden DDT-Gesetzes, das mittlerweile in die Chemikalien-Verbotsverordnung eingegliedert wurde.
[8] Siebzehnte Verordnung zur Durchführung des Bundes-Immissionschutzgesetzes (Verordnung über Verbrennungsanlagen für Abfälle und ähnliche brennbare Stoffe).

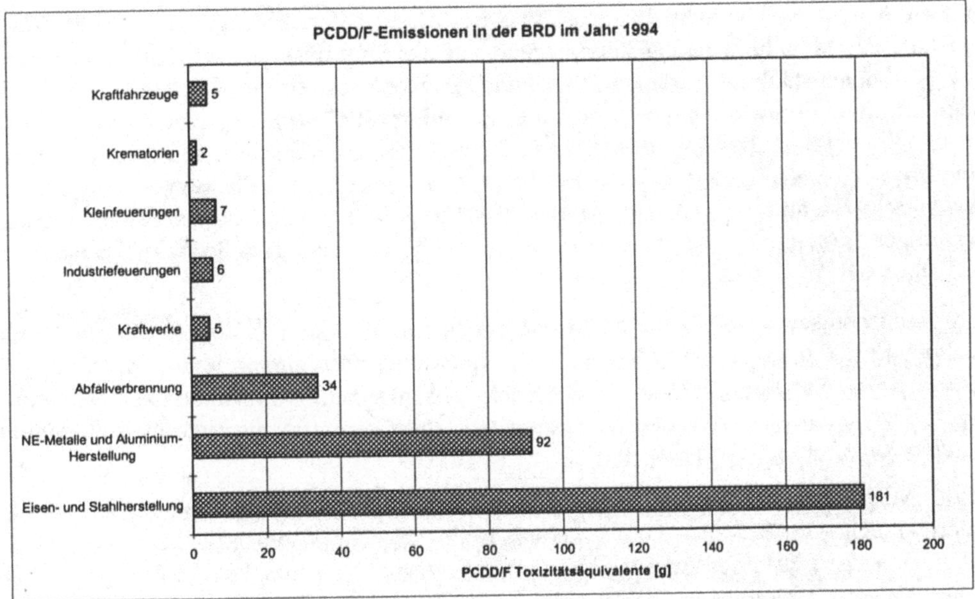

Abb. 1   Abschätzung der Dioxinemissionen in Deutschland im Jahr 1994 nach Sektoren

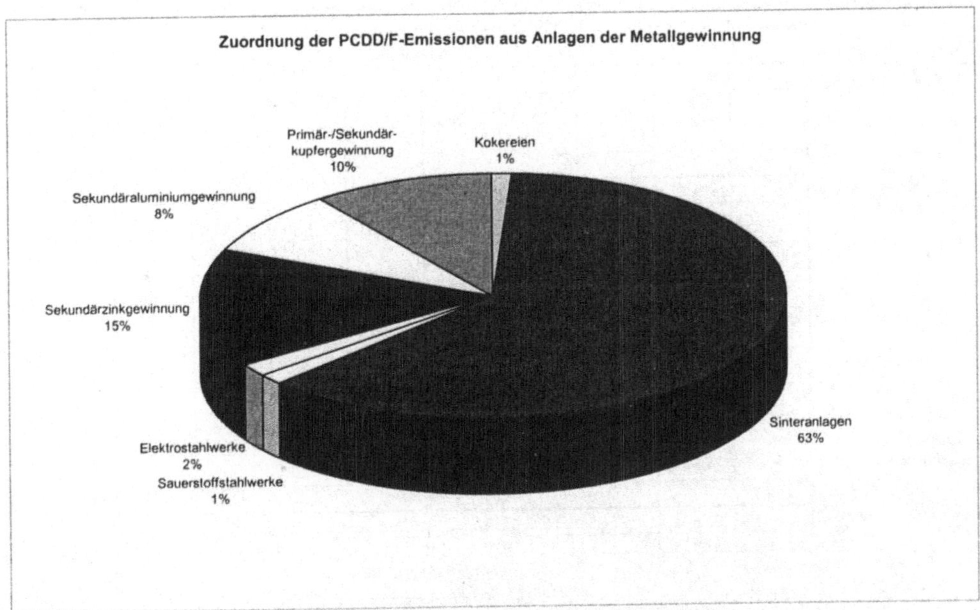

Abb. 2   Relative Bedeutung verschiedener Prozesse der Metall schaffenden Industrie bezüglich der Dioxinfrachten im Jahr 1994

Wie in Abbildung 2 ersichtlich, zeigt sich bei näherer Betrachtung, dass die PCDD/F-Frachten der Metallgewinnung überwiegend auf die Sinteranlagen und dort insbesondere auf die Bandentstaubung zurückzuführen sind. Daneben spielen die Kupfergewinnung, die Sekundäraluminium-Gewinnung sowie die Sekundärzink-Gewinnung eine wichtige Rolle. Es ist nahe liegend, dass Minderungsmaßnahmen in diesen Bereichen ansetzen sollten, um eine effektive Verringerung der Gesamtfrachten zu erzielen. Als Zielwert sollte dabei ein der Abfallverbrennung vergleichbarer Grenzwert angesetzt werden, dessen Einhaltung nach derzeitiger Erkenntnis durch nachgeschaltete Abgasreinigungsmaßnahmen weitgehend erreichbar ist.

Mit den technisch verfügbaren Minderungsmaßnahmen wären in der Eisen- und Stahlherstellung Reduktionen um 90% und in der Buntmetall-Gewinnung Reduktionen um 97% erreichbar. In Abbildung 3 sind die sich nach der Umsetzung von Minderungsmaßnahmen ergebenden jährlichen Dioxinfrachten dargestellt. Die Gesamtfrachten würden sich dann im Bereich von 35-40 g TEQ bewegen.

In der Metall schaffenden Industrie werden bereits Maßnahmen zur Emissionsminderung unternommen. Die Betreiber von Sinteranlagen in der Bundesrepublik Deutschland etwa haben sich dazu zu einer Arbeitsgemeinschaft „Vermeidung von Dioxin-Emissionen aus Sinteranlagen" zusammengeschlossen. Es bleibt abzuwarten, ob diese Aktivitäten ausreichen, um das mögliche Minderungspotenzial in gewünschtem Umfang auszuschöpfen.

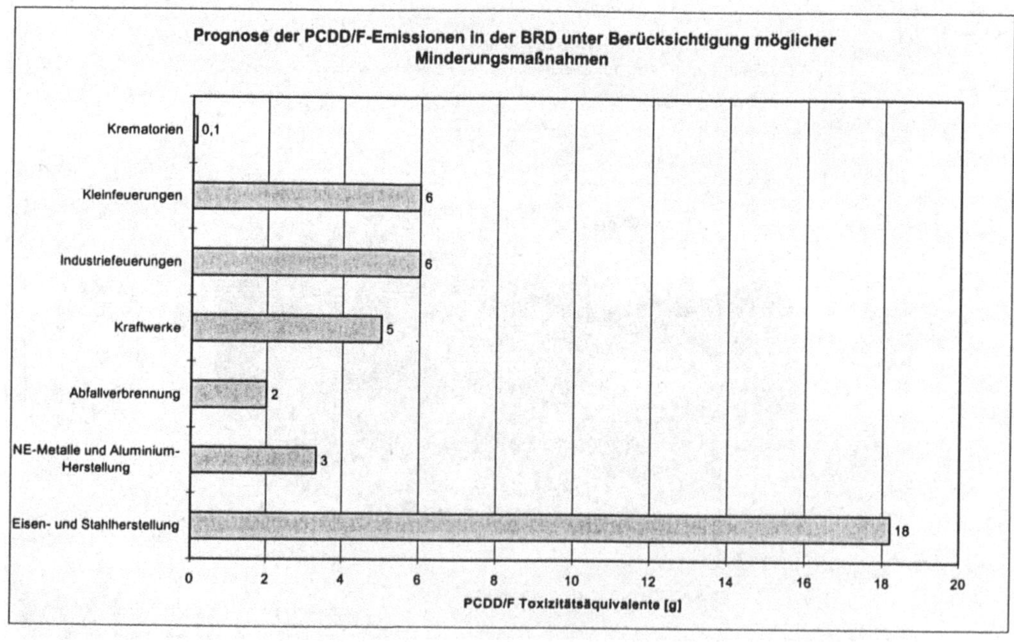

Abb. 3 Prognostizierte PCDD/F-Emissionen nach der Umsetzung der verfügbaren Minderungsmaßnahmen

Polyzyklische aromatische Kohlenwasserstoffe (PAH)

Eine der kanzerogensten Substanzen überhaupt ist Benzo(a)pyren (BaP), ein persistenter organischer Schadstoff aus der Gruppe der polyzyclischen aromatischen Kohlenwasserstoffe (PAH). Neben BaP wurde mit Benz(a,h)anthracen ein weiterer Vertreter dieser Stoffgruppe in der Technischen Anleitung Luft aus dem Jahr 1986 mit einem Grenzwert von 0,1 mg/m^3 Abluft belegt. Der Grenzwert gilt zwar im Prinzip für alle genehmigungsbedürftige Anlagen, ist gleichzeitig aber relativ hoch. Seine Einhaltung erfordert daher im Allgemeinen keine gesonderten Minderungsmaßnahmen.

Eine den Dioxinen analoge Emissionsabschätzung der PAH ist aus verschiedenen Gründen schwierig. Zum einen sind die vorliegenden Informationen weniger umfangreich, zum anderen setzt sich der Summenparameter PAH bei den vorhandenen Datenquellen häufig aus jeweils unterschiedlichen Einzelsubstanzen zusammen. Da BaP am besten untersucht ist, wird es hier stellvertretend für eine Quellenbetrachtung herangezogen. Für die Emissionsabschätzung mussten eine Reihe von Annahmen getroffen werden, auf die im Rahmen dieses Textes nicht weiter eingegangen wird[9].

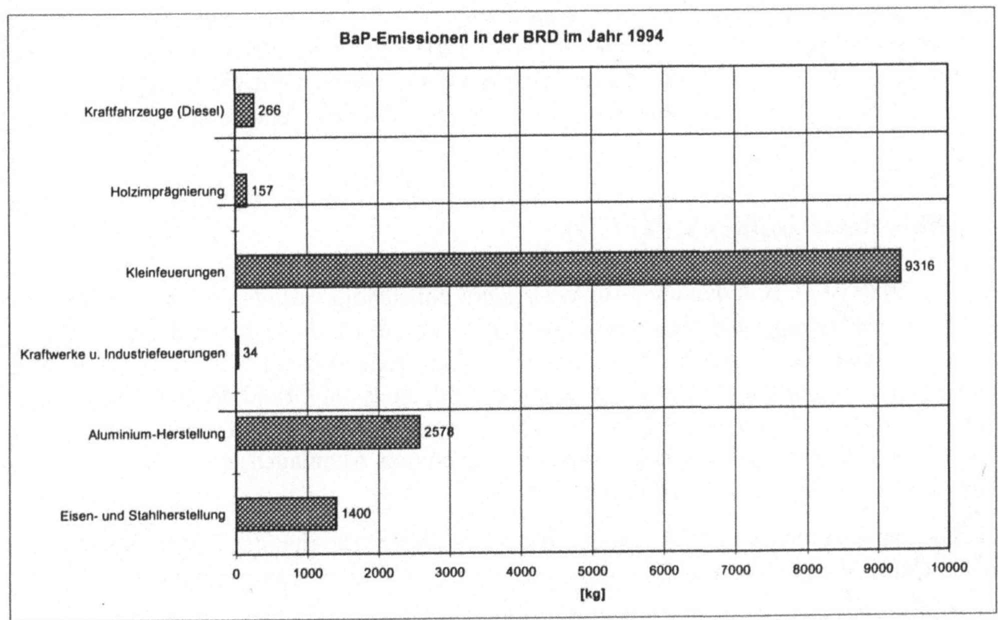

Abb. 4   Abschätzung der BaP-Emissionen in Deutschland im Jahr 1994 nach Sektoren

---

[9] Ermittlung von Emissionen und Minderungsmaßnahmen für Persistente Organische Schadstoffe (POP) in der Bundesrepublik Deutschland. Forschungsvorhaben Nr. 104 02 365. Im Auftrag des Umweltbundesamtes, Berlin.

Erst seit kurzem hat man den hohen Beitrag der häuslichen Feuerungsanlagen an den BaP-Frachten erkannt. Nach unserer Abschätzung werden jährlich über 9 Tonnen BaP aus diesem Bereich freigesetzt. Weitere relativ bedeutende Beiträge kommen aus den Herstellungsprozessen der Aluminium- sowie Eisen- und Stahlindustrie. Dabei ist bis auf die Koksherstellung, als relevanter Prozess innerhalb des Sektors der Eisen- und Stahlherstellung, das Reduktionspotenzial über technische Maßnahmen, die an den betroffenen Prozessen selbst ansetzen, nicht sehr groß. Dies gilt leider auch für die Kleinfeuerungen.

Allerdings ist hier durch die zu erwartenden Veränderungen der Anlagenstruktur, d. h. vor allem dem Ersatz von Alt- durch Neuanlagen mit verbesserten Feuerungstechniken und den sich daraus ergebenden Effizienzsteigerungen, von einem Rückgang des Brennstoffbedarfs auszugehen. Allein daraus dürften sich die BaP-Emissionen um 17% verringern. Da im häuslichen Kleinfeuerungsbereich eine Staubfilterung nicht stattfindet und auch nicht umsetzbar ist, liegt das weitere Reduktionspotenzial vor allem im Brennstoffersatz und in einer Verringerung des Raumwärmebedarfs. Durch einen Ersatz des Brennstoffes Kohle vor allem der Steinkohle- und Braunkohlebriketts und von Holz – diese Brennstoffe weisen besonders hohe Emissionsfaktoren auf – durch Gas oder extra leichtes Heizöl sind Minderungen um etwa 60% möglich. Grundsätzlich ist die Eingriffstiefe solcher Maßnahmen beträchtlich, da sie meistens auch einen Ersatz der jeweiligen Feuerungsanlagen bedingen, was für den Einzelhaushalt eine verhältnismäßig hohe Investition erfordert. Schätzungen prognostizieren den Ersatz von Kohlefeuerungen bis zum Jahre 2010 mit bis zu 90%, sodass auf jeden Fall ein Teil des Minderungspotenzials ausgeschöpft wird. Das sich hieraus ergebende zusätzliche Emissionsminderungspotenzial ist derzeit jedoch nicht zu beziffern.

Polychlorierte Biphenyle (PCB)

Seit Juli 1989 ist PCB in den alten Bundesländern vollständig verboten. In Westdeutschland wurde die Herstellung und Verarbeitung seit 1983 und in Ostdeutschland die Verarbeitung – eine Herstellung fand niemals statt – seit 1985 eingestellt. Obwohl PCB somit schon lange nicht mehr in Deutschland in Verkehr gebracht wird, ist es auf Grund der Langlebigkeit der Anwendungen, in denen es eingesetzt wurde, nach wie vor im Umlauf. Dies zeigt auch die Existenz von Übergangsregelungen, die den Betrieb von Altanlagen unter bestimmten Bedingungen noch bis zum Jahr 2000 erlauben.

Die Hauptanwendung von PCB-haltigen Produkten lag im Bereich der Elektroindustrie und im Bergbau. Die drei wichtigsten Anwendungsgruppen seien hier aufgezählt:

- Transformatoren (Isolier- und Kühlflüssigkeiten)
- Kondensatoren (Dielektrika)
- Hydraulikflüssigkeiten (u. a. Flammschutz)

Bis zum vollständigen Verbot in Deutschland wurden in Ost- und Westdeutschland insgesamt etwa 85.000 t im Inland in Anwendung gebracht. Dabei wurden ca. 25.000 Tonnen auch in so genannten offenen Systemen eingesetzt. So kommt es infolge PCB-haltiger Dichtungsmassen immer noch zu Sanierungsfällen.

Im Jahr 1994 befanden sich nach unseren Abschätzungen allein in West-Deutschland noch über 3.000 t PCB in Kleinkondensatoren von Elektrogeräten, breit gefächert über verschiedenartige Haushalts-, Garten- und Heimwerkergeräte hinweg. Zudem sind auch nach dem Produktionsstopp in Deutschland vermutlich weiterhin Elektrogeräte mit PCB-haltigen Kondensatoren über den Import ins Inland gelangt.

Die Entsorgung dieser Geräte stellt die Schwachstelle im deutschen PCB-Kontrollsystem dar. Sie erfolgt letztendlich vorwiegend über den Schrotthandel, wohin sie direkt oder über Zwischenstationen wie z. B. Wertstoffhöfe gelangen. Eine Prüfung der Altgeräte auf mögliche PCB-Kondensatoren findet im Verlauf der Entsorgungskette in der Regel nicht statt. Mülltonnengängige Geräte werden zum Teil auch über den Hausmüll entsorgt und dadurch einem möglichen separaten Entsorgungspfad entzogen.

Bromierte Flammschutzmittel

Hexabrombiphenyl gehört zur Gruppe der polybromierten Biphenyle (PBB). Diese stellen zusammen mit den polybromierten Diphenylethern (PBDE) und der Substanz Tetrabisphenol-A die wichtigsten Vertreter der so genannten bromierten Flammschutzmittel dar.

Dass bromierte Flammschutzmittel noch gefährlicher sind, als bislang angenommen, war eine der wesentlichen Erkenntnisse der internationalen Konferenz „Dioxin 98", die im August in Stockholm stattfand. Offensichtlich gibt es Hinweise darauf, dass das toxische Potenzial von PBDE mit dem der PCB vergleichbar ist. So ist die PBDE-Konzentration in der Muttermilch schwedischer Frauen innerhalb der vergangenen 20 Jahre um das Fünfzigfache angestiegen. Auffällig ist dabei eine Parallelentwicklung, die durch zwei Faktoren geprägt ist: zum einen ein steigender Verbrauch von Elektrogeräten, die häufig mit einem Gehäuse aus Kunststoff bestückt sind, und zum anderen deren aus Brandschutzgründen zunehmende Ausstattung mit bromierten Flammschutzmitteln. Die geschilderte Entwicklung ist deshalb besonders bedenklich, weil es in Deutschland bislang keine gesetzliche Regelung der Anwendung bromierter Flammschutzmittel gibt.

Hexabrombiphenyl bzw. ganz allgemein die bromierten Flammschutzmittel sind in Deutschland nur mittelbar von gesetzlichen Regelungen betroffen. Allerdings hat die Chemikalien-Verbotsverordnung praktisch ein Verschwinden der PBDE vom deutschen Markt bewirkt. Flammschutzmittel müssen nämlich sowohl nach der Einarbeitung in Kunststoffe als auch nach der Herstellung von Fertigteilen, beziehungsweise nach deren Wiederverwertung, bestimmte Grenzwerte für die Bildung von Dioxinen und Furanen einhalten. Seit Ende der 80er-Jahren ist bekannt, dass die Anwesenheit von PBDE zur Dioxinbildung bei der Kunststoffverarbeitung führen kann. Dies hat wohl auch zu der seit 1989 eingegangenen Selbstverpflichtung zum Verzicht auf Produktion und Anwendung der PBDE von Seiten der chemischen Industrie und Kunststoffhersteller in Deutschland geführt.

In Europa beläuft sich der Verbrauch an PBDE auf etwa 10.000 Tonnen, die Produktion beträgt etwa 5.000 Tonnen pro Jahr. Von den PBB wird international offensichtlich nur noch Deka-Brombiphenyl in größerem Maßstab produziert. Deutschland ist von der Verwendung bromierter Flammschutzmittel im Ausland direkt betroffen. Bei einem Anteil des

Imports von etwa 50% der im Inland verwendeten Geräte der Informationstechnik besteht weiterhin die Gefahr, dass PBDE-haltige Materialien in Umlauf gelangen. Es wird geschätzt, dass zum Beispiel im Jahre 1988 über den Import flammgeschützter Kunststoffe und Fertigprodukte etwa 2.660 bis 3.200 Tonnen PBDE auf den deutschen Markt gelangten.

Problemfall Chlorparaffine

Als ein Beispiel für Stoffe, die trotz sehr ausführlicher Diskussion letztendlich im POP-Protokoll keine Berücksichtigung fanden, mögen die Chlorparaffine dienen. Chlorparaffine wurden hauptsächlich als Kühlschmiermittel in der Metallbearbeitung und als Flammschutzmittel in Kunststoffen insbesondere bei PVC-Produkten eingesetzt (siehe auch Tabelle 2).

Die Herstellung und Anwendung von Chlorparaffinen unterliegt in Deutschland ebenso wie die der bromierten Flammschutzmittel keiner direkten gesetzlichen Einschränkung. Im Jahr 1994 belief sich der Verbrauch in Deutschland auf etwa 21.000 Tonnen. Weltweit werden jährlich über 300.000 Tonnen Chlorparaffine hergestellt und verbraucht.

Wegen ihres Gefährdungspotenzials besonders umstritten sind die so genannten kurzkettigen Chlorparaffine mit Kettenlängen zwischen 10 und 13 Kohlenstoffatomen. Die Produktion kurzkettiger CP wurde bei der Hoechst AG, dem einzigen deutschen Hersteller von Chlorparaffinen, seit Ende 1995 eingestellt. Die derzeitigen Hersteller kurzkettiger CP in Europa sind ICI (GB), Caffaro (Italien) und Quimica del Cinca (Spanien). Nach Angaben der Hoechst AG wird die Produktion von Chlorparaffinen in Deutschland bis Ende 1998 komplett eingestellt werden.

Bei der Anwendung der CP handelt es sich zumeist um so genannte offene Anwendungen (siehe Tabelle 2). Die Freisetzung erfolgt also diffus und kontinuierlich über einen längeren Zeitraum. Dies macht eine Abschätzung der in die Umwelt freigesetzten Mengen schwierig.

Tabelle 2   Abschätzung der CP-Anwendung in Deutschland im Jahr 1994

Anwendungen	Anwendungsmenge	Anteil
Anstrich	3.590	17%
Dichtung	1.088	5%
FSM (Gummi)	1.523	7%
FSM (Kunststoffe)	5.440	26%
PVC	2.013	10%
Metallbearbeitung	4.080	19%
Sonstige	3.264	16%
Gesamt	21.000	100%

So sind etwa nach der Einschätzung des „Arbeitskreises Umwelt und PVC" als Flammschutzmittel und sekundäre Weichmacher in Kunststoffen eingesetzte Chlorparaffine in der Kunststoffmatrix gebunden und werden während der Gebrauchsphase kaum freigesetzt. Greenpeace zufolge sollen andererseits immerhin zehn Prozent der produzierten Chlorparaffine durch Verflüchtigung aus Kunststoffen freigesetzt werden.

Die Einstellung der deutschen Chlorparaffinherstellung wird die Situation zunächst nicht entschärfen, da der inländische Markt vermutlich vermehrt durch Importe bedient werden wird.

Die globale Brille

Kanada, in Besorgnis um seine arktischen Ureinwohner, war eines der Länder, die dringend auf die Notwendigkeit einer weltweiten Beschränkung des Eintrags von POP in die Umwelt hingewiesen haben. Dazu wurde mit der Unterzeichnung des POP-Protokolls der UN/ECE ein wesentlicher Schritt getan. Andererseits entstehen für die USA, Kanada und die meisten westeuropäischen Länder durch das Protokoll kaum weitere Pflichten, da die Anforderungen des Protokolls durch die bislang erfolgten nationalen Regelungen und Maßnahmen schon weitgehend erfüllt sind. Der Druck richtet sich vor allem auf die UN/ECE-Mitgliedsstaaten in Osteuropa und Zentralasien. Dabei ist zu hoffen, dass die Umsetzung der erforderlichen Maßnahmen nicht an der schwierigen wirtschaftlichen Situation vieler dieser Länder, die sich gerade in einer ökonomischen Umbruchphase befinden, scheitert.

Neben der UN/ECE, die ja zunächst nur die Industriestaaten der nördlichen Hemisphäre umfasst, bemüht man sich jedoch bewusst, auch in anderen Gremien der UNO, insbesondere der UNEP (United Nations Environmental Program), die weniger entwickelten Länder Asiens und Afrikas einzubeziehen. Damit soll der Globalität des Problems in noch größerem Maßstab Rechnung getragen werden.

Man sollte sich jedoch darüber im Klaren sein, dass eine Übertragung der gesetzlichen Regelungen und technischen Standards aus wohlhabenden Industrieländern wie Deutschland auf ökonomisch weniger entwickelte Regionen kurzfristig und ohne Berücksichtigung der jeweiligen geografischen Gegebenheiten nicht möglich ist. So wird zum Beispiel in Ländern, in denen Malaria weit verbreitet ist – Brasilien und Indien mögen hier nur stellvertretend genannt sein – DDT in großen Mengen zur Bekämpfung der Anopheles-Mücke, durch die die Krankheit übertragen wird, ausgebracht. Ein Anwendungsverbot ist hier nur schrittweise realisierbar und zwar in dem Maße, wie Alternativkonzepte – Ausweichen auf DDT-Substitute oder Implementation integrierter Bekämpfungsmaßnahmen – zur Verfügung stehen. Durch eine zielgerichtete Entwicklungszusammenarbeit könnten solche Maßnahmen gefördert werden.

Ausblick

Die im POP-Protokoll aufgeführten Stoffe waren zum Teil bereits lange als persistente organische Schadstoffe bekannt und wurden in einem Auswahlverfahren auf Grund ihrer besonders hohen Persistenz und Akkumulierbarkeit sowie ihrer toxikologischen Eigenschaften zusammengestellt. Obwohl man jedoch glaubte, im Zuge dieser Arbeit gemeinsame Kriterien zur Charakterisierung von POP zusammengetragen zu haben, war es nicht möglich, sich in den Verhandlungen auf einen gemeinsamen Kriterienkatalog zu einigen, sodass sich die Auswahl weiterer Stoffe in späteren Stufen des Protokolls nicht auf ein wissenschaftlich abgestimmtes Verfahren stützt, sondern letztendlich darauf hinausläuft, dass einzelfallweise ein Grundsatzbeschluss des obersten LRTAP-Organs, dem Executive Body, gefällt werden muss.

Neben dem POP-Protokoll ist in Aarhus unter anderem noch eine Zusatzdeklaration durch die Umweltminister der Europäischen Union unterzeichnet worden. Diese enthält drei Punkte, über die man sich während der Verhandlungen zum Protokoll selber nicht einigen konnte, die aber von Seiten der europäischen Union dennoch als wichtig angesehen werden. In dieser Deklaration wird festgestellt, dass man es für notwendig ansieht, Maßnahmen zur Minderung des Eintrages in die Umwelt auch für kurzkettige chlorierte Paraffine und für Pentachlorphenol (PCP) zu ergreifen und den Export von POP in Drittländer zu verbieten.

An dieser Stelle wird die Kompliziertheit der Verhandlungen deutlich und man kann die Schwierigkeiten während der gesamten achtjährigen Arbeit ahnen. Nachdem die POP-Initiative nun jedoch angeschoben ist, werden vielfältige Aktivitäten entwickelt. In anderen Gremien der UN/ECE berät man zum Beispiel darüber, wie man die Überwachung der Maßnahmen durch Monitoringprogramme begleiten kann.

Sehr große Erwartungen werden an die Arbeiten im Rahmen des Umweltprogramms der Vereinten Nationen (UNEP) geknüpft. Da man sich über allgemeine Bewertungskriterien zur Charakterisierung und Abgrenzung von POP von anderen Schadstoffgruppen bisher noch nicht einigen konnte, sieht man hierin ein wichtiges Ziel der Arbeiten in diesem Gremium. Das 1. Intergovernmental Negotiating Committee (INC) war Anfang Juli 1998 in Montreal zusammengetroffen und legte den Arbeitsplan fest. Es ist vorgesehen, bis zum Jahr 2000 eine weltweite Konvention zu erstellen, in der für zwölf Stoffe Regelungen zur Minderung ihres Eintrages in die Umwelt festzulegen sind. Diese Stoffe stellen eine Teilmenge derer des UN/ECE-Protokolls dar.

Die dargestellten Aktivitäten lassen hoffen, dass, um das Bild des Tunnels aufzugreifen, die lange Fahrt im Dunkeln beendet ist. Der Weg aus dem Tunnel hinaus wird aber noch lange andauern, da die im POP-Protokoll geregelten Schadstoffe, auch nachdem ihre Ausbreitung in die Umwelt zurückgegangen ist bzw. sein wird, weiterhin und langfristig präsent sein werden und mit Schadwirkung gerechnet werden muss. Die Reduktionsmaßnahmen und –pflichten sind lange noch nicht ausreichend und müssen dringend auf weitere POP ausgedehnt werden.

Immerhin sind auch schon Aktivitäten zu verzeichnen. Beispielsweise hat die Internationale Nordseeschutzkonferenz bromierte Flammschutzmittel ohne Ausnahme auf ihre Rote Liste der Chemikalien gesetzt. Daneben haben sich Acht Hersteller bromierter Flammschutzmittel gegenüber der OECD verpflichtet, auf die Produktion sowie den Import und Export von PBB zu verzichten.

Doch es gibt auch negative Beispiele. Vor allem bei ehemaligen Ostblockländern ist nach wie vor nicht bekannt, wie viel PCB dort jemals hergestellt bzw. über Anwendungen in Umlauf gebracht wurde. Im Rahmen der Verhandlungen zum POP-Protokoll erklärte sich Russland überraschenderweise außer Stande, die im Entwurf des Protokolls formulierten Anforderungen zu erfüllen. Entgegen bisheriger Verlautbarungen gegenüber den Regierungsvertretern anderer europäischer Länder musste Russland die weiter andauernde Herstellung und Anwendung von PCBs zugeben. Das russische Stromnetz ist nach wie vor wesentlich auf PCB-haltige Transformatoren gestützt, deren Ersatz kurzfristig aus finanziellen Gründen nicht möglich scheint. Daraufhin wurde den Russen als Ausnahme zugestanden, die Produktion noch bis zum Jahr 2005 fortzusetzen und die Beseitigung der vorhandenen Bestände erst bis zum Jahr 2020 abzuschließen.

Es bleiben also offene Fragen und auch in Zukunft werden Verzögerungen in der Umsetzung notwendiger Maßnahmen, nicht zuletzt auch wegen politischer Rücksichtnahme, hingenommen werden müssen.

Emissionen und Immissionen des Verkehrs – Modell und Realität

Udo Lambrecht und Regine Vogt

1 Einleitung

Der Straßenverkehr stellt für einige Schadstoffe derzeit die wesentliche Emissionsquelle dar. Zudem erfolgt diese Emission bodennah, sodass der Verkehr auch als der größte Verursacher der gemessenen Immissionsbelastung und entsprechender Gesundheitsfolgen anzusehen ist. Somit kommt der Berechnung der Emissionen des Straßenverkehrs – mit der Möglichkeit der Ermittlung des Einflusses verschiedener Maßnahmen auf die Emissionsentwicklung – eine große umweltpolitische Bedeutung zu.

In der Vergangenheit wurden im Verkehrsbereich verschiedene Emissionsmodelle mit teilweise erheblichen Abweichungen in der Höhe der Emissionen sowie deren Entwicklung genutzt. Diese Unterschiede, die auf einer hohen Anzahl von Annahmen sowie einer wenig umfangreichen Datenbasis beruhten, beeinflussten die Glaubwürdigkeit der Modelle in der Fachwelt und der Öffentlichkeit.

Mit hohem Aufwand wurde im Auftrag des Umweltbundesamtes in Zusammenarbeit mit dem Schweizer BUWAL eine neue Systematik der Emissionsberechnung erstellt, die zusammen mit untereinander abgestimmten Basisdaten in den UBA-Modellen TREMOD, Mobilev und Handbuch Emissionsfaktoren Eingang fand. Die Ergebnisse der Berechnungen und zum Teil auch die Modelle stehen einem breiten Nutzerkreis zur Verfügung. So wird z. B. das vom ifeu entwickelte TREMOD durch die Bundesregierung genutzt; weiterhin bestehen Kooperationsverträge mit dem Verband der Automobilindustrie (VDA), dem Mineralölwirtschaftsverband (MWV) und der Deutschen Bahn.

Somit ist nun in Deutschland ein Datengerüst und Prognose-Instrumentarium verfügbar, auf dessen Ergebnissen zahlreiche politische und ökonomische Entscheidungen basieren. Damit wird die Frage nach der Validität der Emissionsmodelle immer wichtiger. Aus diesem Grunde sollte das ifeu im Rahmen eines Auftrages vom Ministerium für Umwelt und Verkehr Baden-Württemberg u. a. überprüfen, inwieweit die berechneten Ergebnisse, besonders die berechneten starken Änderungen der Verkehrsemissionen, sich in den Messungen der Luftqualität zeigen und ob es möglich ist, auf Grund eines Vergleiches der Emissionsberechnungen und der Immissionsmessungen Aussagen über die Qualität der Modelle zu gewinnen.

2 Methodik

Grundlage des Vergleichs von Emissionsmodell und Messwerten ist, dass eine Änderung der ortsrelevanten Emissionen auch zu einer prozentual gleichen Änderung der Immissionsmesswerte führen sollte, wenn alle Störgrößen ausgeblendet werden[1]. Dies sollte insbesondere in der Langzeitbetrachtung gültig sein. Es wurden folgende Schritte durchgeführt:

- Analyse der Zeitreihen von Immissionsmessungen daraufhin, ob und inwieweit sie vom Einfluss der Verkehrsemissionen oder von meteorologischen Einflüssen geprägt sind,
- Bereinigung der Zeitreihen der Immissionsmessungen um die meteorologischen Einflüsse, sodass Trendverläufe identifiziert werden können,
- verursachergerechte Berechnungen der Emissionen für die räumliche und zeitliche Situation der Immissionsmessungen.

Die Immissionskonzentration an einem bestimmten Ort wird von einer Vielzahl von Parametern beeinflusst. Eine besondere Rolle spielen dabei:

- die Stärke und Entfernung der verschiedenen Emissionsquellen,
- das Geländerelief (Bebauung, Bepflanzung),
- die Meteorologie (Windrichtung, Windstärke, Inversionshäufigkeit, ...),
- die chemische Umwandlung.

Neben den genannten Faktoren, welche die tatsächliche Immissionskonzentration bestimmen, ist die Verlässlichkeit des Messverfahrens für die ermittelten Konzentrationswerte von entscheidender Bedeutung.

In Ausbreitungsmodellen werden diese Parameter berücksichtigt. Dazu sind allerdings detaillierte und belastbare Daten zur Verkehrssituation, zu den Ausbreitungsbedingungen, zu lokalen Strömungsverhältnissen sowie zur Hintergrundbelastung erforderlich. Ein solches Vorgehen führt wegen der tatsächlich meist großen Unsicherheiten der Eingangsparameter und den unvermeidbaren Näherungen und Vereinfachungen der Modelle schon bei der Betrachtung eines Messortes und eines Bezugsjahres zu großen Abweichungen in den Ergebnissen zwischen Rechnung und Messung (vgl. auch Bächlin et al. 1995; Heil u. Ries 1996). Damit scheidet ein solches Vorgehen aus, um den relativen Verlauf der Entwicklung der Verkehrsemissionen über einen längeren Zeitraum mit den Immissionskonzentrationen an unterschiedlichen Orten zu vergleichen.

Umgekehrt kann bei gleich bleibenden meteorologischen Bedingungen und chemischen Umwandlungsprozessen sowie gleich bleibenden Senken von einer einfachen linearen Beziehung zwischen Emissionen und Immission an jedem Ort im Einflussbereich der Emissionsquellen ausgegangen werden. In diesem Fall hätte die Entfernung des Messortes zur Emissionsquelle sowie die dazwischen liegende Bebauung keinen Einfluss auf eine Minde-

---

[1] Damit wurde der Fokus auf die Validierung der Änderungsraten der Emissionen im Modell für einen langen Zeitraum (1985 – 1996) und nicht auf deren absolute Höhe gelegt. Zur Untersuchung der Übereinstimmung von Emissionsberechnung und Immissionsmessung in deren absoluten Höhe werden z. B. temporäre Messungen in Verkehrstunneln durchgeführt.

rung, sondern nur auf die absolute Höhe der Konzentration. Tatsächlich variieren alle Parameter jedoch ständig, was zu Schwankungen in den Immissionskonzentrationen führt.

Um die Schwankungen der äußerst vielfältigen lokalen Einflüsse meteorologischer, luftchemischer und verkehrlicher Art in ihrem Umfang zu minimieren und einen direkten Bezug zu den Verkehrsemissionen herzustellen, wurden

- Schadstoffe ausgewählt, an deren Emission der Verkehr den überwiegenden Anteil hat und die gegenüber äußeren Einflüssen relativ inert sind, das sind Kohlenmonoxid (CO) und Stickoxide (NO_x)[2]
- Messstellen ausgewählt, bei denen mit einem überwiegenden Einfluss des Verkehrs auf die Immissionswerte zu rechnen ist. Messstellen, die durch den Verkehr sehr hoch belastet sind und für die kontinuierliche Verkehrsdaten vorliegen, sind
  - Messstation der Bundesanstalt für Straßenwesen (BASt) an der BAB A4 bei Bensberg-Frankenhorst
  - Messstation Hannover, Göttinger Straße
  - Messstation Berlin, Stadtautobahn.
- Jahresmittelwerte betrachtet, da bei stärkerer zeitlicher Differenzierung der Einfluss von lokal und zeitlich beschränkten meteorologischen und verkehrlichen Einflüssen auf die Immissionskonzentration zu groß ist.

Dabei wurden die Datensätze der oben genannten Messstellen, bei denen die Effekte von Wetterveränderungen sowie der Einfluss anderer Emissionsquellen als dem Straßenverkehr vernachlässigt werden können oder die um diese Einflüsse bereinigt wurden, den jeweils ortsspezifisch ermittelten Emissionen des Straßenverkehrs für die jeweiligen Bezugsjahre gegenüber gestellt. Die Emissionen der Kraftfahrzeuge wurden mit dem vom ifeu im Auftrag des UBA entwickelten Emissionsmodell TREMOD berechnet.

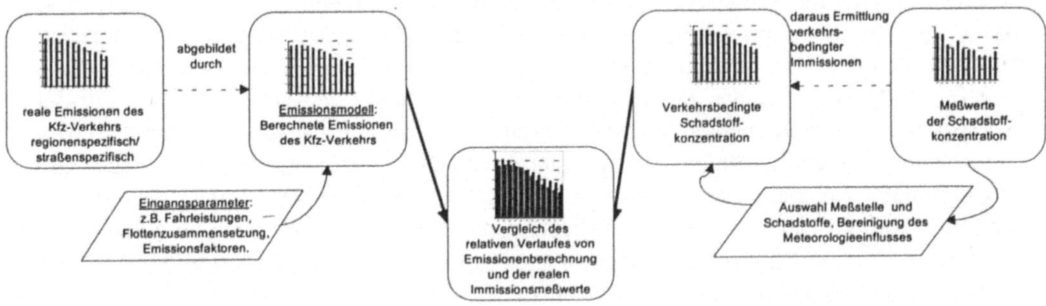

Abb. 1 Schematische Vorgehensweise beim Vergleich der Emissionsberechnungen mit den gemessenen verkehrsbedingten Immissionswerten.

---

[2] Im Gegensatz zu den Einzelkomponenten NO und NO_2 ist der als NO_2-Äquivalent ermittelte Summenparameter NO_x relativ stabil gegenüber dem Einfluß von luftchemischen Umwandlungsprozessen (z. B. Ozonchemie).

Voraussetzung für die Emissionsberechnungen ist das Vorliegen von ortsspezifischen Verkehrsdaten und Emissionsfaktoren. Die Güte dieser Eingangsdaten sowie der Modellierungen bestimmt die Güte der Ergebnisse der Berechnungen. Zur Modellierung der Emissionsentwicklung des Straßenverkehrs wurden nach Möglichkeit spezifische Datensätze (Verkehrsbelastung, Flottenstruktur, Verkehrsablauf) für den Messort verwendet. Falls diese nicht verfügbar waren, wurden bundesdeutsche Mittelwerte aus dem Emissionsmodell TREMOD zu Grunde gelegt (vgl. Knörr et al. 1998). Zur Auswertung der Ergebnisse wurden die zeitlichen Verläufe der Immissionsmessung und der Emissionsberechnung im relativen Vergleich einander gegenüber gestellt.

3 Ergebnisse

Im Folgenden werden kurz die wichtigsten Ergebnisse der drei betrachteten Messstationen dargestellt. An allen drei Stationen liegt ein hohes Belastungsniveau vor, welches durch den Verkehr dominiert ist. Darüber hinaus sind einigermaßen zuverlässige Verkehrsdaten verfügbar. Für weitere Stationen in Deutschland, deren Immissionssituation im Rahmen dieser Arbeit ebenfalls untersucht wurde, lagen keine Verkehrsdaten über einen längeren Zeitraum vor. Damit kamen diese nicht für eine Validierung der Modelle in Frage.

3.1 Messstelle an der Bundesautobahn A4

Besonders geeignet für die Untersuchung ist die Messstelle der Bundesanstalt für Straßenwesen (BASt) an der Bundesautobahn A4 bei Bensberg-Frankenhorst. Wie in Esser (1995) bzw. (1997) dokumentiert werden dort seit 1987 umfangreiche Messungen zur Immissionsbelastung durchgeführt. Zudem liegen Daten zur Meteorologie und zur Verkehrsentwicklung (bis 1995) vor. Für die Auswertungen wurde die höchstbelastete Messstelle auf dem Mittelstreifen des Autobahnabschnittes betrachtet. An diesem Messpunkt kann durch die herrschenden Fahrzeugturbulenzen von einer guten Durchmischung der von beiden Richtungsfahrbahnen ausgehenden Emissionen ausgegangen werden. Wegen der Höhe der Konzentration und der Nähe zu den verkehrlichen Emittenten wird von einem zu vernachlässigenden Einfluss der Meteorologie oder anderer Emittenten auf die Entwicklung der jährlichen Konzentrationswerte ausgegangen.

Berechnung der Emissionen des Straßenverkehrs an der Messstelle

Mit dem Emissionsberechnungsmodell TREMOD wurden die jährlichen NO_x-Emissionen auf dem betrachteten Autobahnabschnitt ermittelt. Dabei wurden folgende Annahmen zu Grunde gelegt:

- Die Entwicklung der jährlichen Fahrleistung der Kraftfahrzeuge zwischen 1987 und 1995 wurde entsprechend den Zähldaten angesetzt, die Steigerung der Fahrleistung zwischen 1995 und 1996 entsprechend der in TREMOD für Westdeutschland abgesicherten Annahmen modelliert.

- Die Flottenzusammensetzung (Anteile G-Kat-Fahrzeuge, Dieselfahrzeuge an der Fahrleistung) wird entsprechend den Analysen für den Autobahnverkehr in Westdeutschland angenommen.
- Es wurde mit einem Stauanteil sowie Geschwindigkeitsverhalten, wie es für den Durchschnitt im Autobahnverkehr in Westdeutschland ermittelt wurde, gerechnet.

Ergebnisse

Der berechnete Emissionsverlauf zeigt eine starke Abnahme (–44 %) der NO_x-Emission im betrachteten Zeitraum. Dabei wird deutlich sichtbar, dass der Anteil des Lkw-Verkehrs an den Emissionen stark zunimmt. Während die Emissionen der Pkw zwischen 1987 und 1996 um 57 % auf dem betrachteten Autobahnabschnitt zurückgehen, nehmen die Emissionen der Lkw leicht zu (6 %).

In Abb. 2 wird der relative Verlauf der Emissionsberechnungen dem relativen Verlauf der gemessenen Immissionsmesswerte gegenübergestellt (rechte Seite unten). Die Reduktion der berechneten Emissionswerte (–44 %) im betrachteten Zeitraum stimmt gut mit der Abnahme der gemessenen Immissionswerte (–47 %) überein.

Die stärkste Abweichung vom Trendverlauf ergibt sich im Jahr 1990. Der starke Rückgang der Schadstoffkonzentration zwischen dem Jahr 1989 und 1990 ist an fast allen untersuchten Messstationen zu finden (siehe Abb. 3 und 4). Dieser Rückgang könnte auf einen großräumigen meteorologischen Effekt zurückzuführen sein.

Fazit

Trotz der starken Zunahme der Fahrleistungen zwischen 1987 und 1996 auf dem betrachteten Autobahnabschnitt nahm die Immissionskonzentrationen bei NO_x ab. Der Verlauf der Messwerte stimmt gut mit dem Verlauf der Emissionsberechnung überein. Damit konnte gezeigt werden, dass trotz der Vereinfachungen bei der Emissionsberechnung, besonders den in den einzelnen Jahren nicht bekannten möglichen Schwankungen des Geschwindigkeitsverhaltens und des Lkw-Anteils, der mit dem Emissionsmodell TREMOD ermittelte Emissionsverlauf das reale Emissionsverhalten der Fahrzeuge im Autobahnverkehr gut abbildet.

3.2 Innerortsmessstelle Hannover, Göttinger Straße

Das Niedersächsische Landesamt für Ökologie (NLÖ) betreibt seit Ende 1989 eine Messstation an einer vierspurigen Ausfallstraße in einer Straßenschlucht. Auf Grund der Ausrichtung dieser Straße quer zur Hauptwindrichtung kann von einer überwiegenden Belieferung der Station mit durch die Straße hoch belasteter Luft ausgegangen werden. Die Verkehrsdaten werden mit Induktionsschleifen erfasst, die zwischen Pkw und Lkw unterscheiden können.

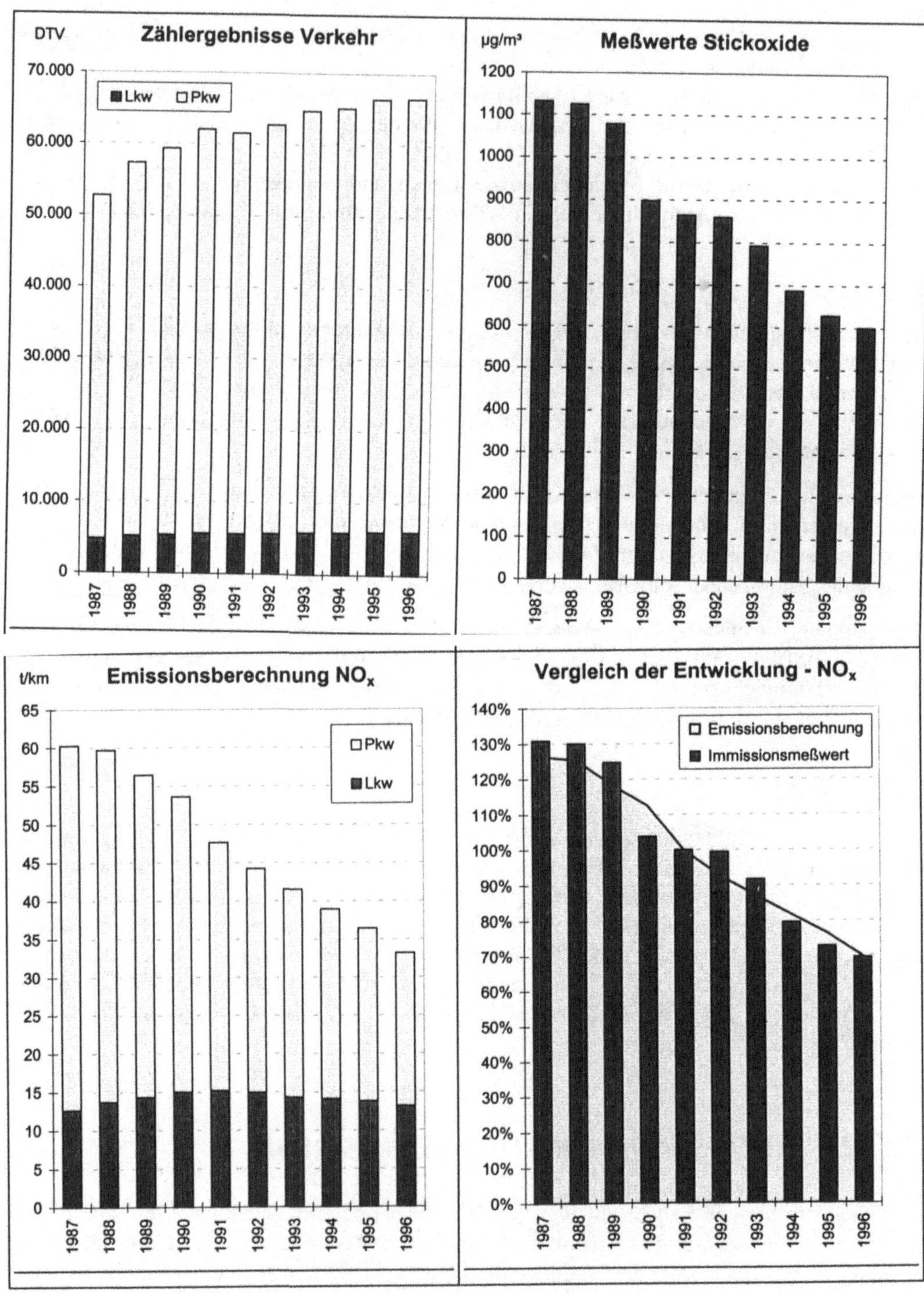

Abb. 2   Messdaten zur Verkehrs- und Immissionsentwicklung der BASt-Station sowie relativer Vergleich des Zeitverlaufs der berechneten Emissionen mit der Immissionsbelastung

Berechnung der Emissionen des Straßenverkehrs an der Messstelle

Die jährlichen Verkehrsemissionen wurden analog zur BASt-Messstelle anhand der verfügbaren Verkehrsdaten ermittelt. Dabei wurde der Stauanteil sowie das Geschwindigkeitsverhalten und der Anteil der Fahrten mit noch nicht betriebswarmem Motor (Kaltstart) entsprechend dem durchschnittlichen Verhalten in Westdeutschland modelliert.

Ergebnisse

Bei allen betrachteten Schadstoffen ist eine starke Reduktion der Immissionskonzentrationen zu beobachten. Der Rückgang zwischen dem Jahr 1990 und 1996 liegt für Stickoxide bei 30 %, für Kohlenmonoxid bei 41 %. Die berechneten Emissionen zeigen bei NO_x und CO eine Abnahme im betrachteten Zeitraum. Während der Anteil der Lkw an den Emissionen von NO_x im betrachteten Zeitraum von 60 auf über 70 % zunimmt, liegt er bei CO zwischen 5 und 6,5 %. Die Abnahme der Emissionen bei CO resultiert fast ausschließlich aus der Minderung der Emissionen der Pkw. Die Stickoxidemissionen gehen nach diesen Berechnungen im betrachteten Zeitraum bei Lkw um 8 % und bei Pkw um 37 % zurück.

Der Verlauf der berechneten Emissionsentwicklung zeigt sich deutlich in den gemessenen Immissionswerten. Auch der Einbruch in den berechneten Emissionswerten infolge eines verminderten Verkehrsaufkommens im Jahr 1995 findet sich in den Immissionswerten.

Fazit

Eine exakte Übereinstimmung des Emissionsverlaufes mit den Immissionsdaten kann nicht erwartet werden, da im Modell für einige Eingangsgrößen Durchschnittswerte und nicht spezifische Daten für die Messstelle Hannover verwendet werden mussten. Zudem wurde der Einfluss der Hintergrundbelastung – auf Grund der Unsicherheiten in seiner Abschätzung – nicht berücksichtigt. Trotzdem konnte eine gute Übereinstimmung des relativen Verlaufes der Emissionsberechnung und der gemessenen Immissionskonzentrationen an der Innerortsmessstelle Hannover, Göttinger Straße, festgestellt werden. Damit wurde gezeigt, dass auch für den Innerortsverkehr die realen Verhältnisse im Zeitverlauf belastbar modelliert werden können.

3.3 Autobahnmessstelle Berlin

Der Senat für Stadtentwicklung, Umweltschutz und Technologie betreibt seit 1987 als Teil des Berliner Luftgüte-Messnetzes (BLUME) eine Messstation in unmittelbarer Nähe der Berliner Stadtautobahn A 100, Stadtring West. Dabei handelt es sich um einen der am stärksten befahrenen Streckenabschnitte in Berlin. Die Messstation ist weitgehend frei anströmbar – östlich der Messstelle befindet sich die Autobahn, südwestlich ein Friedhof. Lediglich im Nordwesten liegt ein Wohngebiet, durch welches die freie Luftströmung beeinträchtigt wird (vgl. auch Garben et al. 1992). Verkehrsdaten liegen für eine Zählstelle, die sich auf der A 100 nördlich der Messstation (oberhalb der Auf-/Abfahrt Spandauer Damm) befindet, vor.

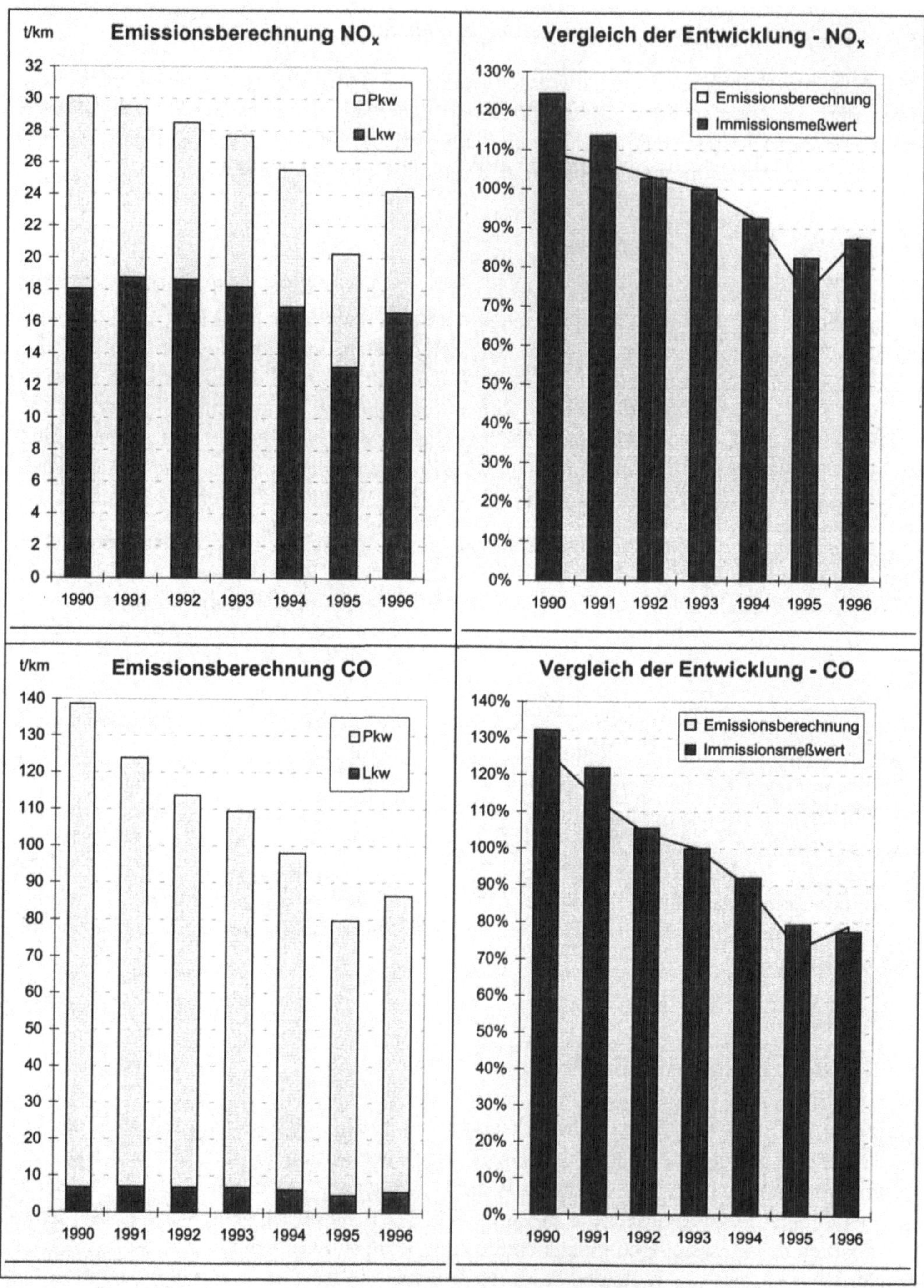

Abb. 3   Berechneter Emissionsverlauf und Vergleich mit der relativen Entwicklung der gemessenen Immissionskonzentration an der Messstelle Göttinger Straße - Hannover

Berechnung der Emissionen des Straßenverkehrs an der Messstelle

Die jährlichen Emissionen des Straßenverkehrs auf dem betrachteten Autobahnabschnitt wurden auf Grund der realen Zähldaten für den Verkehrsfluss sowie der Flottenzusammensetzung, dem mittleren Stauanteil und dem Geschwindigkeitsverhalten entsprechend der Analysen in TREMOD für den Autobahnverkehr in Deutschland angesetzt.

Ergebnisse

Die Messreihen der Schadstoffbelastung zeigen, im Gegensatz zu den bisher betrachteten Jahresreihen an der BASt-Messstelle auf der Bundesautobahn und der Messstelle Göttinger Straße in Hannover, große Sprünge in den Jahreswerten der gemessenen Immissionskonzentration, ohne dass sich merkliche Änderungen in der Verkehrsbelastung zeigen. Der niedrige CO-Wert im Jahr 1994 ist nach Auskunft der zuständigen Behörde wahrscheinlich auf Messfehler zurückzuführen und kann deshalb nicht weiter berücksichtigt werden.

Die Minderung bei den berechneten Emissionen liegt im betrachteten Zeitraum für Stickoxide bei 46 %, für Kohlenmonoxid bei 54 %. Dabei nehmen die Emissionen der Lkw bei den Stickoxiden um 9,1 % zu, während sie bei Kohlenmonoxid um 7,4 % abnehmen. Bei den Pkw finden sich für beide Komponenten starke Reduktionen (NO_x 59 %, CO 54 %). Der Anteil der Lkw an den Emissionen von Stickoxiden steigt im betrachteten Zeitraum von 19 % auf 38 % an.

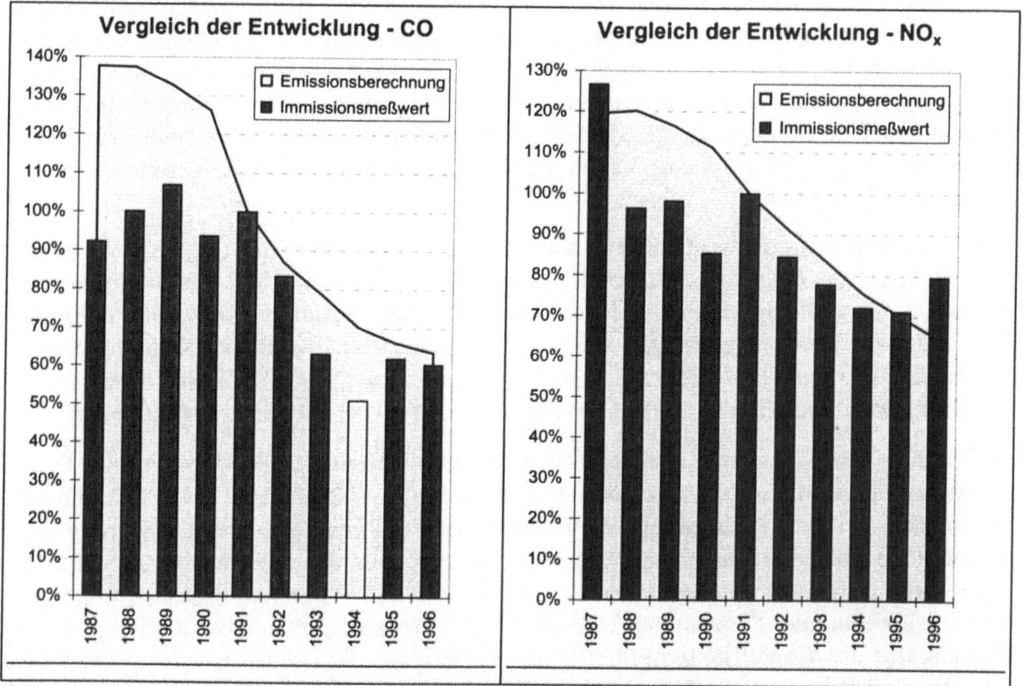

Abb. 4 Berechneter Emissionsverlauf und Vergleich mit der relativen Entwicklung der gemessenen Immissionskonzentration an der Berliner Stadtautobahn

Während die Emissionsberechnungen bei beiden Schadstoffen eine nahezu kontinuierliche Abnahme ergaben, zeigen die Immissionswerte starke Schwankungen im betrachteten Zeitraum. Dabei fällt bei beiden Schadstoffen besonders der starke Rückgang der Messwerte zwischen dem Jahr 1989 und 1990 auf. Dieser Rückgang zeigt sich nicht in den Emissionsberechnungen, kann damit kaum allein auf den Verkehr zurückgeführt werden. Solch eine deutliche Änderung bei den stark durch den Pkw-Verkehr dominierten CO-Immissionswerten und den NO_x-Immissionswerten, auf die der Lkw-Verkehr einen hohen Einfluss hat, sollte trotz der Abschätzungen im Modell und dessen Eingangsdaten (Fahrleistungen, Flottenstruktur, Stauanteile...) in der Emissionsberechnung sichtbar sein.

Deshalb kann davon ausgegangen werden, dass sich in Berlin die Änderung meteorologischer Parameter stark auf die Immissionskonzentration auswirkt. Als besonders relevant für den Konzentrationsverlauf erwies sich die Windrichtungsverteilung.

Einfluss der Windstatistik auf die Immissionsmesswerte

Die Messstation in Berlin zeichnet sich durch eine Umgebung mit sehr unterschiedlichen Quellen und Belastungen aus. Während sich in nordwestlicher Richtung ein Friedhof befindet, werden bei Winden aus südöstlicher Richtung hauptsächlich Emissionen aus der Stadtautobahn gemessen. Somit wirkt sich eine Änderung der Windrichtung enorm auf die Höhe der gemessenen Immissionskonzentration aus.

Zur Untersuchung des Einflusses der Windrichtung auf die Immissionskonzentrationen wurden die ½-h-Messwerte jeweils der gleichzeitig gemessenen Windrichtung zugeordnet und in 30-Grad-Klassen aggregiert. In Abb. 5 (rechts) sind die Mittelwerte der in diesen Klassen gemessenen Konzentrationswerte für NO_x dargestellt (Konzentrationsrosen). Aus Gründen der Übersichtlichkeit sind lediglich die Jahre 1988, 1990, 1991 sowie 1996 enthalten. Die Windrosen in diesen Jahren weisen die stärkste Abweichung zum Mittel im betrachteten Zeitraum auf.

Vorherrschende Windrichtung in Berlin sind Winde aus West- bis Südwest (siehe Windrose Abb. 5). Mit etwas geringerer Häufigkeit treten auch Winde aus Ost auf. Die Häufigkeit der Winde aus den einzelnen Richtungen schwankt zwischen den Jahren. Die Jahre 1990 und 1996 bilden die beiden Extrema ab. 1990 waren Winde aus südwestlicher Richtung besonders häufig vertreten, Ostwinde traten weniger in Erscheinung. 1996 stellt sich die Situation genau umgekehrt dar. Hier ist ein Häufigkeitsmaximum in östlicher Richtung zu finden.

Die Verläufe der Konzentrationsrosen haben dagegen in allen Jahren eine ähnliche Form und zeigen den Einfluss der verschiedenen Emittenten in Abhängigkeit der Windrichtung. Abgesehen von einem Rückgang im Konzentrationsniveau kann eine starke Änderung dieser Einflüsse über die Jahre nicht festgestellt werden. Für die untersuchten Schadstoffe zeigen sich maximale Konzentrationen im Bereich 300 – 120 Grad und damit im Wesentlichen aus Richtung der Stadtautobahn. Die hohen Konzentrationen aus der Richtung Nordwest könnten aus Kanalisierungseffekten durch die im Niveau tiefer gelegene Autobahn sowie aus lokalen Turbulenzen am Strömungshindernis „Wohngebiet" resultieren. Die niedrigsten Messwerte wurden bei beiden Schadstoffen in den Segmenten ermittelt, welche die Windrichtung aus südwestlicher Richtung, d. h. aus Richtung des Friedhofes, darstellen.

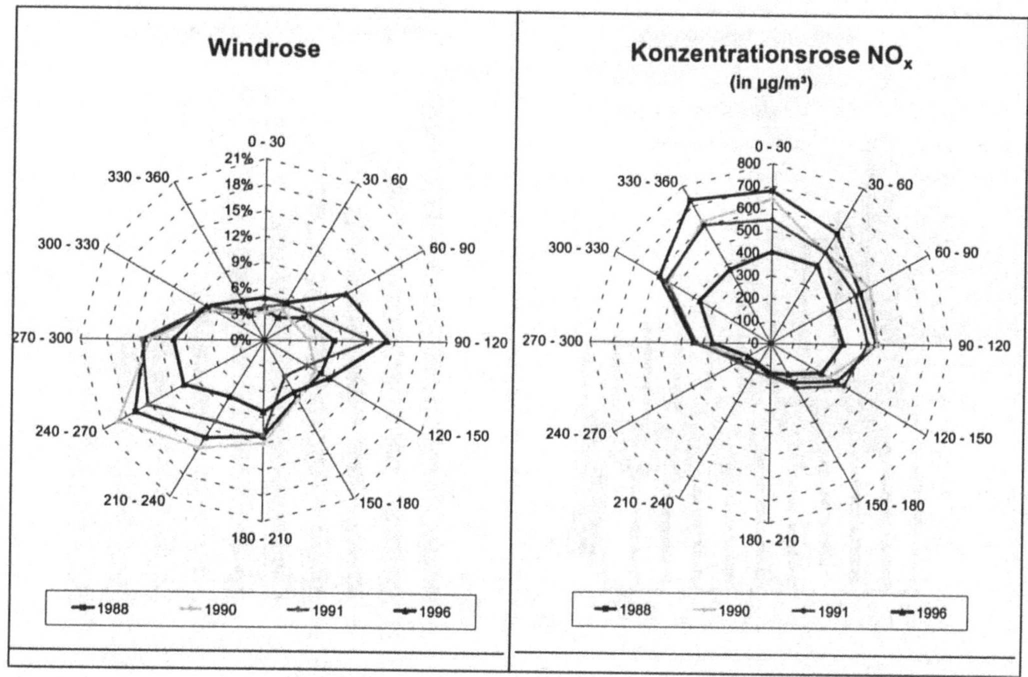

Abb. 5   Windrichtungsstatistik und Konzentrationsrosen von Berlin ausgewählter Jahre

Der Jahresmittelwert der Immissionsbelastung setzt sich aus den Einzelwerten verschiedener Windrichtungen zusammen. Bei hoher Häufigkeit von Winden mit hohen Schadstoffmengen (aus Richtung Autobahn, z. B. Windverteilung wie 1996) sind die gemessenen Jahresmittelwerte höher als bei häufigen Winden mit niedrig belasteter Luft (aus Richtung Friedhof, z.B. Windverteilung wie 1990), auch wenn die Emissionsstärke der Quellen gleich wäre.

Aus diesem Grund wurden die Jahresmittelwerte von Windsektoren, die stark von der Autobahn beeinflusst sind – und damit stärker den Emissionsverlauf auf der Autobahn widerspiegeln (Straße im Luv der Messstelle) – und von Windsektoren, welche die Entwicklung der Emissionsfrachten aus der der Autobahn abgewandten Richtung abbilden (Straße im Lee [Windschatten] der Messstelle), getrennt untersucht.

Die gemessene Immissionskonzentration bei Wind hauptsächlich aus südwestlicher Richtung (Straße im Lee der Messstelle) zeigt die Emissionsbelastung des städtischen – nicht durch die Autobahn dominierten – Hintergrundes in dieser Richtung an. Die Jahresentwicklung dieser Messwerte zeigt starke Sprünge. Diese sind auf die meteorologischen Einflüsse sowie die Emissionstätigkeit anderer Quellen zurückzuführen. Auf Grund des hohen Anteils der Windrichtungen aus dieser Richtung zeigt sich diese Entwicklung auch im Verlauf der gemessenen Jahresmittelwerte.

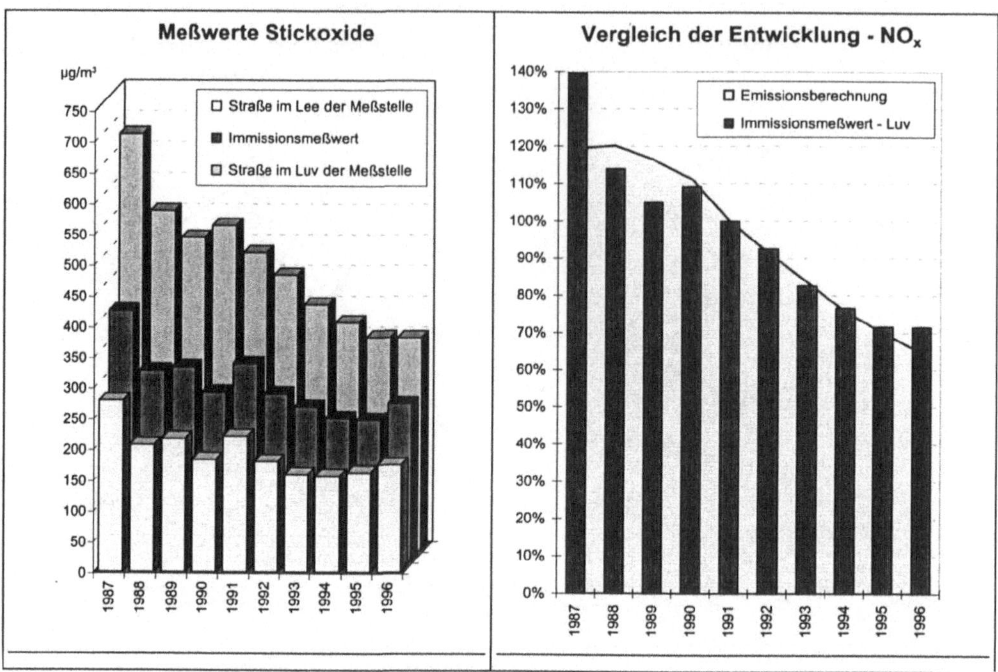

Abb. 6   Nach Windrichtung ausgewertete Immissionszeitreihen und relativer Vergleich mit Emissionsberechnungen – Berlin Stadtautobahn

Die gemessene Immissionskonzentration bei Wind aus der anderen Richtung (Straße im Luv der Messstelle) zeigt eine stetigere Entwicklung über die Jahre. Der bei den ursprünglichen Messwerten im Jahr 1990 resultierende Rückgang der Immissionsmesswerte kommt in diesem Bereich nicht zum Tragen. Zwischen den Jahren 1995 und 1996 zeigen die Immissionsmesswerte bei NO_x – im Gegensatz zu den Ursprungswerten – bei diesen Werten einen leichten Rückgang der Konzentration an.

Die Abnahme der Immissionsmesswerte bei NO_x im hoch belasteten Bereich beträgt 49 % zwischen 1987 und 1996, während die Abnahme der ursprünglichen Jahresmittelwerte bei weniger als 37 % lag. Die Abnahme im gering belasteten Bereich liegt ebenso bei etwa 37 %.

Auch bei Kohlenmonoxid findet sich die hohe Differenz zwischen den jährlichen Konzentrationswerten aus Straßenrichtung und aus der entgegengesetzten Richtung (vgl. auch Vogt 1997). Die Minderungsraten zwischen 1987 und 1996 des Jahresmittelwertes (–36 %) und des Straßeneinflusses (–44 %) unterscheiden sich ebenso.

Die hauptsächlich durch die Emissionen des Verkehrs auf der Autobahn resultierenden Immissionsmesswerte bei beiden Schadstoffen zeigen eine stärkere Übereinstimmung mit dem berechneten Emissionsverlauf als die ursprünglichen Jahresmittelwerte.

Fazit

Die gemessenen Immissionskonzentrationen der Schadstoffe CO und NO_x an der Messstelle an der Stadtautobahn in Berlin sind neben dem Einfluss der Emissionen des Verkehrs auf der Stadtautobahn stark von den Emissionen aus anderen Richtungen bestimmt. Auf Grund der großen Häufigkeit von Winden aus der der Stadtautobahn abgewandten Richtung spielt der Stadthintergrund beim Immissionswert eine große Rolle. Mit Hilfe der Windstatistik konnte der durch die Autobahn bedingte Immissionsanteil der Messwerte weitgehend separiert werden. Dieser Immissionsanteil zeigte eine gute Übereinstimmung mit dem relativen Verlauf der Emissionsberechnung für den Verkehr auf der Stadtautobahn.

4 Zusammenfassung und Fazit

Die Immissionskonzentrationen der im Wesentlichen verkehrsbedingten Schadstoffe Kohlenmonoxid und Stickoxide an drei ausgewählten durch den Verkehr hoch belasteten Messstellen in Deutschland gingen in den letzten Jahren, trotz Konstanz oder Zunahme der Fahrleistungen, stark zurück.

Der langfristige Konzentrationsrückgang konnte dabei auf eine Änderung der Emissionen aus dem Kraftfahrzeugverkehr zurückgeführt werden. Jährliche Schwankungen der Immissionsmesswerte konnten durch starke Veränderungen der Verkehrsstärke und/oder durch die meteorologischen Einflüsse begründet werden.

Unter Einbezug der an den drei betrachteten Stationen gemessenen Verkehrsdaten wurden mit dem Emissionsmodell TREMOD Emissionen ortsspezifisch berechnet. Für die nicht ortsspezifisch vorliegenden, für die Emissionsberechnung benötigten Daten – das sind zum Beispiel die Flottenzusammensetzung, der Kaltstartanteil oder das Fahrverhalten – wurden die im Emissionsmodell für Deutschland durchgeführten Analysen zu Grunde gelegt. Für alle drei Messstellen wurde eine gute Übereinstimmung des relativen Verlaufs der Emissionsberechnung und der gemessenen Konzentrationswerte im betrachteten Zeitraum für die Schadstoffe NO_x und CO ermittelt.

- An der hochbelasteten Autobahnmessstelle der BASt, der Messort liegt in der Fahrbahnmitte, wurde eine gute Übereinstimmung des relativen Verlaufs der Messwerte von NO_x und der mit TREMOD durchgeführten Emissionsberechnung festgestellt.
- An der Innerortsmessstelle Göttinger Straße in Hannover stimmen bereits ohne Bereinigung von meteorologischen Einflüssen die relativen Verläufe von Immissionsmessung und Emissionsberechnung gut überein. Die Minderungen sind überwiegend auf Emissionsreduktionen bei den Pkw zurückzuführen. Die in der Messreihe sichtbare ausgeprägte Abnahme der Immissionswerte im Jahr 1995 zeigt sich bei der Berücksichtigung der realen Verkehrsdaten auch in der Emissionsberechnung; sie resultiert aus einer überproportionalen Abnahme der Fahrleistung.
- Die Messwerte von CO und NO_x an der Messstelle an der Stadtautobahn in Berlin bilden auf Grund geringer Anteile von Winden aus Richtung der Autobahn primär das Emissionsverhalten der Quellen aus anderen Richtungen ab. Durch Analyse der Immis-

sionsmesswerte mittels der Windstatistik konnten Konzentrationswerte, welche den unmittelbaren Einfluss des Autobahnverkehrs wiedergeben, separat dargestellt werden. Der Verlauf dieser Konzentrationswerte zeigt eine gute Übereinstimmung zum Verlauf der mit dem Modell berechneten Emissionswerte.

Fazit: Durch diese erstmalige Gegenüberstellung der Verläufe von mit TREMOD berechneten lokalen Verkehrsemissionen und gemessenen Immissionsmessdaten über einen längeren Zeitraum wurde gezeigt, dass die heute aktuellen Berechnungen das reale Emissionsverhalten des Straßenverkehrs in seinem relativen Verlauf gut abbilden. Nach dieser Verifizierung kann davon ausgegangen werden, dass TREMOD und die anderen UBA-Modelle „Handbuch Emissionsfaktoren des Straßenverkehrs" und „MOBILEV", die auf dem gleichen Methoden- sowie Datenkern aufgebaut sind, für eine Abschätzung der zukünftigen Belastung geeignet sind.

Literatur

Vierte Allgemeine Verwaltungsvorschrift zum Bundes-Immissionsschutzgesetz (Ermittlung von Immissionen in Untersuchungsgebieten – 4. BImSchVwV) vom 26. November 1993. GMBl. S. 825

Bächlin, W., Lohmeyer, A., Nagel, T. (1995): Vergleich verschiedener einfacher Modelle – Screening-Modelle – zur Berechnung der Immissionsbelastung im Straßenraum durch Kfz-spezifische Schadstoffe. Im Auftrag der Hessischen Landesanstalt für Umwelt (Hrsg), Umweltplanung, Arbeits- und Umweltschutz, Heft 191

Esser, J. (1995): Entwicklung der Stickoxidbelastung an einem Autobahnquerschnitt in den Jahren 1987-1994. Straßenverkehrstechnik 9, 417-421

Esser, J. (1997): Entwicklung der Stickoxidbelastung an einem Autobahnquerschnitt in den Jahren 1987-1996. Straße + Autobahn 4, 206-208

Garben, M., Giehler, R., Linicki, M., Wiegand, G., Donner, U. (1992): Luft- und Lärmbelastungen in der Berliner Innenstadt durch den Kfz-Verkehr. Im Auftrag der Senatsverwaltung für Stadtentwicklung und Umweltschutz, Informationsreihe zur Luftreinhaltung in Berlin Heft 15,Verkehrsbelastung

Heil, O., Ries, R (1996): Lufthygienische Simulationsrechnungen verkehrsbedingter Schadstoffbelastungen im Untersuchungsbereich Frankfurt am Main. Im Auftrag der Hessischen Landesanstalt für Umwelt (Hrsg), Umweltplanung, Arbeits- und Umweltschutz, Heft 214

Infras AG (1995): Handbuch Emissionsfaktoren des Straßenverkehrs. Im Auftrag des Bundesamtes für Umwelt, Wald und Landschaft Bern und des Umweltbundesamtes Berlin

Knörr, W., et al (1997): Daten- und Rechenmodell: „Energieverbrauch und Schadstoffemissionen des motorisierten Verkehrs in Deutschland 1980 – 2020" und „TREMOD: Transport Emission Estimation Model"; im Auftrag des Umweltbundesamtes; Berlin/Heidelberg

Niedersächsisches Landesamt für Ökologie, Abteilung Immissionschutz (1994): Lufthygienisches Überwachungssystem Niedersachsen (LÜN). Luftschadstoffbelastung in Straßenschluchten

Vogt, R. (1997): Emissionen und Immissionen des Straßenverkehrs – Analyse und Vergleich der zeitlichen Entwicklung an ausgewählten Standorten in Deutschland. Diplomarbeit an der TU Berlin und am ifeu-Institut Heidelberg

Die atmosphärische Ausbreitungsmodellierung im Rahmen einer Umweltverträglichkeitsuntersuchung

Sandra Möhler

1 Einleitung

Das Ziel von Umweltverträglichkeitsuntersuchungen ist die Prognose und Darstellung von Umweltauswirkungen durch die Errichtung und den Betrieb von genehmigungsbedürftigen Anlagen. Die Prognose der zu erwartenden Luftschadstoffbelastungen durch eine Industrieanlage ist durch die Modellierung des Ausbreitungsvorgangs der Abgasfahne, und damit der emittierten Luftschadstoffe, mit Hilfe von Ausbreitungsmodellen möglich. Ausbreitungsmodelle sind das Bindeglied zwischen der Information über die luftseitige Freisetzung eines Schadstoffes (Emission) und der Beurteilung der zu erwartenden Konzentration in der Umgebung des Freisetzungsortes (Immission). Sie sollten den Jahresmittel- und den 98-Perzentilwert einer Schadstoffimmission prognostizieren können, da diese mit den Kenngrößen der TA Luft, wie der Mehrzahl der üblichen Größen zur Bewertung der lufthygienischen Relevanz, korrespondieren. Die Anwendungsproblematik der Ausbreitungsmodelle soll hier am Beispiel einer Ausbreitungsmodellierung im Rahmen einer Umweltverträglichkeitsuntersuchung für eine Klärschlammverbrennungsanlage aufgezeigt werden.

Im Folgenden sollen zunächst die Grundlagen für die Berechnung der Zusatzbelastung dargestellt werden. Das heißt, zum einen werden die atmosphärischen Prozesse beschrieben, die den Ausbreitungsvorgang beeinflussen, und zum anderen werden zwei verschiedene Ausbreitungsmodelle beschrieben. An dem Fallbeispiel wird dann aufgezeigt, wie sich die Ergebnisse der zwei verschiedenen Ausbreitungsmodelle unterscheiden und welche Anwendungsproblematik sich daraus ergibt.

2 Grundlagen

Will man an einem Standort die Zusatzbelastung durch eine geplante Anlage berechnen, so braucht man Informationen über die atmosphärischen Verhältnisse am Standort und ein adäquates numerisches Modell, das den Transport der von der Anlage freigesetzten Stoffe unter Berücksichtigung der Ausbreitungsverhältnisse möglichst realitätsnah beschreibt.

2.1 Atmosphärische Prozesse

Die atmosphärische Ausbreitung von Luftschadstoffen wird durch folgende Phänomene bestimmt:

- die **Advektion**, das ist die Verfrachtung einer Schadstofffahne durch das Strömungs- bzw. Windfeld,

- und die **Diffusion**, das ist die Verbreiterung und damit die Verdünnung der Fahne durch Mischungsprozesse, abhängig von der Schichtungsstabilität der Atmosphäre.

Die Ausbreitungsbedingungen eines atmosphärisch freigesetzten Schadstoffes werden also durch die Windrichtung und -geschwindigkeit und durch die atmosphärische Schichtung (d. h. die Turbulenz der Atmosphäre) bestimmt.

Zur Durchführung einer Ausbreitungsrechnung an einem Standort muss eine repräsentative Wind- und Ausbreitungsklassenstatistik (AK-Statistik) vorhanden sein. Eine AK-Statistik stellt eine dreidimensionale Häufigkeitsverteilung von Windrichtung, Windgeschwindigkeit und Ausbreitungsklasse dar. Das heißt, es müssen am Standort selbst oder in Standortnähe Windrichtungs-, Windgeschwindigkeits- und Stabilitätsmessungen vorliegen, die den Jahresgang der atmosphärischen Verhältnisse wiedergeben.

Welchen Einfluss die Stabilität der atmosphärischen Schichtung auf die Ausbreitung einer Abgasfahne haben kann, ist in Abb. 1 schematisch dargestellt.

Sehr stabile Schichtungen treten üblicherweise in den Nachtstunden bei geringer Windgeschwindigkeit und geringer Wolkenbedeckung auf. Dabei kann es unter Umständen auch zu einer Zunahme der Temperatur mit der Höhe, d. h. zu einer Inversion kommen (siehe auch Abbildung 1 Typ c). Von neutraler Schichtung spricht man, wenn die Temperaturabnahme mit der Höhe dem adiabatischen Temperaturgradienten[1] entspricht. Bei labilen Schichtungen nimmt die Temperatur stärker als adiabatisch ab (siehe Abbildung 1 Typ a). Tagsüber dominieren grundsätzlich neutrale bis labile Schichtungen.

In Abhängigkeit von der Höhe des Emittenten zu der Lage der Inversionsschicht ergeben sich die zwei Fälle, die in Abbildung 1 als Ausbreitungstypen d und e dargestellt sind.

Bei Ausbreitungstyp d liegt die Bodeninversion am Boden auf und der Emittent reicht über die Schichtdicke hinaus. Die Emissionen werden in der Höhe schnell verdünnt und erreichen quasi nicht den Boden. Die Ausbreitungssituation e ergibt sich, wenn sich nachts entstandene Bodeninversionen bei beginnender Sonneneinstrahlung vom Boden abheben und die ganze Inversionsschicht in die Höhe steigt. Alle Emissionen werden damit unterhalb des „Deckels" freigesetzt und bleiben „im Topf drin".

---

[1] Hierunter ist die allgemeine Regel zu verstehen, dass je 100 m Anstieg in der Atmosphäre über Grund die Temperatur um durchschnittlich 1 °C abnimmt.

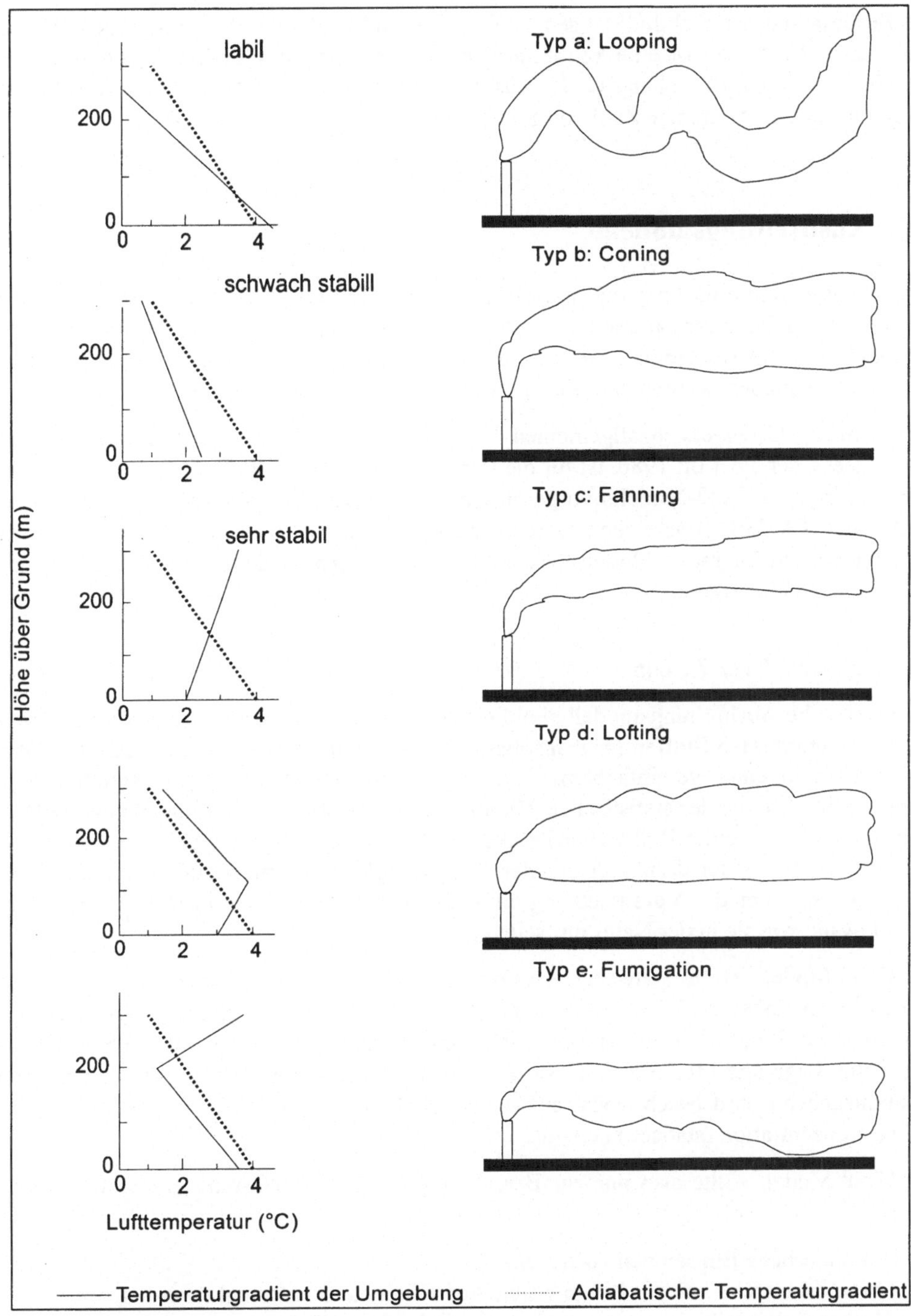

Abb. 1   Ausprägung der Abgasfahnen bei unterschiedlichen typischen Ausbreitungssituationen (DWD, 1989)

Die Bestimmung der Stabilität ist sehr aufwändig, und nach dem derzeitig vom DWD angewendeten Verfahren ist eine kontinuierliche Beobachtung des Bedeckungsgrades erforderlich (siehe TA Luft Anhang C; 9). Aus diesem Grund gibt es Ausbreitungsklassenstatistiken nur für eine begrenzte Zahl von Standorten.

2.2   Ausbreitungsmodelle

Hat man nun Kenntnis über die atmosphärischen Verhältnisse an einem Standort sowie anlagenspezifische Informationen wie Abgasvolumen, Abgastemperatur, Kaminhöhe etc., so kann mit einem Ausbreitungsmodell sowohl die Advektion als auch die Diffusion einer Abgasfahne simuliert werden und die zu erwartende Immission berechnet werden.

Nach Anhang C der ersten allgemeinen Verwaltungsvorschrift zum Bundes-Immissionsschutzgesetz, der TA Luft 1986, ist für die Berechnung der Zusatzbelastung die Anwendung eines bestimmten Gauß-Modells vorgeschrieben. Im Folgenden soll zum einen das Gauß-Modell der TA Luft beschrieben werden. Zum anderen wird ein komplexeres Ausbreitungsmodell, ein Lagrange-Modell, beschrieben, dessen Anwendungsbereich über den des Gauß-Modells hinausgeht.

Das Gauß-Modell der TA Luft

Das Gauß'sche Ausbreitungsmodell simuliert den Prozess der Verdünnung und des Transportes von emittierten Stoffen (= Transmission). Sowohl die Advektion als auch die Diffusion werden in einer vereinfachten Gleichung zusammengefasst. Die Ausbreitungsgleichung ergibt sich aus der statistischen Theorie der Turbulenz und der allgemeinen Diffusionsgleichung unter einer Reihe einschränkender Randbedingungen. Das Modell stellt eine analytische Lösung der dreidimensionalen Transportgleichung für Luftbeimengungen dar. Diese gilt nur unter der Voraussetzung einschneidender Vereinfachungen der atmosphärischen Physik, wie sie in der Natur nur selten gegeben sind.

Das Gauß-Modell ist ein statisches Ausbreitungsmodell, das keine ortsabhängigen Wind- und Turbulenzfelder berücksichtigen kann. Es beschreibt daher nicht, wie ein Schadstoff z. B. aus dem Schornstein austritt und sich dann (dynamisch) in der Atmosphäre bewegt (wie beim Lagrange-Modell), sondern von einem zeitlich konstanten Emissionsmassenstrom ausgehend wird beschrieben, an welcher Stelle der damit verbundenen Abluftfahne welche Konzentration (statisch) herrscht.

Das Gauß-Modell sollte also nur zur Berechnung der Zusatzbelastung eingesetzt werden, wenn:

- kontinuierliche Emissionen vorliegen,
- Abstandsbereiche von ca. 100 m bis einigen Kilometern untersucht werden,
- möglichst ebenes bzw. gering gegliedertes Gelände vorliegt,
- keine lokalen Windfelder dominieren (d. h. ein homogenes Windfeld vorherrscht),
- windschwache Wetterlagen (u < ca. 1 m/s) und Situationen mit großer Windscherung ausgeklammert werden,

- die Ergebnisse als Mittelwert einer Vielzahl vergleichbarer Ereignisse interpretiert werden.

Obwohl die theoretischen Voraussetzungen und Annahmen für das Gauß'sche Fahnenmodell selten komplett in der Atmosphäre erfüllt sind, können Ergebnisse produziert werden, die in realistischer Übereinstimmung mit Messergebnissen stehen. Dies ist auf die Rechnung mit Diffusionsparametern, die in Feldversuchen auf ebenem Gelände gewonnen wurden, zurückzuführen. Wird das Gauß-Modell jedoch außerhalb seines Anwendungsbereiches eingesetzt, kann dies zu großen Fehlern der Immissionsergebnisse führen.

Insgesamt zeigen die bisherigen Erfahrungen, dass trotz all dieser Schwächen Gauß'sche Ausbreitungsmodelle den Jahresmittel- und 98-Perzentilwert der atmosphärischen Immissionskonzentrationen in Standardsituationen meist zufrieden stellend prognostizieren.

Lagrange-Modelle

Kann ein Gauß-Modell wegen orografischer oder lokalklimatischer Gegebenheiten oder auf Grund von Gebäudeeinflüssen nicht angewendet werden, muss die Ausbreitung und Verdünnung einer Schadgasfreisetzung unter Berücksichtigung eines berechneten Windfeldes ermittelt werden (Zenger, 1998). In diesem Wind- bzw. Strömungsfeld wird dann mit dem Lagrange-Ausbreitungsmodell der eigentliche Ausbreitungsvorgang simuliert. Die Berechnung der Zusatzbelastung erfolgt also durch Kopplung eines Windfeldmodells mit einem Ausbreitungsmodell.

Auf die verschiedenen Möglichkeiten der Windfeldmodellierung soll hier nicht weiter eingegangen werden. Sie sind wie schon erwähnt der Lagrange-Ausbreitungsmodellierung vorgelagert und bilden das Strömungsfeld unter dem Einfluss von Orografie oder von Gebäuden sowie eventuell unter Berücksichtigung von lokalklimatischen Effekten (wie z.B. Kaltluftabflüssen) ab.

Das Teilchensimulationsmodell oder Monte-Carlo-Teilchensimulationsmodell, wie das Lagrange-Modell auch genannt wird, berechnet die Schadstoffausbreitung durch Ermittlung der Trajektorien (Bahnen) einer Vielzahl von (gedachten) „Teilchen" in dem dreidimensionalen Windfeld. Die Bewegung der Partikel wird dabei in einen advektiven Part (Windfeld) und einen Anteil mit einer (stabilitäts- bzw. turbulenzabhängigen) Zufallsbewegung aufgespalten. Aus den Trajektorien der einzelnen Partikel wird auf das Verhalten der gesamten Spurenstoffwolke hochgerechnet. Deren Summe wiederum ergibt die Gesamtmenge des emittierten Stoffes, wodurch man die Immissionskonzentration erhält. Je mehr Teilchen man auswählt, desto kleiner wird der Stichprobenfehler, desto länger aber auch die Rechenzeit.

Lagrange-Modelle können also im Gegensatz zu den Gauß-Modellen auch bei stark gegliedertem Gelände, mit Kaltluftabflüssen und Gebäudeeinflüssen sowie bei einem großen Anteil von Schwachwindwetterlagen angewendet werden. Insgesamt wird der Ausbreitungsvorgang physikalisch realitätsnäher simuliert, selbst bei kleinen Quellabständen. Die Rechenzeiten von Lagrange-Modellen liegen mittlerweile auch bei akzeptablen Zeiten, längere Rechenzeiten hängen von der Komplexität des Windfeldes ab. Je stärker das Untersuchungsgebiet topografisch gegliedert ist, desto länger braucht das dem Lagrange-Modell vorgeschaltete Windfeldmodell. Die Anwendbarkeit des Gauß-Modells ist einfacher und auch für Nicht-Meteorologen möglich, durch die Komplexität des Lagrange-Modells dagegen können schon durch geringe Fehleingaben große Fehler auftreten.

3   Das Fallbeispiel – die Ausbreitungsmodellierung für eine Klärschlammverbrennungsanlage

3.1   Die Verhältnisse am Standort

Der Standort der geplanten Anlage liegt in einem engen tief eingeschnittenen Tal, wie in Abbildung 2 zu sehen ist. Entsprechend detaillierter meteorologischer Untersuchungen durch den Deutschen Wetterdienst (DWD) weist der Standort eigenständige meteorologische Verhältnisse auf. Eigenständig heißt, dass das Windfeld im Tal überwiegend durch die örtlichen topografischen Verhältnisse und nur wenig durch die Luftdruckverhältnisse der freien Atmosphäre geprägt wird.

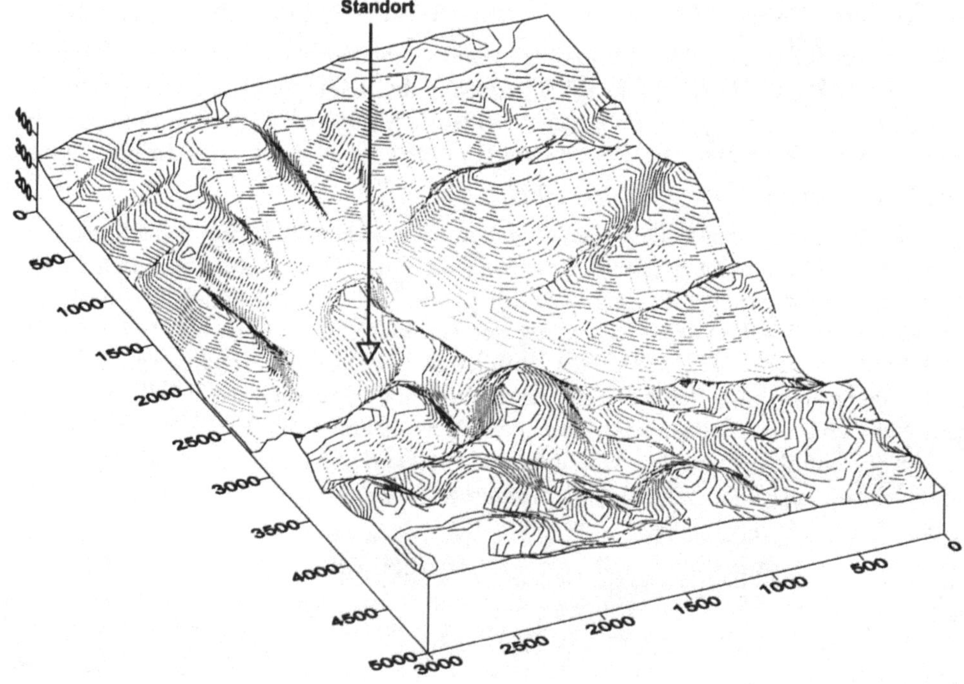

Abb. 2   Die Topografie im Standortumfeld

Messungen des DWD zeigten, dass sich bei Hochdruckwetterlagen mit ausgeprägten Tagesgängen des Windes und der Stabilität der Talatmosphäre in den Nachtstunden ein vollständig vom Höhenwind entkoppeltes Windsystem im Tal etablierte, mit zum Teil gegenläufigen Windrichtungen am Boden und in der Höhe. Tagsüber überwiegen Winde aus Süden, wogegen nachts die Winde hauptsächlich aus Nordnordosten mit Windgeschwindigkeiten bis 1,5 m/s auftreten, was durch nächtliche Kaltluftabflüsse bedingt ist.

Zu diesen meteorologischen Gegebenheiten, die durch die Tallage bestimmt sind, kommt noch die Beeinflussung des Windfeldes durch umliegende Gebäude, was ebenfalls bei der Ausbreitungsmodellierung berücksichtigt werden muss.

3.2 Die Ausbreitungsmodellierung

Die Anforderungen an ein Ausbreitungsmodell sind hier entsprechend den vorangehenden Ausführungen sehr umfassend. Neben dem Einfluss der Orografie müssen auch die Kaltluftabflüsse und der Gebäudeeinfluss modelliert werden. Sowohl das stark gegliederte Gelände mit seinen Effekten als auch der hohe Anteil an Schwachwindwetterlagen stellen die Anwendung des Gauß-Modells der TA Luft in Frage. Die Voraussetzungen für seine Anwendung sind nicht erfüllt.

Für die Ermittlung der Zusatzbelastung für diesen Standort ist die Anwendung eines komplexeren Ausbreitungsmodells, wie dem Lagrange-Modell, notwendig.

Für die Ausbreitungsmodellierung mit dem Lagrange-Modell wurde zunächst das Windfeld unter Berücksichtigung des Reliefs, der Kaltluftabflüsse und der Gebäudeeinflüsse berechnet. Dazu war die Anwendung von zwei verschiedenen Windfeldmodellen nötig, zum einen für die Modellierung der Kaltluftabflüsse, zum anderen zur Modellierung des Reliefs und der Gebäudeeinflüsse. Die Ergebnisse der Windfeldmodelle wurden zu einem synthetischen Windfeld zusammengeführt, in dem dann die Ausbreitungsrechnung mit dem Lagrange-Modell erfolgte.

4 Ergebnisse

In Abbildung 3 ist zum einen links die durch die Windfeldmodellierung für den Standort erhaltene Windrichtungsverteilung im Tal aufgezeigt. Zum anderen ist die räumliche Verteilung der Zusatzbelastung entsprechend der Ausbreitungsrechnung mit dem Lagrange-Modell daneben gestellt.

Obwohl bei der Windrichtungsverteilung im Tal hauptsächlich Winde aus Nordnordosten bzw. Südsüdwest überwiegen, zeigt die räumliche Verteilung der Zusatzbelastung ein Überwiegen der West-Ostrichtung. Die Emissionsquelle, d. h. die geplante Anlage, liegt etwa im Zentrum der Abbildung (Koordinaten: x: 3409714; y: 5683303). Im engeren Standortumfeld lässt sich eine leichte Kanalisierung durch das Tal erkennen (vgl. auch Abb. 2).

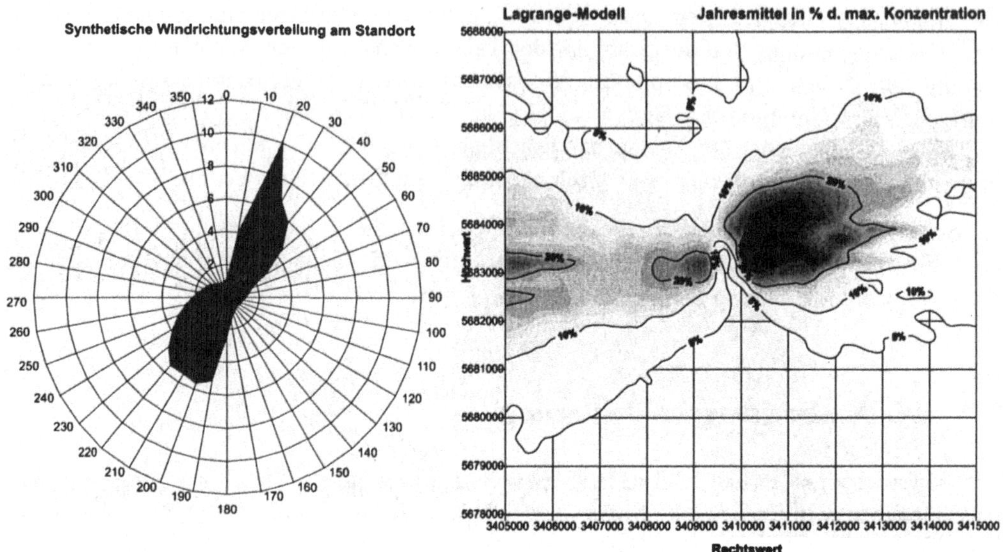

Abb. 3   Synthetische Windrichtungsverteilung für den Standort und die durch die Lagrange-Modellierung erhaltene geografische Verteilung der Zusatzbelastung im Jahresmittel (die Zahlenangaben verstehen sich in Prozent der maximalen Belastung durch die Anlage).

Da Erfahrungen an einem anderen Standort zeigten, dass sich die Ergebnisse der Ausbreitungsrechnung mit dem Gauß-Modell der TA Luft, trotz stärker gegliedertem Gelände und hohem Anteil an Schwachwindwetterlagen, nur gering von dem Ergebnis der Rechnung mit einem Lagrange-Modell unterscheiden (Möhler 1996), ist auch hier für diesen Standort von Interesse, wie stark sich das Ergebnis einer Gauß-Rechnung von dem Lagrange-Ergebnis unterscheidet. Obwohl das Gauß-Modell weder den Einfluss des Geländes, der Gebäude, und die Kaltluftabflüsse berücksichtigen kann und zusätzlich bei dem hohen Anteil an niedrigen Windgeschwindigkeiten, wie in diesem Fallbeispiel, nicht mehr angewendet werden sollte, wurde eine Vergleichsrechnung mit dem Gauß-Modell durchgeführt.

Die Abbildung 4 zeigt die Windrichtungsverteilung einer 3 km entfernten Station in Höhenlage sowie die räumliche Verteilung der Zusatzbelastung, die mit dem Gauß-Modell der TA Luft ermittelt wurde.

Vergleicht man die Abbildungen 3 und 4, so ist auffallend, dass bei beiden Ausbreitungsmodellierungen die Verteilung von West nach Ost dominiert. Diese Verteilung entspricht den Hauptwindrichtungen des Höhenwindes, wie in Abbildung 4 zu sehen. Bei einer Emissions-bzw. Kaminhöhe von in diesem Fall 62 m wirken die Einflüsse der Talkanalisierung (Schichtdicke des Kaltluftabflusses max. 130 m) nur noch wenig auf die Ausbreitung der Abgasfahne, wie in Abbildung 3 zu sehen ist. Der maximale Aufpunkt liegt in beiden Fällen östlich, nahe des Standortes.

Betrachtet man jedoch die Immissionskonzentration für Stickstoffdioxid am maximalen Aufpunkt der beiden Ausbreitungsrechnungen in Tabelle 1, so liegt die mit Lagrange berechnete Zusatzbelastung um mehr als das 3fache höher als die berechnete Konzentration

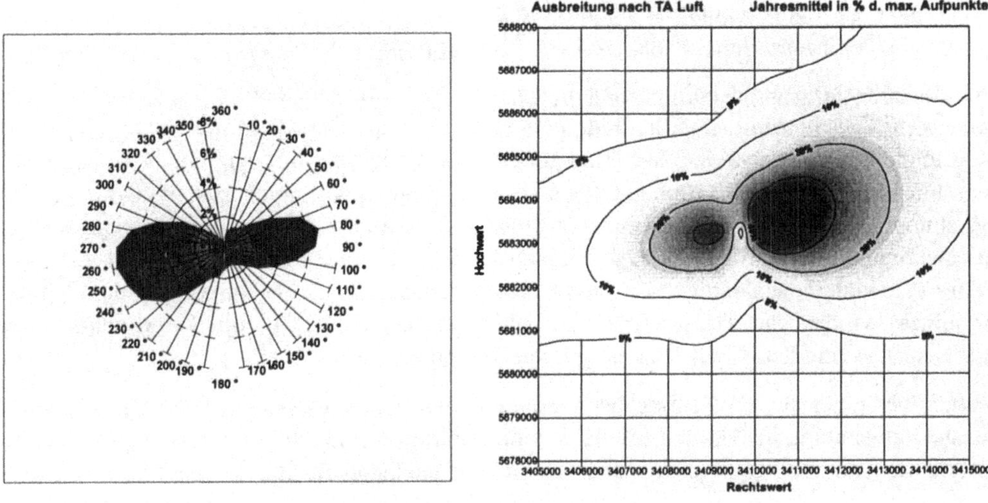

Abb. 4   Windrichtungsverteilung des Höhenwindes bzw. einer 3 km vom Standort entfernten Station in Höhenlage außerhalb des Tales sowie die geografische Verteilung der Zusatzbelastung im Jahresmittel. – Berechnung mit dem Gauß-Modell der TA Luft (Zahlenangaben verstehen sich in Prozent der maximalen Belastung durch die Anlage)

Tabelle 1   Immissionskonzentration am maximalen Aufpunkt

	Koordinaten Rechtswert/ Hochwert	Immissionskonzentration von Stickstoffdioxid in $\mu g/m^3$
Lagrange-Modell	3410150/ 5683450	1,75
Gauß-Modell	3410250/ 5683750	0,55

mit dem Gauß-Modell. Diese Immissionshöhe ist auf die lokalklimatischen Einflüsse der Topografie und der Kaltluftabflüsse zurückzuführen.

Obwohl sich der Ort des maximalen Aufpunktes für den Jahresmittelwert der beiden Ausbreitungsrechnungen nur gering unterscheidet, würde der hohe Konzentrationsunterschied im Rahmen einer Umweltverträglichkeitsuntersuchung zu Fehleinschätzungen führen.

5   Fazit

Auf Grund der vielen Vereinfachungen und damit Einschränkungen für die Anwendbarkeit des Gauß-Modells wird seine Anwendung oft in Frage gestellt. Die Erfahrungen zeigen jedoch, dass auch bei stärker gegliedertem Gelände und hohem Anteil an Schwachwindwetterlagen das Gauß-Modell Ergebnisse in der gleichen Größenordnung (das 1,5fache auf der maximalen Beurteilungsfläche) wie die Rechnung mit einem Lagrange-Modell liefert.

Für das hier aufgezeigte Fallbeispiel liegen sehr „extreme" meteorologische Verhältnisse vor, deren Modellierung auch die Fähigkeit eines Lagrange-Modells und der vorgelagerten Windfeldmodelle „ausgereizt" hat. Eine alleinige Modellierung mit dem Gauß-Modell wäre hier entsprechend den Vorgaben der TA Luft nicht mehr zulässig gewesen. Trotzdem ist das Ergebnis der Ausbreitungsrechnung mit dem Gauß-Modell mit der nahezu gleichen Lage des maximalen Aufpunktes für den Jahresmittelwert und einer Abweichung „nur" um den Faktor 3 erstaunlich. Deutlich soll durch diesen Vergleich der Ergebnisse für den Jahresmittelwert werden, dass das großräumige Fahnenverhalten für den Höhenwind ohne Topografieeinfluss von dem Gauß-Modell gut wiedergegeben wird.

Gerade bezüglich der Auslegung der Voraussetzung „eines gering gegliederten Geländes" für die Anwendung des Gauß-Modells ist von Standort zu Standort abzuwägen, ob man die Reliefierung noch als gering einordnen kann. Entscheidend für die Anwendung des Gauß-Modells ist nämlich nur, dass keine reliefbedingten Turbulenzen auftreten, die die Ausbreitung der Abgasfahne beeinflussen. Bei etwas stärker gegliedertem Gelände, jedoch weniger komplexen meteorologischen Verhältnissen, können Gauß-Modelle gut als orientierende Rechnungen benutzt werden. Da die Ausbreitungsmodelle im Rahmen von Umweltverträglichkeitsuntersuchungen „nur" der Abschätzung der lufthygienischen Auswirkungen von Planungen dienen, um relative Änderungen zukünftiger gegenüber derzeitiger Belastungssituationen darzustellen. Unter wissenschaftlichem Anspruch wäre für fast jeden Standort eine komplexere Ausbreitungsmodellierung angebracht, und sowohl für das Gauß-Modell als auch für das Lagrange-Modell wären Freilandexperimente notwendig, um die Diffusionsparameter und Lagrange'schen Korrelationszeiten neu zu bestimmen. Diesen Anspruch setzt man jedoch im Rahmen von Immissionsprognosen für Umweltverträglichkeitsuntersuchungen nicht an.

Literatur

ifeu-Institut Heidelberg (1996): Umweltverträglichkeitsuntersuchung zur geplanten Thermischen Restmüllbehandlungsanlage im ERZ Außernzell. Heidelberg 1996

ifeu-Institut Heidelberg (1998): Umweltverträglichkeitsuntersuchung zur geplanten Wirbelschichtfeuerungsanlage Elverlingsen zur Verbrennung von Steinkohle und Klärschlamm am Kraftwerksstandort Werdohl-Elverlingsen. Im Auftrag der ELEKTROMARK AG. Heidelberg 1998.

Möhler, S. (1996): Verfahrens- und Modellvergleich: Übertragungsverfahren von Ausbreitungsklassenstatistiken und Ausbreitungsmodelle in ihrer Anwendungs-problematik. Diplomarbeit, Ruprecht-Karls-Universität Heidelberg, Fakultät für Geowissenschaften.

Zenger, A. (1998): Atmosphärische Ausbreitungsmodellierung. Grundlagen und Praxis. Springer-Verlag Berlin Heidelberg.

Luftschadstoffe Benzol und Ruß im Heidelberger Straßenverkehr

Peristera Deligiannidu

1 Einleitung

Die Luftschadstoffe Benzol und Ruß sind wichtig bei der Betrachtung der Luftreinhaltung und des Immissionsschutzes in Städten. Sie werden im Straßenverkehr emittiert und können auf Grund ihrer Kanzerogenität die menschliche Gesundheit schädigen (Schmidt et al. 1987). Benzol als Bestandteil des Benzins oder als Verbrennungsprodukt und Ruß aus der Verbrennung des Dieselkraftstoffs werden in Form von Abgasen frei, wobei Benzol zusätzlich noch über die Verdunstung aus dem Tank in die Atmosphäre gelangt. Beide Stoffe werden dann über die Atemluft aufgenommen und können im Falle von Benzol zu Leukämie und bei Ruß zu Tumoren haupsächlich im Respirationstrakt führen. In einer Studie zum „Krebsrisiko durch Luftverunreinigungen" des Länderausschusses für Immissionsschutz (LAI 1992) wurde das Krebsrisiko berechnet und mit einem so genannten *unit risk* von 1:2.500 ein „akzeptabler" Konzentrationswert von 2,5 µg/m^3 Benzol bzw. von 1,5 µg/m^3 Ruß angegeben. Bei diesen Konzentrationen und einer lebenslangen Exposition in dieser Höhe wird also eine zusätzliche Krebserkrankung unter 2.500 Exponierten angenommen.

Wunsch und Aufgabe einer Kommune ist es, dieses gesundheitliche Risiko so gering wie möglich zu halten, jedoch fehlte es lange Zeit an einem gesetzlich verbindlichen Rahmen, um im Sinne des Immissionsschutzes tätig zu werden. Dann wurde der § 40 des Bundes-Immissionschutzgesetzes (BImSchG) um einen Absatz erweitert, nach dem Verkehrsbeschränkungen auf kommunaler Ebene möglich sind. Mit diesem Gesetz kann nach Vorliegen einer entsprechenden Rechtsverordnung der Kraftfahrzeugverkehr auf bestimmten Straßen oder in bestimmten Gebieten nach Abwägung mit Verkehrsbedürfnissen und städtebaulichen Belangen beschränkt oder verboten werden, um schädliche Umwelteinwirkungen durch Luftschadstoffe zu vermindern oder deren Entstehen zu vermeiden. Maßgebend ist dabei die Überschreitung vorgegebener Konzentrationswerte für die Schadstoffe Stickstoffdioxid, Benzol und Ruß.

Die Notwendigkeit, in verkehrliche Belange einzugreifen, wird offensichtlich, wenn man die Ergebnisse des Emissionskatasters Mannheim/Heidelberg betrachtet und feststellt, dass im Jahr 1992 etwa 90 % der Benzolemissionen und etwa 30 % der Rußemissionen aus der Quellengruppe Verkehr stammten (Umweltministerium Baden-Württemberg 1995).

Schließlich trat im Dezember 1996 die 23. BImSch-Verordnung in Kraft, in der die Konzentrationswerte konkretisiert sind. In dieser Verordnung wurden nach langer Kontroverse und mit fast zweijähriger Verspätung folgende Werte festgelegt:

Stickstoffdioxid	160 $\mu g/m^3$ als 98-Perzentilwert (ab 1995)
Benzol:	15 $\mu g/m^3$ (ab 1995) und 10 $\mu g/m^3$ (ab Mitte 1998)
Ruß:	14 $\mu g/m^3$ (ab 1995) und 8 $\mu g/m^3$ (ab Mitte 1998)

Das Besondere an dieser Regelung ist die Festlegung immissionsseitiger Grenzwerte für den Verkehr; die Luftreinhaltepolitik im Verkehrsbereich setzte in der Vergangenheit hauptsächlich an der Emissionsseite an. Außerdem wurden mit dieser Verordnung Grenzwerte für kanzerogene Substanzen festgelegt: ein schwieriges Unterfangen, wenn man davon ausgeht, dass es bei kanzerogenen Substanzen keine Wirkungsschwellen gibt und deshalb ein Minimierungsgebot gelten sollte. Immerhin wurden die Grenzwerte zeitlich dynamisch gestaltet. Rein formal versucht man dieser Diskussion u. a. dadurch aus dem Weg zu gehen, indem die Grenzwerte nicht als *Grenzwerte* bezeichnet werden.

Das Ziel der Verordnung ist natürlich, eine konkrete Reduktion der Immissionen zu erreichen. Seit Inkrafttreten der Verordnung versuchen einige Kommunen, wie z. B. die Stadt Heidelberg, mit verschiedenen Methoden die Entwicklung der Immissionssituation zu verfolgen bzw. zu prognostizieren, um den Handlungsspielraum der 23. BImSchV zu nutzen. Die Frage ist allerdings, ob die Höhe dieser Werte bzw. ihre zeitliche Staffelung so gewählt ist, dass es tatsächlich zu Überschreitungen kommt und die Kommunen handeln können.

Grundsätzlich kann die Stadt durch Messungen prüfen, ob Überschreitungen der vorgegebenen Werte auftreten. Messungen sind jedoch aufwändig und werden in der Regel nicht flächendeckend durchgeführt, sodass nur ausgewählte Punkte im Stadtgebiet untersucht werden können. Weiterhin schwierig ist die *Prognose*, da die Emissionen aus Kfz auf Grund technischer Maßnahmen derzeit einer starken zeitlichen Dynamik unterliegen (siehe Beitrag von Knörr und Höpfner): Was letztes Jahr an Überschreitungen auftrat, kann heute auf Grund einer neueren Fahrzeugflotte plötzlich unproblematisch sein.

Um im Vorfeld die Immissionssituation insbesondere in Straßenschluchten zu prognostizieren, können Ausbreitungsmodelle eingesetzt werden, die neben der Emissionsentwicklung die atmosphärischen Ausbreitungsbedingungen berücksichtigen. Im Falle der Stadt Heidelberg wurden zwei solcher Modelle eingesetzt. Eine andere Möglichkeit (Schmidt u. Deligiannidu 1997; Deligiannidu 1997) besteht darin, den Schwerpunkt auf die Modellierung der Emissionsentwicklung zu legen und die Überschreitung der Grenzwerte durch Analogieschluss mit konkreten Immissionsmessungen abzuschätzen. Der Vorteil dieses Vorgehens ist, dass die Modellierung auch die Ursachen, etwa das konkrete Verkehrsgeschehen in der Stadt, abbilden kann und mögliche Minderungsmaßnahmen sich nicht nur auf technischer Ebene, sondern auch auf der Ebene verkehrlicher Maßnahmen untersuchen lassen. Dazu zählen neben den durch die 23. BImSchV vorgesehenen verkehrsbeschränkenden und verkehrslenkenden Maßnahmen besonders verkehrsplanerische Maßnahmen, die Angebots- und Nachfragestrategien, etwa im Bereich des ÖPNV[1], einbeziehen.

---

[1] Öffentlicher Personennahverkehr

2 Methoden

2.1 Messungen

In Baden-Württemberg wurden bis 1990 für die Stadtkreise Mannheim, Stuttgart und Karlsruhe Luftreinhaltepläne veröffentlicht. Im Plangebiet Großraum Mannheim / Heidelberg wurden im Zeitraum 1992-1993 erstmals flächendeckend einjährige Immissions-Rastermessungen vorgenommen. Dabei wurden Immissionen und die Wirkungen zahlreicher anorganischer Gase (insbesondere SO_2, NO_x, O_3), organischer Gase (insbesondere aromatische und chlorierte Kohlenwasserstoffe) und Stäube (Schwebstaub und Staubniederschlag) sowie deren Inhaltsstoffe untersucht (Umweltministerium Baden-Württemberg 1995).

Auf der Grundlage der schon Anfang der 90er-Jahre in Diskussion stehenden 23. BImSchV begann das Umweltministerium Baden-Württemberg 1992 an insgesamt 52 ausgewählten Standorten in Städten Baden-Württembergs, Benzol an verkehrsreichen Straßen messen zu lassen. Da zum Zeitpunkt der Entwurferstellung der 23. BImSchV nur wenige Erfahrungen über die Belastung durch Benzol und Ruß in Verkehrsnähe vorlagen, hat die Stadt Heidelberg bereits frühzeitig begonnen, eigenes Datenmaterial zu sammeln. So wurden im Rahmen des durch das Umweltministerium initiierten Benzolmessprogrammes zwischen September 1992 und Mai 1996 Benzolmessungen an insgesamt 21 zusätzlichen Standorten an verkehrsbelasteten Knotenpunkten in Heidelberg in Auftrag gegeben (UMEG 1996b). Im Hinblick auf die Anforderungen der 23. BImSchV waren vor allem Aktivmessungen die zwischen Oktober 1995 und September 1996 stattfanden relevant. Hier kamen neben den Benzol- auch Rußmessungen hinzu (UMEG 1996a).

2.2 Rechenmodelle zur Ausbreitung von Immissionen

Ausbreitungsmodelle sind seit Jahren erprobte Instrumentarien für die unterschiedlichsten Fragestellungen der Luftreinhaltung. Sie werden eingesetzt, um die Konzentration und Deposition von Luftbeimengungen in Abhängigkeit von Emissionsbedingungen, von physikalischen Prozessen während des Transportvorgangs, sowie von meteorologischen und topografischen Einflüssen zu bestimmen. Die Modelle sind so strukturiert, dass sie nur eine Näherung der atmosphärischen Transportvorgänge in mathematischer Form darstellen. Viele chemische und physikalische Mechanismen, die die Ausbreitung von Luftbeimengungen bestimmen, lassen sich nur schwer deterministisch vorausbestimmen. Außerdem liegen die von den Modellen benötigten Eingangsdaten nicht oder nur mit ungenügender Genauigkeit vor, sodass es selbst durch Einsatz moderner Hochleistungsrechner nicht möglich ist, die Ausbreitung der Luftbeimengungen in ausreichender zeitlicher und räumlicher Auflösung darzustellen (Stern 1997).

In der Regel sieht es in der Praxis der Kommunen so aus, dass auf Grund von vorhergehenden Messungen in ausgewählten Belastungspunkten und von detaillierten Angaben zu den jeweiligen Verkehrsstärken zunächst Modelle wie IMMIS-Luft und STREET zur Ermittlung der Zusatzbelastung in Straßenschluchten eingesetzt werden. Beide Modelle sind für kleinräumige Betrachtungen gut geeignet und verwenden unter anderem Faktoren wie Windgeschwindigkeit und Windrichtung, Verkehrsmengen, die einen Straßenabschnitt durchqueren, Breite und Länge des betroffenen Straßenabschnittes, sowie speziell innerhalb des Modells IMMIS-Luft die Durchlässigkeit der Bebauung an diesem Abschnitt. Diese Modelle sind so genannte Screeningmodelle und berechnen aus vorhergehenden Messungen und Abschätzungen der Vorbelastung die Zusatzbelastung, wobei IMMIS-Luft Konzentrationen in $\mu g/m^3$ angibt und STREET im Hinblick auf die Prüfwerte qualitative Aussagen darüber erlaubt, ob diese überschritten werden, eine Überschreitung möglich ist oder die Prüfwerte noch eingehalten werden (Frank et al 1996; IVU 1994).

2.3   Emissionsberechnung

Berechnungen der Verkehrsemissionen bauen üblicherweise auf den Verkehrs*mengen* auf. Diese können *gebietsbezogen* so genannte Fahrleistungen sein, angegeben in Fahrzeugkilometern, oder es können *punktbezogen* Verkehrsstärken (Kfz/Tag) sein. Die Verkehrsmengen können modellmäßig berechnet werden. Während eine empirische Erhebung (z. B. Verkehrszählung) den Vorteil hat, reale Verkehrsmengen zu beschreiben, lassen sich mit Modellen bei geeigneten Ansätzen auch Szenarien oder Prognosen für die Zukunft entwickeln. In jedem Fall muss ein theoretisches Modell anhand empirischer Daten verifiziert werden. Empirische Erhebungen eignen sich deshalb besonders für eine detaillierte und fundierte Situationsanalyse wie dies bspw. im Rahmen des Luftreinhalteplans Mannheim / Heidelberg erfolgte. Um zeitliche Entwicklungen abzubilden, sind Modellrechnungen erforderlich. So basiert der Verkehrsentwicklungsplan Heidelberg auf solchen Modellen. Auch für die vorliegende Fragestellung bietet sich vorrangig die Modellrechnung an.

Ausgehend vom Basisjahr 1994 als Status Quo, für das auch Immissionsmesswerte vorliegen, wurde der Trend der Emissionen für das Jahr 1998 berechnet. Das Jahr 1998 wurde deshalb ausgewählt, da dann auf Grund der Verschärfung der Werte in der 23. BImSchV am ehesten mit Überschreitungen zu rechnen ist. Der Vergleich einer solchen emissionseitigen Trendanalyse mit den tatsächlichen Messungen der Vorjahre erlaubt eine Aussage darüber, ob eine Überschreitung der Prüfwerte erwartet werden kann oder nicht.

Mit Hilfe der Verkehrsplanungs-Software VISUM/VISEM der PTV Ingenieurgesellschaft Karlsruhe lässt sich das Verkehrsgeschehen in einer Stadt abbilden (Schmidt 1994). Das Teilmodell VISEM wurde für die Berechnung der Verkehrsnachfrage konzipiert, in dem ausgehend von Strukturdaten des Planungsraumes, Verhaltensdaten der Bevölkerung und weiteren Kenngrößen, die die Qualität der Verkehrsinfrastruktur beschreiben, die Nachfrage nach den einzelnen Verkehrsmitteln berechnet wird. Liegt die Verkehrsnachfrage vor, kann die Verkehrsbelastung in einem Verkehrsnetz berechnet werden. Dies geschieht bei der so genannten Verkehrsumlegung mittels der Umlegungsprogramme VISUM-IV (motorisierter Individualverkehr) und VISUM-ÖV (ÖPNV). Ergebnis der Verkehrsumlegung sind insbesondere auch die verkehrssystemspezifischen Fahrzeiten zwischen den Verkehrszellen, die in der Verkehrsnachfrageberechnung zu einer Veränderung im Modal Split[2] führen können. Hierin besteht auch ein wichtiges Instrumentarium für die Entwicklung von Maßnahmeszenarien.

Mittels der „Umlegung" erhält man das Verkehrsmengengerüst. Mit ausgewählten Emissionsfaktoren können dann punktuell die Emissionen im Straßennetz durch Multiplikation mit den Verkehrsstärken errechnet werden. Sie sind üblicherweise auf die Strecke und eine Zeiteinheit bezogen (i.d.R. kg/km/a). Detaillierte Emissionsfaktoren können der Datenbank „Handbuch für Emissionsfaktoren" (Umweltbundesamt 1995) entnommen werden, die die wichtigsten Emissionsfaktoren der vergangenen Jahre bzw. als Prognosen der zukünftigen Jahre bis 2010 enthält. Diese Emissionsfaktoren beschreiben das Emissionsverhalten der im deutschen Kraftfahrzeugbestand relevanten Fahrzeugschichten unter den für Deutschland insgesamt wichtigsten Verkehrssituationen.

3 Ergebnisse

3.1 Messungen

Bei den im Hinblick auf die Anforderungen der 23. BImSchV in Auftrag gegebenen Aktivmessungen zwischen Oktober 1995 und September 1996 wurde seitens der Stadt Heidelberg eine besondere Auswahl der Messstandorte getroffen. In Anlehnung an die schon in vorhergehenden Studien (Stadt Heidelberg 1994) festgestellten *Hot spots* des Stadtgebietes wurden die verkehrsreichsten und gleichzeitig am meisten belasteten Punkte ausgewählt. Sie entsprechen Streckenabschnitten mit einem relativ hohen Kfz-Wert pro Tag und relativ hohen Immissionswerten. Ausgewählt wurden sieben Standorte, die in Tabelle 1 aufgelistet sind.

Tabelle 1 Aktivmessungen an sieben Standorten in Heidelberg (UMEG 1996a)

Standorte	Benzol Mittelwert µg/m³	Ruß Mittelwert µg/m³	Verkehr Kfz in 24 h
1 Dossenheimer Landstr.	6,2	5,2	29.135 (Geogr. Inst.)
2 Brückenstr.	8,1	5,0	28.629 (Geogr. Inst.)
3 Mittermaierstr.	9,1	(Keine Messungen)	47.377 (UMEG)
4 Sofienstr.	4,4	5,1	15.724 (Geogr. Inst.)
5 Friedrich-Ebert-Anlage	7,3	5,6	16.965 (Geogr. Inst.)
6 Rohrbacher Str.	8,6	5,2	21.304 (Geogr. Inst.)
7 Karlsruher Str.	11,3	6,6	40.494 (UMEG)

[2] Modal Split = Verkehrsmittelwahl

Betrachtet man den Schadstoff Benzol, wurden hohe Messwerte im Bereich der Karlsruher Str., Nähe Rohrbach Markt festgestellt, gefolgt von der Mittermaierstr. sowie der Brückenstr. und Rohrbacher Str./Ecke Bunsenstr. Im Folgenden wurden speziell diese vier Punkte innerhalb der so genannten *Hot spots* ausgewählt, um berechnete Immissionskonzentrationen mit Messwerten zu vergleichen sowie den berechneten Trend der Emissionen zu zeigen.

3.2   Immissionsberechnung

Die Ergebnisse der Immissionsberechnungen für ausgewählte Punkte im Straßennetz mit dem Modell IMMIS-Luft zeigen, dass sowohl die Benzol- als auch die Rußwerte den Prüfwert für das Jahr 1995 sicher unterschreiten (Abb. 1 und 2). Die hier grafisch nicht dargestellten Ergebnisse des Modells STREET besagen, dass lediglich bei dem Schadstoff Benzol an den verkehrlich stark belasteten Punkten Bunsenstr. und Brückenstr. eine Prüfwertüberschreitung möglich ist. Bei den Berechnungen für Ruß zeigt sich, dass der Prüfwert 1995 sicher eingehalten wird.

Ein Vergleich der berechneten Zusatzbelastungen und der tatsächlich gemessenen Immissionen weist darauf hin, dass sowohl das Programm IMMIS-Luft als auch STREET die Situation einer Straßenschlucht grundsätzlich überbewerten, sodass – gekoppelt an Fehlerquellen, die sich aus der Auswahl der Eingangsdaten ergeben, etwa der Durchlässigkeit der Bebauungsstruktur oder dem Stauanteil – ein eher konservatives Bild der Immissionen entsteht.

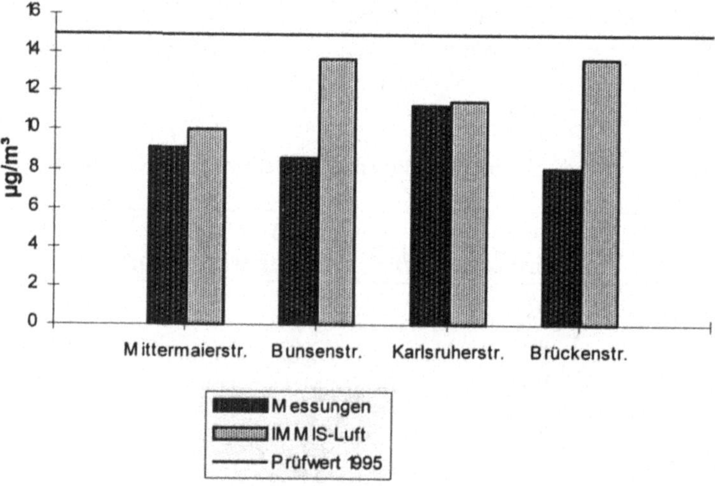

Abb. 1   Benzol-Immissionen ermittelt aus aktiven Messungen der UMEG an ausgewählten Punkten sowie aus Berechnungen mit dem Programm IMMIS-Luft verglichen mit dem Prüfwert für 1995.

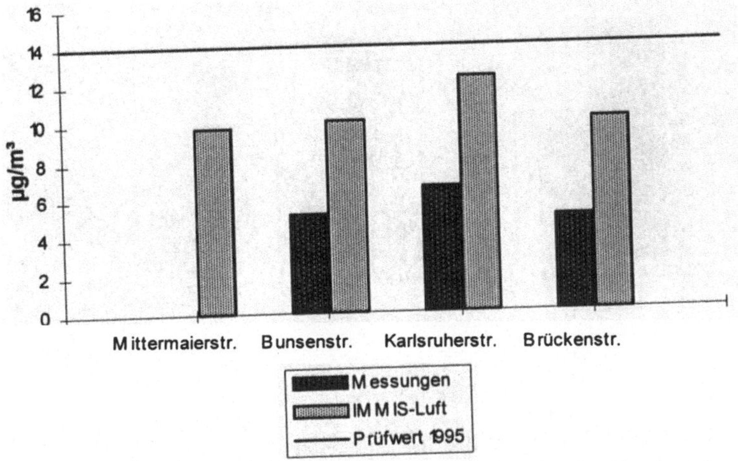

Abb. 2   Ruß-Immissionen ermittelt aus aktiven Messungen der UMEG an ausgewählten Punkten sowie aus Berechnungen mit dem Programm IMMIS-Luft verglichen mit dem Prüfwert für 1995.

Der Vergleich der Immissionsberechnung mit den real gemessenen Werten zeigt, dass diese Modelle eine ungefähre Abschätzung der Immissionssituation ermöglichen. Um aber im Hinblick auf die Prüfwerte eine sichere Aussage treffen zu können, sind Messdaten fast unerlässlich. Aus den in Heidelberg gemessenen Werten kann geschlossen werden, dass die Prüfwerte für das Jahr 1995 eindeutig unterschritten werden. Es bleibt die Frage, ob es durch die ab 1998 gültige Verschärfung der Prüfwerte und durch veränderte Verkehrsmengen und eine andere Zusammensetzung der Kfz-Flotte zukünftig zu Überschreitungen kommen kann.

3.3 Emissionsberechnung

Für die Berechnungen der Benzol- und Rußemissionen im gesamten Heidelberger Stadtgebiet ergab sich folgendes Bild: Ausgehend vom Basisjahr 1994 wurde der Trend für das Jahr 1998 berechnet, der eine Reduktion der Gesamtemissionen zeigt. Die Benzolemissionen sinken um 38 %, die Rußemissionen um 22 % (Abb. 3). Trotz der Konstanz oder sogar leichten Erhöhung der gesamten Fahrleistungen für 1998 (Tabelle 2) wird eine Emissionsreduktion erreicht werden, was auf die Veränderung des Kraftfahrzeugbestandes (höherer Katalysatoranteil) zurückzuführen ist.

Betrachtet man die ausgewählten Punkte im Heidelberger Straßennetz im Vergleich, so wird dieses für das gesamte Heidelberger Stadtgebiet berechnete Ergebnis auch im Detail bestätigt. Am Beispiel der Benzolemissionen in der Karlsruher Straße – hier sind die höchsten Immissionsmesswerte aufgetreten – kann für 1998 eine Verringerung der lokalen Emissionen um 38 % erwartet werden (Abb. 4). Diese Verringerung resultiert aus technischen Kfz-

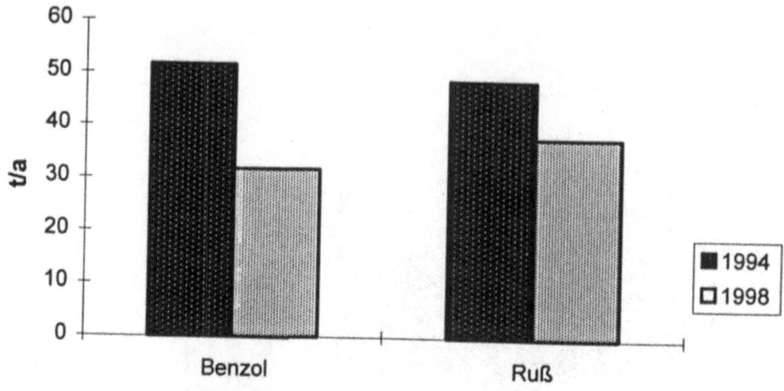

Abb. 3   Benzol- und Rußemissionen berechnet für das gesamte Heidelberger Stadtgebiet für die
Jahre 1994 und 1998 (vgl. Schmidt u. Deligiannidu 1997).

Tabelle 2   Vergleich der errechneten Fahrleistungen und Emissionen für 1994 und 1998 (vgl.
Schmidt u. Deligiannidu 1997).

HD gesamt	1994	1998	Änderung
Fahrleistung in km/a			
PKW	873.126.000	879.657.000	+ 0,75%
LKW	43.420.000	43.678.000	+ 0,6%
Emissionen in t/a			
Benzol	51,6	31,8	− 38%
Ruß	48,9	38,1	− 22%

seitigen Optimierungen. Durch Parallelschluss mit den Immissionsmesswerten kann ceteris
paribus davon ausgegangen werden, dass die Prüfwerte in Zukunft sicher unterschritten
werden.

Ebenfalls in Abb. 4 sind Ergebnisse aus zusätzlichen Maßnahmeszenarien dargestellt. Dabei
wurden im Straßennetz verschiedene verkehrslenkende Maßnahmen angenommen, z. B.
Sperrungen für Pkw ohne Schadstoffminderung, Tempolimit auf Hauptverkehrsstraßen oder
zusätzlich Parkraum-Bewirtschaftungsmaßnahmen im Zentrum Heidelbergs (ifeu-Szenario).
Diese Maßnahmen wirken auf die Nachfrage des Individualverkehrs, d. h. es findet eine
Modal-Split-Veränderung und infolge dessen eine Verringerung des Kfz-Verkehrs statt.
Möglich ist die Berücksichtigung solcher Maßnahmen dadurch, dass auch die Verkehrs-
mengen modellmäßig erfasst und die Angebots- und Nachfragestruktur szenarienhaft beeinflusst werden kann.

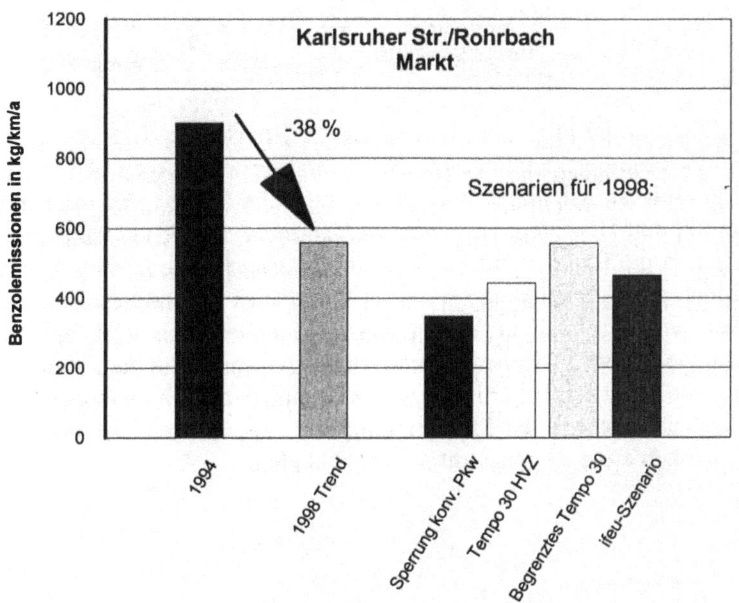

Abb. 4   Berechnete und prognostizierte Benzolemissionen an dem Punkt Karlsruher Straße

4   Schlussbetrachtung

Ergebnis der Untersuchung speziell für Heidelberg war, dass die gesetzlich vorgegebenen Prüfwerte nach der 23. BImSchV in jedem Fall unterschritten werden. Bei den ausgewählten Punkten im Straßennetz handelt es sich um typische verkehrsbelastete Straßen in Straßenschluchten. Es kann erwartet werden, dass auch in anderen Städten mit ähnlichen Situationen es eher nicht zu Überschreitungen der Prüfwerte kommt.

Damit stellt sich die grundsätzliche Frage nach dem Sinn der in der 23. BImSchV vorgegebenen Höhe der Prüfwerte. Für den Fall, dass es sich um lufthygienisch begründete Zielwerte handelt, so kann festgestellt werden, dass auf Grund der technischen Kfz-seitigen Minderungsmaßnahmen diese Ziele erreicht wurden bzw. werden. Dieser Fall trifft wohl für den Schadstoff Stickstoffdioxid zu, für den aus lufthygienischer Sicht Wirkungsschwellen angegeben werden können. Erst wenn der Anstieg der Verkehrsmengen die technischen Minderungsmaßnahmen überkompensiert, muss wieder mit Überschreitungen gerechnet werden.

Für den anderen Fall, dass die 23. BImSchV in erster Linie als ein Instrumentarium gedacht war, um den Kommunen Möglichkeiten zum Immissionsschutz im Verkehrsbereich zu eröffnen, liegen die festgesetzten Prüfwerte zu hoch und ihre zeitliche Degression müsste stärker sein. Dies ist insbesondere im Bereich der als kanzerogen anzusehenden Schadstoffe Benzol und Ruß von Bedeutung, wo ein Minimierungsgebot der Immissionen gelten sollte.

Die 23. BImSchV schreibt hier eher einen Status Quo fest, als dass sie den Kommunen echte ordnungspolitische Handlungsspielräume zur weiteren Verminderung des Krebsrisikopotenzials aufzeigt.

Es stellt sich weiterhin die Frage, ob der mit der 23. BImSchV vorgegebene Handlungsbereich, nämlich der ordnungsrechtliche (mit Verkehrsbeschränkungen und -verboten), überhaupt richtig gewählt ist. Wichtiger wäre eine zusätzliche Verknüpfung der immissionsseitigen Wirkung mit den Ursachen: Hierunter werden *nicht* die Verkehrsmengen verstanden, sondern vorgelagert die Raumstrukturen, die Mobilitätsnachfrage und die Verkehrsangebote, die letztendlich die Verkehrsmengen und in Folge auch die Immissionen determinieren. Hierzu müssten den Entscheidungsträgern und insbesondere den Verkehrs- und Stadtplanern die Zusammenhänge zwischen planerischen Ursachen und den immissionsseitigen Wirkungen stärker aufgezeigt werden. Die im Rahmen der Heidelberger Untersuchung gewählte Vorgehensweise mit der Modellierung der Verkehrsmengen und der Emissionen bzw. der Immissionen eröffnet genau diese Möglichkeiten.

Literatur

BMU (1996): 23. Verordnung zur Durchführung des BImSchG, Bundesgesetzblatt, Jg. 1996, Teil I, Nr. 66, Bonn.

Deligiannidu, P. (1997): Luftschadstoffe Benzol und Ruß im Heidelberger Straßenverkehr, Diplomarbeit im Fach Geografie der Universität Heidelberg.

Frank, W. et al (1996): Das Screeningverfahren STREET zur Beurteilung der verkehrsbedingten Immissionen in Kommunen, TÜV Umwelt GmbH und Landesanstalt für Umweltschutz Baden-Württemberg (Hrsg.).

IVU (1994): Handbuch des Programmsystems IMMIS-Luft.

Länderausschuss für Immissionsschutz (1992): Krebsrisiko durch Luftverunreinigungen, Düsseldorf.

Schmidt, M., U. Mampel, U. Neumann (1987): Gesundheitsschäden durch Luftverschmutzung. Heidelberg

Schmidt, M. (1994): Integrierte Verkehrsplanungsansätze im Rahmen von kommunalen Emissionsminderungs- und Klimaschutzkonzepten. In: VDI-Berichte, Nr. 1138.

Schmidt, M., Deligiannidu, P. (1997): Benzolemissionen durch den Straßenverkehr. Heidelberg.

Stadt Heidelberg (Hrsg.) (1994): Verkehrsbedingte Luftverunreinigungen in Heidelberg.

Stern, R. (1997): Ausbreitungsmodelle für Immissionsberechnungen nach § 40 Absatz 2 BImSchG. In: Beiträge zum 465. FGU-Seminar, April 1997, Berlin.

UMEG (1996a): Ergebnisse der Ruß- und Benzolmessungen in Heidelberg.

UMEG (1996b): Ergebnisse der Benzolmessungen in Straßennähe 1992-1995.

Umweltbundesamt (1995): Handbuch der Emissionsfaktoren, Berlin.

Umweltministerium Baden-Württemberg (1995): Luftreinhalteplan, Großraum Mannheim/Heidelberg.

Zirkwitz, H.-W. und Würzner, E. (1996): Luftschadstoffbericht 1996 – Sachstand der Messungen nach der 23. BimSchV, Stadt Heidelberg (Hrsg.).

Energie

Drei Jahre E-Team-Projekt in Heidelberg – Energiesparprojekte an Schulen

Lothar Eisenmann

1 Einleitung

Mit Beginn des Schuljahres 1995/96 hat die Stadt Heidelberg, Amt für Umweltschutz und Gesundheitsförderung, im Rahmen ihrer Aktivitäten zum Klimaschutz das „Aktionsprogramm zur Energieeinsparung an Heidelberger Schulen" gestartet.

In den Schulen sollten die am Energieverbrauch beteiligten Akteure (Schüler, Lehrer, Schulleitung, Energiebeauftragte/Hausmeister ...) durch das Projekt angeregt werden, sparsamer und umweltbewusster mit Energie umzugehen. Vier Heidelberger Schulen nahmen in der Pilotphase des Projektes teil, mittlerweile sind im vierten Jahr fünfzehn, also fast die Hälfte der Heidelberger Schulen, beteiligt.

Ziel des Projekts ist einerseits die frühzeitige Heranführung der jungen Generation an das Thema Energie und Umwelt, andererseits soll durch Verhaltensänderung der Gebäudenutzer Energie gespart und damit auch der städtische Haushalt entlastet werden. Das ifeu-Institut wurde von der Stadt Heidelberg beauftragt, die E-Teams in ihrer Arbeit zu unterstützen (Beispiele aus anderen Städten präsentieren, Vermittlung von Grundlagen, gemeinsame Gebäudebegehungen) sowie das Projekt schließlich auszuwerten.

Wesentliches Element des Projekts sind die an den Schulen zu bildenden Energiesparteams (kurz: E-Teams), die sich aus besonders interessierten Lehrern, Schülern und dem Hausmeister zusammensetzten. Sie sollen auf der Basis von einigen grundlegenden Informationen weitestgehend selbstständig arbeiten. Im Zentrum stehen dabei die Entwicklung und Durchführung von Aktionen, die möglichst alle Nutzer in der Schule ansprechen sollten. Die Einbindung in den Unterricht wird ergänzend angestrebt.

Diese Art von Energiesparprojekten gab es vorher im Wesentlichen an Hamburger Schulen als fifty/fifty-Projekt und an Hannoveraner Schulen als Pilotschulprogramm „Energiesparen durch Änderung des Nutzerverhaltens". Beide Programme starteten 1994. Heidelberg zählt daher mit zu den Städten, die über die längste Erfahrung mit dieser Art von Schulprojekten verfügen. Mittlerweile werden vor allem die Prämienmodelle zur Erfolgsbeteiligung in vielen Städten angeboten, um die Schulen zum Energiesparen zu motivieren.

Am Beispiel Heidelbergs soll im Folgenden untersucht werden, wie erfolgreich Energiesparprojekte sind und sein können und welche Voraussetzungen für einen Erfolg wichtig sind.

2 Ablauf des Projekts in Heidelberg

Das „Aktionsprogramm Energieeinsparung in Heidelberger Schulen" wurde vom Amt für Umweltschutz und Gesundheitsförderung der Stadt Heidelberg sowie vom ifeu-Institut initiiert und in der Pilotphase im Schuljahr 1995/96 in vier Heidelberger Schulen gestartet, die von der Stadt ausgewählt wurden.

Gegen Ende des Schuljahres 1994/95 wurden die Schulleitungen über das geplante Projekt informiert. Die Vorstellung des Projektes vor den Lehrerkollegien und Schülervertretungen fand im Herbst des neuen Schuljahres statt.

Ein projektbegleitender Beirat unter Federführung des Amtes für Umweltschutz, der aus Vertretern weiterer städtischer Ämter, des ifeu-Institutes für Energie- und Umweltforschung, der beteiligten Schulen und der Stadtwerke Heidelberg AG bestand, begann mit Schuljahresbeginn seine Arbeit. Er begleitete das Projekt in fünf Sitzungen und bot Raum für Informations- und Erfahrungsaustausch.

Vor Ort in den Schulen fanden sich die besonders interessierten Lehrer und Schüler wie auch die Hausmeister und gegebenenfalls die Schulleitung zu so genannten E-Teams zusammen und wurden hauptsächlich vom ifeu-Institut sowie vom Amt für Umweltschutz betreut und beraten. Zur Einführung wurde mit den E-Teams ein Gebäuderundgang durchgeführt, bei dem einerseits gebäudetechnische Schwachpunkte aufgedeckt und andererseits Hinweise zu optimierten Verhaltensweisen gegeben wurden. Die E-Teams erhielten Informationsmaterial, das energetische Grundlagen, einfache Gebäudeanalysen und Anregungen für Aktionen vermitteln sollte. Sie sollten Informationen zum Energieverbrauch in ihrer Schule sammeln, direkt „Energielecks" schließen und mit Hilfe gezielter Aktionen die übrigen Nutzer der Schule motivieren, sparsam mit Energie umzugehen sowie sich allgemein mit dem Thema Energie und Energiesparen auseinander zu setzen. Die E-Teams verteilten Prompts[1] im Gebäude, markierten Lichtschalter und stellten Plakate, Poster, Collagen und Modelle her. Sie organisierten Ausstellungen, die den Energieverbrauch der Schulen verdeutlichten, und Aktionen, bei denen die Beleuchtung und der damit verbundene Stromverbrauch im Mittelpunkt standen.

Im Laufe der Pilotphase wurde ein Prämiensystem zur Erfolgsbeteiligung eingeführt und vorgezogene energetische Investitions-Maßnahmen an den Schulgebäuden durch die Stadt Heidelberg in Aussicht gestellt, gekoppelt an eine Selbstverpflichtung der Schulkollegien,

---

[1] Handlungshinweise in Form kleiner Schilder, die direkt am Ort des Geschehens, also beispielsweise am Fenstergriff oder dem Thermostatventil, platziert werden und die dort an das energetisch korrekte Verhalten erinnern.

aktiv am Projekt teilzunehmen. Das Informationsmaterial wurde optimiert und durch neu erstelltes Material vom ifeu-Institut ergänzt.

Im folgenden Schuljahr wurde das Projekt wegen der ermutigenden Ergebnisse an den Pilotschulen fortgesetzt und allen Heidelberger Schulen die Teilnahme ermöglicht. Im zweiten Projektjahr nahmen bereits neun Schulen teil. Der Ablauf in diesen Schulen entsprach weitgehend dem in den Pilotschulen, wobei sich viele Elemente und Erfahrungen aus dem Pilotjahr übertragen ließen und damit der Zeitaufwand für die Beratung pro Schule deutlich sank.

Im dritten Jahr, dem Schuljahr 1997/98, stießen weitere vier Schulen zu den E-Team-Schulen, die Zahl wuchs damit auf dreizehn. Die im Pilotjahr häufig durchgeführten Beiratstreffen wurden reduziert und durch einen Erfahrungsaustausch zwischen den einzelnen Schulformen ergänzt.

Im laufenden Schuljahr 1998/99 sind fünfzehn Schulen aktive Teilnehmer am E-Team-Projekt. Die Beratung der „neuen" Schulen verläuft im Wesentlichen unverändert, da sich herausgestellt hat, dass die Vorstellung des Projekts vor Lehrerkollegium und Schülervertretern, der Rundgang und die Begleitung der ersten E-Team-Treffen wichtige Elemente in der Einführungsphase darstellen.

3 Ergebnisse in Heidelberg

Insgesamt ergab sich für die vier Schulen während des Schuljahres 1995/96 eine Gesamteinsparung von etwa 24.000 kWh Strom (9 %) und 113 MWh Fernwärme (4 %) im Vergleich zum Mittel der drei Vorjahre. Für Strom entspricht die Einsparung etwa dem Verbrauch von 6 Einfamilienhäusern und für Wärme dem Verbrauch von 4 Einfamilienhäusern. Damit wurde die Emission von ca. 37 Tonnen CO_2 vermieden, die bei der Erzeugung dieser Energiemenge entstanden wären. Die Energiekosteneinsparung betrug etwa 16.000 DM. Prozentual liegen diese Werte in einer typischen Größenordnung für Einsparungen durch Änderung des Nutzerverhaltens. Absolut sind die Einsparungen natürlich abhängig von der jeweiligen Schulgröße, die sehr unterschiedlich ist und von der kleinen Grundschule mit acht Klassenräumen bis zum Gesamt- oder Berufsschulkomplex mit Hunderten von Räumen, technischen Anlagen und zum Teil Schwimmbädern reicht.

Der gebäudetechnische Zustand der Schule ist dabei nur von untergeordneter Bedeutung. Sowohl in Gebäuden mit hohen technischen Einsparpotenzialen als auch in Gebäuden, die sich in einem energietechnisch guten Zustand befinden, lassen sich Einsparungen durch Nutzerverhalten erzielen. So hatten die ausgewählten Heidelberger Pilotschulen im Vergleich mit anderen Heidelberger Schulen geringe spezifische Energiekennwerte.

Die Einsparung des letzten Projektjahres 1997/98 liegen relativ bei etwa 5 Prozent. Absolut wurden allerdings 392 MWh Strom und 709 MWh Wärme eingespart, was zu einer Verringerung der CO_2-Emissionen von über 400 Tonnen führte und insgesamt etwa 135.000 Mark an Energiekosten einsparte. Die Einsparung entspricht damit dem Verbrauch von fast 100 Einfamilienhäusern für Strom und etwa 25 Einfamilienhäusern für Wärme.

Über die messbaren Zahlen hinaus wird in den Schulen häufig von einem Bewusstseinswandel bei Lehrern und Schülern im Umgang mit Energie berichtet, der sich auch auf die Haushalte der Schulnutzer auswirkt. Dies ergab unter anderem eine Umfrage am Ende des Pilotjahres. Die Energieeinsparung in den Haushalten ist zwar nicht messbar, sie ist möglicherweise aber höher als die bezifferbaren Einsparungen an den Schulen.

4 Anreizsysteme

Veränderungen des Nutzerverhaltens lassen sich vor allem dann langfristig erreichen, wenn den am Projekt Beteiligten entsprechende Anreize gegeben werden. Damit können die zusätzlichen Mühen ausgeglichen werden, die mit den gewünschten Verhaltensänderungen verbunden sind. Zu den wichtigsten Anreizmöglichkeiten zählen finanzielle Anreize.

Eine Erfolgsbeteiligung der Nutzer lässt sich mit Hilfe verschiedener Modelle realisieren. Vor allem in den Städten Hamburg und Hannover existierten bereits Erfahrungen mit Anreizsystemen, die sich schon in der Praxis bewähren konnten. In Hamburg erhalten die Schulen die Hälfte der von ihnen erwirtschafteten Einsparungen, in Hannover 30 Prozent, wobei weitere 40 Prozent zweckgebunden für Energiesparmaßnahmen in den Schulen verwendet werden.

In Heidelberg wurde ein ähnliches System eingeführt, das folgende Elemente beinhaltet:

Die am Projekt teilnehmenden Heidelberger Schulen werden zur Steigerung ihrer Motivation an ihren Einsparungen finanziell beteiligt:

- 40 % der eingesparten Energiekosten werden den Schulen zur freien Verwendung ausgezahlt,

- 40 % werden für Energiesparinvestitionen an der betreffenden Schule zweck- und objektgebunden verwendet,

- die restlichen 20 % verbleiben bei der Stadt.

Zur Beurteilung der Energieeinsparung einer Schule werden Bemessungsgrößen festgelegt, die im Wesentlichen den Durchschnitt der letzten drei Abrechnungszeiträume umfassen. Technische und hochbauliche Änderungen wurden herausgerechnet. Zusätzlich werden alle Verbrauchswerte für Wärme witterungskorrigiert. Bei einem eventuellen Mehrverbrauch entstehen den Schulen allerdings keine Verluste, diese trägt die Stadt in voller Höhe. Die Verbrauchsperiode orientiert sich am Schuljahr, das die Heizperiode vollständig erfasst. Stichtag für die Verbrauchsablesung ist jeweils der 31. Mai eines Jahres.

Um an dem Projekt teilnehmen zu können, muss ein Beschluss des Lehrerkollegiums vorliegen. Die teilnehmenden Schulen verpflichten sich, das Projekt aktiv zu unterstützen, E-

Teams unter Beteiligung von Schülerinnen und Schülern, Lehrerinnen und Lehrern sowie den Energiebeauftragten zu bilden und Aktionen durchzuführen.

Die Stadt Heidelberg unterstützt die Schulen zusätzlich, indem sie eine Beratung vor Ort Gewähr leistet, vorgezogene energetische Sanierungsmaßnahmen in den Schulen durchführt, die Verbrauchserfassung für Wärme, Strom und Wasser durchführt und Messgeräte sowie das Energiesparmobil der Stadt zur Verfügung stellt.

5 Wichtige Erkenntnisse

In Heidelberg wurden bereits während der Pilotphase wichtige Erfahrungen gesammelt, die in den Folgejahren noch intensiviert wurden. Dabei kristallisieren sich Empfehlungen zur Durchführung von Energiesparprojekten heraus, die sich einerseits an die Verwaltungen richten, andererseits direkt an die teilnehmenden Schulen. An die Städte richten sich die folgenden Hinweise.

Eine Erfolgsbeteiligung ist vor allem für die Motivation der gesamten Schule wichtig. Auch wenn die am E-Team beteiligten Personen aus Idealismus heraus am Projekt teilnehmen, werden mit Hilfe eines Belohnungssystems vor allem die etwas weniger interessierten Personen motiviert. Das E-Team erhält darüber hinaus eine Unterstützung und Rechtfertigung seiner Arbeit gegenüber der gesamten Schule.

Die Schulen sollten jährlich rechtzeitig vor dem Ende der Sommerferien über ihre Teilnahmemöglichkeiten und -bedingungen unterrichtet werden. Bei einer Information zum Beispiel zwei Monate vor Beginn der Sommerferien steht den Schulen genügend Zeit zur Verfügung, um sich zur Teilnahme im Folgeschuljahr zu entscheiden.

Die Erfahrungen in Heidelberg zeigen, dass die E-Teams für eine erfolgreiche Arbeit in der Schule vor allem in der Anfangsphase eine intensive Betreuung vor Ort benötigen. Hierzu gehört vor allem der zu Beginn stattfindende Schulrundgang, der von fachlich kompetenter Seite betreut werden sollte. Auch die ersten Treffen der E-Teams sollten mit Fachwissen von außen begleitet werden. Einfache Fragen (Lohnt es sich, in den Pausen das Licht auszuschalten ?) können zu längeren Kontroversen führen, da der Kenntnisstand in Energiefragen von Schülern und von Lehrern gerade zu Beginn des Projekts große Lücken aufweist.

Die weitere Arbeit sollte ebenfalls betreut werden. Hierbei sollten besonders Hilfestellungen zur Durchführung von Aktionen sowie positive Rückmeldungen erfolgen, um die Motivation der E-Team-Mitarbeiter zu erhalten bzw. zu stärken.

Die Stadt sollte eine solche Form der Betreuung durch eigenes Personal bzw. durch externe Personen Gewähr leisten. Der Beratungsaufwand pro Schule kann sehr stark variieren. In den Folgejahren ist es möglich, den Betreuungsaufwand für die Schulen zu reduzieren, indem ein Erfahrungsaustausch zwischen den Schulen gefördert wird.

Viele wertvolle Erfahrungen, die eine Schulen im ersten Jahr ihrer Teilnahme macht, sollten an die Schulen weitergegeben werden, die neu an dem Projekt teilnehmen wollen. Dieser

Erfahrungsaustausch kann zum Beispiel durch ein Mentorensystem verwirklicht werden. Dabei können erfahrene E-Team-Mitglieder das Projekt an den betreffenden Schulen vorstellen, zu ersten E-Team-Treffen hinzukommen und so wichtige Fragen beantworten und Erfahrungen weitergeben. Anschließend kann durch schulübergreifende E-Team-Treffen ein Erfahrungsaustausch zwischen den Schulen gepflegt werden.

Für die Schulen können die folgenden Hinweise hilfreich sein. Gerade beim Start eines Energiesparprojektes kann die falsche Vorgehensweise dazu führen, dass die Durchführung stark verzögert wird oder aber gar nicht zu Stande kommt. Es sollte deshalb genügend Zeit für die Information der Schulnutzer eingeplant werden.

Um dem Lehrerkollegium die Projektidee vorzustellen zu können, reicht eine Viertelstunde, die zwischen andere Themen in eine Lehrerkonferenz eingeschoben wird, nicht aus. Es werden mindestens 30 Minuten benötigt, um anschließend auch Fragen beantworten und gemeinsam über das Projekt diskutieren zu können. Auch vor Schülervertretern sollte die Projektidee vorgestellt werden.

Die Unterstützung durch die Schulleitung ist für die E-Team-Arbeit sehr wichtig. Es reicht nicht aus, dass die E-Teams nur geduldet werden. Dann gibt es wahrscheinlich den gewünschten „Breiteneffekt" nicht. Vielmehr müssen die Teams aktiv von der Schulleitung unterstützt werden durch die Förderung von geplanten Aktionen und dem Nachfragen nach den Ergebnissen.

Wichtig bei der Durchführung von Aktionen ist die Vorbereitung. Bei kurzfristiger und spontaner Umsetzung von Ideen werden möglicherweise negative Folgen übersehen. Zu bedenken ist, was mit der Aktion beabsichtigt wird, wer sie durchführt und wer sich vielleicht übergangen oder angegriffen fühlen könnte

Die Schulen der Pilotphase haben bereits viele Erfahrungen zur E-Team-Arbeit und zur Durchführung von Aktionen gemacht. Durch einen inhaltlichen Austausch anderer Schulen in Heidelberg mit diesen Schulen lassen sich Probleme vermeiden, die in der Anfangsphase auftreten können. Die Anwesenheit engagierter Kollegen oder Schüler aus vergleichbaren Schulen bei der Vorstellung des Projektes kann beispielsweise einen guten Motivationseffekt erbringen.

An zentraler Stelle in der Schule sollte eine Energie-Info- oder E-Team-Tafel aufgestellt werden, welche vom E-Team für Ankündigungen, Ausstellungen und vor allem für Verbrauchsrückmeldungen genutzt werden kann.

Die sichtbaren Erfolge werden sich kaum gleich zu Beginn des Projekts einstellen. Rückschläge, beispielsweise eine nicht wie gewünscht abgelaufene Aktion, sollten jedoch als Chance zum Lernen verstanden werden. Gerade zu Beginn sollte man darauf bauen, dass sich die Erfolge erst mittel- bis langfristig einstellen.

Der E-Team-Leiter muss seine Rolle als Koordinator und Moderator in einem schüler- und lehrerübergreifenden Lernprozess verstehen. Eine gute Kommunikationsfähigkeit ist hierfür von viel größerer Bedeutung als das technische Hintergrundwissen. Die wenigen, wesentlichen technischen Informationen sind von den Lehrer/innen aller Fachrichtungen schnell lernbar.

Fazit

Die Erfahrungen aus Heidelberg zeigen, dass Energiesparprojekte ungeeignet zur *kurzfristigen* wirtschaftlichen Einsparung großer Energiemengen sind. Die Auswirkungen machen sich erst mittel- oder langfristig bemerkbar. Im Pilotjahr in Heidelberg war der Aufwand der Projektdurchführung höher als die erzielten Einsparungen. Wie die folgenden Jahre aber gezeigt haben, kann sich dieses Ergebnis umkehren und nach wenigen Jahren können die Einsparungen den Betreuungsaufwand bei weitem überwiegen. Grundvoraussetzung dafür ist allerdings die Gewährleistung einer kontinuierlichen Beratung der Schulen. In Heidelberg ist es auf diese Weise gelungen, fast die Hälfte aller Schulen in den Kreis der Projektschulen zu integrieren.

In vielen Städten und Kommunen werden inzwischen entsprechende Prämienmodelle angeboten, ohne Beratung und Betreuung vor Ort sind die meisten Schulen jedoch überfordert. Es stellen sich weder die erwarteten kurzfristigen Einsparungen ein, noch sind langfristige Effekte zu erwarten.

Schulische Energiesparprojekte sind also nicht der richtige Weg, um „das schnelle Geld" zu verdienen, bei sorgfältiger Vorbereitung und Durchführung stellen sie aber sinnvolle und unverzichtbare Investitionen in die Zukunft dar. Ist der sinnvolle Umgang mit Energie und unserer Umwelt einmal im Bewusstsein verankert, profitiert die Gesellschaft, der Einzelne und die Umwelt möglicherweise ein Leben lang von diesen Verhaltensweisen.

Klimaschutz und Agenda-Prozess – Chancen für die lokale Nachhaltigkeit

Markus Duscha

Unser zukünftiger Umgang mit Energie entscheidet über die Klimaentwicklung auf der Erde: Wird sich das über Jahrtausende eingestellte Gleichgewicht durch unsere Verbrennung von Öl, Kohle und Gas verändern? Zugleich sind mit dieser Frage bedeutende Teile unseres heutigen Alltags und Wirtschaftens eng verbunden. Der breite Einsatz von Solar- und Windenergie, das Energiesparen sowie eine deutlich gesteigerte Effizienz beim Einsatz der Energie erfordern einen großen Wandel auf allen (Politik-) Ebenen: international, national und kommunal. Insbesondere in die Kommunalpolitik wird dabei vielfach Hoffnung gesetzt, da sie „näher dran" sei am Leben der BürgerInnen. Durch ihren direkteren Alltagsbezug könnten Änderungen im Bewusstsein und im Umgang mit Energie schneller verwirklicht werden. Wie soll das im scheinbar reformträgen Deutschland gelingen?

1 Drei Phasen kommunaler Energiepolitik

Kommunale Energiepolitik war in den 70'er Jahren in der Bundesrepublik durch die Ölkrise geprägt. Die Abhängigkeit vom Erdöl sollte durch den verstärkten Einsatz von Fernwärme (erzeugt durch Kohle) und Gas reduziert werden. Umweltschutz spielte bei diesen Zielsetzungen fast noch keine Rolle (Köpke 1992).

Dieser gewann erst in den 80'er Jahren an Bedeutung. Luftschadstoffe wie Schwefeldioxid, Stickoxide und Staub sollten in den Städten weiter reduziert werden. Verbesserte Technik bei den Heizungsanlagen sowie Filter bei großen Kraftwerken brachten hier entscheidende Durchbrüche. Auflagen des Bundes für die Stromerzeuger sowie der übliche kontinuierliche Austausch alter gegen neue Heizungen sorgten für Fortschritte.

Seit Anfang der 90'er Jahre spielt in den Kommunen der *globale* Umweltschutz durch die Erkenntnisse der Klimaforschung eine zunehmende Rolle. Nicht mehr allein die Verbesserung der Luftqualität vor Ort steht im Zentrum, sondern der Schutz der Erdatmosphäre. Der Ausstoß des Kohlendioxids (CO_2) als Hauptverursacher des Treibhauseffektes soll deutlich reduziert werden.

Das ifeu-Institut hat beispielsweise die bis zum Jahr 2010 erreichbaren CO_2-Minderungseffekte für die hessische Brundtlandstadt in einem Klimaschutzkonzept aufgezeigt

(Duscha et. al. 1996). In der Abb. 1 sind die CO_2-Minderungspotenziale im Energiebereich für die Maßnahmenkategorien Dämmtechnik, Heizungstechnik, Elektrogeräteeffizienz sowie Energieversorgungsstruktur (hauptsächlich Kraft-Wärmekopplung) aufgezeigt. In der TREND-Entwicklung, also bei Fortschreibung der bisherigen Energiepolitik der Stadt, wird in Viernheim schon mit einer 13 %igen Minderung der CO_2-Emissionen gerechnet. Noch deutlich höher könnten die CO_2-Emissionen im KLIMA-Szenario reduziert werden (bis zu 37 %), wenn die bestehenden Gebäude mit einer besseren *Wärmedämmung* versehen, die *Kraft-Wärme-Kopplung*[1] ausgebaut sowie ausschließlich die *effizientesten Elektrogeräte* gekauft würden. Diese Ergebnisse sind typisch für viele Kommunen. Aus diesem Grund werden diese Maßnahmenbereiche von Experten als die wichtigsten technischen Ansätze zum Klimaschutz in Deutschland empfohlen.

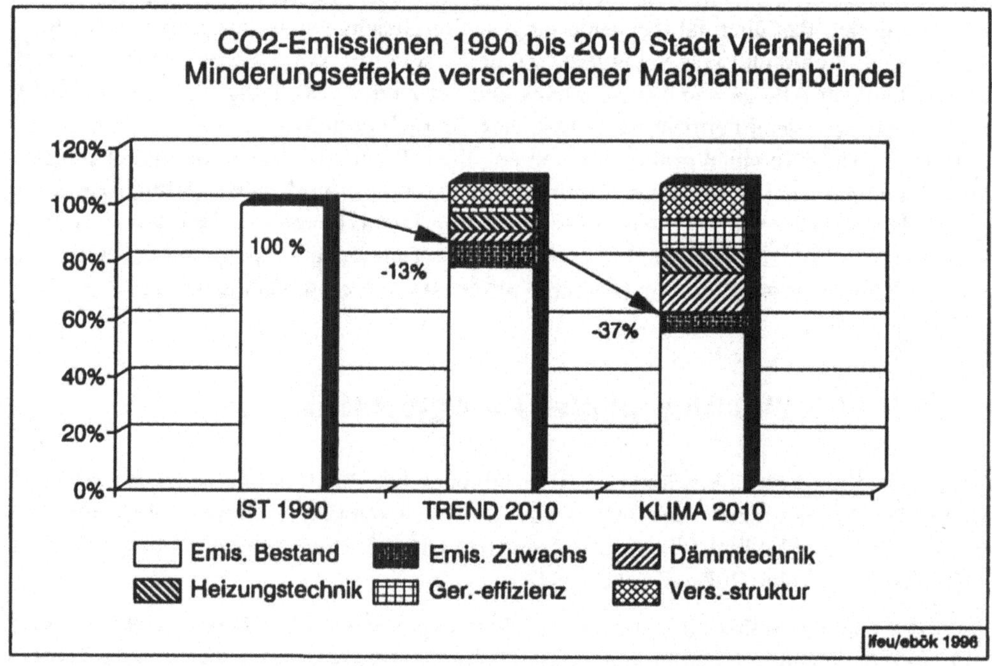

Abb. 1 CO_2-Minderungspotenzial der Stadt Viernheim bis zum Jahr 2010 im TREND- und KLIMA-Szenario gegenüber dem Jahr 1990 nach Maßnahmenkategorien

---

[1] Bei der Kraft-Wärme-Kopplung wird zugleich Wärme und Strom erzeugt, wo durch die eingesetzte Energie deutlich effizienter als in herkömmlichen reinen Strom- oder Heizwerken genutzt werden kann.

2 Viele Hürden

Woran liegt es, dass sich auf diesen Gebieten aber bisher nur relativ wenig erreichen ließ? Zunächst lautet die Antwort, dass die Rahmenbedingungen auf europäischer und nationaler Ebene nicht in die richtige Richtung gelenkt wurden. Durch das neue Energiewirtschaftsgesetz fallen die Strompreise und die Spielräume für Stadtwerke werden kleiner, Umweltschutzgesichtspunkte in die Geschäftspolitik zu integrieren. Die Wärmeschutzverordnung des Jahres 1995 schloss die Dämmung bestehender Gebäude nicht konsequent genug ein und die Effizienzkennzeichnungen für Elektrogeräte halten erst langsam in den Geschäften Einzug. Weitere schärfere Verordnungen zum Technikeinsatz sind vor dem Hintergrund der Deregulierungsbemühungen zudem kaum zu erwarten.

Wenn die Kommunen bei ihren Bemühungen um eine umweltfreundlichere Energie unter diesen Rahmenbedingungen trotzdem weiterkommen wollen, müssen sie die Interessen vor Ort bündeln. In den 70'er und 80'er Jahren reichte es, wenn die Maßnahmen, die bei der Energie*versorgung* ansetzten, von einer geringen Zahl von Akteuren getragen wurden (Stadtwerke, Heizungsinstallateure). Heute sind zumeist viel mehr verschiedene Interessensgruppen zu berücksichtigen, da es sich zunehmend um Maßnahmen bei den Energie*verbrauchern* handelt. Die Interessen sind hier jedoch sehr vielfältig. Hausbesitzer haben z. B. ganz andere Ziele und Handlungsmöglichkeiten als Mieter (vgl. Duscha et. al. 1994). Nur wenigen Städten ist es bisher gelungen, die relevanten Gruppen zielführend mit in die Gestaltung der nötigen Maßnahmen einzubinden: Hausbesitzer, Handwerker, Architekten, Händler, Stadtwerke, Konsumenten.

Das ifeu-Institut berücksichtigte diese Erkenntnisse schon im Jahr 1992 bei der Erstellung des Klimaschutzkonzeptes für die Stadt Heidelberg (Schmidt et. al. 1992). Im Verlauf des Konzeptes wurden neben den Berechnungen der CO_2-Minderungspotenziale ca. 70 persönliche Gespräche mit Multiplikatoren und Entscheidungsträgern geführt. Hierzu zählten Vertreter von Parteien, Wirtschafts- und Umweltverbänden, städtischen Ämtern etc. In den Gesprächen wurden einerseits die Zielvorstellungen und die Herangehensweise des Konzepts erläutert. Andererseits hatten die Gesprächspartner Gelegenheit, aus ihrer Sicht Vorschläge für CO_2-Minderungsmaßnahmen zu unterbreiten und zu Maßnahmen Stellung zu nehmen, die in der Diskussion waren. Diese Herangehensweise wurde vom ifeu-Institut in weiteren kommunalen Energie- und Klimaschutzkonzepten vertieft und verfeinert.

3 Neue Chancen: Lokale Agenda 21

Aktuelle Forschungen zur kommunalen Energie- und Klimaschutzpolitik bestätigen, dass erfolgreiche Aktivitäten dort gedeihen, wo sie auf eine breite Basis in der Bürgerschaft gestellt sind und genügend Entscheidungsträger die Ziele aktiv unterstützen (s. u. a. Hennicke et. al. 1997). Besonders günstig sind die Voraussetzungen, wenn Politiker, Stadtverwaltungen, Verbandsvertreter, Bürgerinitiativen etc. gemeinsam Leitbilder, Ziele und Maßnahmen erarbeiten und auch bei der Umsetzung kooperieren. Damit ist am ehesten Gewähr leistet, dass die unterschiedlichsten Motive berücksichtigt werden und sich niemand übergangen fühlen muss. Die Stadt unterstützt diese Prozesse durch professionelle Moderation sowie das Fachwissen von Energieexperten. Am Ende wird die Kommune – im Vergleich zu lediglich innerhalb der Verwaltung geplanten Aktivitäten – entlastet: Viele Schultern tragen die Verantwortung und teilen sich die Aufgaben.

Diese Vorgehensweise wurde auch von der Konferenz der Vereinten Nationen für Umwelt und Entwicklung 1992 in Rio de Janeiro empfohlen. Unter dem Schlagwort *Agenda 21* sollen u. a. die Kommunen Aktionsprogramme für eine nachhaltige Entwicklung für das 21. Jahrhundert gemeinsam mit ihren BürgerInnen entwerfen und durchführen. Diese Lokale Agenda 21 muss von ihrer Grundidee thematisch sehr viel breiter angelegt sein, als sich auf Klimaschutzfragen zu konzentrieren. Trotzdem ist der Klimaschutz ein interessantes Gebiet, weil sich hieran der Zusammenhang zwischen lokalem Handeln und globalen Auswirkungen gut verdeutlichen lässt. Wie sehen solche Prozesse, zunächst auch unter anderen Überschriften als *Agenda 21*, aus?

4 Vorbildliche Beispiele

Am *Heidelberger Energietisch* zum Thema „Bauen und Sanieren" beteiligen sich Architektenkammer, Bund für Umwelt und Naturschutz Deutschland, IHK, Kreishandwerkerschaft, Mieterverein, Verband Badenwürttembergischer Wohnungsunternehmen und weitere Verbände. Als gemeinsames Ziel wurde zunächst herausgearbeitet, dass insbesondere Hauseigentümer besser zu Energiefragen informiert und beraten werden sollten. Zudem sah das Handwerk die Chance, mit einem neutralen Beratungsangebot den Markt für Wärmedämmung an Gebäuden zu erweitern. Vorgeschlagen und konzipiert wurden vom Energietisch deshalb ein *Heidelberger Wärmepass* sowie eine regionale Energieagentur. Das ifeu-Institut begleitete die Konzeption und Gestaltung wissenschaftlich (s. hierzu auch den Beitrag „Der Heidelberger Wärmepass des ifeu-Instituts"). Mit Unterstützung der Teilnehmer, der Stadt sowie der EU wurden die Vorschläge realisiert. An der Energieagentur, die den Gebäudewärmepass mit Einsparvorschlägen seit Anfang 1997 ausstellt, beteiligten sich zudem einige Nachbargemeinden, sodass auch die Region von den Aktivitäten des Energietisches profitiert.

Einen umfangreicheren partizipativen Ansatz zu den Energiefragen ihrer Stadt verfolgte die *Stadt Graz* mit ihrem *kommunalen Energiekonzept* namens KEK. Dort kamen fünf „KEK-Teams" mit Vertretern relevanter energiepolitischer Akteure zu Stande, die sich jeweils einem anderen Thema widmeten, z. B. Wärmeplanung und erneuerbaren Energien, Verkehr und Elektrogeräte. Diese Teams arbeiteten dem Gesamtenergiekonzept zu. Sie waren beteiligt an den energiepolitischen Leitlinien und Zielsetzungen, die vom Gemeinderat verabschiedet wurden. In diesen Leitlinien wird u. a. explizit die positive Auswirkung der geplanten Maßnahmen auf die regionale Wirtschaftsentwicklung hervorgehoben. Zudem trugen die Teams zur Formulierung und Planung der sieben „KEK"-Bausteine bei. Im Baustein „Ökoprofit-Energie" wird zum Beispiel eine Steigerung der Energieeffizienz im betrieblichen Bereich durch eine Beratungsoffensive angestrebt (Stadt Graz 1996).

Im Rahmen des Stadtmarketingprozesses der *Stadt Lörrach* gab es unter anderem einen Arbeitskreis zum Themenfeld „Umwelt und Energie", der von einem Mitarbeiter des ifeu-Instituts moderiert wurde. Auch hier wurden Ziele für eine nachhaltige kommunale Energiepolitik entworfen und durch Maßnahmenvorschläge untermauert. An oberster Stelle stand der Wunsch nach einer professionellen, mehrjährigen Kampagne zur Wärmedämmung der Gebäude und dem Einsatz von Solarenergie, an der die Teilnehmer des Arbeitskreises sowie weitere Partner mitwirken sollten.

5   Und unser Lebensstandard?

Bisher noch nicht angesprochen wurde die Frage, inwiefern der Lebensstandard der Industriestaaten im Kern verträglich ist mit den Anforderungen eines langfristigen Klimaschutzes. Die Verdoppelung der Wohnflächen pro Person in Westdeutschland von 1960 bis 1990 mag hier als Beispiel für diese Problematik dienen. Die Effizienzsteigerung beim Energiebedarf für Raumheizung betrug in dieser Zeit nur etwa 35 %, sodass die Erhöhung des Lebensstandards die Effekte der Effizienzsteigerung deutlich überkompensierte (Schaefer 1995). Die Fragen, die eine mögliche Veränderung unseres Lebensstandards betreffen, sind zudem noch tieferliegender Natur als die Fragen nach einer größeren technischen Effizienz, da sie auf ein dichtes psycho-soziales Ursachennetz zurückzuführen sind. Es ist von daher verständlich, dass die Fragen unseres Lebensstils viel *breiter* und grundsätzlicher diskutiert werden müssten. Wer hier nicht für eine Öko-Diktatur plädiert, muss auf den Diskurs setzen. Die partizipative Methode der lokalen Agenda wäre auch hierfür ein adäquater Ansatz. Falls Fragen des Lebensstandards dort überhaupt diskutiert werden, ist es jedoch fraglich, ob in unserer pluralistischen Gesellschaft konsensfähige Ziele hierzu formulierbar sind.

6   Fazit

Außer den o. g. genannten Städten sind mittlerweile viele weitere Städte auf dem Weg, ihre Energiepolitik in partizipativen Prozessen auf den Prüfstand zu stellen, zumeist unter den Nachhaltigkeitszielen der Agenda 21. Es bleibt abzuwarten inwieweit auch Fragen des Lebensstandards verstärkt thematisiert und durch Zielsetzungen sowie Maßnahmen konkretisiert werden. Die aufgezeigten Beispiele beweisen jedoch, dass trotz der derzeitigen ungünstigen Rahmenbedingungen (s. die oben beschriebene Gesetzeslage) lokal Fortschritte erreicht werden können. Zudem darf gehofft werden, dass der Einfluss der Rahmenbedingungen durch diese Prozesse bei den Bürgern deutlicher werden und damit mittelfristig der Druck auf die Politik wächst, hier sinnvollere Strukturen zu unterstützen.

Dann ist die gemeinsam mit den Bürgern erstellte Agenda 21 zum Themenfeld kommunaler Klimaschutz umso mehr ein zentraler Ansatz für die lokale und zugleich globale Nachhaltigkeit.

Literatur

Duscha, M., Hertle, H., Hildebrandt, O., Schmidt, M. et. al. (1996): Klimaschutzkonzept für die Stadt Viernheim. Ifeu-Institut Heidelberg, Heidelberg

Duscha, M., Hertle, H., Six, R. (1994): Umsetzungsproblematik kommunaler Energiesparkonzepte. Akademie für Technikfolgenabschätzung Baden-Württemberg, Stuttgart

Hennicke, P., Jochem, E. Prose, F. (Hrsg.) (1997): Interdisziplinäre Analyse der Umsetzungschancen einer Energiespar- und Klimaschutzpolitik, Mobilisierungs- und Umsetzungskonzepte für verstärkte kommunale Energiespar- und Klimaschutzaktivitäten. Christian-Albrechts-Universität, Inst. f. Psychologie, Oldenburg

Hertle, H., Kallen, K. (1998): Kommunale Wärmepässe in der Praxis. Der Städtetag 3/1998, S. 263 - 266

Köpke, Ralf (1992): Rationelle Energieverwendung im kommunalen Bereich, Ansätze für ein Umdenken in der Energiepolitik am Beispiel ausgewählter Städte und Gemeinden in den Bundesländern Bayern und Nordrhein-Westfalen. Universitätsverlag Brockmeyer, Bochum

Schaefer, H. (1995): Energiesparen im Widerstreit mit Lebensstandard und ordnungspolitischen Ansätzen. In: VDI-Gesellschaft Energietechnik (Hrsg.): Lebensstandard, Lebensstil und Energieverbrauch. VDI-Verlag, Düsseldorf

Schmidt, M., Wortmann, J., Six, R. (1992): Handlungsorientiertes Konzept zur Reduktion von klimarelevanten Spurengasen für die Stadt Heidelberg. Stadt Heidelberg, Heidelberg

Stadt Graz (Hrsg.) (1996): Kommunales Energiekonzept Graz, Bericht an den Gemeinderat, KEK Bericht Nr. 21, Magistrat Graz, Amt für Umweltschutz, Graz

Der Heidelberger Wärmepass des ifeu

Lothar Eisenmann und Hans Hertle

1   Einleitung

Über Sinn und Zweck von Klimaschutzmaßnahmen herrscht größtenteils Einigkeit, doch wo sind die richtigen Ansatzpunkte? Bei der Untersuchung dieser Frage wird schnell deutlich, dass im Raumwärmebereich der privaten Haushalte hohe Einsparpotenziale vorhanden sind, die zum großen Teil wirtschaftlich erschlossen werden können. Gerade im Altbaubereich fehlen dazu aber noch weitgehend die richtigen Instrumente. Ein Baustein einer entsprechenden Beratung ist das Konzept des Wärmepasses. Die Grundidee des Wärmepasses liegt darin, einen Bewertungsmaßstab für den Verbrauch von Wohngebäuden zu schaffen, die Hausbesitzer über die Höhe des Einsparpotenzials ihrer Gebäude zu informieren und Entscheidungshilfen zu deren Erschließung zu geben.

Im Folgenden wird vorgestellt, warum wir die Einführung eines Wärmepasses für sinnvoll halten, aus welchen Elementen er sich zusammensetzt und wie die Erfahrungen mit dem Wärmepass in Heidelberg aussehen. Abschließend wird die mögliche Weiterentwicklung des Wärmepasses diskutiert.

2   Ziele des Wärmepasses

Der Anteil der privaten Haushalte am Endenergieverbrauch in Deutschland betrug 1996 über 30 Prozent[1] und lag damit an erster Stelle noch vor den Bereichen Verkehr, Industrie oder Dienstleistungen. Untersucht man diesen Bereich genauer (Abb. 1), stellt man fest, dass die Raumwärme mit 78 Prozent dominierend am Endenergieverbrauch der Haushalte beteiligt ist. Daneben sind die Warmwasserbereitung mit 12 Prozent sowie Kochen, Kraft und Licht mit zusammen 10 Prozent relativ unbedeutend.

---

[1] Quelle: BMWi Energiedaten 97/98

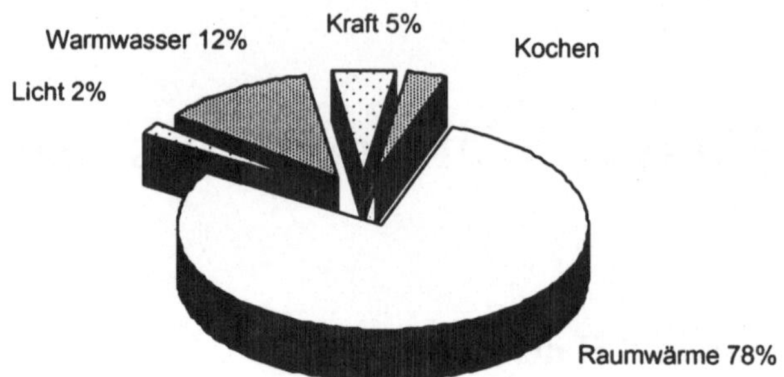

Abb. 1   Endenergieverbrauch im Haushalt

Dass bei der Raumwärme tatsächlich ein hohes Einsparpotenzial besteht, zeigt der Vergleich zwischen Alt- und Neubau. In Abb. 2 erkennt man den Zusammenhang zwischen Energieverbrauch und Baustandard. Liegt der durchschnittliche Heizenergieverbrauch im Altbaubestand bei etwa 250 kWh/m²a, konnte er durch eine ständige Verbesserung des Neubaustandards auf zurzeit rund 100 kWh/m²a durch die Wärmeschutzverordnung 1995 gesenkt werden. Die voraussichtlich im Jahr 2000 in Kraft tretende Energiesparverordnung wird eine weitere Verbrauchssenkung auf Niedrigenergiehaus-Niveau vorschreiben, d. h. der Verbrauch wird dann unter 70 kWh/m²a liegen. Zukunftsweisend ist der Passivhausstandard, der den Verbrauch noch einmal um mehr als die Hälfte senkt.

Die niedrigen Verbräuche moderner Häuser lassen sich zum großen Teil auf den hohen Wärmedämmstandard zurückführen und hier liegt auch der Schlüssel für hohe Einsparmöglichkeiten bei den Altbauten. Sie stehen deshalb im Vordergrund, weil über drei Viertel des Gebäudebestands in Deutschland vor 1978 errichtet wurden und damit keinerlei Wärmeschutzstandards unterlagen. So lassen sich bei nahezu allen älteren Gebäuden langfristig mehr als 50 % Heizenergie wirtschaftlich einsparen und damit klimaschädliche Emissionen

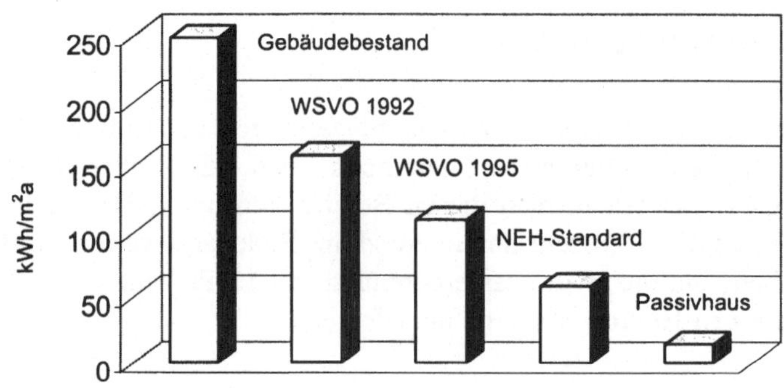

Abb. 2   Spezifischer Endenergieverbrauch nach verschiedenen Baustandards

vermeiden, die durch die Raumheizung entstehen. Dabei kommt die hohe Verbrauchsreduktion in erster Linie nicht durch den Austausch des Heizungssystems zu Stande, sondern vor allem durch eine konsequente Wärmedämmung der Gebäude.

Um das Bewusstsein für dieses hohe Potenzial zu schärfen und um einen qualitativen Vergleich zwischen den Heidelberger Gebäuden ziehen zu können, wurde der Heidelberger Wärmepass eingeführt. Der Wärmepass lässt den Gebäudeeigentümer oder Hauskäufer die Dämmqualität eines Gebäudes schnell und nachvollziehbar erkennen, indem er sie anhand einer Notenskala bewertet. Er regt die Gebäudeeigentümer durch klare Empfehlungen zur Durchführung von Dämm-Maßnahmen an und bietet den Handwerkern sowie Beratern wichtige Entscheidungshilfen.

Langfristig soll der Wärmepass auch ein „Gefühl" für den Energieverbrauch von Gebäuden schaffen. Im Gegensatz zum üblicherweise verwendeten Verbrauchskennwert im Verkehrsbereich (Liter pro 100 Kilometer) wird der Verbrauchskennwert für Gebäude (Kilowattstunden pro m^2 Wohnfläche und Jahr) bislang nur in Fachkreisen verwendet.

Der Wärmepass ersetzt damit keine Vor-Ort-Beratung. In dieser wird ein Gebäude wesentlich detaillierter untersucht. Dafür ist diese aber auch aufwändig und teuer und nur einige Hundert Gebäude pro Jahr kommen bundesweit in den Genuss einer Vor-Ort-Beratung. Eine Impulsberatung mit dem Wärmepass soll demgegenüber in der Breite wirken und eine Vielzahl von Gebäudebesitzern ansprechen.

3   Komponenten des Wärmepasses

Die Erstellung des vom ifeu-Institut entwickelten Wärmepasses lässt sich ohne aufwändige Vor-Ort-Begehung durchführen. Benötigt werden die Daten eines ausgefüllten Fragebogens sowie einer Gebäudetypologie.

Der Verbraucher füllt einen Fragebogen aus, in dem allgemeine Fragen zum Gebäude (Geometrie, Heizungstechnik, Nutzung etc.) und bisher durchgeführte sowie geplante Maßnahmen abgefragt werden. Wesentlich an diesem Fragebogen ist, dass die Aufnahme der Bauteilfläche integriert ist, sodass sich eine Vor-Ort-Begehung erübrigt. Die Wärmedurchgangskoeffizienten (k-Werte) werden einer Stammdatei von etwa 30 typischen Gebäuden entnommen, die nach altem und neuem Dämmstandard gegliedert sind. Diese *Gebäudetypologie* wurde speziell für Aktionen im Sanierungsbereich erarbeitet.

Um den Standardverbrauch (vergleichbar mit dem Normverbrauch eines Autos) zu errechnen, wird mit dem Programm „Enerplan" auf der Grundlage des bundesweit anerkannten Hessischen Gebäudeleitfadens gearbeitet. Die Ergebnisse werden vereinfacht in eine Note (1 bis 6) umgerechnet. In einer vom ifeu-Institut entwickelten Excel-Arbeitsmappe wird dann der eigentliche Wärmepass erstellt. Er enthält die Beschreibung des Gebäudes, die Noten im Ist- und Ziel-Zustand sowie Vorschläge für Sanierungsmaßnahmen. Für die Vorschläge werden, auf der Grundlage des tatsächlichen Verbrauchs, Einspareffekte aufgezeigt (Energie-, Kosten-, Emissionsminderungen).

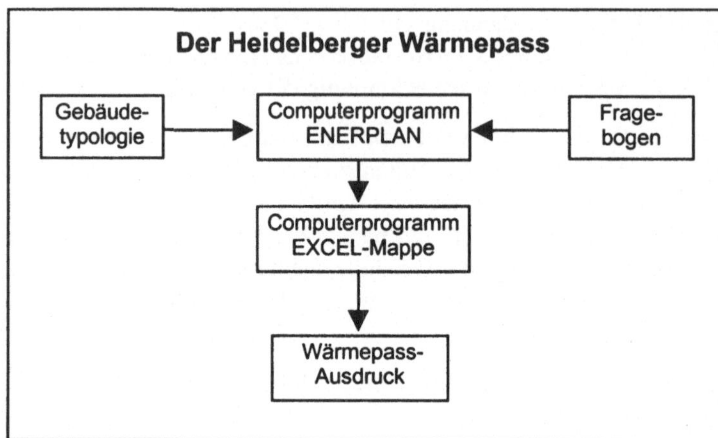

Abb. 3   Komponenten des Heidelberger Wärmepasses

Um den Wärmepass ausstellen zu können, muss ein zweiseitiger Fragebogen ausgefüllt werden. Wichtige Elemente sind die Fragen zum Gebäudealter, zur Gebäudesubstanz, zu den Flächen der Bauteile sowie zu bereits durchgeführten Maßnahmen. Zusätzlich werden Angaben zum Heizsystem und zu den Verbräuchen abgefragt. Der Fragebogen soll von den Hausbesitzern selbst ausgefüllt werden. Dadurch ist es möglich, den Wärmepass zu geringen Kosten anzubieten. Bei der Flächenberechnung und Angaben zur Heizung ist die Unterstützung durch Schornsteinfeger, Handwerker oder Berater hilfreich.

Um eine detaillierte Untersuchung eines Gebäudes vor Ort zu vermeiden, liegt den Berechnungen für den Wärmepass die Gebäudetypologie zu Grunde. Die Gebäude eines bestimmten Baualters sind sich in verwendetem Material und Bauausführung recht ähnlich. Anhand eines „Mustergebäudes" für eine Baualtersklasse kann man übertragbare Aussagen für sehr viele Gebäude derselben Altersklassen machen. Zum Beispiel stimmen die k-Werte für Dächer, Außenwände und Kellerdecken einer Baualtersklasse größtenteils überein. Diese Mustergebäude listet die Typologie für die verschiedenen Baualtersklassen und Haustypen wie Einfamilienhaus, Mehrfamilienhaus und Hochhaus auf.

Die Ergebnisse dieser Berechnung werden übersichtlich im Wärmepass dargestellt. Der dämmtechnische Zustand eines Gebäudes wird dort anhand einer „Note" dargestellt. Dies ist einprägsamer als die Angabe einer Energiekennzahl und vor allem ohne weitere Erklärung verständlich. Dieser dämmtechnische Zustand wird für den Fall einer Standardnutzung berechnet. Die Note ändert sich daher nicht, wenn die Nutzer eines Gebäudes wechseln. Im Folgenden wird das Heizsystem beschrieben und der tatsächliche Energieverbrauchs-Kennwert für die Heizung (ohne Warmwasserbereitung) sowie die damit verbundenen Energiekosten und CO_2-Emissionen berechnet.

Anschließend werden Maßnahmen wie z. B. Außenwanddämmung, Dachdämmung oder Kellerdämmung vorgeschlagen und die daraus resultierenden Einsparungen berechnet, was durch eine Grafik veranschaulicht wird. Abschließend zeigt der Wärmepass wieder in Notenform, welcher dämmtechnische Zustand bei Ausführung aller vorgeschlagenen Maßnahmen erreicht werden kann. Daneben finden sich Hinweise zu den Maßnahmenvorschlägen einer möglichen Heizungserneuerung, dem Bau einer Solaranlage sowie zu Förderung und Finanzierung.

4 Der Heidelberger Wärmepass

Im Rahmen des Heidelberger Energietisches wurde die Idee des Wärmepasses aufgegriffen und unterstützt. Daraufhin erarbeitete das ifeu-Institut im Auftrag der Stadt bzw. der Stadtwerke Heidelberg und gesponsort durch die Sparkasse Heidelberg sowie die Landesbausparkasse mehrere Beratungsmodule für den Bereich der privaten Haushalte. Grundlage war die von ebök Tübingen entwickelte Heidelberger Gebäudetypologie, die repräsentative Daten zu Einsparmaßnahmen, Energie- und Kosteneinsparung für Heidelberger Gebäude enthält. Die Ergebnisse der Typologie wurden, zusammen mit speziellen Informationen zur Wärmedämmung, in einer Broschüre übersichtlich dargestellt. Das nächste wichtige Element war die Entwicklung des Heidelberger Wärmepasses, der 1996 von Frau Oberbürgermeisterin Beate Weber und den Teilnehmern des Heidelberger Energietisches der Öffentlichkeit vorgestellt wurde.

Abb. 4   Ausschnitt aus der Heidelberger Gebäudetypologie

Sobald eine Sanierung ansteht, werden die Verbraucher über verschiedene Akteure im Baubereich (z.B. Heizungsbauer, Schornsteinfeger, Stuckateure, Planer, Architekten, Stadt, Stadtwerke, Sparkassen) auf den Wärmepass aufmerksam gemacht. Nach der Bearbeitung erhält der Hausbesitzer den Heidelberger Wärmepass von den Kontaktpersonen ausgehändigt und erläutert. Die Bearbeitung des Wärmepasses erfolgte in der Pilotphase vom ifeu-Institut, danach durch die Klimaschutz- und Energieberatungsagentur Heidelberg und Nachbargemeinden gGmbH (KLiBA). Inzwischen (September 1998) sind über 200 Heidelberger Wärmepässe ausgestellt worden.

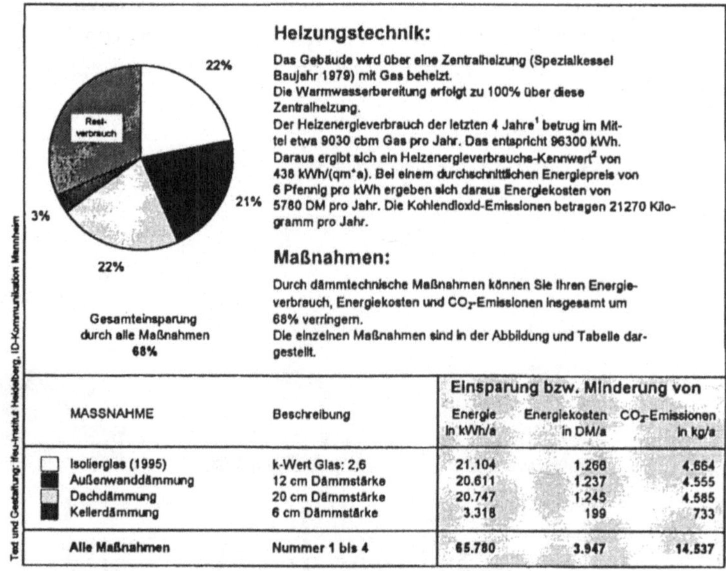

Heizungstechnik:

Das Gebäude wird über eine Zentralheizung (Spezialkessel Baujahr 1979) mit Gas beheizt.
Die Warmwasserbereitung erfolgt zu 100% über diese Zentralheizung.
Der Heizenergieverbrauch der letzten 4 Jahre[1] betrug im Mittel etwa 9030 cbm Gas pro Jahr. Das entspricht 96300 kWh. Daraus ergibt sich ein Heizenergieverbrauchs-Kennwert[2] von 438 kWh/(qm·a). Bei einem durchschnittlichen Energiepreis von 6 Pfennig pro kWh ergeben sich daraus Energiekosten von 5780 DM pro Jahr. Die Kohlendioxid-Emissionen betragen 21270 Kilogramm pro Jahr.

Maßnahmen:

Durch dämmtechnische Maßnahmen können Sie Ihren Energieverbrauch, Energiekosten und CO_2-Emissionen insgesamt um 68% verringern.
Die einzelnen Maßnahmen sind in der Abbildung und Tabelle dargestellt.

	MASSNAHME	Beschreibung	Einsparung bzw. Minderung von		
			Energie in kWh/a	Energiekosten in DM/a	CO_2-Emissionen in kg/a
	Isolierglas (1995)	k-Wert Glas: 2,6	21.104	1.266	4.664
	Außenwanddämmung	12 cm Dämmstärke	20.611	1.237	4.555
	Dachdämmung	20 cm Dämmstärke	20.747	1.245	4.585
	Kellerdämmung	6 cm Dämmstärke	3.318	199	733
	Alle Maßnahmen	Nummer 1 bis 4	65.780	3.947	14.537

DÄMMQUALITÄTS-ZIEL:

Durch diese Maßnahmen erreicht Ihr Gebäude einen guten dämmtechnischen Zustand (Note 2,4).

Die Maßnahme "Isolierglas" wurde bereits durchgeführt.
Damit haben Sie heute schon die Note 4,8 erreicht.
Wird zusätzlich zu den Dämmaßnahmen noch die Heizung erneuert, so kann sich der Energieverbrauch um weitere 15% verringern, bei Einsatz eines Brennwertkessels sogar bis zu 25%.

Außerdem empfehlen wir den Einbau einer Solaranlage.

Beachten Sie die Förder- und Finanzierungsprogramme der Stadt Heidelberg, der Stadtwerke Heidelberg, der Sparkassen des Landes Baden-Württemberg, und des Bundes.

[1] witterungsbereinigt und ohne Warmwasserbereitung
[2] Heizenergieverbrauch geteilt durch Wohnfläche

Die Simulation beruht auf Angaben des Fragebogens und der Heidelberger Gebäudetypologie. Im Einzelfall sind Abweichungen von den Berechnungen der einzelnen Maßnahmen möglich.

Text und Gestaltung: ifeu-Institut Heidelberg, ID-Kommunikation Mannheim

Abb. 5   Der Heidelberger Wärmepass

5 Einführungsstrategien

In den vorangegangenen Kapiteln ist die Grundstruktur des „Heidelberger" Wärmepasses des ifeu-Institutes dargestellt worden. Doch erst die breite Akzeptanz der im Baubereich tätigen Akteure garantiert den Umsetzungserfolg des Passes. Erst wenn diese Akteure die Verbreitung des Passes zu Ihrem Thema machen, kann der Verbraucher in der entscheidenden Phase der Beratung zu energiesparenden Maßnahmen motiviert werden. Idealerweise wird er z. B. durch Bausparkassen und Kreditinstitute bei der Finanzierung der Maßnahmen auf den Wärmepass hingewiesen, Schornsteinfeger oder Heizungsbauer zeigen Schwachstellen auf, die über die Sanierung des Heizungskessels hinausgehen, Energieversorger können der Jahresrechnung Hinweise beilegen oder die Energieberatung der Stadt sowie der Verbraucherzentralen informieren über den Pass.

Für die breite Akzeptanz des Instrumentes Wärmepass bei der verschiedenen Akteuren ist eine frühzeitige Einbindung dieser Akteure bzw. Institutionen in den Entstehungsprozess einer Wärmepassaktion notwendig. Die wichtigsten Akteure sollten am Anfang einer Aktion die Möglichkeiten haben, Teile des Prozesses zu beeinflussen. Dies garantiert nicht nur die oben genannte Verbreitung des Wärmepasses, sondern eröffnet auch Möglichkeiten der Teilfinanzierung eines solchen Prozesses, der bislang häufig allein von der Stadt oder den Stadtwerken finanziert werden musste.

Welche Akteursgruppe im Endeffekt das Wärmepassprojekt entscheidend mit trägt, hängt sehr stark vom Engagement der einzelnen Personen und Institutionen ab. Manchmal muss ein Kompromiss zwischen dem Wunsch alle unter einen Hut zu bringen und dem Wunsch möglichst effektiv und zügig zu einem Ergebnis zu kommen gefunden werden.

Im Rahmen dieser Treffen muss auch eine frühzeitige Auseinandersetzung mit den bereits in der Stadt, vom Land oder von regional übergreifenden Akteuren eingesetzten Computerprogrammen zur Energieberatung erfolgen. In jedem Fall muss vermieden werden, dass der Verbraucher für sein Gebäude sich widersprechende Maßnahmenvorschläge erhält, die zudem auch noch anders bewertet werden. Daher ist der Wärmepass des ifeu so aufgebaut, dass er auf bestehende Beratungsprogramme aufbaut und zum Teil sogar in die Software integriert werden kann. Die Beratung kann also mit verschiedenen Programmen erfolgen, durch den Wärmepass wird sie vereinheitlicht, die Bewertung erfolgt unabhängig vom einzelnen Berater.

In den bisher 6 Kommunen, die wir im Rahmen der Einführung von Wärmepässen betreut haben, kam es zu sehr unterschiedlichen Akteursbündnissen. In allen Fällen war die Stadt die treibende Kraft. Stadtwerke oder Energieversorger haben sich verschieden stark engagiert. In zwei Kommunen hat sich auch das Handwerk, eine aus unserer Sicht sehr wichtige Akteursgruppe, für den Wärmepass stark gemacht. Hier tragen natürlich die erwarteten Beschäftigungseffekte zur Motivation bei. Gerade das Argument der Belebung des Arbeitsmarktes wird auch mittelfristig das Hauptargument für die Einführung eines Wärmepasses bleiben.

6 Ausblick

Der „Heidelberger" Wärmepass des ifeu wurde bislang in fünf weiteren Städten eingeführt. Vom ifeu-Institut wird er inhaltlich und technisch an die jeweiligen Rahmenbedingungen der Stadt angepasst. Mit den Akteuren vor Ort werden die konkreten Einführungsstrategien des Wärmepasses erörtert.

Mittelfristig soll der Wärmepass durch weitere Beratungsmodule ergänzt werden, um schließlich alle den Energieverbrauch betreffenden Bereiche der privaten Haushalte erfassen zu können. Der erste Schritt dazu war die. Entwicklung eines zusätzlichen Blattes zur Solarenergienutzung. Hier wird dem Beratenden eine Solaranlage zur Warmwasserbereitung vorgeschlagen und abhängig von Standort, Dachausrichtung und -neigung sowie Warmwasserbedarf ein Vorschlag für die Größe von Kollektor und Warmwasserspeicher gemacht. In der Entwicklung ist ein Modul für die Heizung enthalten. Dabei sollen die Einsparungen von Energie, Kosten und CO_2-Emissionen, die der Einbau eines modernen Heizsystems nach sich zieht, genauer als im jetzigen Pass quantifiziert werden. Ein Modul zur Energieberatung im Strombereich ist in Vorbereitung.

Auf der anderen Seite stehen wir im Austausch mit anderen Anbietern von Beratungsprogrammen und haben den Pass so aufgebaut, dass er auch für zukünftige veränderte Rahmenbedingungen (z. B. ein bundes- oder europaweit anerkanntes Rechenverfahren) offen ist.

Damit kann sich der Wärmepass zum umfassenden, regional übergreifenden *Energiepass* entwickeln, der ein einheitliches Instrument zur Energieberatung des Altbaubestandes darstellt. Der Heidelberger Wärmepass markiert einen wichtigen Schritt in diese Richtung.

Ökobilanzen

Ökobilanzen von Getränkeverpackungen

Achim Schorb, Mario Schmidt und Udo Meyer

1 Einleitung

Seit es Ökobilanzen gibt, beschäftigen sie sich zum überwiegenden Teil mit der Bilanzierung von Verpackungen. Erst mit großem Abstand folgen Chemieprodukte, Baustoffe und Windeln. Unter den Verpackungs-Ökobilanzen stehen Getränkeverpackungen, wie für Bier, Milch, Mineralwasser und Süßgetränke, hoch im Kurs. Der Hauptgrund dafür ist, dass es sowohl dem Kunden als auch den Politikern bei jedem *Griff zur Flasche* augenfällig wird, ob die Abfallmengen durch Einweg-Gebinde stark anwachsen oder ob sie durch Mehrwegflaschen in Grenzen gehalten werden. Dementsprechend ist die Umweltpolitik in Deutschland auf den Erhalt der Mehrwegquoten ausgerichtet.

Bis vor 30 Jahren war der Getränke-Markt noch nicht strikt in Einweg- und Mehrwegbereiche eingeteilt. Ob Milch, Wein, Limonade oder Bier, Getränke gab es entweder in Großgebinden wie Fässern und Kannen oder in Mehrwegflaschen. Seit der Einführung der ersten Einwegprodukte wie Einweg-Glasflaschen, Getränkedosen oder Flüssigkartons ist der Markt in Bewegung geraten. Seit im Jahr 1975 in den USA erstmals Kunststoffflaschen aus Polyethylenterephtalat (PET) im Marktsegment koffeinhaltiger Erfrischungsgetränke auftauchten, gerät der bisher dominierende Verpackungswerkstoff Glas zunehmend in Bedrängnis. In Deutschland, international als *Glasinsel* bekannt, wurde diese Entwicklung vor allem durch den europäischen Binnenmarkt und den Wettbewerb mit anderen europäischen Getränkeherstellern angestoßen. Immer mehr Produzenten richten ihre Verpackungspolitik am Marketing aus, versuchen sich durch individuelle Verpackungen von Konkurrenten zu unterscheiden und neue Märkte zu erschließen, dem Kunden zusätzliche Nutzenvorteile – durch leichtere und bequemere Verpackungen – zu verschaffen und natürlich auch Kosten, etwa im Logistik-Bereich, zu senken.

Einweg oder Mehrweg?

Gerade im Bereich des Sofortverzehrs („convenience") – das sind die Volumengrößen bis zu 0,5 Litern – wurden die im Vergleich zum Inhalt relativ schweren Mehrweg-Glasflaschen häufig von leichteren Einweg-Behältern verdrängt. Für kohlensäurehaltige Getränke traf dies bis vor ca. fünf Jahren nicht in dem Maße zu wie bei Milchprodukten, Säften und „stillen" Getränken. Die nicht vorhandene Druckbelastbarkeit der Getränkekartons verhindert auch heute noch den Einsatz dieser Verpackung. Ebenfalls Qualitätsaspekte verhinderten bis vor kurzem den Einsatz von Kunststoffflaschen in den Marktsegmenten CO_2-haltiger und alkoholischer Getränke. Die PET-Behälter konnten auf Grund des süßlichen Geschmacks des in geringsten Spuren beim Kunststoffspritzen frei werdenden Acetaldehyds lange Jahre nicht für Mineralwasser verwendet werden. Bei Süßgetränken und koffeinhaltigen Limonaden traten dagegen keine Geschmacksbeeinträchtigungen auf. Dementsprechend nahm die Bedeutung von PET in diesem Marktsegment stark zu. Alkoholische Getränke konnten in PET-Flaschen auf Grund der relativ hohen Durchlässigkeit für Sauerstoffmoleküle nicht über längere Zeit frisch gehalten werden. Doch die Kunststoffindustrie bemühte sich in den vergangenen Jahren, diese Probleme durch intensive Entwicklungsarbeit zu lösen, und drängt nun in die bisher verschlossenen Märkte des Mineralwassers und neuerdings auch der Biere[1].

Jedoch ist die Situation auf dem Getränkemarkt in Deutschland – zumindest in Bezug auf die eingesetzten Verpackungssysteme – keineswegs dem freien Spiel von Angebot und Nachfrage überlassen. Den in den siebziger und achtziger Jahren anwachsenden Müllmengen, dem sich immer breiter formierenden Widerstand gegen den Bau von neuen Müllverbrennungsanlagen und dem sich daraus abzeichnenden „Entsorgungsnotstand" begegnete die Umweltpolitik im Juni 1991 mit der „Verordnung über die Vermeidung von Verpakkungsabfällen" (Verpack-V).

Hierin wurde erstmals die Hierarchie *Vermeiden vor Verwerten vor Entsorgen* konkret festgeschrieben. Im Abschnitt III § 7 ff. der VerpackV wird neben den Wasch- und Reinigungsmitteln und Dispersionsfarben die Sparte der Getränkeverpackungen behandelt. Darin wird festgelegt, dass diese Verpackungen grundsätzlich mit einem Pfand von 0,50 DM zu belegen sind und sie nur solange von dieser Pflicht befreit sind, wie die Mehrwegquote nicht unter den Wert des Bezugsjahrs 1991 (Milch 20 %; Bier, Mineralwasser, Säfte, Erfrischungsgetränke und Wein insges. 72 %) fällt. In der Novellierung der VerpackV im Mai 1998 wurde diese Quote nochmals ausdrücklich bestätigt.

In § 9 „Befreiung von Pfandpflichten, Schutz von ökologisch vorteilhaften Getränkeverpackungen" verpflichtet sich die Bundesregierung, jährlich die Anteile an ökologisch vorteilhaften Getränkeverpackungen bekannt zu geben. Was aber sind ökologisch vorteilhafte Verpackungen? In § 9 Abs. 2 werden Mehrwegverpackungen und zusätzlich beim Produktsegment Milch der Schlauchbeutel aus Polyethylen genannt. Dies ist ein Ergebnis der Getränke-Ökobilanz, die das Umweltbundesamt in den Jahren 1992–95 durchführen ließ (s.u.).

Die Situation auf dem deutschen Getränkemarkt ist seit der Verabschiedung der VerpackV von der Situation des drohenden Zwangspfandes bei Unterschreiten der Quote gekennzeichnet und der Wettbewerb der Verpackungen untereinander wird dadurch entscheidend beeinflusst. Jeden Herbst stellt sich den Abfüllern die Frage, ob es bei der Befreiung vom Zwangspfand bleibt oder nicht. In der Tat wurde die Quote im Jahr 1996 mit 72,03 % nur noch knapp erreicht[2].

---

[1]	Handelsblatt vom 1.10.1998: Hersteller will Bier in PET-Flaschen anbieten.
[2]	Getränkefachgroßhandel 11/97, S. 780

Tabelle 1 Anteil der verschiedenen Behältertypen für die Getränkesegmente Mineralwasser, Getränke ohne CO_2, Getränke mit CO_2 und Wein. Nach (GVM, 1994 und 1997).

Getränkesegment: Mineralwasser	MW-Glas %	MW-PET %	EW-Glas %	EW-Dose %	Block-Pack %	EW-PET %
1980	92,48	-	4,81	0,13	-	2,58
1985	90,05	-	5,94	0,44	-	3,57
1990	91,35	-	7,20	0,62	0,53	0,30
1995	88,59	0,63	8,16	0,28	1,33	1,02
Getränke ohne CO_2						
1980	25,14	-	30,34	0,49	37,33	3,30
1985	31,05	-	22,27	0,16	42,36	1,32
1990	35,60	-	20,38	0,10	41,05	0,10
1995	38,87	-	14,48	2,16	44,42	0,07
Getränke mit CO_2						
1980	79,82	-	7,29	12,35	-	0,53
1985	76,56	-	7,70	15,07	-	0,67
1990	72,36	2,15	9,34	15,24	-	0,91
1995	57,13	19,14	9,98	13,73	-	0,02
Wein						
1980	31,03	-	68,97	-	-	-
1985	33,54	-	64,08	-	2,16	0,02
1990	33,19	-	63,93	-	2,74	-
1995	26,79	-	69,10	k.A.	3,94	k.A.

Mehrwegflasche aus PET – eine neue Option?

In Tabelle 1 ist die Entwicklung des Anteils der verschiedenen Behältertypen in ausgewählten Getränkemarktsegmenten in den Jahren 1980 – 1995 dargestellt. Für die 4 Marktsegmente Mineral/Tafelwasser, Getränke ohne CO_2, Erfrischungsgetränke mit CO_2 und Wein gilt zusammen mit dem Produktsegment Bier eine Erfüllungsquote von 72 % Mehrweg. Man erkennt tendenziell eine Abnahme des Anteils der Mehrweg (MW)-Glasflasche, mit Ausnahme bei den Getränken ohne CO_2. Dagegen nimmt der Anteil der Blockpackung und der PET-Flaschen zu. Eine entscheidende Reaktion auf die Mehrwegquote der deutschen VerpackV ist die Einführung einer Mehrweg-Flasche aus PET, die im Bereich der vorwiegend koffeinhaltigen Limonaden seit Anfang der 90er-Jahre zum Einsatz kommt. Seitdem ist der Anteil der Einwegflasche aus PET rückläufig.

Seit 1995 hat sich der Trend weg vom Packstoff Glas und der Übergang zum Packstoff PET fortgesetzt. Dazu kommt, dass der Bereich der alkoholfreien Getränke expandiert; er konnte europaweit in den letzten zehn Jahren eine Steigerung um 35 % auf 190 l pro Kopf und Jahr verzeichnen (Bussien, 1998).

Anders ist die Lage im Bereich des Mineralwassers, da hier die Qualitätsanforderungen an die Verpackung besonders hoch sind. Im Jahre 1997 wurden von der Mineralwasserbranche allein in Deutschland 9,6 Milliarden Liter abgesetzt. 92 % davon wurden in insgesamt 2,5 Milliarden Mehrwegflaschen abgefüllt (IDM, 1998). Mit 1,7 Mrd. Exemplaren hat die 0,7 l *Brunneneinheitsflasche aus Glas mit Perlendekor* – kurz: Perlglasflasche – daran den Hauptanteil. Die Perlglasflasche wurde 1969 von den damals 143 Mitgliedern der Genossenschaft Deutscher Brunnen (GDB) eingeführt und ist in unveränderter Form derzeit noch marktbeherrschend. Sie hat insbesondere den Vorteil einer Poolbildung für das Leergut, d. h. die Flaschen sind untereinander austauschbar. Erst in den letzten Jahren wuchs der Wunsch nach verbesserten und insbesondere individuellen Gebinden. Größere Mineralbrunnen brachten neue Glasflaschen auf den Markt, teilweise mit ausgefallenem Design wie z. B. Carolinen-Brunnen mit einer Luigi-Colani-Flasche. Allerdings sind diese Individualgebinde als Mehrwegsystem an den jeweiligen Abfüller gebunden und bedingen entsprechende logistische Systeme für die Rückführung des Leerguts.

Neben kleineren Glasflaschen für den Sofortverzehr werden Mineralwasser-*Erfrischungsgetränke* (Abfüllmenge 1997: 2 Mrd. Liter) neuerdings auch für das Marktsegment des Vorratskauf (> 0,5 l) in Kunststoff-Mehrwegflaschen angeboten. Im Jahre 1996 führte die Genossenschaft Deutscher Brunnen (GDB), einige Jahre nach den Herstellern von koffeinhaltigen Limonaden, dazu eine Mehrwegflasche aus PET in Deutschland ein. Der stark im Wachsen begriffene Markt der stillen Süßgetränke, wie z. B. Eistee, wird fast ausschließlich mit PET-Flaschen bei den Großgebinden und mit Dosen beim Sofortverzehr beliefert. Zum Winter 1998 haben sowohl die Fa. Gerolsteiner Brunnen als Marktführer bei den Mineralwasserbetrieben als auch der GDB die Einführung einer PET-Mehrwegflasche für den ausschließlichen Gebrauch auf dem Sektor Mineralwasser angekündigt. Erste Bierbrauer, z. B. Karlsberg, wollen ebenfalls ihre Produkte in Kunststoffflaschen auf den Markt bringen.

2   Entwicklungspotenziale

Was sind heute die Gründe, die gegen die alte Mehrweg-Glasflasche angeführt werden? Das Verpackungsgewicht beispielsweise zwischen Perlglasflasche und neuer PET-Flasche unterscheidet sich allein pro Flasche um mehr als 500 Gramm. Ein 12er-Kasten mit Leergut wiegt bei Glas mehr als 8 Kilogramm, während die Kunststoffvariante unter 2,5 kg auf die Waage bringt. Dies ist nicht nur für den Kunden, sondern auch für die Logistik von Bedeutung. Die alte Perlglasflasche mit ihrem Kastensystem ist überdies nicht kompatibel mit den Europaletten, wie sie im Handel heute eingesetzt werden. Außerdem besteht bei Glasflaschen Bruchgefahr und dadurch eine gewisse Verletzungsgefahr.

Allerdings ist Kunststoff im Gegensatz zu Glas, welches keine Wechselwirkung mit dem Füllgut eingehen kann, nicht inert. Glas ist gegen Sauerstoff und entweichende Kohlensäure absolut gasdicht, wogegen bei PET-Flaschen Sauerstoff ins Getränk von Außen eindringen oder die Kohlensäure durch die Gefäßwand entweichen kann. Beides führt zu geringerer Haltbarkeit des abgefüllten Getränks. PET-Flaschen haben als Mehrwegsystem einen höheren Verschleiß auf Grund von Oberflächenabrieb (Scuffing) und thermischen Beanspruchungen und infolgedessen geringere Umlaufzahlen. Schließlich müssen beim Waschen der Kunststoffflasche Vorkehrungen getroffen werden, dass Flaschen, die unsachgemäß mit Fetten oder Ölen verunreinigt wurden, ausgesondert werden. Demgegenüber entfernt der Waschprozess bei der Glasflasche auch hartnäckige Verunreinigungen rückstandslos. Pro Flasche werden heute 170 ml Frischwasser – halb so viel wie 1980 – zum Reinigen eingesetzt (Frerker 1997).

Welche Entwicklungspotenziale in der Branche der alkoholfreien Getränke liegen, lässt sich am Beispiel der Getränkeflaschen für kohlensäurehaltige Erfrischungsgetränke im Marktbereich Vorratskauf aufzeigen. In Tabelle 2 sind einige technische Parameter verschiedener Behältertypen für Mehrweg (MW) und Einweg (EW) zusammengestellt. Während die klassische 0,7-l-Flasche knapp 600 g wiegt, kommen vergleichbare PET-Flaschen auf deutlich unter 100 g. Dies wirkt sich besonders im Bereich der Transporte und der Logistik aus und hat dort auch Einfluss auf die Ökobilanz der verschiedenen Gebinde. Bei der gewöhnlichen 0,7-Liter-Glasflasche erreichen die LKW bereits mit ca. 16.000 Stück (11.200 l) ihre maximale Zuladung; bei der leichten PET-Flasche können über 18.000 1-Literflaschen auf den LKW geladen werden. Dazu kommt der unterschiedliche Materialeinsatz für die Flaschenherstellung; allerdings müssen hier noch die Umlaufzahlen der Mehrweggebinde berücksichtigt werden, die je nach System sehr verschieden sein können.

Doch auch im Glasbereich gibt es Innovationspotenziale. So wird der Einsatz einer Leichtglasflasche diskutiert, die pro Liter Füllvolumen aus < 500 g dünnwandigem Leichtglas besteht, das zur Erhöhung der Bruchfestigkeit noch zusätzlich mit einer dünnen Kunststoffschicht aus Polyurethan überzogen wird. Diese Flasche wurde z. B. von dem Bad Dürrheimer Mineralbrunnen eingeführt. Es wurde in der Vergangenheit diskutiert, eine 0,75-l-Leichtglasflasche innerhalb des GDB einzuführen, die sukzessive die Perlglasflasche ersetzt und damit den Mehrwegpool des GDB rettet (Wolters, 1997).

Tabelle 2 Vergleich verschiedener Getränkeflaschen für kohlensäurehaltige Erfrischungsgetränke

	MW-Glas 0,7 l GDB	MW-Glas 1 l leicht	MW-PET 1 l GDB	MW-PET 1 l Cola	MW-PET 1 l leicht	EW-Glas 1 l	EW-PET 1 l
Leergewicht	590 g	479 g	71 g	80 g	50 g	443 g	38 g
Deckel[3]	Alu/PE	Alu/PE	PP	PP	PE	Alu/PE	PE
Etikett	Papier	Papier	PE	Papier	Papier	Papier	Papier
Verpackung	Kasten	Kasten	Kasten	Kasten	Kasten	Tray[4]	Tray
Umlaufzahl[a]	40 – 50	50	ca. 25	10–20	7–15	–	–

[a] geschätzt

---

[3] PE = Polyethylen; PP = Polypropylen
[4] Tray = Verpackungshilfsmittel wie Kartonrahmen zum Transport von z. B. 6 oder 12 Flaschen

Allerdings setzen inzwischen erste Mineralwasserhersteller auf die PET-Mehrwegflasche. Während in der Vergangenheit bereits für CO_2-haltige Erfrischungsgetränke PET-Mehrweg eingesetzt wurde, hat die Fa. Gerolsteiner die Einführung einer leichten PET-Mehrweg-flasche nun auch für Mineralwasser im Winter 1998 angekündigt. Die Firma hofft, damit den Marktanteil von derzeit 10 % auf langfristig 17 % zu steigern[5].

Hat die Umstellung auf das System der PET-Mehrwegflasche für die Großen in der Branche Vorteile, so bringt sie für die mittleren und kleineren Abfüller, und damit für einen Großteil der in der Mineralwasserbranche tätigen Firmen, gewisse Nachteile. Im Gegensatz zum fast völlig inerten Werkstoff Glas, aus dem mit vertretbarem Spülaufwand und bezahlbarer Technologie fast sämtliche Verunreinigungen ausgewaschen werden können, muss bei der Kunststoffflasche verhindert werden, dass durch den Missbrauch des Verbrauchers verun-reinigte Flaschen (durch Einfüllen von Substanzen wie Öl, Benzin und anderen) im zu be-füllenden Flaschenpool bleiben. Derartige Stoffe können Reaktionen mit dem Kunststoff-behälter eingehen und nach Wiederbefüllung unerwünschte Geschmacksstoffe und im Ex-tremfall sogar Giftstoffe an das Getränk abgeben. Dies kann nur mit einer aufwändigen und teueren Sensorik, i. d. R. mit Spektrografen, verhindert werden, was zu hohen Investitionen führt.

Aus diesem Grund wird in der Branche befürchtet, dass es durch den Technologiewechsel hin zu der PET-Mehrwegflasche im Mineralwasserbereich zu Konzentrationseffekten kommt und kleine Abfüller, die insbesondere den regionalen Markt beliefern, vom Markt verschwinden. Dies wäre auch aus ökologischen Gründen unerwünscht, da bei regionalen Absatzstrukturen die Transportentfernungen und damit die Umweltauswirkungen durch den Transport der Getränke besonders günstig sind.

Vor diesem Hintergrund werden verschiedene Varianten und Alternativen für Mineralwas-ser derzeit durchgespielt. Neben der PET-Mehrwegflasche ist dies insbesondere die so ge-nannten PET-Rücklaufflasche. Diese Rücklaufflasche wird, wie die Mehrwegflasche, be-pfandet in einem Mehrwegkasten zum Abfüller zurückgeführt, dort aber nicht gewaschen und wiederbefüllt, sondern stofflich verwertet. Das Ziel ist dabei, den Kreislauf zu schlie-ßen und das alte Flaschenmaterial zu neuen Getränkeflaschen zu verarbeiten. In einem Rei-nigungsschritt wird aus den sortenrein angelieferten PET-Flaschen der Sekundärrohstoff PET-Flakes gewonnen, aus dem in einer nächsten Stufe entweder im so genannten Multi-Layer-Verfahren mit 40 % Flakes als Zwischenschicht neue Getränkeflaschen hergestellt werden oder im Super-Cycle-Verfahren mit derzeit 50-%igem Zusatz von Neu-PET eben-falls wieder Getränkeflaschen geformt werden. Untersuchungen des Fraunhofer Institutes IVV, Freising ergaben die problemlose Einsatzfähigkeit des Recyclates im Lebensmittelbe-reich (NV, 1988). Der Aufwand für die Abfüller hält sich bei diesem Verfahren in Grenzen.

Damit taucht aber eine schwierige Fragestellung auf: Wie sind solche Varianten im Rahmen der VerpackV und der dort festgelegten Mehrwegquote zu interpretieren? Rein formal muss eine Rücklaufflasche derzeit als Einweg eingestuft werden (Rummler, 1998). Ihre Einfüh-rung auf breiter Front würde also möglicherweise zu einer Unterschreitung der 72 % führen und damit das Zwangspfand nach sich ziehen.

---

[5] Rhein Neckar Zeitung: „Poker um Milliarden Wasserflaschen" in Ausgabe vom 12.9.98, S. 16

Befürworter der Rücklaufflasche argumentieren damit, dass nicht die Einweg/Mehrwegquote an sich als maßgebliches Kriterium für die ökologische Vorteilhaftigkeit herangezogen werden kann, sondern dass es auf die Gesamtbilanz ankommt, bei der u. a. auch andere Aspekte, z. B. die Umweltauswirkungen durch die Logistik u. ä., zu berücksichtigen seien. Unter bestimmten Umständen – so die Annahme – könnte eine Verwertungsvariante durchaus ökologisch sinnvoller sein als die Vermeidungsvariante mit Mehrweg. In diesem Fall könnte der Gesetzgeber – ähnlich der PE-Schlauch-Verpackung für Milch – eine Ausnahmeregelung in der VerpackV vorsehen.

Damit wird die Methode der Ökobilanz zu einem wichtigen Analyse und Entscheidungsinstrument im Rahmen dieser Diskussionen. Man verlässt sich nicht mehr auf die einfache und *vereinfachende* Regel Mehrweg vor Einweg, sondern kontrolliert die Umweltauswirkungen der verschiedenen Systeme durch detaillierte Analysen und korrigiert die Regel ggf. durch Einzelentscheid.

3 Ökobilanzen in der Vergangenheit

Nach ersten Anfängen in den Vereinigten Staaten Ende der Siebzigerjahre wurden auch in Deutschland zu Beginn der Achtzigerjahre durch das BMFT-Programm „Analyse des Energie- und Stoffeinsatzes zum Verpacken flüssiger Nahrungs- und Genussmittel" erste Bilanzierungsansätze für Getränkeverpackungen unternommen (KFA-Jülich 1981). Im Jahre 1984 erschien in der Schweiz die „Ökobilanz von Packstoffen", die als erste eine Datenaggregation der verschiedenen Emissionsbereiche (Boden, Luft, Wasser) zu „kritischen Mengen" vornahm (BUS, 1984). Im Sommer 1990 vergab das Umweltbundesamt, Berlin (UBA) an die Projektgemeinschaft Lebenswegbilanzen[6] die Studie „Ökoprofile von Packstoffen und -mitteln", die ähnlich wie die Studie aus der Schweiz die ökologische Situation auf dem deutschen Verpackungsmarkt darstellen sollte (UBA, 1995). Die Bewertung der Studie behielt sich, anders als in der Schweiz, der Auftraggeber vor.

Die UBA-Studie, in der Folge in „Ökobilanzen von Getränkeverpackungen" umbenannt, wurde von Seiten des ILV von einer Industriearbeitsgruppe begleitet, bei der die beteiligten Industriekreise in die Datenbereitstellung eingebunden wurden. Die Zielsetzung – wie in der Schweizer Studie – der Öffentlichkeit Ökobilanzdaten für die verschiedenen Verpackungsmaterialien vorzulegen, stieß jedoch auf entschiedene Ablehnung bei Teilen der Verpackungsindustrie. Die Berechnung einer *speziellen* Verpackung für ein Produkt (z. B. der 0,33 l MW-Flasche der Brauerei XY) war jedoch nicht im Interesse der Umweltverwaltung; diese war viel eher an der Darstellung eines *generischen* Lebensweges einer typischen Getränkeverpackung interessiert, die dem deutschen Durchschnitt nahe kam.

---

[6] bestehend aus dem Fraunhofer Institut für Lebensmitteltechnologie und Verpackung, München (ILV), dem ifeu-Institut, Heidelberg und der Gesellschaft für Verpackungsmarktforschung, Wiesbaden (GVM)

Aber auch diese Umwidmung des Ziels der Ökobilanz wurde seitens der Industrie in Frage gestellt. Hinzu kam, dass inzwischen die VerpackV verabschiedet worden war. Man fürchtete nun zusätzlich, dass durch entsprechende Ergebnisse der Ökobilanz bestimmte Materialien gegenüber anderen künftig bevorzugt werden könnten. Man einigte sich auf die beispielhafte Berechnung der beiden Getränkesegmente *Bier* und *Frischmilch* an Stelle der Veröffentlichung von allgemeinen stoffbezogenen Sachbilanzdaten wie in den Schweizer Studien. Grund dafür war, dass einige beteiligte Industrieverbände nur die Datenfreigabe für die anonymisierten Beispielrechnungen erteilten, nicht jedoch generell für die einzelnen Packstoffe. Außerdem führte diese Kontroverse zwischen einzelnen Industrieverbänden und dem Umweltbundesamt dazu, dass die Ergebnisse erst im Jahre 1995 veröffentlicht wurden.

In den Jahren 1990/91 und 1996 wurden die Schweizer Bilanzstudien jeweils auf den neuesten Stand gebracht und auch die Bewertung neu formuliert bzw. erweitert (BUWAL 1990-1997). In Deutschland wurden die Beispielrechnungen aus (UBA 1995) zur Untermauerung der Vorgaben der Verpackungsverordnung und zur Durchsetzung der Ziele der Abfallvermeidung genutzt.

Seit Abschluss der Studie des Umweltbundesamtes sind von mehreren Wirtschaftskreisen Ökobilanzstudien für verschiedene Getränkeverpackungen durchgeführt worden. Beispiele hierfür sind der Vergleich der 0,7-l-GDB-Perlglasflasche für Erfrischungsgetränke mit der 1,0-l-GDB-PET-Mehrwegflasche[7] oder die Ökobilanz für den Biermarkt der Bundesrepublik Deutschland[8].

4   Laufende Untersuchungen

Im Hinblick auf die anstehende Novellierung der Verpackungsverordnung und zur Erfüllung der Vorgaben aus der EU-Verpackungsdirektive beauftragte das Umweltbundesamt im Sommer 1996 eine neue Projektgemeinschaft mit einer zweiten aktualisierten Ökobilanz für Getränkeverpackungen. Die Projektgemeinschaft besteht aus den vier Institutionen: Prognos Basel, ifeu-Institut Heidelberg, GVM Wiesbaden und Pack Force Oberursel.

Aufgabe war die Analyse der Verpackungen folgender Getränkearten:

- Mineralwasser (inkl. Heil-, Quell- und Tafelwasser),
- kohlensäurehaltige Erfrischungsgetränke,
- Getränke ohne Kohlensäure (Säfte, Nektare usw.) sowie
- Wein.

Um den Erfahrungstransfer aus der ersten UBA-Ökobilanz für Getränkeverpackungen zu Gewähr leisten, sind in der Projektgemeinschaft das ifeu-Institut und die GVM vertreten, die bereits an der ersten Bilanz beteiligt waren. Im Rahmen der Projektgemeinschaft bearbeitet das ifeu-Institut die Arbeitspakete Erhebung, Aktualisierung und Bereitstellung der

---

[7] Auftraggeber: Gerolsteiner Brunnen, abgeschlossenes Vorhaben 1995
[8] Auftraggeber: VIAG Continental Can und Fachvereinigung Behälterglasindustrie

Grundstoffdaten, die Modellierung der Energieerzeugungs-, Transport- und Entsorgungs-prozesse sowie die Umsetzung und Berechnung der Bilanzen und Wirkungspotenziale mit Hilfe des Ökobilanzprogrammes umberto®.

Das Projekt „Ökobilanz für Getränkeverpackungen II" besteht aus zwei Stufen. Im ersten Teil der Status-Quo-Analyse werden die Informationen über die umweltrelevanten Stoff- und Energieströme von 28 relevanten Verpackungssystemen der Sparten Sofortverzehr (<0,5 l) und Vorratskauf (>0,5 l) auf der Grundlage repräsentativer Rahmenbedingungen analysiert. Aufbauend auf der Sachbilanz erfolgt ein Vergleich der ökologischen Wirkungs-potenziale der verschiedenen Verpackungsalternativen. Im zweiten Teil der Untersuchung werden Entwicklungsoptionen für die Zukunft abgeleitet und diese in mehrerlei Hinsicht (z. B. Materialstärke, Technologie, Logistik, usw.) „optimierten" Verpackungen im Vergleich ihrer Wirkungspotenziale ausgewertet. Das Projekt wird durch ein verfahrensbegleitendes Gremium unterstützt, dem Vertreter aus den Bereichen Verpackungsherstellung, Getränke-herstellung und -abfüllung und Getränkehandel angehören. Daneben sind weitere gesell-schaftliche Gruppen eingebunden. Ihre Aufgabe ist eine Beratung der Projektbeteiligten bei Datenfragen und bei der Auswertung der Ergebnisse.

Im Verlaufe der Arbeiten wurden jedoch auch bei diesem Vorhaben besonders von Vertre-tern der Verpackungsindustrie aus den Sparten Metallverpackungen und Getränkekartona-gen sowie von der Coca Cola GmbH als Abfüller über den Bundesverband der deutschen Industrie (BDI) Bedenken gegen das Projekt geäußert und zeitweise die Mitarbeit aufge-kündigt (Plincke, 1998). Die Bedenken konnten erst im Sommer 1998 endgültig ausgeräumt werden, sodass sich die Arbeiten um eineinhalb Jahre verzögerten.

Diese erneuten Kontroversen mit einzelnen Industrieverbänden und die Verzögerung der Fertigstellung der Ökobilanz hatten zur Folge, dass eine Reihe von Abfüllbetrieben in Ab-wartung der Bilanzergebnisse in den Jahren 1996 und 1997 die Neuentwicklungen und –in-vestitionen nicht in dem Maße umgesetzt haben wie normal. Ferner konnte seitens der Ab-füller nicht abgeschätzt werden, ob eventuell Bilanzergebnisse – wie beim Milchschlauch-beutel in der ersten UBA-Ökobilanz für Getränkeverpackungen – zur Einstufung möglicher Innovationen als „ökologisch vorteilhafte Getränkeverpackung" in der VerpackV führen könnten. Daher kam es zu einem „Entwicklungs- und Investitionsstau", der sich 1998 darin widerspiegelte, dass in Ergänzung und in Erweiterung zur UBA-Studie weitere Ökobilanzen von Verbänden und auch von einzelnen Unternehmen in Auftrag gegeben wurden. Dazu zählen beispielsweise der GDB und der Marktführer unter den Mineralwasser-Hersteller, Gerolsteiner Mineralbrunnen, die nun entsprechende Ökobilanzen von der o. g. Projektge-meinschaft erstellen lassen oder die Vereinigung PETCYCLE, die speziell das ifeu beauf-tragt hat.

5　Anforderungen der ISO-Norm an die Ökobilanzen

Die Ergebnisse der o. g. Ökobilanzen werden für das Jahr 1999 erwartet. Besonders zu berücksichtigen ist dabei, dass die Studien konform mit den internationalen ISO-Normen für Ökobilanzen sein müssen, die seit kurzem gültig sind. Dies ist zum einen die grundsätzliche Norm „Ökobilanz – Prinzipien und allgemeine Anforderungen" (ISO 14.040), die 1997 verabschiedet wurde. Zum anderen wurden insbesondere in der Norm „Festlegung des Ziels und des Untersuchungsrahmens sowie Sachbilanz" (ISO 14.041) 1998 wichtige Standards gesetzt, die bei Ökobilanzen künftig zu berücksichtigen sind. Die weiteren Ökobilanznormen zur Wirkungsabschätzung und Auswertung werden für 1999 erwartet (ISO 14.042 und 14.043).

Critical-Review-Prozess

Innerhalb der Erstellung von Ökobilanzen ist neuerdings ein so genannter Critical-Review-Prozess oder eine „kritische Prüfung" vorgesehen, also eine Begutachtung durch von der Studie unabhängige Sachverständige. Diese Sachverständigengruppe prüft z. B., ob die Ökobilanz entsprechend der ISO-Normen erstellt wurde, ob die Methoden wissenschaftlich begründet sind und dem Stand der Technik entsprechen, ob die verwendeten Daten hinreichend und zweckmäßig sind oder ob der Bericht in sich stimmig ist. Der Critical-Review-Prozess kann zum besseren Verständnis beitragen und die Glaubwürdigkeit von Ökobilanzen erhöhen.

Die ISO 14.040 fordert konkret: *„Um die Möglichkeit von Mißverständnissen oder negativen Wirkungen auf außenstehende interessierte Kreise zu verringern, müssen bei Ökobilanz-Studien, deren Ergebnisse zur Begründung vergleichender Aussagen herangezogen werden, kritische Prüfungen vorgenommen werden."*

Zusammenfassend kann man feststellen, dass Ökobilanzen, die veröffentlicht werden und zudem verschiedene am Markt konkurrierende Produkte vergleichen, sich auf Grund der Bedeutung der Ergebnisse einem solchen Critical-Review-Prozess unterwerfen *müssen*. Gerade für den dargestellten Bereich der Getränkeverpackungen ist dieses Vorgehen inzwischen unerlässlich. Dies hat Vor- und Nachteile: Zum einen kann man hoffen, dass durch dieses strenge Verfahren die Akzeptanz der Ergebnisse in der Fachwelt und in der Politik steigen wird. Zum anderen wächst der Aufwand jeder Ökobilanz durch diesen Prüfungsprozess erheblich an. Ökobilanzen werden zu einem professionellen Instrument, das professionellen Ansprüchen genügen muss.

Datenqualität

In der ISO-Norm 14.041 werden die Anforderungen an die Erstellung einer Sachbilanz genauer ausgeführt. Dazu gehören z. B. Fragen des Ziels der Studie, der funktionellen Einheit, auf die der Produktvergleich bezogen ist (im Falle von Getränkeverpackungen i. d. R. die Bereitstellung von 1.000 l Getränk), der Systemgrenzen oder der berücksichtigten Datenkategorien. Dies war auch bisher schon Stand der Ökobilanz-Technik.

Eine besondere Herausforderung ist zusätzlich die Beschreibung der Qualität der Daten, die in eine Ökobilanz einfließen. Diese Forderung ist sinnvoll, da die Ergebnisse und damit möglicherweise auch politische oder wirtschaftliche Entscheidungen wesentlich von den Eingangsdaten abhängen. Berücksichtigt werden sollte der zeitliche, geografische und technische Bezug der Daten, d. h. die Frage, ob die verwendeten Daten mit den Prozessen des modellierten Systems tatsächlich übereinstimmen. Dazu kommen Angaben über die Repräsentativität, die Konsistenz, die Vollständigkeit oder die Genauigkeit der verwendeten Daten.

Für neue Ökobilanzen bedeutet dies eine sehr viel genauere Dokumentation der eingesetzten Daten, was mit teilweise großem Aufwand verbunden ist. Viele Datensätze, die in der Ökobilanz-Fachwelt seit Jahren eingesetzt werden, lassen diese Angaben vermissen oder sind in ihrer Genese im Detail nicht nachvollziehbar. Dazu gehören beispielsweise auch die Veröffentlichungen diverser Industrievereinigungen, die wichtige Datensätze für Grundstoffe, beispielsweise Kunststoffe, bereitgestellt haben. Hier wird in den nächsten Jahren eine Übergangszeit erforderlich sein, bis diese Datensätze den neuen Anforderungen der ISO angepasst wurden. Bis dahin kann man in den entsprechenden Ökobilanzen nur auf gewisse Datenlücken oder mangelnde Dokumentationen u. ä. hinweisen.

Allokationen

In Ökobilanzen treten immer wieder Prozesse auf, bei denen nicht nur ein Produkt hergestellt wird, sondern in einem Kuppelprozess mehrere Produkte entstehen – obwohl für die Ökobilanz nur eines davon benötigt wird. Es tritt dann das Problem der Kuppelprozesszurechnung oder – in der LCA-Fachsprache – der Allokation auf: Wie werden Ressourcenverbrauch oder Emissionen unter den Kuppelprodukten aufgeteilt? Welche Gut- oder Schlechtschriften werden vergeben? Die ISO 14.041 fordert, dass wo auch immer möglich, eine Allokation *vermieden* werden soll. Dies kann z. B. durch eine so genannte Systemerweiterung erfolgen (Mampel, 1995). Systemerweiterungen sind allerdings sehr aufwändig und verringern häufig die Transparenz der Ergebnisse. Auf jeden Fall müssen Allokationen genau beschrieben und dokumentiert sein.

Allokationen treten insbesondere dann auf, wenn im Gesamtsystem neben dem eigentlichen Produkt noch andere verwertbare Stoff- oder Energieströme auftreten. Dies können z. B. nutzbare Energien oder Wertstoffe bzw. Sekundärmaterialien auf der Outputseite der Bilanz sein. Gerade im Getränkeverpackungsbereich ist dies ein relevantes Problem, da quasi alle Packstoffe nach der Verwendung wieder als Sekundärrohstoffe eingesetzt werden können, z. B. Glas, Aluminium, Blech oder Kunststoffe.

Hier müssen geeignete Methoden zur gerechten Anrechnung der entsprechenden Wertstoffströme entworfen und eingesetzt werden. Da die Wahl von unterschiedlichen Allokationsvorschriften meistens ergebnisrelevant ist, verlangt die ISO-Norm sogar eine Sensitivitätsanalyse, was den Aufwand entsprechender Ökobilanzen deutlich erhöht. Auch für die laufenden Ökobilanzen zu Getränkeverpackungen wird dies eine wesentliche Anforderung sein, die es in den kommenden Monaten zu erfüllen gilt.

Literatur

Bund für Umwelt und Naturschutz Deutschland (1995): Leichte Flaschen, schwere Bürde. Bonn

Bundesamt für Umweltschutz Schweiz(1984): Ökobilanz von Packstoffen. Schriftenreihe Umweltschutz 24. Bern, (CH)

Bundesamt für Umwelt, Wald und Landschaft (1990): Methodik für Ökobilanzen auf der Basis ökologischer Optimierung. Schriftenreihe Umweltschutz Nr. 133, Bern (CH)

Bundesamt für Umwelt, Wald und Landschaft (1991): Ökobilanz von Packstoffen Stand 1990. Schriftenreihe Umweltschutz Nr. 132, Bern (CH)

Bundesamt für Umwelt, Wald und Landschaft (1996): Ökoinventare für Verpackungen. Schriftenreihe Umwelt Nr. 250 I und II, Bern (CH)

Bundesamt für Umwelt, Wald und Landschaft (1997): Bewertung in Ökobilanzen mit der Methode der ökologischen Knappheit Ökofaktoren 1997. Schriftenreihe Umwelt Nr. 297 Bern (CH)

Bundesgesetzblatt (1991): Verordnung über die Vermeidung von Verpackungsabfällen (Verpackungsverordnung - VerpackV). Bonn

Bundesministerium für Umwelt, Naturschutz und Reaktorsicherheit (1998): Verordnung über die Vermeidung und Verwertung von Verpackungsabfällen. (Verpackungsverordnung – VerpackV). Neufassung vom 29.5.98. Bonn

Bussien, H.(1998): Der Markt für alkoholfreie Getränke. In: Der Mineralbrunnen, 7/1998, S. 268ff

Frerker, M. (1997): Freiheit von Keimen. Glasverpackung – Fortschrittliche Flaschenreinigungs- und Abfüllverfahren. Getränkeindustrie 10/97, S. 692-694

Gesellschaft für Verpackungsmarktforschung, GVM (1994): Einweg- und Mehrwegverpackung von Getränken. Auswertung für das Umweltbundesamt Vorhabennr. 10350121. Wiesbaden

Gesellschaft für Verpackungsmarktforschung (GVM) (1997): Einweg- und Mehrwegverpackung von Getränken. Auswertung für das Projekt Ökobilanz von Getränken II des UBA.

Informationszentrale Deutsches Mineralwasser, IDM (1998): Deutsche Mineralbrunnen schaffen Rekordabsatz. In: Der Mineralbrunnen 2/98, S.57, Bonn

KFA-Jülich (1981): Analyse des Energie- und Stoffeinsatzes zum Verpacken flüssiger Nahrungs- und Genussmittel. Forschungsprogramm des Bundesministeriums für Forschung und Technologie

Mampel, U. (1995): Zurechnung von Stoff- und Energieströmen – Probleme und Möglichkeiten für Betriebe. In: Schmidt u. Schorb (1995), S. 133-146

Neue Verpackung, NV (1998): Qualitätssicherung für PET-Recyclate Heft 10/98, S.10. Heidelberg

Plincke, E. (1998): Ökobilanz Getränkeverpackungen: Zielsetzungen, Zwischenergebnisse und Perspektiven. in: Flüssiges Obst Heft 8/98 S. 466ff

Rummler, Th.(1998): Novelle der Verpackungsverordnung, Mehrwegschutzquote und Verpackungsentwicklungen. In: Der Mineralbrunnen 6/1998, S. 231ff, Bonn

Schmidt, M., A. Schorb (1995): Stoffstromanalysen in Ökobilanzen und Öko-Audits. Berlin/Heidelberg/New York

Umweltbundesamt (1992): Ökobilanzen für Produkte, Bedeutung – Sachstand – Perspektiven. UBA-Texte 38/92, Berlin

Umweltbundesamt (1995): Ökobilanzen für Getränkeverpackungen. UBA-Texte 52/95, Berlin

Wolters, A. (1997): Fünf Thesen zu Perspektiven der Getränkeverpackung. Getränkeindustrie 8/97, S. 446-448

Naturraumbeanspruchung von Waldökosystemen in Ökobilanzen

Jürgen Giegrich und Knut Sturm[1]

1 Fläche als knappe Ressource

Die Erdoberfläche beträgt 510 Mio. km^2. Davon sind mehr als zwei Drittel Wasseroberfläche, sodass 149,3 Mio. km^2 als Landfläche verbleiben. Vor dem Hintergrund der wachsenden Weltbevölkerung (die günstigste Voraussage geht für das Jahr 2050 von 10,1 Milliarden Menschen aus (UN 1993)) wird sich daher in Zukunft vermehrt die Frage stellen, wie mit der begrenzten Landfläche der Erde umgegangen werden wird.

Dabei stellt sich die Problematik der Flächennutzung in verschiedenen Regionen der Erde sehr unterschiedlich dar. In den seit Jahrhunderten verhältnismäßig dicht besiedelten und entwickelten Regionen der Erde hat der Mensch eine an seine Ansprüche angepasste Kulturlandschaft geschaffen. Er hat damit mehr oder weniger stark in die natürlichen Systeme eingegriffen und es wird dort weiterhin durch geplante Eingriffe mit der gesamten zur Verfügung stehenden Fläche umgegangen (z. B. Flächennutzungspläne in Deutschland). Die Entwicklung der Verkehrsinfrastruktur, die Art der städtischen und ländlichen Siedlungen sowie die Nutzungformen in der Land- und Forstwirtschaft prägen diese Art der Flächenplanung. Konflikte der Flächennutzung ergeben sich dabei vor allen Dingen durch die Art und Intensität der Nutzung, die durch unterschiedliche Interessen und Werthaltungen geprägt sind.

Dagegen existieren in weniger dicht besiedelten oder in weniger entwickelten Regionen der Erde Flächen, die entweder nicht oder kaum vom Menschen genutzt werden. Durch die bisherige geringe Einflussnahme der Menschen liegen dort weitgehend sich natürlich entwickelnde Systeme vor. Doch die Tatsache, dass auch in solchen Regionen eine den Interessen der Menschen angepasste Entwicklung stattfindet, führt zu einem teilweise dramatischen Rückgang der bis heute weitgehend natürlichen Systeme. Das Ausmaß und die Intensität der Umwandlung unberührter Flächen in Kulturflächen stellt hier den grundlegenden Konflikt dar, wobei der Streitpunkt im Wert der unberührten Natur gegenüber einer sozioökonomischen Nutzung begründet liegt.

---

[1] Büro für Angewandte Waldökologie, Duvensee

Der Konflikt um die Nutzung von Flächen entspinnt sich sowohl in kleinräumigen Zusammenhängen wie z. B. in Konkurrenzen zwischen Land- und Forstwirtschaft, Siedlungsbebauung, Verkehrsflächen, Tagebau und naturgeschützten Flächen als auch weltweit z. B. durch den Konflikt um den tropischen Regenwald als CO_2-Reservoir gegenüber einer landwirtschaftlichen Nutzung. Es ist davon auszugehen, dass sich dieser Konflikt in Zukunft weiter zuspitzt. So drängen die Siedlungs- und Verkehrsflächen in den entwickelten Ländern immer stärker in land- und forstwirtschaftlich genutzte Räume vor oder führen die nachholende Entwicklung und der Bevölkerungszuwachs in wenig entwickelten Ländern zu einer weiteren Zerstörung der ursprünglichen natürlichen Systeme. Auch bisher noch wenig sichtbare Konflikte z. B. zwischen der Nutzung von landwirtschaftlichen Flächen für die Nahrungsmittelproduktion, der Produktion von Rohstoffen (Holz, Hanf, etc.), der Erzeugung von Energieträgern (z. B. Raps) oder den Zwecken des Naturschutzes sind hier zu nennen.

Es ist damit durchaus gerechtfertigt, die Landfläche der Erde als eine Ressource zu verstehen, die nur in einem begrenzten Umfang zur Verfügung steht. Eine vorausschauende Umweltpolitik muss daher der Nutzung der endlichen Flächen im kleinräumigen Maßstab wie auch weltweit entsprechende Beachtung schenken.

Die Nutzung der knappen Ressource Fläche ist demnach bei umfassenden Umweltbewertungsinstrumenten wie der Produkt-Ökobilanz unbedingt mit zu berücksichtigen. Die ökologische Gegenüberstellung von Systemen, die erschöpfliche Ressourcen wie die fossilen Energieträger nutzen, und Systemen, die dieselbe Leistung durch die Beanspruchung von Flächen wie z. B. bei Bioenergieträgern erbringen, ist ohne die Berücksichtigung des Flächeneingriffs nicht zu beurteilen.

Der Eingriff oder die Beanspruchung der Ressource Fläche ist deshalb unbedingt als eine Wirkungskategorie im Rahmen der Wirkungsabschätzung einer Produkt-Ökobilanz mit einzubeziehen. Selbstverständlich kann auf diese Wirkungskategorie in einer ökobilanzierenden Untersuchung verzichtet werden, wenn sich die zu vergleichenden Optionen in ihrer Flächeninanspruchnahme nicht wesentlich unterscheiden. Gerade bei Untersuchungen, die sich durch einen unterschiedlichen Einsatz nachwachsender Rohstoffe unterscheiden, führt die Nicht-Berücksichtigung der Ressource Fläche zu einer einseitigen Beurteilung.

Um die endliche Ressource Fläche als Wirkungskategorie im Rahmen der Wirkungsabschätzung anwenden zu können, ist deren Präzisierung und Operationalisierung notwendig. Im Rahmen des Projektes „Ökologische Bilanzierung grafischer Papiere" wurde eine Methode entwickelt, um die Beanspruchung der Ressource Fläche für den Waldbau bestimmen zu können. Sie wird im Folgenden vorgestellt. Die Methode muss es allerdings auch erlauben, andere Flächennutzungen – außer dem Waldbau – mit einbeziehen zu können.

2 Eine Methode zur Bestimmung von Flächenqualitäten

Wird der ökologische Bestand einer Fläche in einer Ökobilanz berücksichtigt, so werden darunter alle flächenbezogenen Umweltbelastungen verstanden, wie z. B. die Verringerung der biologischen Diversität, Land-Erosion, Beeinträchtigung der Landschaft usw. Es erscheint angebracht, mit dem Begriff „Naturraum" alle darin enthaltenen natürlichen Zusammenhänge zu verstehen und zu beschreiben – im Gegensatz zum Begriff der Fläche.

Diese Überlegungen führen dazu, verschiedene Qualitäten von Flächen zu definieren und sie als in der Sachbilanz zu erhebender Systemparameter einzuführen. Die einzelnen Flächenqualitäten könnten dann in ihrer Ausdehnung bestimmt werden und damit für einen Vergleich von Systemen zugänglich gemacht werden.

Zu diesem Zweck wurde eine Methode zur Wirkungsabschätzung, die auf der Beschreibung des „Natürlichkeitsgrades" (Hemerobiestufen) von Naturräumen aufbaut, weiterentwickelt (Klöppfer, Renner 1995) und speziell für Waldökosysteme spezifiziert. Entscheidender Punkt der Methode ist die Beschreibung der Flächenqualitäten in sieben Qualitätsklassen mit abnehmendem Natürlichkeitsgrad, wobei alle Landflächen in dieses Qualitätsraster einordenbar sein müssen. Waldflächen können den ersten fünf Natürlichkeitsklassen zugeordnet werden. Klasse I entspricht dabei „unberührter Natur", für die über lange Zeit keinerlei Nutzung erfolgen darf. Die vier folgenden Klassen gelten der forstlichen Nutzung von naturnaher bis naturferner Waldnutzung. Die Natürlichkeitsklassen IV, V und VI umfassen die landwirtschaftliche Nutzung und überschneiden sich damit in zwei Klassen (IV und V) mit der forstlichen Nutzung. Der Natürlichkeitsklasse VII entspricht versiegelten oder sehr lange Zeit degradierten Flächen wie z. B. Deponien.

Zur Erläuterung ist auf einige Aspekte der Einteilung hinzuweisen:

- In Klasse I „natürlich" findet definitionsgemäß keinerlei Nutzung statt. Daher kann die Klasse I grundsätzlich nicht von einem Produktsystem belegt sein.
- Forstwirtschaftliche Nutzungen sind in den vier Natürlichkeitsklassen von Klasse II bis Klasse V einzuordnen.
- Landwirtschaftliche Nutzungen sind in den vier Natürlichkeitsklassen von Klasse III bis Klasse VI einzuordnen.
- Zur Differenzierung land- und forstwirtschaftlicher Nutzungsformen stehen demnach die mittleren fünf Klassen zur Verfügung und führen zwangsläufig durch die Überschneidungen zu Gleicheinteilungen bestimmter Nutzungsformen.
- Alle langfristig versiegelten und beeinträchtigten Flächen sind in Klasse VII einzuordnen, wobei denkbar ist, dass bei Bedarf eine Unterteilung in rückbaubar versiegelte Flächen (Siedlungsflächen, Verkehrsflächen, etc.) und nicht rückbaubar beeinträchtigte Flächen (Deponien, Altlasten, Stauseen, etc.) denkbar wäre.
- Spezielle Nutzungen wie Tagebau sind in Einklang mit den Eingriffstiefen, die sich aus den Messvorschriften der forst- und landwirtschaftlichen Nutzungen ergeben, zu behandeln. Der Zeitaspekt der Nutzung ist dabei zu beachten (siehe unten).

Tabelle 1   Beschreibung der Natürlichkeitsklassen

Natürlich-keitsklasse	Bezeichnung der Klasse	grobe Bezeichnung von Nutzungsformen; nach Messvorschriften zu präzisieren
I	natürlich	unbeeinflusstes Ökosystem, Urwald
II	naturnah	naturnahe forstwirtschaftliche Nutzung
III	bedingt naturnah	bedingt naturnahe forst- und landwirtschaftliche Nutzung
IV	halbnatürlich	halbnatürliche forst- und landwirtschaftliche Nutzung
V	bedingt naturfern	bedingt naturferne forst- und landwirtschaftliche Nutzung
VI	naturfern	naturferne landwirtschaftliche Nutzung
VII	nicht-natürlich künstlich	langfristig versiegelte und beeinträchtigte Flächen

Zwei wichtige methodische Festlegungen sind:

Räumlicher Bezug

Flächeninanspruchnahmen eines Produkt-Systems können weltweit auftreten. Somit ist auf jeden Fall die Forderung zu erheben, dass die detailgenaue Messvorschrift in der Lage sein muss, prinzipiell alle Landflächen der Erdoberfläche mit einzubeziehen. Das wird nicht ohne Modifikationen für verschiedene Klimazonen der Erde möglich sein. Die grundsätzliche Vorgehensweise bei der Datenerhebung und Verarbeitung sollte gleich sein, während die einzelnen Modifikationen den speziellen Verhältnissen Rechnung tragen müssen. Als Beispiel kann die Anpassung der Bewertung von Waldflächen der gemäßigten Zone auf die boreale Zone angesehen werden, die grundsätzlich z. B. auch auf tropische Wälder ausgedehnt werden kann.

Als weiterer räumlicher Bezug muss eine gewisse Mindestgröße einer zu beurteilenden Fläche der Klassen 1 bis 6 (also außer den versiegelten Flächen) Gewähr leistet sein. Da Aspekte der Strukturvielfalt und Zerschneidung zu beurteilen sein werden, sollten keine Flächen kleiner als 1 km^2 zur Beurteilung kommen.

Zeitlicher Bezug

Verschiedene Nutzungen haben einen verschiedenen zeitlichen Bezug. So sind Flächenversiegelungen in der Regel für unbestimmt lange Zeit anzusehen, während bestimmte landwirtschaftliche Kulturen für ein Jahr angelegt werden. Forstwirtschaftliche Nutzungen wiederum sind auf Jahrzehnte bis über ein Jahrhundert geplant, wobei jedoch immer kurzfristige Änderungen der Konzeption auftreten könnten. Schwierig sind die zeitlichen Beeinträchtigungen von z.B. Tagebau-Aktivitäten oder Ablagerungen einzuschätzen.

Die meisten Methodenansätze beziehen daher die Dauer der Nutzung einer Fläche – auch entsprechend der Qualität ihrer Nutzung – mit ein. Ein gewisser Unsicherheitsfaktor, der auf Mutmaßungen beruht, kommt hier auf jeden Fall mit ins Spiel.

Es muss für die „Messung" auf jeden Fall von der heutigen und zurückliegenden Situation bezüglich der Flächeninanspruchnahme ausgegangen werden. Um die Unsicherheit zukünftiger Nutzungen mit einzubeziehen, sollte eine Extrapolation der jetzigen Nutzung in die Zukunft unterstellt werden. Eine grundsätzlicher Zeitraum von etwa 100 Jahren – also drei Generationen – ist überschaubar und sollte zu Grunde gelegt werden. Nur bei gravierenden zu erwartenden Änderungen für diesen pauschalen Zeitraum wäre die mittlere Einschätzung der Fläche anzupassen. Es sind Erfahrungen zu sammeln, ob eine solchermaßen einfache Herangehensweise in vielen Fällen zu Fehleinschätzungen führt oder nicht.

3 Die konkrete Umsetzung der Methode

Das Konzept zur Bestimmung der Naturraumbeanspruchung beinhaltet, die Natürlichkeit des Waldökosystems mit drei Arten der Naturnähe zu bestimmen (Giegrich, Sturm 1996):

1. Die Naturnähe des Bodens
2. Die Naturnähe der Waldgesellschaft
3. Die Naturnähe der Entwicklungsbedingungen

Da diese drei Kriterien nicht mit jeweils einer Zahl zu erfassen sind, wurden pro Kriterium sechs oder sieben Indikatoren entwickelt, die es ermöglichen sollen, die Naturnähe des Kriteriums möglichst gut zu beschreiben. Folgende Indikatoren wurden ausgewählt (Die Abkürzung AH bedeutet ein Indikator des aktiven Handelns und SQ des Status quo.):

Kriterium: Naturnähe des Bodens
Indikator 1: Intensität mechanischer Bodenbearbeitung (AH)
Indikator 2: Waldzerschneidung (SQ)
Indikator 3: Intensität stofflicher Eingriffe (Kalkung und Düngung) (AH)
Indikator 4: Intensität stofflicher Eingriffe (Pestizideinsatz) (AH)
Indikator 5: Kontinuität der Bodenentwicklung (SQ)
Indikator 6: Kontinuität alter Waldstandorte (AH)
Indikator 7: ungestörter Wasserhaushalt im Oberboden (AH)

Kriterium: Naturnähe der Waldgesellschaft
Indikator 1: Naturnähe der Vegetationszusammensetzung (SQ)
Indikator 2: Naturnähe der Anbauten (AH)
Indikator 3: relative Baumartenvielfalt (SQ)
Indikator 4: vertikale und horizontale Strukturvielfalt (SQ)
Indikator 5: Totholzvorrat (SQ)
Indikator 6: typische Kleinstrukturen (SQ)

Kriterium: Naturnähe der Entwicklungsbedingungen
Indikator 1: Spontanität der Vegetationsentstehung (SQ)
Indikator 2: Spontanität der Walderneuerung (AH)
Indikator 3: Spontanität der Vegetationsentwicklung (SQ)
Indikator 4: Intensität der Pflegeeingriffe (AH)

Indikator 5: Kontinuität der Vegetationsentwicklung (SQ)
Indikator 6: Intensität der Endnutzung (AH)
Indikator 7: Annahme zufälliger Entwicklungen (AH)
Die Messung der Indikatoren erfolgt dabei durch klare Erfassungsvorschriften und eine eindeutige Zuordnung zu fünf Klassen. Die Zuordnung zu einer Klasse kann dabei als die „Messung" verstanden werden. Die Klasseneinteilung als Messvorschrift muss dabei für jede klimatische Waldzone angepasst gewählt werden. Am Beispiel der ersten zwei Indikatoren soll die Vorgehensweise dargestellt werden:

Indikator 1 zur Naturnähe des Bodens: Intensität mechanischer Bodenbearbeitung (AH)

Die natürliche, anthropogen ungestörte Bodenstruktur soll geschützt bzw. ihre Entwicklung zugelassen werden. Zulässig sind nach dieser Zielsetzung nur systemkonforme Bodenbearbeitungen, die in Art und Intensität auch im natürlichen Waldökosystem vorkommen. Dazu zählt z. B. eine kleinflächige Bodenverwundung im Oberboden. Bezugsfläche ist die gesamte angefallene Verjüngungsfläche im Untersuchungszeitraum.

Klasse 1:	Im Untersuchungszeitraum wurde auf der gesamten Verjüngungsfläche keine Bodenbearbeitung durchgeführt.
Klasse 2:	Im Untersuchungszeitraum wurde *teilflächig oberflächliche* Bodenbearbeitung durchgeführt.
Klasse 3:	Im Untersuchungszeitraum wurde ganzflächig oberflächliche Bodenbearbeitung durchgeführt, wobei bis zu 10 % der Fläche auch tief, d. h. im *Mineralboden,* bearbeitet worden sein kann.
Klasse 4:	Im Untersuchungszeitraum wurde teilflächig Bodenbearbeitung im Mineralboden durchgeführt.
Klasse 5:	Im Untersuchungszeitraum wurde vollflächig Bodenbearbeitung im Mineralboden durchgeführt.

Praktische Erfassung: Für das gesamte Untersuchungsgebiet wird die abschließend verjüngte Waldfläche des Untersuchungszeitraums ermittelt. Aus den Betriebswerken, Jahresberichten, Revierbüchern oder den Angaben des Waldbesitzers bzw. einer beauftragten Person werden die Flächenangaben für die einzelnen Bodenbearbeitungsverfahren und ihre Flächigkeit ermittelt. Daraus wird die Klasse abgeleitet.

Indikator 2 zur Naturnähe des Bodens: Waldzerschneidung (SQ)

Wälder sollen aus großen zusammenhängenden Beständen aufgebaut sein. Der Anteil der Waldbodenfläche, die von Wegen eingenommen wird, soll möglichst gering sein. Die Wegedichte sollte daher ein notwendiges Minimum möglichst nicht überschreiten.

Klasse 1:	Die Wegedichte der LKW-fähigen Wege ist unter 25 lfm/ha.
Klasse 2:	Die Wegedichte der LKW-fähigen Wege ist zwischen 25 und 35 lfm/ha.
Klasse 3:	Die Wegedichte der LKW-fähigen Wege ist zwischen 35 und 50 lfm/ha.
Klasse 4:	Die Wegedichte der LKW-fähigen Wege ist zwischen 50 und 70 lfm/ha.
Klasse 5:	Die Wegedichte der LKW-fähigen Wege ist über 70 lfm/ha.

Praktische Erfassung: Die Angaben über die Wegedichte der LKW-fähigen Wege werden aus den Betriebswerken oder den Jahresberichten entnommen.

Zur Umsetzung dieser Methode für Waldökosysteme sind auf Sachbilanzebene eine Reihe von Informationen notwendig, die aus dem üblichen Raster der Input-Output-Angaben herausfallen. Für die Abschätzung der Flächenqualitäten von genutzten Waldökosystemen sind dazu folgende Sachbilanzinformationen bezogen auf einen Forstbetrieb, ein Forstamt oder eine sonstige definierte Waldfläche zu erheben:

Naturnähe des Bodens

- Umfang und Intensität der gegenwärtigen Bodenbearbeitung (AH)
- Wegedichte der Lkw-fähigen Wege (SQ)
- Umfang und Intensität von Kalkung und Düngung (AH)
- Umfang und Intensität des Pestizideinsatzes (AH)
- Umfang der Bodenbearbeitung und Stoffzufuhr in der Vergangenheit (SQ)
- Gegenwärtiger Umgang mit „alten Waldstandorten" (AH)
- Umfang und Intensität von Entwässerungsmaßnahmen (AH)

Naturnähe der Waldgesellschaft

- Anteil an Baumarten des Sukzessionsmosaiks der natürlichen Waldgesellschaft (SQ)
- Anteil naturnaher Anbauten der Baumarten (AH)
- Relative Baumartenvielfalt bezogen auf die natürliche Waldgesellschaft (SQ)
- Anteil der vertikalen und horizontalen Strukturvielfalt (SQ)
- Ausdehnung und angepasste Menge des Totholzvorrats (SQ)
- Umfang vorhandener ökosystemtypischer Kleinstrukturen (SQ)

Naturnähe der Entwicklungsbedingungen

- Anteil der Spontanität der Baumartenverjüngung (SQ)
- Art und Umfang der Walderneuerung (AH)
- Art und Umfang der Spontanität der Vegetationsentwicklung (SQ)
- Art und Intensität der Pflegeeingriffe (AH)
- Umfang massiver Eingriffe in die Vegetationsentwicklung in der Vergangenheit (SQ)
- Art und Intensität der Endnutzung (AH)
- Art des Umgangs mit zufälligen Entwicklungen; z.B. Windwurf (AH)

Mit Hilfe dieser Sachbilanzinformationen werden für alle in Betracht kommenden Waldflächen auf der Ebene der Wirkungsabschätzung Aggregationen vorgenommen, um die Informationen zu verdichten. Dazu wird für jeden der sechs oder sieben Indikatoren einer der drei Naturnähekriterien eine Klasse bestimmt (von 1 bis 5). Der linke Teil der Tabelle 2 zeigt dieses Vorgehen an dem Beispiel „Naturnähe des Bodens". Anschließend werden die Anzahl der ermittelten Klassen mit dem Klassengewicht multipliziert und addiert. Durch Division mit der Anzahl der Indikatoren (hier: sieben) ergibt sich ein Mittelwert des Naturnähekriteriums Boden. Daraus wird dann eine Wertkategorie auf der möglichen Skala von 1 bis 5 gebildet (Tabelle 3).

                                                    Jürgen Giegrich, Knut Sturm

Tabelle 2   Rechenbeispiel zur Ermittlung des Mittelwertes des Naturnähekriteriums Boden

Indikator Naturnähe des Bodens	ermittelte Klasse		Anzahl d. Klassen	Klasse x Anzahl
Indikator 1	1	Klasse 1	3	3
Indikator 2	5	Klasse 2	1	2
Indikator 3	1	Klasse 3	1	3
Indikator 4	3	Klasse 4	1	4
Indikator 5	2	Klasse 5	1	5
Indikator 6	1	Summe		17
Indikator 7	4			
		Durchschnitt bei 7 Indikat.		2,4

Tabelle 3   Bestimmung einer Wertkategorie aus dem Mittelwert aus Tabelle 2

Wertkategorie A	1,0 - 1,6
Wertkategorie B	1,7 - 2,5
Wertkategorie C	2,6 - 3,4
Wertkategorie D	3,5 - 4,2
Wertkategorie E	4,3 - 5,0

Die Bestimmung der drei Wertkategorien bezogen auf die drei Kriterien der Naturnähe ermöglicht es nun, eindeutige Zuordnungen zu den vier für den Waldbau möglichen Natürlichkeitsklassen zu vollziehen. Eine Waldbaufläche kann so mit einem geringen Aufwand einer der Natürlichkeitsklassen zugeordnet werden und mit den anderen Input-Output-bezogenen Sachbilanzdaten verknüpft werden.

Tabelle 4   Einordnung einer Fläche in eine Natürlichkeitsklasse mit Hilfe der drei Wertkategorien

Natürlichkeitsklasse I	-	keinerlei forstliche oder sonstige Nutzung
Natürlichkeitsklasse II	-	alle drei Naturnähearten in A oder B
Natürlichkeitsklasse III	-	mindestens eine Naturnäheart in A oder B und keines in D oder E oder alle in C
Natürlichkeitsklasse IV	-	mindestens eine Naturnäheart in D oder E
Natürlichkeitsklasse V	-	alle drei Naturnähearten in D oder E
Natürlichkeitsklasse VI	-	Intensivlandwirtschaft
Natürlichkeitsklasse VII	-	langfristig versiegelte oder degradierte Flächen

Während die Auswahl der Indikatoren und die Klassenbildung zu deren Messung wissenschaftlichen Erwägungen folgt, ist die Mittelwertbildung und die Zuordnung zu den Natürlichkeitsklassen nur über Konventionen zu regeln.

Das Ergebnis der Wirkungsabschätzung für die Kategorie der Naturraumbeanspruchung führt zu einer Flächenangabe in ha oder km^2 versehen mit einer Natürlichkeitsklasse. Um differenziertere Aussagen machen zu können, sollten die in einer Arbeit abgeschätzten Flächen als Verteilung dargestellt werden.

4 Abschätzung zur Verteilung der Natürlichkeitsklassen

Die flächenmäßige Zuordnung der Waldbauformen in der Ökobilanz „grafische Papiere" wurde gutachterlich auf der Grundlage einer Umfrage zu waldbaulichen Zielen in der Bundesrepublik vorgenommen. Hierzu wurden alle Länder und deren zuständige Forstverwaltungen angeschrieben und um Informationsmaterial zu waldbaulichen Zielen und Ausführungsbestimmungen gebeten. Außerdem wurden „Leistungsberichte" bzw. „betriebswirtschaftliche Auswertungen" von konkreten Betrieben und Verwaltungen angefordert.

Aus dem vorliegenden Material konnte eine Einstufung der Waldfläche in die vier Intensitätsstufen der im Methodenbericht dargestellten Wirkungsabschätzungsmethode zur Naturraumbeanspruchung von Wald vorgenommen werden. Die zur Sachbilanzmodellierung verwendeten vier Intensitätsstufen nach (Otto 1994) wurden dabei berücksichtigt. Als fünfte Stufe kommen noch die stillgelegten Waldflächen hinzu, die durch Nationalparks, Naturwaldreservate, Naturschutzgebiete mit strengen Schutzgebietsverordnungen und streng geschützte Biotope (Teile der 20c BNatGe) gekennzeichnet sind. Die stillgelegten Waldflächen wurden großzügig mit etwa 5 % der Waldfläche Deutschlands angegeben und sind mit der Naturnäheklasse I identisch.

Die Waldflächen Deutschlands wurden mit Hilfe der forstwirtschaftlichen Leitbilder, der Besitzstrukturen und den dazugehörigen Flächenanteilen gutachterlich nach den verschiedenen Intensitätsstufen abgeschätzt und eingeteilt. Dazu wurden folgende Argumentationslinien berücksichtigt:

- In eine intensive Maximierungsstrategie wurden einige Großprivatwaldbetriebe und einige Forstämter verschiedener Landesforstverwaltungen einbezogen (Brandenburg und Bayern). Insgesamt etwa 10 % der deutschen Waldfläche entsprechen der Naturnäheklasse V.
- Die so genannte Substanz-Optimierungsstrategie ist typisch für ländlich geprägte Kommunalwälder (vor allem in Süddeutschland), für Teile der Staatsforstverwaltungen und größere Privatwaldbetriebe. Insgesamt etwa 30 % der deutschen Waldfläche entsprechen der Naturnäheklasse IV.
- Den größten Anteil in der Bundesrepublik dürfte jedoch eine Nutzungs-Optimierungsstrategie einnehmen. Sie ist selbst mit einer großen Spannbreite an Nutzungsmöglichenkeiten ausgestattet und dürfte typisch für alle Waldbesitzer und Regionen sein. Insgesamt etwa 50 % der deutschen Waldfläche entsprechen der Naturnäheklasse III.

- Eine Extensivierungsstrategie ist in großstädtischen Kommunalwäldern als Ziel vorhanden und als Zufallsprodukt in Teilen des Kleinprivatwaldes. Insgesamt etwa 5 % der deutschen Waldfläche entsprechen der Naturnäheklasse II.

Abb. 1 zeigt die abgeschätzte Verteilung nach den Intensitätsstufen der Bewirtschaftung, die in Einklang mit der Methode zur Ermittlung der Naturraumbeanspruchung von Wäldern (Giegrich, Sturm 1996) bestimmt wurden. Gibt es unterschiedliche Einschätzungen zu dieser Verteilung, so ist die Methode in der Lage, mit präzisen Angaben auf der Ebene der Forstämter die Verteilung der Natürlichkeitsklassen nachzuvollziehen. Diese Vorgehensweise bedarf eines gewissen Aufwandes, ist jedoch mit einem Arbeitseinsatz von etwa einem halben Tag pro Forstamt ohne weiteres zu vollziehen. Erst in Kenntnis der Ergebnisse der Ökobilanz sollte entschieden werden, ob der dazu notwendige Arbeitsaufwand gerechtfertigt wäre und eine höhere Genauigkeit als durch diese gutachterliche Einschätzung mögliche Zielkonflikte bereinigt.

Im Vergleich zur mitteleuropäischen Waldwirtschaft ist die nordeuropäische Forstwirtschaft insgesamt intensiver. Einzig die stillgelegten Flächen sind mindestens doppelt so stark vertreten. Dies hängt mit unterschiedlichen Naturschutzstrategien zusammen. Liegt der Schwerpunkt des mitteleuropäischen Waldnaturschutzes stärker im Integrieren von Naturschutzzielen in eine naturnahe Waldwirtschaft, so ist für Nordeuropa eine stärkere Funktionentrennung zwischen Schutz- und Nutzfunktion typisch. Nordeuropäischer Waldnaturschutz zielt somit auf möglichst große unberührte Waldschutzgebiete und weniger auf eine naturnahe Waldwirtschaft auf der gesamten forstlich genutzten Fläche.

Eine grobe gutachterliche Einschätzung der Naturnähe nordeuropäischer Waldfläche wurde mit Hilfe der statistischen Jahrbücher der nordischen Forstindustrie und zweier Exkursionen in Nordeuropa vorgenommen. Abb. 2 stellt diese Einschätzung dar.

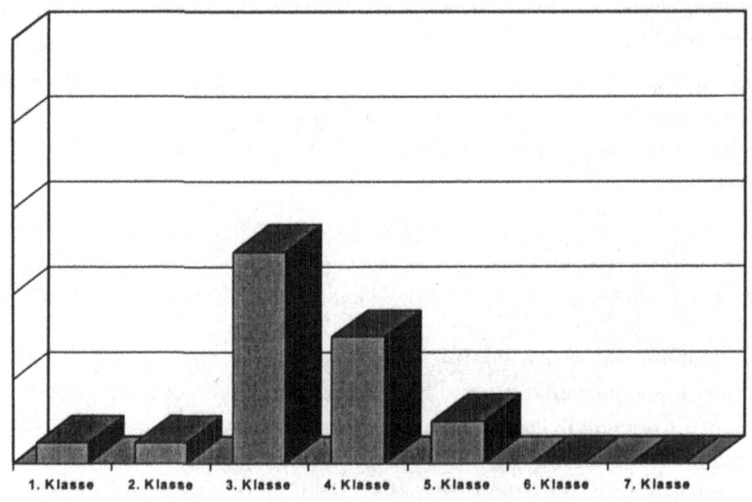

Abb. 1   Verteilung der Qualitätsstufen der Natürlichkeitsklassen für Waldflächen in der BRD 1996

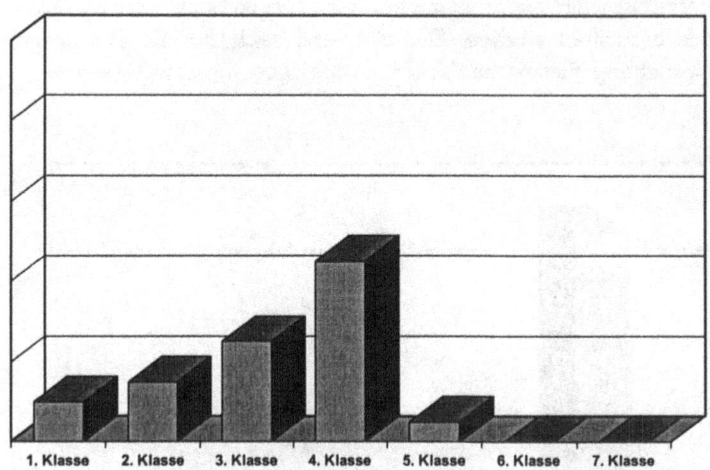

Abb. 2   Verteilung der Qualitätsstufen der Natürlichkeitsklassen für Waldflächen in Nordeuropa 1996

Es muss hier abschließend betont werden, dass die Einordnung entsprechend der Methode nach klaren Vorgaben erfolgt oder im Zusammenhang mit dieser gutachterlichen Abschätzung jederzeit genau erfolgen kann. Die Einordnung ergibt sich aus den zuvor festgelegten Kriterien und den Einordnungsregeln. *Die dargestellten Verteilungen stellen daher keine Wertung im Sinne von besser oder schlechter dar,* sondern sind lediglich eine Präsentation der Ergebnisse nach Anwendung der Methode und eine Anordnung anhand des Maßstabs „Naturnähe".

Eine Aussage im Sinne einer bewertenden Ökobilanz ist erst möglich, wenn ein klares Umweltqualitätsziel auf der Ebene eines gewünschten Verteilungsmusters für die Naturnähe bezogen auf eine Gesamtfläche (hier der Waldfläche Deutschlands) formuliert wird. Erst dann ist sozusagen die mögliche Diskrepanz zwischen dem angestrebten Umweltziel und der aktuellen Situation die Grundlage für eine Einschätzung.

Im Folgenden werden zwei mögliche Umweltziele für die Naturraumbeanspruchung von Waldflächen als Verteilung der Natürlichkeitsklassen präsentiert. Die zwei Vorschläge sind sehr unterschiedlich und sollen verdeutlichen, wie unterschiedlich auch die daraus zu ziehenden Schlussfolgerungen bzw. Bewertung einer Ökobilanz ausfallen kann.

In Abb. 3 wird die Natürlichkeitsklassenverteilung für ein Umweltziel „Naturschutz auf der Fläche" abgebildet, das einen geringen Anteil Fläche ohne jegliche Nutzung aufweist und ansonsten nur naturnahe Nutzung vorgibt. Abb. 4 stellt dagegen ein Umweltziel „Naturschutz in Reservaten" dar. Es zeichnet sich dadurch aus, dass es einen höheren Anteil ohne jegliche Nutzung besitzt (Reservate), um diese Kerngebiete eine abgestufte Nutzungsintensität stattfindet und den großen verbleibenden Rest ohne irgendwelche Anforderungen zur Nutzung freigibt (z. B. Plantagen, Monokulturen).

Der spezifische Beitrag jeder Natürlichkeitsklasse kann in Bezug auf die gesamte Waldfläche Deutschlands berechnet werden. Dadurch sind auch für die Wirkungskategorie der
Naturraumbeanspruchung die methodischen Grundlagen für eine Bewertung in Ökobilanzen gegeben.

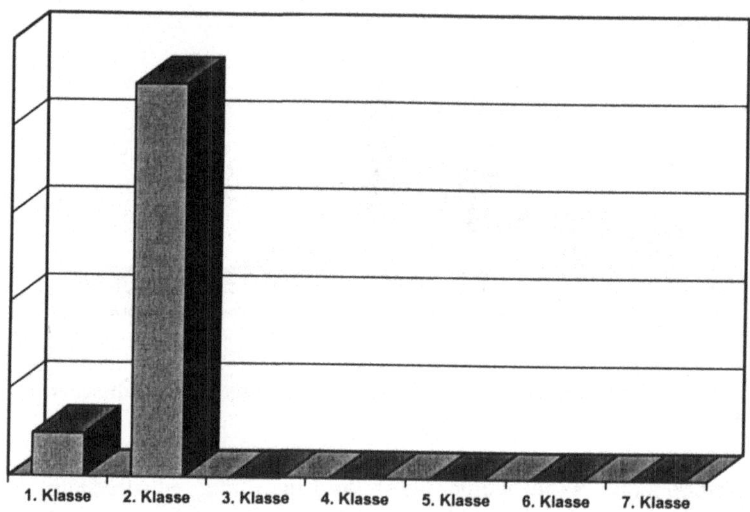

Abb. 3   Darstellung des Umweltziels „Naturschutz auf der Fläche" in der BRD mit Hilfe eines
Verteilungsmusters für Natürlichkeitsklassen für Waldflächen

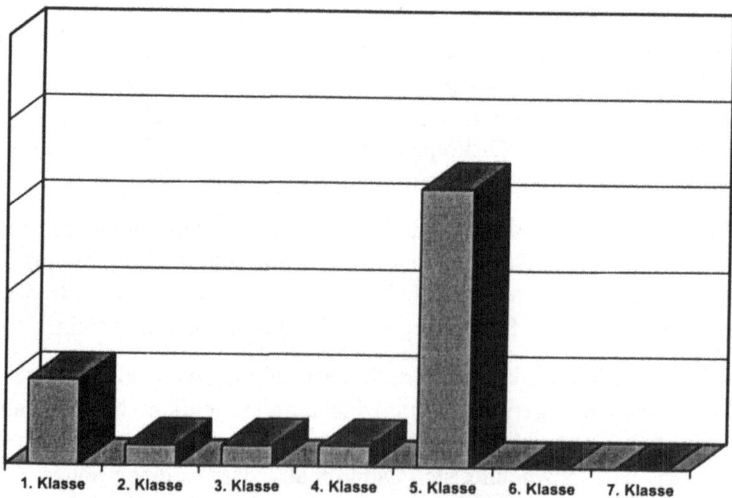

Abb. 4   Darstellung des Umweltziels „Naturschutz in Reservaten" in der BRD mit Hilfe eines
Verteilungsmusters für Natürlichkeitsklassen für Waldflächen

Literatur

Biewald, G., W. Schuhmacher (1991): Kartierung und Bewertung von Mittelgebirgslandschaften im Hinblick auf den Arten- und Biotopschutz; Landesausschuss für landwirtschaftliche Forschung. Erziehung und Wirtschaftsberatung beim Ministerium für Umwelt, Raumordnung und Landwirtschaft des Landes Nordrhein-Westfalen. Bonner Wissenschaftliche Berichte. Forschung und Beratung. Reihe B, Heft 41. Bonn

Blonk, H., E. Lindeijer, J. Broers (1996): Towards a methodology for taking physical degradation of ecosystems into account in LCA. IVAM Environmental Research. Amsterdam

DIN (1995): Arbeitsergebnis des Normenausschusses Grundlagen des Umweltschutzes. Arbeitsausschuss 3. Unterausschuss 2

Eckert, H., G. Breitschuh, Kritische Umweltbelastungen Landwirtschaft (KUL) (1996): Ein Verfahren zur Erfassung und Bewertung landwirtschaftlicher Umweltwirkungen. Thüringer Landesanstalt für Landwirtschaft. Jena

Giegrich, J., A. Detzel (1998): Ökologischer Vergleich grafischer Papiere. Im Auftrag des Umweltbundesamtes. FKZ 103 50 120. Heidelberg

Giegrich, J., K. Sturm (1998): Methodenvorschlag: Operationalisierung der Wirkungskategorie Naturraumbeanspruchung. Zwischenbericht des Forschungsvorhabens Ökologischer Vergleich grafischer Papiere. Überarbeitete Version. Im Auftrag des Umweltbundesamtes. FKZ 103 50 120. Heidelberg

Giegrich, J., K. Sturm (1998): Dokumentation der Waldbaumodule. Teilbericht des Forschungsvorhabens Ökologischer Vergleich grafischer Papiere. Im Auftrag des Umweltbundesamtes. FKZ 103 50 120. Heidelberg

Kaltschmitt, M., G. Reinhardt (1997): Nachwachsende Energieträger: Grundlagen, Verfahren, ökologische Bilanzierung. Braunschweig/Wiesbaden

Kaule, G. (1986): Arten- und Biotopschutz. Stuttgart

Klöpffer, W., I. Renner (1995): Methodik der Wirkungsbilanz von Produkt-Ökobilanzen unter Berücksichtigung nicht oder nur schwer quantifizierbarer Umwelt-Kategorien. In: Umweltbundesamt (Hrsg.): Methodik der produktbezogenen Ökobilanzen-Wirkungsbilanz und Bewertung. UBA-Texte 23/95. Berlin

Ludwig, B. (1991): Methode zur ökologischen Bewertung der Biotopfunktion von Biotoptypen. Bochum

Otto, H.-J. (1994): Waldökologie. Stuttgart

Otto, H.-J. (1994): Verminderung der waldbaulichen Intensität und des Schwachholzaufkommens durch naturnahen Waldbau? – Möglichkeiten und Zwänge. In: Forst und Holz. 49. Jahrgang, Nr. 14

UN (1993): World Population Prospects. The 1992 Revision. Vereinte Nationen. New York

Ökobilanzen mit Stoffstromnetzen

Mario Schmidt

1 Einleitung

Die methodischen Grundlagen der Sachbilanz-Erstellung innerhalb der LCA-Theorie sind – vom mathematischen Standpunkt aus betrachtet – an sich eine simple Sache. Das Hauptproblem besteht in der *Modularisierung* einzelner Lebenswegabschnitte und Herstellungsprozesse. Ein solcher Prozess wird als eine Blackbox betrachtet, in die materielle oder energetische Inputs hinein fließen und aus der entsprechende Outputs austreten (Abb. 1). Einer dieser Inputs oder Outputs kann das erwünschte Gut des jeweiligen Prozesses darstellen, z. B. ein Produkt. Mit der benötigten Menge dieses erwünschten Produktes sind die anderen In- und Outputs des Prozesses in ihren Quantitäten eindeutig bestimmt. Sie hängen i. d. R. linear von der Produktmenge ab und werden mittels Produktionskoeffizienten quantitativ beschrieben. In der Produktionstheorie entspräche das einer so genannten *linearen Produktionsfunktion mit Inputlimitationalität* (Dyckhoff, 1998).

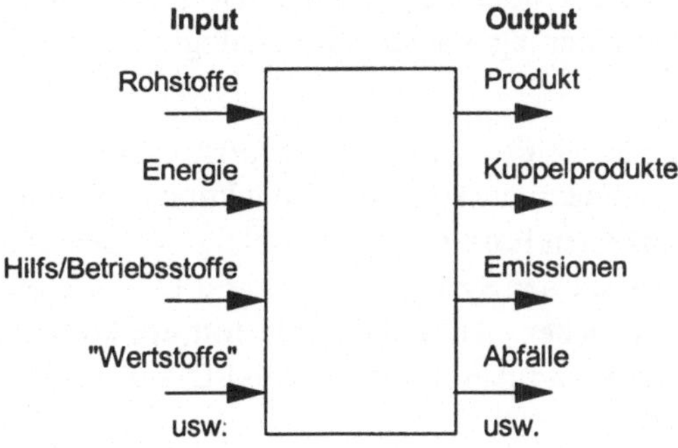

Abb. 1   Einfache und gängige Beschreibung eines Prozesses mittels der Input- und Outputflüsse

Bei der Modellierung von Produktlebenswegen werden solche Prozessmodule im einfachsten Fall hintereinander geschaltet. Aus der Kenntnis der Produktmenge lassen sich die Mengen der erforderlichen Vorprodukte, aus denen wiederum die Mengen der dazu notwendigen Rohstoffe usw. errechnen. Das sequenzielle Vorgehen bei der Berechnung ist nur eine Aufwandsfrage, z. B. wenn Systeme mit vielen Hundert Einzelprozessen zu lösen sind.

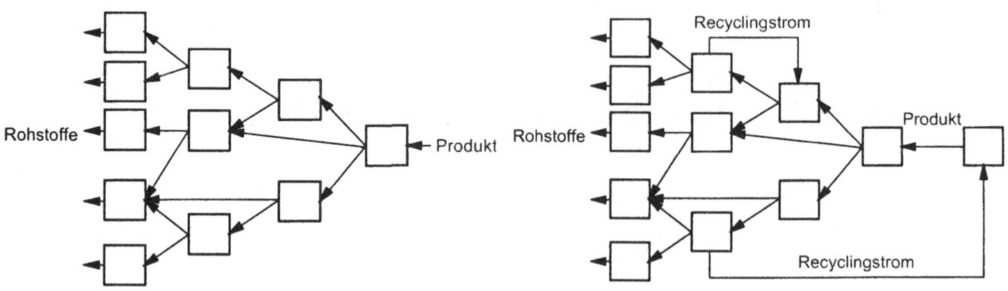

Abb. 2   Prozesskette, die sich ausgehend von der Produktmenge sequenziell lösen lässt (links), oder auf Grund von Stoffrekursionen mit linearen Gleichungssystemen oder Iterationsverfahren gelöst werden kann (rechts).

Selbst für den Fall, dass innerhalb dieser Prozessketten Stoffrekursionen, etwa durch Recyclingvorgänge, auftreten, lassen sich die Systeme einfach lösen. In diesem Fall wird das Gesamtsystem als ein lineares Gleichungssystem abgebildet, das mit bewährten Algorithmen gelöst werden kann (z. B. Möller 1992, Heijungs 1992).

Zugute kommt dem Lösungsprozess dabei, dass die Prozesse mit ihrer Linearität als additiv und größenproportional angesetzt werden: Die doppelte Menge an Produkt erfordert die doppelte Menge an Rohstoffen. Dies ist natürlich eine starke Vereinfachung der realen Produktionsvorgänge. Sie kann fragwürdig werden, wenn z. B. die Optimierung von Produktionsprozessen im Vordergrund steht, bei der häufig mengenabhängige Effizienzen zu berücksichtigen sind. Dies kann schon allein durch vorhandene Stillstandsverbräuche in der Produktion oder durch auslastungsabhängige Ausschussmengen auftreten. Die gängige Berechnungsmethodik der LCA stößt hier an ihre Grenzen bzw. liefert nicht die Erkenntnisse, die für eine weitere Optimierung – auch unter ökologischen Gesichtspunkten – erforderlich wäre.

Wollte man dieses Manko beseitigen, so müssten Stoffstromsysteme realistischer abgebildet werden. Es müssten Nichtlinearitäten in den Produktionsfunktionen einbezogen und das Produktionsniveau der einzelnen Prozesse berücksichtigt werden. Allerdings wäre damit die einfache Mengenskalierbarkeit der Systeme, wie sie im LCA-Bereich oft gedankenlos verwendet wird, nicht mehr gegeben. An deren Stelle tritt ein komplexes Gesamtsystem, bei dem über den Produktbezug, und damit über Produkt-Ökobilanzen, gesondert nachgedacht werden müsste.

2   Das Problem der Kuppelprozesse

In der bisherigen LCA-Praxis wird mit Prozessmodulen gearbeitet, die i. Allg. für die Herstellung *eines* Produktes stehen. Gängige Datenbanken weisen also jeweils den Ressourcenverbrauch oder die Emissionen aus, die mit der Herstellung *eines* Produktes verbunden sind.

Beispiele dafür sind die Industriedaten für Kunststoffe der Association of Plastic Manufacturers in Europe (APME), die Daten des Bundesamtes für Umwelt, Wald und Landschaft in der Schweiz (BUWAL 1998) oder die Energiedatenbank der ETH Zürich (Frischknecht et al. 1996). Diese Einprodukt-Perspektive ist eine starke Vereinfachung realer Vorgänge. Denn in der Wirklichkeit werden viele Produkte in Kuppelprozessen hergestellt, d. h. ihre Produktion lässt sich technisch nicht separieren. Typische Beispiele dafür sind die Erdölraffinerie, die Chloralkali-Elektrolyse oder die Energieproduktion mit Kraft-Wärme-Kopplung. Infolgedessen treten auch Ressourcenverbrauch, Emissionen usw. gekoppelt auf.

In der LCA-Fachwelt ist dieses klassische Problem der Kuppelprozesszurechnung unter dem Stichwort der Allokation bekannt (Huppes u. Schneider 1994, Frischknecht u. Hellweg 1998). Der Ressourcenverbrauch, die Emissionen usw. werden üblicherweise unter den Kuppelprodukten mittels Allokationsvorschriften aufgeteilt. Aus einem Mehrproduktprozess werden mehrere Einproduktprozesse (Abb. 3), die dann üblicherweise in den Ökobilanzen verwendet werden. Das Problem dabei ist, dass die Allokationsvorschriften die Ergebnisse der Ökobilanzen wesentlich beeinflussen, in ihrer Wahl aber meistens von einer gewissen Willkür gekennzeichnet sind.

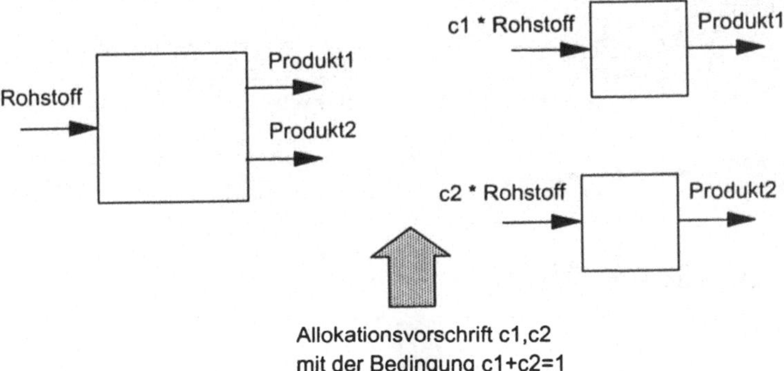

Abb. 3	Aufteilung eines Produktionsprozesses mit mehreren Produkten in zwei (oder mehr) Teilprozesse mit Einzelprodukten.

Mit der neuen ISO-Norm 14.041 wird dieses Vorgehen zukünftig erschwert (ISO 1998). Die Norm fordert für Produktökobilanzen

- eine Kennzeichnung der Prozesse, die Mehrproduktsysteme darstellen,
- die Gleichheit der Summe aller Input- oder Outputströme vor und nach der Allokation,
- die Prüfung der Sensitivität des Ergebnisses auf die Wahl verschiedener Allokationsverfahren.

Besonders restriktiv ist jedoch die Forderung: „*Wo auch immer möglich, sollte eine Allokation vermieden werden durch eine Teilung der betroffenen Module in zwei oder mehrere Teilprozesse...*" oder eine „*Erweiterung des Produktsystems durch Aufnahme zusätzlicher Funktionen...*". Erst wenn das nicht möglich ist, sind Allokationen zulässig, wobei die Allokation vorrangig nach naturwissenschaftlichen Kriterien und dann erst nach ökonomischen erfolgen soll.

Bei der von der ISO erwähnten Teilung der betroffenen Module in mehrere Teilprozesse werden äußerlich scheinbare Kuppelprozesse durch eine Detaillierung der Prozessbeschreibung in Nicht-Kuppelprozesse getrennt. Das Allokationsproblem stellt sich dann nicht mehr. Dies bleibt jedoch die Ausnahme; in vielen Fällen lassen sich Kuppelprozesse nicht vermeiden.

Die vorgeschlagene Systemerweiterung (siehe Abb. 4) vermeidet zwar eine willkürliche Allokation, erfordert aber Festlegungen über die Bilanzgrenzen, die funktionelle Einheit und die so genannten Äquivalenzprozesse, mit denen das System zu erweitern ist. Diese Festlegungen sind in den meisten Fällen ebenfalls willkürlich. Außerdem müssen vereinfachende Annahmen getroffen werden, um nicht das „Weltmodell" zu beschreiben.

Mit den Systemerweiterungen sind die zu untersuchenden Systeme derart komplex, dass die Annahmen und – ebenfalls willkürlichen – Festlegungen für den Außenstehenden zunehmend undurchsichtig werden. Die Systemerweiterung kann deshalb höchstens auf die gleiche Stufe wie die Allokation gestellt werden (vgl. hierzu auch Frischknecht 1998). Unter Aufwandsgründen kann sie sich in der Praxis sogar als nachteilhaft für den Ansatz der LCA erweisen.

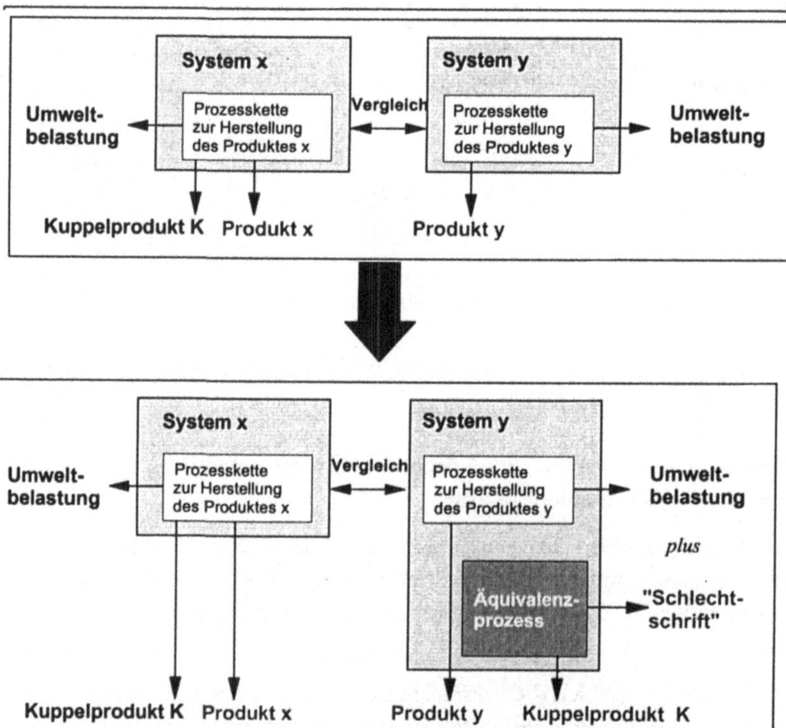

Abb. 4 Vermeidung einer Allokation mittels Systemerweiterung: Damit System y mit System x, das noch zusätzlich ein Kuppelprodukt hervorbringt, verglichen werden kann, wird der Nutzen von y um die gleiche Menge des Kuppelproduktes K durch Hinzufügen eines Äquivalenzprozesses erweitert.

Aber selbst wenn man vor diesem Hintergrund trotzdem auf Allokationen zurückgreift, ist die LCA-Welt nicht mehr dieselbe wie vor der ISO-Norm 14.041. Es bleiben u. a. die Forderungen nach Transparenz bei Allokationen und nach Sensitivitätsanalysen. Dies verlangt aber eine strikte Trennung der Stoffstromebene von der Allokationsebene, ähnlich, wie dies vor einigen Jahren mit der Trennung der Sachbilanz von Wirkungsanalyse und Bewertung gefordert wurde. Auf der Stoffstromebene werden die physikalischen Masse- und Energieströme abgebildet. Prozesse werden dort i. Allg. *Mehr*produktprozesse sein. Die Entscheidung, Allokationen vorzunehmen oder das System zu erweitern, steht dann noch offen. Erst mit der Anwendung bestimmter Allokationsvorschriften, werden aus den Mehrproduktprozessen allozierte Einproduktprozesse.

Diese Sensitivitätsanalysen mit unterschiedlichen Allokationen sind in den gängigen Datensätzen der LCA-Fachwelt nicht möglich, da es sich bereits um allozierte Prozessdaten handelt. Die Anwendung dieser Datensätze bzw. der ihnen zu Grunde liegenden Software muss – streng genommen – als nicht ISO-kompatibel angesehen werden. Die ISO führt damit zwangsweise zu einer grundlegenden Revision der im Umlauf befindlichen Daten bzw. Berechnungsmethoden.

3 Modellierung mit Stoffstromnetzen

Bereits vor fünf Jahren wurde eine Methode entwickelt und softwareseitig umgesetzt, Stoffstromsysteme nicht mittels linearer Gleichungssysteme abzubilden, sondern dazu spezielle Grafen, so genannte Petri-Netze, zu verwenden (Möller 1993, Schmidt et al. 1994). Die Idee, die dahinter steht, ist folgende:

- Ein Stoffstromsystem wird als ein Netz aus Flüssen und Knoten abgebildet. Die Knoten können Umwandlungsprozesse oder Lager sein. Dieses Netz ist mathematisch beschreibbar, kann aber auch visualisiert werden. Die Umwandlungsprozesse werden *Transitionen* (T), die Lager *Stellen* (S) genannt. Die formale Beschreibung für das Netz lautet: $N=(T, S, F)$ mit der Flussrelation $F \subseteq (S \times T) \cup (T \times S)$ und $S \cap T = \emptyset$.
- Die einzelnen Umwandlungsprozesse werden als gekapselte Modelle betrachtet. Im einfachsten Fall können dies lineare, input- oder outputlimitationale Produktionen sein. Es können aber auch komplexere funktionale Abhängigkeiten zwischen den Input- und Outputströmen des Prozesses oder den prozessbestimmenden Parametern vorliegen. Außerdem kann ein einzelner Prozess wieder ein Netz aus vielen Einzelprozessen sein.
- Die Interaktion zwischen den verschiedenen Knoten erfolgt nur mittels der Materie- oder Energieflüsse im System. Im Netzzusammenhang wirkt ein Umwandlungsprozess wie eine Blackbox mit gewissen Input- und Outputflüssen.
- Die Flüsse werden periodenbezogen dargestellt, d. h. zeitbezogen z. B. für ein Kalenderjahr oder für einen Tag. Innerhalb der Perioden wird auf Bilanzerhaltung geachtet, wobei eine kombinierte Fluss- und Bestandsrechnung durchgeführt wird: Alle in das System einfließenden Materialien oder Energien müssen entweder gespeichert oder in andere umgewandelt werden, oder sie fließen aus dem System wieder raus.

In diese Methode gehen Ansätze aus verschiedenen Fachdisziplinen ein: Die Beschreibung der einzelnen Umwandlungs- oder Produktionsprozesse ist eine vorrangig natur- und ingenieurwissenschaftliche Aufgabe und erfolgt mit mathematischen Formalismen. Das Vorgehen bei der mengenmäßigen Bilanzierung der Materie- und Energieflüsse bzw. Bestände im Netz folgt dem Kalkül des betrieblichen Rechnungswesens und nutzt insbesondere die Möglichkeiten der Kostenarten- und Kostenstellenrechnung. Die netzmäßige Abbildung des Stoffstromsystems, seine Visualisierung und die Algorithmen zur Berechnung unbekannter Größen stammt schließlich aus der Theoretischen Informatik.

Mit diesen so genannten Stoffstromnetzen (Möller u. Rolf 1995) lassen sich komplexe Stoffstromsysteme abbilden, die

- sowohl auf Prozess- als auch auf Systemebene mehrere Produkte hervorbringen,
- auf der Prozessebene auch Nichtlinearitäten berücksichtigen,
- neben den Flüssen auch Bestände im System berücksichtigen können,
- auf einer zeitperiodenbezogenen Bilanzierung basieren,
- als Ganzes oder in Teilen, also in flexiblen Bilanzgrenzen, auswertbar sind.

Damit stehen die erzeugten Bilanzen den betriebs- oder standortbezogenen Umweltbilanzen erst einmal näher als den Produktökobilanzen. Der allgemeinere Ansatz geht zu Lasten der Skalierbarkeit und Größenproportionalität von Produktmengen, wie dies bei einfachen LCAs bekannt ist. Der Vorteil ist allerdings ein klarerer Bilanzrahmen mittels der Periodenrechnung, gerade in Hinblick auf Kuppelproduktionen.

4 Materialarten und interne Leistungsverrechnung

Auch das betriebliche Rechnungswesen ist primär auf die Bilanzierung über Zeitperioden ausgerichtet. Doch in der Kosten- und Leistungsrechnung gibt es nicht nur die Kosten*arten*rechnung (Welche Kosten treten auf?) und die Kosten*stellen*rechnung (Wo treten die Kosten auf?). Daneben tritt die so genannte Kosten*träger*rechnung (Welche Produkte/Dienstleistungen sind für die Kosten verantwortlich?), die sowohl eine Zeitrechnung (pro Geschäftsjahr) als auch eine Stückrechnung (pro Produkteinheit) sein kann.

Eine Kostenrechnung, unterschieden nach Kostenarten und Kostenstellen, korrespondiert mit einer betrieblichen Umweltbilanz: *Welche Umweltbelastungen – in Form von Ressourcenverbrauch, Schadstoffemissionen, Abfall usw. – verursacht das Unternehmen? Welche Produktions- oder Unternehmenseinheiten sind für diese Belastungen verantwortlich?* Dagegen entspricht der Kostenträgerstückrechnung die Produktökobilanz: *Wie viel Umweltbelastungen treten pro Produkteinheit auf?* Freilich muss hierbei berücksichtigt werden, dass bei einer Produktökobilanz nicht nur ein einzelnes Unternehmen, sondern längs des Produktlebensweges bilanziert wird. Dieses Problem lässt sich jedoch gerade mit dem netztheoretischen Ansatz der Stoffstromnetze und der Möglichkeit zu flexiblen Bilanzgrenzen elegant lösen.

Es muss für die Stoffstromnetze also ein Algorithmus eingeführt werden, der eine Art „ökologische Kostenträgerstückrechnung" ermöglicht. Die Schwierigkeit besteht darin, dass ein Unternehmen möglicherweise viele Produkte herstellt und die Kosten (und Umweltbelastungen) des Unternehmens diesen Produkten verursachungsgerecht zugewiesen werden sollen. In den meisten Fällen ist dies durch eine interne Leistungsverrechnung möglich: Welches Produkt braucht welche Vorprodukte, Rohstoffe, Hilfs- und Betriebsmittel bzw. produziert welche Emissionen und Abfälle? Und wie sieht diese Rechnung bei den Vorprodukten aus, usw.? Die Vorgehensweise ähnelt damit der kaskadenförmigen Berechnung aus Abb. 2.

Für die Durchführung einer solchen Kaskadenrechnung sind drei Fragestellungen von Bedeutung:

- Wie können auf Einzelprozessebene bei den Input- und Outputströmen die Produkte von dem Aufwand (z. B. den Vorprodukten oder Rohstoffen) oder den Umweltbelastungen (Emissionen oder Abfällen) unterschieden werden?
- Was passiert, wenn bei einem Prozess mehrere Produkte auftreten? Wie wird dann der Aufwand zugerechnet?
- Wie lässt sich die kaskadenförmige Leistungsverrechnung konkret durchführen?

Diese Fragen lassen sich mit einem Ansatz lösen, der aus der Produktionstheorie stammt (Dyckhoff 1994, Möller u. Rolf 1995). Die Objekte, die in Stoffstromsystemen fließen, also Rohstoffe, Schadstoffe, Halbzeuge, Produkte, Energien usw., werden im Folgenden vereinfachend als *Materialien* bezeichnet. Zur Klassifizierung der Materialien werden drei Materialarten (Gut, Neutrum, Übel) eingeführt. Ein *Gut* ist ein Material, dessen Besitz i. Allg. erwünscht ist. Im ökonomischen Zusammenhang äußert sich das z. B. durch einen Marktpreis des Materials. Der Besitz bzw. die Produktion eines *Übels* ist hingegen unerwünscht. Die Präferenzen bei einem *Neutrum* sind indifferent.

Die Einstufung eines Materials als Gut/Neutrum/Übel ist ein subjektiver Vorgang, der von der Bewertung des Handelnden, z. B. des Produzenten, abhängt. So kann ein Produkt unter ökonomischen Gesichtspunkten als Gut – als Handelsware – eingestuft werden, unter ökologischen Gesichtspunkten an anderer Stelle hingegen als Übel. Ein und dasselbe Material kann unter verschiedenen Randbedingungen als Gut oder als Übel angesehen werden. Ein Beispiel ist Abfall, der, wenn er beseitigt werden muss, für einen Produzenten ein Übel ist. Kann er verwertet werden, kann aus dem Abfall eine Handelsware, ein Gut, werden. Die Einstufung hängt also von dem Untersuchungsrahmen und Untersuchungsziel ab. In der Praxis, auch in der Ökobilanz-Praxis, erweist sich diese Einstufung in Materialarten jedoch wider Erwarten *nicht* als Problem.

Bei einem Produktionsprozess können *Güter* und *Übel* sowohl auf der Input- als auch auf der Outputseite auftreten. Güter, die auf der Inputseite auftreten, sind Produktionsfaktoren, z.B. Rohstoffe, Hilfs- und Betriebsstoffe. Für den Produzenten sind sie ein *Aufwand*, den es zu minimieren gilt. Ökonomisch drückt sich dieser Aufwand durch Kosten aus. Es kann sich jedoch auch um einen „ökologischen Aufwand" handeln, der ökonomisch nicht weiter bewertet wird, z. B. die Nutzung von Kühlwasser. In diesem Fall würde er in der betrieblichen Kostenrechnung nicht auftauchen.

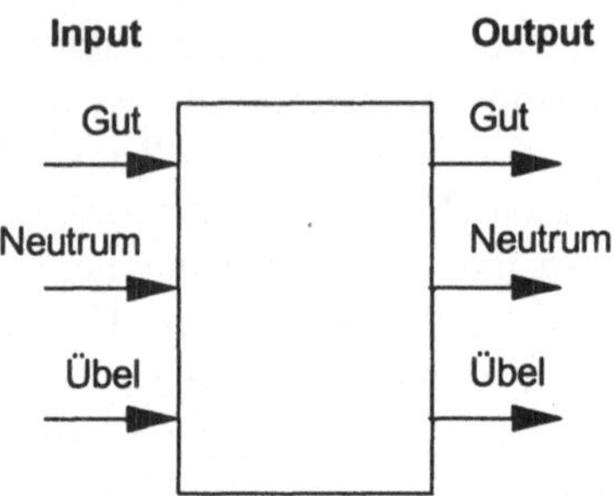

Abb. 5   Unterteilung der Input- und Outputflüsse eines Prozesses nach den Materialarten

Güter auf der Outputseite sind hingegen die Produkte. Sie stellen eine Leistung des Produzenten oder genauer einen *Ertrag* dar und sind zu maximieren. Zusätzlich können Übel auf der Outputseite auftreten, z. B. Abfälle oder Emissionen. Sie sind ebenfalls zu minimieren, sei es aus Kostengründen oder aus ökologischen Gründen. Übel auf der Outputseite können ebenfalls als *Aufwand* der Produktion aufgefasst werden. Demgegenüber ist der Übeleinsatz auf der Inputseite ein Ertrag: Übel werden durch die Produktion vernichtet. Häufig sind damit sogar Erlöse verbunden, z. B. wird für die Verbrennung von Abfällen an den Betreiber der Müllverbrennungsanlage Geld bezahlt.

Diese Einbeziehung der „Übel" bei der Aufwandsseite stellt eine wesentliche Erweiterung der Produktionstheorie gerade unter ökologischen Aspekten dar (Dyckhoff, 1994). Sie ermöglicht eine weitgehend parallele Betrachtung eines Produktionssystems unter ökonomischen und ökologischen Aspekten.

Tabelle 1   Zuordnungsschema der Materialarten zu Aufwand und Ertrag eines Prozesses

	Gut		**Übel**	
Input	Aufwand	(„Minimieren")	Ertrag	(„Maximieren")
Output	Ertrag	(„Maximieren")	Aufwand	(„Minimieren")

Völlig beliebig ist die Einstufung der Materialien dahingehend, was ein Übel oder was ein Gut ist, nicht. Auch in der ökologisch ausgerichteten LCA-Theorie ist die *funktionelle Einheit* immer ein Ertrag, orientiert sich also an den ökonomischen Einschätzungen der Produzenten. Dies wird auch durch die ISO-Definition „quantifizierter Nutzen eines Produktsystems" deutlich. Aber bei ökologischen Analysen werden Materialien zusätzlich als Gut oder Übel eingestuft, die ökonomisch unbedeutend, also ein ökonomisches Neutrum sind. Das sind insbesondere jene Materialien, die kostenlos als Rohstoffe eingesetzt oder als Schadstoffe freigesetzt werden. Nur wenige Materialien, z. B. Luftsauerstoff oder Luftstickstoff, wird man auch unter ökologischen Gesichtspunkten als Neutrum einstufen.

Die Einführung der Materialarten und die Unterscheidung in Aufwand und Ertrag erleichtern nun auch die Klassifizierung eines Prozesses als Kuppelprozess (siehe Abb. 6). Bei einem Kuppelprozess werden mehrere verschiedene Erträge mit einem nicht weiter differenzierbaren Aufwand erbracht. So werden z. B. unter Einsatz von Heizöl die Güter Strom und Wärme produziert. Die Zurechnung des Aufwandes an Heizöl, aber auch des ökologischen Aufwandes der CO_2-Emissionen, auf die beiden Güter ist das Problem der Allokation. Eine Allokation kann auch dann erforderlich werden, wenn z. B. das „Übel" Abfall in einer MVA verbrannt wird und die „Güter" Strom und Wärme entstehen. In diesem Fall treten bei dem Prozess drei Erträge auf, denen die Emissionen angerechnet werden müssen.

Die Allokation macht sich also weniger an den Produkten als vielmehr an dem Ertrag und dem Aufwand eines Prozesses oder Systems fest. Mit der Unterscheidung der Materialien in die Arten Gut/Neutrum/Übel ist einfach feststellbar, was der Ertrag und damit die funktionelle Einheit des Produktionsprozesses ist. Umgekehrt kann festgestellt werden, was der Aufwand des Prozesses ist, der auf den Ertrag angerechnet werden muss.

Dieses Prinzip lässt sich nicht nur für einzelne Kuppelprozesse, sondern auch für Mehrprodukt*systeme* anwenden. Es erweist sich dabei als sehr komfortabel für die interne Leistungsverrechnung und damit für die Berechnung der Einzelproduktbilanzen. In Abb. 7 ist ein System dargestellt, in dem 3 Produkte hergestellt werden. Die Rechtecke stehen für Prozesse (= Transitionen). Die Kreise sind so genannte Stellen und beschreiben Zustände, z. B. Materialbestände, bzw. dienen als Verteilerknoten im Stoffstromnetz.

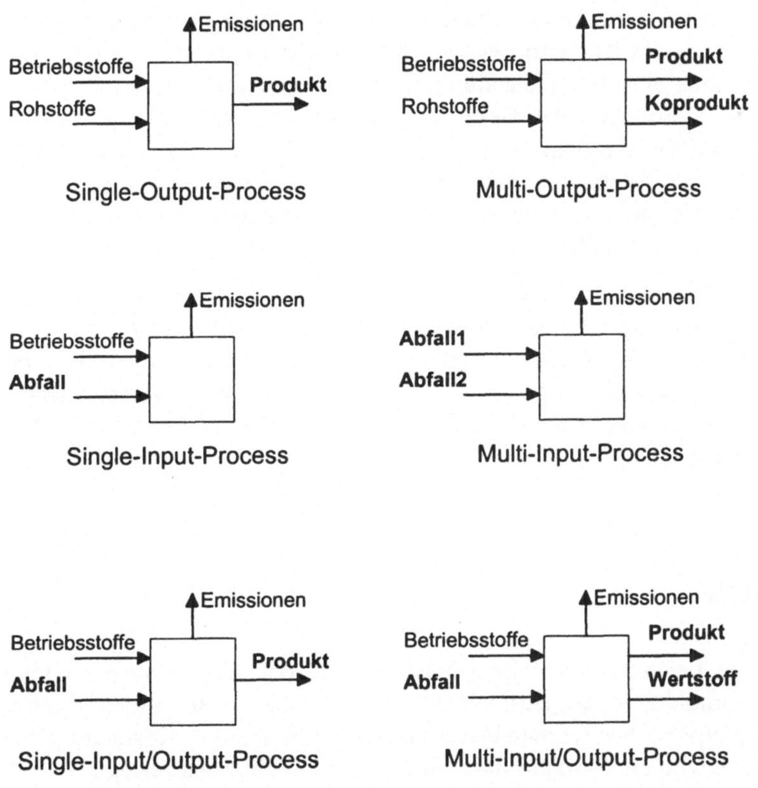

Abb. 6   Beispiele für verallgemeinerte Kuppelprozesse, die durch das Auftreten mehrerer Erträge gekennzeichnet sind (Erträge in fetter Schrift, Aufwand in normaler Schrift).

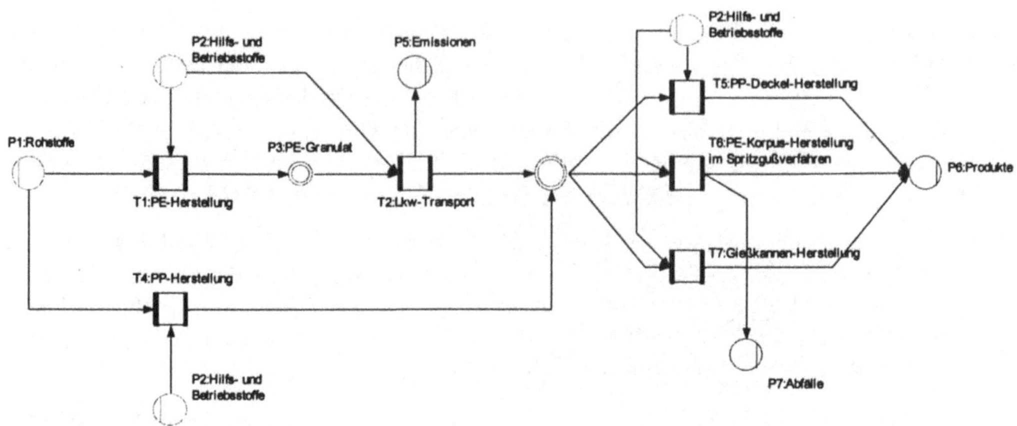

Abb. 7   Ein Stoffstromnetz mit der Herstellung von 3 Produkten (Eimerdeckel aus PP, Eimer-Korpus aus PE und Gießkanne). Da für jedes Produkt die Einsatzmengen an PP und PE bekannt sind, können die Einzelbilanzen durch Betrachtung nur der produktspezifischen Mengen aus der Gesamtbilanz erzeugt werden.

Es treten in diesem System keine echten Kuppelprozesse auf. Vielmehr täuscht die Komplexität des Systems ein Kuppel*system* vor. Mit Hilfe der Gut/Übel-Zuordnung gelingt für jeden Einzelprozess eine Unterscheidung nach Aufwand und Ertrag. Für den Ertrag (in diesem Fall die 3 Produkte) des Gesamtsystems können dann mittels Lösen eines Gleichungssystems die Einzelproduktbilanzen erstellt werden (vgl. Möller 1998). Sie erfüllen selbstverständlich die Bedingung, dass die Summe aller Einzelproduktbilanzen wieder die Mehrproduktbilanz ergibt. Außerdem kann bei der Zurechnung berücksichtigt werden, dass im System noch Bestände auftreten.

Treten im Produktionssystem echte Kuppelprozesse auf, so werden diese auf Grund der Gut/Übel-Unterscheidung automatisch erkannt. In diesem Fall können für diesen Prozess Kuppelzurechnungs- oder Allokationsvorschriften angegeben werden. Die interne Leistungsverrechnung berücksichtigt diese Allokationen, die nach verschiedenen Kriterien ausgesucht werden können. Die Aufteilung auf die Erträge des Prozesses sollte allerdings wieder 100 % ergeben.

5   Ausblick

Mit der internen Leistungsverrechnung und ggf. mit der Allokation der Kuppelprozesse wird ein Mehrproduktsystem „entflochten" und als eine Schar von Einproduktsystemen abgebildet. Im betrieblichen Rechnungswesen entspräche dies der Kostenträgerrechnung. In der LCA-Theorie wird ein Stoffstromnetz in Produkt-Ökobilanzen zerlegt.

Die Vorteile dieses Vorgehens sind vielfältig. Als Basis kann ein Stoffstromsystem dienen, das der Realität nahe kommt, in dem Kuppelprozesse, Stoffrecycling mit realen Verwertungsquoten, innerbetriebliche und überbetriebliche Verflechtungen usw. berücksichtigt werden. Die Produkt-Ökobilanzen werden von dieser Datenbasis abgeleitet. Damit besteht schon einmal die Möglichkeit – falls erforderlich –, mit verschiedenen Allokationsvorschriften die Sensitivität der Ergebnisse zu testen. Dies ist eine wichtige Forderung der ISO-Norm.

Die interne Leistungsverrechnung ermöglicht aber auch, wenn sie intelligent aufgebaut ist, die Kostenarten und Kostenstellen bei der „Kostenträgerrechnung" mit auszuweisen. Damit bleibt bei der Produktbilanz die Information erhalten: *Welcher* Systemaufwand (Kosten, Umweltbelastungen) tritt im Einzelnen auf und *wo* (bzw. durch welche Prozesse) tritt er auf? Ein solcher leistungsfähiger Ansatz wurde von Andreas Möller für das Programm Umberto® realisiert, das gemeinsam vom ifeu-Institut und dem ifu Institut für Umweltinformatik Hamburg entwickelt wurde. Die vorgestellte Methode wird damit zu einem mächtigen Hilfsmittel, nicht nur die Stoffströme abzubilden, sondern auch nach ihrer Ursache zu fragen und dies als Grundlage für ein betriebliches oder überbetriebliches Stoffstrommanagement zu nutzen (Schmidt, 1995).

Nebenbei wurde der Gegensatz zwischen standort- oder unternehmensbezogener Bilanz, Produktbilanz und Prozessbilanz aufgelöst. Diese Frage stellt sich bei Stoffstromnetzen nicht mehr. Sie wird ersetzt durch die Perspektivenwahl der Auswertung; diese setzt aber auf dem gleichen System und den gleichen Daten auf.

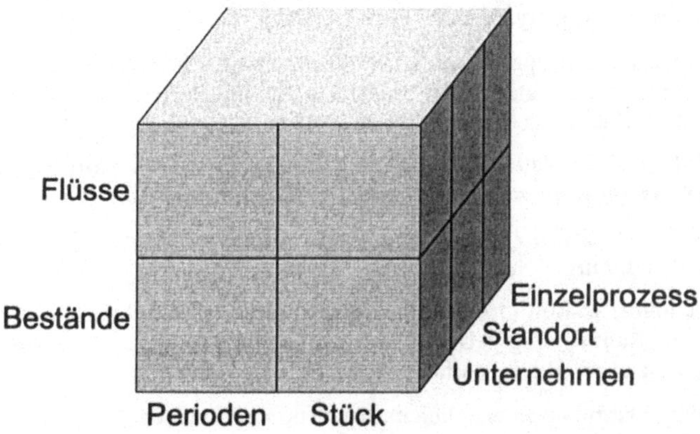

Abb. 8   Perspektivwechsel bei der Auswertung des gleichen Stoffstromsystems

Die interessanteste Aussicht ist jedoch, dass mit dem gewählten Vorgehen eine Methode entwickelt wurde, bei der sowohl ökonomische als auch ökologische Aspekte völlig adäquat behandelt werden. Eine Ökonomisierung der Umwelt, d. h. eine monetäre Bewertung von Umweltbelastungen wird dabei vermieden, es können nach wie vor bewährte Wirkungsanalysen und Bewertungen aus den Umweltwissenschaften verwendet werden. Trotzdem verschmelzen Ansätze des betrieblichen Rechnungswesens mit Ansätzen der LCA-Theorie zu einer methodischen Einheit. Da gleichzeitig mit der Methodenentwicklung auch die software-seitige Umsetzung realisiert wurde, stehen einer Anwendung in der Praxis und einer spannenden Diskussion über die dabei gesammelten Erfahrungen nichts mehr entgegen.

Literatur

Bundesamt für Umwelt, Wald und Landschaft (BUWAL) (1998): Ökoinventare für Verpackungen. 2. korr. und aktualis. Aufl. SRU-250-D. Bern

Dyckhoff, H. (1994): Betriebliche Produktion. Theoretische Grundlagen einer umweltorientierten Produktionswirtschaft. Berlin/Heidelberg/New York

Dyckhoff, H. (1998): Grundlagen der Produktionswirtschaft. 2. Aufl. Berlin/Heidelberg/New York

Frischknecht et al. (1996): Ökoinventare von Energiesystemen. Grundlagen für den ökologischen Vergleich von Energiesystemen und den Einbezug von Energiesystemen in Ökobilanzen für die Schweiz. 3. Auflage. Zürich

Frischknecht, R. (1998): Life Cycle Inventory Analysis for Decision-Making. Scope-dependent Inventory System Models and Context-specific Joint Product Allocation. Diss. ETH Nr. 12599. Zürich

Frischknecht, R., S. Hellweg (1998): Ökobilanz-Allokationsmethoden. Modelle aus der Kosten- und Produktionstheorie sowie praktische Probleme in der Abfallwirtschaft. Zürich

Heijungs, R. (1992): Environmental Life Cycle Assessment of Products. Backgrounds. Centre of Environmental Science. Leiden

Huppes, G. u. Schneider, F. (1994): Proceedings of the European Workshop on Allocation in LCA at the Centre of Environmental Science of Leiden University. SETAC-Europe. Brussels

ISO (1998): Environmental management – Life Cycle Assessment – Goal and scope Definition and life cycle inventory analysis. ISO-Norm 14.041

Möller, A. (1993): Datenerfassung für das Öko-Controlling: Der Petri-Netz-Ansatz. In: Arndt, H.-K. (Hrsg.): Umweltinformationssysteme für Unternehmen. Schriftenreihe des Institutes für ökologische Wirtschaftsforschung Nr. 69/93. Berlin

Möller, A., Rolf, A. (1995): Methodische Ansätze zur Erstellung von Stoffstromanalysen unter besonderer Berücksichtigung von Petri-Netzen. In: Schmidt u. Schorb (Hrsg.). S. 33 ff.

Möller, A. (1998): Betriebliche Stoffstromanalysen. Bericht 212 des Fachbereichs Informatik der Universität Hamburg

Möller, A., M. Schmidt, A. Rolf (1998): Ökobilanzen und Kostenrechnung von Produkten. In: Haasis, H.-D., K. C. Ranze (Hrsg.): Umweltinformatik '98. Vernetzte Strukturen in Informatik, Umwelt und Wirtschaft. Bd. I. Marburg. S. 165-178

Möller, F.-J. (1992): Ökobilanzen erstellen und anwenden. München

Schmidt, M., J. Giegrich, L. M. Hilty (1994): Experiences with Ecobalances and the development of an interactive software tool. In: Hilty, L. M. et al. (Hrsg.): Informatik für den Umweltschutz. Anwendungen für Unternehmen und Ausbildung. Bd. 2. Marburg. S. 101-108

Schmidt, M. (1995): Stoffstromanalysen als Basis für ein Umweltmanagementsystem im produzierenden Gewerbe. In: Haasis, H.-D. et al. (Hrsg.): Umweltinformationssysteme in der Produktion. Marburg. S. 67 ff.

Schmidt, M., A. Schorb (1995): Stoffstromanalysen in Ökobilanzen und Ökoaudits. Berlin/ Heidelberg/ New York

Schmidt, M., A. Häuslein (1997): Ökobilanzierung mit Computerunterstützung. Berlin/ Heidelberg/ New York

Schmidt, M., A. Möller (1999): Ökocontrolling und Kostenrechnung. Berlin/ Heidelberg/New York (in Vorber.)

Ökobilanz zu verschiedenen Methoden der Beikrautbekämpfung im Weinbau

Achim Schorb

1 Einleitung

Der Einsatz von Herbiziden in der unter ökologischen Gesichtspunkten betriebenen Land- und Forstwirtschaft ist seit langem Gegenstand intensiver Diskussionen. Im Rahmen der Überlegungen zu einem kontrolliert umweltschonenden Weinbau konkretisierte sich daher die Frage, was der Natur und Umwelt mehr schadet: die Bekämpfung von unerwünschter Vegetation unter und zwischen den Rebstöcken mit Hilfe gezielt und sparsam eingesetzter Herbizide oder die mechanische Wuchsentfernung mit geeigneten Maschinen? Ein geeignetes Analyseinstrument zur Beantwortung dieser konkreten Fragestellung stellt die Ökobilanz dar. Mit ihrer Hilfe werden naturwissenschaftliche Daten zusammengetragen, vergleichbar gemacht und einem nachvollziehbaren Bewertungsprozess unterzogen. Nach der Aufforderung durch den Ausschuss für Landwirtschaft und Weinbau des Landtags von Rheinland-Pfalz erteilte das Ministerium für Wirtschaft, Verkehr, Landwirtschaft und Weinbau dem ifeu-Institut und der staatlichen Lehr- und Forschungsanstalt für Wein- und Gartenbau, Neustadt den Auftrag zur Erstellung einer Ökobilanz zu den verschiedenen Bearbeitungsverfahren.

Das ifeu-Institut bearbeitete die Arbeitsfelder:

- Datenrecherche und -erhebung zu den in der Unterzeilen-Bodenpflege eingesetzten Maschinen und Vorrichtungen,
- Datenbereitstellung zu den eingesetzten Betriebsstoffen (Kraftstoff, Strom, etc.) und deren Vorketten,
- Datenrecherche und -erhebung zur Herstellung der eingesetzten Nachauflaufherbizide,
- Berechnung und Auswertung der Ökobilanz.

Der Fachbereich Weinbau der SLFA Neustadt bearbeitete die Bereiche:

- statistische Erhebung der Praxis der Unterzeilen-Bodenpflege,
- empirische Bestimmung des Kraftstoffverbrauchs verschiedener Varianten der Unterzeilen-Bodenpflege.

Der Fachbereich Ökologie der SLFA Neustadt bearbeitete die Arbeitsbereiche:

- klimatische, topografische und bodenkundliche Gebietscharakterisierung,
- Literaturrecherchen und Auswertung zur Ökotoxikologie von Herbiziden und mechanischer Beikrautbekämpfung,
- human- und ökotoxikologische Bestandsaufnahme der verschiedenen Varianten der Unterzeilen-Bodenpflege und Bewertung. Dies wurde auch in Kooperation mit dem Institut für Folgenabschätzung im Pflanzenschutz der Biologischen Bundesanstalt für Land- und Forstwirtschaft, Kleinmachnow, durchgeführt.

Der nachfolgende Beitrag beschäftigt sich hauptsächlich mit den vom ifeu-Institut durchgeführten Arbeiten der Sachbilanzerstellung und deren Auswertung.[1]

2 Untersuchungsziel, Rahmen und angewandte Methodik

Ziel der Ökobilanz Weinbau ist die Ermittlung der jeweiligen Umweltbelastungen durch die verschiedenen Bearbeitungsmethoden, die sowohl die Wahl verschiedener technischer Varianten betreffen, als auch verschiedene Anbaugebiete des Landes Rheinland-Pfalz und unterschiedliche Arten von Vegetationsperioden (trockene und nasse Jahre) abbilden. Durch den Vergleich der Varianten unter Gleichhaltung der Parameter Standort und Vegetationsperiode können so die ökologischen Vor- und Nachteile der verschiedenen Verfahren bestimmt werden.

Die Zielgruppe der Untersuchung sind einerseits die Weinbauern des Landes Rheinland-Pfalz, darüber hinaus die in der Weinbauberatung tätigen Verbände und Verwaltungen sowie andererseits die für den Weinbau zuständigen politischen Gremien des Landes. Das Ergebnis der Bilanz kann zur Entscheidungsfindung über einen ausdrücklichen Einbezug oder Ausschluss eines speziellen Verfahrens in die Förderrichtlinien zum kontrolliert umweltschonenden oder ökologischen Weinbau des Landes Rheinland-Pfalz beitragen.

Die Bilanzierungsmethode wurde unter Anlehnung an die Arbeiten zur seit 1997 gültigen ISO 14040 „Umweltmanagement – Ökobilanzen – Prinzipien und allgemeine Anforderungen" gewählt. Um eine Anbindung an die Weinbaupraxis und Weinbauforschung sicherzustellen, wurden darüber hinaus alle am Weinbau interessierten Kreise in Rheinland-Pfalz und der Bundesrepublik Deutschland an der Bilanzerstellung in beratender Form (verfahrensbegleitendes Gremium) beteiligt.

Die Aufgaben eines verfahrensbegleitenden Gremiums sind in Abb. 1 schematisch dargestellt.

---

[1] Die Arbeiten an der Ökobilanz begannen im Jahre 1996. Die Analyse erstreckte sich über die Anbaujahre 1996 und 1997. Der Abschlußbericht wurde im Juni 1998 vorgelegt.

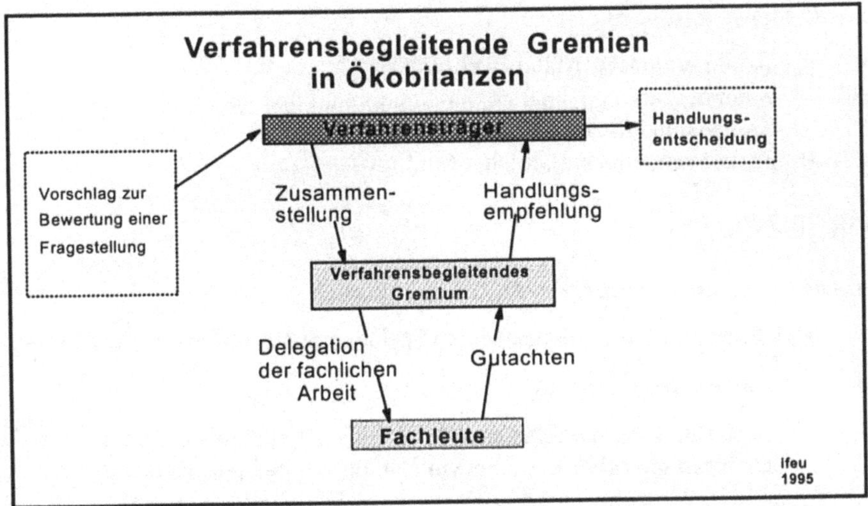

Abb. 1   Rolle des verfahrensbegleitenden Gremiums in einer Ökobilanz

Um die Ökobilanz möglichst umfassend zu begleiten und die Arbeiten beurteilen zu können, wurden für die Besetzung dieses Gremiums folgende Organisationen, Ämter und Institute ausgewählt:

- Umweltbundesamt, Berlin
- Umweltministerium Rheinland-Pfalz, Mainz
- Biologische Bundesanstalt, Institut für Unkrautforschung, Braunschweig
- Universität Stuttgart-Hohenheim, Institut für Phytomedizin
- Forschungsanstalt Geisenheim, Fachgebiet Technik
- Bund für Umwelt und Naturschutz, Landesverband Rheinland-Pfalz
- Arbeitsgemeinschaft der Weinbauverbände, Rheinland-Pfalz
- Bundesverband ökologischer Weinbau, Rheinland-Pfalz
- Arbeitsgemeinschaft der Arbeitskreise / Beratungsring kontrolliert umweltschonender Weinbau, Rheinland-Pfalz
- AgrEvo GmbH, Frankfurt (Herbizidproduzent)
- Monsanto Deutschland, Düsseldorf (Herbizidproduzent)

Das Gremium traf sich im Verlauf der Bilanzerstellung zu fünf Sitzungen. In der ersten Sitzung wurden die Varianten festgelegt, die im Verlaufe der Bilanz analysiert wurden:

I. Direktzug-Lagen

Variante A: mechanische Bodenpflege

I. A.1	Dauerbegrünung, Mulcher; Flachschar, Nachräumen von Hand
I. A.2	Dauerbegrünung, Unterstockmulcher/Unterstockräumgerät und Stockputzer
I. A.3	Offener Boden, Unterstockräumgerät und Nachräumen von Hand
I. A.4	Breitenverstellbarer Mulcher ggf. mit Stockputzer

Variante B: chemische Bodenpflege

I. B.1   Dauerbegrünung, Mulcher mit Bandspritzung
I. B.2   Dauerbegrünung, Unterstockmulcher und Punktspritzung
I. B.3   Breitenverstellbarer Mulcher mit Bandspritzung
I. B.4   Breitenverstellbarer Mulcher mit Punktspritzung

II. Seilzug-Lagen

Variante A: mechanische Bodenpflege

II.A   Mulchen mit motorbetriebenem Mulchgerät auf Seilzug-Geräteträger

Variante B: chemische Bodenpflege

II.B.1   Mulchen mit motorbetriebenem Mulchgerät & Bandspritzung
II.B.2   Mulchen mit motorbetriebenem Mulchgerät & Punktspritzung

Als Bilanzmethodik diente das Standardverfahren nach ISO-14040. Im Verlaufe der Bilanzerstellung wurden die Anforderungen an die kritische Prüfung einer Ökobilanz präzisiert und vom Auftraggeber eine solche Prüfung beauftragt. Die Wirkungsanalyse wurde in Anlehnung an das vom Umweltbundesamt vorgeschlagene Verfahren erarbeitet. Die abschließende Bewertung erfolgte einerseits durch das verfahrensbegleitende Gremium und andererseits durch den Auftraggeber.

Im Anschluss an die Wirkungsabschätzung wurden die gewählten Wirkungskriterien analog der Arbeiten von UBA, (1995) und Lundi, (1997) in eine Gesamtauswertung überführt (siehe Abb. 2). Dazu wurde von den Auftragnehmern – unter Zustimmung des verfahrensbegleitenden Gremiums – ein Vorschlag zur Einordnung der ökologischen Bedeutung der einzelnen Wirkungskategorien unterbreitet.

Als funktionelle Einheit wurde die Bearbeitung von einem Hektar Weinbaufläche über den Zeitraum einer Vegetationsperiode bestimmt. Die von der SLFA Neustadt vorgenommenen Verbrauchsmessungen wurden in den Jahren 1996 und 1997 durchgeführt. Der Systemumfang der Ökobilanz ist exemplarisch für die Varianten der chemischen Beikrautbekämpfung in Abb. 3 dargestellt.

Bewertung der verschiedenen Wirkungskategorien	
Verbrauch fossiler Energieträger	große ökologische Bedeutung
Treibhauseffekt	große ökologische Bedeutung
Stratosphärischer Ozonabbau	mittlere ökologische Bedeutung
Versauerung	mittlere ökologische Bedeutung
Überdüngung	mittlere ökologische Bedeutung
Fotosmog	große ökologische Bedeutung
Human-/Ökotoxizität	insgesamt große ökologische Bedeutung
Quelle:	UBA-Texte 52/95

Abb. 2   Bewertung der Wirkungskategorien nach UBA, (1995)

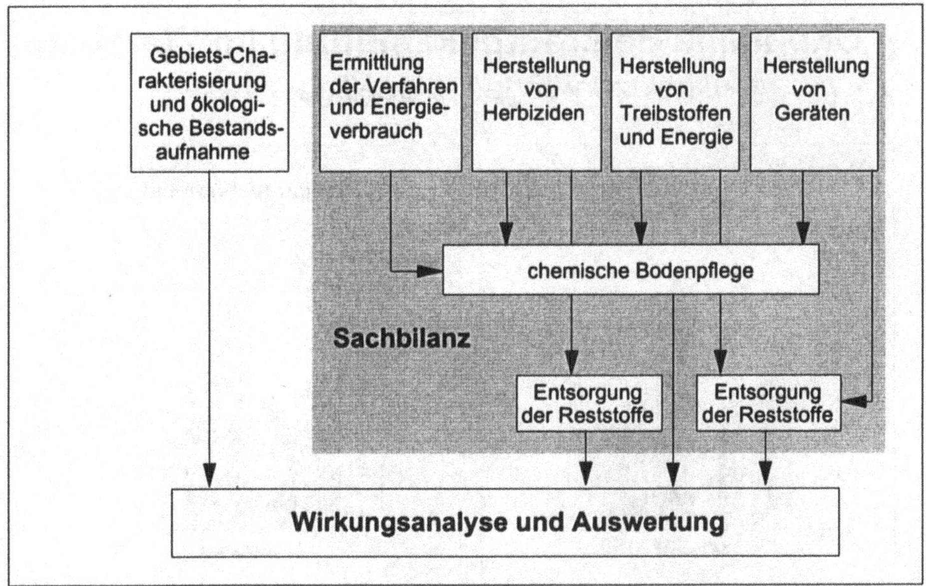

Abb. 3   Systemumfang am Beispiel der chemischen Bodenpflege

3   Ergebnisse

Die Ergebnisse der Ökobilanz werden nachfolgend für die Direktzug-Lagen und die Seil-zug-Lagen getrennt exemplarisch für folgende Wirkungskategorien dargestellt (Abb. 4 und 5):

- Energieverbrauch
- Treibhauseffekt
- Ozonabbaupotenzial
- Versauerungspotenzial

Wie bereits eingangs erwähnt, wurde eine Unterscheidung der Bearbeitungsvarianten in Modelljahr nass (häufige Befahrung, weil starker Krautwuchs), Modelljahr trocken (weni-ger häufige Befahrung, weil geringerer Krautwuchs) und Modelljahr Fragebogen (Ergebnis-se aus Befragung von Weinbauern) vorgenommen. In der nachfolgenden exemplarischen Ergebnisdarstellung wurde das Modelljahr nass ausgewählt.

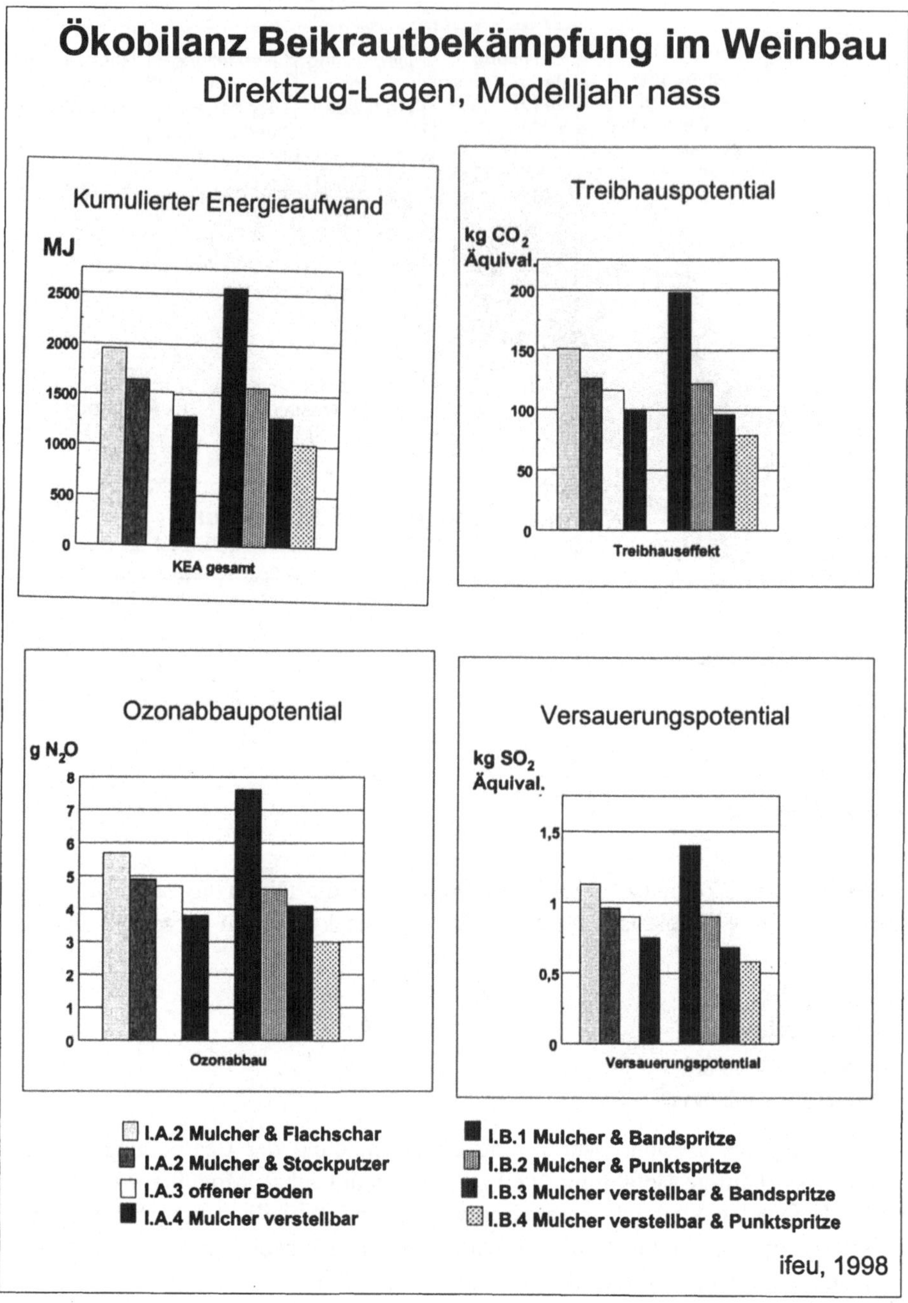

Abb. 4   Vergleich ausgewählter Wirkungskategorien Direktzug-Lagen, Modelljahr nass

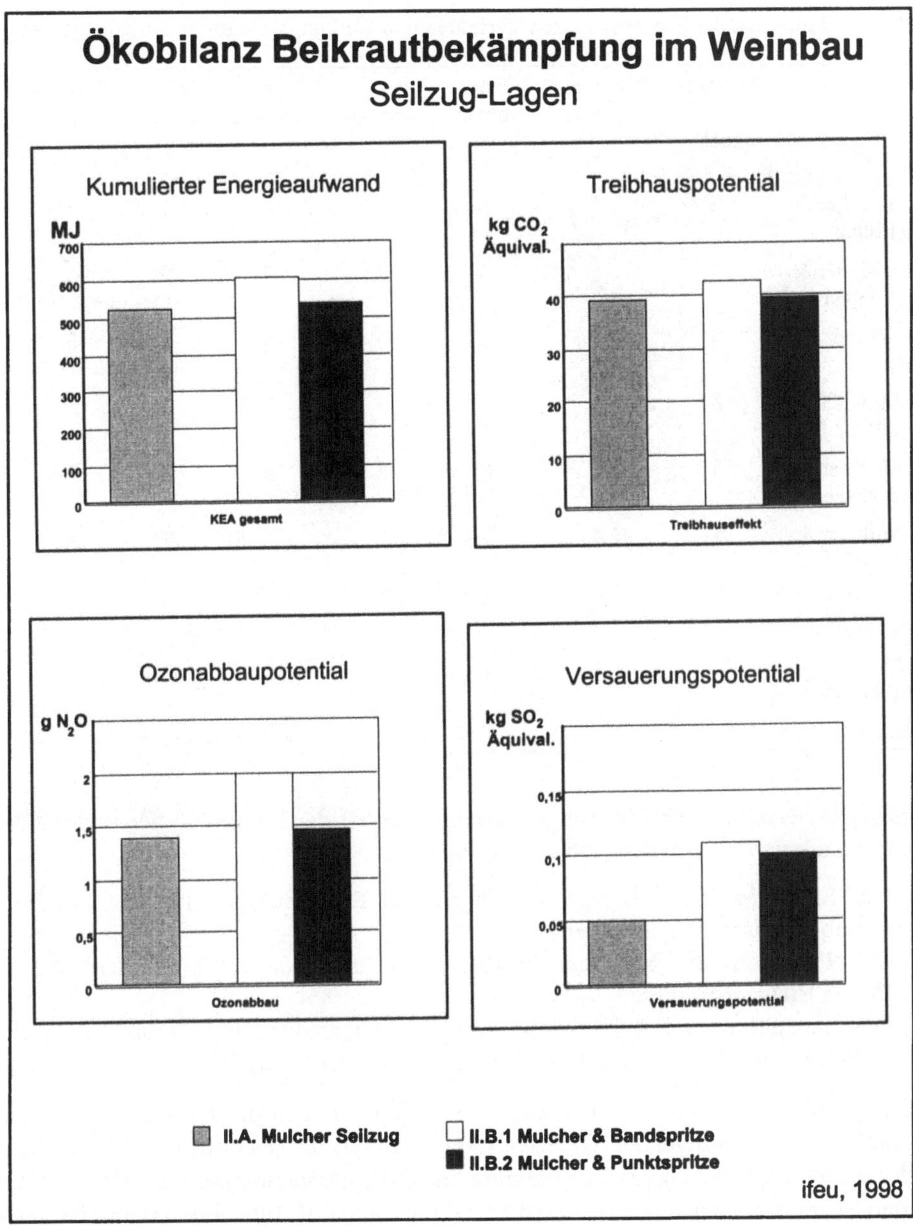

Abb. 5   Vergleich ausgewählter Wirkungskategorien Seilzug-Lagen

Wertet man die verschiedenen Verfahren der Beikrautbekämpfung anhand ihrer Wirkungsbeiträge zu den jeweiligen Kategorien aus und legt darauf aufbauend eine Rangfolge fest, so ergibt sich das in Tabelle 1 dargestellte Bild:

Tabelle 1   Rangfolge der Ergebnisse nach Verfahren und Wirkungskategorien Direktzuglagen

	Ressour-cen-Ver-brauch	Treibhaus-effekt	Ozon-abbau	Ver-sauerung	Über-düngung	Foto-smog	Toxizi-tät
I.A.1 Mulcher & Flachschar	7	7	6	7	6	7	7
I.A.2 Mulcher & Stockputzer	5	5	5	5	5	2	5
I.A.3 offener Boden	6	6	6	6	6	1	6
I.A.4 Mulcher verstellbar	3	3	2	3	3	2	3
I.B.1 Mulcher & Bandspritze	8	8	8	8	8	8	8
I.B.2 Mulcher & Punktspritze	4	4	3	4	3	6	4
I.B.3 Mulcher verst. Bandsp.	2	2	4	2	1	5	2
I.B.4 Mulcher verst. Punktsp.	1	1	1	1	1	4	1
Quelle:					ifeu, SLFA (1997)		

Teilt man die verschiedenen Varianten je nach Majorität der Rangfolge der verschiedenen Wirkungskategorien ein, so lässt sich feststellen:

- Die Bilanzergebnisse werden eindeutig vom Energieeinsatz für den Betrieb der Weinbergmaschinen dominiert.
- Die Herstellung der jeweiligen Bearbeitungsgeräte spielt keine entscheidende Rolle für die Bilanzergebnisse.
- Die Herstellung und Ausbringung von den hier analysierten Herbiziden spielt im Vergleich zum Kraftstoffverbrauch nur eine untergeordnete Rolle.

Dieses Ergebnis unterstützt vor allem auch die Sachbilanz. Um die Aussagen zu verdeutlichen, sind in den nachfolgenden Grafiken (Abb. 6 bis 9) die jeweiligen prozentualen Anteile der verschiedenen Lebenswegabschnitte am Gesamtergebnis beispielhaft für den kumulierten Energieverbrauch (KEA) und die Luftemissionen Kohlendioxid (CO_2) dargestellt. Hierfür wurden die Varianten 1.A.1 Mulcher & Flachschar und I.B.1 Mulcher & Bandspritze ausgewählt. Als Szenario wurde wiederum das Modelljahr nass herausgegriffen.

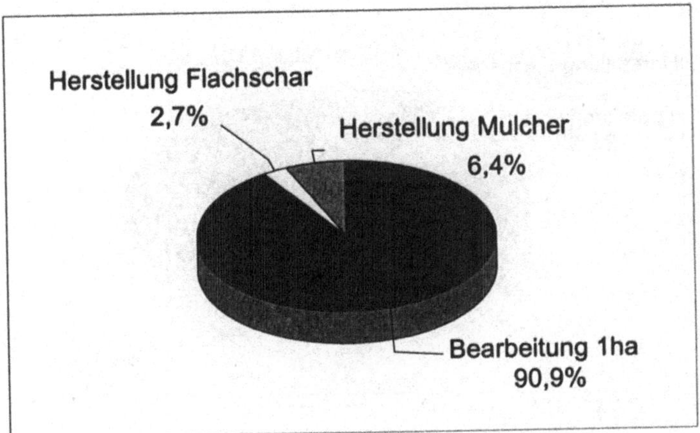

Abb. 6   Variante I.A.1 Direktzug-Lagen: Kumulierter Energieaufwand (KEA). Verteilung nach Verbrauchsgruppen

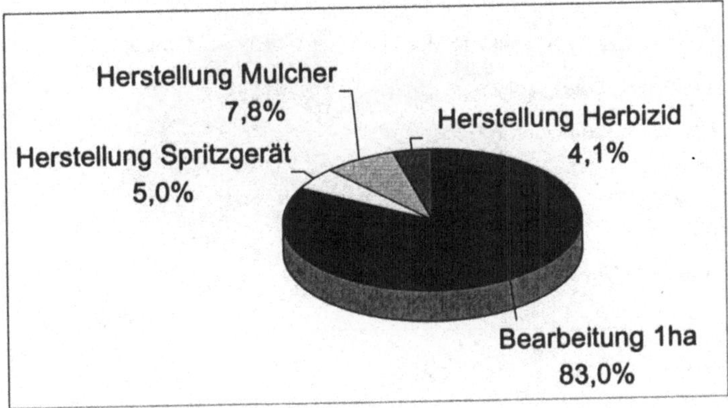

Abb. 7   Variante I.B.1 Direktzug-Lagen: Kumulierter Energieaufwand (KEA). Verteilung nach Verbrauchsgruppen

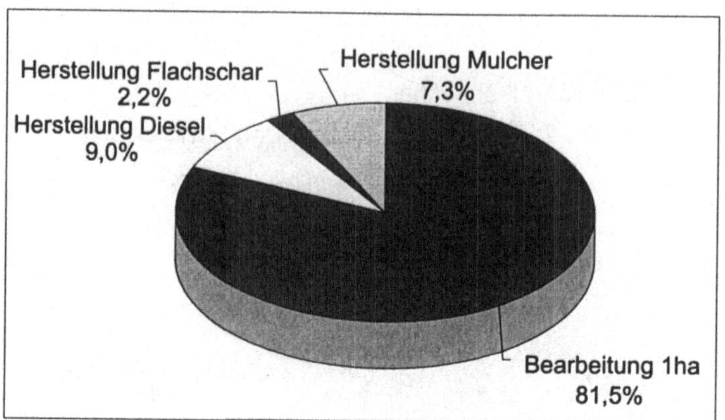

Abb. 8   Variante I.A.1 Direktzug-Lagen: Emission an Kohlendioxid, fossil. Verteilung nach Verbrauchsgruppen.

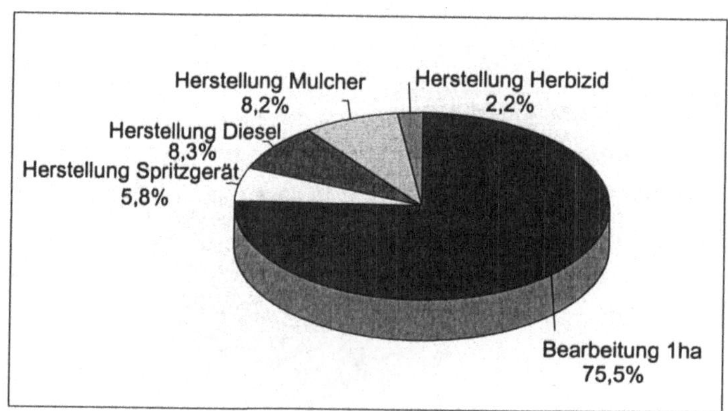

Abb. 9   Variante I.B.1 Direktzug-Lagen: Emission an Kohlendioxid, fossil. Verteilung nach Verbrauchsgruppen.

4   Fazit

Zusammenfassend lassen sich folgende Ergebnisse aus der Bilanz ableiten:

- Klar erkennbar ist die Dominanz der Treibstoffherstellung und des Treibstoffeinsatzes im Bezug auf den Energieverbrauch und auch auf die exemplarisch dargestellten Emissionen. Sie schwankt im gezeigten Beispiel zwischen ca. 83 % (KEA I.B.1 Mulcher & Bandspritze) und ca. 91 % (KEA I.A.1 Mulcher & Flachschar).

- Nicht verwunderlich ist daher, dass die kraftstoffintensiven Verfahren (I.A.1; I.B.1; I.A.3) eindeutig schlechter abschneiden als die Varianten mit energieoptimiertem Einsatz von Anbaugeräten.

- Die Varianten mit dem Einsatz eines verstellbaren Mulchers (I.A. 4; 1.B.3; I.B.4) sind insgesamt deutlich Energie sparender als alle anderen Varianten. Sie haben dementsprechend auch geringere Emissionen aufzuweisen.

- Bedingt durch die durch Benutzen eines breitenverstellbaren Mulchers geringere Befahrhäufigkeit pro Hektar schneiden die chemischen Varianten (1.B.3; I.B.4) sogar leicht besser ab als die rein mechanische Variante (I.A.4).

- Um die Sensibilität der Ergebnisse in Bezug auf die unbefriedigende Datenlage aus dem Bereich der Herbizidherstellung zu prüfen[2], wurden die Inputwerte für deren Herstellung in gesonderten Szenarienrechnungen jeweils verdoppelt bzw. halbiert. Da dabei jedoch keine signifikanten Änderungen der Bilanzergebnisse festgestellt werden konnten, werden die Gesamtaussagen zur Auswertung dadurch nicht beeinflusst.

- Wichtig ist an dieser Stelle die Feststellung, dass die Auswertung der Sachbilanz in Bezug auf die Wirkungskategorien Human- und Ökotoxizität (Abb. 7) nur die unvollständigen Erkenntnisse aus der Herstellungsphase der Herbizide beinhaltet und keine Aussagen über das toxische Verhalten der angewendeten Stoffe im Weinberg zulässt. Dieser Teilbereich wurde von der SLFA-Neustadt bearbeitet und ausgewertet.[3] Die Wirkungsanalyse der SLFA brachte als Ergebnis, daß neben den bestehenden Wissenslücken für beiden Bearbeitungsoptionen der Einsatz der Herbizide für diese spezielle Anwendung im Weinbau keineswegs schlechter bewertet werden kann als eine mechanische Bearbeitung. Innerhalb der Varianten der Beikrautregulierung sind die begrünten Varianten aus ökologischer Sicht (z. B. Artenvielfalt, Erosionsschutz, Fauna) zu bevorzugen.

Als Resumee bleibt festzuhalten:

- Von Seiten der quantitativen Parameter der Sachbilanz und ihrer Zuordnung zu Wirkungskategorien her ist festzustellen, dass eine eindeutige „Schwarz/Weiß-Malerei"im Sinne von: „Mechanik gut, Chemie schlecht „oder umgekehrt nicht gerechtfertigt ist.

- Für die Bestimmung der quantitativ erfassbaren ökologischen Vor- und Nachteile eines Verfahrens zur Beikrautregulierung im Weinbau ist der entscheidende Faktor die Höhe des Energieeinsatzes. Ein vordringliches Ziel zur Verringerung der Umweltwirkungen dieses Produktionsbereiches ist daher der schonende Umgang mit Ressourcen und die Entwicklung kraftstoffsparender Kombinationsgeräte. So liegt bei den hier untersuchten Varianten das maximale Einsparpotenzial zum Beispiel für das Treibhausgas Kohlendioxid bei über 60 %.[4] Auch bei den rein mechanischen Verfahren kann je nach Geräteeinsatz ein Unterschied bei der CO_2-Emission von bis zu 35 % berechnet werden.[5]

---

[2] Trotz anfänglicher Zusage zur Datenbereitstellung seitens der Herbizidhersteller konnte ausschliesslich mit veralteten Literaturangaben zum Energieeinsatz für die Herbizidherstellung gerechnet werden.

[3] Siehe hierzu: Enbericht ifeu/SLFA-Neustadt, 1998

[4] Vergleich von I.B.1 Modelljahr nass (198,11 kg) mit I.B.4 Modelljahr nass (78,92 kg)

[5] Vergleich von I.A.1 Modelljahr nass (151,28 kg) mit I.A.4 Modelljahr nass (99,37 kg)

Literatur

DIN (1997): EN ISO 14040 Bbl.1 Umweltmanagement – Ökobilanz – Prinzipien und allgemeine Anforderungen. Erläuterungen. Deutsches Institut für Normung (DIN) Hrsg. Berlin

ifeu, SLFA (1998): Ökobilanz Beikrautbekämpfung im Weinbau. Erstellt für das Ministerium für Wirtschaft, Verkehr, Landwirtschaft und Weinbau des Landes Rheinland-Pfalz. Abteilung Weinbau. Endbericht, Juni 1998 Heidelberg, Neustadt/Weinstraße

Lundie, S.(1997): Analysing the problems of evaluation and deriving practice-oriented evaluation criteria in Life Cycle Asessment Method. Centre of Environmental Science, Leiden, 1996-98

UBA (1995): Ökobilanzen für Getränkeverpackungen.Teil A Methode zur Berechnung und Bewertung von Ökobilanzen für Verpackungen Umweltbundesamt Texte 52, Berlin

Regionale Ökobilanzen

Bernd Schmitt, Christoph Zölch und Mario Schmidt

1 Einleitung

Ökobilanzen versuchen, die ökologisch relevanten Wechselwirkungen eines Untersuchungsgegenstandes mit der Umwelt zu quantifizieren und zu qualifizieren. Seit der neuen internationalen Norm ISO 14.040 werden unter Ökobilanzen im engeren Sinne nur noch produktbezogene Systeme „cradle to grave" verstanden. Standortbezogene Ökobilanzen, etwa im Rahmen des betrieblichen Öko-Audits, werden dagegen als Umweltbilanzen bezeichnet. Aber es wurde immer wieder diskutiert, auch geografisch-räumlich begrenzte Systeme zu bilanzieren (Schmidt 1994). Notwendigkeiten dafür ergeben sich dabei sowohl aus einer zunehmenden Kooperation verschiedener Betriebe miteinander als auch im Rahmen der Umweltplanungen der Kommunen. Die Methodik der Ökobilanzen könnte für diese Zwecke ein konsistentes Zahlengerüst zur Beschreibung von Aktivitäten, Auswirkungen auf die Umwelt sowie Erfolgskontrolle der Maßnahmen liefern. Dies spielt insbesondere eine Rolle, wenn Fragen der regionalen Nachhaltigkeit diskutiert werden sollen.

2 Bilanzansatz

Die wichtigsten Typen klassischer „Öko"bilanzen sind

- Produkt-Ökobilanzen oder schlicht Ökobilanzen und
- betriebliche Umweltbilanzen.

In Produktbilanzen werden die umweltrelevanten Wirkungen eines Produktes von der Rohstoffgewinnung bis zur Entsorgung betrachtet. Betriebliche Ökobilanzen ermitteln die ökologisch relevanten Input- und Output-Ströme innerhalb eines räumlich definierten Betriebes in einem begrenzten Erfassungszeitraum.

Bei regionalen Umweltbilanzen bzw. -berichten wurden bisher folgende Ansätze verfolgt:

- ökologische Buchhaltung
- regionalorientierte Ökobilanzierung
- Umweltindikatoren
- kommunales Öko-Audit / Umweltbilanz

Bereits Braunschweig (1988) entwickelte einen Ansatz der ökologischen Buchhaltung als Instrument der städtischen Umweltpolitik, der jedoch eher im Bereich der Produktökobilanzen als in der städtischen Umweltpolitik Verbreitung fand.

Bei der regional orientierten Ökobilanzierung werden regionale Aspekte, resp. der Umweltzustand am Standort bzw. in der „Wirkungsumgebung/Wirkungsraum" eines Betriebes, in die Gesamtbewertung einer betrieblichen Standortbilanz einbezogen (Böning & Brückl 1995). Die eigentliche Bilanz bezieht sich jedoch nicht auf den Raum.

Indikatorensysteme in den Bereichen Umwelt, Wirtschaft und Soziales ermöglichen die Verfolgung von Entwicklungen in Regionen über längere Zeiträume (ICLEI 1996, Diefenbacher et al. 1997, Lenz et al. 1997, TA-Akademie 1997). Dabei wird in der Regel jedoch eher der Umweltzustand erfasst, anstatt frachtenbezogene Indikatoren bilanzmäßig zu erfassen. Auch diese Betrachtungsweise kann deshalb für sich allein nicht als regionale Ökobilanzierung im eigentlichen Sinne betrachtet werden.

Beim kommunalen Öko-Audit (Frings 1998) wie auch bei sonstigen kommunalen Umweltbilanzierungen (Merkle & Partner GmbH 1995) liegt der Blickpunkt derzeit hauptsächlich auf den unmittelbaren Stoffströmen der Verwaltung. Aussagen zu anderen Handlungsbereichen der Kommune wie z. B. Verkehrsplanung sind damit sehr schwierig.

Demgegenüber stehen Methoden der *Stoffflussanalyse* (Baccini & Brunner 1991), die sich an Stofffrachten orientieren, die innerhalb von Regionen umgesetzt werden. Dabei sind zwei verschiedene Betrachtungsweisen der umgesetzten Stoffströme möglich:

- Kompartimente / Akteure
- Aktivitäten

Die Betrachtung der Stoffströme zwischen Kompartimenten bzw. Akteuren einer Region entspricht etwa dem Vorgehen in einer Betriebsbilanz. Ergebnis der Sachbilanzierung ist eine Input- und Outputbilanz der Stoffe, welche die Grenzen der Region innerhalb eines bestimmten Zeitraumes überschreiten. Zur Bilanzierung lässt sich die Region in einzelne Kompartimente unterteilen, die in gegenseitigem Stoffaustausch stehen und ihrerseits getrennt bilanziert werden können (vgl. Abb. 1). Ziel dieser Untersuchungen kann die Verminderung von Stoffverlusten, die Etablierung von Stoffkreisläufen in Regionen sowie die Minderung regionaler Umweltprobleme sein. Nicht berücksichtigt werden dabei allerdings Umweltwirkungen bei der Produktion von Gütern, die außerhalb produziert, aber in die Region importiert bzw. dort konsumiert werden. Entsprechendes gilt für exportierte Güter.

Die Betrachtung von menschlichen *Aktivitäten* im Kontext eines regionalen Metabolismus entspricht eher dem Vorgehen in einer Produktökobilanz. Dabei lassen sich beispielsweise die vier Grundaktivitäten *Ernährung, Reinigung, Kommunikation und Transport* sowie *Wohnen und Arbeiten* (Baccini u. Brunner 1991, Baccini u. Bader 1996) unterscheiden (vgl. Abb. 2). Unter Einbeziehung der außerhalb der betrachteten Region liegenden Vorleistungen lassen sich die durch die Lebensgewohnheiten tatsächlich verursachten Umweltauswirkungen optimieren, unabhängig vom Ort der Entstehung. Äußerst problematisch bleibt aber die Einbeziehung und Abgrenzung der außerhalb erbrachten Vorleistungen. Zum Einzugsgebiet der Vorketten einer Stadt wird leicht die *ganze Welt*.

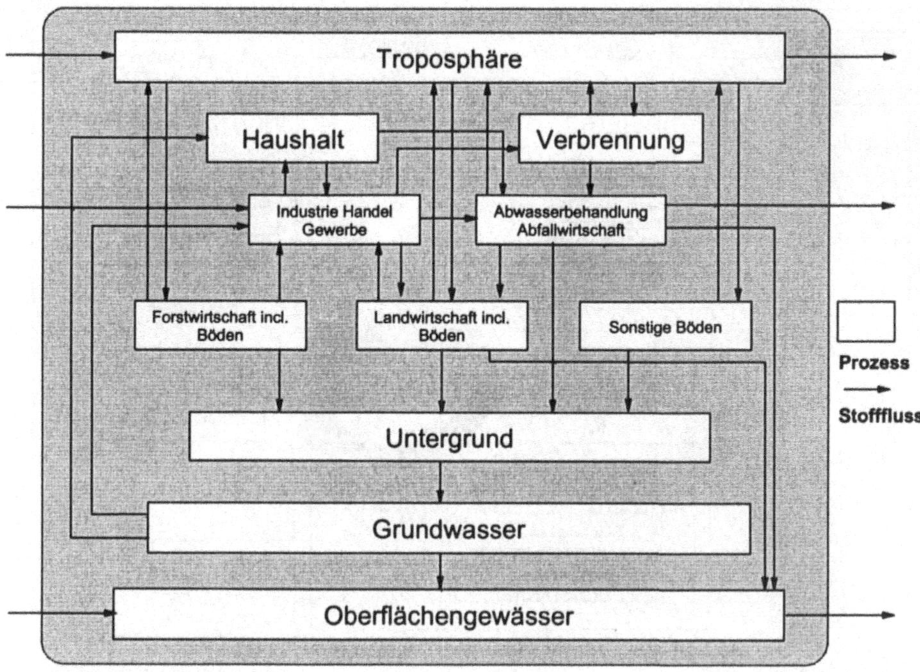

Abb. 1   Systemkomponenten für den Stickstoffhaushalt einer Region (nach Kaas et al. 1994)

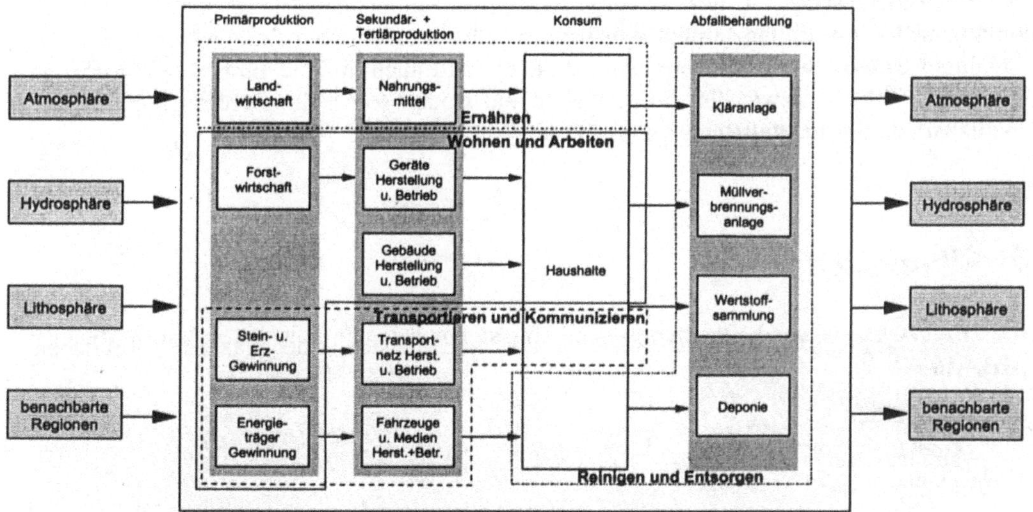

Abb. 2   Strukturierung des regionalen Stoffhaushaltes nach Aktivitäten (nach Baccini u. Bader 1996)

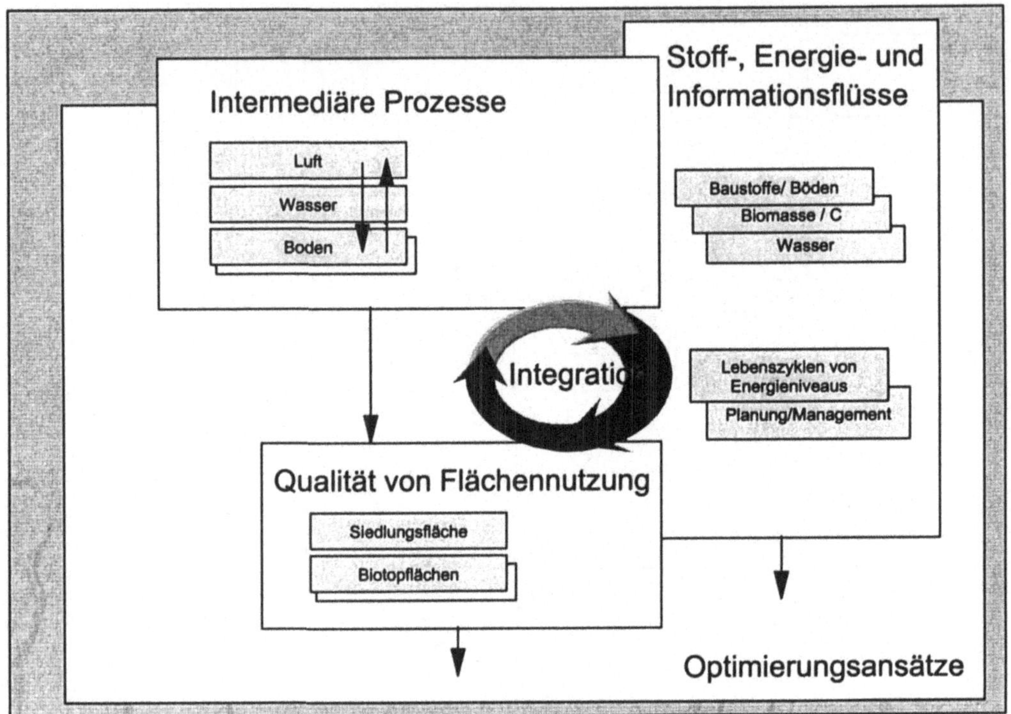

Abb. 3   Bilanzierungsansätze im kommunalen Maßstab (nach Pietsch 1997)

In einer von Pietsch et al. (1997) vorgestellten Konzeption eines Methodenrahmens zur kommunalen Umweltbilanzierung bilden neben Stoffströmen auch Energie- und Informationsflüsse Untersuchungsschwerpunkte. Explizit wird auch auf die Einbeziehung der intermediären Prozesse zwischen Luft, Wasser und Boden sowie die Berücksichtigung der Qualitäten von Flächennutzungen hingewiesen (vgl. Abb. 3).

3 Bilanzgliederung

Klassische Ökobilanzen beinhalten folgende Bausteine, die sich in der Praxis bewährt haben (UBA 1992):

- Zieldefinition
- Sachbilanzierung
- Wirkungsanalyse
- Bewertung oder nach der neuen ISO-Norm: Auswertung

Die Zieldefinition dient der Systembeschreibung, der Festlegung des Bilanzraumes und seiner Grenzen sowie des Erkenntnisinteresses der Untersuchung. Die Systemgrenzen beschreiben dabei die Tiefe (Glieder der Lebensweges), Breite (Stoffpalette), den räumlichen wie zeitlichen Rahmen und die Bezugsgröße.

Innerhalb der Sachbilanz werden die zu betrachtenden Massen- und Energieströme bilanziert und die Umweltbeeinträchtigungen in einer Input-Output-Bilanz dargestellt.

Die Wirkungsbilanz ordnet den in der Sachbilanz erfassten Input- und Output-Strömen bestimmte Umweltwirkungen zu. Dabei werden einzelne Schadstoffe bestimmten Umweltindikatoren oder -kategorien (z. B. Eutrophierung, Ressourcenbeanspruchung, Klimaveränderung) zugeordnet und entsprechend ihres Beitrages zu dem jeweiligen Umweltproblem gewichtet.

Abschließend werden Sachbilanz und Wirkungsbilanz bewertet. Dabei lassen sich naturwissenschaftlich orientierte Bewertungsverfahren von verbal argumentativen, kostenorientierten oder relativ abstufenden Verfahren unterscheiden.

Von Pietsch et al. (1997) werden diese methodische Vorgehensweise modifiziert und um folgende Bausteine ergänzt (vgl. Abb. 4):

- Modellierung
- Bildung von Indikatoren
- Umweltqualitätsziele
- Prognoserahmen
- Optimierungspotenziale

Grundlage der Modellierung ist eine Stoffhaushaltsanalyse der kommunalen Systeme und Subsysteme sowie der intermediären Prozesse. Dabei soll auch der Stoff- und Energiefluss-Fokus der Ökobilanz-Sicht mit dem räumlichen Fokus der UVP-Sicht verknüpft werden.

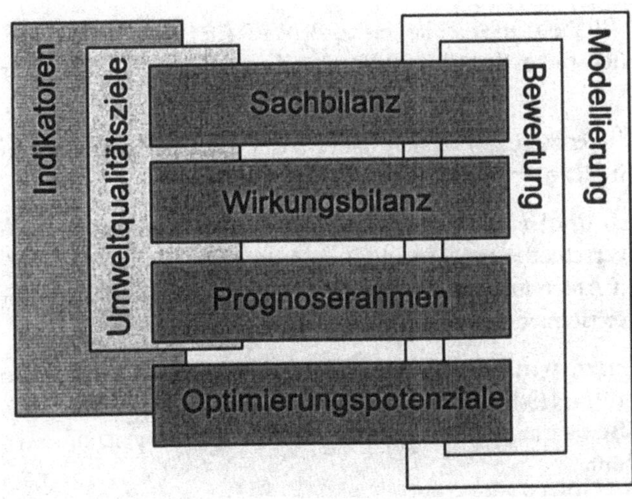

Abb. 4   Methodischer Ansatz und Bausteine zur kommunalen Umweltbilanzierung (nach Pietsch 1997)

Indikatoren für Umweltbilanzen werden im Gegensatz zu tradierten Umweltindikatoren prozessorientiert aufgestellt. Sie dienen dazu, relevante Zusammenhänge nachvollziehbar und planerisch handhabbar zu erfassen und beurteilen zu können.

Umweltqualitätsziele, die allgemeine oder explizite Vorgaben, regionale bzw. lokale Besonderheiten berücksichtigen, sind wesentliche Voraussetzungen zur Ableitung von Indikatoren für die Sach- und Wirkungsbilanz, Skalierung der Indikatoren und Interpretation der Bilanzergebnisse.

Mit der Festlegung eines Prognoserahmens sollen Abschätzungen hinsichtlich künftiger Zustände und Entwicklungen in die bilanzförmige Betrachtung integriert werden. Hierfür können Trendfortschreibungen und Szenariotechniken eingesetzt werden.

Die Ermittlung von Optimierungspotenzialen erlaubt die Ableitung von Interventionspunkten sowie von Möglichkeiten zur Vermeidung und Minderung von Belastungseffekten, die sich aus Sachbilanz, Wirkungsbilanz und Prognoserahmen unter Berücksichtigung der Umweltqualitätsziele ergeben.

4   Besondere Aspekte

Räumliche Abgrenzung – Region

Im Unterschied zur landläufigen Verwendung des Begriffes „Region" scheint eine Abgrenzung von Regionen als Untersuchungsgegenstand von Bilanzierungen nur anhand folgender Kriterien sinnvoll (vgl. Baccini & Bader 1996):

- nach natürlichen Gegebenheiten, z. B. hydrologische Einzugsgebiete, Wasserschutzgebiete,
- nach wirtschaftlichen Gegebenheiten, z. B. Wirtschaftsregionen, oder
- nach politischen (u. evtl. kulturellen) Gegebenheiten, z. B. Kommunen, Planungsverbände, Länder.

Die Wahl der Abgrenzung sollte sich dabei an der Art der betrachteten Stoffe sowie der Zielsetzung der Studie orientieren.

Wird vornehmlich die Beeinflussung natürlich vorhandener Stoffe bzw. die Verbreitung von Stoffen in verschiedenen Umweltkompartimenten untersucht, bietet es sich an, die Systemgrenzen in Anlehnung an die natürlichen Stoffkreisläufe zu wählen. Dies trifft beispielsweise bei der Betrachtung von Stickstoffemissionen zu.

Eine Einteilung nach wirtschaftlichen Zusammenhängen ist dort sinnvoll, wo innerhalb eines Gebietes im Vergleich zur Umgebung starke Güteraustauschbeziehungen bestehen. Im Blickpunkt der Betrachtung kann hierbei die Wiederverwertung von Stoffen im Wirtschaftskreislauf sein.

Die Wahl politischer Grenzen geht dabei insbesondere von Anliegen der Agenda 21 aus und berücksichtigt das Vorhandensein von lokalen Akteursnetzwerken und Entscheidungsstrukturen. Zielsetzung ist insbesondere die politische Einflussnahme auf Handlungsabläufe.

Sachbilanzierung

Die Sachbilanzierung stellt weiterhin den entscheidenden, aber auch schwierigsten Schritt in der Bilanzierung dar. Probleme bereitet insbesondere die Datengewinnung. Im regionalen Maßstab können nicht immer eigene Daten erhoben werden, nur in bestimmten Bereichen kann auf vorhandene statistische Daten zurückgegriffen werden. Wichtige Anlaufpunkte sind dabei städtische Ämter sowie statistische Landesämter. Weiterhin muss insbesondere bei der Umwandlung von Stoffen in natürlichen Kompartimenten (intermediäre Prozesse) vielfach auf unsichere naturwissenschaftliche Kenntnisse zurückgegriffen werden.

Besonders geeignet zur Abbildung der regionalen Teilprozesse, die über die Stoffflüsse miteinander verknüpft werden, sind Modellansätze, die sich der Netztheorie bedienen und Stoffstromsysteme beispielsweise als Petrinetze abbilden (Möller u. Rolf, 1995). In Zusammenhang mit regionalen Bilanzen ist insbesondere die Möglichkeit, hierarchische Netze zu erstellen, von Bedeutung, welche die getrennte Modellierung und Verknüpfung einzelner Komponenten des regionalen Stoffhaushaltes erlaubt (vgl. Abb. 5). Dabei können Prozesse als ganze Subsysteme, die selbst wiederum Netze darstellen, aufgefasst werden. Der Netzansatz ermöglicht außerdem die Bilanzierung von Teilnetzen in beliebigen Bilanzgrenzen. So kann z. B. der von Baccini u. Bader (1996) dargestellte Aktivitätenansatz aus Abb. 2 mit verschiedenen sich überlappenden Bilanzgebieten in einer Netzdarstellung besonders einfach mit Petrinetzen abgebildet werden. Die Software Umberto, die sich dieser Methodik bedient, erlaubt weiterhin den flexiblen Einsatz von Kenngrößen und Bewertungssystemen.

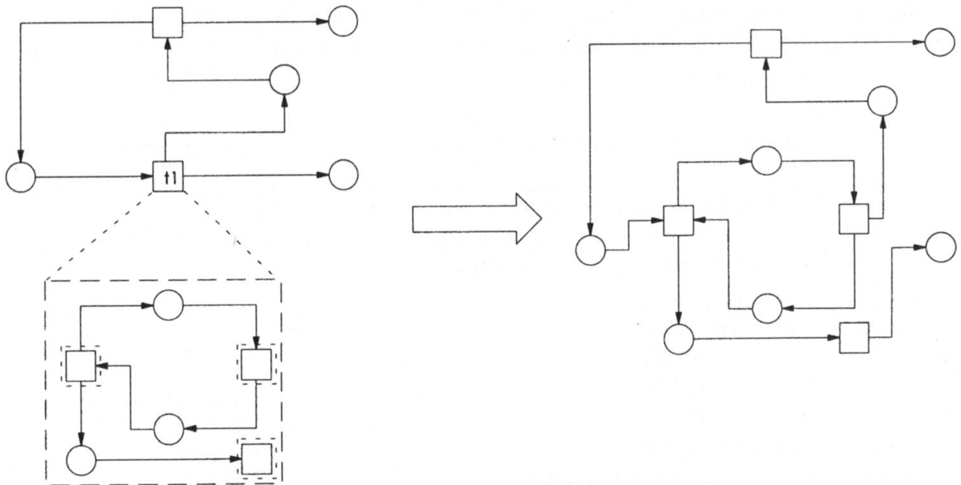

Abb. 5 Hierarchische Stoffstromnetze mit Umberto: Teilprozesse können wieder als Stoffstromnetze aufgefasst werden (Möller u. Rolf, 1995)

Wirkungsbilanzierung und Bewertung

Bei der Bewertung von regionalen Stoffflüssen reicht die *auswirkungsbezogene* Aggregierung von Stoffen (z. B. nach der UBA-Methodik) nicht zur Ableitung von Handlungszielen aus. Darüber hinaus sind deshalb *stoffflussbezogene* Bewertungssysteme notwendig.

Tabelle 1   Vergleich von Bewertungssystemen für Ökobilanzen

Bewertungssysteme	Vorteile	Nachteile
UBA-Methodik	Einfachheit Transparenz Vergleichbarkeit	Ziele nicht direkt ableitbar
geogene Frachten	Regionalisierbarkeit direkte Ziele ableitbar	fehlende Referenzwerte mangelnde Effektivität
(öko)toxikologisch	Effektivität direkte Ziele ableitbar	fehlende Referenzwerte unsichere Grenzwerte
critical loads	Ökosystemorienierung Regionalisierbarkeit direkte Ziele ableitbar	Komplexität fehlende, unsichere Werte

Mögliche Obergrenzen für Stoffflüsse bilden beispielsweise geogene Stofffrachten (*Referenzwerte*) sowie Angaben zur (Öko-)Toxizität (*Grenzwerte*). Problematisch ist im ersten Fall, dass viele betrachtete Stoffe natürlich nicht vorkommen, sowie das Vorkommen nicht unbedingt mit einer Schädlichkeit korreliert. Toxikologische Grenzwerte haben insbesondere ein hohes Unsicherheitspotenzial (vgl. Baccini u. Bader 1996). Möglicher Lösungsweg ist die Orientierung an kritischen Eintragsraten (*critical loads*) als Spezialfall für Grenzwerte, die an Veränderungen in Ökosystemen orientiert sind (Nagel 1994). Regional unterschiedliche Grenzwerte scheinen dabei notwendig zu sein. Tabelle 1 zeigt einen Vergleich dieser Bewertungsmethoden.

Tabelle 2   Mögliches Bewertungskonzept für Stoffflüsse in Regionen und Kommunen

1. Erfolgskontrolle / Vergleich mit anderen Regionen bzw. Kommunen
 a) UBA-Konzept: Zuordnung zu Wirkungen und *Aggregierung* als Äquivalente und / oder
 b) Vergleich anderer *stoffflussbezogener Kenngrößen*

2. Ableitung von Handlungszielen
 Betrachtung jedes Einzelstoffes auf verschiedenen Wirkungsebenen
 lokale Probleme: (öko-)toxikologisch, critical levels
 regionale Probleme: critical loads
 globale Probleme: geogen

3. Zuordnung von Handlungszielen
 räumliche Zuordnung über Transportmodelle
 akteursbezogene Zuordnung über Stoffflussmodell

4. Minderung nach Verursachergruppen
 a) anteilsmäßig gleiche Reduktion oder
 b) nach Erstellung von Kosten-Reduktions-Kurven

Weitere an Stoff- und Energieflüssen sowie der Veränderung von Ökosystemen orientierte Bewertungssysteme, insbesondere zur Berücksichtigung kumulativer Belastungen sowie der Einbeziehung in Verfahren der regionalen Planung wurden von der EPA vorgestellt (vgl. Pietsch et al. 1997).

Ein differenziertes Bewertungskonzept für Regionen und Kommunen könnte folgendermaßen aussehen (Tabelle 2): Nach einem Soll/Ist-Vergleich oder einem Vergleich mit anderen, vergleichbaren Kommunen werden Handlungsziele auf unterschiedlichen Ebenen festgelegt, diese werden dann räumlich und akteursbezogen zugeordnet und für Verursachergruppen konkrete Minderungsziele festgelegt. In Tabelle 3 wird das am Beispiel von Nitrat-Emissionen in der Stadt Heidelberg verdeutlicht.

Tabelle 3   Bewertungskonzept für Kommunen am Beispiel der Nitratflüsse in Heidelbrg

---

Beispiel Nitrat in Heidelberg

---

1. Vergleichsgrößen

a) Äquivalente für Eutrophierung, Toxizität
b) stoffflussbezogene Kenngrößen: ausgewaschene Stofffracht in kg N und kg N/ha
                                                    an Gewässer direkt abgegeb. Stofffracht in kg N u. kg N/ha

2. Handlungsziele nach Wirkungsebenen

lokal: Trinkwasser
regional: Eutrophierung von   Neckar,
                                                              Rhein,
                                                              Nordsee

3. Zuordnung der Handlungsziele

Trinkwasser: Landwirtschaft, atm. Deposition
Neckar: Landwirtschaft, Kläranlagen, andere Neckaranlieger
Rhein: Landwirtschaft, Kläranlagen, andere Rheinanlieger
Nordsee: Landwirtschaft, Kläranlagen, andere Nordseeanlieger

4. Verteilung der Minderung

a) alle Verursacher müssen den Austrag um „critical load/Gesamtfracht x 100%" reduzieren
b) Kosten

---

5 Ausblick

Regionale Ökobilanzen nutzen die weit entwickelte Methodik der klassischen produkt- oder standortbezogenen Ökobilanzen, sowohl hinsichtlich der Sachbilanzierung, also der Darstellung von Stoff- und Energieströmen, als auch bezüglich der Wirkungsanalyse und Bewertung. Sie stellen aber überdies einen räumlichen Bezug her. Dieser ist wichtig für Planungsprozesse im kommunalen oder regionalen Rahmen, insbesondere im Zusammenhang mit der so genannten Lokalen Agenda 21, wo es um Konzepte und Perspektiven für eine nachhaltige Entwicklung geht. Regionale Ökobilanzen können ein wichtiges Datengerüst für die Fragestellung liefern, wie nachhaltig eine Region wirtschaftet, an welchen Akteuren oder Aktivitäten angesetzt werden kann oder muss, um konkrete Nachhaltigkeitsziele regional umzusetzen oder zu erreichen.

Literatur

Baccini, P. und Bader, H.-P. (1996): Regionaler Stoffhaushalt: Erfassung, Bewertung und Steuerung. Spektrum, Heidelberg, Berlin

Baccini, P. und Brunner, P. (1991): Metabolism of the Anthroposphere. Springer, Berlin, Heidelberg

Böning, J. und Brückl S. (1995): Regionalorientierte Ökobilanzierung. In: UmweltWirtschaftsForum 2/95

Braunschweig, A. (1988): Die Ökologische Buchhaltung als Instrument der städtischen Umweltpolitik. Grüsch

Diefenbacher, H. et al. (1997): Regionales Indikatorensystem zur Nachhaltigkeit. Studie an der Forschungsstätte der evangelischen Studiengemeinschaft gefördert durch das PAÖ.

Frings, E. (1998): Anspruch und Wirklichkeit. Kommunales Ökoaudit in der Praxis. In: Umwelt Kommunal. Ökologische Briefe 7/98. 1.4.1998: I-IV

ICLEI (1996): Demonstrationsvorhaben Kommunale Naturhaushaltswirtschaft Phase I. Endbericht Teil II. Anhang 6: Gegenüberstellung der Indikatorsysteme

Kaas, T., H. Fleckseder und P.H. Brunner (1994): Stickstoffbilanz des Kremstales. Studie am Institut für Wassergüte und Abfallwirtschaft der TU Wien in Zusammenarbeit mit dem Amt der Oberösterreichischen Landesregierung (unveröff.)

Lenz, R. et al. (1997): Design und Prototyp eines Informationssystems für regionale Ökobilanzen. In: W. Geiger et al. (Hrsg): Umweltinformatik '97. Marburg, S. 179 ff.

Merkle & Partner GmbH (1995): Ökobilanz für die Gemeindeverwaltung Ubstadt-Weiher. Bruchsal

Möller, A., A. Rolf (1995): Methodische Ansätze zur Erstellung von Stoffstromanalysen unter besonderer Berücksichtigung von Petri-Netzen. In: Schmidt, M., A. Schorb (Hrsg.): Stoffstromanalysen in Ökobilanzen und Öko-Audits. Berlin/ Heidelberg/ New York. S. 33-58

Nagel, H.-D., G. Smiatek, B. Werner (1994): Das Konzept der kritischen Eintragsraten als Möglichkeit zur Bestimmung von Umweltbelastungs- und –qualitätskriterien. Critical Loads & Critical Levels. Rat von Sachverständigen für Umweltfragen. Materialien zur Umweltforschung Nr. 20. Stuttgart

Pietsch, J., G. Kröger,K. Ufermann,T. Wacher,B. Brink (1997): Umweltbilanzen im kommunalen Maßstab. Entwicklung eines Methodenrahmens. Zwischenbericht November 1997. TU Hamburg-Harburg, Arbeitsgebiet StadtÖkologie. gefördert von der VW-Stiftung.

Schmitt, B. (1998): Modellierung und Bilanzierung der Stickstoffflüsse in der Landwirtschaft am Beispiel Heidelberg. Diplomarbeit. Karlsruhe

Schmidt, M. (1994): Ein EDV-gestütztes Instrument zur Erstellung kommunaler Umweltbilanzen. In: Erstes internationales ICLEI-Expertenseminar „Neueste Umweltmanagement-Instrumente und kommunale Naturhaushaltswirtschaft" am 14.-16.3.1994 in Freiburg

TA-Akademie (Akademie für Technikfolgenabschätzung in Baden-Württemberg) (1997) (Hrsg.): Nachhaltige Entwicklung in Baden-Württemberg. Statusbericht.

UBA (Umweltbundesamt) (1992) (Hrsg.): Ökobilanzen für Produkte. UBA-Texte 38/92

Nachwachsende Rohstoffe

Ökobilanzen in der Landwirtschaft: Methodische Besonderheiten

Guido Reinhardt

1 Einleitung

Einer der Hauptaugenmerke bei der Frage um die Umweltverträglichkeit der Landwirtschaft war in der Vergangenheit der oft schon ideologisch geführte Streit um den ökologischen im Vergleich zum herkömmlichen Landbau bei der Nahrungs- und Futtermittelproduktion. Seit einigen Jahren kommen nun immer mehr Produkte aus nachwachsenden Rohstoffen wie Rapsbiodiesel, biokompostierbare Jogurtbecher und Shampooflaschen oder Formteile und Dämmvliese aus Faserpflanzen auf den Markt. Zunächst wird bescheinigt, dass all diese Produkte umweltverträglich sind, denn sie sind ja aus nachwachsenden Rohstoffen. Beim näheren Hinsehen erkennt man jedoch, dass mit solchen Produkten durchaus auch ökologische Nachteile verbunden sein können. Dies können Umweltbelastungen durch die landwirtschaftliche Produktion der Rohstoffe oder auch durch die – zum Teil erheblichen – Aufwendungen bei der Aufbereitung und Weiterverarbeitung sein. Auch die Entsorgung oder das Recycling der Produkte sind nicht zwingend umweltneutral. Zugleich werden durch die Produkte aus nachwachsenden Rohstoffen herkömmliche Produkte substituiert, d. h., die Umweltverträglichkeit solcher Produkte ist immer im Vergleich zu den substituierten Produkten zu bestimmen – und zwar über die gesamten Lebenswege aller betrachteten Produkte hinweg.

Damit sind Ökobilanzen prädestiniert für die Bestimmung der Umweltverträglichkeit von Produkten aus nachwachsenden Rohstoffen jeweils im Vergleich zu den herkömmlichen Produkten – zugleich aber auch für viele andere Fragestellungen aus dem Bereich der Landwirtschaft. Für die Art und Weise, wie Ökobilanzen erstellt werden sollen, gibt es mittlerweile mit der ISO 14040 ff. auch eine Norm. In ihr werden allerdings keine Details, sondern eher der Gesamtrahmen festgelegt. Die einzelnen Rahmenfestlegungen, Vorgehensweisen oder beispielsweise, wie methodische Fragestellungen gehandhabt werden, sind für die zu untersuchende Fragestellung vom Anwender selbst festzulegen. Dabei treten im Bereich der Landwirtschaft einige methodische Besonderheiten auf, die erst in den letzten Jahren im Zuge der Weiterentwicklung der Ökobilanzmethodik speziell für landwirtschaftliche Fragestellungen bearbeitet wurden.

Im Folgenden wird auf einige dieser Fragestellungen eingegangen. Gemein ist ihnen, dass sie sich besonders signifikant auf die Ergebnisse von Ökobilanzen bei landwirtschaftlichen Fragestellungen auswirken bzw. auswirken können. Dies kann einzelne Feldarbeitsschritte genauso betreffen wie die Produktion einer Feldfrucht, das Vergleichen verschiedener Landbauweisen oder auch Ökobilanzen von Produkten aus nachwachsenden Rohstoffen oder Lebensmitteln. Im Einzelnen handelt es sich um folgende Themen:

- Bilanzierung des Einsatzes von Landmaschinen

- Wahl eines landwirtschaftlichen Referenzsystems

- Schadstoffbilanzierung nach Ortsklassen

Die im Folgenden beschriebenen Vorgehensweisen und Ergebnisse zu diesen Fragestellungen wurden in diversen Förder- und Forschungsvorhaben des ifeu-Instituts erhalten.

2 Bilanzierung des Einsatzes von Landmaschinen

Maschinelle Feldarbeiten sind durch Kraftstoffverbrauch und Emissionen mit Umweltwirkungen verbunden. Bisher wurden diese in ökologischen Bilanzierungen jedoch nur auf der Basis von Gesamtkraftstoffverbräuchen und daran gekoppelten mittleren Emissionsfaktoren erfasst. Dieses Vorgehen wird dem heutigen Anspruch an die Aussagekraft der Ergebnisse von Ökobilanzen nicht mehr gerecht. Zum einen unterscheiden sich die eingesetzten Schlepper und Erntemaschinen hinsichtlich ihrer Motorleistung zum Teil beträchtlich; zum anderen hängt die Motorlast stark vom jeweiligen Arbeitsgang ab. Nennleistung und Motorauslastung wiederum beeinflussen Wirkungsgrad, Kraftstoffverbrauch und Schadstoffemissionen. Um diese Einflüsse in Ökobilanzen und anderen Bilanzierungsinstrumenten realitätsnah abbilden zu können, wurde ein Modell zur differenzierten Beschreibung von Kraftstoffverbrauch und Emissionen von Landmaschinen abgeleitet und erstmals in Kaltschmitt u. Reinhardt (1997) angewandt. Im Folgenden wird zunächst die Methodik beschrieben, die dann auf vier Beispiele angewendet und diskutiert wird. Für Details wird auf die Originalliteratur verwiesen (Borken et al. 1998).

Das Modell zur differenzierten Beschreibung von Kraftstoffverbräuchen und Emissionen von Landmaschinen setzt sich grob aus drei Schritten zusammen:

- Die verschiedenen Arbeitsgänge bzw. -schritte der maschinellen Feldarbeit werden bestimmten Laststufen eines geeigneten Testzyklus zugeordnet. Grundlage hierfür bilden die einzelnen Laststufen des so genannten 5-Punkte-Tests für Landmaschinen.

- Für die verschiedenen Arbeitsgänge bzw. -schritte werden flächenbezogene Arbeitszeiten bestimmt. Dabei wird jeder einzelne Arbeitsgang einer Haupt- bzw. verschiedenen Nebenzeiten (Rüst-, Wege-, Wende- und Verlustzeit) zugeordnet (s. Abb. 1).

- Die nach Nennleistung und Motorauslastung differenzierten zeitbezogenen Kraftstoffverbräuche und Emissionsfaktoren werden mit flächenbezogenen Arbeitszeiten verknüpft.

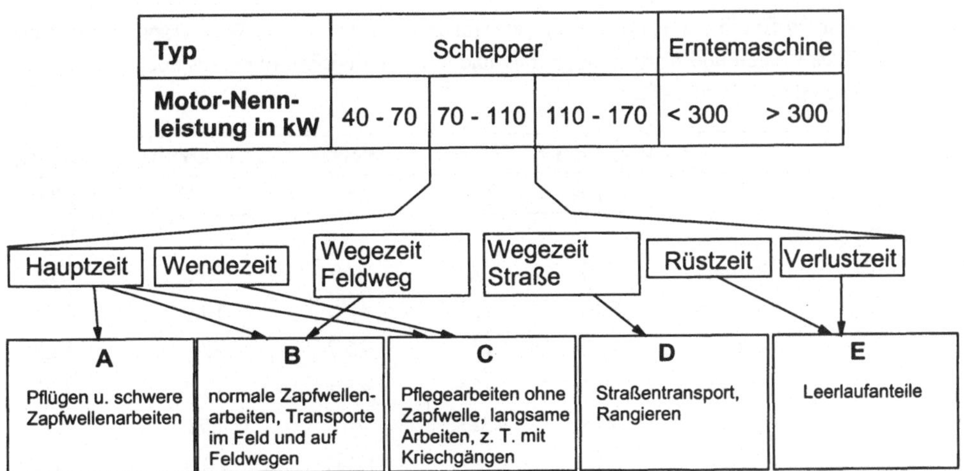

Abb. 1   Zuordnung der Haupt- und Nebenzeiten zu den Laststufen des 5-Punkte-Tests zur Bestimmung von Energieaufwand und Emissionen bei maschinenunterstützter Feldarbeit (nach Borken et al. 1999)

Letztlich werden bei der Anwendung also zunächst die einzelnen Laststufen für jeden Feldarbeitsschritt und für jede Landmaschine einzeln ermittelt. Diese werden dann mit den jeweiligen Verbrauchs- und Emissionsfaktoren verknüpft und anschließend aufaddiert.

Im Folgenden werden beispielhaft für vier Feldfrüchte – Winterraps, Winterweizen, Zuckerrübe und Kartoffel – Kraftstoff- und Emissionsbilanzen der „Maschinellen Feldarbeit" nach der beschriebenen Methodik diskutiert. Bilanziert wird der konventionelle Anbau nach guter fachlicher Praxis in Deutschland. Für die weiteren Systemgrenzen und Rahmenannahmen wird auf die Originalliteratur verwiesen. In Tabelle 1 sind die Arbeitszeiten und ihre Verteilung auf die einzelnen Laststufen, in Tabelle 2 die Kraftstoff- und Emissionsbilanzen für die einzelnen Kulturen zusammengestellt. Zum Vergleich sind dort für Raps auch Ergebnisse ausgewiesen, die nach dem bisher üblichen Verfahren („5-Punkte-Test") bestimmt wurden.

Tabelle 1   Arbeitszeitbilanz der Beispielkulturen differenziert nach Laststufen (Bezug: 1 ha Anbaufläche und ein Wirtschaftsjahr)

Laststufen	Schwer	Normal	Leicht	Straße	Leerlauf	Summe min/ha·a
Raps	48 %	27 %	10 %	6 %	9 %	210,7
Weizen	39 %	35 %	9 %	8 %	9 %	223,8
Zuckerrübe	33 %	26 %	27 %	6 %	8 %	373,8
Kartoffel	18 %	34 %	32 %	8 %	8 %	1.014,7
5-Punkte-Test	31 %	18 %	19 %	20 %	12 %	100 %

Quelle: Borken et al. 1999

Tabelle 2   Kraftstoffverbrauch und direkte Emissionen beim Anbau von Winterraps, Winterweizen, Zuckerrüben und Kartoffeln (pro ha und Wirtschaftsjahr). Für Raps auch die Ergebnisse nach dem 5-Punkte-Test

		Raps-5PT*	Raps	Weizen	Zuckerrübe	Kartoffel
Verbrauch	MJ/ha·a	1.794	2.238	2.161	3.742	6.934
Emissionen						
CO_2	kg/ha·a	133	165	160	277	513
CH_4	g/ha·a	5,81	5,56	5,63	10,0	21,4
N_2O	g/ha·a	13,8	17,3	16,7	28,9	53,5
SO_2	g/ha·a	37,6	46,9	45,3	78,4	145
CO	g/ha·a	418	388	401	698	1527
NO_x	g/ha·a	1.421	1.817	1.741	3.074	5.794
NMHC	g/ha·a	236	226	229	407	869
Partikel	g/ha·a	123	131	131	224	440
HCl	g/ha·a	0,042	0,052	0,050	0,087	0,16
NH_3	g/ha·a	0,84	1,04	1,01	1,74	3,23
Formaldehyd	g/ha·a	19,6	18,8	19,0	33,8	72,1
Benzol	g/ha·a	4,60	4,40	4,46	7,92	16,9
BaP	µg/ha·a	321	397	378	664	1.193
TCDD	µg/ha·a	0,0025	0,0031	0,0030	0,0052	0,010

*: 5-Punkte-Test; BaP: Benzo(a)pyren, TCDD: 2,3,7,8-TCDD-Toxizitätsäquivalente;
Quelle: Borken et al. 1999

Aus den in Tabelle 1 dargestellten Ergebnissen ist Folgendes zu erkennen:

- Sowohl die absoluten Einsatzzeiten pro Hektar Anbaufläche als auch die Verteilung auf die einzelnen Laststufen unterscheiden sich bei allen Kulturen deutlich.

- Für keine Kultur stimmen für die einzelnen Laststufen die detaillierten Zeitanteile mit den mittleren Werten nach dem 5-Punkte-Test überein. Insbesondere entfallen auf Leerlauf und Straßenfahrt nur etwa 15 % und nicht ein Drittel der gesamten Einsatzzeit.

- Schließlich werden die verschiedenen Maschinenklassen unterschiedlich stark beansprucht. Während etwa für Raps und Weizen vor allem schwere Schlepper eingesetzt werden, überwiegen bei den Hackfrüchten die Maschinen mittlerer Leistung.

In der Verbrauchs- und Emissionsbilanz (Tabelle 2) schlagen sich die unterschiedlichen Einsatzcharakteristika wie folgt durch:

- Ein Vergleich zwischen der Grob- und Detailbilanz für Raps zeigt, dass die unterschiedlichen Verbräuche und Emissionen der verschiedenen Laststufen einen z. T. gegenläufigen Einfluss auf die Ergebnisse haben. Zwar wird nach herkömmlicher Berechnung der

Kraftstoffverbrauch zu etwa 25 % *unter*schätzt, aber zugleich werden manche Emissionen deutlich *über*schätzt.

- Verbrauch und Emissionen aus dem Anbau von Kartoffeln sind nur dreimal höher als die entsprechenden Werte für Raps, obwohl der Zeitaufwand fünfmal höher ist. D. h., die Einsatzzeit ohne Differenzierung nach Maschinenklasse und Laststufe ist nicht hinreichend für eine zutreffende Bilanzierung.

Fazit (Landmaschinen)

Diese Beispiele zeigen, dass für eine genaue Bilanzierung landwirtschaftlicher Arbeiten die vorgelegte Teilzeitmethode mit ihrer Differenzierungen nach Laststufen und Maschinenklassen unbedingt dem bisherigen, auf dem Mittel des 5-Punkte-Tests basierenden Verfahren vorzuziehen ist. Ein weiterer Vorteil der hier beschriebenen Methodik ist, dass sich mit ihr auch Teilbereiche der landwirtschaftlichen Produktion bis hin zu einzelnen Feldarbeitsschritten bilanzieren lassen, was vormals nicht möglich war. So lassen sich jetzt praktisch alle entsprechenden Fragestellungen im Bereich des Einsatzes von Landmaschinen – angefangen mit dem Vergleich einer einzigen Feldarbeit mit unterschiedlichen Maschinen, über den Vergleich unterschiedlicher Anbauformen mit entsprechend angepasstem Maschineneinsatz bis hin zu Komplettbilanzen über den Anbau von Feldfrüchten oder den Maschineneinsatz von Betrieben – in beliebiger Differenzierung und damit realitätsnah angehen. In bestimmten Fällen mögen die Maschineneinsätze im Rahmen eines Gesamtlebensweges nicht ins Gewicht fallen; für eine genaue Abbildung der Einsatzzeiten, Verbräuche und Emissionen ist die hier beschriebene Teilzeitmethode aber unbedingt vorzuziehen.

3   Wahl eines landwirtschaftlichen Referenzsystems

Während die vorstehend diskutierte differenzierte Beschreibung des Einsatzes von Landmaschinen praktisch alle denkbaren Anwendungsfälle in der Landwirtschaft betrifft, spielt die Wahl des landwirtschaftlichen Referenzsystems nur bei bestimmten Fragestellungen eine Rolle, so beispielsweise beim Anbau nachwachsender Rohstoffe. Werden Produkte aus nachwachsenden Rohstoffen im Vergleich zu konventionellen Produkten bilanziert, so ist gleichermaßen ein Anbau nachwachsender Rohstoffe einem Nichtanbau (auf Seiten des konventionellen Produktes) gegenüberzustellen. Beim Nichtanbau findet jedoch eine irgendwie anders geartete Flächennutzung statt. Diese – und damit alle mit ihr verbundenen positiven wie negativen Umweltwirkungen – ist somit entweder dem konventionellen Produkt anzulasten oder dem nachwachsenden Rohstoff gutzuschreiben.

Dieser Sachverhalt wurde 1993 erstmals im Kontext von Ökobilanzen zu nachwachsenden Energieträgern diskutiert (Reinhardt 1993) und später auf ein solides theoretisches Fundament gestellt (vgl. Reinhardt u. Kaltschmitt 1995 sowie Kaltschmitt u. Reinhardt 1997).

Mittlerweile werden die unten skizzierten Lösungsansätze praktisch durchgängig bei entsprechenden Fragestellungen nicht nur im nationalen, sondern auch im internationalen Raum angewandt (siehe z. B. Scharmer u. Gosse 1996, Spirinckx u. Ceuterick 1996, Biewinga u. Bijl 1996, Wolfensberger u. Dinkel 1997).

Der Vollständigkeit halber sei erwähnt, dass sich die hier diskutierte Referenzsystemwahl nicht nur auf den Anbau nachwachsender Rohstoffe, sondern ebenso auf andere Flächennutzungen wie einen Nahrungs- oder Futtermittelanbau bezieht. Der Einfachheit wegen werden die folgenden Ausführungen, die im Wesentlichen den oben zitierten Publikationen entstammen, beispielhaft für den Anbau nachwachsender Rohstoffe diskutiert. Für den Nahrungs- oder den Futtermittelanbau oder andere Fragestellungen ist jeweils analog zu verfahren. Für weitere Details wird auf die oben zitierte Originalliteratur verwiesen.

Für die in Deutschland für einen Anbau nachwachsender Rohstoffe potenziell nutzbaren Flächen sind dabei grundsätzlich die in Abb. 2 dargestellten Referenzsysteme denkbar:

Unberührtes Naturland. Unberührtes Naturland gegenüber einem Anbau nachwachsender Rohstoffe würde dann bilanziert werden, wenn es für den Zweck des Anbaus von nachwachsenden Rohstoffen urbar gemacht würde. Während in vielen Ländern entsprechende Flächen zur Verfügung stehen, kann zumindest in Deutschland eine derartige Umwidmung in signifikantem Ausmaß weder derzeit noch in den nächsten Jahren als realistisch angesehen werden, da weder größere Flächen unberührten Naturlandes vorhanden sind, noch diese auf Grund der Natur- und Landschaftsschutzgesetzgebung genutzt werden dürfen. Dies gilt vor allem dann, wenn die derzeitigen Gegebenheiten in Deutschland möglichst realitätsnah abgebildet werden sollen.

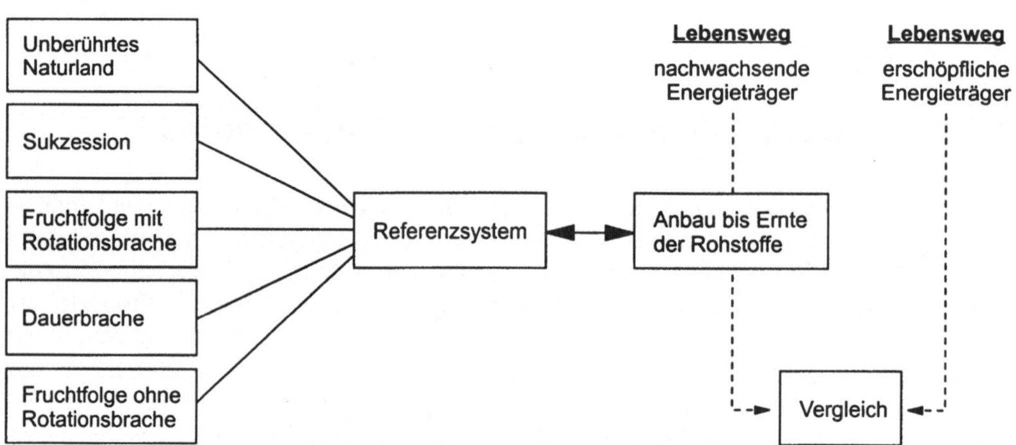

Abb. 2 Mögliche landwirtschaftliche Referenzsysteme beim Lebenswegvergleich „Nachwachsende Rohstoffe versus konventionelle Produkte" (Reinhardt u. Kaltschmitt 1995)

Sukzession. Denkbar ist prinzipiell eine Bilanzierung des Anbaus nachwachsender Rohstoffe gegen eine Sukzession. Darunter ist für den Bereich der Landwirtschaft die sukzessive Überführung von Kultur- in Naturland zu verstehen. Da jedoch die Ressource „landwirtschaftliche Nutzfläche" auch zukünftigen Generationen erhalten bleiben und bei Bedarf schnell verfügbar sein soll, ist eine diesbezügliche Bilanzierung solange realitätsfremd, wie diese Vorgabe Bestand hat. Die geringen in Deutschland der Sukzession unterliegenden Flächen dienen dem Natur- und Landschaftsschutz und stellen – unter diesen Randbedingungen – keine potenziellen Gebiete für einen Anbau nachwachsender Rohstoffe dar. Darüber hinaus spielt die Überführung von Acker- in Naturland trotz diesbezüglicher staatlicher Bemühungen derzeit eine nur sehr untergeordnete Rolle.

Nahrungs- und Futtermittelanbau. Prinzipiell in Frage kommt auch die Bilanzierung eines Anbaus nachwachsender Rohstoffe gegenüber Flächen, auf denen Nahrungs- und Futtermittel angebaut werden („Fruchtfolge ohne Rotationsbrache"). Dann würden allerdings die entsprechenden Nahrungs- bzw. Futtermittel nicht mehr auf diesen Flächen angebaut werden können. Dies kann u. U. durchaus gewünscht sein, sodass in solchen Fällen – denen also entsprechende Fragestellungen zu Grunde liegen – dieses Referenzsystem zur Anwendung käme: Bilanziert würde der Anbau von nachwachsenden Rohstoffen gegen den Anbau von Nahrungs- und Futtermitteln als Referenzsystem. Im Extremfall würden überhaupt keine ökologischen Unterschiede im Bereich der Pflanzenproduktion auftreten, so z. B. bei der Betrachtung des Winterweizenanbaus für Nahrungsmittelzwecke bzw. als Energieträger unter exakt gleichen landwirtschaftlichen Bedingungen.

Wenn jedoch die Fragestellung untersucht wird, wie sich ein Anbau nachwachsender Rohstoffe gegenüber einem Nichtanbau auswirkt, wird von so genannten idealisierten Verhältnissen ausgegangen, d. h., Parameter, die nicht unmittelbar mit dem Systemvergleich im Zusammenhang stehen, werden entweder konstant gehalten oder nicht betrachtet.

Beispiel

Es wird davon ausgegangen, dass der Anbau von Nahrungs- und Futtermitteln zum Zweck hat, Mensch und Tier zu ernähren und insofern wirklich benötigt wird. Ein Anbau von nachwachsenden Rohstoffen auf den hierfür benötigten Flächen hätte jedoch eine Minderproduktion von Nahrungs- und Futtermitteln zur Folge. Unter konstanten Bedingungen, d. h. Mensch und Tier wollen ihre Ernährungsgewohnheiten weiterbehalten, müssten die „fehlenden" Mengen zwangsläufig auf anderen Flächen und an anderen Orten – etwa im Ausland – produziert werden. Die damit verbundenen ökologischen Auswirkungen wären somit in die Bilanz einzubeziehen, da sie eine direkte Folge der Annahmen des Systemvergleichs darstellen.

Mit anderen Worten: Würde z. B. ein Nahrungsmittelanbau als Referenzsystem zum Anbau nachwachsender Rohstoffe gewählt, so wäre bei obiger Fragestellung der Anbau der nachwachsenden Rohstoffe plus einem entsprechenden Nahrungsmittelanbau im Ausland einem Nahrungsmittelanbau im Inland plus einer „Nichtbewirtschaftung" der Fläche im Ausland gegenüber zu stellen. Für diese nicht bewirtschaftete Fläche kommen wiederum verschiedene Möglichkeiten – etwa die in Abb. 2 aufgelisteten – in Frage. Wäre diese nicht bewirtschaftete Fläche beispielsweise eine Form der Brache, so wäre der Anbau der nachwachsenden Rohstoffe gegen eine Brache zu bilanzieren. Das Referenzsystem wäre also nicht der Nahrungsmittelanbau, sondern die Brache (s. u.)[1].

Eine weitere Möglichkeit bestünde darin, den vorhandenen Nahrungs- und Futtermittelbedarf so zu decken, dass dadurch Flächen für den Anbau nachwachsender Rohstoffe frei würden. Dies könnte z. B. durch eine Veränderung des jeweiligen Anteils der angebauten Feldfrüchte (und damit implizit eine Änderung der Ernährungsgewohnheiten) oder durch Intensivierung der derzeitigen Anbaumethoden geschehen. Diese und ähnliche Wege haben mit der oben aufgeführten Fragestellung jedoch nicht direkt zu tun, sondern lediglich indirekt, indem man diesbezüglich etwa die Fragen stellen könnte, wie sich ein Anbau nachwachsender Rohstoffe im Umfeld einer gesamthaften Intensivierung der landwirtschaftlichen Nahrungsmittelproduktion oder im Umfeld anderer Ernährungsgewohnheiten ökologisch auswirken würde. Wenn solche Fragestellungen allerdings nicht erklärtes Ziel einer Untersuchung sind, dann kommt das Referenzsystem „Nahrungs- und Futtermittelanbau" nicht zur Anwendung.

Brachen. Unter Brachen werden hier einjährige (Fruchtfolge mit Rotationsbrache) und mehrjährige Brachen (Dauerbrache) verstanden. Hinsichtlich eines Anbaus von nachwachsenden Rohstoffen spielen diese beiden Bracheformen eine besonders wichtige Rolle, denn auf ihnen können durchaus nachwachsende Rohstoffe angebaut werden – insbesondere unter der bilanztechnisch notwendigen Voraussetzung (s. o.), andere Parameter unverändert zu lassen (wie etwa konstante Nahrungsmittelproduktion). Darüber hinaus ist ein entsprechender Anbau nachwachsender Rohstoffe nicht nur theoretisch möglich, sondern auf Grund der vorhandenen gesetzlichen Grundlage auch real möglich, zum gewissen Maß politisch gewollt und zum Teil bereits realisiert. Zu unterscheiden sind hier perennierende Kulturen, die zwangsläufig nur auf mehrjährigen Brachen angebaut werden, von den annuellen Kulturen, die entweder auf einjährigen Brachen – und damit eingebunden in eine Fruchtfolge zur sonstigen Nahrungs- und Futtermittelproduktion – oder in Kombination mit anderen nachwachsenden Rohstoffen auf mehrjährigen Brachen angebaut werden können.

Fazit (Referenzsysteme)

Es zeigt sich, dass bei den meisten landwirtschaftlichen Fragestellungen ein landwirtschaftliches Referenzsystem in die Bilanz einbezogen werden muss, um nicht an der Realität vorbei zu bilanzieren. Dafür stehen grundsätzlich mehrere Referenzsysteme zur Auswahl; für eine bestimmte Fragestellung kommt in der Regel jedoch nur ein einziges Referenzsystem in Frage. Die Ergebnisse hängen bisweilen entscheidend vom gewählten Referenzsystem ab, wie bei „Nahrungs- und Futtermittelanbau" beispielhaft ausgeführt. Umso wichtiger ist es, das betrachtete Referenzsystems sorgfältig auszuwählen und nachvollziehbar zu dokumentieren.

---

[1] Streng genommen gilt dies nur unter Vernachlässigung der Transporte und unter der Voraussetzung, dass die Umweltauswirkungen einer Nahrungsmittelproduktion im Inland die gleichen sind wie im Ausland.

4   Schadstoffbilanzierung nach Ortsklassen

Üblicherweise werden in ökologischen Bilanzierungen die Emissionen der betrachteten Schadstoffe über alle Lebenswegabschnitte aufsummiert. Die so erhaltenen Bilanzsalden korrespondieren jedoch nicht notwendigerweise mit dem Ausmaß der tatsächlichen Wirkung. Abhängig von Stoffeigenschaften und den jeweils betrachteten ökologischen Wirkungskategorien markieren sie zunächst nur das *maximale* Wirkungspotenzial.

Somit kann eine direkte Bewertung solcher Emissionsbilanzen zu verzerrten Ergebnissen führen, in manchen Fällen sogar das Ergebnis verfälschen. Beispielsweise ist es im Hinblick auf den Treibhauseffekt unproblematisch, alle CO_2-Emissionen unabhängig von ihren Emissionsorten aufzusummieren, da sich ihre Wirkungen räumlich nicht unterscheiden. Anders sind dagegen etwa die Emissionen von Dieselpartikeln hinsichtlich ihrer humantoxischen Wirkung zu behandeln. Ein Beispiel für ein verzerrtes Ergebnis einer Aggregation liefert die Bereitstellung von Rapsöl: Den größten Einzelbeitrag zur Bilanz der Dieselpartikel stellen die Emissionen von Frachtern auf offener See dar, die für den Transport des substituierten Futtermittels Sojaschrot eingesetzt werden. Soll die humantoxische Wirkung der Partikel beurteilt werden, dann darf jedoch nur der Teil der Emissionen angerechnet werden, der in bewohnten Gebieten, also über Land, niedergeht. In diesem Fall fällt die Bilanz zu Ungunsten von Rapsöl aus, während es zu Gunsten von Rapsöl ausfiele, würden alle Emissionen von Dieselpartikeln ohne Unterscheidung ihres Emissions- bzw. Wirkungsortes eingerechnet. Die entsprechenden Werte hierzu finden sich in Abb. 3.

Einen Ansatz, das dargestellte Dilemma zumindest zum Teil aufzulösen, stellt das im Folgenden diskutierte Konzept der Ortsklassen dar. Es ist leicht einsichtig, dass dieses Konzept nicht nur Ökobilanzen in der Landwirtschaft, sondern auch viele andere Fragestellungen betrifft. Es wird dennoch hier unter der Rubrik „Ökobilanzen in der Landwirtschaft" diskutiert, denn nach seiner erstmaligen Anwendung in Eden et al. (1997) wurde bei der weiteren Anwendung bei landwirtschaftsbezogenen Fragestellungen (u. a. in Kaltschmitt u. Reinhardt 1997, Patyk u. Reinhardt 1997 und Reinhardt et al. 1997) deutlich, wie wichtig die Einbeziehung dieses Sachverhaltes ist – oder anders ausgedrückt: wie sich ohne Berücksichtigung deutlich andere, manchmal sogar von einem Vorzeichenwechsel geprägte Resultate ergäben (siehe auch das Beispiel weiter unten). Ausführlich beschrieben findet sich das Konzept der Ortsklassen in Borken et al. (1998).

Das Verfahren des Ortsklassenkonzepts unterscheidet zwischen dem Emissions- und dem Immissionsort als dem wirkungsrelevanten Ort, da die diversen Schadstoffe je nach ihrem Emissionsort unterschiedliche Wirkungen bzw. Wirkungsintensitäten entfalten können. Diese Unterscheidung hängt von den betrachteten Prozessen, die an jeweils unterschiedlichen Stellen stattfinden, und den untersuchten Stoffen mit ihren spezifischen atmosphärischen Lebensdauern ab. Unterschieden werden geografische Räume, die sich grob nach dem Kriterium der Bevölkerungsdichte zu drei Ortsklassen 1 bis 3 zusammenfassen lassen. Diese sind wie folgt abgegrenzt:

– OK 1: Gebiete hoher Bevölkerungsdichte: Ballungsräume
– OK 2: Gebiete mittlerer Bevölkerungsdichte: Ländliche Gebiete, Industriegebiete
– OK 3: Gebiete geringer Bevölkerungsdichte: Gebirgsregionen, Wüsten, offene See

Diese geografische Einteilung wird sowohl für Emissionen, die in diesen Gebieten freigesetzt werden, als auch für Immissionen, die in den entsprechenden Gebieten einwirken,
angewendet. Bei der Anwendung des Ortsklassenkonzepts (und ihrer Dokumentation) ist
daher sorgfältig zu unterscheiden, ob gerade die Freisetzung eines Stoffes oder seine Einwirkung Gegenstand ist.

Zunächst werden also alle Emissionen der einzelnen Prozesse des betrachteten Lebensweges differenziert nach den drei Ortsklassen aufgenommen und aufsummiert. In einem weiteren Schritt werden diese Emissionen dann nach wirkungsspezifischen Gesichtspunkten
einer zweiten Aggregation zugeführt. Dabei wird jede einzelne Emission separat betrachtet.
Dazu drei Beispiele:

- Global wirkende Emissionen, wie das klimawirksame CO_2, werden aus allen Ortsklassen aufsummiert, denn die von ihnen ausgehende Wirkung ist vom Emissionsort unabhängig.

- Bei sehr lokal wirkenden Substanzen, wie den Dieselpartikeln in Innenstädten, wird
  lediglich der Wert aus Ortsklasse 1 in den weiteren Betrachtungen mitgeführt, denn
  Dieselpartikel aus den anderen Emissionsorten werden nicht in den Innenstädten wirksam.

- Bei regional-terrestrisch wirksamen Parametern – wie den Säureäquivalenten (Stichwort „Versauerung / Saurer Regen") – wird ein Großteil der Emissionen aus den Ortsklassen 1 und 2 wirksam sowie ein kleiner Teil aus der Ortsklasse 3, der auf die Konti-
  nente verdriftet wird. Insofern können hier beispielsweise 100 % der Emissionen aus
  Ortsklasse 1 und 2 sowie 25 % aus der Ortsklasse 3 zusammengezählt werden und in
  die weitere Bewertung einfließen.

D. h., je nach betrachteter ökologischer Wirkung werden die einzelnen Emissionen in unterschiedlicher Art und Weise aufaddiert. Es gibt also Emissionen, die zu 100 % über den
gesamten Lebensweg aufaddiert werden, andere, die nur aus einer einzigen Ortsklasse betrachtet werden, und solche, die sich aus verschiedenen Ortsklassen mit verschiedenen Ge-
wichtungsanteilen zusammensetzen. Welche Gewichtungsanteile für welche ökologischen
Wirkungskategorien oder Wirkungen anzusetzen sind, ergibt sich zum Teil erst aus der zu
untersuchenden Fragestellung bzw. den gewählten Systemgrenzen und Rahmenbedingungen. Ein Vorschlag hierzu findet sich in Borken et al. (1999).

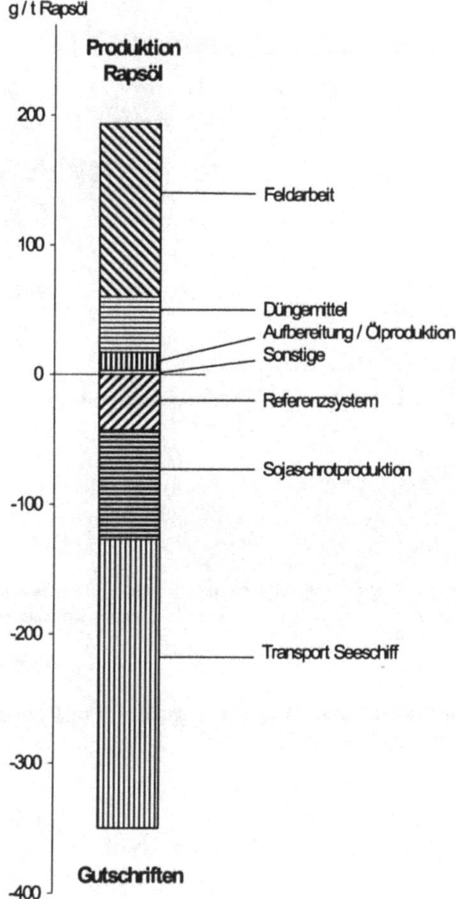

Abb. 3   Dieselpartikel-Emissionen der Bereitstellung von Rapsöl (Borken et al. 1998)

Wie sich die Anwendung des Ortskonzeptes auf die Ergebnisse einer Ökobilanz auswirken kann, sei am Beispiel der Bereitstellung von Rapsöl diskutiert. In Abb. 4 sind die Emissionen an SO_2 und NO_x der Bereitstellung von Rapsöl dargestellt – zum einen jeweils addiert über alle Prozesse des Lebenswegs und zum anderen addiert nur über die wirkungsspezifisch relevanten Prozesse. Betrachtet ist der gesamte Lebensweg der Bereitstellung von Rapsöl, also einschließlich der Bereitstellung von Düngemitteln und anderen Hilfsstoffen, der Bereitstellung von Energieträgern, aller Transporte und industriellen Weiterverarbeitung des Erntegutes bis hin zur Gutschrift für das beim Abpressen gewonnene Rapsextraktionsschrot, das das konventionelle Sojaextraktionsschrot substituiert. Die Ergebnisse zeigen, dass sich durch die Anwendung des Ortskonzeptes nicht nur quantitative Änderungen der Resultate, sondern sogar Vorzeichenwechsel ergeben können.

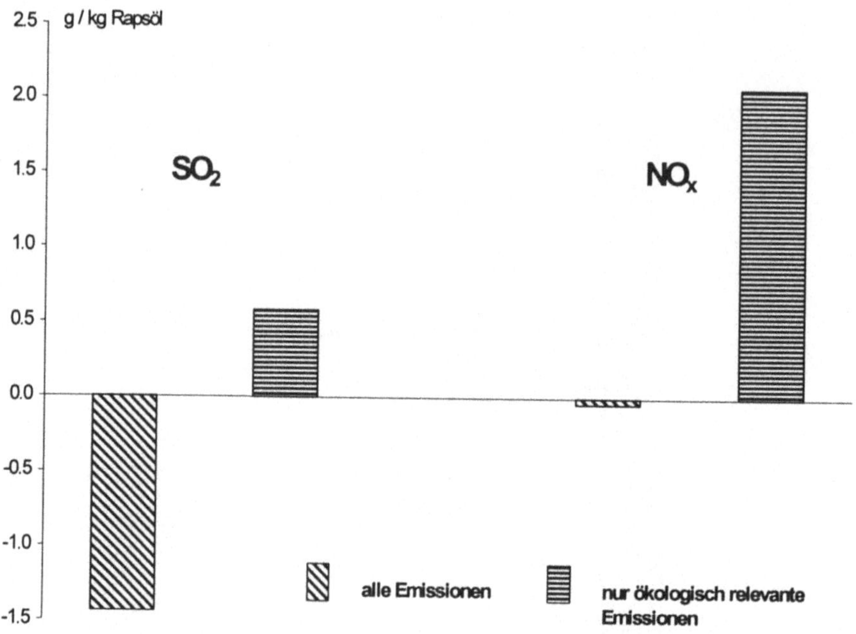

Abb. 4   SO$_2$- und NO$_x$-Emissionen der Bereitstellung von Rapsöl mit und ohne Berücksichtigung des Ortsklassenkonzepts (Borken et al. 1999)

Fazit (Ortsklassen)

Die bisher bei der Anwendung des Ortsklassenkonzeptes erhaltenen Ergebnisse bei mehreren Ökobilanzen insbesondere aus dem Bereich der Landwirtschaft zeigen, dass ein Außerachtlassen der wirkungsspezifischen Zusammenhänge zwischen Emission und Immission bei den unterschiedlichen ökologischen Parametern zum Teil zu extrem realitätsfernen Ergebnissen führen kann. Insofern ist es angeraten, in Verbindung mit der zu untersuchenden Fragestellung zu überprüfen, ob und wie die aufgeführten Zusammenhänge berücksichtigt werden müssen. Ob das hier diskutierte Modell dann aussagekräftig genug ist oder eventuell zu modifizieren ist, hängt von der Fragestellung ab. Trotz aller seiner „Grobheit" – es ist immerhin erst ein erster Ansatz – stellt es jedoch in jedem Fall einen erheblichen Fortschritt gegenüber der bisher üblichen undifferenzierten Addition der Emissionen über alle Orte dar.

Literatur

Biewinga, E. E., van der Bijl, G. (1996): Sustainability of energy crops in Europe. A methodology developed and applied. CLM, Utrecht

Borken, J., Patyk, A., Reinhardt, G.A. (1999): Basisdaten für ökologische Bilanzierungen: Einsatz mobiler Maschinen für Transporte, Landwirtschaft und Bergbau. Braunschweig/Wiesbaden. Im Druck

ISO 14040 ff: Deutsches Institut für Normung (DIN) (Hrsg.) (1997): DIN EN ISO 14040: Umweltmanagement – Produkt-Ökobilanz – Prinzipien und allgemeine Anforderungen (ISO/DIS 14040). Beuth Verlag, Berlin. DIN EN ISO 14041 (1998). Berlin

Eden, T.-U., Höpfner, U., Patyk, A., Reinhardt, G. A., Zenger, A. (1997): Ökologische Bilanzierung von Elektrofahrzeugen. In BMBF (Hrsg.): Erprobung von Elektrofahrzeugen der neuesten Generation auf der Insel Rügen. Bonn

Kaltschmitt, M., Reinhardt, G. A. (Hrsg.) (1997): Nachwachsende Energieträger: Grundlagen, Verfahren, ökologische Bilanzierung. Braunschweig/Wiesbaden

Patyk, A., Reinhardt, G.A. (1997): Düngemittel - Energie- und Stoffstrombilanzen. Braunschweig/ Wiesbaden

Reinhardt, G. A. (1993): Energie- und CO_2-Bilanzierung nachwachsender Rohstoffe – Theoretische Grundlagen und Fallstudie Raps. 2. Aufl. Braunschweig/Wiesbaden

Reinhardt, G. A, Kaltschmitt, M. (1995): Zur energetischen Bilanzierung von Bioenergieträgern. VDI-Tagung "Kumulierter Energieaufwand", 1995, Veitshöchsheim

Reinhardt, G. A., Borken, J., Patyk, A., Vogt, R. (1997): Ressourcen- und Emissionsbilanzen: Rapsöl und RME im Vergleich zu Dieselkraftstoff. Im Auftrag des Umweltbundesamtes, Berlin

Scharmer, K., Gosse, G. et al. (1996): Energy balance, ecological impact and economics of vegetable oil methylester production in Europe as substitute for fossil diesel. Jülich

Verein Deutscher Ingenieure (VDI) (Hrsg.) (1997): Kumulierter Energieaufwand. VDI-Richtlinie 4600. Düsseldorf

Spirinckx, C., Ceuterick, D. (1996): Comparative Life-Cycle Assessment of Diesel and Biodiesel. VITO, Mol

Wolfensberger, U., Dinkel, F. (Hrsg.) (1997): Beurteilung nachwachsender Rohstoffe in der Schweiz in den Jahren 1993-1996. Bern

Zur Ökobilanz von Bioenergieträgern versus fossilen Energieträgern

Guido Reinhardt und Guido Zemanek

1 Einleitung

Bioenergieträger gelten wie alle Produkte aus nachwachsenden Rohstoffen allgemein als besonders umweltfreundlich, sind sie doch – zumindest auf den ersten Blick – CO_2-neutral, sparen fossile Rohstoffe ein, verursachen bei ihrer Verbrennung keine nennenswerten Schwefelemissionen und vieles andere mehr. In Teilbereichen mag eine solche Charakterisierung auch durchaus zutreffen, so z. B. bei der *direkten* Verbrennung, wo exakt nur die Menge CO_2 freigesetzt wird, die zuvor beim Anbau der Energie liefernden Pflanzen der Atmosphäre entzogen wurde.

Betrachtet man aber den gesamten Lebensweg der Bioenergieträger von ihrer landwirtschaftlichen Produktion über die nachgelagerte industrielle Aufbereitung bzw. Weiterverarbeitung bis hin zur energetischen Verwertung, so sind die genannten Vorteile nicht unbedingt systemimmanent: So werden beispielsweise für die Produktion der Dünge- und Pflanzenschutzmittel wie auch für den eigentlichen landwirtschaftlichen Anbau zum Teil erhebliche Mengen an fossilen Energieträgern verwendet. Zudem ist der Einsatz fossiler Energien mit klimarelevanten Emissionen verbunden, weshalb nach Einbezug des gesamten Lebensweges auch die CO_2-Bilanz nicht mehr von vornherein neutral ist. Im Übrigen ist CO_2 nur *ein* klimarelevantes Gas unter mehreren. Somit ist zu fragen, ob nicht durch das Auftreten anderer klimarelevanter Stoffe selbst eine positive CO_2-Bilanz relativiert, ausgeglichen oder gar überkompensiert wird. Hier kommt vor allem das bei der Düngemittelproduktion und aus Agrarökosystemen entweichende Distickstoffoxid (N_2O) in Frage, welches in der Prozesskette der durch die Bioenergieträger substituierbaren fossilen Energieträger nicht in nennenswerten Mengen freigesetzt wird.

Des Weiteren sind im Zusammenhang mit der Nutzung von Bioenergieträgern die mit der landwirtschaftlichen Produktion der Rohstoffe verbundenen Umweltauswirkungen wie die Belastung der Grund- und Oberflächengewässer mit Bioziden und deren Abbauprodukten sowie mit Nitraten und Phosphaten zu diskutieren, zumal diese seitens der fossilen Energieträger nicht auftreten. Zu nennen ist hier auch die Naturraum-Inanspruchnahme durch den Anbau (die aber unter den derzeitigen Verhältnissen der politisch unterstützten Flächenstilllegung betrachtet werden muss). Somit können fossile Energieträger im Vergleich zu ihren biogenen Pendants durchaus auch positive Umwelteffekte haben.

Diese Beispiele zeigen, dass die ökologischen Vor- oder Nachteile von Bioenergieträgern nicht auf Anhieb aufgelistet und bewertet werden können, sondern dass deren Ermittlung sehr sorgfältig und unter Einbeziehung des gesamten Systems und nicht nur bestimmter Ausschnitte vorgenommen werden muss. Hierzu können Ökobilanzen als Hilfsmittel dienen, bei denen – zumindest vom theoretischen Ansatz her – die gesamte Bandbreite der Umweltverträglichkeit betrachtet wird.

Die Entwicklungsgeschichte solcher Ökobilanzen ist relativ kurz: In den Achtzigerjahren erschienen erste Energiebilanzen zu Rapsölmethylester (RME) mit der Vergleichsbasis Dieselkraftstoff (Vellguth 1985). Diese betrachteten allerdings noch nicht die vollständigen Lebenswege. Anfang der Neunzigerjahre wurden die ersten vollständigen Energie- und CO_2-Bilanzen für „RME versus Dieselkraftstoff" erstellt (Reinhardt 1993). In den Folgejahren wurden Aktualisierungen vorgenommen und weitere ökologische Größen hinzugefügt, ohne jedoch bei letzteren die vollständigen Lebenswege zu betrachten (z. B. Biewinga u. van der Bijl 1996, Spirinckx u. Ceuterick 1996, Scharmer u. Gosse 1996, Wolfensberger u. Dinkel 1997). Auch andere Bioenergieträger wurden untersucht. 1997 wurde das bis dahin umfangreichste Projekt in Deutschland zu dieser Thematik abgeschlossen, bei dem erstmals eine Vielzahl ökologischer Parameter über die kompletten Lebenswege aller potenziell in Deutschland anbaubarer Energieträger hinweg quantifiziert wurde (Kaltschmitt u. Reinhardt 1997). Alle Größen wurden mit der gleichen Differenzierungstiefe untersucht wie zuvor bereits die Parameter „Energie" und „CO_2". Darauf aufbauend wurden für diese Größen die gesamten Schwankungsbreiten der Ergebnisse mittels Sensitivitätsanalysen abgeleitet (Reinhardt et al. 1997). In einem weiteren Vorhaben wurden schließlich die in den beiden vorgenannten Publikationen noch offenen Einzelpunkte wie die Frage nach der Bilanzierung des beim Umesterungsprozess anfallenden Glycerins beantwortet und alle Ergebnisse aktualisiert (Borken et al. 1999). Entsprechende Aktualisierungen wurden auch für andere Bioenergieträger durchgeführt. Auf dieser Basis konnte erstmals eine gesamthafte Bewertung von Bioenergieträgern angegangen werden (Reinhardt 1998, Reinhardt u. Zemanek 1998a). Der Vollständigkeit halber sei erwähnt, dass hier lediglich auf die Entwicklung in Zentraleuropa eingegangen wurde.

2 Ökobilanz Bioenergieträger: Ziele und Vorgehensweise

Ziel einer Ökobilanz zu Bioenergieträgern ist die Bewertung der Umweltverträglichkeit der Bioenergieträger im Vergleich zu ihren fossilen Pendants. Hierzu bedarf es einer Bilanzierungsvorschrift, die einer allgemein anerkannten Vorgehensweise entspricht. Diese liegt mit den ISO-Normen 14040 ff. mittlerweile vor. Jedoch sind dort nur grundsätzliche Prinzipien aufgeführt. Methodische Probleme, die speziell nur bei Bioenergieträgern auftauchen bzw. hier besonders zum Tragen kommen wie die Frage nach einem landwirtschaftlichen Referenzsystem oder dem Umgang mit Kuppelprodukten in der Landwirtschaft (vgl. hierzu den Beitrag von Reinhardt in diesem Buch), sind dort nicht abgehandelt. Zudem sind nicht nur

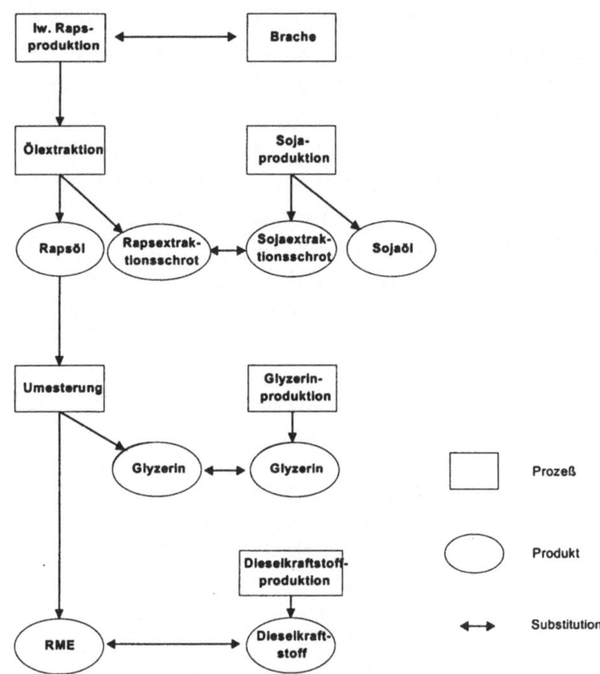

Abb. 1   Schematischer Lebenswegvergleich „Rapsmethylester versus Dieselkraftstoff" (Reinhardt 1998)

die Vorgehensweisen, sondern auch diverse Systemgrenzen, Annahmen, Rahmenbedingungen und vieles andere mehr festzulegen. An dieser Stelle verweisen wir diesbezüglich auf die Publikationen von Borken et al. (1999) zu den Biokraftstoffen RME und Rapsöl sowie von Kaltschmitt u. Reinhardt (1997) zu allen anderen Bioenergieträgern wie Bioethanol, Holzhackschnitzel, Häckselgut und Strohballen aus landwirtschaftlichem Anbau und aus land- und forstwirtschaftlichen Rückständen. Lediglich auf zwei Punkte wollen wir im Folgenden kurz eingehen.

Umfang der Lebenswege: Die relative ökologische Verträglichkeit eines Bioenergieträgers wird durch den Vergleich mit einem herkömmlichen, also fossilen, Energieträger bestimmt, der durch den Bioenergieträger substituiert werden kann. Dementsprechend ist eine *vergleichende* Ökobilanz „Bioenergieträger versus fossiler Energieträger" anzufertigen. Wesentlich ist hierbei, dass die gesamten Lebenswege der betrachteten Energieträger analysiert und in die Untersuchung miteinbezogen werden. Bei RME beispielsweise (s. Abb. 1) gehören dazu die Herstellung der Hilfsmittel zur landwirtschaftlichen Produktion der Rohstoffe (wie z. B. die Düngemittel und Biozide), die eigentliche landwirtschaftliche Erzeugung von Rapssaat, deren Aufbereitung bzw. Weiterverarbeitung und schließlich die energetische Nutzung des RME. Beim Dieselkraftstoff beinhaltet die Lebenswegbilanzierung die Exploration, Förderung und Aufbereitung, den Transport, die raffinerietechnische Produktion, die Anlieferung an die Tankstelle und die energetische Nutzung. Des Weiteren sind auch alle bei den Produktionsverfahren anfallenden Kuppelprodukte (im Sinne von Wertstoffen) sowie alle Reststoffe zu berücksichtigen. So fällt bei der Produktion von Rapsöl als Kuppelprodukt Rapsextraktionsschrot an, welcher in der Tiermast eingesetzt werden kann. Beim Umesterungsprozess von Rapsöl zu RME entsteht Glycerin - ein wichtiger Grundstoff für die chemische und weiterverarbeitende Industrie. Kuppelprodukte können (und sollten) über so genannte Äquivalenzprozesse bilanziert werden, sofern dies möglich bzw. im Sinne der eigentlichen Fragestellung der Ökobilanz ist. In dem hier diskutierten Fall werden deshalb dem Lebensweg von RME u. a. die Umweltauswirkungen durch die Produktion von Sojaschrot gutgeschrieben, da die Aufwendungen für die Sojaschrotproduktion durch Nutzung von Rapsextraktionsschrot eingespart werden. Bei den Reststoffen werden die mit deren Entsorgung verbundenen Umweltauswirkungen in die Bilanz eingerechnet.

Tabelle 1   Standardliste der Umweltwirkungskategorien, die bei Ökobilanzen Berücksichtigung finden (DIN-NAGUS)

1	Ressourcenverbrauch
2	Naturraumbeanspruchung
3	Treibhauseffekt
4	Ozonabbau
5	Versauerung
6	Eutrophierung
7	Ökotoxizität
8	Humantoxizität
9	Sommersmog (Fotosmog)
10	Lärmbelastung

Bilanzparameter: Ein zentraler Punkt beim Erstellen einer Ökobilanz ist auch die Frage, welche umweltrelevanten Kenngrößen ausgewählt bzw. analysiert werden sollen. Hierzu wurde eine Liste von Umweltwirkungskategorien aufgestellt (s. Tabelle 1), auf der mittlerweile viele Ökobilanzen basieren und die auch hier für die weiteren Betrachtungen zu Grunde gelegt wird (zur weiteren Diskussion siehe z. B. Patyk u. Reinhardt 1997). Von dieser leiten sich die real zu bilanzierenden Einzelgrößen ab. Wird etwa der Treibhauseffekt als zu untersuchende Umweltwirkung gewählt, so werden die verschiedenen klimawirksamen Gase wie Kohlendioxid, Methan, Distickstoffoxid, FCKW etc. analysiert und letztlich über festgelegte Gewichtungsfaktoren zu CO_2-Äquivalenten zusammengefasst. Welche Einzelstoffe welchen Umweltwirkungen zu Grunde liegen und wie diese im Einzelnen verrechnet werden, wird u. a. näher in UBA 1995 erläutert. Die Diskussion der Umweltwirkungskategorien ist derzeit noch im Fluss.

3   Sachbilanz und Wirkungsabschätzung

Wie bereits erwähnt orientiert sich die Bestimmung der Umweltauswirkungen einer Substitution von fossilen Energieträgern durch Bioenergieträger an den Umweltwirkungskategorien (s. Tabelle 1). Dabei können die einzelnen Wirkungskategorien entweder

- vollständig quantifiziert werden (wie der energetische oder mineralische Ressourcenverbrauch, der Treibhauseffekt über die CO_2-Äquivalente, das Versauerungspotenzial über die SO_2-Äquivalente und die stratosphärische Ozonabnahme - da keine relevanten Mengen an FCKW entlang der Lebenswege auftreten - über die Distickstoffoxidbilanzen),
- nur zum Teil quantifiziert werden (wie die Human- und Ökotoxizität, die nicht vollständig, sondern nur für einige Teilbereiche, z. B. über die Parameter SO_2 oder NO_x, bilanziert werden kann),
- qualitativ bilanziert werden (und hier vornehmlich auf der Basis von Risikoabschätzungen) oder
- derzeit noch nicht umfassend abgeleitet werden (wie etwa Lärm oder Naturraum-Inanspruchnahme, da entsprechende methodische Vorgehensweisen noch in der Entwicklung sind).

Einige der quantifizierbaren Kenngrößen für die Parameter „Erschöpfliche Energien", „CO_2-Äquivalente", „NO_x" und „SO_2-Äquivalente" sind in Tabelle 2 am Beispiel RME detailliert aufgeführt. Dabei werden die Parameter sowohl für RME als auch für Dieselkraftstoff einzeln bestimmt und anschließend in Form der Salden verglichen. Positive Zahlen bedeuten Ergebnisse zu Ungunsten, negative Zahlen Ergebnisse zu Gunsten von RME. Bei der Energiebilanz beispielsweise beschreibt die Differenz der im biogenen und im fossilen Lebensweg bilanzierten erschöpflichen Energieträger das Substitutionspotenzial zur Einsparung erschöpflicher Energieträger infolge des Einsatzes von RME. Hierbei ist zu beachten, dass die Energieaufwendungen im Hinblick auf die Schonung erschöpflicher Ressourcen bilanziert werden. Daher wird die in der Biomasse gebundene Energie nicht ausgewiesen. Gleiches gilt für rezentes CO_2, da bei der Verbrennung lediglich das im Verlauf des Pflanzenwachstums gespeicherte Kohlenstoffinventar klimaneutral wieder freigesetzt wird. Basis des Vergleichs ist die Bereitstellung der gleichen Nutzenergie in beiden Lebenswegen. Die diversen Emissionen wurden zwar entlang der gesamten Lebenswege erhoben, in die Ergebnisse eingeflossen sind jedoch nur die wirkungsspezifisch relevanten Anteile. So wurden z. B. die Dieselpartikelemissionen von Hochseeschiffen nicht mit denjenigen aus Pkw im Innerortsbereich aufaddiert. Die Ergebnisse beziehen sich auf durchschnittliche Verhältnisse in Deutschland Ende der Neunzigerjahre. Die genauen Randbedingungen sind in Borken et al. (1998) bzw. in Reinhardt u. Zemanek (1998b) beschrieben.

Die in Tabelle 2 wiedergegebenen Ergebnisse weisen in zwei Fällen Salden zu Gunsten von RME und in zwei Fällen zu Ungunsten von RME auf. Tatsächlich lassen sich bei allen Bioenergieträgern im Vergleich zu ihren fossilen Pendants gewisse Regelmäßigkeiten feststellen. Es gibt ökologische Parameter bzw. Wirkungskategorien, die praktisch immer zu Gunsten der Bioenergieträger ausfallen, und es gibt andere, die fast ausschließlich zu Ungunsten der Bioenergieträger ausfallen. Eine dritte Gruppe von Parametern weist wechselnde Ergebnisse auf. Für diese drei Kategorien ist in Abb. 2 je ein Beispiel wiedergegeben. Negative Werte signalisieren Einsparpotenziale durch den Einsatz von Bioenergieträgern. Die zugehörige Tabelle beschreibt die durchgeführten Lebenswegvergleiche.

Tabelle 2 Zusammenstellung der energetischen Aufwendungen und ausgewählter Emissionen des Lebenswegvergleichs „RME versus Dieselkraftstoff" (Borken et al. 1999)

Lebenswegabschnitt	Erschöpfliche Energien	CO_2-Äquivalente	NO_x	SO_2-Äquivalente
	MJ/kg*	g/kg*	g/kg*	g/kg*
Landwirtschaft				
Eggen	0,86	66	0,638	0,488
Pflügen	0,66	50	0,486	0,372
Ausbringung	0,33	25	0,263	0,200
Ernte	0,67	51	0,482	0,369
Saatgut	0,01	2	0,004	0,017
N-Dünger	7,19	1124	2,303	4,216
P-Dünger	0,95	64	0,235	0,598
K-Dünger	0,31	20	0,034	0,032
Ca-Dünger	0,04	6	0,010	0,009
Biozide	0,33	15	0,019	0,059
Emissionen, Feld	0,00	896	0,000	11,079
Zwischensumme	11,36	2319	4,474	17,441
Konversion				
Zwischenlagerung	1,36	98	0,066	0,186
Anlieferung	0,42	32	0,417	0,313
Ölmühle	3,05	181	0,261	0,410
Hexan	0,16	2	0,003	0,007
Raffination	0,54	31	0,043	0,064
Bleicherde	0,02	1	0,008	0,011
Phosphorsäure	0,01	1	0,003	0,013
Umesterung	2,44	143	0,191	0,303
Methanol	4,81	352	0,136	0,347
Natronlauge	0,12	8	0,009	0,027
Glycerin-Aufbereitung	0,24	14	0,019	0,026
Zwischensumme	13,17	864	1,155	1,709
Nutzung RME				
Transport	0,22	17	0,158	0,12
Nutzung	0,00	216	10,190	7,316
Zwischensumme	0,22	233	10,348	7,437
Gutschriften RME				
Referenzlandbau	-0,83	-67	-0,616	-0,485
Sojaschrot-Produktion	-4,46	-318	-1,305	-1,485
Sojaschrot-Transport	-2,03	-162	-1,263	-1,697
Glycerin, Energiebedarf	-10,30	-758	-1,015	-4,421
Chlor	-4,01	-275	-0,293	-0,918
Natronlauge	-2,68	-184	-0,197	-0,614
Propylen	-7,03	-188	-0,247	-0,751
Zwischensumme	-31,34	-1952	-4,936	-10,371
Dieselkraftstoff				
Bereitstellung	4,82	374	0,649	1,825
Nutzung	42,96	3392	10,190	8,101
Zwischensumme	47,78	3766	10,839	9,925
RME minus DK	-54,37	-2303	0,200	6,291

*: Bezug bildet 1 kg Dieselkraftstoff bzw. 1 kg Dieselkraftstoffäquivalent (RME) auf Basis gleicher Nutzenergie.

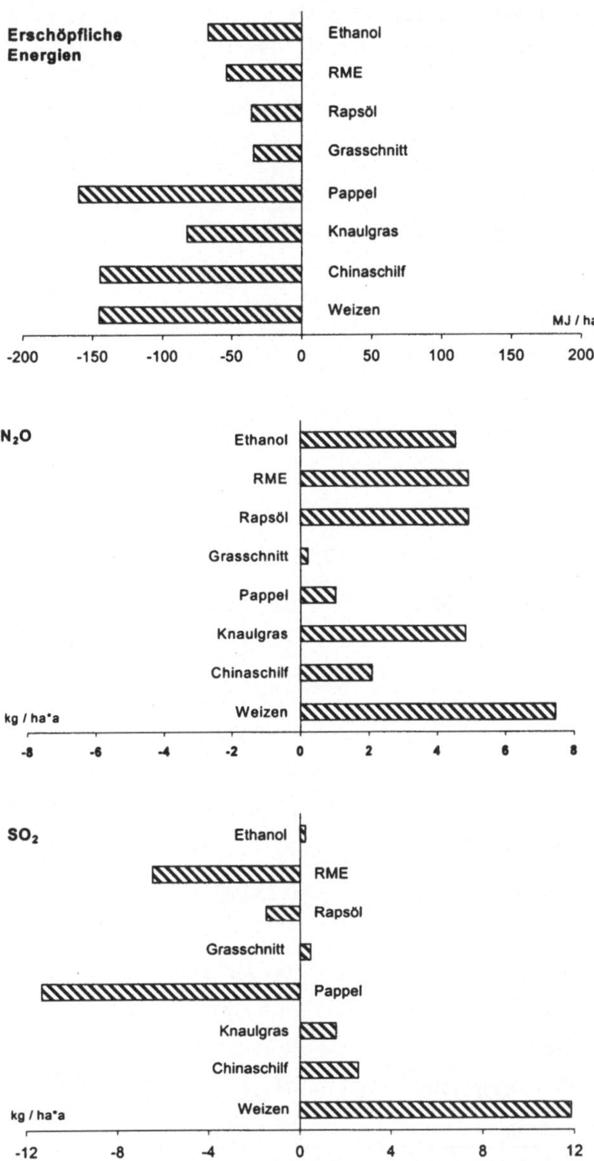

Betrachtete Lebenswegvergleiche	
Ethanol (Rübe) vs. Ottokraftstoff in Pkw	Pappel vs. Steinkohle in Kraftwerk
RME vs. Dieselkraftstoff in Pkw	Knaulgras vs. Heizöl in Heizwerk
Rapsöl vs. Dieselkraftstoff in Traktor	Chinaschilf vs. Heizöl in Heizkraftwerk
Grasschnitt vs. Heizöl in Heizkraftwerk	Weizen vs. Erdgas in Heizwerk

Abb. 2 Ausgewählte Bilanzergebnisse für Lebenswegvergleiche in den Umweltwirkungskategorien Ressourcenknappheit (Erschöpfliche Energien), Ozonabbau (N₂O) und für den Parameter SO₂ nach Reinhardt u. Zemanek (1998a)

Tabelle 3   Quantitative Ergebnisse des Lebenswegvergleichs „RME versus Dieselkraftstoff" und erster Bewertungsschritt (Borken et al. 1998 und Reinhardt 1998)

Umweltwirkungs-kategorie	Parameter	Ergebnisse	Geeignet für weitere Inter-pretation	Ökologische Bedeutung
Ressourcenverbrauch	Erschöpfl. Energie	-54,37 GJ/ha	+	groß
brauch	Kalkstein	113 kg/ha		
	Phosphaterz	201 kg/ha		
	Schwefel gesamt	13,7 kg/ha		
	Rohkali	207 kg/ha		
	Steinsalz	-312 kg/ha		
	Tonmineralien	8,7 kg/ha		
Treibhauseffekt	CO_2-Äquivalente	-3,2 – -1,0 t/ha[1]	+	sehr groß
Ozonabbau	N_2O	2,05 – 8,92 kg/ha[1]	+	groß/sehr groß
Versauerung	SO_2-Äquivalente	6,23 kg/ha	+	mittel
Eutrophierung	N-gesamt	5,58 kg/ha	+	mittel
Human-/Ökotox.	NO_X	0,20 kg/ha		
	SO_2	-6,49 kg/ha		
	CO	-0,68 kg/ha		
	NMHC	0,19 kg/ha		
	Dieselpartikel	-440 – 0 g/ha[1]	+	groß
	Staub	0,25 kg/ha		
	HCl	18 g/ha		
	NH_3	6,7 kg/ha		
	Formaldehyd	1,6 g/ha		
	Benzol	-1,46 g/ha		
	Benzo(a)pyren	-144 µg/ha		
	Dioxine	-12,7 ng/ha		

[1]: Ergebnisse einer Min.-Max.-Abschätzung.

Tabelle 3 zeigt die Ergebnisse für alle derzeit quantifizierbaren Parameter für den Vergleich „RME versus Dieselkraftstoff". Auch der Einsatz mineralischer Ressourcen, der bisher in Ökobilanzen noch nicht standardmäßig bilanziert wird, ist dort verzeichnet. Bei Berücksichtigung des vollständigen Lebenswegvergleichs fällt die Bilanz der mineralischen Ressourcen bis auf diejenige von Steinsalz zu Ungunsten von RME aus. Des Weiteren wurde bei den dargestellten Werten bereits darauf geachtet, dass nur die wirkungsspezifischen Anteile der jeweiligen Emissionen berücksichtigt werden dürfen (s. Beitrag von Reinhardt in diesem Buch).

Tabelle 4 Ökologische Vor- und Nachteile der Substitution von RME durch Dieselkraftstoff (Reinhardt u. Vogt 1997, verändert)

Wirkungskategorie	Vorteile für RME	Nachteile für RME
Ressourcenverbrauch	Einsparung erschöpfl. Energieträger	Verbrauch mineral. Ressourcen
Treibhauseffekt	geringere Klimagas-Emissionen	
Ozonabbau		höhere N_2O-Emissionen
Versauerung		höhere Versauerungswirkung
Fotosmog		höheres Ozonbildungspotenzial
Eutrophierung		höhere NO_x-Emissionen Risiko: Eutrophierung v. Gewässern
Human- und Öko-toxizität	geringere Dieselpartikelemissionen innerorts geringere SO_2-Emissionen geringere Rohöleinträge in Meere durch Förderung und Transport von Rohöl Risiko: geringere Rohöleinträge durch Tankerunfälle Risiko: geringere Toxizität / höhere (Bio-)Abbaubarkeit	Risiko: Gewässerbelastung durch Biozide Risiko: Grundwasserbelastung durch Nitrat

Zu den quantifizierbaren Parametern kommen weitere Kenngrößen hinzu, die lediglich qualitativ bestimmt werden können. Im Rahmen der Normierungsbemühungen zur Methodik von Ökobilanzen wird derzeit insbesondere diskutiert, inwieweit auch Risiken durch Unfälle oder Umweltauswirkungen durch nicht bestimmungsgemäßen Gebrauch in die Bilanzen einbezogen werden sollen. In einigen Fällen existiert hier jedoch – selbst bei möglichst klarer Ausformulierung des Bilanzierungsziels und der zu berücksichtigenden Systemgrenzen – keine eindeutige Abgrenzung. Wenn beispielsweise Reste eines Pflanzenschutzmittels in das Abwasser gespült werden, so ist dies ein unsachgemäßer Umgang mit den Pflanzenschutzmitteln. Was ist aber, wenn – nicht absehbar – nach einer Pflanzenschutzmittel-Applikation das Wetter umschlägt und es zu einem Starkregen-Ereignis kommt? Es erscheint zumindest vertretbar, solche Risiken mit in eine Ökobilanz aufzunehmen. Eine Zusammenstellung aller Umweltauswirkungen der Substitution von Dieselkraftstoff durch RME entsprechend dem derzeitigen Kenntnisstand gibt Tabelle 4.

4   Bewertung

Die in Tabelle 3 bzw. 4 aufgeführten ökologischen Vor- und Nachteile von RME im Vergleich zu Dieselkraftstoff zeigen die Probleme auf, die grundsätzlich mit der Bewertung unterschiedlicher Energieträger verbunden sind. Welcher Energieträger ist dem anderen vorzuziehen, wenn einer der beiden eine deutlich bessere Energiebilanz und geringere Schwefeldioxidemissionen aufweist (hier RME), während der andere (Dieselkraftstoff) günstigere Stickoxid- und Distickstoffoxidbilanzen vorzuweisen hat?

Für eine solche Bewertung wurden bisher mehrere Methoden vorgeschlagen. Zu den ersten entwickelten Modellen zählen u. a. das Ökopunktmodell nach Ahbe u. Müller-Wenk (1990), das VNCI- oder auch das EPS-Modell (VNCI 1991 und Sten u. Ryding 1992). Mittlerweile werden in den nationalen und zum Teil auch in den internationalen Normierungsausschüssen zur Vereinheitlichung von Ökobilanzen diese Methoden nicht mehr ohne weiteres akzeptiert. Immer mehr setzt man auf Modelle, die diverse quantifizierbare ökologische Kenngrößen quasi als Messlatte einbinden und mittels verbal-argumentativer Abwägung zu einer Schlussbewertung kommen. Ein solches Bewertungsverfahren wird im Folgenden für den Lebenswegvergleich „RME versus Dieselkraftstoff" diskutiert. Dabei werden zunächst die letztlich zu bewertenden Parameter festgelegt und in einem zweiten Bewertungsschritt wird die abschließende Bewertung vorgenommen.

Erster Bewertungsschritt: Festlegung der zu bewertenden Parameter

Im ersten Bewertungsschritt werden solche Parameter, die für die weitere Bewertung nicht in Frage kommen, ausgeschlossen. Dabei handelt es sich um

- Parameter, bei denen die Ergebnisse ausgeglichen sind, d. h. es finden sich weder signifikante zahlenmäßige Vor- noch Nachteile. Dazu zählt z. B. Formaldehyd.
- Parameter, denen nur eine untergeordnete bzw. keine ökologische Bedeutung zugeordnet werden kann. Darunter fallen z. B. CO und SO_2 als humantoxische Substanzen (SO_2 als Säurebildner ist im Versauerungspotenzial berücksichtigt) oder die mineralischen Ressourcen.
- Parameter, bei denen die Ausgangsdaten zu unsicher sind bzw. die Unsicherheit der Ausgangsdaten bei einer Min.-Max.-Abschätzung zu einem Vorzeichenwechsel führt. Darunter fallen z. B. die TCDD-Äquivalente und Benzo(a)pyren.

Tabelle 4 zeigt die Ergebnisse für alle quantitativ ermittelten Größen. Parameter, die aus dieser Liste in den zweiten Bewertungsschritt übergehen, sind mit einem „+" in der Rubrik „geeignet für weitere Interpretation" gekennzeichnet.

Zweiter Bewertungsschritt: Abschließende Bewertung

Die abschließende Bewertung wird auf der Basis der so genannten „spezifischen Beiträge" und der „ökologischen Bedeutung" der diversen Umweltwirkungskategorien vorgenommen. Die abschließende Gesamtbewertung wird danach verbal-argumentativ durchgeführt. Dieses Verfahren wurde vom Umweltbundesamt zur Anwendung bei Ökobilanzen vorgeschlagen und 1995 erstmals bei der „Ökobilanz für Getränkeverpackungen" verwendet (UBA 1995). Seither wurde dieses Bewertungsverfahren zum Teil in modifizierter bzw. aktualisierter Form auch in anderen Ökobilanzen angewandt – so auch auf den hier diskutierten Bilanzvergleich „RME versus Dieselkraftstoff" (Reinhardt 1998). Zudem ist es wesentlicher Bestandteil der aktuellen Diskussion im Zuge der nationalen wie internationalen Ökobilanz-Normierungsbemühungen.

Bei dem Bewertungsansatz der „spezifischen Beiträge" wird die relative Bedeutung der einzelnen ökologischen Vor- und Nachteile des zu Grunde liegenden Vergleichs durch Gegenüberstellung mit der Gesamtsituation in Deutschland abgeleitet. Dieses Verfahren wird hier nur noch auf die Größen angewandt, die nach dem ersten Bewertungsschritt übrig geblieben sind. Der „griffigeren" Darstellung und der besseren Handhabung wegen wurden in Abb. 3 die „spezifischen Beiträge" sowohl auf die so genannten Einwohnerdurchschnittswerte, d. h. auf Pro-Kopf-Energieverbrauch und -Emissionen eines Bundesbürgers, als auch auf die durchschnittliche Jahresfahrleistung von 1.000 Pkw in Deutschland bezogen. Für RME betriebene Nutzfahrzeuge gelten die gleichen Relationen. Dies soll aber nicht darüber hinwegtäuschen, dass es sich bei den „spezifischen Beiträgen" um ein rein normierendes Kriterium handelt. Die Zahlen selbst wurden gerundet, um nicht den Eindruck einer zu großen Genauigkeit zu erwecken. Andererseits kann fest gehalten werden, dass die Werte – zumindest unter den zu Grunde gelegten Systemgrenzen – recht belastbar sind, denn gering oder nicht belastbare Ergebnisse wurden im ersten Bewertungsschritt bereits aussortiert. Existieren zahlenmäßige Unsicherheiten auf Grund unsicherer Basisdaten wie bei den N_2O-Emissionen aus dem Agrarökosystem oder den aus Fahrzeugen emittierten Dieselpartikeln, so ist dies in der Abbildung im Sinne einer Min.-Max.-Abschätzung vermerkt.

Spiegelt man nun die so erhaltenen Ergebnisse mit den ökologischen Bedeutungen der einzelnen Parameter (die in Tabelle 3 bereits aufgeführt wurden), so könnte eine darauf aufbauende verbal-argumentative Bewertung wie folgt aussehen: Mit den Einsparungen beim Verbrauch erschöpflicher Ressourcen und bei den Treibhausgasemissionen (gemessen in CO_2-Äquivalenten) fallen zwei Umweltwirkungskategorien mit großer bis sehr großer ökologischer Bedeutung zu Gunsten von RME aus. Unter bestimmten Bedingungen kommen als dritte Kategorie die günstigeren Dieselpartikelemissionen im Innenstadtbereich hinzu. Zu Gunsten des Dieselkraftstoffs fällt neben einigen Kategorien mit nur mittlerer ökologischer Bedeutung lediglich eine Kategorie mit großer bis sehr großer ökologischer Bedeutung aus, nämlich der stratosphärische Ozonabbau, der allerdings mit einer gewissen Interpretationsunsicherheit (nicht Datenunsicherheit!) behaftet ist. Damit lässt sich eine abschließende Gesamtbewertung zu Gunsten von RME durchaus vertreten. Sie ist allerdings nicht zwingend und kann insbesondere durch die Argumentation, vorsorgenden Umweltschutz betreiben zu wollen, umgekehrt werden, insbesondere solange die Interpretationsunsicherheit bei N_2O noch besteht. Analog kann mit allen anderen Bioenergieträgern verfahren werden, sodass sich mittlerweile bei den Bioenergieträgern ein übersichtliches Bild abzeichnet (Reinhardt u. Zemanek 1998a).

5   Zusammenfassung und Ausblick

Anfang der Neunzigerjahre lagen zum Thema Ökobilanzierung von Bioenergieträgern versus fossilen Energieträgern lediglich Energie- und CO_2-Bilanzen für RME vor. Mittlerweile wurde eine Vielzahl an Studien zu diesem Thema erstellt. Vormals strittige methodische Vorgehensweisen sind heute weitgehend akzeptiert, die ersten vollständigen Lebenswegbilanzen liegen vor und auch im Bereich der Bewertung sind erste Ansätze realisiert. Damit ergibt sich nunmehr eine umfangreiche Grundlage für die Beurteilung der ökologischen Vor- und Nachteile der Verwendung von Bioenergieträgern als Substitute herkömmlicher Energieträger. Die quantifizierbaren Kenngrößen lassen sich bereits heute einer abschließenden Bewertung unterziehen, indem sie anhand ihrer „spezifischen Beiträge" in Relation zueinander gesetzt und anschließend verbal-argumentativ unter Berücksichtigung ihrer „ökologischen Bedeutung" bewertet werden.

Für den Lebenswegvergleich „RME versus Dieselkraftstoff" ergibt sich bei Anwendung des beschriebenen Bewertungsansatzes, dass zwei der drei Umweltwirkungskategorien mit großer bis sehr großer ökologischer Bedeutung zu Gunsten von RME ausfallen (Ressourcenverbrauch, Treibhauseffekt) und nur eine zu Gunsten von Dieselkraftstoff (Ozonabbau). Somit ist eine abschließende Gesamtbewertung zu Gunsten von RME vertretbar, jedoch auf Grund der Interpretationsunsicherheit bei der Kategorie Ozonabbau nicht zwingend.

Es ist jedoch nicht nur die Frage interessant, wie die Bioenergieträger im Vergleich zu ihren fossilen Pendants abschneiden, sondern auch, wie die einzelnen Bioenergieträger im Vergleich untereinander zu bewerten sind. Dazu lassen sich im Wesentlichen folgende Aussagen ableiten:

- Die festen Bioenergieträger sind in der Regel unter ökologischen Gesichtspunkten deutlich günstiger einzuschätzen als die Biokraftstoffe.
- Bei den festen Bioenergieträgern rangieren Holzhackschnitzel aus Kurzumtriebsplantagen wie aus Waldrestholz recht deutlich vor den Strohballen aus der Ganzgetreideproduktion und diese wieder vor den diversen Grasvarianten.
- Bei den Biokraftstoffen sind RME und Rapsöl unter durchschnittlichen Bedingungen ökologisch günstiger einzuschätzen als die diversen Ethanolvarianten, welche umso besser abschneiden, je mehr technologischer Input in die eigentliche Ethanolproduktion fließt.

Abschließend bleibt anzumerken, dass jegliche Bewertungsverfahren, also auch das hier angewandte, a priori nicht bis zum allerletzten Bewertungsschritt wissenschaftlich objektiv sein können und somit zu anderen Zeiten und von anderen Personen(gruppen) angewandt auch zu anderen Ergebnissen führen können. Umso mehr ist eine komplette Offenlegung des gesamten Verfahrens unabdingbare Voraussetzung für eine kritische Beurteilung. Dabei muss auch immer wieder darauf hingewiesen werden, dass die Ergebnisse nicht uneingeschränkt verallgemeinerbar sind: Andere Verfahren der landwirtschaftlichen Produktion und andere Standorte, andere Erträge, eine andere Art der Bereitstellung oder Nutzung der Bioenergieträger, insbesondere aber auch möglicherweise in Zukunft vorliegende, auf die Bioenergieträger optimierte Technologien können durchaus zu anderen Resultaten führen. Insofern lassen sich zwar abschließende Bewertungen vornehmen – wie hier beispielhaft durchgeführt –, aber jeweils nur unter expliziter Berücksichtigung der zu Grunde gelegten Systemgrenzen. Untereinander verglichen dürfen die Ergebnisse jedoch als recht stabil angesehen werden, denn die Rahmenbedingungen sind dabei jeweils etwa die gleichen. Darüber hinaus sind Bewertungen aber auch auf der Basis von einzelnen ökologischen Zielen möglich. Dies ist dann der Fall, wenn beispielsweise ein Wasserschutzgebiet durch den Einsatz von RME an Stelle von Dieselkraftstoff geschützt werden soll.

Bewertungsverfahren: Spezifische Beiträge

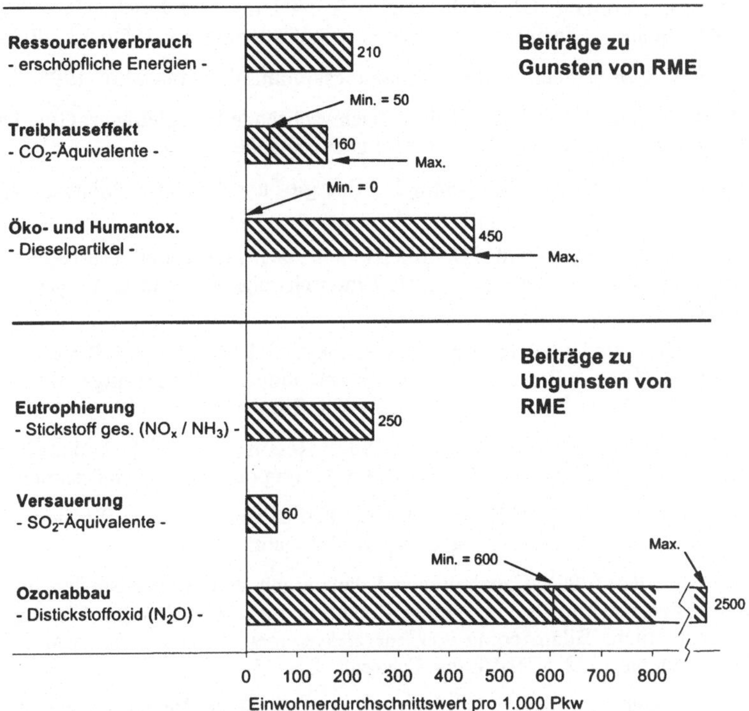

Lesebeispiele:

- 1.000 RME-betriebene Pkw sparen im Vergleich zum Dieselbetrieb soviel Energie ein, wie 210 Bundesbürger durchschnittlich verbrauchen.

- 1.000 RME-betriebene Pkw setzen im Vergleich zum Dieselbetrieb soviele Emissionen an SO₂-Äquivalenten zusätzlich frei, wie 60 Bundesbürger durchschnittlich verursachen.

Abb. 3   Ökologische Vor- und Nachteile des Lebenswegvergleichs „RME versus Dieselkraftstoff" anhand der „spezifischen Beiträge" (Reinhardt 1998, aktualisiert)

Literatur

Ahbe, S., Braunschweig, A., Müller-Wenk, R. (1990): Methodik für Ökobilanzen. Schriftenreihe Umwelt Nr. 133 des Bundesamtes für Umwelt, Wald und Landschaft. Bern

Biewinga, E.E., van der Bijl, G. (1996): Sustainability of energy crops in Europe. A methodology developed and applied. CLM Utrecht

Borken, J., Patyk, A., Reinhardt, G.A. (1999): Basisdaten für ökologische Bilanzierungen: Einsatz mobiler Maschinen für Transporte, Landwirtschaft und Bergbau. Braunschweig/ Wiesbaden. Im Druck

Deutsches Institut für Normung (DIN) (Hrsg.) (1997): DIN EN ISO 14040: Umweltmanagement - Produkt-Ökobilanz - Prinzipien und allgemeine Anforderungen - (ISO/DIS 14040). Berlin

DIN-NAGUS (1995): Zwischenbericht der Normierungskommission vom 04.07.1995.

Kaltschmitt, M., Reinhardt, G.A. (Hrsg.) (1997): Nachwachsende Energieträger: Grundlagen, Verfahren, ökologische Bilanzierung. Braunschweig/ Wiesbaden

Patyk, A., Reinhardt, G.A. (1997): Düngemittel – Energie- und Stoffstrombilanzen. Braunschweig/ Wiesbaden

Reinhardt, G.A. (1993): Energie- und CO_2-Bilanzierung nachwachsender Rohstoffe – Theoretische Grundlagen und Fallstudie Raps. 2. Aufl., Braunschweig/ Wiesbaden. Vergriffen. Nachdruck: ifeu. Heidelberg

Reinhardt, G.A. (1998): First total ecological assessment of RME (biodiesel) versus diesel oil. In C.A.R.M.E.N. (Hrsg.): Biomass for Energy and Industry. Proceedings of the International Conference Würzburg, Germany, 8-11 June 1998, Rimpar, S. 116-119

Reinhardt, G.A., Borken, J., Patyk, A., Vogt, R. (1997): Ressourcen- und Emissionsbilanzen: Rapsöl und RME im Vergleich zu Dieselkraftstoff. Im Auftrag des Umweltbundesamtes. Berlin

Reinhardt, G.A, Kaltschmitt, M. (1995): Zur energetischen Bilanzierung von Bioenergieträgern. VDI-Tagung "Kumulierter Energieaufwand". Veitshöchsheim

Reinhardt, G.A, Vogt, R. (1997): Ganzheitliche Bilanzierung von Biokraftstoffen im Vergleich zu konventionellen Kraftstoffen. In: Verein Deutscher Ingenieure (Hrsg.): Tagungsband zur Tagung "Ganzheitliche Bilanzierung von Energiesystemen" vom 16./17. April 1997 in Düsseldorf, VDI Berichte 1328, VDI-Verlag, Düsseldorf, S. 75-89

Reinhardt G.A., Zemanek G. (1998a): Ökobilanz Bioenergieträger: Bewertung von Lebenswegvergleichen "Bioenergieträger versus fossile Energieträger". In Vorbereitung

Reinhardt, G.A., Zemanek, G. (1998b): Ökobilanz "RME versus Dieselkraftstoff" – Eine Bestandsaufnahme -. Landbauforschung Völkenrode 3.

Scharmer, K., Gosse, G. et al. (1996): Energy balance, ecological impact and economics of vegetable oil methylester production in Europe as substitute for fossil diesel. Jülich

Spirinckx, C., Ceuterick, D. (1996): Comparative life-cycle assessment of diesel and biodiesel. VITO, Mol

Sten, B., Ryding, S.-O. (1992): The EPS enviro-accounting method. Report No B1022 of the IVL - Swedish Environmental Research Institute. Göteborg.

Umweltbundesamt (Hrsg.) (1995): Ökobilanz für Getränkeverpackungen. UBA-TEXTE 52/95, Berlin

Vellguth, G. (1985): Methylester von Rapsöl als Kraftstoff für Schlepper im Praxiseinsatz. Grundl. Landtechnik 35, Nr. 5, S. 137-141

VNCI (Hrsg.) (1991): Integrated substance chain management. Working material for environmental measurement. Den Haag. Unveröffentlichter Statusbericht

Wolfensberger, U., Dinkel, F. (Hrsg.) (1997): Beurteilung nachwachsender Rohstoffe in der Schweiz in den Jahren 1993-1996. Bern

Ökobilanzen zur stofflichen Nutzung von nachwachsenden Rohstoffen

Andreas Patyk und Guido Reinhardt

1 Einleitung

Im Laufe der 90er-Jahre sind Produkte aus nachwachsenden Rohstoffen immer mehr in den Blickpunkt des öffentlichen Interesses gerückt – insbesondere, weil sie als umweltfreundlich gelten. Sie helfen, fossile Rohstoffe einzusparen, wirken durch die in ihnen gebundene Menge an CO_2 dem vom Menschen verursachten Treibhauseffekt entgegen oder sind durch ihre Bioabbaubarkeit einfach zu entsorgen. In Einzelfällen mag eine solche Charakterisierung auch durchaus zutreffen. Betrachtet man aber den gesamten „Lebensweg" eines solchen Produktes von der landwirtschaftlichen Produktion des Biorohstoffs über dessen Verarbeitungs- und Nutzungsphase bis hin zur Entsorgung, müssen sich nicht zwingend nur Vorteile ergeben. So erfordert seine landwirtschaftliche Produktion Düngemittel, deren Bereitstellung und Verwendung mit Umweltauswirkungen verbunden sein können. Auch die Flächeninanspruchnahme durch die landwirtschaftliche Produktion ist nicht in allen Fällen als ökologisch vorteilhaft einzuordnen. Offensichtlich erfordern somit belastbare Aussagen über ökologische Vor- und Nachteile die Betrachtung komplexer Lebenswege und einer Reihe verschiedener Umweltaspekte. Außerdem erfordern Aussagen über ökologische Vor- und Nachteile einen Vergleichsmaßstab. Es reicht also nicht, ausschließlich die Produkte aus nachwachsenden Rohstoffen zu betrachten; ebenfalls zu untersuchen sind auch die „konventionellen" Produkte mit vergleichbarem Nutzen – *vergleichende* Ökobilanzen sind also gefragt.

In den 90er-Jahren wurde national wie international eine stattliche Anzahl an vergleichenden Ökobilanzen zu nachwachsenden Rohstoffen erstellt, in der weit überwiegenden Mehrzahl allerdings für Bioenergieträger. Über deren ökologische Vor- und Nachteile ist mittlerweile sowohl in spezieller wie auch in allgemeiner Hinsicht relativ viel bekannt (s. hierzu Reinhardt und Zemanek (1998) in diesem Buch). Kaum eine der bisherigen Bilanzen behandelte jedoch stofflich genutzte Produkte aus nachwachsenden Rohstoffen, und wenn, dann kaum in der mittlerweile bei Ökobilanzen gebotenen Bilanzierungstiefe. Wie stellt sich damit nun konkret der Kenntnisstand bei stofflich genutzten nachwachsenden Rohstoffen dar? Welche insbesonders verallgemeinerbaren Aussagen können bereits heute getroffen werden, welche werden sich möglicherweise in Zukunft ableiten lassen? Lassen sich überhaupt derartige Aussagen ableiten? Eine Einschätzung zu diesen Fragen wird im Folgenden abgeleitet. Basis hierfür bildet die „Übersichtsökobilanz Hanf", die hier beispielhaft in Grundzügen wiedergegeben und diskutiert wird.

2 Übersichtsökobilanz Hanf als Beispiel: Zieldefinition und Rahmenfestlegungen

Die hier vorgestellten Ergebnisse wurden im Rahmen einer Teilstudie des durch die Deutsche Bundesstiftung Umwelt, Osnabrück, geförderten Vorhabens „Hanfproduktlinienprojekt" erhalten. Eine ausführliche Darstellung findet sich in Patyk et al. (1996). Die Studie erfolgte in enger Anlehnung an den damaligen Stand der Normierungsbemühungen bei Ökobilanzen. Aus heutiger Sicht wurde bereits damals den meisten der heute in den DIN 14040 bzw. 14041 festgeschriebenen Erfordernissen nachgekommen. Auch waren die Systemgrenzen so gewählt, dass unseres Erachtens die Ergebnisse im Großen und Ganzen auch heute noch Anwendung finden können.

Ziel der Untersuchung war eine so genannte Übersichtsbilanz. Auf der Basis von Vereinfachungen und Abschätzungen bei der Modellierung der Lebenswege sollte eine erste Einschätzung der Relevanz einzelner Lebenswegabschnitte und Schwachstellen erhalten werden. Diese sollte als Grundlage dienen für die Entscheidung über die Sinnhaftigkeit weiterer Untersuchungen, etwa einer vollständigen Ökobilanz oder tiefergehender Sensitivitätsanalysen. Der Ökobilanzteilschritt „Auswertung" im engeren Sinne war nicht Teil der Studie. Es erfolgte lediglich eine Diskussion der Sachbilanzergebnisse und Wirkungsabschätzung. Tabelle 1 fasst die berücksichtigten Wirkungskategorien und Bilanzparameter zusammen.

Tabelle 1 Standardliste der Wirkungskategorien nach DIN (1995) und in der Übersichtsökobilanz Hanf berücksichtigte Wirkungskategorien und Bilanzparameter

	Wirkungskategorie	Bilanzparameter	Aggregierte Wirkungsparameter
1.	Ressourcenverbrauch	Energetische und mineralische Ressourcen	Kumulierter Energieaufwand
2.	Naturraumbeanspruchung	Anbaufläche	
3.	Treibhauseffekt	CO_2, CH_4, N_2O	CO_2-Äquivalente
4.	Ozonabbau	N_2O	
5.	Versauerung	SO_2, NO_x, NH_3, HCl	SO_2-Äquivalente
6.	Eutrophierung	NO_x, NH_3	
7. + 8.	Human- und Ökotoxizität	SO_2, NO_x, Biozide	
9.*	Sommersmog (Fotosmog)		
10.*	Lärmbelastung		

*: In dieser Studie nicht erfasste Wirkungskategorien

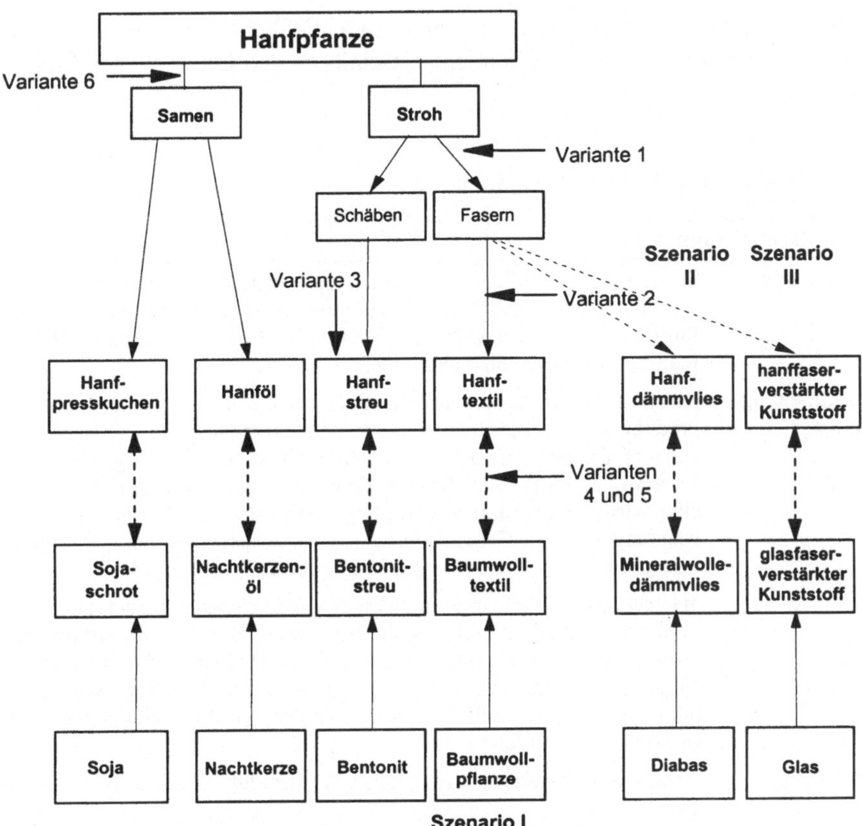

Szenario I:	Bekleidungstextilien
Variante 1:	mechanischer Faseraufschluss statt Dampfdruckaufschluss
Variante 2:	höherer Energieaufwand bei der Hanftextil-Produktion
Variante 3:	energetische Nutzung der Schäben
Varianten 4/5:	geringere/höhere Lebensdauer der Hanftextilien
Variante 6:	keine Hanfsamenproduktion und -nutzung
Szenario II:	Dämmvlies
Szenario III:	Faserverstärkung für Kunststoff

Abb. 1   Darstellung der bilanzierten Hanf-Lebenswege mit den Äquivalenzprodukten

Die untersuchten Lebenswege von Hanfprodukten sind in Abb. 1 dargestellt und in Tabelle 2 kurz beschrieben. In Szenario I wird von einer gleichzeitigen Nutzung der Hanfsamen und des Hanfstrohs ausgegangen, als Faserprodukt werden Bekleidungstextilien betrachtet. Der Samen wird zu Öl und Presskuchen, die Schäben zu Katzenstreu verarbeitet.

In zwei weiteren Szenarien werden als Faserprodukte Dämmvlies (Szenario II) und Faserverstärkungen für Kunststoffe (Szenario III) untersucht, bei ansonsten unveränderten Lebenswegbedingungen. Im Rahmen einer Sensitivitätsanalyse werden für das Szenario I in sechs Varianten (1-6) das Fasergewinnungsverfahren (1) und der Energieaufwand der Textilproduktion (2) variiert, für die Schäben eine energetische Nutzung angenommen (3), die

Textillebensdauer (4 und 5) variiert und eine ausschließliche Strohnutzung (Faser und Schäben) ohne Samenverwertung (6) betrachtet. Details zu den Lebenswegen finden sich in Patyk et al. (1996).

Tabelle 2   Beschreibung der Lebensweg-Szenarien

Szenario I (Bekleidungstextilien)	
Anbau und Ernte von Hanf	alle auf der Anbaufläche stattfindenden Prozesse werden berücksichtigt; 1-2 wöchiges Liegen des Hanfstrohs auf dem Feld (Tauröste); Biozideinsatz im fünfjährigen Turnus; Referenzsysteme: Rotationsbrache und zusätzliche Inanspruchnahme von Ackerboden
Samenverarbeitung und -nutzung	Kaltpressung der Samen auf elektrisch betriebenen Ölpressen; Äquivalenzprodukt ist Nachtkerzenöl (funktionale Äquivalenz: γ-Linolensäure-Gehalt); andere Ölbestandteile des Hanfs werden nicht berücksichtigt; keine Weiterverwertung von Presskuchen und Stroh der Nachtkerze; dem Hanfpresskuchen wird Sojaextraktionsschrot gegengerechnet; die Aufteilung der Aufwendungen für die Gesamtsojaproduktion zwischen Sojaöl und -schrot erfolgt nach dem Kriterium des Marktpreises
Entholzung des Strohs (Schäben)	mechanische Entholzung mit elektrisch angetriebenen Maschinen; pro Tonne Stroh 0,25 t Abfall (kleinteilige Faser-, Schäben- und Blattreste); bei Dämmvlies und Faserverstärkung von Kunststoffen wird eine energetische Nutzung des Abfalls angenommen; bei der Textilherstellung wird der Abfall nicht weiter betrachtet, da vergleichbare Abfälle auch bei der Baumwollproduktion anfallen
Schäbennutzung	Verarbeitung zu Katzenstreu (Äquivalenzprodukt: Katzenstreu aus Bentonit)
Dampfdruckaufschluss	zur Garnherstellung weitere Trennung der entholzten Pflanzenbestandteile; Zugabe geringer Mengen Kalilauge zum Aufschluss; Energieträger sind Heizöl und Strom; pro t Rohfaser etwa 0,64 t Feinfaser (inclusive mechanischer Behandlung)
Faserprodukt	die Hanffaser wird wie andere pflanzliche Textilfasern zum Spinnen vorbereitet, gesponnen, zu Tuch gewebt und ausgerüstet; mangels spezieller Daten für Hanftextilien werden Baumwoll-Daten angesetzt; Äquivalenzprodukt ist ein Baumwolltextil (funktionale Äquivalenz: Lebensdauer); Entsorgung der gebrauchten Textilien durch energetische Nutzung (Verbrennung)
Transport	Berücksichtigung von Transporten nur zwischen deutlich verschiedenen Produktionsstufen; kontinentale Transporte werden nur mit Lkw durchgeführt; Standardtransportweite 300 km; Baumwolle und Sojaschrot werden zusätzlich auf dem Seeweg transportiert
Szenario II (Dämmvlies)	
Samenproduktion und -nutzung wie Szenario I; Verbinden der Hanffasern durch Kleber auf Kunststoffbasis; Äquivalenzprodukt ist Mineralwolle aus Diabas; Entsorgung des Hanfvlieses durch Verbrennung, der Mineralwolle durch Deponierung	
Szenario III (hanffaserverstärkter Kunststoff)	
Samenproduktion und -nutzung wie Szenario I; Äquivalenzprodukt ist ein glasfaserverstärkter Kunststoff; Entsorgung beider Produkte durch Verbrennung (Glasanteil als Schlackerückstand); gleiche Kunststoff-Volumenanteile bei beiden Produkten (keine Kunststoff-Bilanzierung)	

3 Sachbilanz und Wirkungsabschätzung

Die Bilanzergebnisse sind in den Tabellen 3 und 4 zusammengefasst. Die Diskussion erfolgt aus der Perspektive der Hanfprodukte im Vergleich zu den substituierten Produkten aus konventionellen Werkstoffen.

Tabelle 3   Sachbilanz ausgewählter Parameter des Lebensweges „Bekleidungstextil" (Szenario I), Bezug: 1 ha Hanfanbau

	Ressourcen-verbrauch	stratosph. Ozonabbau	Treibhaus-effekt	Versaue-rung	Human- / Ökotoxizität	
	Energie	N_2O	CO_2-Äquiv.	SO_2-Äquiv.	SO_2	NO_2
	GJ	kg	kg	kg	kg	kg
Hanf						
Anbau und Ernte	12,3	1,89	1421	6,56	1,81	6,78
Ölpressen	0,69	0,0018	46,7	0,17	0,037	0,18
Entholzung	5,75	0,015	390	1,30	0,31	1,41
Dampfdruckaufschluss	4,52	0,010	324	0,75	0,27	0,69
Textilherstellung	98,5	0,23	6429	9,19	5,01	5,97
Summe	**121,8**	**2,15**	**8611**	**18,0**	**7,44**	**15,0**
Gutschriften						
Nachtkerzenöl	- 2,36	- 0,38	- 270	- 0,97	- 0,30	- 0,96
Sojaschrot	- 1,91	- 0,082	- 155	- 1,91	- 0,97	- 1,34
Bentonit-Streu	- 6,84	- 0,016	- 536	- 4,19	- 2,39	- 2,57
Baumwolltextil	- 120,8	- 2,30	- 8640	- 25,9	- 10,35	- 22,2
Verbrenn. des Abfalls	- 3,7	0,01	- 175	0,2	0,04	0,3
Summe	**- 135,6**	**- 2,77**	**- 9776**	**- 32,8**	**- 14,0**	**- 26,8**
Saldo	**- 13,8**	**- 0,62**	**- 1166**	**- 14,8**	**- 6,51**	**- 11,8**

Quelle: Patyk et al. 1996

Ressourceneinsatz: Sowohl für energetische wie auch die hier nicht ausgewiesenen mineralischen Ressourcen ergeben sich in allen Szenarien und den meisten Varianten des Szenarios I „Textil" (Ausnahmen: 2 und 4, „höhere Produktionsenergie" und „geringere Lebensdauer") Vorteile für Hanf. Der hohe Energiegewinn in der Variante 3, „Schäbenverbrennung", ist allerdings mit einem geringen Mehrverbrauch an mineralischen Ressourcen für die Düngemittelproduktion verbunden. Grundsätzlich werden in allen Fällen auf Seiten des Hanfes deutlich mehr Rohstoffe für Mineraldüngemittel benötigt, aber andererseits massenbezogen ein Mehrfaches an anderen Rohstoffen eingespart. Die negativen Ergebnisse der Varianten 2 und 4 zeigen aber auch, wie empfindlich die Ergebnisse gegen relativ begrenzte bzw. moderate Änderungen der Lebenswege und Basisdaten sind.

Naturraumbeanspruchung (Kriterium: Flächenbelegung): Bei Anbau in Fruchtfolgen auf Rotationsbrachen ergibt sich in allen Szenarien ein Vorteil für Hanf. Beansprucht der Anbau jedoch zusätzliches Kulturland, resultiert nur noch in Szenario I ein Vorteil. In den Szenarien II „Dämmvlies" und III „Faserverstärkter Kunststoff" ist dagegen etwa ein halber Hektar zusätzliche Anbaufläche in Deutschland oder Mitteleuropa nötig. Unter dem Aspekt der Artenvielfalt (Biodiversität) ist dies negativ zu bewerten.

Treibhauseffekt: Die Ergebnisse entsprechen im Wesentlichen denen zum Einsatz energetischer Ressourcen. Alle Szenarien und die meisten Varianten (Ausnahmen: 2 und 4) fallen zu Gunsten von Hanf aus.

Ozonabbau: Als Indikator dient N_2O. In Szenario I und allen Varianten außer 4 ergeben sich Vorteile für Hanf. Da die N_2O-Emissionen fast ausschließlich aus der Landwirtschaft stammen, weisen die Szenarien II und III größere Abbaupotentiale als Szenario I auf.

Tabelle 4   Saldo der Sachbilanzen (Energieeinsatz und Emissionen) der Szenarien I „Textil", II „Dämmvlies" und III „Faserverstärkter Kunststoff" und der Variationen des Szenarios I, Bezug: 1 ha Hanfanbau

		Sz. I	Sz. II	Sz. III	Var. 1	Var. 2	Var. 3	Var. 4	Var. 5	Var. 6
Ressourcenver.										
Energie	GJ	-13,8	-33,4	-36,0	-11,9	5,82	-47,7	7,83	-35,5	-18,1
Ozonabbau										
N_2O	kg	-0,62	1,26	1,50	-0,59	-0,58	-0,49	-0,15	-1,09	-0,85
Treibhauseffekt										
CO_2-Äquival.	kg	-1.160	-1.709	-1.674	-1019	115	-2.827	421	-2.754	-1.548
Versauerung										
SO_2-Äquival.	kg	-14,8	1,92	2,88	-14,2	-13,0	-8,26	-9,48	-20,1	-18,5
Human/Ökotox.										
SO_2	kg	-6,51	-1,79	-1,06	-6,19	-5,52	-3,70	-4,42	-8,61	-7,67
NO_2	kg	-11,8	5,29	5,63	-11,4	-10,7	-6,52	-7,22	-16,5	-15,4

Quelle: Patyk et al. 1996
Negatives Vorzeichen: Saldo zu Gunsten von Hanf

Versauerungspotenzial: In Szenario I einschließlich aller sechs Varianten ergeben sich deutliche Vorteile für Hanf. Die beiden anderen Szenarien fallen zu Ungunsten von Hanf aus. Auch hier zeigt sich der große Einfluss der gewählten Lebenswege oder Lebenswegabschnitte auf die Endergebnisse.

Gefahr der Gewässerbelastung durch Nährstoffeintrag (Eutrophierung): In Szenario I einschließlich aller sechs Varianten ergeben sich Vorteile für Hanf. Für die beiden anderen Szenarien ist keine eindeutige Aussage möglich. Einschränkend hierzu ist zu bemerken, dass es sich hier um eine qualitative Einschätzung handelt; für eine abgesicherte Aussage wäre eine Quantifizierung unter Berücksichtigung auch der anderen Lebenswegabschnitte notwendig.

Toxikologische Wirkungen: Für Biozide und SO_2 ergeben sich in allen Szenarien und Varianten – zum Teil deutliche – Vorteile für Hanf. Für NO_x resultieren, ähnlich wie beim Ozonabbau und der Eutrophierung, leichte Nachteile in den Szenarien II und III.

4 Ergebnisse der Ökobilanz Hanf

In den vorangehenden Abschnitten wurden die Sachbilanzergebnisse der Ökobilanz „Hanf", in der drei verschiedene Hanfproduktlinien und die entsprechenden Konkurrenzprodukte aus konventionellen Materialien untersucht wurden, vorgestellt. Basis war die Gesamtnutzung der Hanfpflanze. Zusätzlich zu den drei Produktlinien, Szenario I bis III, wurden für Szenario I Varianten zur Absicherung der Ergebnisse und, um Schwachstellen und Sensitivitäten aufzudecken, durchgeführt. Die Analysen wurden für die meisten der in Ökobilanzen gängigen ökologischen Wirkungskategorien durchgeführt. Die damit gewonnenen Ergebnisse lassen sich unter zwei Aspekten diskutieren:

Ergebnis I

Ein wesentliches Ergebnis ist, dass jeweils *unterschiedliche* – bisweilen auch mehrere – Lebenswegabschnitte die Bilanzen der verschiedenen Umweltwirkung bestimmen. Zum Beispiel

- bestimmen die Emissionen des Lebenswegabschnitts Landwirtschaft einschließlich Düngemittelproduktion praktisch alleine das Ergebnis der Lachgasbilanzen über die gesamten Lebenswege (Aspekt der Ozonzerstörung) und

- werden die Energiebilanzen bei der Hanffasernutzung als Textilien (Hemden, Jeans usw.) durch die Textilherstellung (Spinnen usw.) dominiert.

Damit unterscheidet sich die stoffliche Nutzung nachwachsender Rohstoffe deutlich von der energetischen Nutzung. Bei der energetischen Nutzung dominiert in etwa 90 % der untersuchten Fälle der Lebenswegabschnitt „Nutzung" die Bilanzen (Kaltschmitt und Reinhardt 1997).

Ergebnis II

Die zweite Gruppe an Ergebnissen betrifft die gewonnene Einschätzung zu den ökologischen Auswirkungen der Produkte aus Hanf im Vergleich zu konventionellen Produkten. Hier zeigt sich, dass es einige umweltrelevante Größen gibt, die tendenziell für Hanf sprechen, dass bei den meisten ökologischen Wirkungskategorien jedoch die Ergebnisse je nach betrachtetem Hanfprodukt oder Lebensweg für oder gegen Hanf ausfallen.

- *Tendenziell für Hanf* sprechen die Ergebnisse der Schwefeldioxidbilanzen und auch die Gefährdung durch Biozide. Bei allen untersuchten Lebenswegen und Szenarien treten hier eindeutige Vorteile zu Gunsten der Hanfprodukte auf. Die Ergebnisse können insgesamt als recht stabil gelten. Eine generelle Übertragung auf völlig andere Hanfproduktlinien ist jedoch nicht zulässig.

- *Jeweils für bzw. gegen Hanf* sprechen die Ergebnisse aller anderen untersuchten Umweltkenngrößen. Ob die Bilanz im Einzelfall zu Gunsten oder zu Ungunsten von Hanf ausfällt, hängt in besonderem Maß von den Gegebenheiten des jeweils untersuchten Lebensweges ab. So wird die Naturraumbeanspruchung dann zu Gunsten von Hanf eingeschätzt, wenn dieser auf Flächen der Stilllegungsbrachen angebaut wird, ansonsten zu seinen Ungunsten. Ob die Energie- und Klimabilanzen für oder gegen Hanf sprechen, hängt bei der Nutzung als Textil in besonderem Maß von deren Qualität (Lebensdauer) oder auch vom Produktionsaufwand ab. Ein weiteres Beispiel sind die Emissionen des ozonzerstörenden Lachgases. Je nach untersuchtem Hanfprodukt fällt die Bilanz positiv oder negativ aus.

Fazit

Die Ergebnisse zeigen, dass allgemein gültige Aussagen „für oder gegen Hanf" für alle Hanfprodukte und Wirkungskategorien nicht ableitbar sind. Dazu sind die Lebenswege der Hanfprodukte zu komplex und enthalten zu viele Lebenswegabschnitte, bei denen schon moderate und durchaus realistische Änderungen die Ergebnisse signifikant verändern. Andererseits ist es möglich, zu bestimmten Fragestellungen und konkreten Hanfnutzungskonzepten belastbare Aussagen zu erhalten, auch ohne alle Lebenswegabschnitte einer Hanfproduktlinie detailliert zu untersuchen. Je nach betrachteter Umweltwirkung ist eine Beschränkung auf die jeweils das Ergebnis bestimmenden Lebenswegabschnitte und damit die Minimierung des Bilanzierungsaufwandes möglich. Hierzu können die in dieser ersten Bilanz gewonnenen Ergebnisse eine geeignete Hilfestellung geben.

5 Ausblick

Das Beispiel der hier diskutierten Ökobilanz von Hanfprodukten lässt sich wie folgt verallgemeinern: Anders als bei den energetisch genutzten nachwachsenden Rohstoffen, bei denen sich über weite Bereiche der bei Ökobilanzen gängigen ökologischen Wirkungskategorien ein recht einheitliches Bild präsentiert, lässt sich bei den stofflich genutzten nachwachsenden Rohstoffen keine einzige verallgemeinerbare Aussage finden: Nicht einmal die im nachwachsenden Rohstoff gebundene Sonnenenergie sowie das fixierte CO_2 müssen zwingend zu Umweltvorteilen führen. Selbst hier gibt es Fälle, bei denen das Konkurrenzprodukt im Vorteil ist oder sein kann. Das hängt auch damit zusammen, dass es bei den stofflich genutzten nachwachsenden Rohstoffen eine überaus große Vielfalt gibt: eine Vielfalt an möglichen Agrarprodukten, an Verarbeitungswegen, an Nutzungsmöglichkeiten, an Entsorgungs- bzw. Wieder- und Weiterverwertungs- und -verwendungsmöglichkeiten und letztlich natürlich auch eine Vielfalt an realen oder möglichen Konkurrenzprodukten und allen hier möglichen Änderungsmöglichkeiten an deren Lebenswegen.

So wird auch in Zukunft kaum ein Weg daran vorbeiführen, für Fragestellungen zur stofflichen Nutzung nachwachsender Rohstoffe entsprechende Ökobilanzen zu erstellen – unter genauer Definition der Lebenswege, der betrachteten Randbedingungen und Systemgrenzen usw. Hierbei können so genannte Übersichtsökobilanzen hilfreich sein, quasi auf der Basis einer ökologischen Schwachstellenanalyse eine erste Einschätzung über die ökologischen Vor- und Nachteile des betrachteten Produktes zu erhalten. Je nach Eindeutigkeit bzw. der Aussagekraft der Ergebnisse aber auch in Abhängigkeit von der Tragweite von auf solchen Bilanzen fußenden Entscheidungen sind dann aber möglicherweise auch wesentlich detaillertere Ökobilanzen zu erstellen, die einer wissenschaftlichen Überprüfung sowie der „Kritischen Prüfung" nach DIN 14040 standhalten.

Literatur

Deutsches Institut für Normung (DIN), Normenausschuss Grundlagen des Umweltschutzes des Deutschen Instituts für Normung (Hrsg., 1995): Wirkungsabschätzung und Bewertung – Nationales Positionspapier zu DIN ISO 14042. Arbeitspapier (1. Entwurf) des Arbeitsausschusses 3/Unterausschuss 2 des DIN-NAGUS (AA3/UA2) 4-53 vom 05. Juli 1995

Deutsches Institut für Normung (DIN, Hrsg., 1997): Environmental management – Life cycle assessment – Principles and framework. DIN EN ISO 14040. Beuth Verlag, Berlin

Deutsches Institut für Normung (DIN, Hrsg., 1998): Environmental management – Life cycle assessment – Goal and scope definition and life cycle inventory analysis. DIN EN ISO 14041. Beuth Verlag, Berlin

Kaltschmitt, M. Reinhardt, G. A. (Hrsg., 1997): Nachwachsende Energieträger – Grundlagen, Verfahren, ökologische Bilanzierungen. Verlag Vieweg, Wiesbaden

Patyk, A., Reinhardt, G.A., Schorb A. (1996): Hanfproduktlinien aus ökologischer Sicht. In: IAF/FH Reutlingen, ifeu Heidelberg, nova Köln (Projektkoordination): Hanfproduktlinienprojekt. Förderprojekt der Deutsche Bundesstiftung Umwelt, Osnabrück. Endbericht: Köln

Vergleichende Ökobilanz: E-Mobile versus konventionelle Fahrzeuge

Andreas Patyk und Guido Reinhardt

1 Einleitung

Seit mittlerweile drei Jahrzehnten gelten die vom Verkehr ausgehenden Umweltbelastungen als eines der drängensten Umweltprobleme unserer Zeit. Bisher diskutierte Lösungsansätze lassen sich grob in zwei Bereiche einteilen: Vermeidung/Verlagerung oder technische Lösungen. Während im ersten Bereich kaum Erfolge – abgesehen von einzelnen Nischenlösungen – vorzuweisen sind (s. kaum veränderter Modal-Split, steigendes Verkehrsaufkommen usw.), konnte zumindest *eine* technische Lösung die verkehrsbedingten Umweltauswirkungen nachhaltig reduzieren und wird dies noch weiter tun, nämlich die Einführung des Katalysators. Diskutiert werden aber noch viele andere technische Lösungen, angefangen bei Verkehrsleitsystemen bis hin zu alternativen Antrieben bzw. Antriebsenergien wie Wasserstoff, Rapsmethylester (RME) oder auch mit Batterien oder Brennstoffzellen betriebene Elektrofahrzeuge.

Während die Umweltvorteilhaftigkeit des Katalysators – einmal abgesehen von der Umweltverträglichkeit der verwendeten Edelmetalle Platin, Paladium usw. – offensichtlich ist, ist dies bei den alternativen Antrieben nicht der Fall; das zeigten in den letzten Jahren die Diskussionen z. B. über RME oder E-Mobile. Gerade im Fall der E-Mobile wurde schon während der Entwicklungsphase über mögliche Umweltvor- und -nachteile nachgedacht, ein Novum in der umweltpolitischen Diskussion, denn meist wurden entsprechende Analysen erst nach der Entwicklungsphase, oft gar nach der Einführung bzw. Umsetzung angefertigt, oft auch erst, wenn Gefahr bereits in Verzug war. Rückblickend verwundert dies natürlich nicht mehr, denn die Gründe für eine mögliche Einführung von E-Mobilen sind nahezu ausschließlich ökologische: Wirtschaftliche Vorteile bestehen wahrscheinlich nur für die die Batterien und den Strom produzierenden Unternehmen; die Fahrzeuge sind teurer als konventionelle, die Gewinnspannen wahrscheinlich niedriger; vermutlich werden auch kaum mehr Arbeitsplätze geschaffen. Von daher machte es natürlich durchaus Sinn, die ökologischen Vor- und Nachteile eines E-Mobil-Einsatzes bereits vor der Entwicklung von Markteinführungsstrategien und Produktionsplänen auszuloten.

Die Entwicklung umfassend alltagstauglicher E-Mobile steckte Anfang der 90er-Jahre noch in den Kinderschuhen. Daher förderte das damalige BMFT auf Rügen den seiner Zeit weltgrößten E-Mobil-Großversuch. Etwa 60 E-Mobile vom Pkw bis zum Bus mit unterschiedlichen Batteriesystemen fuhren während des Praxistests – bestückt mit damals zukunftsweisender Messtechnik – über mehrere Jahre, um die technischen Chancen und Grenzen dieser Fahrzeuge auszuloten, aber auch, um eine solide Datenbasis für die Erstellung einer Ökobilanz zu liefern (s. Eden et al. 1996), auf die hier auszugsweise Bezug genommen wird.

Betrachtet wurden beim Rügen-Großversuch ausschließlich umgebaute konventionelle Serienfahrzeuge, so genannte conversion-design-Fahrzeuge. Um die Umweltverträglichkeit von E-Mobilen gegenüber konventionellen Kraftfahrzeugen belastbar ableiten zu können, darf sich eine vergleichende Quantifizierung jedoch nicht nur auf die eigentliche – allerdings sehr wichtige – Nutzung, den Fahrbetrieb und die Bereitstellung der eingesetzten Energieträger der beiden Fahrzeugkonzepte beschränken; es sind auch die Produktion und Entsorgung bzw. Recycling der Fahrzeuge zu analysieren. Im vorliegenden Fall kann man sich dabei auf die jeweiligen Energiespeicher (Batterie bzw. Tank) und Antriebsstränge (Motoren und Getriebe) beschränken, die wesentlichen Unterschiede der conversion-design-Fahrzeuge zu ihren konventionellen Pendants.

Im Folgenden werden die Ergebnisse der Energie- und Stoffstrombilanzierung von Energiespeichern und Antriebssträngen von E-Mobilen und konventionellen Fahrzeugen vorgestellt. Die Diskussion konzentriert sich dabei auf die Batterien für E-Mobile. Einige Ergebnisse vorwegnehmend lässt sich dies wie folgt begründen: Die Bedeutung des komplementären konventionellen Bauteils „Kraftstofftank" ist extrem gering. Ferner ist bei E-Mobilen die Bedeutung des Antriebsstrangs relativ zu der des Energiespeichers klein. Für konventionelle Fahrzeuge gilt diese Relation Energiespeicher/Antriebsstrang natürlich nicht – im Mittelpunkt steht hier jedoch das alternative Konzept „E-Mobil". Diskutiert werden zunächst die gesamten Lebenswege – Abbau der Rohstoffe, Bereitstellung der Werkstoffe, Endfertigung der Batterien und Entsorgung bzw. Recycling – *ausschließlich* der Nutzungsphase. In einem zweiten Schritt wird die Nutzungsphase für die umfassende Bewertung der Umweltauswirkungen mit einbezogen. Dieser Schritt wird für verschiedene europäische Länder mit großen Unterschieden hinsichtlich der Energieträger-Splits und Emissionsstandards der Stromerzeugung durchgeführt.

Die hier dargestellten Ergebnisse stellen eine Auswahl dar; weiterführende Darstellungen finden sich in Eden et al (1996), Patyk u. Reinhardt (1996) sowie in Patyk u. Reinhardt (1998). Zunächst werden einige grundlegende Annahmen und Festlegungen dokumentiert sowie einige mit der Bilanzierung verbundene Probleme und mögliche Lösungsansätze diskutiert. Für die Interpretation der Ergebnisse in einem allgemein umweltpolitischen Zusammenhang verweisen wir auf den Beitrag von Höpfner in diesem Buch.

2   Ökobilanz E-Mobil: Festlegungen und Annahmen

Im Folgenden werden kurz und ohne Anspruch auf Vollständigkeit einige wichtige Randbedingungen, Systemgrenzen, Annahmen, Vorgehensweisen usw. beschrieben. Die vollständige Dokumentation findet sich in Patyk u. Reinhardt (1996).

Bilanzgegenstand und Bezugsgröße: Gegenstand der Ökobilanz sind

- die herkömmliche Blei/Säure-Batterie,
- die Nickel-Cadmium-Batterie (Ni/Cd) in geschlossener Ausführung,
- die Zebra-Batterie (Na/NiCl$_2$), ein Hochtemperatursystem, sowie
- die Natrium-Schwefel-Batterie (Na/S), ebenfalls ein Hochtemperatursystem,

typischer Zusammensetzung und Spezifikation sowie

- ein Kraftstofftank aus Polypropylen und
- die Antriebsstränge (Motoren und Getriebe) von E-Mobilen und konventionellen Fahrzeugen.

Die Bilanzen beziehen sich auf eine Nenn-Speicherkapazität der Batterien von 1 kWh Strom und des Tanks von 1 kWh Kraftstoff bzw. auf die Antriebsstränge als Baugruppen.

Räumlicher und zeitlicher Bezug: Im Rahmen des Rügen-Projektes bildete die Bundesrepublik Deutschland im Jahr 1996 den Bezug für die Bereitstellung und den Einsatz von Elektrofahrzeugen. Dieser Bezug wird hier übernommen. Damit ist implizit der Abbau von Rohstoffen und die eventuelle bzw. teilweise Produktion der Batterien im Ausland mit erfasst. Konkret wirksam ist diese Festlegung im Bereich der Energiebereitstellung in der Bundesrepublik, für die Extrapolationen auf der Basis der aktuellsten Statistiken und Prognosen (1995) vorgenommen werden.

Bilanzierungsumfang und -tiefe: Die Energie- und Stoffstrombilanzierung erfolgte in enger Anlehnung an den damaligen Stand der Normierungsbemühungen bei Ökobilanzen. Aus heutiger Sicht wurde bereits damals den meisten der heute in den DIN 14040 bzw. 14041 festgeschriebenen Erfordernissen nachgekommen. Auch waren die Systemgrenzen so gewählt, dass unseres Erachtens die Ergebnisse im Großen und Ganzen auch heute noch Anwendung finden können. Diesen Vorgaben gemäß erstreckt sich die Bilanzierung über den gesamten Lebensweg der Batterien („von der Wiege bis zur Bahre") beginnend mit dem Abbau der Rohstoffe zur Werkstoffherstellung bis zur Entsorgung einschließlich der eigentlichen Nutzungsphase sowie alle damit verbundenen Transporte und die Bereitstellung der eingesetzten Endenergieträger. Hilfsstoffe werden erfasst, soweit sie nach unserem gegenwärtigen Kenntnisstand in relevanten Mengen eingesetzt werden.

Bilanzparameter: Die Auswahl der Parameter ergibt sich aus den betrachteten Wirkungskategorien (Tabelle 1); diese orientieren sich an der Standardliste der Wirkungskategorien nach DIN-NAGUS. Die Kategorien Naturraumbeanspruchung und Lärmbelastung sind hinsichtlich der Art ihrer Erfassung noch umstritten und – unabhängig davon – bisher noch keine etablierten Kenngrößen in Energie- und Stoffstrombilanzen. Im Zusammenhang mit der Eutrophierung von Gewässern, Human- und Ökotoxizität werden lediglich luftgetragene Emissionen betrachtet.

Besondere Bilanzierungsmerkmale I: Für nicht global wirksame Schadstoffe erfolgt die Bilanzierung differenziert nach drei Emissionsortsklassen, die unterschiedliche Bevölkerungsdichten widerspiegeln. Die Notwendigkeit dieser Unterteilung ergibt sich daraus, dass für nicht global wirksame Schadstoffe die Wirkungsorte mehr oder weniger eng an den Emissionsort gebunden sind. Sie wurde bereits in mehreren ökologischen Bilanzierungen durchgeführt (siehe z. B. Patyk u. Reinhardt 1997, Kaltschmitt u. Reinhardt 1997. Ausführlich dokumentiert ist dieses Verfahren in Borken et al. 1998). Die Emissionsortsklassen sind wie folgt abgegrenzt:

Emissionsortsklasse I	Gebiete hoher Bevölkerungsdichte
Emissionsortsklasse II	Gebiete mittlerer bis niedriger Bevölkerungsdichte
Emissionsortsklasse III	Gebiete extrem niedriger Bevölkerungsdichte bis Dichte 0

Besondere Bilanzierungsmerkmale II: Bei Kuppelprodukten gilt: Äquivalentprozessbilanzierung vor Allokationsverfahren. In einigen Fällen wie der Chlor/Alkali-Elektrolyse oder der Schwefelsäureproduktion als Basisprozesse für die Batterieproduktion muss jedoch ein Allokationsverfahren gewählt werden.

Besondere Bilanzierungsmerkmale III: An die Nutzung der Batterien schließt sich der Lebenswegabschnitt Entsorgung/Recycling an. Im einfachsten Falle bestünde dieser Lebenswegabschnitt aus der Deponierung der gesamten Batterie, was jedoch weitab jeglicher Realität ist. Eine Beschreibung dieses Lebenswegabschnitts in einzelnen Prozessschritten ist insofern mit großen Unsicherheiten behaftet, als für die genannten Batterietypen – Ausnahme: die Bleibatterie – noch keine etablierten Recycling-, Downcycling bzw. Entsorgungspfade existieren. Um den Einfluss dieses Lebenswegabschnitts wenigstens größenordnungsmäßig einschätzen zu können, wurden zwei Ansätze zur Beschreibung gewählt: die Verteilung der Umweltauswirkungen der Batteriebereitstellung zwischen den Batterien und Folgeprodukten durch Monetarisierung und die Wiederverwertung der Batteriematerialien zur Batterieproduktion.

Tabelle 1 Standardliste der Wirkungskategorien nach DIN (1995) und in dieser Studie berücksichtigte Wirkungskategorien und Bilanzparameter

	Wirkungskategorie	Bilanzparameter	Aggregierte Wirkungsparameter
1.	Ressourcenverbrauch	Energetische und mineralische Ressourcen	Kumulierter Energieaufwand
2.*	Naturraumbeanspruchung		
3.	Treibhauseffekt	CO_2, CH_4, N_2O	CO_2-Äquivalente
4.	Ozonabbau	N_2O	
5.	Versauerung	SO_2, NO_X, NH_3, HCl	SO_2-Äquivalente
6.	Eutrophierung	NO_X, NH_3	
7. + 8.	Human- und Ökotoxizität	SO_2, NO_X, CO, Staub, Dieselpartikel, Formaldehyd, Benzol, Benzo(a)pyren, TCDD-Toxizitätsäquivalente	
9.	Sommersmog (Fotosmog)	NO_X, NMHC	
10.*	Lärmbelastung		

*: In dieser Studie nicht erfasste Wirkungskategorien

3 Ergebnisdiskussion

Wie eingangs erwähnt werden die Ergebnisse zunächst bezogen auf die Speicherkapazität in kWh und beschränkt auf die Produktion und Entsorgung/Recycling der betrachteten Energiespeicher diskutiert. Dies ist sinnvoll, um die Effekte unterschiedlicher methodischer Ansätze zu zeigen und die Unsicherheiten der Abschreibung auf die Nutzungsphase auszuschließen. Im zweiten Schritt werden die Ergebnisse unter Einbeziehung der Nutzungsphase diskutiert (Bezug: Fahrleistung in km). Diese Auswertung wird vergleichend für E-Mobile, Otto- und Diesel-Pkw und differenziert nach lokalen, regionalen und globalen Wirkungen durchgeführt. Abschließend wird der Einfluss der Stromproduktion basierend auf der öffentlichen Stromerzeugung in verschiedenen europäischen Ländern diskutiert. Umfassende Dokumentationen finden sich in Patyk u. Reinhardt (1996 u. 1998).

3.1 Produktion und Entsorgung/Recycling der Energiespeicher

In der Erläuterung und Diskussion der Ergebnisse beschränken wir uns auf einige ausgewählte Parameter; dies sind der Primärenergieeinsatz, die CO_2- und die SO_2-Äquivalente. Den Verbrauch mineralischer Ressourcen betrachten wir als weitgehend selbsterklärend, zahlreiche Schadstoffe weisen eine relativ gute Korrelation mit dem Energieeinsatz auf. Energieaufwand wie Emissionen der Bereitstellung des Tanks sind etwa zwei bis drei Größenordnungen kleiner als die der Batterien; eine Diskussion entfällt hier.

In den folgenden Abbildungen sind die Ergebnisse für vier Lebenswegvarianten bzw. Bilanzierungsverfahren der betrachteten Systeme ausgewiesen. Die Unterschiede liegen in den zur Produktion eingesetzten Rohstoffen (primär, sekundär) und damit zusammenhängend in der Erfassung des Lebenswegabschnitts Entsorgung/Recycling:

Produktion: Die Produktion erfolgt aus Primärrohstoffen; der Lebensweg endet mit der Bereitstellung der Batterien. Die Ergebnisse für diesen Lebenswegabschnitt markieren die Obergrenze der Umweltbelastungen, da noch keine Gutschrift für die Weiterverwendung von Bestandteilen der Batterien angerechnet wird.

Produktion/Verwertung: Produktion und Bereitstellung erfolgen wie in Variante 1. Die Entsorgung der Batterien wird berücksichtigt, indem die Weiterverwendung der Werkstoffe erfasst wird. Als Bilanzierungsansatz wird dazu die Monetarisierung gewählt; d. h. die mit der Bereitstellung der Werkstoffe zur Batterieproduktion verbundenen Umweltauswirkungen werden zwischen den Batterien und Folgeprodukten durch Preisrelationen von Halbzeug und Schrott verteilt.

Produktion/Recycling: Die Produktion erfolgt aus Sekundärmaterial; der Lebensweg endet mit der Bereitstellung der Batterien.

Abschreibung: Ausgehend von der Produktion aus Primärrohstoffen werden die Batteriematerialien nach Ende der Nutzungsphase zur Batterieproduktion wieder verwertet. Die Umweltauswirkungen der Bereitstellung von Primärmaterial werden über die gewinnbare

Menge Sekundärmaterial abgeschrieben. Dazu wird ein Recyclierungsgrad von 90 % und eine Abschreibung über 40 Zyklen zu Grunde gelegt.

Primärenergieeinsatz (Abb. 2, oben): Die Bereitstellung der Ni/Cd-Batterie ist in allen betrachteten Fällen mit dem weitaus höchsten Energieaufwand verbunden. Der Einsatz von Primärrohstoffen ergibt für die Na/NiCl$_2$-Batterie ohne und mit Gutschrift durch Monetarisierung den geringsten Energieaufwand, gefolgt von der Na/S- bzw. Bleibatterie. Beim Einsatz von Sekundärmaterial ist der Energieaufwand ohne und mit Abschreibung der Primärmaterialbereitstellung für die Bleibatterie am geringsten, gefolgt von der Na/NiCl$_2$- und Na/S-Batterie mit praktisch gleichen Werten. Trotz der im Einzelnen unterschiedlichen Reihenfolgen führen die Monetarisierung der Entsorgung und die Wiederverwertung der Batteriematerialien insgesamt zu relativ gut übereinstimmenden Ergebnissen. Der Einfluss des Lebenswegabschnittes Entsorgung/Recycling ist dabei für die Bleibatterie am größten, gefolgt von der Na/S-Batterie.

CO$_2$-Äquivalente (Abb. 2, Mitte): Die Bilanzen verhalten sich zueinander weitgehend wie für den Primärenergieeinsatz dargestellt. Die erheblichen Strommengen, die zur Produktion einzelner Werkstoffe eingesetzt und zu großen Teilen aus nicht fossilen Energieträgern (Kern- und Wasserkraft, letztere ist insbesondere im Zusammenhang mit der Nickelproduktion in Kanada von Bedeutung) erzeugt werden, schlagen offensichtlich nicht qualitativ auf die Relation der Ergebnisse durch. Für alle betrachteten Batterien und Varianten liegt der Anteil der CO$_2$-Emissionen an den CO$_2$-Äquivalenten bei etwa 90 %. Auf Methan entfallen 5 bis 7 %, auf N$_2$O 1 bis 5 %.

SO$_2$-Äquivalente (Abb. 2, unten): Die Bereitstellung der Ni/Cd-Batterie ist in allen betrachteten Fällen mit den höchsten Werten verbunden, gefolgt von der Na/NiCl$_2$-Batterie (Ausnahme: ausschließlicher Sekundärmaterialeinsatz). In der Summe über die Ortsklassen werden die SO$_2$-Äquivalente durch die SO$_2$-Emissionen dominiert; dies gilt für die Ni/Cd- und Na/NiCl$_2$-Batterie in stärkerem Maße als für die übrigen Systeme. Die HCl-Emissionen spielen nur eine geringe, die NH$_3$-Emissionen praktisch keine Rolle. Für aus Sekundärmaterial hergestellte Ni/Cd-, Na/NiCl$_2$- und Na/S-Batterien sind die Anteile von SO$_2$ und NO$_x$ sehr ähnlich. Für die nickelhaltigen Systeme hat dies zwei Ursachen: Zum einen entfallen hier die extrem hohen Emissionen der noch nicht standardmäßig mit Schwefelsäureanlagen ausgerüsteten Primärnickelhütten; zum anderen wird für die Sekundärmetallgewinnung vor allem der Einsatz von Strom unterstellt. Der zweite Punkt spielt auch für die Na/S-Batterie eine Rolle.

Der Einfluss des Lebenswegabschnittes Entsorgung/Recycling ist für die nickelhaltigen Systeme am größten, gefolgt von der Na/S-Batterie. Die Monetarisierung ergibt allerdings sehr viel schwächere Effekte als die Wiederverwertung des Batteriematerials. Dies ist eine unmittelbare Folge davon, dass prozessspezifische Emissionen (Beispiel: Nickelproduktion) nicht explizit betrachtet werden. Lediglich für die Bleibatterie ergeben die beiden Ansätze relativ ähnliche Ergebnisse.

Für die Anteile der SO$_2$- und NO$_x$-Emissionen in den einzelnen Ortsklassen ergibt die Monetarisierung der Entsorgung keine relevanten Veränderungen gegenüber der reinen Bereitstellung. Die Produktion aus Sekundärmaterial führt dagegen zu deutlichen Verände-

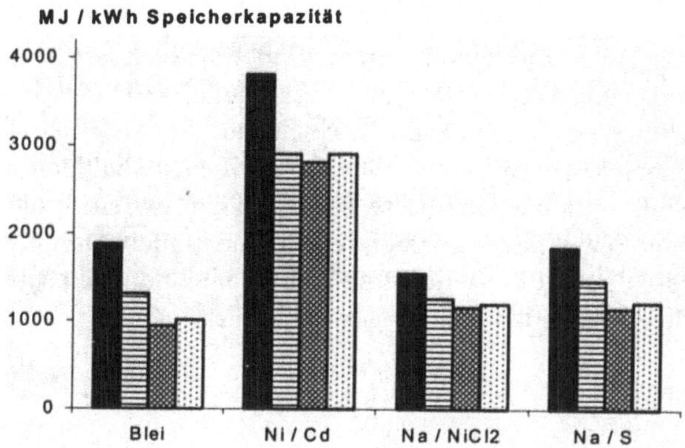

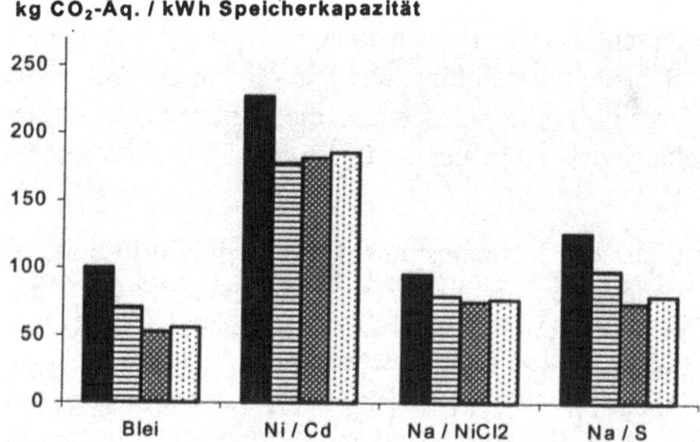

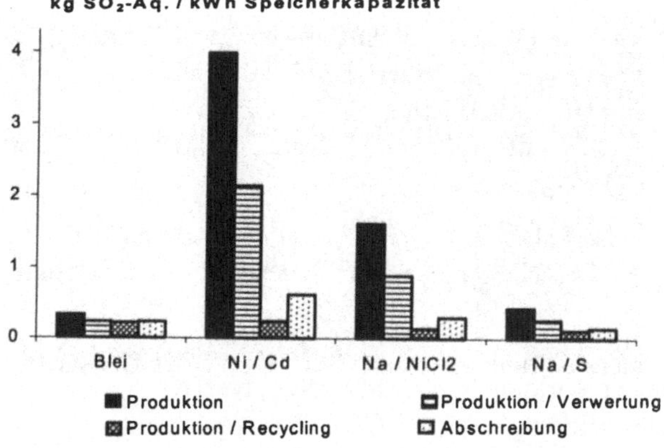

Abb. 2 Primärenergieeinsatz, CO_2-Äquivalente und SO_2-Äquivalente der Produktion, Bereitstellung und Entsorgung/Recycling von Blei/Säure-, Ni/Cd-, $Na/NiCl_2$- und Na/S-Batterien

rungen. Erhöhungen der Anteile der Ortsklasse 2 resultieren daraus, dass nur noch Seetransporte (Ortsklasse 3) von Energieträgern, nicht mehr jedoch wie bei der Batterieproduktion aus Primärmaterial von Werkstoffen und Erzen anfallen. Dieser Effekt ist für SO_2 bei der Bleibatterie stark und bei der Na/S-Batterie schwach, für NO_x bei allen Systemen stark ausgeprägt. Der gegenläufige Effekt für SO_2 bei den nickelhaltigen Systemen resultiert daraus, dass die ebenfalls in der Ortsklasse 2 anfallenden extrem großen SO_2-Emissionen der Nickelhütte bei der Sekundärmaterialbereitstellung entfallen. Darüber hinaus werden die Anteile der Ortsklassen auch durch die Stromanteile am Energieeinsatz auf den gesamten Lebenswegen und die Transportaufwendungen beeinflusst.

3.2 Vergleich: E-Mobile – konventionelle Fahrzeuge

Um die Umweltwirkungen von E-Mobilen über ihren gesamten Lebensweg zu bewerten, müssen zwei weitere Schritte durchgeführt werden: (I) Die Umweltauswirkungen der bisher diskutierten Lebenswegsabschnitte werden auf die Nutzungsphase abgeschrieben (Bezug: km). (II) Die Umweltauswirkungen der Nutzung, im Wesentlichen der Stromproduktion, werden ermittelt.

Für die Abschreibung auf die Nutzungsphase sind zwei Einflussfaktoren zu berücksichtigen: die Anzahl der Ladezyklen der einzelnen Batteriesysteme als Kennzahl ihrer Lebensdauer und die Nutzungsmuster der Fahrzeuge (Anzahl und Länge der Fahrten pro Tag). Durch das Nutzungsmuster wird z. B. das Ausmaß der Selbstentladung bestimmt, die wiederum je nach Batteriesystem verschieden ist. Entsprechend ergeben sich für die Bereitstellung der Batterien Anteile, die von der Nutzungsweise des Elektrofahrzeuges abhängen, für jeden Batterietyp anders sind und nicht notwendigerweise die Relationen der Batterien untereinander widerspiegeln, wie sie sich beim hier diskutierten Bezug auf die Speicherkapazität von 1 kWh ergeben. Für das Nutzungsmuster „vier Fahrten je 20 km an sechs Tagen der Woche" z. B. ist der Anteil der Batteriebereitstellung am gesamten fahrleistungsbezogenen Primärenergieeinsatz deutlich höher als für das Fahrmuster „vier Fahrten je 5 km an sechs Tagen der Woche" mit größeren Verlusten während der Standzeiten (Abb. 3; für Details s. Eden et al. (1997)).

Im Folgenden bildet das Fahrmuster „vier Fahrten je 5 km an sechs Tagen der Woche" die Basis der Diskussion. Die betrachteten Parameter und ihre Zuordnung zu Wirkungsorten sind unten aufgelistet:

Emissionen mit lokaler Wirkung SO_2, NO_x, NMHC, Benzol, Dieselpartikel
Emissionen mit regionaler Wirkung SO_2, NO_x, NMHC
Emissionen mit globaler Wirkung CO_2, CO_2-Äquivalente
Primärenergieaufwand (global)

Abb. 4 zeigt die Emissionen von E-Mobilen und konventionellen Fahrzeugen differenziert nach lokalen, regionalen und globalen Wirkungen (Primärenergieaufwand: s. Abb. 3).

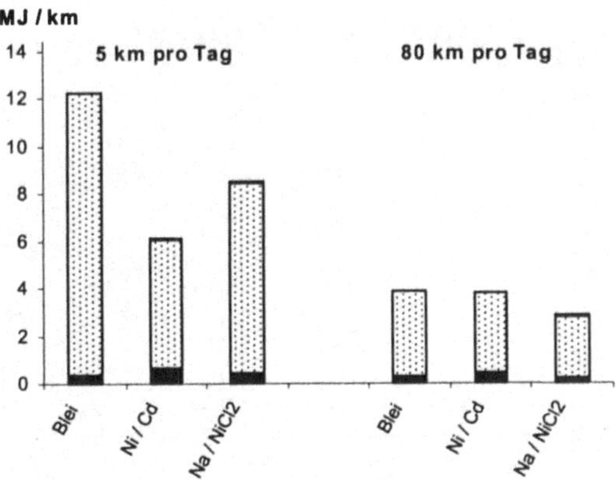

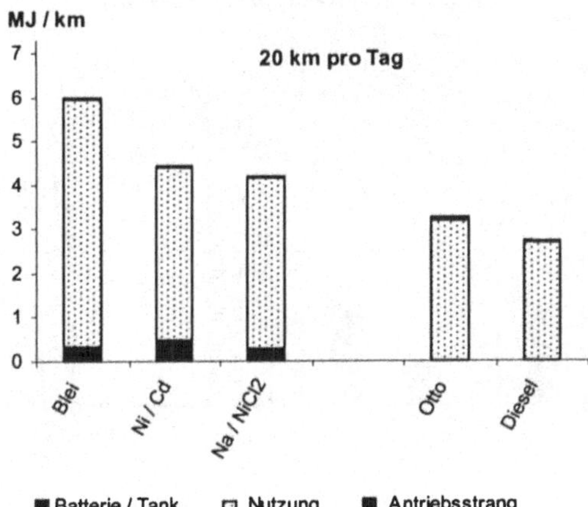

Abb. 3   Primärenergieaufwand der Produktion und des Recyclings von Energiespeicher und Antriebsstrang und der Nutzung von E-Mobilen und konventionellen Fahrzeugen für verschiedene Fahrmuster

- Lokal wirksame Emissionen: Unabhängig vom Nutzungsmuster setzen E-Mobile keine Emissionen am Ort ihres Einsatzes frei.

- Regional wirksame Emissionen: Bei E-Mobilen resultieren diese Emissionen aus der Stromerzeugung und der Bereitstellung von Batterien und Antriebsstrang. Bei konventionellen Fahrzeugen stammen sie aus dem Einsatz selbst, der Bereitstellung der Kraftstoffe und der Fahrzeugkomponenten. Vorteile für E-Mobile bestehen bei den NO_x- und NMHC-Emissionen. Allgemein steigen die Vorteile bzw. sinken die Nachteile mit zunehmender Fahrleistung der E-Mobile.

- Global wirksame Emissionen und Ressourcenverbrauch: Der Einsatz von E-Mobilen ist mit Nachteilen verbunden, die sich mit steigender Fahrleistung leicht verringern.

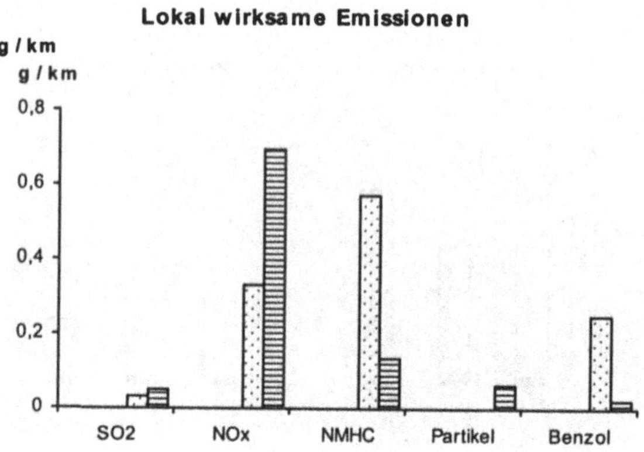

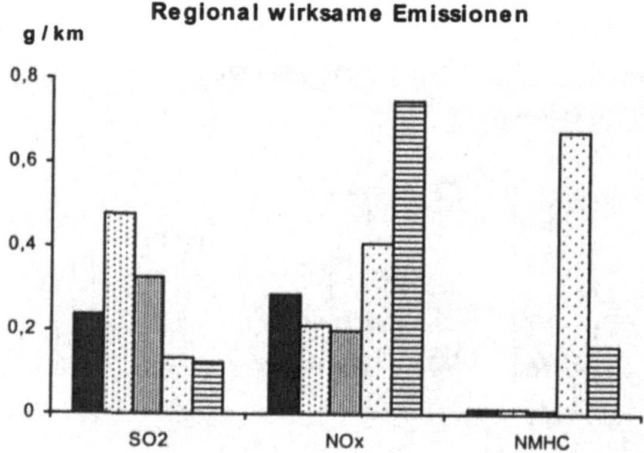

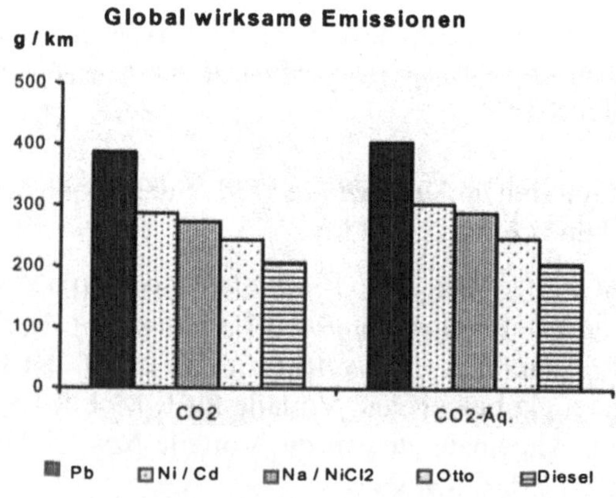

Abb. 4 Emissionen von E-Mobilen und konventionellen Fahrzeugen differenziert nach lokalen, regionalen und globalen Wirkungen

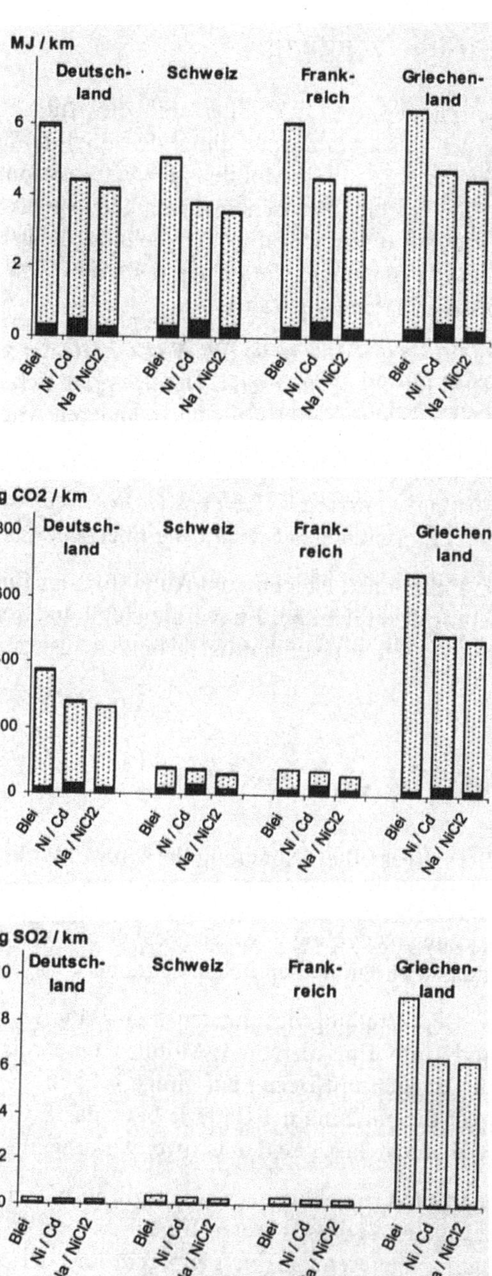

Abb. 5 Primärenergieaufwand und Emissionen der Produktion und des Recyclings von Energiespeicher und Antriebsstrang und der Nutzung von E-Mobilen; Nutzungsländer: Deutschland, Schweiz, Frankreich, Griechenland; Nutzungsmuster: 80 km pro Tag

3.3   Einfluss der Stromerzeugung

Die gesamten Umweltwirkungen von E-Mobilen und die Anteile der einzelnen Lebenswegabschnitte daran werden in starkem Maße durch den Energieträger-Split und die Emissionsstandards der Erzeugung des in E-Mobilen genutzten Stroms bestimmt. Für beide Faktoren bestehen große Unterschiede zwischen verschiedenen europäischen Ländern. Abb. 5 zeigt die Ergebnisse für die öffentliche Stromerzeugung in Deutschland, der Schweiz, Frankreich und Griechenland für einige Parameter. Die zum Teil extremen Unterschiede lassen sich folgendermaßen erklären (Auswahl):

- Primärenergieaufwand: In der Schweiz ist die Wasserkraft der wichtigste Energieträger. Der Wirkungsgrad wird mit 80 % angesetzt. Damit ergibt sich ein sehr niedriger Energieaufwand für die Nutzungsphase im Vergleich zu anderen Arten der Stromerzeugung.

- CO_2-Emissionen: Nicht-fossile Energieträger dominieren die Stromerzeugung in der Schweiz (Wasserkraft) und Frankreich (Kernkraft). In Griechenland ist Braunkohle mit sehr hohen spezifischen Emissionen der wichtigste Energieträger.

- SO_2-Emissionen: Die Emissionen hängen vom Anteil fossiler Energieträger (s. CO_2) und den Emissionsminderungstechniken ab. Im Vergleich zu anderen Ländern sind in Griechenland erst wenige Anlagen mit Minderungstechniken ausgestattet.

4   Zusammenfassung und Ausblick

Der Schwerpunkt der hier dargestellten Ableitung der Umweltwirkungen von E-Mobilen im Vergleich zu konventionellen Fahrzeugen liegt auf den Lebenswegen der in den E-Mobilen eingesetzten Batterien. Die Lebenswegabschnitte der verschiedenen Batteriesysteme – Produktion, Nutzung, Entsorgung/Recycling – wurden daher detailliert für eine umfangreiche Liste von Parametern untersucht. Die wesentlichen Ergebnisse:

- Die Produktion bzw. Bereitstellung der untersuchten Batterien spielt für den gesamten Primärenergieaufwand beim Einsatz von E-Mobilen eine relativ geringe Rolle. Eine große Rolle spielt sie dagegen mit Bezug auf einige luftgetragene Emissionen. Generell gilt dabei: Je intensiver die Nutzung der Batterie bzw. des E-Mobils ist, desto größer ist der Anteil der Batteriebereitstellung an den Umweltwirkungen.

- Die Nutzung dominiert die Gesamtbilanzen. Dies gilt insbesondere für Nutzungsmuster mit niedrigen Fahrleistungen. Die konkreten Ergebnisse der Bilanzen hängen stark von den zur Stromerzeugung eingesetzten Energieträgern und den zur Emissionsminderung durchgeführten Maßnahmen ab. Daher ergeben sich z. B. für verschiedene europäische Länder deutlich unterschiedliche Ergebnisse.

- Auch der Lebenswegabschnitt Entsorgung/Recycling der Batterien beeinflusst die Gesamtergebnisse. Bereits das stoffliche Recycling der zum Batteriebau verwendeten Materialien kann die Umweltauswirkungen der Batteriebereitstellung drastisch vermindern.

Optimierte Prozesse wie die Wiederverwendung von Bauteilen sollten zu weiteren Verbesserungen führen.

- Für verschiedene Batteriesysteme ergeben sich unterschiedliche Ergebnisse. Sie hängen in starkem Maße vom unterstellten Nutzungsmuster ab. Daher muss die Empfehlung eines bestimmten Batteriesystems die speziellen Bedingungen des Einsatzes berücksichtigen.

- Die Vor- und Nachteile des Einsatzes von E-Mobilen im Vergleich zu konventionellen Fahrzeugen hängen in starkem Maße sowohl vom Nutzungsmuster als auch der Art der Stromerzeugung ab. Auch die eingesetzten Technologien einschließlich Batterietyp, Motortechnik der konventionellen Vergleichsfahrzeuge usw. spielen eine wesentliche Rolle. Davon unberührt ist der Einsatz von E-Mobilen nicht mit lokal wirksamen und in den meisten Fällen mit weniger regional wirksamen Emissionen verbunden als der Einsatz konventioneller Fahrzeuge. Demgegenüber fallen in einigen Fällen höhere global wirksame Emissionen an. Daher muss die ökologische Bedeutung aller Umweltwirkungen berücksichtigt werden, um eine Empfehlung zur Einführung von E-Mobilen unter konkreten Randbedingungen geben zu können. Zu diesem Zweck kann eine Hierarchie der Umweltwirkungen hilfreich sein. Diese Hierarchie sollte die tatsächliche Luftqualität in dem betrachteten Gebiet berücksichtigen – auch bei einer grundsätzlichen Präferenz der Reduzierung lokaler Effekte.

Zu den Anforderungen an zukünftige Arbeiten, die sich aus den hier dargestellten Ergebnissen ableiten lassen, zählen

- die genauere Beschreibung der Endfertigung der Batterien und einzelner Materialien,

- die Bilanzierung von realen, optimierten Recyclingpfaden sowie

- die Erfassung weiterer Emissionspfade (Stichwort Abwasser) und Schadstoffe.

Dazu zählt aber auch die umfassende Bilanzierung ganzer Fahrzeuge. Der Vergleich einzelner Komponenten zeigt nur Unterschiede zwischen Konzepten auf. Der vermutlich nicht unbedeutende Effekt des gesamten Lebensweges des gesamten Fahrzeuges auf die Umwelt kann damit nicht beurteilt werden. Schließlich sollten die Ergebnisse der Sachbilanzen unter dem Aspekt von Umweltqualitätszielen und den Wegen zu ihrer Erreichung diskutiert werden.

Literatur

Borken, J., Patyk, A., Reinhardt, G. A. (1999): Basisdaten zur ökologischen Bilanzierung: Einsatz von Nutzfahrzeugen in Gütertransport, Landwirtschaft und Bergbau. Wiesbaden. Im Druck

Deutsches Institut für Normung (DIN), Normenausschuss Grundlagen des Umweltschutzes des Deutschen Instituts für Normung (Hrsg., 1995): Wirkungsabschätzung und Bewertung – Nationales Positionspapier zu DIN ISO 14042. Arbeitspapier (1. Entwurf) des Arbeitsausschusses 3/Unterausschuss 2 des DIN-NAGUS (AA3/UA2) 4-53

Deutsches Institut für Normung (DIN, Hrsg., 1997): DIN EN ISO 14040: Umweltmanagement –
Produkt-Ökobilanz – Prinzipien und allgemeine Anforderungen. Berlin

Eden, T. U., Höpfner, U., Patyk, A., Reinhardt, G. A., Zenger, A. (1996): Vergleichende Ökobilanz:
Elektrofahrzeuge und konventionelle Fahrzeuge – Bilanz der Emission von Luftschadstoffen
und Lärm sowie des Energieverbrauchs. In BMBF (Hrsg.): Erprobung von Elektrofahrzeugen
der neuesten Generation auf der Insel Rügen. Bonn

Kaltschmitt, M. Reinhardt, G. A. (Hrsg., 1997): Nachwachsende Energieträger – Grundlagen, Verfahren, ökologische Bilanzierungen. Wiesbaden

Patyk, A., Reinhardt, G. A. (1996): Energie- und Stoffstrombilanzen von Batterien für Elektrofahrzeuge. In: Ganzheitliche Betrachtungen im Automobilbau. VDI Berichte 1307. Düsseldorf

Patyk, A., Reinhardt, G. A. (1997): Düngemittel – Energie- und Stoffstrombilanzen. Wiesbaden

Patyk, A., Reinhardt, G. A. (1998): Life cycle comparison of the environmental impacts of conventio-
nal and electric vehicles under european conditions. SAE paper 982183 im Tagungsband
„Total life cycle conference and exposition" (Graz, 1. bis 3. Dezember 1998)

Prognos AG (1995): Die Energiemärkte Deutschlands im zusammenwachsenden Europa – Perspektiven bis zum Jahr 2020. Im Auftrag des Bundesministeriums für Wirtschaft. Bonn

Zur Ökobilanz von bioabbaubaren Werkstoffen

Guido Reinhardt und Jürgen Giegrich

1 Einführung

Die Frage nach der Umweltverträglichkeit von bioabbaubaren Werkstoffen, die insbesondere im Verpackungsbereich Verwendung finden, steht seit geraumer Zeit an vorderster Front der in der Öffentlichkeit geführten Diskussion umweltrelevanter Themen. Das ist eine Folge der im Hausmüllbereich vorkommenden großen Verpackungsmengen, die allen Konsumenten am deutlichsten die Probleme der Abfallwirtschaft vor Augen führen. Ökobilanzen sollen hier für Klärung sorgen. Zwischenzeitlich wurden solche auch angegangen, von Seiten der Ökobilanzierer allerdings wohlwissend, dass Ökobilanzen oft nur eine Verbesserung der Informationssituation zu einem Thema darstellen und selten eine eindeutige Aussage zu Gunsten oder zu Ungunsten eines betrachteten Systems gefunden werden kann.

So sprechen auch die Ergebnisse der 1995 erschienenen „Ökobilanz für Verpackungssysteme" des Umweltbundesamtes, bei der die Umweltverträglichkeit von Einwegdosen und Einweg- bzw. Mehrwegflaschen für Bier sowie die Mehrwegflasche, Verbundkarton und Schlauchbeutel als Verpackungssystem für Milch untersucht wurden, nicht grundsätzlich für oder gegen eine Verpackungsart. Vielmehr ist die Umweltverträglichkeit abhängig von verschiedenen Randbedingungen wie z. B. den Distributionsentfernungen und dem Nutzerverhalten. Beispielsweise zeigt die Mehrwegflasche für Bier bei kurzen Transportentfernungen zwischen Brauerei und Verbraucher bezüglich Energieverbrauch oder auch NO_x-Emissionen deutliche ökologische Vorteile gegenüber der Einwegflasche oder Aludose, was aber bei in Flensburg konsumiertem bayerischem Bier nicht mehr der Fall ist.

Im Kontext dieser Diskussion um die Umweltverträglichkeit verschiedener Verpackungssysteme kam der Aspekt der Verwendung biologisch abbaubarer und damit kompostierbarer Materialien im Verpackungssektor hinzu. Erste Anwendungsbeispiele befinden sich mit Mulchfolien, mit kompostierbarem „Einweggeschirr" für Würstchen, Suppen etc., mit bioabbaubaren Shampooflaschen und Jogurtbechern oder Verpackungschips aus Maisstärke bereits auf dem Markt. Solche Produkte aus nachwachsenden Rohstoffen gelten allgemein als besonders Umwelt freundlich, sind sie doch zumindest auf den ersten Blick CO_2-neutral, sparen fossile Rohstoffe ein, sind biologisch vollständig abbaubar und anderes mehr.

In Einzelbereichen mag eine solche Charakterisierung dieser Produkte auch durchaus zutreffen. Betrachtet man aber den gesamten Lebensweg dieser Produkte von der Produktion der Rohstoffe, über die Verarbeitung bis hin zur Entsorgung, so sind die genannten Vorteile nicht unbedingt eindeutig. So werden beispielsweise für die Produktion der Dünge- und Pflanzenschutzmittel wie auch für den eigentlichen landwirtschaftlichen Anbau der nachwachsenden Rohstoffe zum Teil erhebliche Mengen an fossilen Energien eingesetzt verbunden mit entsprechenden Emissionen verschiedener Art wie z. B. von CO_2. Diese Energien könnten unter Umständen sogar höher sein als die durch die nachwachsenden Rohstoffe gewonnenen Energien. Durch Einbeziehen des gesamten Lebensweges ist auch die CO_2-Bilanz nicht mehr von vornherein neutral. Inwieweit die gesamte CO_2-Bilanz dann noch positiv für die nachwachsenden Rohstoffe oder zu deren Ungunsten ausfällt, hängt u. a. ebenfalls vom Aufwand an fossilen Energieträgern ab.

Auch das Argument der vollständigen biologischen Abbaubarkeit von Produkten aus nachwachsenden Rohstoffen bedarf einer näheren, kritischen Betrachtung, wobei hier nicht die ebenso wichtige Frage nach der Definition bzw. den Bestimmungsmethoden der biologischen Abbaubarkeit im Vordergrund der Diskussion stehen soll. Für die hier angestellten Überlegungen reicht für die Bedeutung „ökologisch abbaubar" der pragmatische Ansatz aus, dass Produkte aus nachwachsenden Rohstoffen ohne Schadstoffentstehung wieder in den Naturkreislauf zurückgeführt werden können. Bei dieser Betrachtungsweise tritt bereits das eigentliche Problem auf, dass nämlich das Merkmal „biologisch abbaubar" zunächst keiner bestimmten Umweltwirkung zugeordnet ist. Es sagt somit erst einmal nichts über bestimmte ökologische Vor- oder Nachteile aus. Diese müssen dem Kriterium der biologischen Abbaubarkeit vielmehr erst noch zugeordnet werden. Beispielsweise könnte mit diesem Kriterium beschrieben werden, dass biologisch abbaubare Produkte die zu entsorgende Müllmenge reduzieren, weil sie aus dem Abfallkreislauf herausgenommen und einer speziellen Verwertung – hier Kompostierung – zugeführt werden können, wodurch dann kein Deponieraum mehr benötigt wird. Auf den ersten Blick wäre also als positiver Umwelteffekt die Nichtbelegung einer Deponie und die damit reduzierten Umweltauswirkungen durch die Deponie zu nennen.

Analog wie bei den zuvor genannten Kriterien einer vermeindlich positiven Energiebilanz bzw. neutralen CO_2-Bilanz muss aber auch der Umwelteffekt der Nichtbelegung einer Deponie kritisch betrachtet werden. Implizit könnte das nämlich bedeuten, dass Bodenfläche ein kostbares Gut ist, da sie nur eingeschränkt zur Verfügung steht. Es könnte beispielsweise auch bedeuten, dass bei einer Nichtbelegung von Deponieraum auch keine deponiespezifischen Umweltauswirkungen, wie sie z. B. mit Sickerwässern verbunden sind, entstehen. Die Frage ist also, welche Umweltauswirkungen man mit dem Kriterium „Nichtbelegung einer Deponie" anspricht und in der Folge, ob diese Gesichtspunkte bei einer umfassenden Betrachtung als ökologisch vorteilhaft oder nachteilig zu bewerten sind. Wie eine solche Betrachtung aussehen könnte, sei im Folgenden am Beispiel des Kriteriums des knappen Deponieraumes erläutert:

Betrachtet man hierzu außer dem Produkt aus nachwachsenden Rohstoffen auch das entsprechende Konkurrenzprodukt beispielsweise aus Erdöl, so könnte unter dem genannten Gesichtspunkt folgendermaßen argumentiert werden: Würde man auf die Produktion von Produkten aus nachwachsenden Rohstoffen zu Gunsten der Produkte aus fossilen Rohstoffen verzichten, so würden in beträchtlichem Ausmaß zuvor landwirtschaftlich genutzte Flächen frei. Diese Flächen könnten in Naturschutzflächen überführt werden. Unter der

Maßgabe eines umweltgerechten Umgangs wie z. B. einer sachgerechten Sickerwasseraufbereitung wären somit ebenso positive Umwelteffekte mit den Produkten fossilen Ursprungs verbunden: z. B. wesentlich geringere Flächeninanspruchnahme, keine Umweltauswirkungen, wie sie von der modernen Landwirtschaft ausgehen, etc.

Zu dieser Diskussion ist anzumerken, dass sie entsprechend der Ökobilanznorm ISO 14040 ff. eigentlich nur unter genauer Definition des Ziels der Untersuchung samt aller zu Grunde gelegten Randbedingungen geführt werden darf, d. h., die aufgeführte Diskussion wird je nach Ziel, Bezugszeitpunkt etc. jeweils unterschiedlich zu führen sein. So wird nach den Vorgaben des Kreislaufwirtschaftsgesetzes eine Deponierung von Abfällen aus Kunststoff auf Grund des Kohlenstoffgehaltes ab dem Jahr 2005 nicht mehr gestattet sein, d. h., ein entsprechendes Konkurrenzprodukt zu den bioabbaubaren Werkstoffen wird dann andere Wege (z. B. Recycling oder thermische Verwertung) gehen. Des Weiteren wird zu berücksichtigen sein, dass sowohl die am 27.08.1998 in Kraft getretene Novelle der Verpackungsverordnung wie auch die am 01.10.1998 in Kraft getretene Bioabfallverordnung bestimmte Entsorgungspfade nur für bioabbaubare Werkstoffe, die unmittelbar aus nachwachsenden Rohstoffen hergestellt sind, regelt bzw. offen hält, während für bioabbaubare Werkstoffe aus fossilen Rohstoffen andere Regeln gelten.

Dass mit der Nutzung bzw. dem Verzicht auf bioabbaubare Werkstoffe natürlich auch andere, nichtökologische Bereiche betroffen sind wie Arbeitsplatzsicherheit, Einkommen der Landwirte etc., sei unbenommen. Diese Beispiele sollen lediglich zeigen, dass eine Auflistung von ökologischen Vor- oder Nachteilen von Produkten aus nachwachsenden Rohstoffen nicht sofort augenfällig ist, sondern sehr sorgfältig vorgenommen werden muss unter Einbeziehung des gesamten Systems und nicht nur bestimmter Ausschnitte. Hierfür können Ökobilanzen als Hilfsmittel dienen, bei denen zumindest vom theoretischen Ansatz her die gesamte Bandbreite der Umweltverträglichkeit betrachtet wird.

Anders als bei energetisch genutzten nachwachsenden Rohstoffen (s. Beitrag von Reinhardt u. Zemanek in diesem Buch) sind bisher nur äußerst wenige vergleichende Ökobilanzen von Produkten aus bioabbaubaren Werkstoffen angefertigt worden bzw. öffentlich zugänglich. Zu einer der ersten zählt beispielsweise die BIOPAC-Studie, bei der ein stärkehaltiges Verpackungsmaterial herkömmlichen Verpackungskonzepten gegenübergestellt wurde (Jasch, et al. 1991). Diese wird jedoch, ebenso wie die wenigen nachfolgenden Arbeiten, dem heutigen Anspruch an Ökobilanzen bei weitem nicht gerecht. Diesem am Nächsten kommt die BUWAL-Studie „Ökobilanz stärkehaltiger Kunststoffe" (Dinkel et al. 1997), wenngleich auch hier noch deutliche Defizite zu verzeichnen sind: keine Einbindung einer „Kritischen Prüfung", Bilanzierung auf reiner Massenbasis, d. h. ohne Anwendung der Materialien, eine ungenügende Dokumentation, sodass eine Nachvollziehbarkeit kaum gegeben ist, oder es finden sich auch nahezu keine Sensitivitätsanalysen.

Eine der ersten nach der ISO-Norm erstellten Ökobilanzen zu bioabbaubaren Werkstoffen wird die Studie „Kunststoffe aus nachwachsenden Rohstoffen: Vergleichende Ökobilanz für Loose-fill Packmittel aus Stärke bzw. aus Polystyrol" sein, die 1999 fertig gestellt sein wird (BIfA et al. 1997-1999). Da derzeit somit noch keine quantitativen Ergebnisse vorliegen, wollen wir einige der wichtigsten ökologischen Diskussionspunkte im Folgenden qualitativ

beschreiben und in einem Ausblick unsere derzeitige Einschätzung zu den wichtigsten das
Ergebnis entscheidenden Einflussgrößen geben.

2 Umweltrelevanz von bioabbaubaren Werkstoffen

Die ökologischen Vor- und Nachteile von Produkten aus bioabbaubaren Werkstoffen gegenüber herkömmlichen Produkten unterscheiden sich in den einzelnen Lebenswegschritten
zum Teil beträchtlich. Des Weiteren sind sie – über die gesamten Lebenswege verglichen –
nicht für alle denkbaren Produkte gleich. Sie unterscheiden sich qualitativ wie quantitativ, je
nachdem, welches Produkt unter welchen Rahmen- und Randbedingungen betrachtet wird.
Aus diesen Gründen werden im Folgenden einige ökologische Vor- und Nachteile von
bioabbaubaren Produkten – und zwar hier ausschließlich solche aus nachwachsenden Rohstoffen – getrennt nach folgenden Lebenswegphasen dargestellt:

- Herstellung

- Handel/Vertrieb und Gebrauch

- Entsorgung

Auf die einzelnen Lebenswegschritte der Transporte wird an dieser Stelle nicht eingegangen. Es zeigt sich zwar, dass Transporte bei manchen Ökobilanzen das Ergebnis maßgeblich
beeinflussen, teilweise sogar bestimmen, die Transporte aber in besonderem Maß von dem
betrachteten Untersuchungsobjekt und den entsprechenden Randbedingungen abhängen
(ifeu 1993). Bei der Vielzahl an möglichen nachwachsenden Rohstoffen und deren Einsatz-
zwecken sind allgemein gültige Aussagen bezüglich nachwachsender Rohstoffe nicht zu
treffen – auch nicht im Systemvergleich gegenüber herkömmlichen Produkten.

Die Beschreibung der einzelnen Lebenswegphasen kann sich bei einer allgemeinen Betrachtung, wie sie hier angestellt wird, lediglich auf qualitative Elemente beziehen. Sie soll
dazu dienen, bestimmte Problemfelder aufzuzeigen und zu umreißen, nicht aber dazu, defi-
nitive Aussagen bezüglich eines bestimmten Produktes oder einer Produktgruppe zu treffen.
Hierzu wäre eine jeweils separate Analyse unter genauer Angabe der Zieldefinition notwendig.

2.1 Herstellung

Die Herstellung von Produkten unterteilt sich in der Regel in mehrere Einzelschritte: Gewinnung bzw. Produktion von Rohstoffen, Fertigung von Zwischenprodukten und Endfertigung. Bei einem Systemvergleich „Produkte aus nachwachsenden versus aus fossilen Rohstoffen" hängen die Umweltauswirkungen der beiden letztgenannten Lebenswegphasen in
starkem Ausmaß von vielen Faktoren wie z. B. den jeweils betrachteten Produkten, den zu
Grunde liegenden Verarbeitungsprozessen und der angewandten Technik ab. Direkt verglichen werden kann die Produktion der Rohstoffe, die bei den nachwachsenden Rohstoffen
den Gesamtkomplex der Landwirtschaft einschließlich aller vorgelagerten Prozesse wie

Düngemittelproduktion umfasst, während bei den fossilen Rohstoffen die Exploration und Förderung zu bilanzieren ist.

Beim Systemvergleich der Produktion der verschiedenen Rohstoffe werden dementsprechend den nachwachsenden Rohstoffen die durch die Landwirtschaft verursachten Umweltauswirkungen angerechnet, während bei den fossilen Rohstoffen die durch Exploration und Förderung entstehenden Umweltauswirkungen erfasst werden. In Tabelle 1 sind einige ausgewählte ökologische Kriterien aufgelistet mit dem Versuch einer jeweiligen qualitativen Beschreibung. Es handelt sich hierbei ausdrücklich um eine Auswahl ökologischer Kriterien, d. h. ohne Anspruch auf eine vollständige Erfassung.

Neben den verschiedenen Umweltwirkungen ist auch der Parameter „fossiler Energiebedarf" angegeben, der als Indikator z. B. für Ressourcenknappheit steht. Der Einsatz von Energie in Form von fossilen Energieträgern ist sowohl für die Bereitstellung von fossilen Energieträgern als auch für die Produktion von nachwachsenden Rohstoffen notwendig. Bei diesen ist es fossile Energie in Form von Dünge- und Pflanzenschutzmitteln, deren Produktion zum Teil beträchtliche Energieaufwände erfordert, Dieselkraftstoff für Traktoren und einiges mehr. Für viele nachwachsende Rohstoffe gilt die Behauptung, dass deren Produktion mehr fossile Energie benötigt als die Förderung der fossilen Energieträger (bezogen auf die gleiche Funktionseinheit der späteren Produkte).

D. h. bezogen auf den eng begrenzten Bereich der landwirtschaftlichen Produktion der nachwachsenden Rohstoffe finden sich bei den aufgelisteten Parametern mehr Umweltauswirkungen als bei der Bereitstellung von fossilen Rohstoffen – zumindest unter den derzeitigen Anbauverhältnissen, die den qualitativen Einschätzungen in Tabelle 1 zugrundeliegen. Bei anderen Produktionsmethoden wie etwa einem Anbau nach biologisch-dynamischen Richtlinien könnten sich durchaus auch andere Schlussfolgerungen ergeben, so auch bei Einbeziehung anderer ökologischer Kriterien. Bezieht man über die Produktion der Rohstoffe hinaus auch die Produktion der Zwischenprodukte und die Endfertigung einschließlich aller hierfür notwendigen Transportvorgänge mit ein, so hängt das Ergebnis vom jeweiligen Einzelfall

Tabelle 1 Qualitative Beschreibung einiger ausgewählter ökologischer Kriterien, die mit der Produktion von nachwachsenden bzw. fossilen Rohstoffen verbunden sind.

Umweltauswirkungen bei der Produktion von Rohstoffen		
ausgewählte ökologische Kriterien	Produktion nachwachsender Rohstoffe	„Produktion" fossiler Rohstoffe
Eutrophierung von Oberflächengewässern	ja	nein
Belastung von Grundwasser mit Bioziden, Nitrat etc.	ja	nein
Erosion, Verlust an Humus	ja	nein
Flächenverbrauch	ja	gering
Stratosphärischer Ozonabbau	ja	nein
Verringerung der Biodiversität	ja	gering
Bedarf an erschöpflicher Energie	ja	ja

ab. Eine generelle Aussage für alle nachwachsenden Rohstoffe und alle Verwendungszwecke kann somit nicht getroffen werden.

2.2   Handel/Vertrieb und Gebrauch

Wird ein herkömmliches Produkt durch ein bioabbaubares ersetzt, so steht an erster Stelle, dass die Funktionalität der beiden Produkte in etwa gleichwertig ist – damit zum Teil aber auch entsprechende Merkmale wie Größe oder auch Form (nicht aber unbedingt Masse) (vgl. auch Oels 1992). Von daher kann man in einer ersten Näherung davon ausgehen, dass sich der Handel, Vertrieb und zum gewissen Maß auch der Gebrauch von Produkten nicht wesentlich darin unterscheidet, ob es sich um bioabbaubare oder konventionelle Produkte handelt. Das gilt dann natürlich auch für die damit verbundenen Umweltauswirkungen.

Unterscheiden sich die beiden betrachteten Produkte insofern, als damit eine Veränderung in den Bereichen Handel/Vertrieb oder Gebrauch die Folge wäre, so wären die jeweiligen Unterschiede zu bilanzieren. Dies könnte der Fall sein, wenn beispielsweise ein bioabbaubares Produkt andere Lagerungsbedingungen erfordert als ein konventionelles Produkt. Bei unterschiedlichen Nutzungsdauern oder Haltbarkeiten hingegen muss über den gesamten Lebensweg bilanziert werden, der Bereich des Handels/Vertriebs bzw. Gebrauchs ist dann nicht betroffen.

Somit kann die vergleichende Bilanzierung für die Lebenswegschritte Handel/Vertrieb sowie Gebrauch dann unterbleiben, wenn sich die jeweils betrachteten Produkte nicht oder nur unwesentlich hinsichtlich der aufgeführten Lebenswegschritte voneinander unterscheiden. Sie ist dann durchzuführen, wenn signifikante Unterschiede auftreten. Eine generelle Aussage über die Umweltverträglichkeit der hier diskutierten Lebenswegabschnitte ist somit nicht zu treffen, sie muss im Einzelfall festgestellt werden sowohl bezüglich der zu betrachtenden Umweltwirkungen als auch der Wirkungsintensitäten.

2.3   Entsorgung

Gebrauchte Produkte können auf verschiedene Art entsorgt werden. Nach dem Kreislaufwirtschaftsgesetz hat die Verwertung Vorrang vor der Beseitigung. Zur Verwertung zählen: Kompostierung, Vergärung, sonstige stoffliche Verwertung, rohstoffliche Verwertung und energetische Verwertung. Nach dem Gesetz ist die jeweils hochwertigste Verwertung anzustreben. Zur Beseitigung zählen: thermische Beseitigung und Deponierung.

Für jeden Entsorgungspfad kommen jeweils eine unterschiedliche Anzahl verschiedener Möglichkeiten in Frage, so beispielsweise bei der Vergärung (vgl. auch Wintzer et al. 1995/96). Der Vergleich der Umweltauswirkungen durch die Entsorgung von Produkten aus unterschiedlichen Rohstoffen wird dadurch erschwert, dass diese Produkte teilweise unterschiedliche Entsorgungswege durchlaufen (s. Tabelle 2). So macht es z. B. wenig Sinn, nichtabbaubare Stoffe wie Kunststoffprodukte über den Weg der Kompostierung zu entsor-

Tabelle 2   Entsorgungsmöglichkeiten von Produkten aus nachwachsenden bzw. fossilen Rohstoffen.

Entsorgungsart	Produkte aus nach- wachsenden Rohstoffen	Produkte aus fossilen Rohstoffen
Recycling	teilweise	teilweise
Kompostierung	ja	entfällt
Vergärung	ja	entfällt
Deponierung	ja	ja
thermische Verwertung	ja	ja

gen. Es ist daher für einen Vergleich notwendig, das jeweils adäquate Entsorgungssystem auszuwählen. Es ließe sich beispielsweise durchaus die thermische Verwertung von Kunststoffgeschirr mit der Kompostierung von biologisch abbaubarem Geschirr vergleichen, wenn dies die jeweiligen Entsorgungspfade wären.

Für die ökologische Bilanzierung ist außer der Festlegung des jeweiligen Entsorgungspfades die Zielrichtung dieser Bilanzierung von entscheidender Bedeutung, sprich: Welche umweltrelevanten Kenngrößen sollen denn überhaupt bilanziert werden? Tabelle 3 zeigt beispielhaft für den Parameter „Klimawirksamkeit", wie die Klimarelevanz für den Lebenswegschritt „Entsorgung" der Produkte unterschiedlicher Herkunft je nach Entsorgungsart einzuschätzen ist.

Auf den ersten Blick erstaunlich scheint zumindest die Beurteilung der Klimarelevanz bei dem Entsorgungspfad „Deponie" zu sein, geht man doch davon aus, dass biologisch abbaubare Produkte nur das CO_2 wieder in die Atmosphäre entlassen, das vorher beim Wachsen der Pflanzen der Atmosphäre entzogen wurde, während bei fossilen Rohstoffen in der Tat zusätzliches CO_2 freigesetzt wird. Die hier vorgenommene Einschätzung lässt sich damit begründen, dass bei dem Abbau von organischem Material Deponiegas entsteht – eine Mischung aus verschiedenen, unter anderem auch klimawirksamen Gasen wie CO_2 und CH_4. Für das Deponiegas aus den nachwachsenden Rohstoffen ist allerdings nur das Methan an-

Tabelle 3   Qualitative Beschreibung der Klimarelevanz bei verschiedenen Entsorgungsmöglichkeiten von Produkten aus nachwachsenden bzw. fossilen Rohstoffen.

- Fallbeispiel Klimawirksamkeit -		
Entsorgungsart	Produkte aus nach- wachsenden Rohstoffen	Produkte aus fossilen Rohstoffen
Recycling	nein	nein
Kompostierung	nein	entfällt
Vergärung	nein	entfällt
Deponierung	ja	ja
thermische Verwertung	nein	ja

zurechnen, da das gleichzeitig emittierte CO_2 durch die Aufnahme durch das nachwachsende Material als klimaneutral angesehen werden kann. Die Umwandlung der im Deponiekörper eingelagerten Rohstoffe aus fossilen Kohlenstoffspeichern zu Methan und CO_2 ist jedoch ein sehr langwieriger Prozess und in seinem Ausmaß schwer abzuschätzen.

Es lassen sich aber auch eine Reihe weiterer Umwelteinwirkungen bzw. Indikatoren für Umweltwirkungen bilanzieren. In Tabelle 4 sind einige ausgewählte Kenngrößen für drei verschiedene Kombinationen von „Art des Rohstoffes" und „Entsorgungsart" aufgelistet: Für die biologisch abbaubaren Produkte wurde die Kompostierung und für die Produkte fossilen Ursprungs die energetische Verwertung bzw. die Deponierung gewählt. Selbstverständlich können die bioabbaubaren Kunststoffe auch energetisch verwertet oder deponiert werden. Bei einer Bewertung dieser drei Varianten sind folgende zwei Aspekte zu berücksichtigen: Erstens handelt es sich hier um eine subjektive Auswahl der Kenngrößen und zweitens sind diese teilweise nicht direkt in der Gegenüberstellung der drei Varianten miteinander vergleichbar: So unterscheiden sich die Reststoffe sowohl qualitativ (Sickerwasser, Feststoffe, Emissionen etc.) - und damit auch hinsichtlich ihrer Wirkungen - als auch quantitativ voneinander.

Unter Berücksichtigung dieser Aspekte kann immerhin festgestellt werden, dass die Kompostierung bioabbaubarer Produkte zumindest nach den hier ausgewählten Kriterien durchaus positiv im Vergleich zu den anderen dargestellten Produkten aus fossilen Rohstoffen und deren Entsorgungswegen einzuschätzen ist.

Die angeführten Beispiele zeigen, dass die ökologische Bilanzierung der möglichen Entsorgungspfade der Produkte vor allem auch auf quantitativer Ebene letztlich in Abhängigkeit von den zu bilanzierenden Produkten durchgeführt werden muss. Im Rahmen der bereits oben angeführten Zieldefinition sind hierbei die zu bilanzierenden Entsorgungsmöglichkeiten als auch die Zielrichtung der Bilanzierung festzulegen.

Tabelle 4 Fallbeispiele für die qualitative Beschreibung einiger ausgewählter ökologischer Kriterien, die mit der Entsorgung von Produkten aus nachwachsenden bzw. fossilen Rohstoffen verbunden sind.

Umweltauswirkungen bei der Entsorgung von Produkten - Fallbeispiele -		
ausgewählte ökologische Kriterien	**bioabbaubare Produkte**	**Produkte aus fossilen Rohstoffen**
	Kompostierung	energetische Verwertung / Deponierung
Flächenbedarf	gering	gering / ja
Klimawirksamkeit	nein	ja / langfristig
Produktion eines 'Wertstoffes'	ja	ja / nein
Anfallen von Reststoffen	gering	ja / ja

3 Zusammenfassung

Im Rahmen einer exakt auszuformulierenden Zieldefinition, dem ersten Arbeitsschritt einer Ökobilanz, sind die eigentlichen Ziele der Bilanzierung darzulegen. Beispielsweise stellt sich die Frage, warum man überhaupt das Kriterium „biologisch abbaubar" anführt. „Bioabbaubar" ist nicht per se gleich umweltfreundlich. Ob bioabbaubare Werkstoffe letztlich als umweltfreundlich zu bezeichnen sind, hängt von dem gesamten Lebensweg ab; und zwar im Vergleich zu der Lebensweganalyse eines beispielsweise aus fossilen Rohstoffen hergestellten Produktes gleicher Funktionalität, dem so genannten Äquivalenzprodukt.

Anders können die realen Umweltvor- und -nachteile des betrachteten Produktes nicht bestimmt werden. Insofern sind in der Zieldefinition aber nicht nur die zu bilanzierenden Umweltauswirkungen oder Indikatoren, die einen Hinweis auf Umweltwirkungen geben, darzulegen, sondern auch eine genaue Beschreibung der betrachteten Produkte und Äquivalenzprodukte sowie der entsprechenden Lebenswege anzugeben (hier also auch, welche Entsorgungsstrategien einander gegenübergestellt werden).

Ohne auf ein spezielles Produkt und die zu Grunde gelegten Rahmenbedingungen und Annahmen einzugehen, ist es nicht möglich, auch nur qualitative, allgemein gültige Aussagen zu treffen. Grob vereinfachend kann man allerdings feststellen, dass die Produktion von nachwachsenden Rohstoffen - zumindest bei den derzeitigen Verhältnissen des landwirtschaftlichen Anbaus – umweltseitig aus verschiedenen Gründen nicht besser einzuschätzen ist als die Produktion von fossilen Rohstoffen. Bei der Entsorgung hängt die Einschätzung der Umweltaspekte sehr stark von dem jeweils ausgewählten und in der Realität auch gangbaren Weg bei dem Umgang mit den jeweiligen Abfällen ab. Letztendlich ist jedoch nur der gesamte Lebensweg ein sinnvoller Ausgangspunkt für eine zusammenfassende Einschätzung, wobei eine gerechte Auswahl der Bewertungskriterien Bedingung ist.

Produkte aus bioabbaubaren Werkstoffen sind nicht von vorne herein umweltfreundlich. Welche Umweltvor- und -nachteile mit ihnen tatsächlich verbunden sind, muss im Einzelfall geprüft werden. Dazu kann die Methodik der vergleichenden Ökobilanzierung einen entscheidenden Beitrag leisten.

Literatur

Ahbe, S., Braunschweig, A., Müller-Wenk, R. (1990): Methodik für Ökobilanzen. Schriftenreihe Umwelt Nr. 133 des Bundesamtes für Umwelt, Wald und Landwirtschaft, Bern

BifA, FloPak, ifeu (1997/1999): Kunststoffe aus nachwachsenden Rohstoffen: Vergleichende Ökobilanz für Loose-fill Packmittel aus Stärke bzw. aus Polystyrol. Gefördert durch die Deutsche Bundesstiftung Umwelt, Osnabrück

Centre of Environmental Science (CML), Dutch Organisation for Applied Scientific Research (TNO), Fuels and Raw Materials Bureau (B&G) (1991): Manual for the Environmental Life Cycle Assessment of Products. Second interim version. Leiden/ Rotterdam

Deutsches Institut für Normierung – Normenausschuss Grundlagen des Umweltschutzes (DIN/NAGUS) (1994): Grundsätze produktbezogener Ökobilanzen. DIN-Mitt. 73, Nr.3 208-212; und diverse weitere Arbeitspapiere

Dinkel, F. et al. (1996): Ökobilanz stärkehaltiger Kunststoffe. Schriftenreihe Umwelt Nr. 271/I des Bundesamtes für Umwelt, Wald und Landschaft (BUWAL), Bern

Giegrich, J., Mampel, U. (1993): Ökologische Bilanzen in der Abfallwirtschaft. Vorstudie des ifeu-Instituts im Auftrag des Umweltbundesamtes, Heidelberg

Giegrich, J. (1993): Bilanzbewertung: Stand und Perspektiven. Arbeitsbericht im Rahmen des ifeu-Projektes "Evaluation sogenannter objektiver Bewertungsmethoden im Hinblick auf die Erschließung konsensfähiger Bewertungsmethoden im Rahmen von Ökobilanzen" im Auftrag des Umweltbundesamtes, Heidelberg

Giegrich, J., Reinhardt, G. (1994): Aufgabenstellung und Konzepte bei der ökologischen Bewertung von nachwachsenden Rohstoffen als Energieträger. In: Fortbildungszentrum Gesundheits- und Umweltschutz Berlin (Hrsg.): Tagungsband zum Seminar "Nachwachsende Rohstoffe als Energieträger - Neueste Bewertungskonzepte" am 8. September in Berlin, S. 41-59. Berlin

ifeu-Institut für Energie- und Umweltforschung Heidelberg (Hrsg.) (1993): Ökobilanzen für Verpackungen. Teilbericht "Energie, Transport, Entsorgung". Endbericht, im Auftrag des Umweltbundesamtes. Heidelberg

ifeu-Institut für Energie- und Umweltforschung Heidelberg (Hrsg.) (1995): Methodische Grundlagen der ökologischen Bilanzierung. Zwischenbericht des Forschungsvorhabens "Ökologische Bilanzierung graphischer Papiere" im Auftrag des Umweltbundesamtes. Heidelberg

Jasch, Ch., Hegenbart, B., Hrauda, G., Regatschnig, H. (1991): BIOPAC. Plan Ökobilanz. Schriftenreihe 1/91 des Instituts für ökologische Wirtschaftsförderung. Wien

Oels, H.: Umweltbeurteilung von biologisch abbaubaren Packmitteln aus nachwachsenden Rohstoffen. In: Brinkmann-Herz (Hrsg.) (1992): Deutsches Industrie-Verpackungsforum. Fachbroschüre Verpackungstechnik 11/92. Berlin

Reinhardt G.A. (1993): Energie- und CO_2-Bilanzierung nachwachsender Rohstoffe. Theoretische Grundlagen und Fallstudie Raps. 2. Aufl. Braunschweig/Wiesbaden

Renner, I. (1992): Nachwachsende Rohstoffe: Bewertung durch Ökobilanz. In: Westermann, K. (Hrsg.): Verpackung aus nachwachsenden Rohstoffen. Frankfurt/M.

Umweltbundesamt (Hrsg. 1995): Ökobilanz für Getränkeverpackungen. Texte 52/95, Berlin

Umweltbundesamt (Hrsg. 1993): Ökologische Bilanz von Rapsöl und Rapsölmethylester als Ersatz von Dieselkraftstoff (Ökobilanz Rapsöl). TEXTE 4/93, Berlin

Wintzer, D. et al. (1995/96): Wege zur umweltverträglichen Verwertung organischer Abfälle. Studie im Auftrag der Deutschen Bundesstiftung Umwelt. Osnabrück

Umweltmanagement

Quo vadis EMAS?

Ellen Frings und Mario Schmidt

1 Einleitung

Die EMAS-Verordnung vom 10. Juli 1993, auch EG-Öko-Audit-Verordnung genannt, eröffnet gewerblichen Unternehmen die Möglichkeit, sich auf freiwilliger Basis an einem gemeinschaftlichen System des Umweltmanagements und der Umweltbetriebsprüfung zu beteiligen. Die Verordnung knüpft an das „Gemeinschaftsprogramm für Umweltpolitik und Maßnahmen in Hinblick auf eine dauerhafte und umweltgerechte Entwicklung" der Europäischen Gemeinschaft an, in dem auch die Verantwortung der Unternehmen für den Schutz der Umwelt hervorgehoben wird. Damit beschreitet die europäische Umweltpolitik eine neue Richtung: die Förderung des selbstverantwortlichen, proaktiven Handelns der wirtschaftlichen Akteure. Erklärtes Ziel der Öko-Audit-Verordnung ist die stetige Verbesserung des betrieblichen Umweltschutzes. Dazu konkretisiert die Verordnung Anforderungen an ein Umweltmanagementsystem und an eine regelmäßig zu wiederholende Umweltbetriebsprüfung. Quantifizierte Mindeststandards dagegen gibt sie – bis auf die allgemeine Forderung nach Einhaltung der umweltrechtlichen Vorgaben – nicht vor.

Bis Herbst 1998 waren über 1.800 Unternehmen bundesweit nach der EMAS-Verordnung validiert, europaweit über 2.200. Im europäischen Vergleich liegt die Bundesrepublik damit – gemessen in absoluten Zahlen – weit vorne. Bezieht man die Anzahl der validierten Unternehmen auf die Größe der Mitgliedsstaaaten – ausgedrückt etwa in Anzahl der Einwohner oder Unternehmen –, relativiert sich dieses Bild jedoch: Unter diesem Blickwinkel schneiden auch Österreich, die Niederlande und die skandinavischen Länder gut ab.

Zwischenzeitlich liegen jedenfalls ausreichende Erfahrungen vor, um die innerbetriebliche Steuerungsfunktion der EMAS-Verordnung abschätzen zu können. 5 Jahre nach Inkrafttreten der Verordnung, so ist in Artikel 20 festgelegt, soll die Kommission auf der Basis der bisherigen Erfahrungen die Verordnung überprüfen und gegebenenfalls geeignete Änderungen vorschlagen. Die Verhandlungen zur Überarbeitung der Verordnung laufen seit dem Jahr 1997. Die Verabschiedung der Novelle im europäischen Parlament ist für das Jahr 2000 vorgesehen.

2 Praxis in den Unternehmen

Im Vorfeld der Verhandlungen wurde einige Untersuchungen durchgeführt, um die Praxis in den EMAS-validierten Unternehmen zu analysieren und Handlungsempfehlungen für die Überarbeitung der EMAS-Verordnung abzuleiten. Dazu zählt insbesondere das Forschungsvorhaben „Evaluierung von Umweltmanagementsystemen"[1] im Auftrag des Umweltbundesamtes und des Bundesumweltministeriums, an dem das ifeu maßgeblich beteiligt war. Aufgabe des Forschungsvorhabens war die fachliche Politikberatung zur Vorbereitung der bundesdeutschen Verhandlungsposition auf europäischer Ebene. Die behandelten Aspekte sind in Tabelle 1 dargestellt. Im Folgenden werden die Ergebnisse zu einigen der wichtigsten Fragestellungen ausgeführt.

Tabelle 1   Untersuchungsaspekte im Rahmen des UBA-Vorhabens „Evaluierung von Umweltmanagementsystemen"

- Ökologische Wirksamkeit von EMAS in den Unternehmen
- Das Kosten-Nutzen-Verhältnis von EMAS in den Unternehmen
- Die Kommunikationsfunktion von EMAS: Umwelt- und Teilnahmeerklärung
- Instrument zur Datenerfassung in den Unternehmen
- Organisatorische Aspekte: Integration des Umweltschutzes in die Unternehmenorganisation und Synergien zu anderen Managementsystemen
- Mitarbeiterbeteiligung und -qualifizierung
- Die administrative Handhabbarkeit von EMAS: Umweltgutachter als Garant für die Qualität des Gemeinschaftssystems
- EMAS aus der Perspektive kleiner und mittlerer Unternehmen (KMU)
- Standort- versus Organisationsbezug in der EMAS-Verordnung
- Die verstärkte Berücksichtigung der Produkte und Leistungen in der EMAS-Verordnung
- Die Erweiterung des Geltungsbereiches um weitere Branchen
- EMAS und ISO 14.001 im Vergleich

Ökologische Effekte und Nutzen durch EMAS

In der Literatur wird in der Regel eine Vielzahl von Nutzen durch die Teilnahme an der EMAS-Gemeinschaftssystem prognostiziert. Viele Autoren werben mit Hinweisen auf Imageverbesserungen, Wettbewerbsvorteile und Kostensenkungen für die Einführung von

---

[1] „Evaluierung von Umweltmanagmentsystemen zur Vorbereitung der 1998 vorgesehenen Überprüfung des gemeinschaftlichen Öko-Audit-Systems": UFOPLAN-Vorhaben Nr. 201 03 198. Durchgeführt von der Forschungsgruppe Evaluierung von Umweltmanagementsystemen (FEU): IÖU – Institut für Ökologie und Unternehmensführung e.V., Oestrich-Winkel, ifeu – Institut für Energie- und Umweltforschung Heidelberg GmbH, IÖW - Institut für ökologische Wirtschaftsforschung gGmbH, Berlin, sowie diversen Unterauftragnehmern. Teilergebnisse veröffentlicht als UBA-Texte 20/98 und 52/98: „Umweltmanagementsysteme in der Praxis"

Umweltmanagementsystemen nach der Öko-Audit-Verordnung. Für viele Unternehmen sind diese Punkte auch wichtige Anreize für die Teilnahme am Gemeinschaftssystem (AQU, 1997; Steinle und Baumast, 1997; Wagner und Budde, 1997; ERM Lahmeyer International und IÖW, 1998). In der Praxis dagegen zeigt sich, dass die externen Nutzen zum Teil erst zeitverzögert eintreten und die bereits erreichten Effekte eher interner Natur sind: Dazu zählen vor allem die höhere Mitarbeitermotivation, eine verbesserte innerbetriebliche Organisation, aber auch eine Verringerung der Umweltbelastungen und Kostensenkungen haben sich in den Unternehmen realisiert (ERM Lahmeyer International und IÖW, 1998; FEU, 1998).

Interessant dabei ist, dass die meisten Entlastungseffekte auf Effizienzsteigerungen in traditionellen Umweltschutzbereichen – Abfallaufkommen, Energieverbrauch, Emissionen – zurückzuführen sind. Dabei beruht die Maßnahmenplanung aber nicht auf einer systematischen Bewertung der Umweltbelastungen und -wirkungen in den Unternehmen – etwa anhand des Kriteriums der ökologischen Relevanz. In der Regel werden zunächst einfach umsetzbare, kostengünstige Maßnahmen realisiert.

Verstärkte Berücksichtigung der Produkte und Dienstleistungen in der EMAS-Verordnung

Häufig wurde in der Vergangenheit die Fokussierung der EMAS-Verordnung auf den Standort kritisiert, da man eine Vernachlässigung der Produktseite befürchtete. Die Verordnung stellt aber durchaus produktbezogene Anforderungen. Allerdings sind sie recht allgemeiner Natur. So geht die Verordnung unter Abschnitt C „zu behandelnde Gesichtspunkte" explizit auf die „Produktplanung (Design, Verpackung, Transport, Verwendung und Endlagerung)" ein und erhebt unter Abschnitt D „Gute Managementpraktiken" die Forderung, dass „die Umweltauswirkungen jeder neuen Tätigkeit, jedes neuen Produkts und jedes neuen Verfahrens [...] im voraus beurteilt [werden]."

Die Beschäftigung mit der Umweltrelevanz der Produkte hat in den EMAS-validierten Unternehmen zugenommen. Ein Teil der Unternehmen hat in diesem Zusammenhang Maßnahmen ergriffen, welche die vor- und nachgelagerten Stufen im Produktlebenszyklus (Lieferanten und Kunden) betreffen. Produktinnovationen aber hat die EMAS-Verordnung bislang kaum ausgelöst (Besnainou, Frings und Schmidt, 1998; ERM Lahmeyer International und IÖW, 1998). Der Grund liegt weniger im fehlenden Produktbezug als vielmehr in einer eindeutigen Konzentration der Unternehmen auf innerbetriebliche Abläufe während der ersten Audit-Zyklen sowie einer unzureichenden Konkretisierung der Anforderungen in der EMAS-Verordnung.

Der Umweltgutachter – Garant für die Qualität des EMAS-Gemeinschaftssystems

Eine entscheidende Rolle für die Funktionsfähigkeit des Öko-Audit-Systems hat der Umweltgutacher: Er ist der Garant für die Qualität des EMAS-Gemeinschaftssystems und damit bedeutend für Akzeptanz in der Öffentlichkeit. Problematisch wurde in der Vergangenheit der Wettbewerbsdruck auf dem Gutachtermarkt eingestuft. Man befürchtet die Etablierung geringer Prüfungsstandards. Tatsächlich ist bislang der Prüfungsumfang nicht eindeutig geklärt. So ist beispielsweise nicht festgelegt, ob die Prüfung der Einhaltung umweltrechtlicher Vorschriften (legal compliance) auf der Basis von Vollprüfungen oder Plausibilitätsprüfungen festzustellen ist. Ebenso wenig gibt es eindeutige Festlegungen zur Tiefe und Qualität der Prüfung. Die befragten Umweltgutachter haben sich sehr unterschiedlich darüber geäußert, welche Kriterien sie beispielsweise im Hinblick auf den Prozess zur Bewertung der Umweltbelastungen anlegen oder in welchen Bereichen sie wie häufig Nachbesserungen in den Unternehmen einfordern (Frings und Schmidt, 1998).

Verhältnis EMAS und ISO: Wettbewerb oder Ergänzung?

Die Industrienorm DIN ISO 14.001 beschreibt ein ähnliches System des Umweltmanagements wie die EMAS-Verordnung. Zu den wichtigsten Unterschieden zwischen den Systemen zählen folgende Punkte:

- EMAS ist ein hoheitliches System, ISO eine Industrienorm. Daraus resultieren für die beiden Regelwerke unterschiedliche Prüfsysteme mit anderen Gutachtern.

- Das EMAS-Gemeinschaftssystem gilt europaweit, ISO 14.001 dagegen weltweit.

- Die EMAS-Verordnung sieht die Umwelterklärung als Schnittstelle zur Öffentlichkeit vor, ISO dagegen nicht.

- Die ISO-Norm bezieht alle in ihren Geltungsbereich ein, während sich die erste Fassung der Öko-Audit-Verordnung auf das produzierende Gewerbe beschränkt und lediglich nationale Ausnahmeregelungen zulässt.

- Die EMAS-Verordnung orientiert sich am Standort als Bezugssystem, die ISO-Norm dagegen an Organisationskriterien.

In Deutschland ist man überwiegend der Ansicht, dass die EMAS-Verordnung auf materielle Umweltleistungen, die ISO-Norm 14.001 dagegen auf organisatorische Aspekte abzielt und dass die EMAS-Verordnung das anspruchsvollere System beschreibt. Diese Einschätzung konnte durch die FEU-Untersuchung aber nicht bestätigt werden. Ein Großteil der befragten Unternehmen sieht die praktischen Unterschiede zwischen den Systemen nicht als groß an und weist darauf hin, dass die Effektivität der Systeme weniger von den Regelwerken als vielmehr von der Umsetzung in den Unternehmen abhängt.

Zugespitzt stellt sich dabei die Frage, welchen Mehrwert EMAS gegenüber ISO bietet und welche Berechtigung zwei so ähnliche Systeme haben – vor allem vor dem Hintergrund, dass die ISO-Norm weltweite Gültigkeit besitzt, die EMAS-Verordnung dagegen nur europaweit eine Rolle spielt. Mit Ausnahme von der Bundesrepublik hat die EMAS-Verordnung bereits zum Zeitpunkt ihrer Novellierung gegenüber der ISO-Norm eine weit untergeordnete Rolle. Ohne deutliche Unterscheidung zwischen den beiden Systemen besteht die Gefahr, dass ISO EMAS wegen der internationalen Ausrichtung bald dominiert.

3   Ansätze für eine höhere ökologische Effizienz von EMAS

Vor dem Hintergrund dieser Konkurrenz muss sich die EMAS-Verordnung von der ISO-Norm 14.001 abheben, soll das zwischenzeitlich aufgebaute Gemeinschaftssystem längerfristige Bedeutung in der europäischen Umweltpolitik erhalten. Die Novellierung eröffnet die Möglichkeit, EMAS als das anspruchsvollere System zu etablieren. Die EMAS-Validierung würde den Unternehmen ein besonderes Umweltleistungsniveau, die ISO-Zertifizierung dagegen die Fähigkeit des „ökologischen Lesens und Schreibens" bescheinigen (FEU, 1998).

Um die EMAS-Verordnung als das anspruchsvollere System zu etablieren, sind folgende flankierende Maßnahmen zu ergreifen bzw. Aspekte in der EMAS-Verordnung zu integrieren:

Orientierung an politisch gesetzten Umweltzielen

Um eine hohe ökologische Effizienz des EMAS-Gemeinschaftssystems zu erreichen, ist eine klare Ausrichtung auf politisch gesetzte Umweltziele in der EMAS-Verordnung zu verankern. Diese Ziele sollten über die Befolgung der rechtlichen Vorschriften hinausgehen und die Umweltrelevanz der verschiedenen Umweltproblemfelder berücksichtigen. Eine solche Prioritätenliste wäre eine Orientierungshilfe für eine ambitionierte Zielsetzung in den Unternehmen und könnte den innerbetrieblichen Bewertungsprozess vereinfachen. Das Schwerpunktprogramm der Bundesregierung und das Umweltbarometer (BMU, 1998) sind richtige Schritte in diese Richtung. Eine gezieltere Lenkungsfunktion könnte ein nationaler oder europäischer Umweltplan übernehmen. Die novellierte EMAS-Verordnung – EMAS 2 – sollte einen Hinweis in Anhang VI[2] aufnehmen, der die Unternehmen zu einer Orientierung an politisch festgelegten Umweltzielen im innerbetrieblichen Bewertungsprozess anhält.

Nachweis der Umweltleistungen über Umweltkennzahlen

Der Nachweis der Umweltleistungen sowie des kontinuierlichen Verbesserungsprozesses ist sowohl nach innen als auch nach außen über Umweltkennzahlen zu dokumentieren. Die Veröffentlichung eines Sets von Umweltkennzahlen in den Umwelterklärungen ist ein wichtiges Element zur Sicherstellung einer größeren Transparenz über die betrieblichen Tätigkeiten, das die EMAS-Verordnung ganz entscheidend von der ISO-Norm 14.001 abhebt.

Mindeststandards für die Datenerfassung und die Systemabgrenzung

Damit die Umweltkennzahlen von Unternehmen einer Branche vergleichbar sind, müssen zwei Voraussetzungen Gewähr leistet sein: Die Forderung nach einer quantitativen Erfas-

---

[2] Entwurf der EMAS 2 vom August 1998

sung von Umweltbelastungen sowie die Festlegung einheitlicher Systemgrenzen für die Bilanzierung.

Weder die erste Fassung der EMAS-Verordnung noch der Entwurf zur EMAS 2 fordert eine quantitative Datenerfassung. Mindestens aber sollte die Erfassung der Umweltbelastungen in Anlehnung an die Systematik einer Input-Output-Analyse vorgeschrieben sein. Darüber hinaus ist bei komplexeren Organisationsstrukturen eine Untergliederung in Teilbilanzen für sinnvoll abgegrenzte Organisationseinheiten sinnvoll.

Auch die Frage nach den Systemgrenzen bei der Erfassung der Umweltbelastungen ist im Entwurf der Novelle nur unzureichend geregelt. Zwar nennt er den Entscheidungsspielraum der Organisation als entscheidendes Kriterium dafür, welche Umweltaspekte zu berücksichtigen sind. Doch sind die Formulierungen in einigen Punkten zu unpräzise. Grundsätzlich sollten die Umweltbelastungen durch die Infrastruktur und Ausstattung des Unternehmens sowie zusätzlich die Umweltbelastungen durch den Transport, die Ver- und Entsorgung sowie sonstige Dienstleistungen, die unmittelbar im Zusammenhang mit dem Unternehmen stehen, erfasst werden – unabhängig davon, ob sie vom Unternehmen selbst oder von Externen durchgeführt werden. Ohne eine derartige Festlegung der Systemgrenzen können Unternehmen die ökologische Bilanz durch Auslagerung umweltbelastender Betriebsbereiche verbessern und die Umweltkennzahlen verschiedener Betriebe einer Branche sind nicht miteinander vergleichbar.

Qualitätsstandards für Begutachtungspraxis

Der Umweltgutachter nimmt im EMAS-Gemeinschaftssystem eine entscheidende Schlüsselstellung ein. Die Anforderungen bei der Begutachtung bestimmen letztendlich die Qualitätsstandards im Gemeinschaftssystem. Umso wichtiger ist es, dass einheitliche und anspruchsvolle Prüfungsstandards definiert und etabliert werden. Diese Intention verfolgen auch die Arbeiten in den Fachausschüssen des Instituts für Umweltgutachter und -berater (IdU), die bereits in entsprechende Validierungsrichtlinien mündeten. Darüber hinaus empfiehlt es sich, Umweltgutachter, insbesondere Einzelpersonen, nur für eine beschränkte Anzahl von Bereichen des NACE-Codes zuzulassen und eine strikte Trennung zwischen Beratungs- und Begutachtungstätigkeit sicherzustellen.

Konkretere Vorgaben zur Einbeziehung von Produkten im Umweltmanagementsystem

Die auf innerbetriebliche Tätigkeiten ausgerichtete EMAS-Verordnung sollte auch längerfristig nicht – wie gelegentlich gefordert (z.B. Rubik, 1998) – zu einem Instrument ausgebaut werden, das auf die ökologische Analyse und Bewertung von Produkten zielt. Zwar erscheint es reizvoll, zwei sich ergänzende Sichtweisen eines Systems – den Standort- und den Produktbezug – in einem Rechtsinstrument zu koppeln. Die Praxis der Produktbilanzierung ist aber zu aufwändig, um in die EMAS-Verordnung integriert zu werden. Dies zeigt nicht zuletzt der Stand der internationalen LCA-Diskussion. Allerdings sollte die EMAS-Verordnung auf das Instrument der Ökobilanzen und die entsprechenden ISO-Normen verweisen.

Gleichzeitig sollte aber in der EMAS-Verordnung eine Konkretisierung zur Berücksichtigung der Produkte im Umweltmanagementsystem vorgenommen werden, indem man ein stärkeres Augenmerk auf folgende Aspekte richtet:

- unternehmensübergreifende Kooperationen,

- die quantitative Erfassung betriebsexterner, aber unmittelbar mit dem Unternehmen zusammenhängenden Umweltbelastungen in der Umwelt(betriebs)prüfung und Berücksichtigung im Umweltmanagementsystem und im Umweltprogramm sowie

- die Konkretisierung von Verfahren zur Einbeziehung von Umweltschutzaspekten in die Produktplanung und -gestaltung als ein Element des Umweltmanagementsystems.

Eine produktbezogene Werbung mit der Teilnahmeerklärung dagegen ist abzulehnen, auch wenn die Produktplanung im Umweltmanagementsystem der teilnehmenden Unternehmen stärker berücksichtigt würden. Eine solche Möglichkeit kann eine Aussage über die Umweltverträglichkeit der gekennzeichneten Produkte suggerieren und damit in der Öffentlichkeit als „Mogelpackung" wahrgenommen werden. Damit würden sowohl die Bemühungen um ein anspruchsvolles Produktlabeling als auch um die Vereinheitlichung der Ökobilanzierung konterkariert. Die Formulierungen im Entwurf der EMAS-Novelle reichen hier nicht aus: Es werden lediglich allgemeine Ausschlusskriterien für produktbezogene Werbung aufgeführt, die einen relativ großen Auslegungsspielraum zulassen. Eine kategorische Ablehnung der produktbezogenen Werbung enthält die EMAS-Verordnung dagegen nicht.

3 EMAS im umweltpolitischen Kontext – eine mögliche Perspektive

EMAS hat sich als ein geeignetes Instrument erwiesen, um bei vielen Unternehmen Organisationsstrukturen zur Integration von Umweltschutzaspekten in den betrieblichen Abläufen aufzubauen. Die Unternehmen können materielle ökologische Erfolge vorweisen und auch die Mitarbeitermotivation und die Bedeutung des Umweltschutzes in den Unternehmen ist gestiegen.

Derzeit sind dem Instrument aber auf zwei Ebenen Grenzen gesetzt: zum einen bezogen auf die Anzahl der Unternehmen, welche von der EMAS-Verordnung erreicht werden, zum anderen bezogen auf die ökologischen Effekte innerhalb der Unternehmen:

- Die EMAS-Verordnung ist in vielen Unternehmen noch unbekannt. Bislang wurde nur ein begrenzter Kreis von Unternehmen angesprochen. Bei einigen der Unternehmen, die in der ersten Zeit seit Inkrafttreten der Verordnung validiert wurden, kann man von einem Mitnahmeeffekt sprechen (s. a. Beitrag von A. Schorb: „5 Jahre Ökobilanz bei Mohndruck"), da sie bereits vergleichsweise ambitioniert waren oder schon Instrumente des Umweltmanagements eingeführt hatten. Ob die EMAS-Verordnung oder die ISO-Norm 14.001 als freiwillige Instrumente jemals Breitenwirkung entfalten werden, ist aber fraglich. Das wird sicherlich davon abhängen, wie bekannt das Gemeinschaftssystem wird, und ob es gelingt, den Aufbau eines Umweltmanagementsystems als „Guten Ton" in der bundesdeutschen Unternehmenspraxis zu etablieren.

- EMAS schöpft in den Unternehmen derzeit die Einsparungsmöglichkeiten in den klassischen Umweltschutzbereichen – Energie-, Wasser-, Ressourceneinsparung, Substitution von Einsatzstoffen – aus. Gerade in den ersten Öko-Audit-Zyklen liegen hier vergleichsweise hohe Verbesserungspotenziale. Dies wird sich in weiteren Zyklen aber voraussichtlich ändern. Ökologische Fortschritte sind dann nur noch über weiterreichende Änderungen realisierbar, z. B. über Umstellungen im Produktionsprozess, Produktinnovationen oder durch ökologische Optimierung, die sich vom Produkt selbst lösen und seine Funktion oder sogar das dahinter liegende Bedürfnis in den Blick nehmen. Derartige Innovationen dagegen hat die EMAS-Verordnung bislang nicht erreicht.

Es stellt sich damit die Frage, was das Gemeinschaftssystem leisten kann, wenn die Potenziale zur Effizienzsteigerung weitgehend ausgereizt sind bzw. weitere Steigerungen nur mit einem vergleichsweise hohen Mitteleinsatz erreicht werden können. Generell ist auch fraglich, ob die Anreize bislang ausreichen, um ökologische Effekte in den Unternehmen jenseits der Effizienzsteigerung in den klassischen Umweltschutzbereichen auszulösen. Die bisherigen Anreize, mit denen man um die Teilnahme an der EMAS-Verordnung geworben hat, haben sich alle nicht als schlagkräftig genug erwiesen (s. o.). Die Teilnahmeerklärung und die Umwelterklärung sind zu unbekannt bzw. haben die Erwartungen der Unternehmen nicht ausreichend erfüllt. Ergänzend haben die Regierungen von Bund und Ländern auf Versprechungen zur Substitution von Berichtspflichten und zur Verfahrenserleichterungen bei Genehmigungsverfahren – Stichwort: Deregulierung – gesetzt und geraten damit nun in einen gewissen Zugzwang. Die Unternehmen können hier allerdings keine eklatanten Erleichterungen erwarten – vorausgesetzt, man möchte einen Abbau der Standards bzw. auch des Informationsniveaus in den Behörden und der Öffentlichkeit vermeiden (s. a. E. Frings: Vom Umweltbericht zur Umweltberichterstattung). In der Diskussion um den Fortbestand der EMAS-Verordnung hat man sich allzu sehr auf diese Möglichkeit beschränkt.

Erforderlich ist der Mut zu umfassenderen Reformen, die auf einen abgestimmten Instrumentenmix zielen. Mit der EMAS-Verordnung ist es gelungen, den Unternehmen ein Instrument anzubieten, das auf die von Wirtschaftsseite häufig propagierte Eigenverantwortlichkeit setzt. Das Prinzip der Eigenverantwortlichkeit kann aber nur in einem vorgegebenen ordnungspolitischen Rahmen auch dem Wohl der Allgemeinheit dienen. Damit die EMAS-Verordnung auf mikro- ebenso wie auf makroökonomischer Ebene ihre ökologische Effizienz entfalten kann, sind flankierende Steuerungsmechanismen erforderlich: Dazu bedarf es zum einen der Anbindung an umweltpolitische Zielsetzungen (s. o.), zum anderen umweltpolitischer Instrumente, die das Handeln der wirtschaftlichen Akteure in die gewünschte Zielrichtung lenken. Dazu bieten sich beispielsweise ökonomische Instrumente wie Abgaben oder Steuern an (Schmidt, 1999). Um bei der hohen Vielzahl umweltrelevanter Einzelfällen zu greifen, sollten diese Instrumente bei den grundlegenden Ursachen der ökologischen Problematik ansetzen. Minsch et al. (1997) weisen darauf hin, dass dazu eine Ausrichtung an der Inputseite erforderlich ist, denn eine Orientierung an der Emissionsseite wäre gleich bedeutend mit einer auf konkrete Umweltprobleme gerichteten umweltpolitischen Strategie. Die unzureichende Zielgenauigkeit einer solchen Grobsteuerung kann dann durch ergänzende, emissionsorientierte Ansätze der Feinsteuerung – etwa durch ordnungsrechtliche Maßnahmen – begrenzt werden.

In einem solchen umweltpolitischen Kontext wird das Interesse der Industrie an einem umsetzungsbezogenen Instrument wie dem Öko-Audit steigen, da sie dann geeignete Mittel benötigen, um die von der Politik vorgegebenen Rahmenbedingungen auszufüllen. Wurde in der Vergangenheit auch – insbesondere von Seiten der Umweltverbände oder der kritischen Wissenschaft – häufig das Fehlen konkreter materieller Ziele in der EMAS-Verordnung kritisiert, erweist es sich diese Offenheit hier als Vorteil: Die EMAS-Verordnung ist flexibel genug, um auf übergeordnete Zielsetzungen zu reagieren.

Literatur

AQU – Arbeitnehmerorientierte Qualifizierung für Umweltmanagement (ed.) (1997): Fachtagung: Zwei Jahre Öko-Audit. 19. Juni 1997. Düsseldorf

Besnainou, E., Frings, E. und Schmidt, M. (1998): Der Standortbezug der EMAS-Verordnung und die Einbeziehung von Produkten und Leistungen. In: UBA – Umweltbundesamt (Hrsg.): Umweltmanagementsysteme in der Praxis. UBA-Texte 52/98. Berlin. S. 194 - 219

BMU – Bundesumweltministerium (ed.) (1998): Nachhaltige Entwicklung in Deutschland. Entwurf eines umweltpolitischen Schwerpunktprogramms. Bonn

ERM Lahmeyer International und IÖW – Institut für ökologische Wirtschaftsforschung – (1998): Fachwissenschaftliche Bewertung des EMAS-Systems (Öko-Audit) in Hessen. Endbericht zum Forschungsvorhaben. Entwurf; o.O.

FEU – Forschungsgruppe „Evaluierung von Umweltmanagementsystemen" (1998): Vorläufige Untersuchungsergebnisse und Handlungsempfehlungen zum Forschungsprojekt „Evaluierung von Umweltmanagementsystemen zur Vorbereitung der 1998 vorgesehenen Überprüfung des gemeinschaftlichen Öko-Audit-Systems" im Rahmen der Veranstaltung „Umweltmanagementsysteme in der Praxis" am 12.5.1998 in Frankfurt/Main. Oestrich-Winkel

Frings, E. und Schmidt, M. (1998): Datenerfassung als Grundlage zur Beurteilung der ökologischen und ökonomischen Wirksamkeit von EMAS. In: UBA – Umweltbundesamt (Hrsg.): Umweltmanagementsysteme in der Praxis. UBA-Texte 52/98. Berlin. S. 78-85

Minsch et al. (1997): Mut zum ökologischen Umbau. Innovationsstrategien für Unternehmen, Politik und Akteursnetze. Birkhäuser. Basel, Boston, Berlin

Rubik, F. (1998): Ein Vorschlag zur Stärkung des Produktbezugs in EMAS. In: Ökologisches Wirtschaften, 3-4/98, S. 18-19

Schmidt, M. (1999): Betrieblicher Umweltschutz zwischen Kosten-Effizienz und Nachhaltigkeit. In: Schmidt, M und Möller, A. (eds.): Öko-Controlling und Kostenrechnung. Springer. Berlin, Heidelberg, New York

Steinle, C. und Baumast, A. (1997): Öko-Audit: Problemstand und Empfehlungen für eine erfolgreiche Praxis. In: Steinle, C. und Burschel, C. (Hrsg.): Umweltmanagement und Öko-Audit. Erfahrungen für eine erfolgreiche Praxis. Osnabrück. S. 11-64

Wagner, H. und Budde, A. (1997): Erfahrungen mit dem Umwelt-Audit in Deutschland. In: Zeitschrift für Umweltrecht, 5/97, S. 254-260

5 Jahre Umweltbilanzen bei Mohndruck

Achim Schorb

1   Einleitung

Innerhalb der Bertelsmann AG – weltweit einem der größten Medienunternehmen – stellt die Fa. Mohndruck, Graphische Betriebe GmbH, Gütersloh als Teil der Produktlinie Bertelsmann Industrie AG das größte Offset-Druckhaus dar. Mit der Produktion von Werbemitteln, Zeitschriften, Büchern, Kalendern sowie Datenträgern gehört das Unternehmen zu den führenden Mediendienstleistern Europas. Seit über einem Jahrzehnt hat der Umweltschutz bei der Fa. Mohndruck einen besonderen Stellenwert. Dies wird neben der Umweltbilanz durch Umweltforen, einen Umweltpreis und Publikationen zur umweltgerechten Gestaltung von Druckerzeugnissen deutlich. Seit mehr als sechs Jahren veröffentlicht Mohndruck zu jedem Geschäftsjahr eine ökologische Betriebsbilanz, die jeweils mit Unterstützung und fachlicher Kontrolle des ifeu-Institutes erstellt wird. Sie ist für die Fa. Mohndruck parallel zu der Geschäfts- und Sozialbilanz im Jahresbericht der Bertelsmann AG ein Rechenschaftsbericht über die Umweltbelastungen am Standort Gütersloh. Die Umweltbilanz ist die Informationsgrundlage für das Umwelt-Controlling-System, das der betrieblichen Planung, Steuerung und Umsetzung von ökologischen Aspekten dient.

Seit 1994 ist das Unternehmen nach ISO 9001 (Qualitätsmanagement) zertifiziert. Im Dezember 1996 erfolgte die Registrierung der Teilnahme des Standortes Gütersloh im Rahmen der EG-Öko-Audit-Verordnung. Im Jahre 1997 konnte zudem noch die Zertifizierung nach ISO 14.001 (Umweltmanagement) erworben werden.

2   Datenmanagement

Als das ifeu-Institut mit Beginn des Geschäftsjahres 1991/92 beauftragt wurde, im Unternehmen die Input- und Outputströme für eine standortbezogene Umweltbilanz zu erfassen, stellte dies für die Beteiligten eine große Herausforderung dar, waren doch bis dato noch keine unter ökologischen Vorzeichen bedingten Anpassungen der Betriebsabrechnungs- und Einkaufs-EDV-Systeme bei Mohndruck oder Unternehmen ähnlicher Größenordnung vorgenommen worden. Heute, mehr als ein halbes Jahrzehnt nach Einführung der ökologischen Bilanzrechnung, wird diesem Problem der Datenbasis und der innerbetrieblichen Erfassung mehr Aufmerksamkeit geschenkt.

Die für die Umweltbilanz relevanten Daten können schon kurz nach Abschluss des jeweiligen Geschäftsjahres – bei Mohndruck 1. Juli bis 30. Juni – von der Großrechner-Ebene der Betriebsabrechnung auf die PC-Ebene der Abteilung Umwelt überspielt werden und werden anschließend dort zu den Datengrundlagen des Umweltberichts aufbereitet. Für das abgelaufene Geschäftsjahr müssen nur noch gravierende Veränderungen im Produktionsablauf, der Arbeitsorganisation oder von Verarbeitungsverfahren zusätzlich modelliert werden.

Die Erfassung aller Daten erfolgt so weit als möglich kostenstellenorientiert. Dieses Vorgehen ermöglicht es gleichzeitig, neben einer Bilanz für den Gesamtbetrieb sowohl die einzelnen Produktionsbereiche (Vorstufe, Druck, Weiterverarbeitung und Infrastruktur) auch die Prozesse (z. B. Herstellung Druckplatte oder Bogenoffsetdruck) und sogar – falls erforderlich – die Produkte (z. B. Publikumszeitschrift „Geo" oder Telefonbuch Bielefeld) zu analysieren. Möglich wurde dies durch die EDV-mäßige Zuordnung einer so genannten „Ökonummer" zu jeder vom Einkauf für die Betriebsabrechnung vergebenen Materialnummer. Die „Ökonummer" ermöglicht dann für jedes Material die Zuordnung zu den Rubriken Roh-, Hilfs- oder Betriebsstoff. Zusätzlich wird durch die Hinterlegung in einer Datenbank, die Art und Menge der Verpackung und die Einstufung der verwendeten Materialien in punkto Arbeitssicherheit dokumentiert. So kann, falls notwendig, eine Zuordnung zu verschiedenen Entsorgungs- bzw. Recyclingpfaden oder die Einstufung als Gefahrstoff erfolgen.

3   Umfang der Bilanz

Die Systemgrenzen für eine Betriebsbilanz ergeben sich aus der Input-Output-Betrachtung der eingesetzten Stoffe in der betreffenden Betriebsstätte. Die Ökobilanz Mohndruck beschränkt sich jedoch nicht allein auf die umgesetzten Materialien und den damit erzielten Produktionsergebnissen und Emissionen. In den Bilanzraum wurde bereits vom ersten Bilanzjahr an die externe Energiebereitstellung und die von Mohndruck durchgeführten Transporte sowie die Firmenfahrzeuge (PKW und LKW, Stapler) und deren Emissionen aufgenommen.

Es wird zudem versucht, die Mohndruck-Produktion möglichst vollständig zu erfassen. Bis zum Geschäftsjahr 1995/96 wurde die Druckveredelung – das Lackieren oder Laminieren der Buch- und Katalogumschläge – durch ein benachbartes Subunternehmen (GDS) durchgeführt. Da dieser Produktionsschritt jedoch einen ursächlichen Bestandteil der Mohndruck-Produktion darstellte, wurde er ab dem Geschäftsjahr 1993/94 in die Bilanz mit aufgenommen. Heute ist die GDS-Produktion gänzlich in den Produktionsstandort integriert und muss daher nicht mehr gesondert in der Bilanz geführt werden.

Mit dem Geschäftsjahr 1993/94 wurde, unterstützt durch die Ellipson AG, Basel, die Bewertung der Betriebsbilanz eingeführt. Grundlage sind die Daten der Sachbilanz, wobei die naturwissenschaftlichen Erkenntnisse mit gesellschaftspolitischen und ökonomischen Rahmenbedingungen verknüpft werden. Anhand der so gebildeten Kennzahlen kann die Umweltbeeinflussung des Unternehmens analysiert, klassifiziert und bewertet werden.

Seit der erstmaligen freiwilligen Teilnahme von Mohndruck am Öko-Audit-Gemeinschaftssystem ist die jährlich erscheinende Betriebsbilanz um die Funktion als vereinfachte Umwelterklärung erweitert worden, das heißt, es wird jährlich Rechenschaft über den Umsetzungsstand der im Umweltprogramm beschriebenen Maßnahmen abgelegt und zudem werden neue Maßnahmen dokumentiert.

4 Bilanz nach fünf Jahren

4.1 Entwicklung der Produktion

Nach Abschluss des Geschäftsjahres 1995/96 liegt ein Überblick über 5 Jahre kontinuierlicher Umweltbilanzierung vor. Dieser Zeitabschnitt ist nicht nur gekennzeichnet durch die Umsetzung ökologischer Innovationen, er gibt auch den ökonomischen und produktionstechnischen Wandel dieser Periode wieder. Waren im ersten Berichtsjahr 1991/92 insgesamt 2.672 Mitarbeiter mit der Verarbeitung von 141.800 Tonnen Papier zu insgesamt 1,42 Milliarden Druckerzeugnissen beschäftigt, so fertigten fünf Jahre später noch 2.102 Mitarbeiter aus 160.084 Tonnen Papier ca. 1,86 Milliarden Druckprodukte. Die Produktion in den verschiedenen Sparten ist durch eine recht unterschiedliche Entwicklung gekennzeichnet, insgesamt jedoch durch eine ständige Zunahme der Gesamtmenge. Während die Produktionsmengen bei den Büchern, den Prospekten und bei Action Print in den Jahren stark schwanken, stieg die Produktion von Kalendern, Zeitschriften und Katalogen.

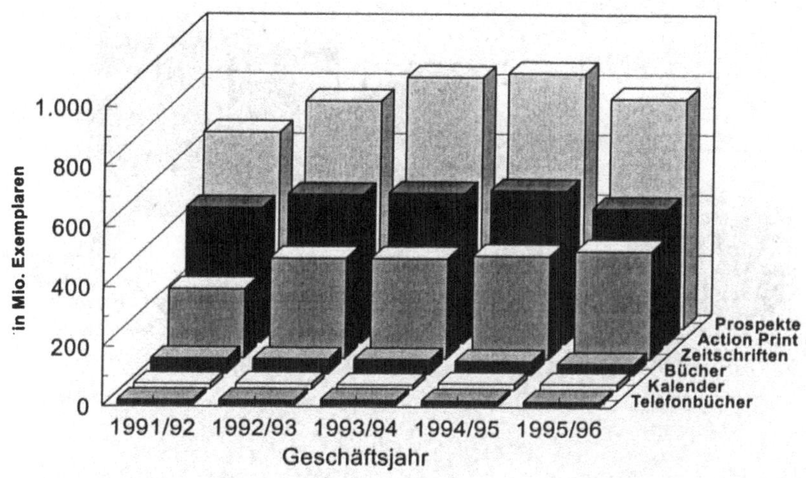

Abb. 1   Entwicklung der Produktion bei Mohndruck für verschiedene Druckerzeugnisse (in Mio. Exemplaren)

4.2   Rohstoffe

Der Papierverbrauch, der wichtigste Produktionsrohstoff einer Druckerei, stieg im Fünfjah-
reszeitraum absolut von 141.840 t über eine produktionsbedingte Spitze im Jahre 1994/95
(170.102 t) auf 160.805 t im Geschäftsjahr 1995/96. Für einen Vergleich der verschiedenen
Jahre untereinander ist jedoch der relative Verbrauch pro m² bedruckter Fläche, also der
Bezug auf den Produktions-Output, aussagekräftiger als die absolute Menge eingekauften
Papiers. Der Einsatz sank von anfangs 13,06 g/m² auf jetzt 11,14 g/m². Optimierungen im
Produktionsprozess haben sich dabei verbrauchsmindernd ausgewirkt. Gemäß den schon
1991 beschlossenen Umweltleitlinien hat sich im Berichtszeitraum der Einsatz der ver-
schiedenen Fasersorten deutlich zu umweltschonenderen Herstellungsverfahren gewandelt.
So ist heute Papier aus chlorhaltig gebleichten Fasern kaum mehr in Gebrauch, aber leider
hat das reine Recyclingpapier noch keinen hohen Produktionsanteil. Dabei muss aber beachtet werden, dass für die Mohndruck-Bilanz definitionsgemäß nur solches Papier als
Recyclingpapier gilt, welches vollständig aus Sekundärfasern erzeugt wurde. Neupapier mit
mehr oder weniger hohen Anteilen an Sekundärfasern hat sich in den letzten Jahren deutlich
auf dem Markt durchgesetzt, bleibt bei dieser Art der Erfassung jedoch unberücksichtigt.
Die Analyse der Hauptpapiersorten des ersten Berichtsjahres ergab als Einsatzmenge von
Sekundärfasern im gesamten Druckpapier ca. 7 %. Im Geschäftsjahr 1996/97 hat sich der
Anteil auf ca. 17 % erhöht.

Auch der Einsatz von Farben und Lacken ist rückläufig, nach Einbeziehung des Lackierens
in der Bilanz betrug er 1993/94 0,218 g/m², im GJ 1995/96 lag er bei 0,183 g/m². Das entspricht einer Verringerung um 16 %.

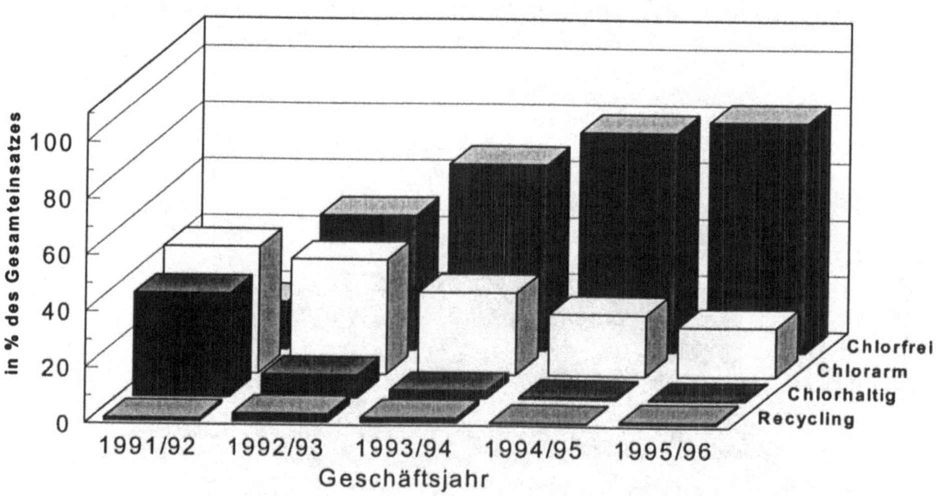

Abb.2   Papiereinsatz bei Mohndruck nach Faserstoff und Bleichverfahren (in % des Gesamtein-
satzes)

4.3   Hilfs- und Betriebsstoffe

Im betrachteten Zeitraum ist auch der Einsatz von Hilfsstoffen, wie Leim, Heftdraht und Umschlagmaterial, trotz steigender Produktionsmengen im Bezug auf die bedruckte Fläche kontinuierlich zurückgegangen. Waren es anfangs noch 0,112 g/m^2, so wurden im vergangenen Geschäftsjahr noch 0,081 g/m^2 eingesetzt. Lässt man den Verbrauch der zu den Betriebsstoffen zählenden Energieträger (Gas, Strom, Treibstoffe) außer Betracht, so verläuft die Mengenentwicklung ähnlich wie bei den Hilfsstoffen. Die als Betriebsstoffe zusammengefassten Mengen sind zwar im Vergleich zu den Rohstoffen sehr gering, in der Druckbranche aber von großer ökologischer Bedeutung. Zu dieser Gruppe zählen alle Film- und Fotochemikalien, Reiniger, Löse- und Feuchtmittel, kurzum fast alle der eingesetzten Gefahrstoffe. Ihre Einsatzmengen haben bedingt durch Technologiesprünge im Bereich der Filmverarbeitung in der Vorstufe und der automatischen Feuchtmittelüberwachung beim Drukken bezogen auf den Quadratmeter um 35 % von 0,2 g/m^2 auf noch 0,13 g/m^2 abgenommen, was im Geschäftsjahr 1995/96 absolut 1.812 Tonnen entsprach.

Die absoluten Energieverbräuche weisen produktionsbedingte Schwankungen auf, bezogen auf die bedruckte Fläche jedoch haben sie fallende Tendenz. Mit der im Geschäftsjahr 1993/94 erfolgten Inbetriebnahme des Energiezentrums Mohndruck – einem mit Erdgas befeuerten Blockheizkraftwerk – konnte die Energieausnutzung verbessert werden. So liefert die Kraft-Wärme-gekoppelte Anlage die über den Strombedarf hinaus notwendige Wärme und Kälte. Zusätzlich wird zunehmend überschüssige Wärme und Strom auch an benachbarte Unternehmen verkauft und verbessert durch die so erreichte Gutschrift die energieverbrauchsbedingte Emissionsbilanz.

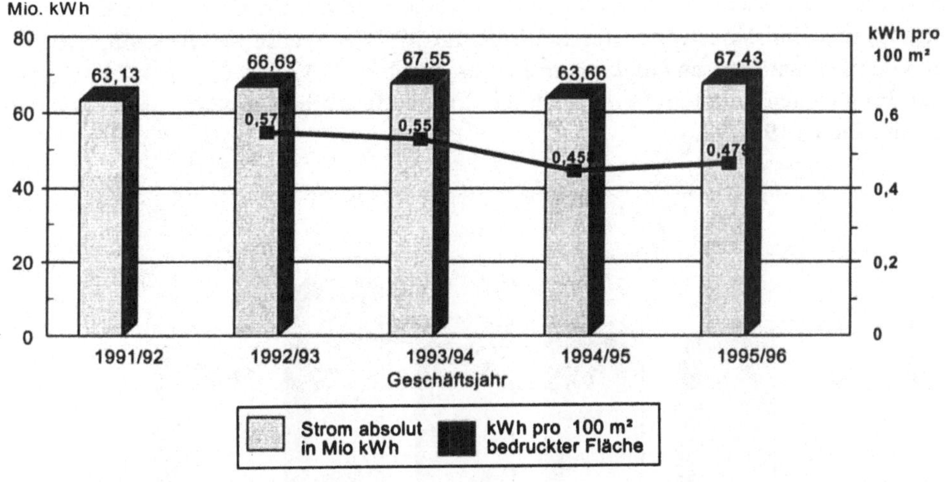

Abb. 3   Verbrauch an elektrischer Energie bei Mohndruck absolut (als Balken, linke Skala in Mio. kWh) und relativ pro m^2 bedruckter Fläche (als Kurve, rechts Skala in kWh/100 m^2)

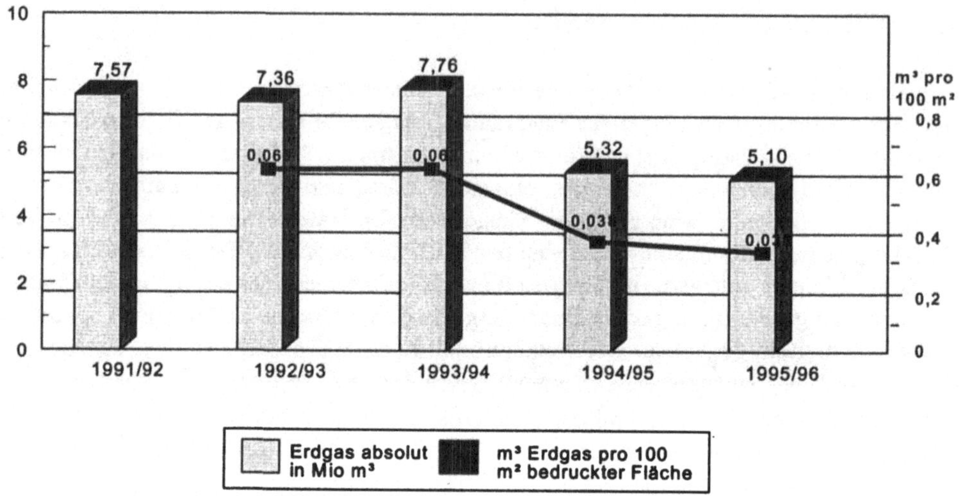

Abb. 4   Verbrauch an Erdgas bei Mohndruck absolut (als Balken, linke Skala in Mio. m³) und relativ pro m² bedruckter Fläche (als Kurve, rechts Skala in m³/100 m²)

Diese bessere Energieausnutzung führte auch dazu, dass die Emissionen im Laufe der Jahre gesenkt werden konnten. Bezogen auf einen Quadratmeter bedrucktes Papier reduzierte sich die Freisetzung des Treibhausgases Kohlendioxid von 1992/93: 5,119 g auf 1995/96: 4,157 g/m² (–18,8%). Die leichte Erhöhung im Jahre 1994/95 wurde durch die Inbetriebsetzung des neuen Energiezentrums und dem dadurch zeitweise notwendigen doppelten Bezug von Energie verursacht. Noch deutlicher bemerkbar wird die Umstellung der Energieerzeugung bei den Emissionswerten für Schwefeldioxid. Hier wurde der Ausstoß, vorwiegend durch den Einsatz von schwefelarmem Erdgas, um fast 95 % von 0,31 g auf 0,02 g/m² gesenkt. Im gleichen Zeitraum fielen auch die Stickoxidfrachten um mehr als 75 % unter den Wert des Jahres 1991/92.

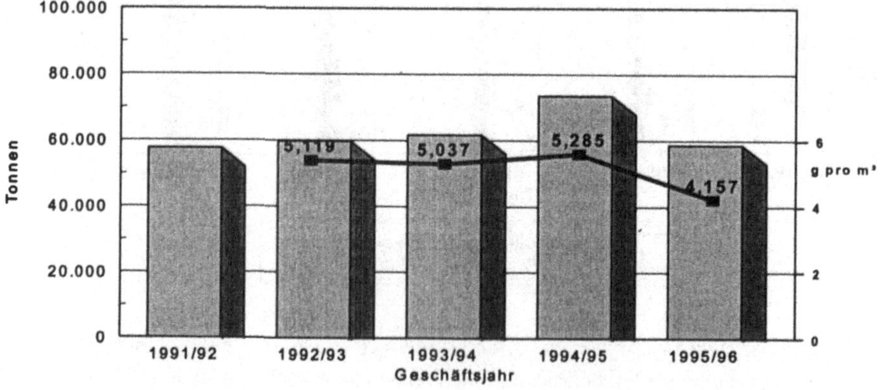

Abb. 5   Kohlendioxid-Emissionen bei Mohndruck absolut (als Balken, linke Skala in t) und relativ pro m² bedruckter Fläche (als Kurve, rechts Skala in g/m²)

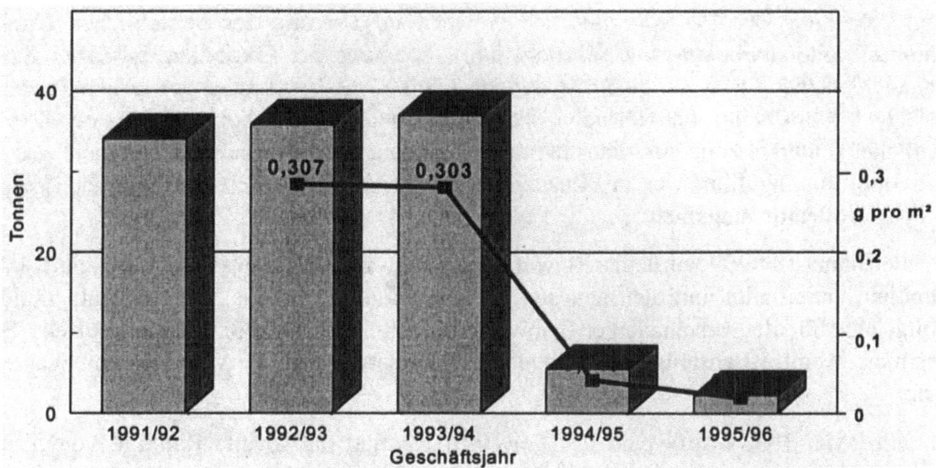

Abb. 6   Schwefeldioxid-Emissionen bei Mohndruck absolut (als Balken, linke Skala in t) und relativ pro m² bedruckter Fläche (als Kurve, rechts Skala in g/m²)

4.4   Abfälle

Die Abfallbilanz von Mohndruck unterscheidet drei Abfallarten: Abfälle zur Verwertung, Abfälle zur Beseitigung und die besonders überwachungsbedürftigen Abfälle. In allen drei Bereichen wurde bezogen auf den Quadratmeter ein sich kontinuierlich verringerndes Aufkommen verzeichnet. Über die produktionsbedingten Schwankungen der zu mehr als 95 % aus Papier und Pappe bestehenden Menge angefallener Wertstoffe hinaus konnten die Frachten auch absolut kontinuierlich gesenkt werden. Der Makulaturanfall verringerte sich im Berichtszeitraum um 14 % von 2,89 g auf 2,49 g/m². Die Menge der hausmüllähnlichen Reststoffe fiel um fast 60 % von 0,115 g auf 0,047 g/m² und die der gefahrstoffhaltigen Abfälle um 62,5 % von 0,024 g auf 0,009 g/m². Damit waren im Geschäftsjahr 1995/96 noch 128,1 Tonnen besonders überwachungsbedürftige Abfälle einer Beseitigung zuzuführen.

5   Fazit und Ausblick

In den vergangenen fünf Geschäftsjahren wurden bei der Fa. Mohndruck Graphische Betriebe GmbH am Standort Gütersloh deutliche Fortschritte in der betrieblichen Umweltsituation erzielt, die auf Grund der jährlichen Ökobilanzierung auch anschaulich als Zeitreihe dokumentiert werden können. Wenn auch in den kommenden Jahren die zu erzielenden Fortschritte sicher nicht mehr so deutlich ausfallen werden wie in der Vergangenheit, so gilt es doch gemäß den Richtlinien des Unternehmensleitbildes und auch der Umweltmanage-

mentverordnung der EU kontinuierlich an der Verbesserung des betrieblichen Umweltschutzes weiterzuarbeiten. Die jährliche Fortschreibung der Ökobilanz ist dabei für das
Management der Firma zu einem wichtigen Controlling-Instrument geworden. Durch die
intensiven Vorarbeiten der jährlichen betrieblichen Ökobilanz konnte im Jahre 1996 mit
fachlicher Unterstützung des ifeu-Institutes auch mit relativ geringem Aufwand das EG-
Öko-Audit durchgeführt werden. Zusätzlich erfolgte 1997 die Zertifizierung nach der ISO
14.001 „Umweltmanagement".

Für die Bilanz 1996/97 wurde das Bewertungssystem zur Ökobilanz nach nunmehr 5 Jahren
gründlich überarbeitet und den neuesten Erkenntnissen angepasst. Die Kennzahlenbildung
erfolgt jetzt für die verschiedenen Umweltproblemfelder: Energie, Treibhauseffekt, Sommersmog, Abfall, Überdüngung, Holzbedarf, Makulaturanfall, Versauerung und Wasserbe-
darf.

Im Jahre Mai 1998 wurde von der Zeitschrift Capital das zweite Ranking von Firmen-
Umweltberichten veröffentlicht. Die Mohndruck-Bilanz 1995/96 erreichte unter den 150
befragten Unternehmen den siebten Rang. Die Umwelterklärung nach der EG-Öko-Audit-
Verordnung belegte sogar Rang 5. Als weitere Neuerung wird seit dem Geschäftsjahr
1995/96 der jährliche Umweltbericht nicht nur in gedruckter Form vorgelegt, sondern ist in
Auszügen auch im Internet abrufbar. Für das Geschäftsjahr 1996/97 war er sogar auf den
elektronischen Medien früher verfügbar als in den Printmedien.

Vom Umweltbericht zur Umweltberichterstattung

Ellen Frings

1 Einleitung

Umweltberichte gehören inzwischen zum *state of the art* eines anspruchsvollen betrieblichen Umweltmanagementsystems. Die Zahl der Unternehmen, die Umweltberichte veröffentlichen oder sogar fortschreiben, steigt seit einigen Jahren. Einen zusätzlichen Schub hat die umweltbezogene Berichterstattung durch die EMAS-Verordnung erhalten, die als Voraussetzung für die Teilnahme an dem europaweiten EMAS-Gemeinschaftssystem die Veröffentlichung einer standortbezogenen Umwelterklärung fordert.

2 Transparenz – eine Frage des Selbstverständnisses

In der Fachliteratur wird häufig mit dem Hinweis auf ein steigendes Interesse der Öffentlichkeit an Umweltfragen für die Umweltberichterstattung geworben. Auch in der EMAS-Verordnung wird die Verpflichtung zur Veröffentlichung einer Umwelterklärung damit begründet[1]. Dem gegenüber stehen aber immer häufiger Klagen von Unternehmen oder Unternehmensverbänden über eine unzureichende Nachfrage nach den Publikationen. Im Wesentlichen fordern Berater und wissenschaftliche Institutionen, so die Aussage der Unternehmen, Umweltberichte und Umwelterklärungen an (UKÖB, 1998).

Diese Rückmeldung aus den Unternehmen vermittelt den Eindruck, das häufig beschworene hohe Interesse der Öffentlichkeit an Umweltthemen entspreche eher dem Wunsch als der Realität. Diese Einschätzung mag in gewisser Weise sogar zutreffen: Mit der Verschiebung der politischen Diskussion zu Gunsten von Globalisierung, Standortdebatte und Arbeitslosigkeit sowie mit der abnehmenden Erfahrbarkeit von Umweltbelastungen in der unmittelbaren Lebenswelt lässt auch das Interesse an Umweltthemen in der allgemeinen Öffentlichkeit nach.

---

[1] Einleitungstext zur EMAS-Verordnung

Umweltberichte und Umwelterklärungen

- *Umweltberichte* beschreiben und beurteilen wesentliche Umweltaspekte des Unternehmens. Die Qualität dieser Berichte ist sehr unterschiedlich: Manche Unternehmen greifen ausschließlich verschiedene Handlungsbereiche journalistisch auf. Hier steht offensichtlich die PR-Arbeit im Vordergrund. Andere Unternehmen bauen die Publikationen auf betrieblichen Input-Output-Analysen auf, wie Boehringer-Ingelheim, die im Jahr 1995 eine vom ifeu erstellte Umweltbilanz veröffentlichten, oder die Bertelsmann-Druckerei Mohndruck, die inzwischen bereits zum sechsten Mal die vom ifeu erarbeitete Umweltbilanz fortschreibt. Einen Orientierungsrahmen für die Erstellung von Umweltberichten bietet die DIN-Norm 33922 „Umweltberichte für die Öffentlichkeit".

- *Umwelterklärungen* nach der Öko-Audit-Verordnung, wie sie das ifeu bereits zum zweiten Mal für die Heidelberger Verkehrs- und Versorgungsbetriebe (HVV) erstellt hat, umfassen die Beschreibung der Tätigkeiten am Standort, eine Beurteilung aller wichtigen Umweltfragen in Zusammenhang mit diesen Tätigkeiten sowie eine Zusammenfassung der wichtigsten umweltbezogenen Daten. Weiterhin sind darin die Umweltpolitik, -ziele und -programme sowie das Umweltmanagementsystem des jeweiligen Standorts zu beschreiben. Die DIN-Norm 33922 orientiert sich weitgehend an den Vorgaben der Öko-Audit-Verordnung. Anders als die meist unternehmensbezogenen Umweltberichte befassen sich die Umwelterklärungen mit der Umweltsituation am Standort.

Was bedeutet diese Entwicklung aber für Unternehmen? Lohnt sich die Umweltberichterstattung deshalb nicht mehr? Wenn die Publikationen alleine das Ziel der allgemeinen Imageverbesserung verfolgen, wäre dies spätestens dann die Schlussfolgerung, wenn die publizierenden Unternehmen nicht mehr den Bonus der Vorreiter abschöpfen und das Interesse der Öffentlichkeit längerfristig als enttäuschend eingestuft wird. Wenn es aber zum Selbstverständnis innovativer und umweltengagierter Unternehmen gehört, interessierten Personen Transparenz über die Umweltleistungen zu schaffen, kann die Anzahl der Nachfragen nicht über die Fortführung des Informationsangebots entscheiden. Maßgeblich ist dann vielmehr, dass interessierten Personen oder Gruppen prinzipiell die Möglichkeit eröffnet wird, sich im Bedarfsfall zu informieren.

Dabei ist aber auch zu berücksichtigen, dass die wenig beliebten Nachfrager von umweltbezogenen Publikationen aus den Bereichen Beratung, Wissenschaft und Hochschule wichtige Multiplikatoren sind, die diese Informationen aufbereiten und damit im erheblichen Maß die Meinungsbilder über Unternehmen mitbestimmen. Insgesamt ist es erforderlich, dass sich die Erwartungen der Unternehmen mit der Zeit auch auf ein realistisches Maß einpendeln. Ebenso notwendig ist es aber, dass Politik, Beratung und Wissenschaft die Unternehmen zukünftig nicht mehr mit unrealistischen Versprechungen zur freiwilligen Umweltberichterstattung motivieren.

3 Ziel- und Anspruchsgruppen

Für das Interesse der Öffentlichkeit an umweltbezogenen Publikationen ist die Zielgruppenorientierung maßgeblich. Moderne, ganzheitliche Öko-Marketingkonzepte, zu diesem Schluss kommt auch Henn (1995), setzen bei den spezifischen Problemen der einzelnen Zielgruppen an.

In der Fachdiskussion um die freiwillige Umweltberichterstattung orientiert man sich dabei an den Anspruchsgruppen. Darunter werden alle Gruppen verstanden, die Wünsche oder Forderungen an ein Unternehmen richten. Je nach Branche bzw. Unternehmen gehören dazu z. B. Mitarbeiter, Kunden und Verbraucher, Anwohner oder Aktionäre. Ziel der freiwilligen Berichterstattung ist es, das Verhältnis zu diesen Gruppen zu verbessern. Aus der Anspruchsgruppe wird so eine Zielgruppe – und damit werden die Anforderungen an die Umweltberichterstattung sehr stark von einem Standpunkt bestimmt, der die Interessenssicht der Unternehmen einnimmt.

Über das unternehmensbezogene Ziel einer verbesserten Kommunikation und der Imagepflege hinaus kann aber auch ein abstraktes Recht der Öffentlichkeit an umweltbezogenen Informationen formuliert werden. In den USA hat dieses Recht in dem *Freedom of Information Act* Ausdruck gefunden. Damit sind die Unternehmen einer Kontrolle ihrer unternehmerischen Aktivitäten durch die Öffentlichkeit unterstellt. Das Verständnis einer derartigen Rollenverteilung zwischen Staat, Unternehmen und Öffentlichkeit ist aber eine Frage der politischen Kultur und entwickelt sich in Deutschland erst allmählich. Dabei ist auch die Frage aufzuwerfen, welche Wege der Informationsvermittlung zukünftig zu beschreiten sind und welche Rolle der Umweltbericht oder die Umwelterklärung für eine zielgruppenorientierte Information spielen kann.

Wie aber können die Informationsbedürfnisse aus Sicht der verschiedenen Anspruchsgruppen umrissen werden?

- *Anwohner*: Für Anwohner stehen die Anlagensicherheit und die lokale bzw. regionale Belastung durch das Unternehmen an erster Stelle. Hier interessieren Aspekte wie Schadstoff- und Lärmemissionen, die Verkehrsbelastung durch Zuliefer- und Distributionsverkehr, die Flächennutzung sowie die Umweltwirkung des Unternehmens auf den lokalen und regionalen Umweltzustand.
- *Mitarbeiter*: Die erforderlichen Informationen betreffen in erster Linie bisher erreichte Erfolge sowie zukünftige Strategien und Handlungsfelder im Umweltschutz.
- *Lieferanten und Abnehmer*: Beiden Gruppen ist zunächst an der Langfristigkeit ihrer Geschäftsbeziehungen gelegen. Der Informationsbedarf der *Lieferanten* bezieht sich auf Daten, die Rückschlüsse auf mögliche Einschränkungen oder Modifikationen des bisherigen Produktionsprogramms der Abnehmer zulassen (Steger, 1992). Die *Abnehmer* dagegen erwarten Informationen über die Umweltbelastungen durch ihre Roh-, Hilfs- und Betriebsstoffe sowie, wenn es sich bei den Abnehmern um Endverbraucher handelt, produktbezogene Umweltinformationen, die auch in der klassischen Verbraucherberatung im Vordergrund stehen.
- *Vollzugsbehörden*: Die meisten Unternehmen unterliegen einer Reihe von Berichtspflichten gegenüber den Überwachungsbehörden. Beispiele sind Abfallbilanzen nach dem Kreislaufwirtschaftsgesetz oder Emissionsmessungen (Lärm, Schadstoffe) nach dem Bundesimmissionsschutzgesetz.
- *Umweltbundes- und -landesämter und wissenschaftliche Institute*: Immer häufiger benötigen staatliche Umweltbehörden, aber auch wissenschaftliche Institute als entscheidungsvorbereitende Akteure spezifische Informationen zur ökologischen Bewertung von Produkten, Produktions- oder Entsorgungsverfahren oder über nationale

Stoffströme als Entscheidungsgrundlage für die Ausgestaltung umweltpolitischer Instrumente.

- *Umweltverbände /Bürgerinitiativen*: Diese Zielgruppe interessieren – relativ allgemeine – Aussagen über die strategische Ausrichtung im Umweltschutz, die Einhaltung gesetzlicher oder behördlicher Umweltauflagen sowie den Umfang und die Reduktionsmöglichkeiten von Umweltbelastungen durch Produktion und Produkte. Aber auch sehr spezifische Informationen sind von dieser Gruppe gefragt, beispielsweise Daten aus der Anlagengenehmigung bzw. Emissionsmessungen.
- *Versicherungen*: Versicherungsunternehmen haben primär Interesse daran, das Haftungsrisiko zu mindern und benötigen daher Informationen über bestehende Gefahrenpotenziale. Wichtig sind hier Angaben über den Umgang mit gefährlichen Stoffen, Personalschulung, Wartung der Anlagen oder Notfallplanung.
- *Banken*: Einige Banken berücksichtigen aus ethischen Gründen ökologische Vergabekriterien, die einen vergleichsweise breiten Informationsbedarf induzieren. Aber auch aus ökonomischen Gründen spielen Umweltaspekte eine Rolle, da weniger umweltfreundliche Unternehmen ein größeres Kreditrisiko sein können (Enquete-Kommission „Schutz des Menschen und der Umwelt", 1994). Dann interessieren jedoch in erster Linie Sicherheitsaspekte.
- *Aktionäre*: Für einige Aktionäre ist die ökologische Ausrichtung der Unternehmen von Bedeutung (Capital, Mai 1998). Die erwarteten Informationen sind eher unspezifisch, wichtig sind Aspekte wie Glaubwürdigkeit und Bereitschaft des Unternehmens zur selbstkritischen Einschätzung.

4 Die Rolle von Umweltberichten und Umwelterklärungen

Sollten alle Anforderungen der verschiedenen Anspruchsgruppen abgedeckt werden, wird sich der Verfasser eines Umweltberichts in dem unlösbaren Dilemma zwischen Verständlichkeit bzw. Relevanz der Informationen einerseits und Detailgenauigkeit andererseits befinden. Es stellt sich daher die Frage, wie der Informationsbedarf der verschiedenen Zielgruppen generell gedeckt werden kann und welche Rolle der Umweltbericht dabei spielt.

Die Informationen für *Vollzugsbehörden* sind beispielsweise zu detailliert, um sie mit Umweltberichten zu vermitteln. Leser von Umweltberichten interessieren Angaben zur Kalibrierung der Messgeräte, wie sie nach dem Bundesimmissionsschutzgesetz erforderlich sind, nicht. Umweltberichte enthalten meist auch keine umfassenden Abfallbilanzen, sondern allenfalls eine kurze summarische Auflistung der Abfallmengen. Hier kollidiert der Anspruch der Wesentlichkeit[2] mit dem Anspruch an die Detailgenauigkeit der Berichtspflichten. Dieses Widerspruchs war sich auch der für die Novellierung der EMAS-Verordnung zuständige Artikel-19-Ausschuss bewusst. Die Repräsentanten aus den Mitgliedsstaaten zogen sich aus der Affäre, in dem sie der EU-Kommission einen Entwurf

---

[2] Die ISO-Norm 33992 fordert als Erstellungsgrundsatz die *Wesentlichkeit* der Informationen, die EMAS-Verordnung eine *knappe und verständliche Darstellung*

vorlegten, der den Unternehmen eine größere Flexibilität bei der Erarbeitung der Umwelterklärung zugesteht. Die Unternehmen können nun selbst entscheiden, ob sie die Umwelterklärung zur Kommunikation mit ihren Zielgruppen einsetzen oder ob sie damit die detaillierteren rechtlichen Berichtspflichten abdecken (Krisor, 1998). Ob damit aber wesentliche Erleichterungen verbunden sind, ist fraglich. Lediglich die Darstellungsform unterscheidet sich: In einem Fall erhält die Vollzugsbehörde eine Umwelterklärung, in dem anderen ein eigenständiges Dokument. Vor diesem Hintergrund sind auch die Bestrebungen zur „Deregulierung" bzw. Substitution des Ordnungsrechts, wie sie als Erstes im bayrischen Umweltpakt niederlegt wurden, kritisch zu hinterfragen – wenn man davon ausgeht, dass die bestehenden rechtlichen Vorgaben zur Berichterstattung ohne Abbau bestehender Standards einzuhalten sind.

Auch Informationen, wie sie beispielsweise von *wissenschaftlichen Instituten* oder *Umweltämtern auf Bundes- und Landesebene* benötigt werden, können über Umweltberichte nicht vermittelt werden. Für die ökologische Bewertung von Produkten, Produktions- oder Entsorgungsverfahren oder für die Erstellung von regionalen oder nationalen Stoffstromanalysen werden die erforderlichen Daten meist im relativ abgesicherten Rahmen staatlich finanzierter Projekte in Kooperation zwischen Unternehmen, Umweltbehörden und wissenschaftlichen Instituten zur Verfügung gestellt. Die Teilnahme an solchen Projekten ist eine Möglichkeit zur zielgruppenorientierten Umweltberichterstattung, welche in hohem Maß die Offenheit und Dialogbereitschaft des Unternehmens bezeugt.

Damit wird deutlich, dass ergänzende Formen der Umweltberichterstattung erforderlich sind. Aus Interessensicht der Öffentlichkeit übernehmen Umweltberichte bzw. Umwelterklärungen im Gesamtkontext die Aufgabe, einen ersten Eindruck über die Umweltrelevanz und das Umweltengagement des Unternehmens zu bieten. Aus Interessensicht der Unternehmen dagegen stellen sie eine Möglichkeit dar, die Umweltleistungen zu präsentieren und Bereitschaft zur Transparenz zu dokumentieren. In Abhängigkeit von den gewünschten Zielgruppen können die Unternehmen dann Akzente setzen und geeignete Darstellungsformen wählen, um sich eine positive Resonanz in der Öffentlichkeit zu sichern.

5 Verbesserte Qualität und Glaubwürdigkeit der Umweltberichte

Ein entscheidendes Kriterium für eine positive Resonanz der Öffentlichkeit stellt die Glaubwürdigkeit der Publikationen dar. Viele Umweltberichte und Umwelterklärungen werden primär als Imagebroschüre wahrgenommen, da sie ausschließlich positive, zum Teil sogar eindrucksvolle Ergebnisse ihrer unternehmerischen Umweltaktivitäten in das Blickfeld der Leser rücken, nur wenige dagegen nennen explizit Schwachstellen oder sogar Misserfolge (FEU, 1998). Das Problem der mangelnden Glaubwürdigkeit ist in gewisser Weise aber auch systemimmanent: Wenn ein Unternehmen selbst sein Umweltengagement bewertet, ist der Anspruch der Objektivität schwer zu erfüllen. Umso wichtiger ist die transparente und neutrale Darstellung geeigneter Umweltdaten.

Objektivierung der Aussagen durch Umweltbilanzen und Umweltkennzahlen

Ein wichtiger Ansatz zur Objektivierung sind Umweltbilanzen und Umweltkennzahlen. Hier wurden in den vergangenen Jahren erhebliche Qualitätssprünge erreicht, die nicht zuletzt auf die Rankings zurückzuführen sind. Auch die Arbeiten im Bereich der Umweltkennzahlen – beispielsweise des Umweltbundesamtes (BMU/ UBA, 1997) – haben diese Entwicklung forciert. Immer mehr Unternehmen dokumentieren betriebliche Umweltbilanzen und generieren zusätzlich relative Umweltkennzahlen, bei denen die absoluten Daten um unerwünschte Einflussfaktoren bereinigt werden. Umweltbilanzen und Umweltkennzahlen sind insbesondere dazu geeignet, Veränderungen über eine Zeitreihe darzustellen.

Kommunikationsfunktion von Umweltkennzahlensystemen

Diese Daten benötigen aber einen Vergleichsmaßstab, damit sie für die Leser – zumal für Laien – aussagefähig werden. Umweltbilanzen und Umweltkennzahlen sind auf innerbetriebliche Planungs-, Steuerungs- und Kontrollaufgaben zugeschnitten, nicht aber auf die Kommunikation nach außen. Relative Umweltkennzahlen stellen in der Regel nur den Bezug zu betrieblichen Größen – Anzahl der Mitarbeiter, Produktionsmenge etc. – her. Um eine Kommunikationsfunktion zu erfüllen, sollte der Bezugsrahmen der Kennzahlensysteme aber über den einzelbetrieblichen Bereich hinausgehen. Geeignete Bezugsgrößen sind Daten über regionale Stoffströme oder die Umweltbelastungen über den gesamten Lebensweg. Auch der Abgleich mit bestehenden Grenzwerten hilft bei der Interpretation der Daten.

Ein solches Vorgehen hat das ifeu-Institut im Umweltbericht der Deutschen Shell AG (DSAG) praktiziert. Die DSAG ließ das ifeu den Teil des Umweltberichts bearbeiten und verfassen, der die Umweltbelastungen darstellt (Shell, 1998 a). Hier erwiesen sich vor allem Kennzahlen interessant, die den Bezug zum Produktlebensweg herstellen: So werden beispielsweise nur 3 Prozent des im Rohöl enthaltenen Schwefels direkt an den Raffineriestandorten emittiert, weitere 58 Prozent über die Produkte. Wichtige Ansatzpunkte für Umweltschutzmaßnahmen sind daher Produktverbesserungen und verstärkte Bemühungen um eine sparsame Nutzung der Produkte. In der Umwelterklärung der Shell-Raffinerie Hamburg-Harburg wurden darüber hinaus der Anteil der Schadstoffemissionen aus der Raffinerie an den gesamten Emissionen aus dem Stadtgebiet dargestellt (Shell, 1998 b).

Berücksichtigung von Umweltwirkungen

Wenn ein Interesse der lokalen Öffentlichkeit – von Anwohnern, Umweltinitiativen oder Medien – an den Umweltberichten gewünscht ist und wenn bekannt ist, dass auf lokaler Ebene – beispielsweise im Bereich der Luftqualität – Umweltprobleme existieren, sind auch Informationen über die Umweltwirkungen von Bedeutung. Die wenigsten Publikationen stellen aber die Wirkungen der verbrauchten oder emittierten Stoffe und Energien dar.

Während globale stoffliche Wirkungen zum Teil relativ unproblematisch zu ermitteln sind, z. B. das Treibhauspotenzial, stellt sich die Situation bei Stoffen mit vorwiegend lokalen Umweltwirkungen komplizierter dar: Im Bereich der Luftschadstoffe beispielsweise wäre zunächst der Beitrag der Emissionen an den lokalen Immissionen zu ermitteln. Für Shell hat das ifeu-Institut mit Hilfe von Ausbreitungsmodellen den Anteil der Raffinerien an der lokalen Belastungssituation, z. B. den Beitrag der Kohlenwasserstoff-Emissionen zur regionalen Ozonbelastung, abgeschätzt und diese Daten mit Immissionsgrenzwerten abgeglichen (Shell, 1998 a).

Darstellung von quantifizierten Umweltzielen und von Maßnahmen

Ein weiterer Ansatzpunkt, um die Glaubwürdigkeit der Darstellungen zu erhöhen, wird durch die EMAS-Verordnung forciert: Die Unternehmen setzen im Rahmen des Umweltmanagementsystems Ziele und Maßnahmenprogramme auf. Die Ziel sind zum Teil bereits quantifiziert. Hier besteht zwar auch bei den EMAS-Teilnehmern noch Nachbesserungsbedarf (Steven / Letmathe, 1998), doch hat die Verordnung einen wesentlichen Anstoß in diese Richtung gegeben. Durch eine jährliche Fortschreibung der Umwelterklärung sowie durch einen Abgleich zwischen Soll- und Ist-Zustand geben die Unternehmen der Öffentlichkeit ein Kontrollinstrument an die Hand. Auch Umweltberichte greifen dieses Element zunehmend auf.

Die Einbeziehung externer Gutachter

Die Einbeziehung externer Gutachter – entweder für die Erstellung oder für die Validierung umweltbezogener Publikationen der Unternehmen – ist eine weitere Möglichkeit, um dem systemimmanenten Mangel an Glaubwürdigkeit zu begegnen. Umwelterklärungen werden bereits jetzt von zugelassenen Umweltgutachtern validiert. Dieser Aspekt ist aber noch nicht in ausreichendem Maß im Bewusstsein der Öffentlichkeit verankert. Zurzeit ist die Validierung aber auch noch durch unterschiedliche Anforderungen der zugelassenen Umweltgutachter gekennzeichnet. Das Institut der Umweltgutachter (IdU) hat daher Mindestanforderungen für die Validierung von Umwelterklärungen sowie für die vereinfachte Umwelterklärung erarbeitet, die in die *Richtlinie zum Validierungsverfahren gemäß Verordnung (EWG) Nr. 1836/93* (IdU, 1998) eingeflossen sind.

Einen anderen Weg zur Einbeziehung externer Gutachter als bewertende Instanz hat die Deutsche Shell AG beschritten, indem sie das ifeu-Institut mit der Erfassung und Bewertung der Umweltbelastungen und Umweltwirkungen durch das Unternehmen sowie mit der Darstellung der Ergebnisse im Umweltbericht beauftragt hat. Allerdings ist dies keine Möglichkeit, die längerfristig auf breiter Ebene etabliert werden kann, da sich sonst die Frage nach der Unabhängigkeit der von den Unternehmen beauftragten Institutionen stellt.

6 Umweltberichterstattung im überbetrieblichen Kontext – ein Ausblick

Aus Sicht von Öffentlichkeit und Politik dient die Umweltberichterstattung der Kontrolle der Unternehmen durch die Öffentlichkeit und der Bereitstellung der für das (staatliche) Stoffstrommanagement notwendigen Informationsbasis. Was ist nun über den Umweltbericht hinaus erforderlich, um diese Ziele zu erreichen, und welche Informationswege können beschritten werden?

Für Aufgaben im nationalen Stoffstrommanagement sind Daten über Rohstoff- und Energieverbrauch sowie Schadstoffeinträge in die Umwelt über Anlagen oder Produkte notwendig. Dabei hat sich durch die veränderten Ansätze in der Umweltpolitik eine Verschiebung bei den erforderlichen Informationsgrundlagen ergeben: Bislang beruhen viele Berichtspflichten auf Angaben zu anlagenbezogenen Konzentrationen. Für das Stoffstrommanagement werden aber unternehmens-, produkt- und produktlinienbezogene Mengenangaben immer wichtiger. So gehen beispielsweise die verschiedenen Konzepte zur Ausgestaltung ökonomischer Instrumente wie Umweltsteuern oder -abgaben von Input- oder Outputdaten der Unternehmen aus.

Hier ist letztlich der Staat gefragt: Erforderlich ist eine einheitliche Gesamtkonzeption für die umweltbezogene Berichterstattung. Dazu ist im ersten Schritt der Abgleich verschiedener Berichtspflichten an die Erfordernisse des staatlichen Stoffstrommanagements sowie eine Angleichung an die Überlegungen, die auf nationaler und internationaler Ebene im Bereich der Nachhaltigkeitsindikatoren laufen, erforderlich. Wird eine solche Gesamtkonzeption für die umweltbezogene Berichterstattung geschaffen, wäre der Datenteil der Umweltberichte bzw. der Umwelterklärungen dann eine zielgruppenorientiert aufbereitete Verdichtung aus den weiter gehenden Berichtspflichten.

Für das staatliche Stoffstrommanagement reicht es aus, die Daten in weiterverarbeitbarer Form an die Behörden zu leiten. Gesteht man der Öffentlichkeit aber die Rolle einer Kontrollinstanz zu, ist der öffentliche Zugang sicherzustellen. Innovative Unternehmen, zu deren Selbstverständnis die Transparenz gegenüber der Öffentlichkeit gehört, werden sich zukünftig auf freiwilliger Basis weiter öffnen müssen. Eine Möglichkeit ist die Bereitstellung dieser Daten im Internet oder per CD-ROM.

Eine derartige Entwicklung auf gesetzlicher Ebene zeichnet sich ohnehin bereits ab. Vorbild ist die in den USA praktizierte Veröffentlichung von Emissionsdaten im Rahmen des Toxic-Release Inventory (TRI). In Anlehnung an TRI wird bereits seit einigen Jahren auch in Europa bzw. in den OECD-Ländern der Aufbau eines Schadstoffregisters diskutiert. Bei der Umweltministerkonferenz in Aarhus im Juni 1998 war der Zugang zu Umweltinformationen ein zentraler Tagesordnungspunkt: Hier wurden insbesondere Regelungen über Datentransfer über das Internet sowie der Aufbau von Pollutant Release Transfer Registers (PRTR) diskutiert (Horster, 1998).

Doch bereits jetzt bieten sich den Unternehmen Möglichkeiten zur zielgruppenorientierten Umweltberichterstattung, die über schriftliche umweltbezogene Publikationen hinausgehen. So unterschiedlich wie die eingeforderten Informationen ist auch die mögliche Art der Informationsvermittlung: von der telefonischen oder schriftlichen Auskunftserteilung über die Bereitstellung von Daten im Internet, gelegentliche oder regelmäßige Berichterstattung in Printmedien – freiwillig oder im Rahmen der gesetzlichen Pflicht – bis hin zur Teilnahme an Gremien zum Informationsaustausch mit Umweltverbänden, Behörden oder Wissenschaft. Unternehmen, welche auch die übrige Palette der Informations- und Kommunikationsformen offensiv nutzen und dies auch nach außen offensiv vermitteln, haben gute Voraussetzungen für eine hohe Glaubwürdigkeit und Akzeptanz in der Öffentlichkeit.

Literatur

ABB – Asea Brown Boveri (1997) Der Umweltreport. Projekt Umwelt. Ressourcen schonen – nachhaltig wirtschaften. S. 13

BMU – Bundesumweltministerium und UBA – Umweltbundesamt (Hrsg.) (1997): Leitfaden Betriebliche Umweltkennzahlen. Bonn, Berlin.

Capital (1998): Der Shareholder-Value wird grün. H. 5/1998. S. 46 – 62.

Enquete-Kommission „Schutz des Menschen und der Umwelt" des Deutschen Bundestages (1995): Die Industriegesellschaft gestalten. Perspektiven für einen nachhaltigen Umgang mit Stoff- und Materialströmen. Bonn.

FEU – Forschungsgruppe Evaluierung Umweltmanagementsysteme (1998): Vorläufige Untersuchungsergebnisse und Handlungsempfehlungen zum Forschungsprojekt *„Vorbereitung der 1998 vorgesehenen Überprüfung des gemeinschaftlichen Öko-Audit-Systems"*. Oestrich Winkel, S. 19 ff.

Fichter, K., Loew, T. (1997): Wettbewerbsvorteile durch Umweltberichterstattung. Schriftenreihe des IÖW 119/97, Berlin. S. 79

Fichter, K. (1998): Umweltkommunikation und Wettbewerbsfähigkeit. Metropolis-Verlag, Marburg. S. 486

Frings, E. (1998): ifeu und die Deutsche Shell – Ein etwas anderer Umweltbericht. In: Umwelt Kommunale Ökologische Briefe. 3. Jg., H.18/98, vom 02.09.1998. S. 11

Future – Umweltinitiative von Unternehme(r)n und IÖW – Institut für ökologische Wirtschaftsforschung – (Hrsg.) (1998): Umweltberichte und Umwelterklärungen. Ranking 1998. Zusammenfassung der Ergebnisse und Trend. Osnabrück.

Henn, K.-P. (1995): Öko-Audit in der europäischen Union unter Marketinggesichtspunkten – Umwelterklärung und Teilnahmeerklärung. In: Schimmelpfeng, L., Machmer, D. (Hrsg.): Öko-Audit: Umweltmanagement und Umweltbetriebsprüfung. Eberhard Blottner Verlag. Taunusstein. S. 143-157

Horster, A. (BUND – Bund für Umwelt- und Naturschutz Deutschland) (1998): Telefonische Auskunft vom 5.8.1998

IdU - Institut der Umweltgutachter und –berater in Deutschland e.V. – (1997): Richtlinie zum Validierungsverfahren gemäß Verordnung (EWG) Nr. 1836/93. S. 38-44. Bonn

Krisor, K (1998): Umweltmanagement in der EU – zum Stand der EG-Öko-Audit-Verordnung und ihrer Revision. Vortrag im Rahmen der Tagung „Forschungstransfer Umweltmanagement" des Ministeriums für Umwelt und Verkehr Baden-Württemberg am 19.10.1998 in Stuttgart

Letmathe, P., Schwarz, E.J., Steven, M. (1996): Umweltberichterstattung. Springer-Verlag. Berlin, Heidelberg, New-York, S. 25

Shell (1998 a): Umweltbericht. Hamburg

Shell (1998 b): Umwelterklärung. Raffinerie Hamburg-Harburg. Hamburg

Steger, U. (ed.) (1992): Handbuch des Umweltmanagements. Anforderungen und Leistungsprofile von Unternehmen und Gesellschaft. Verlag C.H. Beck. München, S. 517

Steven, M. und P. Lehmathe (1998): Umweltmanagement in der Praxis. Teil II: Auswertung von EMAS-Umwelterklärungen. UBA-Texte 20/98. Berlin

UKÖB – Umwelt kommunale ökologische Briefe (1998): Bericht schon, nur für wen? H. 17/98, vom 19.08.1998, S. 5

Betriebliches Stoffstrommanagement zwischen Ökonomie und Ökologie

Mario Schmidt

1 Einleitung

Mit dem Bericht der Enquête-Kommission „Schutz des Menschen und der Umwelt" des Deutschen Bundestages wurde in der Fachöffentlichkeit der Begriff des „Stoffstrommanagements" geprägt. Während im Umweltschutz früher der Blick auf die Belastung der Umweltmedien und deren direkte Ursachen gerichtet war, führte die Diskussion über Abfallverwertung und Kreislaufwirtschaft, aber auch über Ökobilanzierung und Öko-Audit zu einer fast schon holistischen Herangehensweise an wirtschaftliche Stoffflüsse. Umgekehrt wurden die Produktion, Logistik, Konsumtion und Entsorgung von Stoff- und Produktströmen auch um ökologische Kriterien angereichert (Enquête, 1994, 337): „*Stoffstrommanagement ist das zielorientierte, verantwortliche, ganzheitliche und effiziente Beeinflussen von Stoffströmen oder Stoffsystemen, wobei die Zielvorgaben aus dem ökologischen und ökonomischen Bereich kommen. Die Ziele werden auf betrieblicher Ebene, in der Kette der an einem Stoffstrom beteiligten Akteure oder auf der staatlichen Ebene entwickelt.*"

Zwei wichtige Aspekte stehen dabei im Vordergrund: Zum einen geht das Stoffstrommanagement von einem eigenverantwortlichen und kooperativen Engagement verschiedener Akteure in Staat und Wirtschaft aus (Henseling, 1998, 17). Zum anderen wird das Stoffstrommanagement als wichtiges Bindeglied beim Übergang von der „Durchflusswirtschaft" zu einer nachhaltigen Wirtschaft angesehen (de Man et al., 1998, 20).

Das *betriebliche* Stoffstrommanagement ist ein wesentliches Element von Umweltmanagementsystemen in Unternehmen, die freiwillig, z. B. mit dem Öko-Audit oder der Erfüllung der ISO-Norm 14.001, eingeführt werden. Die europäische Öko-Audit-Verordnung („EMAS") verlangt etwa die Prüfung und Beurteilung der Umweltwirkungen der Tätigkeiten des Unternehmens am Standort. Dazu kommt die Aufstellung von Umweltzielen und Maßnahmen und der Einstieg in einen kontinuierlichen Verbesserungsprozess, der regelmäßig und freiwillig überprüft wird.

In den vergangenen Jahren wurden zahlreiche Herangehensweisen und Analyseinstrumente entwickelt, mit denen Stoffstrommanagement praktisch ermöglicht wird (Frings, 1998). Dazu zählen betriebliche Umweltbilanzen in der Form von Input-Output-Bilanzen, wie sie das ifeu seit Anfang der 90er-Jahre z. B. für Mohndruck Gütersloh oder für Boehringer Ingelheim erstellt hat. Fortgeschrittenere Stoffstromanalysen bilden die Stoffflüsse auch im Unternehmen zwischen den einzelnen Prozessen ab und bieten eine erweiterte Grundlage für die Suche nach Schwachstellen am Standort (Schmidt u. Schorb, 1995). Während diese Bilanzen überwiegend standort- oder unternehmensbezogen sind, konzentrieren sich die Ökobilanzen auf den Produktbezug längs des Produktlebensweges „von der Wiege bis zur Bahre". Auch sie können als Teil eines Stoffstrommanagements aufgefasst werden.

2   Leitmotiv Öko-Effizienz versus Nachhaltigkeit

Zwar stellt das Stoffstrommanagement einen entscheidenden Link zwischen dem wirtschaftlichen und dem ökologischen Stoffstromsystem dar und ist damit die Basis für Überlegungen zur Nachhaltigkeit. Doch man würde die Situation falsch einschätzen, glaubte man, das betriebliche Stoffstrommanagement sei die Antwort der Wirtschaft auf die Forderung nach einer nachhaltigen Entwicklung unserer Gesellschaft.

Nachdem Umweltschutz in der aktuellen gesellschaftlichen Prioritätenliste wieder auf einen hinteren Platz verwiesen wurde, sind öffentliche Akzeptanz, politische Anforderungen oder Kundenwünsche für die Unternehmen kaum noch Motive für einen betrieblichen Umweltschutz, der über das notwendigste, etwa zur Erfüllung gesetzlicher Auflagen, hinausgeht. Als entscheidendes Argument für die freiwillige Einführung von Umweltmanagementsystemen, aber auch von Stoffstrommanagement wird inzwischen die betriebliche Kostenseite angeführt. Unter der Überschrift *„Kosten senken durch praxiserprobtes Umweltcontrolling"* wird vorgerechnet, dass Werte in Höhe von 5 bis 15 % der Gesamtkosten eines Industrieunternehmens mit dem Abfall „weggeworfen", mit dem Abwasser „weggeschüttet" und zum Schornstein „hinausgeblasen" werden (Fischer et al., 1997, 1). Das Bundesumweltministerium und das Umweltbundesamt haben in ihrem Leitfaden Umweltcontrolling – einem Bestseller der Umweltmanagementliteratur – sowohl bei den externen als auch bei den internen ökologischen Nutzenpotenzialen jeweils die Kostensenkung an erster Stelle genannt (BMU/UBA, 1995, 10).

Es erfolgt momentan eine Ökonomisierung des Umweltschutzes: *„Viele betriebliche Umweltschutzmaßnahmen amortisieren sich schon nach kurzer Zeit." „Die Schließung von Materialkreisläufen ist nicht nur ökologisch erwünscht, sondern schafft für Sie auch ökonomische Vorteile."*

Der World Business Council for Sustainable Development, 1991 im Umfeld des Riogipfels von dem Schweizer Industriellen Stephan Schmidheiny gegründet, versucht diesen Ansatz mit dem Wort Ökoeffizienz, der sowohl ökonomischen als auch ökologischen Effizienz, zu umschreiben (Schmidheiny u. Zorraquin, 1996, 49). Die Ökoeffizienz wird als ein Wandlungsprozess verstanden, in dem die Nutzung von Ressourcen, das Ziel der Investitionen, die Richtung der technologischen Entwicklung und der Unternehmenswandel die Wertschöpfung maximiert, Ressourcenverbrauch, Abfälle und Schadstoffe dagegen minimiert werden.

Doch so sehr diese Ansätze sinnvoll und notwendig sind – wer wollte nicht effizienter wirtschaften –, resultiert aus einer ökologischen und ökonomischen Effizienzsteigerung schon zwangsläufig die Nachhaltigkeit? Die grauen Eminenzen der internationalen Sustainability-Diskussion Herman Daly und Robert Costanza sagen sehr deutlich: *„Sustainable Development must deal with sufficiency as well as efficiency and cannot avoid limiting physical scale"* (Costanza u. Daly, 1992, 44). Selbst Schmidheiny u. Zorraquin (1996, 49) relativieren: *„…Ökoeffizienz sollte nicht mit nachhaltiger Entwicklung verwechselt werden, die ein Ziel für die Gesellschaft im ganzen ist. … Man könnte sich sogar eine Welt vorstellen, in der jedes Unternehmen immer ökoeffizienter würde und sich dennoch durch Bevölkerungswachstum und die Expansion von Wirtschaft und Industrie die Ressourcengrundlagen des Planeten verschlechterte".*

Der Vorsitzende des Bundesdeutschen Arbeitskreises für Umweltbewusstes Management (B.A.U.M.) Maximilian Gege weist feinsinnig darauf hin, dass Kostenminimierung zwar im betrieblichen Umweltschutz als das auslösende Element angesehen werden kann, aber nicht unbedingt als das eigentliche Ziel. Umgekehrt können mit der Verfolgung von Umweltschutzzielen auch Kosteneinsparungen realisiert werden (Gege, 1997, 52). Die unausgesprochene Frage ist jedoch, wie lange noch? Was passiert, wenn die ökonomischen Potenziale abgeschöpft sind und der Grenznutzen einer zusätzlichen Maßnahme immer geringer wird? Oder sich gar ins Gegenteil verkehrt?

3   Umweltkostenrechnung oder Kostenrechnung?

Ein Beispiel für die Ökonomisierung des Umweltschutzes ist die Beliebtheit des Begriffes *Umweltkosten* oder *Umweltkostenrechnung* in einem einzelwirtschaftlichen Kontext. Auf einer volkswirtschaftlichen Ebene macht der Begriff der Umweltkosten durchaus Sinn, nämlich als *Kosten der Umweltwirkungen*, als der wirtschaftlich bewertete Verbrauch und die Zerstörung von Ökosystemen, von technischen und kulturellen Gütern. Doch diese sind in der Regel weder genau zu quantifizieren noch den einzelnen Verursachern zuzuordnen, und nur ein Teil dieser externen Kosten wird an Unternehmen „weitergegeben" und damit internalisiert. Dies kann z. B. durch technische Auflagen und damit erhöhte Investitionen oder durch Gebühren und Abgaben erfolgen.

Als *Kosten des Umweltschutzes* können die Aufwendungen eines Unternehmens für Umweltschutzleistungen verstanden werden, etwa die Kosten für innerbetriebliches Recycling, die firmeneigene Abwasserbehandlung oder die Filterung von Abluft. Bei additiven und typischen End-of-the-Pipe-Technologien ist dies noch sinnvoll. Doch bei integrierten Technologien ist es nur mit willkürlichen Kunstgriffen möglich (Letmathe, 1998, 13), die Umweltschutzkosten von den sonstigen Kosten, etwa im Rahmen eines gewöhnlichen Innovationsprozesses, zu trennen.

Gerade im Zusammenhang mit dem Ansatz der Ökoeffizienz wird zu den Umweltkosten oft noch der betriebliche Güterverzehr durch die Produktion gezählt, etwa die Beschaffungskosten für Rohstoffe und Energie. Es wurden neue Begriffe eingeführt, z. B. die Reststoffkosten, die keinesfalls nur die Beseitigungskosten für unerwünschte Kuppelprodukte umfassen, sondern auch die damit indirekt verbundenen zusätzlichen Aufwendungen bei Beschaffung und Verarbeitung (Fichter et al., 1997, 67). *Umwelt*kostenrechnung wird damit zu einem schwierigen und manchmal sehr aufwändigen Unterfangen. Unterschiedliche Definitionen und Abgrenzungsprobleme machen die Interpretation der Ergebnisse schwierig.

Für das Unternehmen, das bestrebt ist, den Gewinn zu maximieren, ist es letztendlich egal, ob *Umwelt*kosten oder allgemein *Kosten* verringert werden. Entscheidender ist die Korrelation der Zielfelder Umweltschutz und Kostenminimierung bei bestimmten unternehmerischen Entscheidungen oder Maßnahmen. In Tabelle 1 sind diese Zusammenhänge dargestellt. Ökoeffiziente Maßnahmen gehören der Kategorie A an; sie führen zu einer Verringerung gleichermaßen der Umweltbelastungen und der Kosten. Maßnahmen der Kategorien B oder C führen entweder zu Kostenersparnis *oder* zu einer Umweltentlastung. Es gibt aber keinen Zielkonflikt, weshalb die Realisierung sinnvoll ist. Maßnahmen der Kategorie F machen dagegen keinen Sinn[1]. Schwierig ist die Entscheidung, wenn die Kosten- und Umweltwirkung gegenläufig ist wie bei den Kategorien D und E.

Tabelle 1   Handlungsoptionen mit unterschiedlichen Auswirkungen auf Kosten und Umwelt

Handlungs-Kategorien	Auswirkungen auf:		Bewertung
	Kosten	Umweltbelastung	
A	sparen	verringern	👍👍
B	–	verringern	👍
C	sparen	–	👍
D	erhöhen	verringern	?
E	sparen	erhöhen	?
F	erhöhen	erhöhen	👎

–: indifferent

Für das Unternehmen ist weniger eine spezielle Umweltkostenrechnung erforderlich. Notwendig ist vielmehr die Beurteilung von Entscheidungen unter Kostengesichtspunkten *und* unter Umweltgesichtspunkten. Neben eine normale Kostenrechnung, wie sie im betrieblichen Alltag i. d. R. existiert, tritt also ein Hilfsmittel, das zusätzlich oder mit der Kostenrechnung kombiniert die Auswirkung von Maßnahmen auf die Umwelt erfasst und eine ökologische Beurteilung ermöglicht. Genau das ist Aufgabe der ökologischen Stoffstromanalyse. Dabei müssen sowohl die Kostenrechnung als auch die Stoffstromanalyse in der Lage sein, bestimmte unternehmerische Entscheidungen in ihren Konsequenzen entsprechend detailliert abzubilden.

Man kann noch eine weitere Forderung erheben: nämlich die Berücksichtigung externer Vorgaben, die sich aus rein einzelwirtschaftlichem Interesse nicht ergeben, aber im Sinne einer nachhaltigen Entwicklung gesamtwirtschaftlich erforderlich sind. Davon betroffen sind gemeinhin Maßnahmen der Kategorie D in Tabelle 1. Die Vorgaben können zum einen

---

[1] Natürlich gibt es noch andere Gründe, bestimmte Maßnahmen zu ergreifen. Es sei hier z. B. an soziale Aspekte oder langfristig strategische Planungen erinnert.

internalisierte Kosten, etwa Umweltabgaben o.ä., sein, zum anderen Informationen über den Umweltzustand und daraus abzuleitende Umweltziele für das Unternehmen. Es lässt sich zeigen, dass es nur mit solchen Anbindungen möglich wird, in Unternehmen Nachhaltigkeitsstrategien jenseits einer reinen Ökoeffizienz zu verfolgen (Schmidt, 1999). Man könnte dies durchaus als einen „micro-marco-link" bezeichnen, bei dem es allerdings weniger um eine beschreibende umweltökonomische Gesamtrechnung, als vielmehr um eine volkswirtschaftliche Steuerung und Priorisierung von einzelwirtschaftlichen Umweltschutzaktivitäten geht.

4 Anforderungen an Stoffstromanalysen

Betriebliche Stoffstromanalysen sollen die ökologisch relevanten Stoff-, Energie- und Produktströme des Unternehmens abbilden und dabei Entwicklungen aufzeigen und Schwachstellen identifizieren. Sie können zur Dokumentation, z. B. im Rahmen einer Umweltberichterstattung, genutzt werden und sind Basis eines kontinuierlichen Umweltcontrollings. Die Mindestanforderung ist, dass sie in der Lage sind, ökoeffiziente Maßnahmen zu identifizieren. Dazu müssen sie einerseits das betriebliche Stoffstromsystem fein genug abbilden können. Andererseits muss eine Verbindung zu der Kostenstruktur des Unternehmens in der entsprechenden Auflösung herstellbar sein. Beides dient der Möglichkeit einer verursachungsgerechten Analyse von Umweltbelastungen und Kosten.

Obwohl sich z. B. das Öko-Audit auf einzelne Unternehmensstandorte bezieht, muss ein betriebliches Stoffstrommanagement übergreifender und vielseitiger angelegt sein. Es sollte das Stoffstromsystem nicht nur unter der Perspektive des Standortes oder gar eines Einzelprozesses analysieren und bewerten können, sondern auch unter dem Gesichtspunkt der angebotenen Produkte und Dienstleistungen, die dann aber den rein betrieblichen Rahmen verlassen und sich z. B. auf einen Produktlebensweg beziehen. Dazu kommen überbetriebliche Untersuchungen, bei denen auch Unternehmensnetzwerke oder Kooperationen berücksichtigt werden.

Zweck dieser Vielseitigkeit an Perspektiven ist es, die verschiedenen Einflussbereiche eines Unternehmens besser zu erfassen. So kann ein Unternehmen seine Produktion nicht nur am Standort ökologisch optimieren, sondern auch seine Produkte umweltfreundlicher gestalten oder auf das Verhalten der Kunden Einfluss nehmen. Besonders bei Dienstleistungsunternehmen ist die Umweltrelevanz der Produktseite im Allgemeinen wichtiger als die des Standortes. Ein Teil der Umweltbelastungen entzieht sich sogar der direkten Einflussmöglichkeit des Unternehmens und wird eher durch Verbraucherverhalten u. ä. beeinflusst. Dies ist in Abb. 1 dargestellt (UNCTAD, 1995). Von verschiedener Seite wird deshalb nicht nur eine Prozess- und Produktinnovation, sondern auch eine ökologische Funktionsinnovation (Welche Funktion erfüllt das Produkt?) und eine Bedürfnisorientierung der Produkte gefordert (Minsch et al., 1996, 65). Sie sind wesentliche Bestandteile einer gesellschaftlichen Nachhaltigkeitsstrategie, die auch den Suffizienzgedanken aufgreift. Schließlich entscheidet über die Umweltrelevanz einer unternehmerischen Tätigkeit nicht ein beliebiger Bilanzausschnitt – etwa der Standortbezug –, sondern die ökologische Gesamtbilanz seiner Tätigkeit.

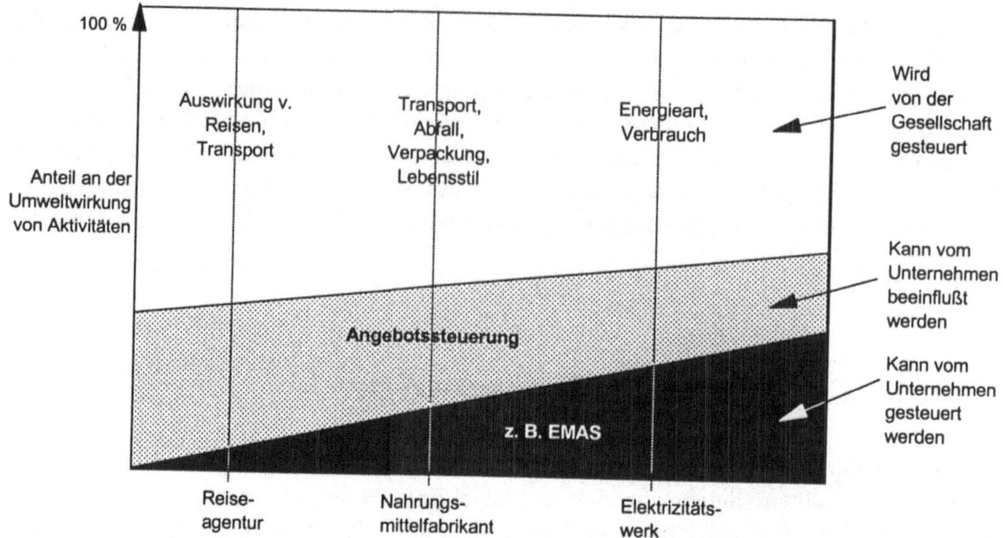

Abb. 1   Aufteilung der Umweltwirkungen von unternehmerischen Aktivitäten auf verschiedene Steuerungs- und Einflussmöglichkeit (aus UNCTAD, 1995, 7)

Stoffstromanalysen müssen die Stoffströme auch bewerten können. Dies können zum einen individuelle Kennzahlen (z. B. Effizienzzahlen) oder betriebliche Bewertungsgrößen sein, zum anderen aber auch ökologische Bewertungssysteme, die von der Gesellschaft und der Politik extern vorgegeben sind und die Prioritätensetzung im Umweltschutz und bzgl. einer nachhaltigen Entwicklung, z. B. durch einen nationalen Umweltplan, verdeutlichen.

Dem entspricht in der Kostenrechnung die fakultative Berücksichtigung von externen Kosten: Was wäre, wenn man die Umweltkosten durch CO_2-Emissionen mitberücksichtigt? Wie würde sich das Betriebsergebnis verändern, wenn eine Energiesteuer oder CO_2-Abgabe einer bestimmten Höhe angenommen wird? Welche Investitionsentscheidungen oder Produktinnovationen müssten daraus gefolgert werden?

Schließlich müssen betriebliche Stoffstromanalysen so angelegt sein, dass sie einen Lernprozess fördern oder in Gang setzen. Aus der Analyse und Bewertung heraus müssen die im Betrieb Zuständigen zu Szenarien, zu Gedankenspielen angeregt werden, bei denen sie die – ökologische und ökonomische – Wirkung von Maßnahmen oder Innovationen antizipieren. Damit können Entscheidungen in einem Umweltcontrolling-Prozess vorbereitet und quantitativ fundiert werden.

Im Mittelpunkt dieses Prozesses stehen aber immer die Menschen, die die Bewertung vornehmen, die Entscheidungen treffen und letztendlich auch umsetzen müssen. Eine Illusion ist es zu glauben, diese Arbeit ließe sich vollautomatisieren und der Lernprozess per Knopfdruck von einem Computer substituieren. Aber man kann den Menschen Werkzeuge an die Hand geben, die sie bei dieser Arbeit unterstützen.

5 Stoffstromnetze mit Umberto®

Das ifeu-Institut hat in den vergangenen 5 Jahren in enger Kooperation mit dem ifu Institut für Umweltinformatik Hamburg eine Software entwickelt, die zur Erstellung ökologischer Stoffstromanalysen dient und gleichermaßen als Hilfsmittel für die Ökobilanzierung und als betriebliches Umweltinformationssystem (BUIS) genutzt werden kann (Schmidt u. Häuslein, 1997). Ziel dieser Entwicklung war zum einen die Bereitstellung eines geeigneten Werkzeuges für Stoffstromanalysen, die in den Instituten im Rahmen von Forschungs- oder Beratungsvorhaben durchgeführt werden. Zum anderen sollte damit aber auch eine Verbindung zwischen der theoretischen Methodenentwicklung und dem praktischen Einsatz im betrieblichen Umweltschutz hergestellt werden und eine marktgängige Software geschaffen werden.

Umberto® ist eine professionelle datenbank-basierte Software, die netzwerkfähig auf PCs unter Windows 95/98/NT arbeitet. Sie baut auf einem Ansatz aus der Theoretischen Informatik auf, bei dem ein Stoffstromsystem als ein Graph, als ein Netzwerk aus Prozessen und Stoffströmen, abgebildet wird. Komplexe Produktionsstrukturen können mit hierarchischen Netzebenen abgebildet werden. Prozesse lassen sich nichtlinear und zeitabhängig modellieren.

Das Programm ermittelt vorrangig die periodenbezogenen Stoffströme, wobei von einer kombinierten und in sich konsistenten Fluss- und Bestandsberechnung ausgegangen wird. Damit ist die Basis für ein umfassendes BUIS gegeben, bei dem die Stoffflüsse und -bestände kontinuierlich fortgeschrieben werden. Der Netzansatz lässt die Wahl beliebiger Bilanzgrenzen zu, wodurch die Analyse der kleinsten Produktionseinheiten oder des ganzen Unternehmens bis hoch zur Konzernebene oder des zwischenbetrieblichen Bereichs möglich ist.

Ergänzt wird dieser Rechenkern um Algorithmen, die nicht nur die Umweltbilanz eines Prozesses, eines Standortes oder eines ganzen Unternehmens zulassen, sondern die den Verzehr an Ressourcen oder die Emission von Schadstoffen auch auf die einzelnen Produkte des Unternehmens beziehen. So werden aus *einer* Unternehmensbilanz *viele* Produktbilanzen, die dann ggf. um den Lebensweg außerhalb des Unternehmens ergänzt werden können. Umberto kann somit nicht nur zur Erstellung großer Life-Cycle-Assessment-Studien von Produkten eingesetzt werden, wie dies derzeit für das Umweltbundesamt erfolgt (Giegrich et al., 1998, Detzel et al., 1999). Unter Umberto sind die standortbezogene und die produktbezogene Analyse tatsächlich nur verschiedene Perspektiven ein und desselben realen (oder modellierten) Stoffstromsystems.

Das Hauptaugenmerk der Stoffstromanalyse liegt üblicherweise auf der Sachbilanz, also auf der Erfassung und Analyse der physikalischen Stoff- und Energieströme. Aus der LCA-Praxis heraus haben sich Methoden zur ökologischen Wirkungsanalyse und zur Bewertung dieser Sachbilanzen ergeben, die mit Umberto einfach eingesetzt werden können. Außerdem können die betrieblichen Stoffströme zu nahezu beliebigen Kennzahlen verbunden und aggregiert werden.

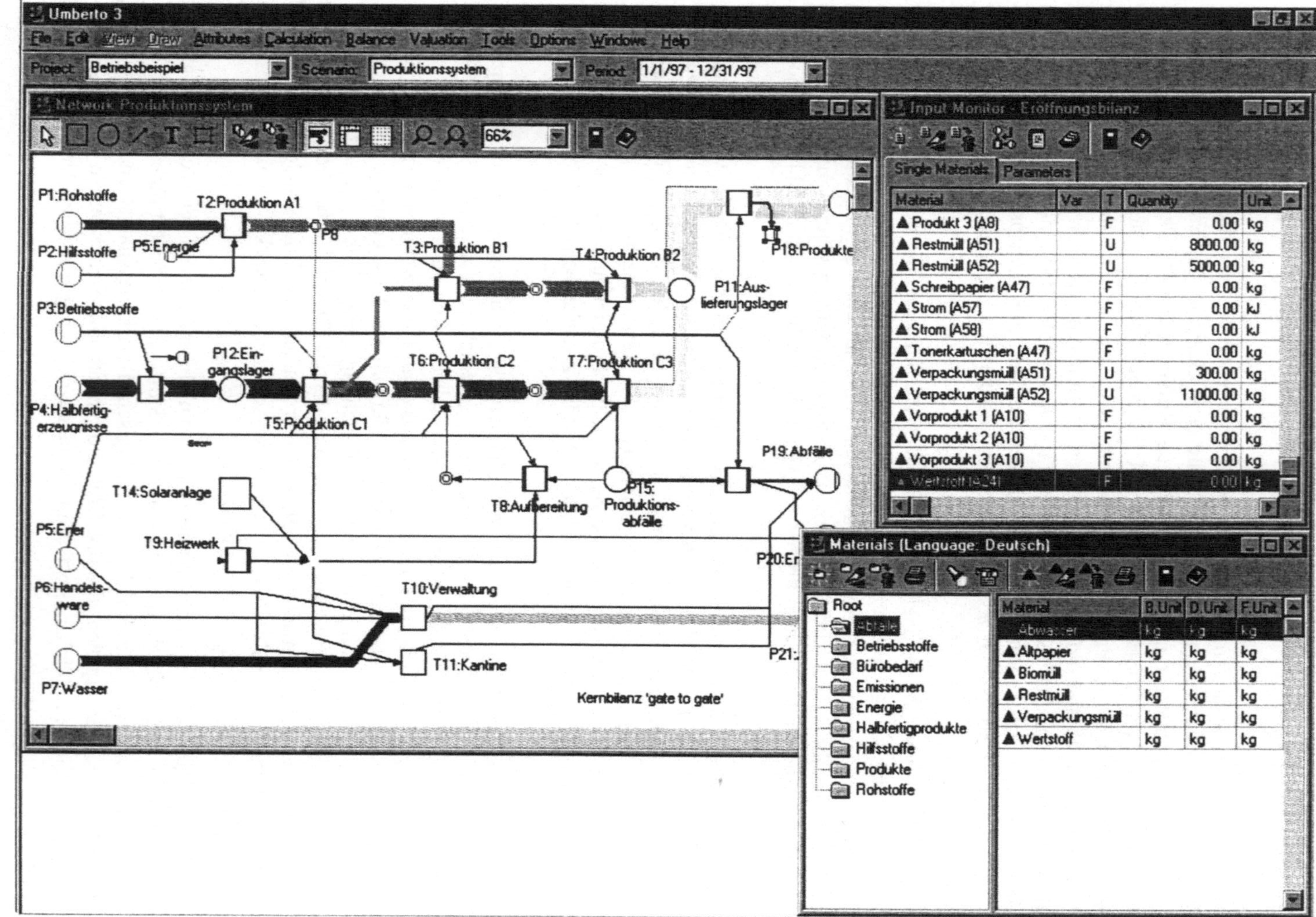
Umberto 3
File Edit View Draw Attributes Calculation Balance Valuation Tools Options Windows Help
Project: Betriebsbeispiel   Scenario: Produktionssystem   Period: 1/1/97 - 12/31/97
Network Produktionssystem
66%
P1:Rohstoffe
T2:Produktion A1
P2:Hilfsstoffe
P5:Energie
P8
T3:Produktion B1
T4:Produktion B2
P18:Produkte
P11:Aus-
lieferungslager
P3:Betriebsstoffe
P12:Ein-
gangslager
T6:Produktion C2
T7:Produktion C3
P4:Halbfertig-
erzeugnisse
T5:Produktion C1
P19:Abfälle
T14:Solaranlage
T8:Aufbereitung
P15:
Produktions-
abfälle
P5:Ener
T9:Heizwerk
P20:Er
P6:Handels-
ware
T10:Verwaltung
P21:
T11:Kantine
P7:Wasser
Kernbilanz 'gate to gate'
Input Monitor - Eröffnungsbilanz
Single Materials Parameters
Material Var T Quantity Unit
Produkt 3 (A8) F 0.00 kg
Restmüll (A51) U 8000.00 kg
Restmüll (A52) U 5000.00 kg
Schreibpapier (A47) F 0.00 kg
Strom (A57) F 0.00 kJ
Strom (A58) F 0.00 kJ
Tonerkartuschen (A47) F 0.00 kg
Verpackungsmüll (A51) U 300.00 kg
Verpackungsmüll (A52) U 11000.00 kg
Vorprodukt 1 (A10) F 0.00 kg
Vorprodukt 2 (A10) F 0.00 kg
Vorprodukt 3 (A10) F 0.00 kg
Wertstoff (A24) F 0.00 kg
Materials (Language: Deutsch)
Root
Abfälle
Betriebsstoffe
Bürobedarf
Emissionen
Energie
Halbfertigprodukte
Hilfsstoffe
Produkte
Rohstoffe
Material B.Unit D.Unit F.Unit
Abwasser kg kg kg
Altpapier kg kg kg
Biomüll kg kg kg
Restmüll kg kg kg
Verpackungsmüll kg kg kg
Wertstoff kg kg kg

In Abb. 2 ist die Benutzeroberfläche von Umberto dargestellt. Das Stoffstromsystem wird als Netz aus Flüssen und Prozessen (Quadrate) dargestellt. Die runden Stellen bestimmen die Bilanzgrenzen des zu analysierenden Systems. Ein solches Netz wird mit der Maus wie in einem Zeichenprogramm aufgebaut. Hinter jedem Netzobjekt verbirgt sich jedoch eine Definition, die mit Doppelclick erscheint bzw. verändert werden kann. Im berechneten Zustand kann mit Doppelclick jeder Stofffluss, Materialbestand oder Einzelprozess angezeigt und analysiert werden.

Seit Sommer 98 ist mit Umberto auch eine Kostenrechnung möglich – keine *Umwelt*kostenrechnung, denn die Möglichkeiten gehen deutlich über eine rein monetäre Bewertung des Ressourcenverzehrs oder der Emissionen hinaus. Anwender können einen eigenen Kostenartenplan, z. B. aus der betrieblichen Praxis, verwenden und Prozesse als Kostenstellen auffassen. Neben dem Material- und Energieverbrauch lassen sich so nahezu alle Kosten (Personalkosten, Abschreibungen, Gebühren usw.) oder Erträge in einem Stoffstromsystem abbilden. Auch externe Kosten oder Umweltabgaben und Ökosteuern können angenommen werden. Die Kostenrechnung in Umberto ermöglicht mit einer innerbetrieblichen Leistungsverrechnung und einer Kostenträgerrechnung eine verursachergerechte Analyse der Kosten.

Obwohl das ifeu die Entwicklung an Umberto – im Gegensatz zu manchem Konkurrenzprodukt großer Konzerne – ohne staatliche Förderung eigenfinanzierte, hat sich aus dem Projekt inzwischen ein Tool entwickelt, das nicht nur als theoretisches Konzept, sondern auch als einsetzbare Standardsoftware existiert. Von Umberto sind inzwischen weit mehr als 200 Lizenzen im Umlauf; es wird von Fraunhofer-Instituten, dem Öko-Institut Freiburg, Universitätsinstituten, Engineering- und Consulting-Firmen und natürlich produzierenden Unternehmen professionell eingesetzt.

6   Fazit

Die Diskussion über Ökoeffizienz und Umweltkostenrechnung hat in den vergangenen Jahren sicher dazu beigetragen, dass sich Unternehmen für mehr Umweltschutz engagieren und Umweltmanagementsystem einrichten, und das in einer Zeit, in der die Umwelt leider wieder eine geringere gesellschaftliche Priorität hat. Gleichzeitig wurden Methoden entwickelt, wie ein Stoffstrommanagement auf betrieblicher Ebene realisiert werden kann, welche Informationen dazu erforderlich sind und wie sie verarbeitet und bewertet werden müssen. Auf Unternehmensebene wurden zudem Verfahren getestet, die durch freiwillige Anreizsysteme eine *ökologische Grobsteuerung*, wie dies Minsch (1996, 89) bezeichnete, erlauben würden.

Es darf aber nicht verkannt werden, dass mit diesen punktuellen Erfahrungen noch keine nachhaltige Entwicklung eingeleitet ist. Hierzu fehlen auf gesellschaftlicher oder politischer Ebene die Zielvorgaben und echte Anreize für einzelwirtschaftende Akteure, sodass sich nachhaltiges Handeln „bezahlt" machen würde. Diese Vorgaben können kaum von den Unternehmen erwartet werden; sie sind und bleiben die unbequeme Aufgabe des Staates.

Linke Seite: Abb. 2   Die Benutzeroberfläche von Umberto 3.0

Literatur

Bundesumweltministerium, Umweltbundesamt (1995): Handbuch Umweltcontrolling. München

Costanza, R., Daly, H. E. (1992): Natural Capital and Sustainable Development. Conservation Biology Vol. 6, S. 37-46

Detzel, A. et al. (1999): Ökobilanz Getränkeverpackungen II. Prognos- und ifeu-FE-Vorhaben im Auftrag des Umweltbundesamtes Berlin (in Arbeit)

Enquête-Kommission „Schutz des Menschen und der Umwelt" (1994): Die Industriegesellschaft gestalten – Perspektiven für einen nachhaltigen Umgang mit Stoff- und Materialströmen. Bundestags-Drucksache 12/8260. Bonn

Fichter, K., Loew, T., Seidel, E. (1997): Betriebliche Umweltkostenrechnung. Berlin/ Heidelberg/ New York

Fichter, K., Clausen, J. (Hrsg.) (1998): Schritte zum nachhaltigen Unternehmen. Berlin/ Heidelberg/ New York

Fischer, H. et al. (1997): Umweltkostenmanagement. Kosten senken durch praxiserprobtes Umweltcontrolling. München

Friege, H., Engelhardt, C., Henseling, K. O. (1998): Das Management von Stoffströmen. Berlin/ Heidelberg/ New York

Frings, E. (1998): Stoffstromanalysen. In: Friege et al. (1998). S. 34-47

Gege, M. (1997): Kosten senken durch Umweltmanagement. 1000 Erfolgsbeispiele aus 100 Unternehmen. München

Giegrich, J., Detzel, A. et al. (1998): Gesamtökologischer Vergleich graphischer Papiere. ifeu-FE-Vorhaben im Auftrag des Umweltbundesamtes Berlin. Heidelberg

Henseling, K. O. (1998): Grundlagen des Managements von Stoffströmen. In: Friege et al. (1998). S. 17-19

Letmathe, P. (1998): Umweltbezogene Kostenrechnung. München

De Man, R. et al. (1998): Ziele, Anlässe und Formen des Stoffstrommanagements. In: Friege et al. (1998). S. 20-26

Minsch, J. et al. (1996): Mut zum ökologischen Umbau. Innovationsstrategien für Unternehmen, Politik und Akteursnetze. Basel

Schmidheiny, S., Zorraquin, F. (1996): Finanzierung des Kurswechsels. Die Finanzmärkte als Schrittmacher der Ökoeffizienz. Zürich

Schmidt, M., Schorb, A. (1995): Stoffstromanalysen in Ökobilanzen und Öko-Audits. Berlin/ Heidelberg/ New York

Schmidt, M. (1999): Betrieblicher Umweltschutz zwischen Kosten-Effizienz und Nachhaltigkeit. In: Schmidt, M., Möller, A. (Hrsg.): Öko-Controlling und Kostenrechnung. Berlin/ Heidelberg/ New York

UNCTAD (1995): United Nations Conference on Trade and Development. Incentives and disincentives for the adoption of sustainable development by transnational corporations. Genf

Kommunales Öko-Audit

Ellen Frings

1 Einleitung

Die 1993 in Kraft getretene erste Fassung der Öko-Audit-Verordnung ermöglicht zwar zunächst nur dem produzierenden Gewerbe die Teilnahme an dem Gemeinschaftssystem, fordert aber gleichzeitig alle Mitgliedsstaaten auf, auch in anderen Branchen Erfahrungen zu sammeln. Zunehmend mehr Dienstleister, Handelsunternehmen oder Verwaltungen haben daher – in staatlich unterstützten Modellprojekten oder in Eigenregie – inzwischen Umweltmanagementsysteme in Anlehnung an die EMAS-Verordnung aufgebaut.

Auch in Kommunen bzw. Kommunalverwaltungen fasst das Öko-Audit inzwischen Fuß. Allerdings divergieren die Vorstellungen über die Bedeutung, die dieses freiwillige Instrument hier übernehmen kann, sehr: Während eine Fraktion darin in erster Linie einen Ansatz zur Implementierung von Umweltschutzstrategien in die innerbetrieblichen Tätigkeiten der Verwaltung und ihrer Einrichtungen sieht, erhofft sich eine andere – vorwiegend aus der Umweltplanung stammende – Fraktion einen neuen Ansatz zur Gestaltung der kommunalen Umweltpolitik.

Gerade bei der zweiten Interpretation werden meist sehr hohe Erwartungen geweckt: Das Öko-Audit mutiert hier zu einem Instrument, das alle modernen Ansätze der kommunalen Umweltpolitik vereint, für geeignete Verwaltungsstrukturen sorgt, eine konzeptionell fundierte Umweltpolitik anhand eines ausgetüftelten Zielkatalogs sicherstellt und dabei noch alle relevanten gesellschaftlichen Kreise in die notwendigen Diskussionen um Umweltleitlinien, Umweltziele und Umweltprogramm einbezieht (Baumann et al., 1998; Grahl/Pahl-Weber, 1998). Darüber hinaus wird in der Fachdiskussion gelegentlich der Anspruch erhoben, das Umweltmanagementsystem solle den Abgleich aller politischer Beschlüsse sowie Maßnahmen und Fachplanungen der Verwaltung mit den Umweltleitlinien und Umwelt(qualitäts)zielen sicherstellen, bevor sie zur Umsetzung zugelassen werden. Auffällig jedoch ist, dass trotz der hohen Ansprüche die Mehrzahl der Öko-Audit-Projekte (Du Bois, 1998; Schimmack, 1998; Worthmann, 1998) auf den innerbetrieblichen Bereich der Verwaltung und der Einrichtungen beschränkt ist.

2 Kommunales Öko-Audit Baden-Württemberg

2.1 Projektkonzeption

Was kann das Öko-Audit in Kommunen nun tatsächlich leisten? Dieser Frage ging das Modellprojekt „Kommunales Öko-Audit Baden-Württemberg"[1] in zwei Phasen nach: In der ersten Phase standen die innerbetrieblichen Tätigkeiten und Abläufe der Verwaltung und ihrer Einrichtungen im Mittelpunkt der Betrachtung, welche vorwiegend zu direkten Umweltbelastungen am Standort der Verwaltung führen. Auf diesen Aktionsradius konzentriert sich im Wesentlichen auch die Öko-Audit-Verordnung. Nur an einigen Stellen geht der Verordnungstext über den standortbezogenen Betrachtungswinkel hinaus und stellt kursorisch den Bezug zu den Produkten der Unternehmen her: In den „zu behandelnden Gesichtspunkten" wird die Produktplanung[2] thematisiert und in den „Guten Managementpraktiken" wird gefordert, dass *die Umweltauswirkungen jeder neuen Tätigkeit, jedes neuen Produkts und jedes neuen Verfahrens ... im voraus beurteilt*[3] werden. Da die Umweltrelevanz der „Produkte" und Dienstleistungen der Kommunalverwaltung – unter anderem von den Mitgliedern des projektbegleitenden Beirates – wesentlich höher als die der innerbetrieblichen Tätigkeiten eingestuft wurde, befasste sich die zweite Projektphase mit diesen Handlungsfeldern der Kommunalverwaltung.

Hier galt es jedoch zunächst, die Begriffe *Produkte* und *Dienstleistungen* im Kontext von Kommunalverwaltungen zu klären. Zwar gibt es umfangreiche Produktkataloge, die im Zusammenhang mit der Verwaltungsreform bzw. dem neuen Steuerungsmodell (KGSt, 1996) aufgestellt wurden, doch sind diese Definitionen für das Öko-Audit nicht geeignet, da der Umweltschutzaspekt bei ihrer Festlegung keine Rolle spielte.

Die Produkte und Dienstleistungen von Verwaltungen wurden daher für das Projekt neu systematisiert. Materielle Produkte, wie Broschüren oder Pässe, sind in Verwaltungen rar, meist bieten sie Dienstleistungen an. Auch hier können wiederum zwei Arten unterschieden werden. Zu der ersten Kategorie gehören Dienstleistungen, die unmittelbar an eine technische Infrastruktur gebunden sind, wie die Abwasserreinigung. Die Umweltbelastungen entstehen zum größten Teil unmittelbar bei der Ausübung der innerbetrieblichen Tätigkeiten und fallen beim Akteur Verwaltung an, sodass diese Dienstleistungen letztlich bereits in der ersten Phase des Projektes betrachtet werden. Eine andere Form von Dienstleistungen sind jedoch Planungen oder Konzepte, die im weitaus größeren Maß indirekte Umweltbelastungen auslösen, indem sie das Verhalten anderer Akteure im Gebiet der Kommune beeinflussen – beispielsweise ein Verkehrsentwicklungsplan oder ein Flächennutzungsplan. Diese Art der Dienstleistung war Gegenstand des zweiten Phase des Modellprojekts. Ziel war es,

---

[1] Im Auftrag des Ministeriums für Umwelt und Verkehr, unter fachlicher Begleitung der Landesanstalt für Umweltschutz, durchgeführt vom ifeu-Institut mit fachlicher Unterstützung der Planungsgruppe Ökologie und Umwelt Süd.

[2] Produktplanung (Design, Verpackung, Transport, Verwendung und Endlagerung): EMAS-Verordnung, Anhang I, C, Punkt 7

[3] EMAS-Verordnung, Anhang I, D, Punkt 2

Verfahren im Managementsystem zu etablieren, die eine Berücksichtigung von Umweltschutzaspekten bei Verwaltungs- und Planungsentscheidungen sicherstellen.

2.2 Vorbereitungsphase

Das Projekt startete mit einer umfassenden Vorstellung des Öko-Audits auf allen Ebenen der Verwaltungen – in Dezernenten- und Amtsleiterrunden, Personalversammlungen, in Mitarbeiterzeitungen sowie in persönlichen Gesprächen mit den beteiligten Amtsleitern. Dann wurden die notwendigen organisatorischen Strukturen geschaffen: ein Audit-Leiter und ein Koordinator als zentrale Ansprechpartner, Praktikanten oder Mitarbeiter im Freiwilligen Ökologischen Jahr zur personellen Unterstützung und Audit-Teams zur Gewährleistung der ämterübergreifende Zusammenarbeit. In den größeren Kommunen hat sich darüber hinaus eine Steuerungsgruppe als sinnvolles Gremium zur Lenkung des Projektablaufs erwiesen.

Die Audit-Teams bzw. die Steuerungsgruppen wählten dann die Teilbereiche aus, in denen das Öko-Audit eingeführt werden sollte – denn alle Beteiligten waren sich einig, dass aufgrund der Aufgabenvielfalt und der personellen Ausstattung in den Kommunen eine Einschränkung erforderlich sei. So wurde das Umweltmanagementsystem in der ersten Phase zunächst in den Querschnittsämtern mit umweltbezogenen Aufgaben – Beschaffung oder Energiemanagement – eingeführt und nur in einzelnen Organisationseinheiten bis auf die unterste Ebene heruntergebrochen. In Teningen war dies beispielsweise der Bauhof oder in Ulm das Schulamt mit einer ausgewählten Schule. Auch in der zweiten Phase wurden Schwerpunkte gesetzt: In Kehl war dies beispielsweise der Verkehrsbereich.

2.3 Einführung des Öko-Audits

Der Einstieg in das Öko-Audit erfolgte über die *Umweltprüfung* und die Erstellung des *Umweltprogramms* für die innerbetrieblichen Tätigkeiten – Wasser- und Energiemanagement, Beschaffung, Reinigung, Bau und Sanierung von Gebäuden etc. Dazu wurden die wichtigsten Stoff- und Materialflüsse in Form einer Input-Output-Analyse erfasst und Flächen- und Verkehrsbilanzen erstellt. Die Ergebnisse überzeugten auch die Zweifler an der Umweltrelevanz von Verwaltungen: Die 2.000 Mitarbeiter starke Verwaltung der Großstadt Ulm beispielsweise verbrauchte im Jahr 1995 400.000 Liter Treibstoff, 50 Tonnen Kopierpapier und 52 Tonnen Reinigungsmittel.

Parallel zu den Umweltbelastungen wurden das Umweltmanagement – anhand von Checklisten und in persönlichen Gesprächen – geprüft. Im Mittelpunkt des Interesses standen Fragen nach Zuständigkeiten und Verantwortlichkeiten für umweltrelevante Aufgaben. Besonderer Wert wurde darauf gelegt, in regelmäßigen Mitarbeitergesprächen oder Begehungen von Büros und Einrichtungen zu prüfen, ob die umweltbezogenen Regelungen auch umgesetzt werden. Um zusätzliche Anreize für die Umsetzung der Maßnahmen zu geben, wurden in Teningen Reinvestitionsmöglichkeiten geschaffen: Finanzielle Einsparungen beim Energie- und Materialverbrauch kommen den Ämter und Einrichtungen selbst zugute, statt in einem großen Topf zu verschwinden.

Die Ergebnisse der Umweltprüfung mündeten in das Umweltprogramm. Leisteten einzelne Ämtern bereits bei der Datenzusammenstellung nur sehr zögerlich ihre Zuarbeit, zeigte sich hier die Erwartungshaltung an die „Macher" des Öko-Audits – die Koordinatoren sowie das ifeu-Institut – noch deutlicher. Vor allem aber werteten manche Amtsleiter diesen Arbeitsschritt als einen Einbruch in ihre Kompetenzbereiche. Ein Grund für diese Motivationsdefizite lag möglicherweise in der Tatsache, dass die beteiligten Ämter zumindest in den größeren Kommunen in die Entscheidung zur Teilnahme an dem Modellprojekt nicht einbezogen worden waren.

Auch im zweiten Baustein, der sich mit den Produkten und Dienstleistungen befasste, wurde eine *Umweltprüfung* durchgeführt und ein *Umweltprogramm* aufgestellt – allerdings war das Vorgehen hier prozessorientierter. Zunächst trugen die Verwaltungen zusammen, welche Daten zur Gemeindestruktur sowie über die Umweltbelastungen und den Umweltzustand der Verwaltung in der Kommune überhaupt vorlagen. Dann wurden Indikatoren festgelegt, mit deren Hilfe zukünftig die Entwicklung der Umweltsituation in den Kommunen über eine Zeitreihe dokumentiert werden soll. Über die Beschäftigung mit den Daten, Indikatoren und Schwachstellen ergab sich in Kehl bereits eine Liste von vorgesehenen Maßnahmen, die im Umweltprogramm neu gegliedert und den jeweiligen Zielen zugeordnet wurden. So konnten Handlungslücken, z. B. im Bereich des Fußgängerverkehrs oder bei der Öffentlichkeitsarbeit, aufgedeckt werden. Entsprechende Maßnahmen wurden im Umweltprogramm ergänzt.

Um das Umweltmanagementsystem zu prüfen, führte die Projektgemeinschaft Gespräche mit den zuständigen Mitarbeitern in der Verwaltung, mit Vertretern der Fraktionen sowie relevanter gesellschaftlicher Gruppen und Verbände. Themen waren z. B. die Einbindung der jeweiligen Interviewpartner in Entscheidungsabläufe oder die Zusammenarbeit zwischen der Verwaltung und dem Gemeinderat. So wurde beispielsweise gefragt, ob Klausurtagungen zu Umweltthemen zwischen Verwaltung und Gemeinderat stattfinden oder ob Qualifikationen im Umweltschutz auch bei Neueinstellungen, die zwar Umweltbezug haben, aber nicht unmittelbar im Umweltamt angesiedelt sind, ein Kriterium sind. Weiterhin interessierte beispielsweise, wie ämterübergreifende Abstimmungen bei Projekten mit Umweltbezug geregelt sind. Auch diese Aspekte mündeten teilweise bereits im Umweltprogramm.

Die in der Verwaltung vorbereiteten Umweltleitlinien und das Umweltprogramm wurden dann als Beschlussvorlage in den Umweltausschuss bzw. den Gemeinderat eingebracht und verabschiedet. Soweit die Maßnahmen mit Kosten verbunden sind, gilt es, diese rechtzeitig in den nächsten Haushaltsberatungen anzumelden.

Ein wesentlicher Schwerpunkt bei der Einführung des Öko-Audits lag in der Konkretisierung des *Umweltmanagementsystems*. Dabei sind folgende Schwerpunkte zu unterscheiden:

Festlegung von Zuständigkeiten und Verantwortlichkeiten

Hier galt es im Wesentlichen, die umweltbezogenen Zuständigkeiten in den verschiedenen Ämtern soweit wie möglich zu konkretisieren, denn klare Abgrenzungen erleichtern die Zusammenarbeit. Um den ämterübergreifenden Austausch zu fördern, wurden weiterhin Umwelt-Teams in den Verwaltungen eingerichtet. In Kehl beispielsweise wurde das Audit-Team Verkehr institutionalisiert, da sich die Zusammenarbeit als ausgesprochen konstruktiv erwiesen hat. Bei Abschluss des Projektes war geplant, dass dieses Gremium etwa 3- bis 4-mal pro Jahr zusammentrifft. Weiter wurden Festlegungen zur Verbesserung der Zusammenarbeit zwischen Gemeinderat und Verwaltung getroffen: Dazu gehören beispielsweise regelmäßige Klausurtagungen zu strategischen Fragen des Umweltschutzes.

Aufbau eines Umwelt-Controllingsystems

Durch die regelmäßige Abfolge der Schritte *Festlegung von Umweltzielen und -programmen, Umsetzung und Umweltbetriebsprüfung* wird letztlich ein Umwelt-Controllingsystem aufgebaut. Um die Fortführung dieser Schrittabfolge zu vereinfachen, ist in den Kommunalverwaltungen zunächst eine Zuständigkeit für einen Umwelt-Controller festzulegen und ein Berichtswesen aufzubauen. Im Idealfall ist das Umwelt-Controlling bei einem Amt mit zentralen Steuerungsaufgaben anzusiedeln. Dies könnte beispielsweise die Stadtkämmerei sein, oder – wie in Ulm – die Organisationsstelle.

Aufgabe des Umwelt-Controllers ist es, alle umweltrelevanten Daten und Informationen zentral zusammenzuführen und sie regelmäßig – spätestens bei der Umweltbetriebsprüfung – entscheidungsorientiert aufzubereiten. Im Einzelnen gehören dazu folgende Teilaufgaben:

- die Fortschreibung des ökologischen Kontenrahmens und der Umweltkennzahlen für den Bereich „Verwaltung als Betrieb" sowie der Umweltindikatoren für den Bereich „Produkte und Dienstleistungen",

- regelmäßige Vollzugskontrolle des Umweltprogramms durch eine periodische Abfrage der verschiedenen Ämter über den Stand der Umsetzung,

- Veröffentlichung des Umweltprogramms und der Vollzugskontrolle, Aufforderung der Bürger/innen zu Rückmeldungen und Diskussion der Vollzugskontrolle im Gemeinderat,

- Durchführung, Auswertung und Dokumentation der Ergebnisse von Mitarbeitergesprächen, um sich der Funktionsfähigkeit des Umweltmanagementsystems zu versichern,

- Koordination, Auswertung und Dokumentation der Ergebnisse von Begehungen in den Büros und Einrichtungen der Kommunalverwaltung sowie von Stadtteilbegehungen.

Qualifikation und Motivation

Ein weiteres Element im Umweltmanagementsystem betrifft die Qualifikation und Motivation der Mitarbeiter. Hier gilt es Schulungspläne aufzustellen, die Mitarbeiter über geeignete Schulungs- und Weiterbildungsangebote zu informieren und im Rahmen des Umwelt-

Controllingsystems nachzugehen, inwieweit Qualifikations- und Weiterbildungsangebote genutzt werden. Dies sollte auch ein Thema in den regelmäßig durchzuführenden Mitarbeiterbesprechungen sein.

Um die Motivation der Mitarbeiter/innen zu erhöhen, wurden den Kommunen eine Reihe von Instrumenten vorgeschlagen. Dazu gehören Anreizsysteme, wie Umweltpreise für Dienststellen im Rahmen des verwaltungsinternen Vorschlagswesens, Reinvestitionsmöglichkeiten für Einsparungen (s. o.) ebenso, wie Möglichkeiten zur Partizipation sowie zur verbesserten umweltbezogenen Information. Als wichtig für die Motivation der Mitarbeiter hat sich aber vor allem erwiesen, dass die Verwaltungsführung dem Umweltschutz eine hohe Bedeutung beimisst und Umweltthemen in Amtsleiter- oder Dezernentenrunden auf die Tagesordnung setzt sowie an Arbeitstreffen im Rahmen des Öko-Audits auch persönlich teilnimmt.

Festlegung von Abläufen in der Verwaltung bzw. zwischen Verwaltung und Gemeinderat

In einem weiteren Schritt wurden einzelne Abläufe in den Kommunalverwaltungen konkretisiert. Beispiele sind die Festschreibung von Verfahren bei der Meldung gebäudetechnischer Mängel durch die Nutzer, zur Beschaffung neuer Produkte oder zur Abstimmung bei Planungen und Entscheidungen mit Umweltbezug.

3 Anwendbarkeit der Öko-Audit-Verordnung und offene Punkte

Das Modellprojekt hat die grundsätzliche Anwendbarkeit der Öko-Audit-Verordnung auf Kommunalverwaltungen bestätigt. Im Verlauf des Projektes haben sich aber einige verwaltungsspezifische Aspekte ergeben, die eine Implementierung des Umweltmanagementsystems in Anlehnung an die EMAS-Verordnung erschweren können. Dazu gehören unter anderem die inflexibleren Verwaltungsstrukturen, die ausgeprägtere Hierarchie sowie das Bereichsdenken der Ämter, die Aufgabenvielfalt der Kommunalverwaltungen sowie der Gemeinderat als zusätzliche Entscheidungsebene. Es kann daher sein, dass manche Prozesse in Verwaltungen länger dauern als in gewerblichen Unternehmen. In den drei Modellkommunen steht daher als nächster Schritt die verstärkte Werbung für die Leistungen und Erfolge des Öko-Audits auf dem Plan – sowohl beim Personal als auch im Gemeinderat.

Zu überdenken ist weiterhin die bisherige, relativ enge Auslegung der Standortdefinition in der Verordnung, die bei der Einführung des Umweltmanagementsystems zu einer Orientierung an einzelnen Liegenschaften führt. Dies ist auf Grund der in Verwaltungen zentral organisierten Entscheidungskompetenzen für umweltrelevante Aufgaben aber nur begrenzt sinnvoll. Den Verwaltungen sollten vielmehr verschiedene Einführungsstrategien möglich sein: Entweder die Validierung einzelner Organisationseinheiten – wie ein Schulamt mit ausgewählten Schulen oder einen Bauhof – unter Einbeziehung der Querschnittsämter mit Umweltaufgaben oder die Einführung des Umweltmanagementsystems in den Querschnittsämtern mit Umweltaufgaben und die stufenweise Einbeziehung von dezentralen Aufgaben in den Fachämtern und Einrichtungen.

Darüber hinaus hat das Modellprojekt einige Fragen offen gelassen, die vor allem die zweite Phase, die sich mit den Produkten und Dienstleistungen der Verwaltung befasste, betreffen.

Produktdefinitionen für das Umwelt-Controlling-System

Im Rahmen des Modellprojekts wurde eine erste Systematisierung der Produkte und Dienstleistungen von Verwaltungen vorgenommen und ein Verfahrensvorschlag entwickelt, wie das Öko-Audit auch im Planungsbereich eingesetzt werden kann. In seiner jetzigen Konzeption ist das Öko-Audit ein Steuerungs- und Planungsinstrument, das im Wesentlichen auf einer verbesserten Zusammenarbeit in der Verwaltung sowie auf einer Umsetzungskontrolle von Zielen und Maßnahmen aufbaut. Es wäre aber auch sehr reizvoll, die Idee des Finanz-Leistungs-Controllings aus der Verwaltungsreform hier aufzugreifen und einzelne Produkte unter ökologischen Gesichtspunkten zu formulieren, über die jährlich Bericht zu erstatten wäre. Doch sind qualitative Aspekte, wie sie im Umweltbereich eine Rolle spielen, über einen solchen Weg tatsächlich zu erfassen? Und ist der Verwaltungsaufwand nicht letztlich größer als der Nutzen eines solchen Systems?

Handlungsmöglichkeiten bei Zielabweichungen

Offen ist auch, über welche Handlungsmöglichkeiten ein Umwelt-Controller verfügt, wenn er Zielabweichungen feststellt. Welche Konsequenzen hat dies für die Politik sowie für die Mitarbeiter in der Verwaltung? Gibt es ggf. geeignete Sanktionsmechanismen? Das Öko-Audit setzt in seiner bisherigen Konzeption in erster Linie auf eine Aufwertung des Umweltschutzes in der Kommune bzw. in der Kommunalverwaltung sowie auf Transparenz und Kontrolle durch die Öffentlichkeit. Dies funktioniert aber nur dann, wenn eine kritische Öffentlichkeit auch vorhanden ist bzw. auch eingefordert wird.

Abgleich von einzelnen Fachplanungen mit Umweltleitlinien und Umweltzielen

Die Frage nach dem Abgleich von Fachplanungen an übergeordneten Umweltleitlinien und Umweltzielen ist nicht neu: Im Zusammenhang mit der freiwilligen kommunalen UVP wurde dieser Punkt schon viele Jahre diskutiert. Die Versuche zur Operationalisierung der strategischen Zielebene endeten in der Vergangenheit häufig in unhandlichen und endlosen Checklisten.

Politische Einzelfallentscheidungen sind auch in einem kommunalen Umweltmanagementsystem nicht zu vermeiden. Auch das Öko-Audit bietet hier keine Patentrezepte. Allerdings ist fraglich, ob der akribische Abgleich zwischen Handlungen und Handlungsgrundsätzen nicht prinzipiell ein schwierig zu operationalisierender und verwaltungsintensiver Akt ist. Erfolgversprechender scheint stattdessen die Integration von Umweltschutzaspekten auf allen Entscheidungsebenen im kommunalen Managementsystem.

4 Fazit

Das Modellprojekt hat gezeigt, dass die Übertragung des Öko-Audits auf Kommunalverwaltungen, insbesondere bezogen auf die direkten Umweltwirkungen der Kommunalverwaltung und der Eigenbetriebe, möglich ist. Insgesamt konnte das Öko-Audit die Bedeutung des Umweltschutzes in den Verwaltungen wesentlich stärken. Durch die Festlegung von Zuständigkeiten und Verantwortlichkeiten sowie durch den Aufbau des Berichtswesens und des Umwelt-Controllings sind die Grundlagen geschaffen, damit das Öko-Audit nicht wieder als Strohfeuer verlöscht.

Zukünftig ist aber noch genauer zu klären, in welcher Form die Produkte bzw. Dienstleistungen der Kommunalverwaltungen im Öko-Audit zu berücksichtigen sind. Ausgehend von der These, dass die Produkte oder Leistungen von Verwaltungen in erheblich höherem Ausmaß Einfluss auf die Umwelt ausüben als die innerbetrieblichen Tätigkeiten, fordern die Erläuterungen zur nationalen Erweiterungsverordnung zum Umweltauditgesetz auch die Einbeziehung der Produkte von Verwaltungen. Auch im Entwurf zur novellierten Fassung der EMAS-Verordnungen werden die Verwaltungs- und Planungsentscheidungen explizit als zu berücksichtigende Umweltaspekte aufgeführt.[4] Noch ist aber unklar, wie diese Vorgaben zu operationalisieren sind.

Sinnvoll scheint es, zunächst mit einzelnen Arbeitsbereichen der Verwaltung zu beginnen und sukzessive weitere einzubeziehen. Soll dabei obligatorisch, wie häufig gefordert wird, die Politik und die Öffentlichkeit aktiv an der Entwicklung von Umweltzielen und Umweltprogramm beteiligt sein und zudem alle Aufgabenbereiche gleichzeitig behandelt werden, sind voraussichtlich längere Prozesse erforderlich, welche ggf. eher zu überhöhten Erwartungen als zu konkreten Ergebnissen führen (Frings, 1998). Dies schließt jedoch nicht aus, dass das Umweltmanagementsystem partizipative Elemente enthält.

Grundsätzlich sollte man sich auch darauf verständigen, dass beim Öko-Audit eine Verbesserung des Umweltmanagement in Verwaltungen und nicht die Entwicklung eines Planungsinstrumentariums im Vordergrund steht. Das Öko-Audit sollte nicht wieder dort ansetzen, wo die Überlegungen zur freiwillige kommunalen UVP vor einigen Jahren zum Stillstand gekommen ist. Damit Umweltschutz nicht nur in Form standardisierter Checklisten eine Rolle in der kommunalen Umweltpolitik spielt, sind Zuständigkeiten für Aufgaben des Umweltschutzes auf allen Entscheidungsebenen im kommunalen Managementsystem zu etablieren und geeignete Kommunikationsformen innerhalb der Verwaltung und zwischen Verwaltung und Gemeinderat zu schaffen. Hierzu kann das Öko-Audit neue Impulse geben.

---

[4] Novellierte Fassung der EMAS-VO, Entwurfsstand August 1998. Anhang 6.3 g

Literatur

Baumann, W., Boguslawski, A.v., Kühling, W. (1998): Kommunales Öko-Audit – Instrument für eine nachhaltige Entwicklung. Ecopol. Dortmund.

Du Bois, W., T. (1998): Verwaltungsstruktur und Mitwirkungsmodalitäten für ein kommunales Öko-Audit am Beispiel der Stadt Münster. In: Pfaff-Schley (Hrsg.): Kommunales EG-Öko-Audit. Springer, New York, Heidelberg, S. 135-142.

Frings, E. (1996): Kommunen machen erste Gehversuche mit dem Öko-Audit. Ökologische Briefe vom 17. Januar 1996, 1-2, S. 7-9

Frings, E. (1998): Anspruch und Wirklichkeit – Kommunales Öko-Audit in der Praxis. In: Umwelt Kommunale Ökologische Briefe vom 01.04.1998, 7/98, S. I-IV

Grahl, B., Pahl-Weber, E. (1998): Kriterien zur Analyse kommunalen Stoffstrommanagements. Teil 2. In: Umwelt Kommunale Ökologische Briefe vom 04.03.1998, 5/98, S. V-VI

KGSt – Kommunale Gemeinschaftsstelle (Hrsg.) (1996): Aufgaben und Produkte der Gemeinden, Städte und Kreise für die Bereiche Räumliche Nutzung, Bau, Kommunale Immobilien und Umweltschutz. KGST-Bericht 5/96, Köln

Schimmack, S. (1998): Umwelt- und Energiemanagement in ausgewählten Einrichtungen der Stadt Nürnberg. In: Fortbildungszentrum Gesundheits- und Umweltschutz Berlin e.V. - FGU (1998) (ed.): Umweltmanagement in öffentlichen Verwaltungen und Bürobranchen. FGU, Berlin. S. 53-71

Worthmann, K.H. (1998) Umwelt-Audit in der Landeshauptstadt München. In: Pfaff-Schley (Hrsg.): Kommunales EG-Öko-Audit. S. 159-165.

Anhang: Autoren des ifeu-Instituts

Jens Borken, Jahrgang 1971, studierte an den Universitäten Bonn, London und Heidelberg. Dort erwarb er 1996 das Diplom am Institut für Umweltphysik. Seitdem arbeitet er am ifeu-Institut im Bereich „Verkehr und Umwelt". Sein besonderes Interesse gilt Fragen der nachhaltigen Entwicklung. Buchveröffentlichung: *Ökologische Basisdaten: Einsatz mobiler Maschinen in Transport, Landwirtschaft und Bergbau (in Vorber.)*

Peristera Deligiannidu, Jahrgang 1972, studierte bis 1998 Geografie an der Universität Heidelberg. Am ifeu-Institut war sie als wissenschaftliche Hilfskraft und dann als freie Mitarbeiterin tätig. Zuletzt beteiligte sie sich an der Studie „Benzolemissionen durch den Straßenverkehr" und schrieb anschließend ihre Diplomarbeit über dieses Thema.

Andreas Detzel, Jahrgang 1963, studierte Biologie an den Universitäten Mainz und Heidelberg. Nach dem Studium bearbeitete er als wissenschaftlicher Mitarbeiter der Universität Heidelberg Fragestellungen aus dem Bereich der ökologischen Chemie. Danach absolvierte er eine umweltorientierte Weiterbildung, in deren Anschluss er als freier Mitarbeiter bei verschiedenen Umweltbüros und Industrieunternehmen tätig war. Seit 1995 ist er am ifeu-Institut schwerpunktmäßig in den Themenkreisen Ökobilanzen und Luftreinhaltung tätig.

Markus Duscha, Jahrgang 1964, Dipl. Ing., studierte Elektrotechnik an der RWTH Aachen und Psychologie (Aufbaustudium) an der Universität Heidelberg. Er arbeitet seit 1991 als wissenschaftlicher Mitarbeiter am ifeu-Institut, z. Zt. als stellvertretender Fachbereichsleiter. Zudem ist er als Lehrbeauftragter an der Fachhochschule Darmstadt im Aufbaustudiengang Energiewirtschaft tätig. Schwerpunktthemen seiner bisherigen Arbeit: Kommunale Energie- und Klimaschutzkonzepte, Energiemanagement für öffentliche Gebäude, Energieberatung für private Haushalte, Klimaschutzprojekte an Schulen, Steuerung und Moderation in Lokalen Agenda 21-Prozessen, Soziale und psychologische Aspekte des effizienten Energieeinsatzes, Technikfolgenabschätzung. Buchveröffentlichung: *Energiemanagement für öffentliche Gebäude (1996)*

Lothar Eisenmann, Jahrgang 1965, studierte Physik an der Universität Heidelberg und Energiewirtschaft (Aufbaustudiengang) an der Fachhochschule Darmstadt. Er arbeitet seit 1995 als wissenschaftlicher Mitarbeiter am ifeu-Institut. Schwerpunkte seiner bisherigen Arbeit: Klimaschutzprojekte an Schulen, CO_2-Bilanzierungsprogramme für Kommunen, Kommunale Wärmepässe, Energieberatung für private Haushalte.

Horst Fehrenbach, Jahrgang 1963, Diplom-Biologe, arbeitet seit 1991 am ifeu-Institut im Fachbereich „Abfallwirtschaft, Ökobilanzen und UVP". Zuvor engagierte er sich bereits im Tutorium Umweltschutz an der Universität Heidelberg. Seine Tätigkeit umkreist den Arbeitsschwerpunkt „Ökologische Beurteilung von Maßnahmen der Abfallwirtschaft". Konkrete Arbeitsinhalte sind Umweltverträglichkeitsuntersuchungen für verschiedene Anlagen der Abfallentsorgung, Verfahrensvergleiche alternativer Entsorgungstechniken sowie Ökobilanzen ganzer Entsorgungssysteme.

Bernd Franke, Jahrgang 1953, studierte Biologie und Geografie an den Universitäten Marburg und Heidelberg. Seit 1977 arbeitete er im Tutorium Umweltschutz mit, seit 1978 im ifeu-Institut. Er gründete 1983 das IEER (Institut for Energy and Environmental Research) in Washington D. C. und war lange Jahre Fachbereichsleiter und teilweise Geschäftsführer des ifeu-Instituts. Seine Schwerpunktthemen sind die Risikobewertung von Schadstoffen, Rekonstruktion historischer Belastungen im Umfeld von militärischen Nuklearanlagen, Umweltverträglichkeitsuntersuchungen und Ökobilanzen.

Ellen Frings, Jahrgang 1963, studierte Agrarwissenschaften an der Universität Bonn, absolvierte eine Weiterbildung im Umweltschutzbereich und arbeitete als freie Mitarbeiterin beim Institut für ökologische Wirtschaftsforschung (IÖW) in Berlin und beim Katalyse-Institut für angewandte Umweltforschung in Köln. Ab 1991 war sie wissenschaftliche Mitarbeiterin beim Fachinformationszentrum Karlsruhe und für die Herausgabe des Umwelt-Produkt-Info-Services zuständig. Von 1992 bis 1994 arbeitete sie als wissenschaftliche Mitarbeiterin der Enquête-Kommission des 12. Deutschen Bundestages „Schutz des Menschen und der Umwelt" mit. Seit Juli 1995 arbeitet sie am ifeu-Institut Heidelberg in den Themenbereichen Umweltmanagement, Öko-Audit und „Umwelt und Tourismus".

Jürgen Giegrich, Jahrgang 1957, studierte Physik an der Universität Heidelberg, u. a. am Institut für Umweltphysik. 1986 begann er seine Arbeit als wissenschaftlicher Mitarbeiter am ifeu-Institut. Seit 1990 ist er Fachbereichsleiter. Seine Schwerpunktthemen sind Umweltverträglichkeitsprüfungen – speziell von Abfallbehandlungsanlagen – und Produktökobilanzen. Bei Ökobilanzen gilt sein besonderes Interesse dem Bereich der Wirkungsabschätzung und Bewertung. Er ist Mitglied in verschiedenen nationalen und internationalen Normierungsausschüssen zu Ökobilanzen.

Hans Hertle, Jahrgang 1954, studierte Versorgungstechnik an der FHTE Esslingen. Seit 1990 ist er Fachbereichsleiter Energie am ifeu-Institut. Schwerpunkte seiner bisherigen Arbeit: Energie- und Klimaschutzkonzepte, Erneuerbare Energiequellen, Verbraucherberatung und Informationsangebote, Energiemanagement und Qualifizierung, Branchenkonzepte, Kommunale Wärmepässe und deren Umsetzung. Buchveröffentlichung: *Energiemanagement für öffentliche Gebäude (1996)*

Ulrich Höpfner, Jahrgang 1946, studierte und promovierte im Fach Chemie an der Universität Heidelberg. Seit 1976 engagierte er sich im Tutorium Umweltschutz. 1977/78 gründete er das ifeu-Institut mit. Zwischenzeitlich (1979/80) war er im wissenschaftlichen Stab des Deutschen Bundestags für die Aufgaben der Enquête-Kommission „Zukünftige Kernenergie-Politik". Seit 1983 spezialisierte er sich auf den Bereich „Verkehr und Umwelt" und baute den entsprechenden Fachbereich auf. Er gehört seit Gründung dem Vorstand des ifeu-Vereins an und ist Geschäftsführer der ifeu GmbH. Buchveröffentlichungen: *Pkw, Bus oder Bahn* (1988), *Motorisierter Verkehr in Deutschland* (1994)

Florian Knappe, Jahrgang 1958, studierte nach abgeschlossener Berufsausbildung Geografie an der Universität Mannheim und Heidelberg, 1987 begann er seine Arbeit am ifeu-Institut während des Studiums zunächst als Praktikant und später als wissenschaftlicher Mitarbeiter. Seine Schwerpunktthemen sind die Abfallwirtschaft, Fragen der Abfallverwertung und -behandlung, Standortbeurteilungen, Umweltverträglichkeitsprüfungen.

Wolfram Knörr, Jahrgang 1959, studierte Wirtschaftsingenieurwesen an der technischen Hochschule Karlsruhe. 1989 begann er seine Arbeit als wissenschaftlicher Mitarbeiter am ifeu-Institut. Sein Aufgabenschwerpunkt ist die Leitung und Bearbeitung von Projekten in den Themenbereichen „Modellierung und Berechnung verkehrlicher Emissionen" sowie „Vergleich von Umweltwirkungen der verschiedenen Verkehrssysteme". Buchveröffentlichung: *Motorisierter Verkehr in Deutschland* (1994)

Udo Lambrecht, Jahrgang 1964, studierte Physik an den Universitäten Stuttgart und Freiburg. Seit 1992 arbeitet er als wissenschaftlicher Mitarbeiter im Bereich „Verkehr und Umwelt" am ifeu-Institut. Seine Arbeitsschwerpunkte sind die Modellierung der Emissionen des motorisierten Verkehrs sowie die Bewertung ihrer Umweltrelevanz.

Udo Meyer, Jahrgang 1966, studierte Chemie in Erlangen, Heidelberg und London, Diplomarbeit am Forschungszentrum Karlsruhe im Bereich der Umweltanalytik. Ab 1989 arbeitete er am ifeu-Institut in den Bereichen Umweltverträglichkeitsprüfung und Ökobilanzen. Seit 1994 ist er in der Entwicklung und Anwendung von Umberto® im Bereich von Produkt- und Betriebsökobilanzen tätig.

Sandra Möhler, Jahrgang 1971, studierte Geografie an der Universität Heidelberg. Seit 1995 arbeitet sie am ifeu-Institut – zunächst als Praktikantin, dann im Rahmen ihrer Diplomarbeit und schließlich seit 1997 als wissenschaftliche Mitarbeiterin. Ihre Arbeitsschwerpunkte liegen im Bereich von Umweltverträglichkeitsuntersuchungen für Abfallbehandlungsanlagen.

Andreas Patyk, Jahrgang 1961, studierte und promovierte im Fach Chemie an der Universität Heidelberg und war als PostDoc an der Universität in Göteborg. Seit 1992 arbeitet er am ifeu-Institut mit dem Schwerpunkt Energie- und Stoffstrombilanzen von Prozessen der Grundstoffindustrie und der Energiebereitstellung. Weiteres Interessensgebiet: Umweltökonomie. Buchveröffentlichungen: *Düngemittel – Energie- und Stoffstrombilanzen (1997)*, *Ökologische Basisdaten: Einsatz mobiler Maschinen in Transport, Landwirtschaft und Bergbau (in Vorber.)*.

Guido Reinhardt, Jahrgang 1958, studierte an der Universität Heidelberg und promovierte im Fach Chemie. Er arbeitet seit 1990 am ifeu-Institut, seit 1996 ist er Fachbereichsleiter. Seine Schwerpunktthemen sind nachwachsende Rohstoffe, Ökobilanzen und Verkehr. Er ist Mitglied mehrerer Normierungs- und Beratungskommissionen. Buchveröffentlichungen: *Chemie und Umwelt (1989)*, *Energie- und CO₂-Bilanzierung nachwachsender Rohstoffe (1993)*, *Düngemittel – Energie- und Stoffstrombilanzen (1997)*, *Nachwachsende Energieträger (1997)*, *Ökologische Basisdaten: Einsatz mobiler Maschinen in Transport, Landwirtschaft und Bergbau (in Vorber.)*

Mario Schmidt, Jahrgang 1960, studierte Physik an den Universitäten in Freiburg und Heidelberg. Seit 1980 arbeitete er im Tutorium Umweltschutz mit, ab 1985 im ifeu-Institut. Er war zwischenzeitlich (1989/90) Referent bei der Umweltbehörde Hamburg. Seit 1990 ist er Fachbereichsleiter am ifeu-Institut. Seine Schwerpunktthemen sind Klimaschutz und Verkehr, Stoffstromanalysen in Ökobilanzen und betriebliches Umweltmanagement. Im Rahmen des Öko-Audits ist er Prüfer für Umweltgutachter. Er ist Lehrbeauftragter an der RWTH Aachen am Lehrstuhl für Unternehmenstheorie. Buchveröffentlichungen: *Gesund-*

heitsschäden durch Luftverschmutzung (1987), *Das Strahlenrisiko von Tschernobyl* (1987), *Leben in der Risikogesellschaft* (1989), *Stoffstromanalysen in Ökobilanzen und Öko-Audits* (1995), *Ökobilanzierung mit Computerunterstützung* (1997).

Bernd Schmitt, Jahrgang 1970, studierte Geoökologie an der Universität Karlsruhe und Ökologie an der Université de Bourgogne in Dijon. Während des Studiums arbeitete er am Fraunhofer-Institut für Systemtechnik und Innovationsforschung sowie im Planungsbüro Transport und Verkehr in Karlsruhe. In seiner Diplomarbeit am ifeu-Institut führte er 1998 mit Umberto® eine regionale Stickstoffbilanzierung durch.

Achim Schorb, Jahrgang 1951, studierte Geografie und Chemie in Darmstadt und Heidelberg und promovierte 1983 über die Auswirkung von Straßen auf Boden und Gewässer. Seit 1986 arbeitet er am ifeu-Institut. Seine Schwerpunktthemen sind betriebliche Umweltbilanzen, Produkt-Ökobilanzen und Öko-Audits. An der Universität Heidelberg hat er einen Lehrauftrag im Bereich Geoökologie. Er ist Mitglied in verschiedenen Normierungsausschüssen zu Ökobilanzen. Buchveröffentlichung: *Stoffstromanalysen in Ökobilanzen und Öko-Audits* (1995)

Regine Vogt, Jahrgang 1965, war als Bankkauffrau tätig, bevor sie ihre Hochschulreife erlangte und anschließend an der Technischen Universität Berlin ihr Studium zur Dipl.-Ing. für Technischen Umweltschutz absolvierte. 1996 begann ihre Arbeit am ifeu-Institut als Diplomandin, seit 1997 ist sie dort als wissenschaftliche Mitarbeiterin tätig. Ihre Arbeitsschwerpunkte liegen in Untersuchungen zu emissionsrelevanten Prozessen der Bereiche Verkehr und Industrie und den daraus resultierenden Umweltwirkungen.

Guido Zemanek, Jahrgang 1966, absolvierte eine Ausbildung zum Bankkaufmann und studierte anschließend an der Universität Heidelberg Geografie. Seit 1998 ist er wissenschaftlicher Mitarbeiter am ifeu-Institut. Seine Schwerpunktthemen sind nachwachsende Rohstoffe und Ökobilanzen.

Christoph Zölch, Jahrgang 1967, studierte Physik in Mainz und Marseille und Volkswirtschaftslehre mit den Schwerpunkten Umweltökonomie, Nachhaltigkeit und Wachstumstheorie in Heidelberg. Seit 1997 ist er am ifeu-Institut im Bereich Entwicklung und Evaluierung der Software Umberto® und Ökobilanzierung tätig.

Die Mitarbeiterinnen und Mitarbeiter des ifeu-Instituts anlässlich des Festkolloqiums am 18. Sept. 1998